Teubner Studienbücher

Mathematik

Afflerbach: **Statistik-Praktikum mit dem PC.** DM 24,80

Ahlswede/Wegener: **Suchprobleme.** DM 34,–

Aigner: **Graphentheorie.** DM 32,–

Ansorge: **Differenzenapproximationen partieller Anfangswertaufgaben.** DM 32,– (LAMM)

Behnen/Neuhaus: **Grundkurs Stochastik.** 2. Aufl. DM 38,–

Bohl: **Finite Modelle gewöhnlicher Randwertaufgaben.** DM 34,– (LAMM)

Böhmer: **Spline-Funktionen.** DM 32,–

Bröcker: **Analysis in mehreren Variablen.** DM 36,–

Bunse/Bunse-Gerstner: **Numerische Lineare Algebra.** 314 Seiten. DM 36,–

Clegg: **Variationsrechnung.** DM 21,80

v. Collani: **Optimale Wareneingangskontrolle.** DM 29,80

Collatz: **Differentialgleichungen.** 6. Aufl. DM 34,– (LAMM)

Collatz/Krabs: **Approximationstheorie.** DM 29,80

Constantinescu: **Distributionen und ihre Anwendung in der Physik.** DM 22,80

Dinges/Rost: **Prinzipien der Stochastik.** DM 36,–

Fischer/Kaul: **Mathematik für Physiker**
Band 1: Grundkurs. DM 48,–

Fischer/Sacher: **Einführung in die Algebra.** 3. Aufl. DM 26,80

Floret: **Maß- und Integrationstheorie.** DM 38,–

Grigorieff: **Numerik gewöhnlicher Differentialgleichungen**
Band 2: DM 38,–

Hackbusch: **Theorie und Numerik elliptischer Differentialgleichungen.** DM 38,–

Hackbusch: **Integralgleichungen.** Theorie und Numerik. DM 38,– (LAMM)

Hackenbroch: **Integrationstheorie.** DM 22,80

Hainzl: **Mathematik für Naturwissenschaftler.** 4. Aufl. DM 38,– (LAMM)

Hässig: **Graphentheoretische Methoden des Operations Research.** DM 26,80 (LAMM)

Hettich/Zenke: **Numerische Methoden der Approximation und semi-infiniten Optimierung.** DM 28,80

Hilbert: **Grundlagen der Geometrie.** 13. Aufl. DM 32,–

Ihringer: **Allgemeine Algebra.** DM 24,80

Jeggle: **Nichtlineare Funktionalanalysis.** DM 32,–

Kall: **Analysis für Ökonomen.** DM 28,80 (LAMM)

Kall: **Lineare Algebra für Ökonomen.** DM 26,80 (LAMM)

Kall: **Mathematische Methoden des Operations Research.** DM 26,80 (LAMM)

Kohlas: **Stochastische Methoden des Operations Research.** DM 26,80 (LAMM)

Kohlas: **Zuverlässigkeit und Verfügbarkeit.** DM 38,– (LAMM)

Fortsetzung auf der 3. Umschlagseite

Teubner Studienbücher Mathematik

W. Hackbusch
Integralgleichungen
Theorie und Numerik

Leitfäden der angewandten Mathematik und Mechanik LAMM

Herausgegeben von
Prof. Dr. G. Hotz, Saarbrücken
Prof. Dr. P. Kall, Zürich
Prof. Dr. Dr.-Ing. E. h. K. Magnus, München
Prof. Dr. E. Meister, Darmstadt

Band 68

Die Lehrbücher dieser Reihe sind einerseits allen mathematischen Theorien und Methoden von grundsätzlicher Bedeutung für die Anwendung der Mathematik gewidmet; andererseits werden auch die Anwendungsgebiete selbst behandelt. Die Bände der Reihe sollen dem Ingenieur und Naturwissenschaftler die Kenntnis der mathematischen Methoden, dem Mathematiker die Kenntnisse der Anwendungsgebiete seiner Wissenschaft zugänglich machen. Die Werke sind für die angehenden Industrie- und Wirtschaftsmathematiker, Ingenieure und Naturwissenschaftler bestimmt, darüber hinaus aber sollen sie den im praktischen Beruf Tätigen zur Fortbildung im Zuge der fortschreitenden Wissenschaft dienen.

Integralgleichungen

Theorie und Numerik

Von Prof. Dr. rer. nat. Wolfgang Hackbusch
Universität Kiel

Mit zahlreichen Abbildungen, Beispielen
und Übungsaufgaben

 B. G. Teubner Stuttgart 1989

Prof. Dr. rer. nat. Wolfgang Hackbusch

Geboren 1948 in Westerstede. Von 1967 bis 1971 Studium der Mathematik und Physik an den Universitäten Marburg und Köln; Diplom 1971 und Promotion 1973 in Köln. Von 1973 bis 1980 Assistent am Mathematischen Institut der Universität zu Köln und Habilitation im Jahre 1979. Von 1980 bis 1982 Professor an der Ruhr-Universität Bochum. Seit 1982 Professor am Institut für Informatik und Praktische Mathematik der Christian-Albrechts-Univtersität zu Kiel.

CIP-Titelaufnahme der Deutschen Bibliothek

Hackbusch, Wolfgang:
Integralgleichungen : Theorie und Numerik / von Wolfgang Hackbusch. — Stuttgart : Teubner, 1989
   (Teubner-Studienbücher : Mathematik)

   ISBN 978-3-519-02370-8   ISBN 978-3-663-05706-2 (eBook)
   DOI 10.1007/978-3-663-05706-2

Gesamtherstellung: Druckhaus Beltz, Hemsbach/Bergstraße
Umschlaggestaltung: M. Koch, Reutlingen

Vorwort

Die Integralgleichungen stellen ein Gebiet dar, das für sich durchaus selbständig ist und auf einer interessanten Mischung von Analysis, Funktionentheorie und Funktionalanalysis beruht. Auf der anderen Seite gewinnen die Integralgleichungen ihr praktisches Interesse aus der «Integralgleichungsmethode», die es erlaubt, partielle Differentialgleichungen in Integralgleichungen umzuformen.

Das Buch ist aus Vorlesungen hervorgegangen, die der Autor an der Ruhr-Universität Bochum und der Christian-Albrechts-Universität Kiel gehalten hat. Der Umfang der Kapitel 1 bis 6 entspricht etwa einer intensiven vierstündigen Vorlesung. Das Studium der Integralgleichungen kann mit Vorkenntnissen der Analysis und den Grundlagen der Numerik aufgenommen werden. Kenntnisse aus der Funktionalanalysis sind hilfreich, aber nicht unabdingbar, wenn Grundbegriffe wie Banach- und Hilbert-Räume geläufig sind.

Der Theorieteil dieses Buches ist so knapp wie möglich bemessen, da die Numerik in den Kapiteln 2, 4, 5 im Vordergrund stehen soll. Wichtige Teile der benötigten Funktionalanalysis wie etwa die Riesz-Schauder-Theorie werden ohne Herleitung wiedergegeben. Es wird dabei davon ausgegangen, daß dem Leser dieses Gebiet entweder aus einer Vorlesung über «Funktionalanalysis» bekannt ist oder daß er – mit gesteigerter Motivation durch praktische Beispiele – diese Kapitel durch Vorlesungen oder Lektüre nachholen wird. Es sei daran erinnert, daß auch historisch die Funktionalanalysis aus der Diskussion der Integralgleichungen hervorgegangen ist. Als Funktionenräume werden in dieser Darstellung vornehmlich die klassischen der stetigen oder Hölder-stetigen Funktionen verwendet. Die Sobolev-Räume werden weitgehend vermieden, was zum Beispiel zur Folge hat, daß die Integraloperatoren hier nicht in der erforderlichen Allgemeinheit als Pseudodifferentialoperatoren diskutiert werden können.

Die Theorie der Integralgleichungen ist nicht nur für sich interessant, sondern ihre Resultate gehen auch wesentlich in die Numerik ein. Es handelt sich dabei neben Existenz- und Eindeutigkeitsaussagen um Probleme der Regularität und Stabilität sowie um Kompaktheitsaussagen, die wichtige Rückwirkungen auf die numerische Praxis haben.

Nach einer Einführung und einer insbesondere zum Nachschlagen gedachten Zusammenstellung der Grundlagen der Analysis, Funktionalanalysis und der Numerischen Mathematik beginnt die Darstellung mit den Volterraschen Integralgleichungen (§2), die als enge Verwandte der aus dem Analysiskurs bekannten gewöhnlichen Differentialgleichungen der Einführung in die Integralgleichungen dienen soll. Anschließend werden die Fredholmschen Integralgleichungen 2. Art theoretisch (§3) und numerisch untersucht.

Die Numerik der Fredholmschen Integralgleichungen 2. Art unterteilt sich in die Diskretisierungsmethoden (§4) und die Auflösung der dabei entstehenden diskreten Gleichungssysteme. Hierfür werden in §5 nach einem knappen Hinweis auf die Methode der konjugierten Gradienten ausschließlich die Mehrgitterverfahren beschrieben.

Das vierte und umfangreichste Kapitel beginnt mit allgemeinen Begriffsbildungen zur Konvergenz, Konsistenz und Stabilität von Diskretisierungen (§4.1). Als elementarste Diskretisierung wird zunächst die Kernapproximation vorgestellt (§4.2). Danach werden die Projektionsmethode allgemein (§4.3) und ihre prominentesten Vertreter, die Kollokation (§4.4) und das Galerkin-Verfahren (§4.5) diskutiert. Die Erläuterungen werden ergänzt durch weitere Anmerkungen in §4.6. Ein weiteres Verfahren, das außerhalb des bisher diskutierten Rahmens steht, ist das Nyström-Verfahren in §4.7. Anschließend in §4.8 werden weitere Ergänzungen zu so verschiedenen Stichworten wie u.a. Defektkorrektur, Extrapolation und Eigenwertaufgaben gegeben.

Zur Einführung in die schwach und stark singulären Integralgleichungen werden zwei Beispiele vorgeführt, die Abelsche Integralgleichung (§6) und der Cauchy-Kern (§7). Die schon anfangs erwähnte Integralgleichungsmethode ist Gegenstand des Kapitels 8. Hierbei stehen hauptsächlich Fragen der Analysis im Vordergrund. Die numerische Behandlung führt auf die Randelementmethode (§9). Während die ersten Kapitel insbesondere als Einführung in die Begriffswelt der Integralgleichungen gedacht sind, enthalten einige Teilkapitel aus §§4-5 und speziell das Kapitel 9 konkrete Hinweise, die auch dem Praktiker hilfreich sein können.

Die aufgeführten Übungsaufgaben, die auch als Bemerkungen ohne Beweis verstanden werden können, sind in die Darstellung integriert. Wird dieses Buch als Grundlage einer Vorlesung benutzt, können sie als Übungen dienen. Aber auch der Leser sollte versuchen, sein Verständnis der Lektüre an den Aufgaben zu testen.

Bei der Zusammenstellung des Literaturverzeichnisses wurde keine Vollständigkeit angestrebt. Es wurde weitgehend vermieden, auf Quellen zu verweisen, die wie zum Beispiel Institutsreporte oder Dissertationen häufig schwieriger zugänglich sind.

Das Manuskript wurde mit Hilfe des Textsystems «Signum» geschrieben. Bei der Erstellung der Abbildungen half mir meine Tochter Jana. Zahlreichen Hörern der zugrundeliegenden Vorlesung verdanke ich hilfreiche Gestaltungshinweise. Der Dank gilt besonders den Mitarbeitern für das Lesen und Korrigieren des Manuskriptes: Neben Herrn J. Burmeister hat insbesondere Frau B. Kapust wesentliche Unterstützung geleistet. Hilfreich waren auch viele Gespräche mit Fachkollegen. Dem Teubner-Verlag gilt der Dank für die freundliche und stets unproblematische Zusammenarbeit.

Kiel, im März 1989   W. Hackbusch

Inhaltsverzeichnis

4. Numerik der Fredholmschen Integralgleichung 2. Art (Fortsetzung)

5. Mehrgitterverfahren zur Auflösung des Gleichungssystems bei Integralgleichungen 2. Art

Notation

Formelnummern: Gleichungen im Unterkapitel x.y sind mit (x.y.1), (x.y.2) usw. durchnumeriert. Die Gleichung **(3.2.1)** wird im gleichen Unterkapitel 3.2 nur mit **(1)** zitiert, während sie in anderen Unterkapiteln des Hauptkapitels 3 als **(2.1)** bezeichnet wird.

Satznumerierung: Alle Sätze, Definitionen, Lemmata etc. werden *gemeinsam* durchnumeriert. Die Zitierung ist analog zum oben Gesagten: Das **Lemma 3.2.7** wird in Unterkapitel 3.2 als «**Lemma 7**» bezeichnet, während es in anderen Unterkapiteln des Abschnittes 3 «**Lemma 2.7**» heißt.

Konstanten: Eine Formelzeile wie z.B. $\|K_n\| \leqslant C$ wird häufig verwendet, ohne daß C definiert wäre, und ist wie folgt zu lesen: Es gibt eine Konstante C, so daß $\|K_n\| \leqslant C$ gilt. Dabei ist C von den jeweils relevanten Parametern (hier: $n \in \mathbb{N}$) unabhängig. Der Wert von C kann bei jedem Auftreten unterschiedlich sein. Soll ein fester Wert bezeichnet werden, wird C mit einem Index versehen (z.B. $\|K_n\| \leqslant C_K$).

Spezielle Symbole, Abkürzungen und Konventionen:

a, b	Intervallgrenzen: $I = [a, b]$
$\mathrm{Bild}(T)$	Bildraum des Operators T
$\mathbb{C}$	komplexe Zahlen
C	Konstante (siehe oben)
$C, C^k, C^{\varkappa}, C_L^k, \hat{C}^{\varkappa}$	Räume der stetigen Funktionen etc. (vgl. §1.2)
C_L^k	Raum der Lipschitz-stetigen Funktionen etc. (vgl. §1.2.2)
$\hat{C}^{\varkappa}$	Raum der Hölder- bzw. Lipschitz-stetigen Fkt. (vgl. §1.3.2)
cond	Kondition (einer Matrix)
D	Definitions- und Integrationsgebiet
$\mathrm{dist}(x, M)$	Abstand von $x \in \mathbb{R}^d$ zu $M \subset \mathbb{R}^d$
f	unbekannte Funktion der Integralgleichung
f_n	semidiskrete Lösung der Integralgleichung
g	bekannte Funktion in der Integralgleichung
h	Schrittweite der Diskretisierung
H^k	Sobolev-Raum (vgl. Seite 117)
I	Intervall (der Integration); Identität (identischer Operator)
I	Einheitsmatrix
k	Kernfunktion in K
K	Integraloperator
$K(X, Y)$	kompakte, lineare Abbildungen von X nach Y
K_n	semidiskreter Integraloperator (vgl. §4.1.1)
K_n	Matrix der Diskretisierung (vgl. §5.1.1)
$K_r(x)$	Kugel mit Radius r um x
ℓ	Diskretisierungsstufe (vgl. §5.3)

$L^2,\ L^1,\ L^\infty$	Funktionenräume (vgl. §1.3.3)
$L_l,\ L_{l,n}$	Lagrange-Funktionen
$L(X,Y)$	beschränkte, lineare Abbildungen von X nach Y
log	natürlicher Logarithmus
n	Diskretisierungsparameter
$\mathbf{n},\ \mathbf{n}(\mathbf{x})$	Normalenrichtung im Punkt $\mathbf{x}$ der Kurve bzw. Oberfläche
$\mathbb{N}$	natürliche Zahlen $\{1,2,3,\ldots\}$
$\mathbb{N}_0$	$\mathbb{N}\cup\{0\}=\{0,1,2,\ldots\}$
$O(\cdot)$	Landau-Symbol: $f(\alpha)=O(g(\alpha))$, falls $|f(\alpha)|\leqslant C|g(\alpha)|$ beim zugrundeliegenden Grenzprozeß $\alpha\to 0$ oder $\alpha\to\infty$
$o(\cdot)$	Landau-Symbol: $f(\alpha)=o(g(\alpha))$, falls $|f(\alpha)|/|g(\alpha)|\to 0$
o.B.d.A.	ohne Beschränkung der Allgemeinheit
$Q,\ Q_n,\ Q_{n,I},\ Q_I,\ Q_{[a,b]}$	Quadraturformel
$\mathbb{R}$	reelle Zahlen
sign(x)	Vorzeichen von x, wobei sign$(0)=0$
span$\{\ldots\}$	von $\{\ldots\}$ aufgespannter linearer Raum
$w_l,\ w_{l,n}$	Gewichte in der Quadraturformel Q
$X,\ Y$	Banach-Räume
X',Y'	Dualräume
X_n	Unterraum (vgl. §4.4.1, §4.5.1)
$\mathbb{Z}$	ganze Zahlen

Γ	Kurve im $\mathbb{R}^2$ oder in $\mathbb{C}$ bzw. Oberfläche im $\mathbb{R}^3$
δ_{ij}	Kronecker-Symbol: $\delta_{ij}=1$ für $i=j$, $\delta_{ij}=0$ sonst
$\mu(A)$	(Lebesgue-)Maß der Menge A
$\sigma(T)$	Spektrum des Operators T (vgl. §1.3.9)
Π_n	Interpolation, Projektion
ω_d	Oberfläche der d-dimensionalen Einheitskugel
$\Omega_-,\ \Omega_+$	Innen- und Außengebiet (vgl. Bemerkung 7.1.11d)

$f(x+0),\ f(x-0)$	rechts- bzw. linksseitiger Grenzwert
T'	dualer Operator zu T (vgl. §1.3.6)
T^*	adjungierter Operator zu T (vgl. S.127)
$\overline{\Omega}$	Abschluß der Menge Ω
$\partial\Omega$	Rand der Menge Ω
$\dfrac{\partial}{\partial n}$	Normalableitung (vgl. S. 276)
$\displaystyle\oint$	Cauchy-Hauptwert (vgl. §7.1)
∇	Gradient
Δ	Laplace-Operator (vgl. §7.4)
$|\cdot|$	Betrag, in §§7-8 auch Euklidische Norm

1. Einleitung

1.1 Integralgleichungen

Eine spezielle Integralgleichung ist aus der Analyse gewöhnlicher Differentialgleichungen wohlbekannt. Das Anfangswertproblem

$$(1.1.1) \qquad y'(x) = f(x,y) \ \text{ für } x \geqslant x_0, \qquad\qquad y(x_0) = y_0,$$

wird durch Integration von x_0 bis x in die Form

$$(1.1.2) \qquad y(x) = y_0 + \int_{x_0}^{x} f(\xi, y(\xi)) d\xi \qquad\qquad \text{für } x \geqslant x_0$$

gebracht, da die Integraldarstellung (2) für den Beweis der Existenz und Eindeutigkeit einer Lösung der Differentialgleichung (1) besser geeignet ist.

Allgemein ist eine Integralgleichung eine Gleichung für eine unbekannte Funktion f, wobei f u.a. im Integranden eines Integrals auftritt. Die Integralgleichungen werden weiterhin nach Merkmalen unterschieden, die im folgenden verbal charakterisiert werden.

Fredholmsche Integralgleichung: Das Integral erstreckt sich über ein *festes* Intervall des R^1 oder einen allgemeineren *festen* Integrationsbereich (Teilmenge des R^d, Kurve, Oberfläche etc.).

Voltarrasche Integralgleichung: Das Integral erstreckt sich über einen mit der Variablen x sich *verändernden* Bereich (vgl. (2)).

Unabhängig von dieser Kennzeichnung ist die folgende Einteilung:

Integralgleichung 1. Art: Die unbekannte Funktion kommt *nur* im Integranden vor.

Integralgleichung 2. Art: Die unbekannte Funktion erscheint auch außerhalb des Integranden.

Wie bei Differentialgleichungen unterscheidet man

lineare Integralgleichungen: Die Gleichung ist linear in der unbekannten Funktion. Im sonstigen Fall spricht man von einer **nichtlinearen Integralgleichung**.

Eine weitere Unterteilung ist von den vorhergehenden Charakterisierungen unabhängig und betrifft die Integralbildung:

reguläre Integralgleichung: Das Integral existiert als *eigentliches* Integral.

schwach singuläre Integralgleichung: Das Integral existiert als *uneigentliches* Integral.

stark singuläre Integralgleichung: Das Integral muß durch eine spezielle Regularisierung (z.B. Cauchy-Hauptwert) erklärt werden.

Zur Illustration sei eine Reihe von Beispielen angegeben, wobei g eine gegebene und f die gesuchte Funktion ist.

lineare Fredholmsche Integralgleichung 2. Art:

$$(1.1.3) \qquad f(x) = g(x) + \int_a^b k(x,y) f(y) dy \qquad \text{für } x \in [a,b],$$

lineare Fredholmsche Integralgleichung 1. Art:

$$(1.1.4) \qquad g(x) = \int_a^b k(x,y) f(y) dy \qquad \text{für } x \in [a,b],$$

lineare Volterrasche Integralgleichung 2. Art:

$$(1.1.5) \qquad f(x) = g(x) + \int_a^x k(x,y) f(y) dy \qquad \text{für } x \geq a,$$

lineare Volterrasche Integralgleichung 1. Art:

$$(1.1.6) \qquad g(x) = \int_a^x k(x,y) f(y) dy \qquad \text{für } x \geq a,$$

nichtlineare Fredholmsche Integralgleichung 2. Art:

$$(1.1.7a) \qquad f(x) = g(x) + \int_a^b k(x,y,f(x),f(y)) dy \qquad \text{für } x \in [a,b],$$
oder
$$(1.1.7b) \qquad f(x) = F\left(x, \int_a^b k(x,y,f(x),f(y)) dy \right) \qquad \text{für } x \in [a,b].$$

Spezielle Untertypen von (7a) sind die *Urysohn*-Gleichung

$$(1.1.8) \qquad f(x) = g(x) + \int_a^b k(x,y,f(y)) dy \qquad \text{für } x \in [a,b]$$

und die *Hammerstein*-Gleichung

$$(1.1.9) \qquad f(x) = g(x) + \int_a^b k(x,y) G(y,f(y)) dy \qquad \text{für } x \in [a,b].$$

Ein spezielles Beispiel für eine schwach singuläre Volterrasche Integralgleichung von 1. Art ist die *Abelsche Integralgleichung*

$$(1.1.10) \qquad g(x) = \int_a^x \frac{f(y)}{\sqrt{x-y}} dy \qquad \text{für } x \geq a,$$

die in §6 näher untersucht werden wird.

Ist L eine (glatte) *Kurve* in der komplexen Zahlenebene C, so stellt

$$(1.1.11) \qquad g(z) = \oint_L \frac{f(\zeta)}{\zeta - z} d\zeta \qquad \text{für } z \in L$$

ein Beispiel für eine stark singuläre Fredholmsche Integralgleichung 1. Art über einer Kurve dar. Gleichung (11) wird in §7 analysiert werden.

Gelegentlich treten Integralgleichungen auf, die zusätzlich (unter dem Integral oder außerhalb) Ableitungen der unbekannten Funktion enthalten. In diesem Falle spricht man von *Integrodifferentialgleichungen*.

Im Falle von Differentialgleichungen unterscheidet man Gleichungen nach ihrer Ordnung. Da die Integration die Umkehrung der Differentiation ist, könnte man vermuten, daß es auch Integrationen verschiedener Ordnung gibt. Dies ist nicht der Fall, wie die folgende Übungsaufgabe zeigt. Trotzdem wird es später (Bemerkung 8.3.4) möglich sein, eine Ordnung zu definieren, die jedoch von ungewohnter Art ist, da sie nicht ganzzahlig zu sein braucht.

Übungsaufgabe 1.1.1 Die Abbildungen $f \mapsto F(\xi) := \int_a^\xi k_1(\xi,y)f(y)\,dy$ und $F \mapsto G(x) := \int_a^x k_2(x,\xi)F(\xi)\,d\xi$ sind zwei nacheinander ausgeführte Integrationen. Man zeige: Die "zweifache" Integration $f \mapsto G$ läßt sich als "einfache" Integration $G(x) = \int_a^x k(x,y)f(y)\,dy$ darstellen, wobei $k(x,y) := \int_y^x k_2(x,\xi)\,k_1(\xi,y)\,d\xi$ für $x \geq y \geq a$.

1.2 Grundlagen aus der Analysis

1.2.1 Stetige Funktionen

Im folgenden sei D eine endlichdimensionale Definitionsmenge (z.B. $D \subset \mathbb{R}$, $D \subset \mathbb{R}^d$ oder Kurve bzw. Oberfläche). Für die auf D stetigen und stets als reellwertig angenommenen Funktionen wird

$$(1.2.1) \qquad C(D) := \{f: \text{stetige Funktion auf } D\}$$

oder auch $C^0(D)$ geschrieben (vgl. (2)). Die k-fach stetig differenzierbaren Funktionen bilden die Menge

$$(1.2.2) \qquad \begin{aligned} C^k(D) := \\ \{f: \text{alle } \ell\text{-fachen Ableitungen gehören für } 0 \leq \ell \leq k \text{ zu } C(D)\}, \end{aligned}$$

wobei im mehrdimensionalen Falle alle *partiellen* ℓ-fachen Ableitungen gemeint sind. In (2) kann k alle Werte $0, 1, \ldots$ und auch ∞ annehmen. $C^\infty(D)$ ist demgemäß die Menge der auf D unendlich oft differenzierbaren Funktionen.

1.2.2 Lipschitz-stetige Funktionen

Eine Funktion f heißt _global Lipschitz-stetig_ auf D, wenn

$$(1.2.3a) \qquad |f(x')-f(x'')| \leq L \|x'-x''\| \qquad \text{für alle } x',x'' \in D.$$

In diesem Fall heißt L die Lipschitz-Konstante von f.

Eine Funktion f heißt auf D _lokal Lipschitz-stetig_, wenn es zu jedem $x \in D$ eine Umgebung U_x und eine Lipschitz-Konstante L_x gibt, so daß

$$(1.2.3b) \qquad |f(x')-f(x'')| \leq L_x \|x'-x''\| \qquad \text{für alle } x',x'' \in U_x.$$

In (3a,b) ist $\|\cdot\|$ eine Norm auf D (vgl. §1.3.1). Die Wahl der Norm spielt wegen der Äquivalenz der Normen (vgl. Bemerkung 3.3) keine Rolle, beeinflußt aber die Größe von L bzw. L_x. Die Mengen der lokal bzw. global Lipschitz-stetigen Funktionen werden mit

$$(1.2.4a) \qquad C_{L,\text{lok}}(D) := \{f: f \text{ ist lokal Lipschitz-stetig auf } D\},$$

$$(1.2.4b) \qquad C_L(D) := \{f: f \text{ ist global Lipschitz-stetig auf } D\}$$

notiert.

Übungsaufgabe 1.2.1 Man zeige: **(a)** Die vorstehend eingeführten Funktionenmengen bilden einen linearen Vektorraum unter der üblichen punktweisen Addition der Funktionen und der Multiplikation mit einem skalaren Faktor $\lambda \in \mathbb{R}$. **(b)** Aus der globalen folgt die lokale Lipschitz-Stetigkeit und aus dieser die Stetigkeit, d.h.

$$C_L(D) \subset C_{L,\text{lok}}(D) \subset C(D).$$

(c) $C^1(D) \subset C_{L,\text{lok}}(D)$. **(d)** Ist D kompakt (d.h. abgeschlossen und beschränkt, vgl. §1.3.8), so sind die lokale und globale Lipschitz-Stetigkeit identisch: $C_{L,\text{lok}}(D) = C_L(D)$. **(e)** Auf $D = \mathbb{R}$ ist $f(x) := |1 - e^x|$ lokal, aber nicht global Lipschitz-stetig.

Indem man in (2) $C(D)$ durch $C_L(D)$ bzw. $C_{L,\text{lok}}(D)$ ersetzt, definiert man die Räume der k-fach lokal bzw. global Lipschitz-stetig differenzierbaren Funktionen:

$$(1.2.5a) \qquad C^k_{L,\text{lok}}(D) := \{f: f^{(l)} \in C_{L,\text{lok}}(D) \text{ für } 0 \leqslant l \leqslant k\},$$

$$(1.2.5b) \qquad C^k_L(D) := \{f: f^{(l)} \in C_L(D) \text{ für } 0 \leqslant l \leqslant k\}.$$

Übungsaufgabe 1.2.2 (a) Man übertrage Übungsaufgabe 1a-d auf die Funktionenklassen (5a,b). **(b)** $f(x) = |x|^\alpha \in C^k_{L,\text{lok}}(\mathbb{R})$, falls $\alpha \geqslant k$.

1.2.3 Hölder-stetige Funktionen

Die Abschätzungen (3a,b) können zu

$$(1.2.6a) \qquad |f(x') - f(x'')| \leqslant L_x |x' - x''|^\lambda \qquad \text{für alle } x', x'' \in U_x.$$

$$(1.2.6b) \qquad |f(x') - f(x'')| \leqslant L |x' - x''|^\lambda \qquad \text{für alle } x', x'' \in D$$

mit $0 < \lambda < 1$ verallgemeinert werden. Eine Funktion f heißt auf D _lokal Hölder-stetig_ (_zum Exponenten_ λ), wenn es zu jedem $x \in D$ eine Umgebung U_x und eine (Hölder-)Konstante L_x mit (6a) gibt. Eine Funktion f, die (6b) erfüllt, heißt auf D _global Hölder-stetig_ (_zum Exponenten_ λ). Die Mengen werden abgekürzt durch

$$(1.2.7a) \qquad C^\lambda_{\text{lok}}(D) := \{f: f \text{ ist lokal Hölder-stetig zum Exp. } \lambda \text{ auf } D\},$$

$$(1.2.7b) \qquad C^\lambda(D) := \{f: f \text{ ist global Hölder-stetig zum Exp. } \lambda \text{ auf } D\}.$$

Ist $0 < \lambda < 1$ und $k \in \mathbb{N}_0$, so bilden die k-fach Hölder-stetig differenzierbaren Funktionen die Mengen

$$(1.2.7c) \qquad C^{k+\lambda}_{\text{lok}}(D) := \{f: f^{(l)} \in C^\lambda_{\text{lok}}(D) \text{ für } 0 \leqslant l \leqslant k\},$$

$$(1.2.7d) \qquad C^{k+\lambda}(D) := \{f: f^{(l)} \in C^\lambda(D) \text{ für } 0 \leqslant l \leqslant k\}.$$

Für jedes $\varkappa \geqslant 0$ ist $C^\varkappa(D)$ definiert: Für $\varkappa \in \mathbb{N}_0$ trifft die Definition (2) zu; ist dagegen $\varkappa$ nicht ganzzahlig, existiert eine eindeutige Darstellung $\varkappa = k + \lambda$ mit $k \in \mathbb{N}_0$ und $0 < \lambda < 1$, und $C^\varkappa(D)$ ist durch (7d) definiert.

Übungsaufgabe 1.2.3 (a) Man übertrage Übungsaufgabe 1a–d auf die Funktionenklassen (7a–d). Insbesondere gilt $C^{k+\lambda}_{\mathrm{lok}}(D) = C^{k+\lambda}(D)$ für kompakte D. Für alle D ist $C^{k}_{L,\mathrm{lok}}(D) \subset C^{k+\lambda}_{\mathrm{lok}}(D)$ und $C^{k}_{L}(D) \subset C^{k+\lambda}(D)$. **(b)** $f(x) = |x|^{\alpha} \in C^{\alpha}([-1,1])$ für alle $\alpha \geq 0$. **(c)** $f(x,y)$ gehöre bei festem $y \in D$ zu $C^{\lambda}(D)$ mit einer von y unabhängigen Hölder-Konstanten. Ebenso gehöre $f(x,y)$ bei festem $x \in D$ zu $C^{\lambda}(D)$ mit einer von x unabhängigen Hölder-Konstanten. Dann ist $f \in C^{\lambda}(D \times D)$. **(d)** Sei $f \in C^{\lambda}(D)$ mit Hölder-Konstanten L. Dann läßt sich die zweite Differenz $\{[f(x+\varepsilon+\eta) - f(x+\eta)]/\varepsilon^{\alpha} - [f(x+\varepsilon) - f(x)]/\varepsilon^{\alpha}\}/\eta^{\beta}$ für $0 \leq \beta \leq \lambda \leq 1$ durch $2L\varepsilon^{\lambda-\alpha-\beta}$ beschränken.

Als normierter Raum wird $C^{\varkappa}(D)$ noch geringfügig modifiziert werden. Ferner werden in (3.4f) die Räume $\hat{C}^{\varkappa}(D)$ eingeführt werden.

1.3 Grundlagen aus der Funktionalanalysis

1.3.1 Banach-Räume

X sei ein linearer Vektorraum (endlicher oder unendlicher Dimension). Eine *Norm* $\|\cdot\|_{X} = \|\cdot\|$ auf X ist eine Abbildung von X auf $[0,\infty)$, die die folgenden Normaxiome erfüllt:

(1.3.1a) $\qquad \|x\| = 0 \qquad\qquad$ nur für $x = 0$,

(1.3.1b) $\qquad \|\lambda x\| = |\lambda|\,\|x\| \qquad$ für alle $x \in X$ und alle $\lambda \in \mathbb{R}$ (bzw. $\mathbb{C}$),

(1.3.1c) $\qquad \|x+y\| \leq \|x\| + \|y\| \qquad$ für alle $x,y \in X \qquad$ (Dreiecksungleichung).

Das Paar $(X, \|\cdot\|)$ bezeichnet einen *normierten Vektorraum*. Treten mehrere Vektorräume auf oder ist die Wahl der Norm nicht offensichtlich, wird das Symbol des Raumes als Index des Normzeichens hinzugefügt: $\|\cdot\|_{X}$, $\|\cdot\|_{Y}$ usw.

Die offene Kugel in X mit Radius $r > 0$ um $x \in X$ wird mit

(1.3.2) $\qquad K_{r}(x) := \{\xi \in X : \|x-\xi\|_{X} < r\}$

bezeichnet. Die Norm $\|\cdot\|$ definiert eine Topologie: $U \subset X$ ist eine Umgebung von $x \in X$, falls $K_{r}(x) \subset U$ für ein $r > 0$. Unter der *Konvergenz* $x_{n} \to x$ in X wird die *Normkonvergenz*

$$\|x_{n} - x\|_{X} \to 0$$

verstanden. Eine Folge $\{x_{n}\}$ in X heißt *konvergent*, wenn es ein $x \in X$ mit $x_{n} \to x$ gibt. Die Folge $\{x_{n}\}$ heißt *Cauchy-konvergent* in X, wenn zu jedem $\varepsilon > 0$ ein $n \in \mathbb{N}$ existiert, so daß $\|x_{\nu} - x_{\mu}\|_{X} \leq \varepsilon$ für alle $\nu,\mu \geq n$. Eine konvergente Folge ist stets Cauchy-konvergent. Die Umkehrung führt zur

Definition 1.3.1 Der normierte lineare Raum $(X, \|\cdot\|)$ heißt *vollständig*, wenn jede Cauchy-konvergente Folge in X auch konvergent ist.

Definition 1.3.2 Ein vollständiger normierter linearer Raum heißt *Banach-Raum*.

Triviale Beispiele für Banach-Räume sind die endlichdimensionalen Vektorräume $\mathbf{R}^d$ mit der *Maximumnorm* (3a) oder der *Euklidischen Norm* (3b) für die Vektoren $x = (x_1, \ldots, x_d)$:

(1.3.3a) $\| x \|_\infty := \max \{ |x_i| : 1 \le i \le d \}$,

(1.3.3b) $\| x \|_2 := (\sum\limits_{i=1}^{d} |x_i|^2)^{1/2}$.

Daß die Wahl der Norm in den Ungleichungen (3a,b) und (6a,b) unwesentlich ist, ist eine Folge der

Bemerkung 1.3.3 Alle Normen auf einem endlichdimensionalen Vektorraum X sind *äquivalent*, d.h. für jedes Paar $\|\cdot\|$ und $\|\!\|\cdot\|\!\|$ von Normen gibt eine Konstante C, so daß

$$\|x\| \le C \|\!\|x\|\!\| , \quad \|\!\|x\|\!\| \le C \|x\| \qquad \text{für alle } x \in X .$$

Beweis. vgl. Hackbusch [3,§2.6.2] .

1.3.2 Banach-Räume $C^\varkappa(D)$, $C_\mathit{\xi}^\varkappa(D)$, $\hat{C}^\varkappa(D)$

Sei $f \in C(D)$. Durch

(1.3.4a) $\| f \|_\infty := \| f \|_{\infty, D} := \sup\{ |f(x)| : x \in D \}$

ist die *Supremumsnorm* definiert. Da das Supremum in (4a) i.a. auch den Wert ∞ annehmen kann, ist $\|\cdot\|_\infty$ noch keine Norm auf $C(D)$. Es ist aber eine Norm auf der Teilmenge der beschränkten stetigen Funktionen:

(1.3.5) $C_b(D) := \{ f \in C(D) : \| f \|_\infty < \infty \}$.

Übungsaufgabe 1.3.4 Man zeige: $C_b(D) = C(D)$ für kompakte D.

Da für kompakte D in (4a) das Supremum durch das Maximum ersetzt werden kann, nennt man $\|\cdot\|_\infty$ auch die *Maximumnorm* (auf D).

Für den normierten Raum $(C_b(D), \|\cdot\|_\infty)$ wird aber traditionell wieder $(C(D), \|\cdot\|_\infty)$ geschrieben.

Bemerkung 1.3.5 (a) Die Konvergenz $f_n \to f$ bezüglich der Supremumsnorm $\|\cdot\|_{\infty, D}$ ist die *gleichmäßige Konvergenz* auf D. **(b)** $(C(D), \|\cdot\|_\infty)$ ist ein Banach-Raum.

Beweis zu (b). Die Grenzfunktion stetiger f_n bei gleichmäßiger Konvergenz ist stetig. Also ist $(C(D), \|\cdot\|_\infty)$ vollständig.   ▨

Analog ist $(C^k(D), \|\cdot\|_{C^k(D)})$, $k \in \mathbf{N}_0$, der Banach-Raum, der die bezüglich $\|\cdot\|_{C^k(D)}$ beschränkten Funktionen aus $C^k(D)$ enthält, wobei

(1.3.4b) $\| f \|_{C^k(D)} := \max\{ \| f^{(l)} \|_{\infty, D} : 0 \le l \le k \}$

die gleichmäßige Konvergenz aller Ableitungen $f^{(l)}$, $0 \le l \le k$, beschreibt.

Für global Lipschitz-stetige Funktionen verwendet man die Norm

(1.3.4c) $\|f\|_{C_L(D)} := \max\{\|f\|_{\infty,D}, L_f\}$,

wobei L_f die kleinste Konstante ist, die die Lipschitz-Abschätzung
(2.3b) erfüllt. Für $f \in C_L^k(D)$ definiert man in Analogie zu (4b) die Norm

(1.3.4d) $\|f\|_{C_L^k(D)} := \max\{\|f^{(\ell)}\|_{C_L(D)} : 0 \le \ell \le k\}$.

Die Hölder-stetigen Funktionen bilden den Banach-Raum
$(C^\varkappa(D), \|\cdot\|_{C^\varkappa(D)})$, der für $\varkappa \in \mathbb{N}_0$ schon in (4b) definiert ist. Sei $\varkappa = k + \lambda$
mit $k \in \mathbb{N}_0$ und $0 < \lambda < 1$. Für $k = 0$ wird

(1.3.4e$_1$) $\|f\|_{C^\varkappa(D)} := \max\{\|f\|_{\infty,D}, L_{f,\varkappa}\}$ für $0 < \varkappa < 1$,

wobei $L = L_{f,\varkappa}$ die kleinste Konstante ist, die der Abschätzung (2.6b) für
$\lambda = \varkappa$ genügt. Für $\varkappa = k + \lambda$, $k \in \mathbb{N}$ und $0 < \lambda < 1$ setzt man

(1.3.4e$_2$) $\|f\|_{C^\varkappa(D)} := \max\{\|f\|_{C^k(D)}, \|f^{(k)}\|_{C^\lambda(D)}\}$ für $\varkappa = k + \lambda$.

Bei späteren Fehlerabschätzungen werden wir mit der $C_L^{k-1}(D)$-Norm
die gleichen Schranken erzielen wie mit der $C^k(D)$-Norm, obwohl $C_L^{k-1}(D)$
unter gewissen Bedingungen an D einen echten Unterraum von $C^k(D)$
darstellt. Man gelang daher zu gleichen Resultaten, wenn die Räume

(1.3.4f) $\hat{C}^\varkappa(D) := \begin{cases} C^\varkappa(D) & \text{für } \varkappa = 0 \text{ und nicht-ganzzahliges } \varkappa > 0, \\ C_L^{\varkappa-1}(D) & \text{für } \varkappa \in \mathbb{N}. \end{cases}$

anstelle von $C^\varkappa(D)$, $\varkappa \ge 0$, zugrunde gelegt werden.

1.3.3 Banach-Räume $L^1(D)$, $L^2(D)$, $L^\infty(D)$

Weitere Beispiele für Banach-Räume und zugehörige Normen sind

(1.3.5a) $L^1(D) := \{f : \text{Lebesgue-integrierbar über } D\}$ mit

(1.3.5b) $\|f\|_1 := \int_D |f(x)|\,dx$,

(1.3.6a) $L^2(D) := \{f : f \text{ meßbar und } f^2 \in L^1(D)\}$ mit

(1.3.6b) $\|f\|_2 := \left[\int_D |f(x)|^2\,dx\right]^{1/2}$,

(1.3.7a) $L^\infty(D) := \{f : \text{meßbar in } D \text{ und } \|f\|_\infty < \infty\}$, wobei

(1.3.7b) $\|f\|_\infty := \inf\{\sup\{|f(x)| : x \in S\} : S \subset D \text{ mit } \mu(D \setminus S) = 0\}$.

In den bezeichneten Räumen werden zwei Funktionen identifiziert,
wenn sie bis auf eine Menge vom Maß null übereinstimmen. Genau genommen sind deshalb die Elemente der Räume $L^1(D)$, $L^2(D)$ und $L^\infty(D)$
keine Funktionen, sondern Äquivalenzklassen von Funktionen. Die Norm
$\|f\|_\infty$ stimmt für die stetigen Funktionen $C(D) \subset L^\infty(D)$ mit der Supremumsnorm (4a) überein. Mit «$C(D) \subset L^\infty(D)$» ist gemeint: Für jedes
$f \in C(D)$ gibt es eine Äquivalenzklasse $\Phi \in L^\infty(D)$ mit $f \in \Phi$. Die rechte
Seite in (7b) wird auch «wesentliches Supremum» («vrai max» oder
«sup ess») von f genannt. Es berücksichtigt, daß f auf jeder Menge $D \setminus S$
vom Maß $\mu(D \setminus S) = 0$ beliebig definiert werden kann, ohne f zu ändern.

1.3.4 Dichte Teilräume

Definition 1.3.6 Sei $A \subset X$ eine Untermenge eines Banach-Raumes X. Wenn der Abschluß $\bar{A}$ mit X übereinstimmt, heißt A _dicht_ in X. Ist A außerdem ein Unterraum, so heißt A _dichter Unterraum_.

Übungsaufgabe 1.3.7 Man zeige: A ist genau dann dicht in X, wenn zu jedem $x \in X$ und jedem $\varepsilon > 0$ ein $a \in A$ mit $\| x - a \| \leq \varepsilon$ existiert.

> **Satz 1.3.8** (Approximationssatz von Weierstraß) $D \subset \mathbf{R}^d$ sei kompakt. Der Unterraum aller Polynome ist dicht in $C(D)$.

Ein weiteres Beispiel enthält die

Bemerkung 1.3.9 Ein dichter Unterraum in $X = L^2(D)$ ist $C_0(D) := \{ f \in C(D): \text{Träger}(f) \text{ kompakt} \}$. Dabei ist der _Träger_ von f durch

$$\text{Träger}(f) := \overline{\{ x \in D: f(x) \neq 0 \}}$$

definiert.

1.3.5 Banachscher Fixpunktsatz

> **Satz 1.3.10** Sei X ein Banach-Raum und $\Phi : X \to X$ eine _kontrahierende_ Abbildung, d.h. es gebe eine Zahl $0 \leq q < 1$, so daß
>
> (1.3.8) $\qquad \| \Phi(x) - \Phi(y) \| \leq q \| x - y \|$ $\qquad$ für alle $x, y \in X$.
>
> Dann gilt: (i) Die _Fixpunktgleichung_
>
> (1.3.9) $\qquad x^* = \Phi(x^*)$
>
> hat genau eine Lösung $x^* \in X$. (ii) Für jeden Startwert $x^0 \in X$ wird durch
>
> (1.3.10a) $\quad x^{i+1} := \Phi(x^i)$
>
> eine Folge $\{x^i\}$ definiert, die gegen die Lösung x^* von (9) konvergiert. (iii) Es gilt die Fehlerabschätzung
>
> (1.3.10b) $\quad \| x^* - x^i \| \leq q^i \| x^1 - x^0 \| / (1 - q)$.

Beweis. (i) Man wende Ungleichung (8) auf $x := x^i$ und $y := x^{i+1}$ an:

(1.3.10c) $\qquad \| x^{i+1} - x^i \| \leq q \| x^i - x^{i-1} \| \leq q^i \| x^1 - x^0 \|$ $\qquad$ für $i \geq 1$.

Die Dreiecksungleichung und Summation über $j = i, i+1, \ldots, k-1$ liefern

(1.3.10d) $\qquad \| x^k - x^i \| \leq \| x^k - x^{k-1} \| + \ldots + \| x^{i+1} - x^i \| \leq$
$\qquad\qquad \leq (q^{k-1} + \ldots + q^i) \| x^1 - x^0 \| = (q^i - q^k) \| x^1 - x^0 \| / (1 - q)$.

Also ist $\{x^i\}$ eine Cauchy-Folge, die im Banach-Raum gegen ein $x^* \in X$ konvergiert. Die Lipschitz-Bedingung (8) impliziert Stetigkeit von Φ; somit ist $x^* = \lim x^{i+1} = \lim \Phi(x^i) = \Phi(x^*)$, d.h. x^* ist eine Lösung von (9).

(b) Seien x^* und x^{**} zwei Lösungen von (9). Aus (8) schließt man $\| x^* - x^{**} \| \leq q \| x^* - x^{**} \|$ mit $q < 1$, also $\| x^* - x^{**} \| = 0$. Damit ist die Eindeutigkeit der Lösung bewiesen.

(c) Führt man in (10d) den Limes $k \to \infty$ durch, erhält man (10b). ■

1.3.6 Lineare Operatoren

Im folgenden werden lineare Abbildungen $A: x \mapsto Ax$ von einem Banach-Raum X in einen weiteren Banach-Raum Y betrachtet, wobei häufig $X = Y$. Ein solcher «Operator» $A: X \to Y$ heißt _beschränkt_, wenn die _Operatornorm_

$$(1.3.11a) \qquad \|A\|_{Y \leftarrow X} := \sup\{\|Ax\|_Y / \|x\|_X : 0 \neq x \in X\}$$

endlich ist. Wie der Name besagt, erfüllt die Operatornorm $\|\cdot\|_{Y \leftarrow X}$ die Normaxiome (1a-c).

Die Beweise zum nächsten Satz finden sich in den Anfangskapiteln jedes Buches über Funktionalanalysis (z.B. Heuser [1,§10]).

Satz 1.3.11 (a) Ein linearer Operator $A: X \to Y$ ist genau dann stetig, wenn er beschränkt ist. **(b)** Die mit

$$L(X,Y) := \{A: X \to Y \text{ linear und stetig}\}$$

bezeichnete Menge bildet einen linearen Raum. Versehen mit der Operatornorm $\|\cdot\|_{Y \leftarrow X}$ wird $L(X,Y)$ zu einem Banach-Raum. **(c)** Es gilt

$$(1.3.11b) \qquad \|Ax\|_Y \leq \|A\|_{Y \leftarrow X}\|x\|_X \quad \text{für alle } A \in L(X,Y) \text{ und alle } x \in X.$$

(d) Für $A \in L(X,Y)$ und $B \in L(Y,Z)$ ist das Produkt BA durch die Hintereinanderausführung $(BA)x = B(Ax)$ definiert. Es gilt $BA \in L(X,Z)$ und

$$(1.3.11c) \qquad \|BA\|_{Z \leftarrow X} \leq \|B\|_{Z \leftarrow Y}\|A\|_{Y \leftarrow X}.$$

Übungsaufgabe 1.3.12 Sei $A \in L(X,Y)$. **(a)** Man beweise, daß $\|A\|_{Y \leftarrow X} = \sup\{\|Ax\|_Y : x \in X, \|x\|_X \leq 1\}$ eine zu (11a) äquivalente Definition ist. **(b)** Aus $\|Ax\|_Y \leq C\|x\|_X$ für alle $x \in X$ folgere man $\|A\|_{Y \leftarrow X} \leq C$. **(c)** C sei die kleinste Konstante, so daß $\|Ax\|_Y \leq C\|x\|_X$ für alle $x \in X$. Man zeige $C = \|A\|_{Y \leftarrow X}$.

Aus dem Satz von der offenen Abbildung (vgl. Heuser [1,§39] oder Yosida [1,§II.5]) folgt der

Satz 1.3.13 (Satz von der stetigen Inversen) X und Y seien Banach-Räume. Ist $A \in L(X,Y)$ bijektiv (also injektiv und surjektiv), so gilt auch $A^{-1} \in L(Y,X)$.

Der folgende Satz zeigt, daß die invertierbaren Operatoren eine offene Menge in $L(X,Y)$ bilden.

Lemma 1.3.14 X und Y seien Banach-Räume. Es gelte $S, T \in L(X,Y)$, $T^{-1} \in L(Y,X)$ und

$$(1.3.12a) \qquad \|S - T\|_{Y \leftarrow X}\|T^{-1}\|_{X \leftarrow Y} < 1.$$

Dann gilt auch $S^{-1} \in L(Y,X)$ und

$$(1.3.12b) \qquad \|S^{-1}\|_{X \leftarrow Y} \leq \|T^{-1}\|_{X \leftarrow Y} / [1 - \|S - T\|_{Y \leftarrow X}\|T^{-1}\|_{X \leftarrow Y}].$$

Beweis. Sei $y \in Y$. Die Abbildung $\Phi(x) := T^{-1}(T-S)x + T^{-1}y$ ist kontrahierend, da $\|\Phi(x) - \Phi(x')\|_X = \|T^{-1}(T-S)(x-x')\|_X \leqslant q\|x-x'\|_X$ mit $q := \|T^{-1}\|_{X \leftarrow Y}\|S-T\|_{Y \leftarrow X} < 1$. Der Banachsche Fixpunktsatz (Satz 10) garantiert die eindeutige Lösbarkeit von $x = \Phi(x)$. Diese Fixpunktgleichung ist äquivalent zu $Tx = T\Phi(x) = (T-S)x + y$ und $Sx = y$. Damit ist S bijektiv und $S^{-1} \in L(Y,X)$ (vgl. Satz 13). In (10a,b) wähle man $x^0 := 0$, d.h. $x^1 = \Phi(x^0) = T^{-1}y$. Abschätzung (10b) liefert

$$\|S^{-1}y\|_X = \|x\|_X = \|x - x^0\|_X \leqslant q^0 \|x^1 - x^0\|_X / (1-q) =$$
$$= \|T^{-1}y\|_X / (1-q) \leqslant \|T^{-1}\|_{X \leftarrow Y} \|y\|_Y / (1-q)$$

für ein beliebiges $y \in Y$. Damit ist $\|S^{-1}\|_{X \leftarrow Y} \leqslant \|T^{-1}\|_{X \leftarrow Y} / (1-q)$. ▩

Ein spezieller Banach-Raum sind die reellen Zahlen $\mathbf{R}$ bzw. die komplexen Zahlen $\mathbf{C}$ mit dem Betrag als Norm. Für die Wahl $Y = \mathbf{R}$ bzw. $Y = \mathbf{C}$ wird $X' := L(X,Y)$ der (reell- oder komplexwertige) *Dualraum* genannt. In Übereinstimmung mit (11a) ist $\|\varphi\|_{X'} := \sup\{|\varphi(x)| : x \in X\}$ die *Dualnorm*. Jedem Operator $A \in L(X,Y)$ läßt sich ein *dualer Operator* $A' \in L(Y',X')$ zuordnen. Der Wert $A'y' \in X'$ für ein $y' \in Y'$ ist durch $(A'y')(x) := y'(Ax)$ definiert.

1.3.7 Satz von der gleichmäßigen Beschränktheit

In den numerischen Anwendungen erhält man häufig eine Folge T_n von Operatoren, für die man gleichmäßige Abschätzungen benötigt. Eine Aussage hierzu ergibt der

---

Satz 1.3.15 (Satz von der gleichmäßigen Beschränktheit) X und Y seien Banach-Räume. Für die Folge $T_n \in L(X,Y)$, $n \in \mathbf{N}$, gelte

(1.3.13a) $\sup\{\|T_n x\|_Y : n \in \mathbf{N}\} < \infty$ für alle $x \in X$.

Dann ist die Folge $\|T_n\|_{Y \leftarrow X}$ gleichmäßig beschränkt:

(1.3.13b) $\sup\{\|T_n\|_{Y \leftarrow X} : n \in \mathbf{N}\} < \infty$.

Beweis. vgl. Heuser [1,§40] oder Yosida [1,§II.1].

Da eine konvergente Folge insbesondere beschränkt ist, folgt die
Bemerkung 1.3.16 X und Y seien Banach-Räume. Für die Folge $T_n \in L(X,Y)$, $n \in \mathbf{N}$, existiere $\lim_{n \to \infty} T_n x$ für alle $x \in X$. Dann folgt (13b).

In Bemerkung 16 kann durch

$$Tx := \lim_{n \to \infty} T_n x$$

eine lineare Abbildung T definiert werden, für die $T \in L(X,Y)$ nachgewiesen werden kann. Eine Variante des Satzes von der gleichmäßigen Beschränktheit, die die punktweise Konvergenz $T_n x \to Tx$ zugrunde legt, ist der

---

Satz 1.3.17 (Satz von Banach-Steinhaus) X und Y seien Banach-Räume. Die Operatoren $T_n \in L(X,Y)$ konvergieren genau dann punktweise gegen $T \in L(X,Y)$, d.h.

(1.3.14a)　　$T_n x \to T x$　in X　für alle　$x \in X$,

wenn die gleichmäßige Beschränktheit (13b) erfüllt ist und eine dichte Menge $M \subset X$ existiert, so daß

(1.3.14b)　　$\lim\limits_{n \to \infty} T_n x$　in X　für alle　$x \in M$ existiert.

Beweis. (i) Aus (14a) folgen (13b) nach Bemerkung 16 und (14b).

(ii) Sei $\xi \in X$ und x_k eine Folge aus M mit $x_k \to \xi$. Man spalte $(T_n - T_m)\xi$ in $T_n(\xi - x_k) + (T_n - T_m)x_k + T_m(x_k - \xi)$ auf. Wegen (13b) können der erste und letzte Summand unabhängig von n und m durch geeignete Wahl von k hinreichend klein gemacht werden. Ist k aber fest gewählt, stebt der mittlere Term für $n,m \to \infty$ gegen null. Damit ist $T_n\xi$ eine Cauchy-Folge, die in Y gegen einen Wert $\eta =: T\xi$ konvergiert.　　◻

Bemerkung 1.3.18 Die punktweise Konvergenz (14a) folgt aus der Konvergenz $\| T_n - T \|_{Y \leftarrow X} \to 0$ in der Operatornorm, aber nicht umgekehrt. Wenn T_n nicht in der Operatornorm, sondern nur punktweise gegen T konvergiert, so gibt es $x \in X$, so daß $T_n x$ *beliebig langsam* gegen $T x$ strebt. Letzteres bedeutet, daß es keine positive Nullfolge $\{\alpha_n\}$ gibt, so daß $\sup\{ \| T_n x - T x \|_Y / \alpha_n : n \in \mathbb{N} \} < \infty$ (d.h. $\| T_n x - T x \|_Y \leqslant O(\alpha_n)$).

Beweis. Würde die Konvergenzgeschwindigkeit mindestens $O(\alpha_n)$ betragen, würde $S_n := (T_n - T)/\alpha_n$ der Bedingung (13a) genügen. Nach Satz 15 wäre $\| S_n \|_{Y \leftarrow X} \leqslant C$ gleichmäßig beschränkt, d.h. $\| T_n - T \|_{Y \leftarrow X} \leqslant C \alpha_n \to 0$ konvergiert in der Operatornorm.　　◻

1.3.8 Kompakte Mengen und kompakte Abbildungen

Sei X ein Banach-Raum. Eine Teilmenge $M \subset X$ heißt *präkompakt*, falls jede Folge $x_k \in M$ eine in X konvergente Teilfolge besitzt. $M \subset X$ heißt *kompakt*, falls M außerdem abgeschlossen ist.

Übungsaufgabe 1.3.19 (a) In $X = \mathbb{R}^d$ stimmen die Begriffe «präkompakt» und «beschränkt» überein. **(b)** Präkompakte Mengen sind stets beschränkt. **(c)** Das Bild einer [prä]kompakten Menge unter einer stetigen Abbildung ist wieder [prä]kompakt.

Übungsaufgabe 19a beschreibt den einzigen Fall, für den «präkompakt» und «beschränkt» zusammenfallen. Es gilt nämlich die

Bemerkung 1.3.20 Die Einheitskugel $\{ x \in X : \| x \| \leqslant 1 \}$ eines Banach-Raumes X ist genau dann kompakt, wenn $\dim X < \infty$.

Definition 1.3.21 X,Y seien Banach-Räume. Ein Operator $T \in L(X,Y)$ heißt *kompakt*, wenn das Bild $\{ T x : x \in X, \| x \|_X \leqslant 1 \}$ der X-Einheitskugel in Y präkompakt ist.

Übungsaufgabe 1.3.22 Man zeige: **(a)** $T \epsilon L(X,Y)$ ist genau dann kompakt, wenn jede beschränkte Folge x_k aus dem Banach-Raum X eine Teilfolge x_{k_l} besitzt, so daß $T x_{k_l}$ im Banach-Raum Y konvergiert. **(b)** $I \epsilon L(X,X)$ bezeichne die Identität: $Ix = x$ für alle $x \epsilon X$. I ist genau dann kompakt, wenn $\dim X < \infty$. **(c)** Mit $S, T \epsilon L(X,Y)$ ist auch die Linearkombination $\alpha S + \beta T$ $(\alpha, \beta \epsilon C)$ kompakt. **(d)** Die Voraussetzung $T \epsilon L(X,Y)$ in Definition 21 ist nicht notwendig: Kompaktheit impliziert Stetigkeit. _Hinweise_. (a) Man untersuche $\xi_k := x_k / C$ für $C := \sup \{ \| x_k \| : k \epsilon N \}$. (b) vgl. Bemerkung 20. (c) Man wähle eine Teilfolge $\xi_l := x_{k_l}$, so daß $T \xi_l$ konvergiert, und eine Teilfolge ξ_{l_j} von ξ_l, so daß $S \xi_{l_j}$ konvergiert. (d) vgl. Übungsaufgabe 19b.

Aufgrund von Übungsaufgabe 22c bilden die kompakten linearen Operatoren einen linearen Unterraum, den wir mit $K(X,Y)$ bezeichnen:

$$K(X,Y) := \{ T \epsilon L(X,Y) : T \text{ kompakt} \}.$$

Kompakte Operatoren werden gelegentlich auch als «_vollstetige_» Operatoren bezeichnet.

Für kompakte Operatoren gelten die folgenden "Rechenregeln":

Satz 1.3.23 Im folgenden seien X, Y, Z Banach-Räume.

(a) Das Produkt $ST \epsilon L(X,Z)$ ist kompakt, wenn einer der Faktoren $T \epsilon L(X,Y)$ oder $S \epsilon L(Y,Z)$ kompakt ist.

(b) Für $T_n \epsilon K(X,Y)$ existiere $\lim T_n =: T$ in der Operatornorm. Dann ist auch T kompakt. Damit ist $K(X,Y)$ ein abgeschlossener Unterraum von $L(X,Y)$.

(c) $T \epsilon L(X,Y)$ ist kompakt, falls $\text{Bild}(T)$ endlichdimensional ist.

(d) $T \epsilon L(X,Y)$ ist genau dann kompakt, wenn der Dualoperator $T' \epsilon L(Y', X')$ kompakt ist.

Die Identitäten $I \epsilon L(Y,Y)$ und $I \epsilon L(X,X)$ dürfen nicht mit der _Inklusion_ (oder _Einbettung_) $I \epsilon L(Y,X)$ eines Unterraumes $Y \subset X$ in X verwechselt werden. $I \epsilon L(Y,X)$ und $I \epsilon L(Y,Y)$ sind zwar algebraisch gleich $(Iy = y)$, es liegen jedoch unterschiedliche Topologien zugrunde.

Definition 1.3.24 X und Y seien zwei Banach-Räume mit der Eigenschaft $Y \subset X$. Dann heißt Y _stetig_ bzw. _kompakt in_ X _eingebettet_, falls $I \epsilon L(Y,X)$ bzw. $I \epsilon K(Y,X)$.

Übungsaufgabe 1.3.25 (a) Y ist stetig in X eingebettet, falls $\| \cdot \|_X \leqslant C \| \cdot \|_Y$ für ein $C \epsilon R$. **(b)** Y ist kompakt in X eingebettet, falls jede in Y beschränkte Folge $y_k \epsilon Y$ eine in X konvergente Teilfolge besitzt.

Wir wenden uns nun wieder der Definition des Begriffs «präkompakt» zu und wollen präkompakte Teilmengen im Raum $C(D)$ charakterisieren.

Satz 1.3.26 (Satz von Arzelà-Ascoli) D sei kompakt und M eine Teilmenge von $C(D)$. M ist präkompakt, wenn M *gleichmäßig beschränkt*:

(1.3.15a) $\sup\{\|f\|_\infty: f \in M\} < \infty$

und *gleichgradig stetig* ist, d.h. zu jedem $\varepsilon > 0$, $x \in D$ existiere ein δ mit

(1.3.15b) $|f(x) - f(y)| \leq \varepsilon$ für alle $f \in M$ und $x, y \in D$ mit $|x - y| \leq \delta$.

Beweis. vgl. Yosida [1,§III.3] □

Satz 1.3.27 Sei D kompakt und $0 \leq \varkappa < \lambda$. Dann sind die Einbettungen $C^\lambda(D) \subset C^\varkappa(D)$ und $\hat{C}^\lambda(D) \subset \hat{C}^\varkappa(D)$ kompakt.

Beweis. (i) Zunächst sei $\varkappa = 0$ und o.B.d.A. $\lambda < 1$ angenommen. Ist M eine beschränkte Teilmenge der Hölder-stetigen Funktion $C^\lambda(D)$, so gilt (15b) mit $\delta := (\varepsilon/L)^{1/\lambda}$, wenn $L := \sup\{\|f\|_{C^\lambda(D)}: f \in M\}$.

(ii) Sei nun $0 < \varkappa < \lambda < 1$ und $M \subset C^\lambda(D)$ eine beschränkte Menge. Gemäß Teil (i) finden wir zu einer beliebigen Folge eine Teilfolge $f_k \in M$, die in $C(D)$ konvergiert. Man setze

$$F_k(x, y) := [f_k(x) - f_k(y)]/|x - y|^\varkappa \quad \text{für } (x, y) \in D \times D \text{ mit } x \neq y.$$

F_k ist in $x = y$ stetig fortsetzbar durch $F_k(x, x) := 0$. $\{F_k: k \in \mathbb{N}\}$ ist eine beschränkte Folge in $C(D \times D)$. Man rechnet nach, daß $F_k(x, y)$ bei festem y bezüglich x zu $C^{\lambda-\varkappa}(D)$ gehört, wobei die Hölder-Konstante von k und y unabhängig gewählt werden kann. Analoges gilt für $F_k(x, \cdot) \in C^{\lambda-\varkappa}(D)$. Übungsaufgabe 2.3c zeigt, daß F_k zu $C^{\lambda-\varkappa}(D \times D)$ gehört und die Folge $\{F_k: k \in \mathbb{N}\}$ in $C^{\lambda-\varkappa}(D \times D)$ beschränkt ist. Teil (i) sichert die Existenz einer Teilfolge F_{k_j}, die in $C(D \times D)$ konvergiert. Da die Hölder-Konstante von $f_i - f_\ell$ mit $\|F_i - F_\ell\|_{\infty, D \times D}$ übereinstimmt und die letzte Größe für die Teilfolge gegen null strebt, ist die Teilfolge f_{k_j} in $C^\varkappa(D)$ Cauchy-konvergent. ∎

1.3.9 Riesz-Schauder-Theorie

Sei $T \in L(X, X)$. Falls $\lambda I - T$ mit $\lambda \in \mathbb{C}$ bijektiv ist (vgl. Satz 13), heißt λ *regulärer Wert* von T, andernfalls *singulärer Wert* von T. Wir definieren das *Spektrum von T* durch

$$\sigma(T) := \{\lambda \in \mathbb{C}: \lambda \text{ singulärer Wert von } T\}.$$

$\lambda \in \sigma(T)$ heißt *Eigenwert*, falls die Gleichung $\lambda e = T e$ eine nichttriviale Lösung (Eigenfunktion) $e \in X$ besitzt. Man beachte, daß $\sigma(T)$ im allgemeinen auch singuläre Werte λ enthalten kann, die keine Eigenwerte sind. Der folgende Satz besagt, daß für kompakte Operatoren $T \in K(X, X)$ die gleiche Situation wie für (endliche) lineare Gleichungssysteme vorliegt.

Satz 1.3.28 (Riesz-Schauder-Theorie) X sei Banach-Raum und $T \in K(X,X)$ kompakt. $\lambda \in \mathbb{C}$ sei von null verschieden. **(a)** Entweder gilt **(i)** $(\lambda I - T)^{-1} \in L(X,X)$ oder **(ii)** λ ein Eigenwert. **(b)** Der Eigenraum Kern$(\lambda I - T)$ hat die gleiche endliche Dimension wie der Quotientenraum $X / \text{Bild}(\lambda I - T)$. **(c)** Das Spektrum $\sigma(T)$ besteht aus höchstens abzählbar vielen Elementen, die sich nur in null häufen können.

Der Teil (b) des Satzes besagt insbesondere, daß $\lambda I - T$ genau dann injektiv ist, wenn es surjektiv ist.

1.3.10 Hilbert-Räume, Orthogonalräume, Projektionen

Definition 1.3.29 Ein Banach-Raum X heißt *Hilbert-Raum*, wenn auf $X \times X$ ein *Skalarprodukt* $\langle \cdot , \cdot \rangle = \langle \cdot , \cdot \rangle_X : X \times X \mapsto \mathbb{C}$ definiert ist und mit der Norm über $\| f \|_X = \langle f,f \rangle^{1/2}$ zusammenhängt.

Bemerkung 1.3.30 Unter den bisher genannten Banach-Räumen ist $L^2(D)$ der einzige Hilbert-Raum. Das Skalarprodukt auf $L^2(D)$ lautet

$$(1.3.16) \qquad \langle f,g \rangle := \int_D f(x)\, \overline{g(x)}\, dx \qquad \text{für alle } f,g \in L^2(D).$$

Zwei Funktionen $f,g \in X$ eines Hilbert-Raumes X heißen *orthogonal* (in Zeichen: $f \perp g$), falls $\langle f,g \rangle = 0$. $f \in X$ heißt orthogonal auf einer Menge $M \subset X$ (Abk.: $f \perp M$), falls $f \perp g$ für alle $g \in M$. Der *Orthogonalraum* zu $M \subset X$ ist

$$(1.3.17) \qquad M^\perp := \{ g \in X : g \perp M \}.$$

Der folgende Satz gestattet eine Zerlegung des Hilbert-Raumes:

Satz 1.3.31 V sei ein abgeschlossener Unterraum eines Hilbert-Raumes X. $W := V^\perp$ sei der Orthogonalraum zu V. Dann ist X die direkte Summe von V und W, d.h. jedes $x \in X$ hat eine eindeutige Darstellung $x = v + w$ mit $v \in V$ und $w \in W$.

Definition 1.3.32 (a) Eine lineare Abbildung $T : X \to X$ heißt *Projektion*, wenn $T = T^2$. **(b)** X sei Hilbert-Raum. $T \in L(X,X)$ heißt *orthogonale Projektion*, falls T Projektion und selbstadjungiert ist, d.h. $\langle Tf,g \rangle = \langle f,Tg \rangle$ für alle $f,g \in X$.

Die orthogonalen Projektionen sind durch ihre Bildräume eindeutig charakterisiert.

Bemerkung 1.3.33 (a) $T \in L(X,X)$ sei orthogonale Projektion mit dem Bildraum $V := \text{Bild}(T)$. $W := V^\perp$ sei der Orthogonalraum zu V. Dann ist V abgeschlossen und es gilt

$$(1.3.18a) \qquad Tx = v \qquad \text{für alle } x = v + w \text{ mit } v \in V, w \in W.$$

(b) Sei V ein abgeschlossener Unterraum des Hilbert-Raumes X. Dann definiert (18a) eine orthogonale Projektion.

(c) Eine weitere, implizite Charakterisierung von T aus (18a) lautet:

$$(1.3.18') \qquad v = Tx \text{ minimiert den Ausdruck } \inf \{ \| x - \xi \|_X : \xi \in V \}.$$

1.4 Grundlagen aus der Numerischen Mathematik

1.4.1 Interpolation

Im folgenden sei $D \subset R^d$ der Definitionsbereich der interpolierenden und der zu interpolierenden Funktionen. Auf D seien n paarweise verschiedene _Stützstellen_

$$(1.4.1) \qquad x_i = x_{i,n} \in D \quad (i = 1, 2, \dots, n) \qquad (x_i \neq x_j \text{ für } i \neq j)$$

gegeben. Zur weiteren Charakterisierung einer (linearen) Interpolation sei ein linearer Unterraum

$$(1.4.2) \qquad V = V_n \subset C(D) \quad \text{mit } \dim V = n$$

der auf D stetigen Funktionen vorgegeben. Die Interpolationsaufgabe besteht darin, zu einem beliebigen Satz von _Stützwerten_ $y_i \in R$ $(i = 1, \dots, n)$ eine Funktion $\varphi \in V$ mit

$$(1.4.3) \qquad \varphi(x_i) = y_i \qquad\qquad\qquad \text{für alle } i = 1, \dots, n$$

zu finden. Die Aufgabe (3) braucht i.a. nicht lösbar oder eindeutig lösbar zu sein, aber Lösbarkeit und Eindeutigkeit sind äquivalent. Es gilt das

Lemma 1.4.1 Die Interpolationsaufgabe (3) ist genau dann eindeutig lösbar, wenn die Nullfunktion die einzige Lösung $\varphi \in V$ von $\varphi(x_i) = 0$ $(1 \leqslant i \leqslant n)$ ist.

Im folgenden ist die eindeutige Lösbarkeit der Interpolationsaufgabe stets vorausgesetzt. Unter den möglichen Basen des linearen Raumes V ist die folgende besonders gut für Darstellungszwecke geeignet.

Definition 1.4.2 Die Lösung $L_{i,n} = L_i \in V$ der Interpolationsaufgabe

$$(1.4.4a) \qquad L_i(x_j) = \delta_{ij} := \begin{cases} 1 & \text{für } i = j \\ 0 & \text{für } i \neq j \end{cases} \qquad (1 \leqslant i, j \leqslant n)$$

heißt _Lagrange-Funktion_ (zur Stützstelle x_i). Die Basis $\{L_i\}_{i=1,\dots,n}$ heißt _Lagrange-Basis_.

Aufgrund der Linearität (vgl. Übung 7a) erhält man sofort das

Lemma 1.4.3 Die eindeutige Lösung der Interpolationsaufgabe (3) lautet

$$(1.4.4b) \qquad \varphi(x) = \sum_{i=1}^{n} y_i L_i(x) \qquad\qquad \text{für } x \in D.$$

Das klassische Beispiel für die Interpolation ist

Beispiel 1.4.4 (Polynominterpolation) Sei $I \subset R$. Zur Polynominterpolation wählt man $V := \{P: P \text{ ist Polynom vom Grad } \leqslant n-1\}$. Offenbar ist $\dim V = n$, wie in (2) verlangt. Da das Nullpolynom das einzige Polynom mit n Nullstellen bei x_i $(1 \leqslant i \leqslant n)$ ist, garantiert Lemma 1 die eindeutige Lösbarkeit. Die Lagrange-Funktionen sind die wohlbekannten _Lagrange-Polynome_ $L_i(x) = \prod_{j \neq i}[(x - x_j)/(x_i - x_j)]$.

In modernen Anwendungen überwiegen die *stückweisen* Polynominterpolationen. Dabei wird im eindimensionalen Fall das Intervall $D=I=[a,b]$ in Teilintervalle $I_k=[x_k,x_{k+1}]$ mit den Endpunkten

(1.4.5a) $a=x_{1,n}<x_{2,n}<\dots<x_{n-1,n}<x_{n,n}=b$ (Kurznotation: $x_j=x_{j,n}$)

zerlegt. Mit dieser Intervallzerlegung wird die _Schrittweite_ h assoziiert:

(1.4.5b) $h:=h_n:=\max\{|x_{k,n}-x_{k-1,n}|: 2\leq k\leq n\}$.

Zur Konvergenz $h_n\to 0$ setzen wir voraus, eine Zahl C existiere mit

(1.4.5c) $h_n\leq C/n$ für $n\in\mathbf{N}$.

Die _äquidistante Zerlegung_ ist durch $x_{k,n}=a+(k-1)h$ mit der Schrittweite $h=1/(n-1)$ charakterisiert.

Beispiel 1.4.5 (stückweise lineare Interpolation) Die Zerlegung (5a) von $I=[a,b]$ sei gegeben. V bestehe aus allen stetigen Funktionen, die auf den Teilintervallen $[x_i,x_{i+1}]$ für $i=1,\dots,n-1$ linear sind. Die Lösung $\varphi\in V$ von (3) kann sofort explizit angegeben werden. Für $x\in[x_i,x_{i+1}]$ gilt $\varphi(x)= \{(x-x_i)y_{i+1}+(x_{i+1}-x)y_i\}/(x_{i+1}-x_i)$.

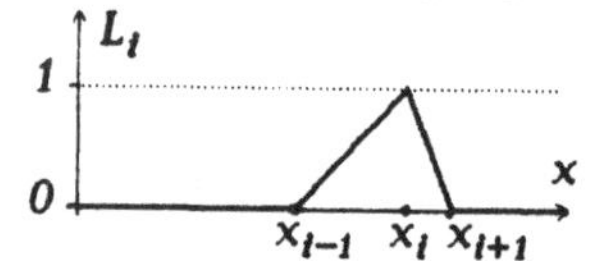

Abb. 1.4.1 «Hutfunktion» L_i

Die Lagrange-Funktionen L_i («Hutfunktionen», vgl. Abb. 1) sind durch (6) gegeben:

(1.4.6) $L_i(x) = \begin{cases} (x_{i+1}-x)/(x_{i+1}-x_i) & \text{für } x\in I_i, \quad \text{falls } i<n, \\ (x-x_i)/(x_i-x_{i-1}) & \text{für } x\in I_{i-1}, \quad \text{falls } i>1, \\ 0 & \text{sonst.} \end{cases}$

Anstelle der linearen Interpolation in jedem Teilintervall I_k können auch Polynominterpolationen höherer Ordnung verwendet werden. Dann benötigt man weitere Stützstellen in jedem Teilintervall I_k. Stellt man weitere Forderungen an die Glattheit der Interpolierenden ($V\subset C^I(I)$), gelangt man zu stückweisen Hermite-Ansätzen (vgl. (2.3.3)) oder Spline-Ansätzen.

Bisher wurde die Interpolationsaufgabe (3) als eine Abbildung des $\mathbf{R}^n$ auf V verstanden werden: $y=(y_1,\dots,y_n)\mapsto\varphi\in V$. Die dem Namen «Interpolation» gemäße Anwendung interpretiert die Stützwerte y_i als Funktionswerte $f(x_i)$ einer stetigen Funktion $f\in C(D)$. Aufgabe (3) wird damit zu

(1.4.3*) $\varphi(x_i)=f(x_i)$ für alle $i=1,\dots,n$.

Definition 1.4.6 Die Interpolationsaufgabe (3) sei eindeutig lösbar. Die lineare Abbildung $\Pi_n=\Pi:C(D)\to V\subset C(D)$, die ein $f\in C(D)$ in die Lösung $\varphi=\Pi f\in V$ der Aufgabe (3*) überführt, wird als der _Interpolationsoperator_ (oder kurz _Interpolation_) bezeichnet.

Daß alle Information über die Interpolation in Π steckt, zeigen die Teile (b) und (c) der

Übungsaufgabe 1.4.7 (a) Die durch $\varphi = \Pi f$ und (3*) definierte Abbildung Π ist linear. **(b)** Den Unterraum V (vgl. (2)) erhält man aus Π als Bildraum: $V = \{\varphi = \Pi f : f \in C(D)\}$. **(c)** Die Menge der Punkte $x \in D$ mit $f(x) = (\Pi f)(x)$ für alle $f \in C(D)$ ist die Menge der Stützstellen $\{x_1, \ldots, x_n\}$. **(d)** Wenn L_i die Lagrange-Funktionen sind, hat Π die Darstellung

$$(1.4.7) \qquad \Pi f := \sum_{i=1}^{n} f(x_i) L_i.$$

> **Satz 1.4.8** Jede Interpolation $\Pi = \Pi_n$ ist eine Projektion auf $V = V_n$.

Beweis. Sei $f \in C(I)$ beliebig und $\varphi = \Pi f \in V$ die Interpolierende. $\psi := \Pi \varphi \in V$ erfüllt $\psi(x_i) = \varphi(x_i)$ ($1 \le i \le n$). Wegen der eindeutigen Lösbarkeit der Interpolationsaufgabe ist $\psi = \varphi$, d.h. $(\Pi \circ \Pi)(f) = \Pi(\Pi f) = \Pi \varphi = \psi = \varphi = \Pi f$. Die Eigenschaft $\Pi \circ \Pi = \Pi$ charakterisiert aber eine Projektion. ∎

Lemma 1.4.9 Die Interpolation Π hat die Operatornorm

$$(1.4.8) \qquad \|\Pi\|_{C(D) \leftarrow C(D)} = \left\| \sum_{i=1}^{n} |L_i(\cdot)| \right\|_{\infty}.$$

Beweis. (i) Sei $L(x) := \sum_{i=1}^{n} |L_i(x)|$. Da $|f(x_i)| \le \|f\|_{\infty}$, leitet man aus (7) die Abschätzung $|(\Pi f)(x)| \le L(x) \|f\|_{\infty} \le \|L\|_{\infty} \|f\|_{\infty}$ ab. Damit ist $\|\Pi\|_{C(D) \leftarrow C(D)} \le \|L\|_{\infty}$.

(ii) Sei $\xi \in D$ so gewählt, daß $L(\xi) = \|L\|_{\infty}$. Setze $y_i := \mathrm{sign}(L_i(\xi))$. $f \in C(D)$ sei die stückweise linear interpolierende Funktion aus Beispiel 5. Für sie gilt $\|f\|_{\infty} = \|y\|_{\infty} = 1$. Gemäß (7) ist $\Pi f = \sum f(x_i) L_i = \sum y_i L_i$ und speziell $(\Pi f)(\xi) = \sum y_i L_i(\xi) = \sum |L_i(\xi)| = L(\xi) = \|L\|_{\infty} = \|L\|_{\infty} \|f\|_{\infty}$, so daß $\|\Pi\|_{C(D) \leftarrow C(D)} \ge \|L\|_{\infty}$. ∎

Der *Interpolationsfehler* ist die Differenz $\Pi f - f$. Um das Verhalten des Fehlers zu beschreiben, muß man von einer *Folge* von Interpolationen Π_n ausgehen, die das *Interpolationsverfahren* $\{\Pi_n\} = \{\Pi_n\}_{n \in \mathbb{N}}$ definieren. Die Geschwindigkeit, mit der der Fehler mit $n \to \infty$ gegen null konvergiert, beschreibt die Ordnung des Interpolationsverfahrens.

Definition 1.4.10 Sei $\{\Pi_n\}$ ein Interpolationsverfahren auf $I = [a,b]$. Es hat die *Interpolationsordnung* $\lambda > 0$, falls es ein C_I gibt, so daß

$$(1.4.9) \qquad \|\Pi_n f - f\|_{\infty} \le C_I [(b-a)/n]^{\lambda} \|f\|_{\hat{C}^{\lambda}(I)} \qquad \text{für alle } f \in \hat{C}^{\lambda}(I), n \in \mathbb{N}.$$

Im d-dimensionalen Fall $D \subset \mathbb{R}^d$ hat man (9) durch (9') zu ersetzen:

$$(1.4.9') \qquad \|\Pi_n f - f\|_{\infty} \le C_I [\mu(D)/n]^{\lambda/d} \|f\|_{\hat{C}^{\lambda}(D)} \qquad \text{für alle } f \in \hat{C}^{\lambda}(D), n \in \mathbb{N}.$$

Man beachte, daß in der Definition nicht gefordert wird, daß λ die *maximale* Ordnung ist, für die (9) gilt. Daher kann ein Verfahren mehr als eine Ordnung besitzen. Das folgende Beispiel wird alle Ordnungen zwischen 0 und 2 haben. Ferner beachte man, daß die Konstante C_I in (9) von n unabhängig sein muß. Die Polynominterpolation aus Beispiel 4 erfüllt die Ungleichungen (9) *nicht*.

Bemerkung 1.4.11 Die *stückweise lineare Interpolation* mit äquidistanten Stützstellen x_i in $I = [a, b] \subset \mathbb{R}$ erfüllt (9) mit $C_I = 1$ für alle $\lambda \in (0, 2]$, d.h. es ist von maximal zweiter Ordnung. Für eine allgemeine Zerlegung (5a) mit (5b,c) gilt (9) mit $C_I = C/(b-a)$, C aus (5c).

Beweis. Ein beliebiges $x \in I$ liegt in einem Teilintervall $[x_i, x_{i+1}]$. Der Fehler lautet dort gemäß der Darstellung aus Beispiel 5

$$\delta(x) = \{(x - x_i)f(x_{i+1}) + (x_{i+1} - x)f(x_i)\}/(x_{i+1} - x_i) - f(x) =$$
$$= \{\alpha(f(x_{i+1}) - f(x)) + \beta(f(x_i) - f(x))\}/(\alpha + \beta),$$

wobei $\alpha := x - x_i$, $\beta := x_{i+1} - x$. Sei zunächst $0 \leqslant \lambda \leqslant 1$. Mit der Hölder- (bzw. Lipschitz-)Abschätzung $|f(x) - f(y)| \leqslant C_f |x - y|^\lambda$ erhält man

$$|\delta(x)| \leqslant C_f[\alpha\beta^\lambda + \alpha^\lambda\beta]/(\alpha + \beta) \leqslant C_f[\alpha(\alpha + \beta)^\lambda + (\alpha + \beta)^\lambda\beta]/(\alpha + \beta) =$$
$$= C_f(\alpha + \beta)^\lambda = C_f(x_{i+1} - x_i)^\lambda = C_f[(b - a)/n]^\lambda,$$

also (9) mit $C_I = 1$ für $0 \leqslant \lambda \leqslant 1$. Sei nun $1 < \lambda \leqslant \varkappa = 2$. Die Substitution $\xi = x + \beta t$ liefert

$$f(x_{i+1}) - f(x) = \int_x^{x_{i+1}} f'(\xi)\,d\xi = \beta \int_0^1 f'(x + \beta t)\,dt.$$

Die analoge Darstellung für $f(x_i) - f(x)$ ergibt

$$\delta(x) = \alpha\beta \int_0^1 [f'(x + \beta t) - f'(x - \alpha t)]\,dt / (\alpha + \beta).$$

Mit $|f'(\xi) - f'(\eta)| \leqslant C_f'|\xi - \eta|^{\lambda - 1}$ schätzt man das Integral durch
$|\delta(x)| \leqslant C_f'\alpha\beta(\alpha + \beta)^{\lambda - 2} \int t^{\lambda - 1}dt \leqslant C_f'\alpha\beta(\alpha + \beta)^{\lambda - 2}/\lambda \leqslant C_f'(\alpha + \beta)^\lambda/[4\lambda] \leqslant$
$\leqslant C_f'C_I[(b - a)/n]^\lambda$ mit $C_I := 1/4\lambda$, denn es ist $4\alpha\beta \leqslant (\alpha + \beta)^2$. ◼

Weiteres zur stückweise linearen Interpolation findet sich in §4.5.9.

Der zugrundegelegte Raum $C(D)$ kann nicht durch $L^\infty(D)$ ersetzt werden, da dann der Wert $f(x_i)$ von $f \in L^\infty(D)$ undefiniert ist (anders formuliert: alle f, die sich nur an der Stelle $x = x_i$ unterscheiden, gehören zur gleichen Äquivalenzklasse $f \in L^\infty(D)$). Es reicht auch nicht, die Interpolation Π als Abbildung von $C(D)$ nach $L^\infty(D)$ anzusehen, da wegen der Projektionseigenschaft Π^2 erklärt sein muß. Gelegentlich ist der Raum $C(D)$ jedoch zu einschränkend. Im folgenden Beispiel 12 kann man $C(D)$ nicht verwenden, da die Interpolierende Πf nicht stetig ist. Π ist aber eine lineare Abbildung des Banach-Raumes

$$X := \{f \in L^\infty(I): f \text{ rechtsseitig stetig in } x_i \text{ aus (5a)}\}$$

auf $V \subset X$. Dabei heißt f *rechtsseitig stetig* in ξ, falls $f(\xi + 0) := \lim_{i \to \infty} f(x_i) = f(\xi)$ für alle $x_i \to \xi$ mit $x_i \geqslant \xi$. Daß die Wahl von X Sinn macht, zeigt

Übungsaufgabe 1.4.12 Seien $I \subset \mathbb{R}$ und $\xi \in I$. Man zeige: Die Menge $X := \{f \in L^\infty(I): f \text{ rechtsseitig stetig in } \xi\}$ ist ein abgeschlossener Unterraum vom $L^\infty(I)$.

Im folgenden Beispiel werden zwei verschiedene Varianten der stückweise konstanten Interpolation beschrieben. Insbesondere die zweite wird für Anwendungen in §4 wichtig sein.

Beispiel 1.4.13 (stückweise konstante Interpolation) Es sei eine Zerlegung von $I=[a,b]$ in n Intervalle gegeben. (5a) gelte mit $n+1$ statt n: $x_{n+1}=b$. V *bestehe aus allen Funktionen, die auf den Teilintervallen* $I_i=[x_i,x_{i+1})$ *für* $i=1,\dots,n$ *konstant sind.* **(a)** Die Interpolationsaufgabe (3*): $\varphi(x_i)=f(x_i)$ für $i=1,\dots,n$ ist im Sinne der rechtsseitigen Grenzwerte zu verstehen: $\varphi(x_i+0)=f(x_i+0)$. Die Lösung der Aufgabe lautet $\varphi(x)=f(x_i+0)$ für $x\in[x_i,x_{i+1})$. **(b)** Die Mittelpunkte $\xi_i:=(x_i+x_{i+1})/2$ der Teilintervalle I_i $(1\leqslant i\leqslant n)$ seien als Stützstellen gewählt: $\varphi(\xi_i)=f(\xi_i)$ für $i=1,\dots,n$. Die Lösung der zweiten Interpolationsaufgabe lautet $\varphi(x)=f(\xi_i)$ für $x\in I_i$. **(c)** Für *beide Fälle* gilt: Die Lagrange-Funktion L_i hat den Wert 1 auf $[x_i,x_{i+1})$ und 0 sonst. Die stückweise konstante Interpolation ist unter der Voraussetzung (5c) von *erster Ordnung*. Sie erfüllt (9) im äquidistanten Falle mit $C_I=1$ und $\varkappa=1$.

1.4.2 Quadratur

Sei f eine auf $D\subset\mathbf{R}^d$ stetige Funktion. Jede Näherung von $\int_I f(x)dx$ heißt *Quadraturformel*. Die klassischen Quadraturformeln enthalten die Werte $f(x_i)$ von f an den *Stützstellen* $x_i\in D$ für $i=1,\dots,n$. Die Quadraturformel sei mit $Q(f)$ bezeichnet (bzw. mit $Q_D(f)$, falls der zugrundeliegende Integrationsbereich explizit angegeben werden soll):

$$(1.4.10)\qquad Q_D(f) = Q(f) := \sum_{i=1}^{n} w_{i,n} f(x_i).$$

Die Koeffizienten $w_i=w_{i,n}$ heißen die *Gewichte* der Quadraturformel. Die Definition des *Quadraturfehlers* $R_D(f)=R(f)$ ergibt sich aus

$$(1.4.11)\qquad \int_D f(x)dx = Q_D(f) - R_D(f) \qquad\text{für } f\in C(D).$$

Spricht man von einem *Quadraturverfahren*, so meint man damit keine einzelne Quadraturformel, sondern eine Folge $\{Q_n\}$ bzw. $\{Q_{n,D}\}$ von Quadraturformeln. Gelegentlich kann der Index n auch durch einen äquivalenten Parameter (z.B. durch die Schrittweite $h=(b-a)/n$ für $D=I=[a,b]$ im äquidistanten Fall) ersetzt werden.

Untersucht man das Rundungsfehlerverhalten einer Quadraturformel, so spielt die Größe $\sum|w_i|$ die entscheidende Rolle bei der Fehlerverstärkung. Dies ist Gegenstand der

Übungsaufgabe 1.4.14 $Q(\tilde f)$ sei das Quadraturergebnis bei Stützwerten $\tilde f(x_i)=f(x_i)+\varepsilon_i$, wobei sich der Eingabefehler durch $|\varepsilon_i|\leqslant\varepsilon$ abschätzen lasse. Man zeige: Es gilt $|Q(\tilde f)-Q(f)|\leqslant\varepsilon\sum_{i=1}^{n}|w_i|$, wobei die Gleichheit für spezielle ε_i angenommen wird.

Wir werden sehen, daß der Fehlerverstärkungsfaktor auch ursächlich mit der Konvergenz eines Quadraturverfahrens zusammenhängt.

Definition 1.4.15 Ein Quadraturverfahren $\{Q_n\}$ heißt _konvergent_, wenn

$$(1.4.12) \qquad \lim_{n \to \infty} Q_n(f) = \int_D f(x)\,dx \qquad\qquad \text{für alle } f \in C(D).$$

Es heißt _konsistent_, wenn es eine dichte Teilmenge $V \subset C(D)$ der stetigen Funktionen gibt, für die die Formel gegen das Integral konvergiert: $Q_n(f) \to \int_D f(x)\,dx$ für alle $f \in V$. Ein Quadraturverfahren heißt _stabil_, wenn

$$(1.4.13) \qquad \sup\{ \sum_{i=1}^{n} |w_{i,n}| : n \in \mathbb{N} \} < \infty .$$

Die Größen in (13) lassen sich wie folgt interpretieren. Auf $C(D)$ und $C(D)' = L(C(D), \mathbb{R})$ sind die Maximumnorm $\|\cdot\| = \|\cdot\|_\infty$ bzw. die Dualnorm (Operatornorm) $\|T\| := \sup\{ |Tf| / \|f\|_\infty : 0 \neq f \in C(D) \}$ definiert. Da auch Q_n eine stetige, lineare Abbildung von $C(D)$ auf $\mathbb{R}$ darstellt, ist $\|Q_n\|$ definiert. Es gilt das

Lemma 1.4.16 Q_n aus (10) hat die Norm $\|Q_n\| = \sum_{i=1}^{n} |w_{i,n}|$. Die Stabilitätsbedingung (13) nimmt damit die folgende Form an:

$$(1.4.14) \qquad \sup\{ \|Q_n\| : n \in \mathbb{N} \} < \infty .$$

Beweis. Analoge Überlegungen wie in Übungsaufgabe 14.　　　　　□

Satz 1.4.17 (Konvergenzsatz) Ein Quadraturverfahren ist genau dann konvergent, wenn es stabil und konsistent ist.

Beweis. Direkte Anwendung des Satzes 3.17 von Banach-Steinhaus.　　　□

Der Nachweis der Konsistenz benutzt den Approximationssatz von Weierstraß (Satz 3.8). Alle klassischen Quadraturverfahren (Newton-Cotes, Gauß u.s.w.) erfüllen das folgende

Kriterium 1.4.18 Es gebe einen Grad γ_n mit $\gamma_n \to \infty$ $(n \to \infty)$, so daß die Quadraturformel Q_n für alle Polynome vom Grad $\leq \gamma_n$ exakt sind, d.h. $Q_n(P) = \int_D P(x)\,dx$ für Polynome mit $\mathrm{grad}(P) \leq \gamma_n$. D sei beschränkt. Dann ist $\{Q_n\}$ konsistent.

Beweis. Man wähle $V := \{\text{Polynome}\}$ für V aus Definition 15 und wende Satz 3.8 an.　　　　　□

Der Begriff der Konsistenz läßt sich wie folgt quantifizieren:

Definition 1.4.19 Ein Quadraturverfahren $\{Q_n\}$ im Intervall $I = [a,b]$ heißt _konsistent von der Ordnung_ $\lambda > 0$, wenn der Quadraturfehler $R_n(f) = R(f)$ (vgl. (11)) der Abschätzung (15) mit einem $C_Q > 0$ genügt:

$$(1.4.15) \qquad |R_n(f)| \leq (b-a)^{1+\lambda} C_Q \, n^{-\lambda} \|f\|_{\hat{C}^\lambda(I)} \qquad \text{für alle } f \in \hat{C}^\lambda(I),\ n \in \mathbb{N}.$$

Da $V = \hat{C}^\lambda(D)$ dicht in $C(D)$ liegt, impliziert Konsistenz von positiver Ordnung die Konsistenz im Sinne der Definition 15. Im mehrdimensionalen Falle $D \subset \mathbf{R}^d$ hat man (15) durch (15') zu ersetzen:

$$(1.4.15') \qquad |R_n(f)| \leqslant \mu(D)^{1+\lambda/d} C_Q\, n^{-\lambda/d}\, \|f\|_{\hat{C}^\lambda(D)} \quad \text{für alle } f \in \hat{C}^\lambda(D).$$

Die klassischen *Newton-Cotes-Formeln* (vgl. Stoer [1]) ergeben sich aus der Polynominterpolation mit äquidistanten Stützstellen in I. Allgemein induziert jedes Interpolationsverfahren $\Pi_n \colon C(D) \to C(D)$ mittels

$$(1.4.16a) \qquad Q_n(f) := \int_D (\Pi_n f)(x)\,dx$$

ein sogenanntes «interpolatorisches» Quadraturverfahren.

Übungsaufgabe 1.4.20 Man zeige: **(a)** Das interpolatorische Quadraturverfahren (16a) hat die Darstellung (10) mit den Gewichten

$$(1.4.16b) \qquad w_{i,n} := \int_D L_{i,n}(x)\,dx \qquad\qquad (L_{i,n}\text{: Lagrange-Funktionen}).$$

(b) Wenn $\varkappa$ die Ordnung der Interpolation Π_n ist, hat das induzierte Quadraturverfahren (16a) mindestens die Konsistenzordnung $\varkappa$.

Eine Alternative zu (16a) besteht darin, den Integranden nur zum Teil zu approximieren. Dazu schreibt man den Integranden f als Produkt

$$(1.4.16c) \qquad f(x) = \omega(x)\varphi(x).$$

Das Integral $\int_D f(x)\,dx$ wird zu $\int_D \omega(x)\varphi(x)\,dx$. Dabei wird $\omega(x)$ als «Gewichtsfunktion» bezeichnet. Im Zusammenhang mit der Gauß-Quadratur wird $\omega(x) > 0$ für fast alle $x \in D$ vorausgesetzt. Für die folgenden Überlegungen ist diese Voraussetzung *nicht* nötig. Beim *interpolatorischen Quadraturverfahren* Q_n^ω *mit Gewichtsfunktion* approximiert man lediglich den Faktor φ durch $\Pi_n\varphi$:

$$(1.4.16d) \qquad Q_n^\omega(\varphi) := \int_D \omega(x)(\Pi_n\varphi)(x)\,dx.$$

Wie in Übungsaufgabe 20a beweist man für (16d) die Darstellung

$$(1.4.16e) \qquad Q_n^\omega(\varphi) = \sum_{i=1}^n w_{i,n}\,\varphi(x_i) \qquad\qquad \text{mit } w_{i,n} := \int_D \omega(x)L_{i,n}(x)\,dx.$$

Die Beschreibung einer Quadraturformel kann vom Intervall unabhängig gemacht werden, indem man auf ein Standardintervall (z.B. $[0,1]$ oder $[-1,1]$) transformiert.

Bemerkung 1.4.21 Seien $I = [a,b]$ und $I' = [a',b']$ zwei Intervalle. Die affine Abbildung $\Phi(x) := a' + (x-a)(b'-a')/(b-a)$ bildet I auf I' ab. Da $\int_{I'} f(x')\,dx' = c \int_I f(\Phi(x))\,dx$ mit $c := (b'-a')/(b-a)$, induziert die über I erklärte Quadraturformel Q_I aus (10) die Quadraturformel $Q_{I'}$ über I' mit den Gewichten $w'_{i,n} := c\,w_{i,n}$ und den Stützstellen $x'_i := \Phi(x_i)$.

Es sei daran erinnert, daß die Norm $\|f\|_{\hat{C}^\lambda(I)}$ ein Maximum über mehrere Größen, darunter die Hölder- bzw Lipschitz-Konstante $L_{f^{(l)}}$ der l-fachen Ableitung $f^{(l)}$ ist, wobei $l := l(\lambda)$ durch $l \in \mathbf{N}_0$ und $l < \lambda \leqslant l+1$ definiert ist (vgl. (3.4e-f)). Es gilt somit stets $L_{f^{(l)}} \leqslant \|f\|_{\hat{C}^\lambda(I)}$. Viele Quadraturverfahren (z.B. die Newton-Cotes-Formeln) erfüllen die Fehlerabschätzung (15) auch mit $L_{f(\ell)}$ anstelle von $\|f\|_{\hat{C}^\lambda(I)}$:

$$(1.4.17) \qquad |R_n(f)| \leqslant (b-a)^{1+\lambda} C_Q \, n^{-\lambda} L_{f(\ell)} \quad \text{mit } \ell := \ell(\lambda) \text{ für alle } f \in \hat{C}^\lambda(I).$$

Die Konstante C_Q in (17) bleibt erhalten, wenn man von einer Quadraturformel Q_I auf I zu der induzierten Formel $Q_{I'}$ auf I' übergeht. Um dies nachzuprüfen, untersuche man die Substitutionsregel für $L_{f(\ell)}$ beim Übergang von $f(x)$ auf $F(x) := f(\Phi(x))$ für Φ aus Bemerkung 21. Die Unabhängigkeit der Konstanten C_Q vom Intervall I beweist die

Bemerkung 1.4.22 Zum Nachweis der Abschätzung (17) – und damit auch (15) – reicht es, (17) für ein Standardintervall I' zu beweisen.

Sei Q_I eine Quadraturformel über einem Intervall I. Man definiere $I' = I_k := [a+kh, a+(k+1)h]$ für $h = (b-a)/n$, $0 \leqslant k \leqslant n-1$ und wähle $Q^{(k)}$ als die Q_I entsprechende Quadraturformel auf dem Intervall I_k. Die Summe $Q_n(f) = \sum_k Q^{(k)}(f)$ heißt _summierte Quadraturformel_. Der bequemen Schreibweise halber wird der Index n nicht mit der Anzahl der Stützstellen in Q_n gleichgesetzt. Letztere ist $n(m-1)+1$ oder nm, je nachdem ob beide Endpunkte von I auch Stützstellen von Q_I sind oder nicht.

Lemma 1.4.23 I sei ein festes Intervall der Länge L in $\mathbb{R}$ (z.B. $I = [0,1]$). Die Quadraturformel Q_I erfülle die Fehlerabschätzung

$$|R_I(\varphi)| \leqslant C_I L_{\varphi(\ell)} \quad \text{mit } \ell := \ell(\lambda) \text{ (siehe oben) für alle } \varphi \in \hat{C}^\lambda(I).$$

Das hierzu gehörige summierte Quadraturverfahren Q_n ist von der Ordnung λ und genügt der Abschätzung (17) mit $C_Q := C_I / L^{\lambda+1}$. Statt $\varphi \in \hat{C}^\lambda(I)$ reicht die _stückweise_ Glattheit $\varphi \in \hat{C}^\lambda(I_k)$ für alle Teilintervalle.

Beweis. Sei I_k eines der Teilintervalle der Länge h. $\Phi: I \to I_k$ sei die affine Abbildung von I auf I_k. $R_k(f)$ sei der Quadraturfehler von $Q^{(k)}$. Die Funktion $f \in \hat{C}^\lambda(I_k)$ wird in $F(\xi) := f(\Phi(\xi)) \in \hat{C}^\lambda(I)$ transformiert. Zwischen R_k und R_I finden man den Zusammenhang $R_k(f) = R_I(F) h/L$. Die oben erwähnte Substitutionsregel für die Hölder/Lipschitz-Konstante ergibt $L_{f(\ell)} = (h/L)^\lambda L_{F(\ell)}$. Damit gewinnt man aus $|R_I(\varphi)| \leqslant C_I L_{\varphi(\ell)}$ die Abschätzung $|R_k(f)| \leqslant (h/L)^{\lambda+1} C_I L_{f(\ell)} \leqslant [(b-a)/L]^{\lambda+1} n^{-\lambda-1} C_I L_{F(\ell)}$. Summation über k liefert das gewünschte Resultat. ∎

Übungsaufgabe 1.4.24 Die summierten Newton-Cotes-Formeln interpretiere man als interpolatorische Quadraturen, die von einer stückweisen Polynominterpolation auf I induziert werden.

Die stückweise konstante Interpolation aus Beispiel 13 induziert die _linksseitige Rechtecksformel_

$$(1.4.18a) \qquad Q_n^{lR}(f) := h \sum_{i=0}^{n-1} f(x_i) \quad \text{mit } x_i := a+ih, \ h := (b-a)/n, \ n \in \mathbb{N}.$$

Analog erhält man die _rechtsseitige Rechtecksformel_

$$(1.4.18b) \qquad Q_n^{rR}(f) := h \sum_{i=1}^{n} f(x_i) \quad \text{mit } x_i \text{ und } h \text{ wie in (18a)}.$$

Ihr Mittelwert ist die *summierte (Sehnen-)Trapezformel*, die auch durch die stückweise lineare Interpolation aus Beispiel 3 erzeugt wird:

(1.4.18c) $w_{0,n}: = w_{n,n}: = \frac{1}{2}h$, $w_{i,n}: = h$ für $1 \leqslant i \leqslant n-1$ in (10).

Die entstehende Formel wird im folgenden als

(1.4.18c') $Q_n^{ST}(f) = h \sum'' f(x_i)$ mit $x_i: = a+ih$, $h: =(b-a)/n$,

geschrieben, wobei das Zeichen $\sum''$ die Summation über $0 \leqslant i \leqslant n$ mit den Gewichten $\frac{1}{2}$ für $i=0$ und $i=n$ abkürzt.

Die *summierte Simpson-Formel* Q_n^{Sim} ist nur für gerade n definiert und hat die Gewichte

(1.4.18d) $\begin{array}{ll} w_{0,n}: = w_{n,n}: = h/3, \; w_{i,n}: = 4h/3 & (i=1,3,\ldots,n-1), \\ w_{i,n}: = 2h/3 & (i=2,4,\ldots,n-2), \; \text{wobei } h=(b-a)/n. \end{array}$

Übungsaufgabe 1.4.25 Man zeige: Die Konsistenzordnungen lauten *1* für die Rechtecksformeln (18a,b), 2 für die summierte Sehnentrapezregel (18c) und 4 für die summierte Simpson-Formel (18d). Die zugehörigen Konstanten aus Ungleichung (15) sind $C_Q=\frac{1}{2}$ bzw. *1/12* und *32/90*. Welche Ordnung hat die *summierte Tangententrapezregel* (18e)?

(1.4.18e) $Q_n^{TT}(f): = h \sum\limits_{i=0}^{n-1} f(x_i)$ mit $x_i: = a+(i+\frac{1}{2})h$, $h: =(b-a)/n$.

1.4.3 Kondition von Gleichungssystemen

Im folgenden sind A eine $n \times n$-Matrix und a und b n-Vektoren:

$$A=(a_{jk})_{j,k=1,\ldots,n}, \quad a=(a_k)_{k=1,\ldots,n}, \quad b=(b_j)_{j=1,\ldots,n}.$$

Bei gegebenem A und b sei a die Lösung des Gleichungssystems

(1.4.19) $Aa=b$.

Die folgende Charakterisierung ist aus der Linearen Algebra bekannt.

Bemerkung 1.4.26 Die nachfolgenden Aussagen sind äquivalent:
(a) A ist regulär;   **(b)** Gleichung (19) ist für alle $b \in \mathbb{R}^n$ lösbar;
(c) Gleichung (19) spezieller rechten Seite b ist eindeutig lösbar;
(d) Kern$(A)=\{0\}$;   **(e)** $a=0$ ist die einzige Lösung, wenn $b=0$;
(f) Bild$(A)=\mathbb{R}^n$.

Als *Normen* für Vektoren aus $\mathbb{R}^n$ wurden in (3.3a,b) die Maximum- und die Euklidische Norm angegeben. Da die Matrix A als Element von $L(X,X)$ mit $X=\mathbb{R}^n$ angesehen werden kann, ist die Operatornorm aus (11a) für A definierbar. In diesem Zusammenhang wird sie als *Matrixnorm* bezeichnet:

(1.4.20) $\| A \|: = \max\{\| Ax\|/\| x\|: 0 \neq x \in \mathbb{R}^n\}$.

Bezeichnung 1.4.27 Die zur Vektornorm $\|\cdot\|_2$ bzw. $\|\cdot\|_\infty$ (vgl. (3.3a,b) gehörende Matrixnorm wird wieder mit $\|\cdot\|_2$ bzw. $\|\cdot\|_\infty$ bezeichnet. Dabei nennt man $\|\cdot\|_2$ die *Spektralnorm* und $\|\cdot\|_\infty$ die *Zeilensummennorm*.

Bemerkung 1.4.28 **(a)** Es gilt $\|A\|_2 = \lambda^{1/2}$, wobei die nichtnegative Zahl λ der größte Eigenwert der Matrizen AA^T oder $A^T A$ ist. **(b)** Die Zeilensummennorm $\|A\|_\infty$ verdankt ihren Namen der Gleichung

$$(1.4.21) \qquad \|A\|_\infty = \max\{ \sum_{k=1}^{n} |a_{jk}| : 0 \leqslant j \leqslant n \}.$$

(c) Für beliebige Matrizen gilt $\|A\|_2^2 \leqslant \|A\|_\infty \|A^T\|_\infty$; für symmetrisches A hat man insbesondere $\|A\|_2 \leqslant \|A\|_\infty$.

Definition 1.4.29 $\|\cdot\|$ sei eine (zu einer Vektornorm gehörende) Matrixnorm. Für alle regulären Matrizen ist die zugehörige *Kondition* definiert durch

$$(1.4.22) \qquad \operatorname{cond}(A) := \|A\| \|A^{-1}\|.$$

Der Bezeichnung der Norm wird auf die Kondition übertragen: $\operatorname{cond}_2(A)$ ist die *Spektralkondition*, zu $\|\cdot\|_\infty$ gehört die Kondition $\operatorname{cond}_\infty(A)$. Die Bedeutung der Konditionszahl liegt in dem folgenden

Satz 1.4.30 A sei eine reguläre Matrix, und a sei die Lösung des Gleichungssystems (19). $\|\cdot\|$ bezeichne die Vektor- und Matrixnorm. **(a)** Der relative Fehler δa der Lösung $a' = a + \delta a$ der Gleichung

$$(1.4.23a) \qquad A a' = b' := b + \delta b$$

läßt sich durch (23b) abschätzen:

$$(1.4.23b) \qquad \frac{\|\delta a\|}{\|a\|} \leqslant \operatorname{cond}(A) \frac{\|\delta b\|}{\|b\|}.$$

(b) Ist $A' := A + \delta A$ eine gestörte Matrix mit dem relativen Fehler

$$(1.4.23c) \qquad \frac{\|\delta A\|}{\|A\|} \operatorname{cond}(A) =: q < 1,$$

so ist auch A' regulär, und der Fehler der Lösung $a' = a + \delta a$ der Gleichung

$$(1.4.23d) \qquad A' a' = b \qquad\qquad (A' := A + \delta A)$$

läßt sich durch (23e) abschätzen:

$$(1.4.23e) \qquad \frac{\|\delta a\|}{\|a\|} \leqslant \frac{\operatorname{cond}(A)}{1-q} \frac{\|\delta A\|}{\|A\|}.$$

Beweis. Vgl. Stoer [1,§4.4]. Die Regularität von A' erhält man aus Lemma 3.14. ∎

Übungsaufgabe 1.4.31 Man zeige: Für spezielle b und δb kann in (23b) die Gleichheit eintreten.

Die Einführung einer Kondition ist keineswegs auf den endlichdimensionalen Fall beschränkt. Für einen Banach-Raum X definiert man die zugehörige Konditionszahl («X-Kondition») eines bijektiven Operators $A \in L(X, X)$ in Analogie zu (22) durch $\operatorname{cond}_X(A) := \|A\|_{X \leftarrow X} \|A^{-1}\|_{X \leftarrow X}$ (vgl. Übungsaufgabe 4.1.6).

2. Volterrasche Integralgleichungen

2.1 Theorie der Volterraschen Integralgleichung 2. Art

Wie schon die Gleichungen (1.1.1-2) zeigen, gibt es eine enge Verwandschaft zwischen gewöhnlichen Differentialgleichungen und Volterraschen Integralgleichungen. Zunächst wird die eindeutige Lösbarkeit, dann in §2.1.2 die Regularität der Lösung untersucht.

2.1.1 Existenz und Eindeutigkeit der Lösung

Je nachdem, ob die Lösung der Volterraschen Integralgleichung im halboffenen Intervall $[a,\infty)$ oder nur in einem endlichen Intervall $[a,b]$ gesucht wird, setzen wir

$$(2.1.1) \qquad I := [a,b] \quad \text{oder} \quad I := [a,\infty).$$

Die gegebene Funktion g und die gesuchte Funktion f haben I als Definitionsbereich. f ist zu berechnen aus der folgenden Gleichung:

> Volterrasche Integralgleichung 2. Art:
>
> $$(2.1.2) \qquad f(x) = g(x) + \int_a^x k(x,y,f(y))\,dy \quad \text{für } x \in I.$$

Die Funktion $k(x,y,z)$ ist eine gegebene Funktion auf der Definitionsmenge $\{(x,y,z): x\in I, y\in[a,x], z\in R\} \subset I\times I\times R$ und heißt _Kern_ (oder _Kernfunktion_). Wir führen die Abkürzung

$$(2.1.3) \qquad G := \{(x,y): x\in I, y\in[a,x]\} \subset I\times I$$

ein. $G\times R$ ist der Definitionsbereich des Kerns.

> **Satz 2.1.1** Vorausgesetzt sei: $g\in C(I)$, $k\in C(G\times R)$. Ferner erfülle der Kern k die folgende Lipschitz-Bedingung: Es gebe eine "Schrankenfunktion" $L\in C(G)$, so daß
>
> $$(2.1.4) \quad |k(x,y,z)-k(x,y,z')| \leq L(x,y)|z-z'| \quad \text{für alle } (x,y)\in G, z,z'\in R.$$
>
> Dann existiert genau eine Lösung $f\in C(I)$ der Integralgleichung (2).

Die Voraussetzung der Lipschitz-Stetigkeit von k bezüglich z entspricht der analogen Voraussetzung des Eindeutigkeitssatzes für gewöhnliche Differentialgleichungen. Bevor der Beweis gegeben wird, sei noch auf einen Unterschied zu gewöhnlichen Anfangswertaufgaben (1.1.1) hingewiesen.

Bemerkung 2.1.2 (a) Im Gegensatz zu gewöhnlichen Differentialgleichungen braucht man keinen Anfangswert bei $x=a$. Aus der Integralgleichung (2) folgt bereits der Anfangswert

$$(2.1.5a) \qquad f(a) = g(a).$$

(b) Die Formulierung der Lipschitz-Bedingung mit der Schrankenfunktion L ist auf den Fall des *unendlichen* Intervalles $I=[a,\infty)$ zugeschnitten. Für ein *beschränktes* I kann $L(x,y)$ in (4) durch die Konstante $\max\{L(x,y): (x,y)\in G\}$ ersetzt werden.

Übungsaufgabe 2.1.3 Man zeige: Sind g in $x=a$ differenzierbar und der Kern k stetig in $(a,a,g(a))$, so existiert $f'(a)$ und erfüllt

(2.1.5b) $f'(a)=g'(a)+k(a,a,g(a))$.

Beweis des Satzes 1. (i) Der Satz ist für $I=[a,\infty)$ richtig, wenn er für endliche Intervalle $I=[a,b]$ mit beliebigem $b>a$ gilt. Es reicht daher, $I=[a,b]$ zugrundezulegen. Man beachte: Mit I ist auch G beschränkt.

(ii) Da nach (i) G kompakt ist, nimmt die stetige Funktion $L(x,y)$ auf G ihr Maximum L_0 an: $0\leqslant L(x,y)\leqslant L_0$ $(x\in I)$. Wir wenden den Banachschen *Fixpunktsatz* (Satz 1.3.10) auf den Raum $X=C(I)$ der stetigen Funktionen mit der speziellen Norm

$$\|\varphi\|:=\max\{|e^{-\beta L_0 x}\varphi(x)|: x\in I\}\qquad(\beta\geqslant 1)$$

an, die zur Maximumnorm $\|\cdot\|_\infty$ äquivalent ist. Die Zahl $\beta\geqslant 1$ kann beliebig gewählt werden. Die Integralgleichung (2) schreiben wir als Fixpunktgleichung $f=T(f)$, wobei

$$(T(\varphi))(x):=g(x)+\int_a^x k(x,y,\varphi(y))\,dy.$$

(iii) Da g und k stetig sind, ist $T(\varphi)\in C(I)$ für alle $\varphi\in C(I)$, d.h. $T:X\to X$. Zum Nachweis der Kontraktionseigenschaft schätzt man die Differenz

$$\text{durch}\qquad(T(\varphi)-T(\psi))(x)=\int_a^x[k(x,y,\varphi(y))-k(x,y,\psi(y))]\,dy$$

$$|(T(\varphi)-T(\psi))(x)|\leqslant\int_a^x L_0\,|\varphi(y)-\psi(y)|\,dy$$

ab (vgl. (4), Wahl von L_0). Nach Definition der Norm gilt für jedes $y\in I$

$$|\varphi(y)-\psi(y)|=e^{\beta L_0 y}|e^{-\beta L_0 y}(\varphi-\psi)(y)|\leqslant$$

$$\leqslant e^{\beta L_0 y}\max\{|e^{-\beta L_0\xi}(\varphi-\psi)(\xi)|: \xi\in I\}=e^{\beta L_0 y}\|\varphi-\psi\|.$$

Einsetzen in die vorangegangene Ungleichung liefert

$$|(T(\varphi)-T(\psi))(x)|\leqslant\int_a^x L_0\,e^{\beta L_0 y}\|\varphi-\psi\|\,dy\leqslant$$

$$\leqslant\|\varphi-\psi\|\,e^{\beta L_0 x}[1-e^{\beta L_0(a-x)}]/\beta\leqslant$$

$$\leqslant\|\varphi-\psi\|\,e^{\beta L_0 x}[1-e^{\beta L_0(a-b)}]/\beta,$$

d.h. $e^{-\beta L_0 x}|(T(\varphi)-T(\psi))(x)|\leqslant q\|\varphi-\psi\|$ mit $q:=[1-e^{\beta L_0(a-b)}]/\beta$ für alle $x\in I=[a,b]$. Damit ist auch $\|T(\varphi)-T(\psi)\|\leqslant q\|\varphi-\psi\|$. T ist eine Kontraktion, da $q<1$ wegen der Wahl $\beta\geqslant 1$. Der Banachsche Fixpunktsatz garantiert die Existenz und Eindeutigkeit einer Lösung $f\in X=C(I)$ der zu (2) äquivalenten Fixpunktgleichung $f=T(f)$. ∎

Korollar 2.1.4 Die Voraussetzungen des Satzes 1 seien erfüllt. Außerdem gebe es Konstanten C, L_0 und $\beta\geqslant 1$, so daß

$$\left|g(x)+\int_a^x k(x,y,0)dy\right|\leqslant Ce^{\beta L_0 x}\quad\text{und}\quad L(x)\leqslant L_0\quad\text{für }x\in I,$$

wobei $\beta > 1$ im Falle eines unendlichen Intervalles angenommen sei. Dann erfüllt die Lösung f der Integralgleichung (2) die Abschätzung

$$(2.1.6) \qquad |f(x)| \leqslant \begin{cases} C e^{L_0(b-a+x)}, & \text{falls } \beta = 1 \text{ und } x \in I = [a,b], \\[2mm] C \dfrac{\beta}{\beta-1} e^{\beta L_0 x}, & \text{falls } \beta > 1 \text{ und } x \in I. \end{cases}$$

Beweis. Man starte die Fixpunktiteration $f_{\nu+1} = T(f_\nu)$ mit $f_0 := 0$ und wende Abschätzung (1.3.10b) mit $i = 0$ an. ▨

Bemerkung 2.1.5 (a) Die Stetigkeit von g wird für den Existenz- und Eindeutigkeitssatz nicht benötigt. Es reicht, $g \in L^\infty(I)$ anzunehmen. Dann ist allerdings auch die Lösung in diesem Raum: $f \in L^\infty(I)$. **(b)** Die Stetigkeit von $k(\cdot,\cdot,\cdot)$ kann man durch die Integrierbarkeit von $k(x,\cdot,\varphi(\cdot))$ für $\varphi \in C(I)$ und Stetigkeit von $\int_a^x k(x,y,f(y))\,dy$ ersetzen. **(c)** Die Lipschitz-Bedingung (4) ist für alle $z,z' \in \mathbb{R}$ gefordert. Falls k nur lokal Lipschitz-stetig ist, kann die Existenz einer Lösung nur in einer Umgebung von $x = a$ bewiesen werden.

2.1.2 Regularität der Lösung

Unter der *Regularität* versteht man die Glattheitseigenschaften einer Funktion. Aufgrund des Satzes 1 ist von der Lösung f bisher nur die Stetigkeit bekannt. Als nächstes wird nach Bedingungen gefragt, unter denen $f \in C^m(I)$ mit $m \geqslant 1$ gilt. Eine solche Eigenschaft spielt eine entscheidende Rolle bei der Abschätzung der Diskretisierungsfehler im nachfolgenden Abschnitt §2.2.

Satz 2.1.6 Sei $m \in \mathbb{N}$ und $g \in C^m(I)$. Voraussetzung an k ist

$$\frac{\partial}{\partial x} k \in C^{m-1}(G \times \mathbb{R}), \quad k(x,x,z) \in C^{m-1}(\{(x,x,z): (x,z) \in I \times \mathbb{R}\}).$$

Ferner habe die Integralgleichung (2) eine stetige Lösung $f \in C(I)$ (hinreichend hierfür wäre die Bedingung (4) des Satzes 1). Dann gilt auch $f \in C^m(I)$.

Beweis durch Induktion nach m. Für $m = 0$ ist die Behauptung mit der Vorausetzung $f \in C(I)$ identisch. Für $m \geqslant 1$ ist die rechte Seite der Integralgleichung (2) und damit auch f einmal differenzierbar, und f' hat die Darstellung

$$f'(x) = g'(x) + k(x,x,f(x)) + \int_a^x \frac{\partial}{\partial x} k(x,y,f(y))\,dy \quad \text{für } x \in I.$$

Nach Induktionsvoraussetzung ist $f \in C^{m-1}(I)$. Damit gehören auch g' und $k(x,x,f(x))$ zu $C^{m-1}(I)$. Da der Integrand $\partial k/\partial x$ aus $C^{m-1}(G \times \mathbb{R})$ stammt, ist das Integral $(m-1)$-fach stetig differenzierbar, so daß $f' \in C^{m-1}(I)$ folgt. Diese Aussage ist aber mit $f \in C^m(I)$ identisch. ▨

Es sei angemerkt, daß die Bedingung $\frac{\partial}{\partial x} k \in C^{m-1}(G \times \mathbb{R})$ zwar hinreichend, aber nicht notwendig für $\int_a^x \frac{\partial}{\partial x} k(x,y,f(y))\,dy \in C^{m-1}(I)$ ist, so daß Abschwächungen möglich sind. Z.B. reicht die Annahme, daß $\partial^l k / \partial x^l \in C(G \times \mathbb{R})$ für $1 \leqslant l \leqslant m-1$.

Bei Abschätzungen des Diskretisierungsfehlers kann man die Voraussetzung $f \in C^m(I)$ i.a. durch die Lipschitz-Stetigkeit der $(m-1)$-ten Ableitung ersetzen: $f \in C_L^{m-1}(I)$. Zunächst werden wir die lokale Lipschitz-Stetigkeit von f untersuchen.

Satz 2.1.7 Die Integralgleichung (2) habe eine Lösung $f \in C(I)$. g sei lokal Lipschitz-stetig: $g \in C_{L,\text{lok}}(I)$. Für jedes beschränkte $Z \subset \mathbb{R}$ erfülle $k \in C(G \times \mathbb{R})$ eine Lipschitz-Bedingung im ersten Argument:

$$|k(x',y,z)-k(x'',y,z)| \leqslant C(x,Z) \,|x'-x''|$$

für alle $x,y \in I$, $y \leqslant x' \leqslant x'' \leqslant x$, $z \in Z$. Dann ist auch $f \in C_{L,\text{lok}}(I)$.

Beweis. Der Integrand im ersten Integral der Darstellung

$$f(x')-f(x'') = g(x')-g(x'') +$$
$$+ \int_a^x [k(x',y,f(y))-k(x'',y,f(y))]\,dy - \int_{x'}^{x'} k(x'',y,f(y))\,dy$$

ist abschätzbar durch $C(x,Z)|x'-x''|$, wobei $Z := \{f(y)\colon a \leqslant y \leqslant x\}$. Das zweite Integral ist schließlich durch $C_0|x'-x''|$ beschränkt, wenn C_0 das Maximum der stetigen Funktion $|k(x'',y,f(y))|$ auf dem kompakten Bereich $a \leqslant x' \leqslant y \leqslant x'' \leqslant x$ ist. Da auch $g \in C_{L,\text{lok}}(I)$, erhält man die lokale Lipschitz-Eigenschaft von f in $[a,x]$. ⬛

Der Beweis des Satzes 7 zeigt schon direkt, was auch aus Übungsaufgabe 1.2.1d gefolgert werden kann:

Korollar 2.1.8 Zusätzlich zu den Voraussetzungen des Satzes 7 sei angenommen, daß $I=[a,b]$. Dann ist f *global* Lipschitz-stetig: $f \in C_L(I)$.

Eine Verallgemeinerung der Aussage $f \in C_L(I)$ auf $f \in C_L^{m-1}(I)$ für beliebiges $m \geqslant 2$ ist dem Leser überlassen:

Übungsaufgabe 2.1.9 Man zeige: Ersetzt man in der Voraussetzung des Satzes 6 bei beschränktem $I=[a,b]$ und für $m \geqslant 2$ die Räume C^m, C^{m-1} durch C_L^{m-1} bzw. C_L^{m-2}, so erhält man eine Lösung $f \in C_L^{m-1}(I)$.

Mitunter sind *stückweise* glatte Funktionen von Interesse. Hierzu sei angenommen, daß eine Intervallunterteilung von I gegeben ist:
$$a=a_0<a_1<\ldots<a_\ell=b, \text{ falls } I=[a,b], \text{ bzw. } \lim a_\ell=\infty, \text{ falls } I=[a,\infty).$$
Satz 2.1.10 Die Integralgleichung (2) habe eine Lösung $f \in C(I)$. Es gelte $g \in C(I)$ und $k \in C(G \times \mathbb{R})$. Die Voraussetzungen des Satzes 6, 7 oder der Übungsaufgabe 9 seien sinngemäß in den Intervallen $[a_{k-1},a_k]$ gültig. Dann ist $f \in C^m([a_{k-1},a_k])$, $f \in C_L([a_{k-1},a_k])$ bzw. $f \in C_L^{m-1}([a_{k-1},a_k])$.

Beweis. Die Behauptung ist für das Intervall $[a_0,a_1]$ gültig. In $I_2 := [a_1,a_2]$ erfüllt f die neue Integralgleichung
$$f(x)=g_2(x)+\int_{a_1}^x k(x,y,\varphi(y))\,dy \text{ mit } g_2(x) := g(x)+\int_a^{a_1} k(x,y,\varphi(y))\,dy,$$
so daß sie auch für $[a_1,a_2]$ folgt. U.s.w. ⬛

2.2 Numerische Lösung durch Quadraturverfahren

2.2.1 Herleitung der Diskretisierung

Es liegt nahe, das Integral $\int_a^x k(x,y,f(y))\,dy$ in der Volterraschen Gleichung (1.2) durch eine Quadraturformel zu approximieren. Die zu integrierende Funktion ist $\varphi(y):=k(x,y,f(y))$ oder in Kurzschreibweise $\varphi=k(x,\cdot,f(\cdot))$. Das Integrationsintervall $[a,x]$ ist x-abhängig. Die Quadraturformel zu diesem Intervall sei mit $Q_{[a,x]}$ bezeichnet. Ersetzung des Integrals durch die Quadratur liefert die Gleichung

$$(2.2.1) \qquad \tilde{f}(x)=g(x)+Q_{[a,x]}(k(x,\cdot,\tilde{f}(\cdot))) \qquad\qquad (x\in I)$$

für eine Funktion $\tilde{f}$, von der wir erwarten, daß sie f annähert. Die Quadraturformel $Q_{[a,x]}$ enthält n Stützstellen x_l, deren Zahl und Lage von x abhängt; wir schreiben daher $n=n(x)$ und $x_l=x_l(x)$. Bezüglich der Wahl dieser Stützstellen gibt es starke Einschränkungen:

Bemerkung 2.2.1 Ist $\xi=x_l(x)$ eine Stützstelle der Quadraturformel $Q_{[a,x]}$, so muß die zu integrierende Funktion $k(x,\cdot,\tilde{f}(\cdot))$ bei $y=\xi$ bekannt sein. Das heißt insbesondere, daß der Wert $\tilde{f}(\xi)$ verfügbar sein muß. Um $\tilde{f}(\xi)$ zu berechnen, muß man aber die rechte Seite der Gleichung (1) für $x=\xi$ auswerten. Dies zeigt, daß eine Quadratur über $[a,x]$ mit einer Stützstelle ξ eine vorhergehende Quadratur über $[a,\xi]$ mit Stützstellen $x_l(\xi)$ voraussetzt.

Damit das Verfahren praktikabel bleibt, hat man die Stützstellen x_0, x_1, x_2, ... so zu wählen, daß alle vorkommenden Quadraturformeln nur über Intervalle $[a,x_i]$ erstreckt werden und höchstens $x_0, x_1, \ldots, x_i$ als Stützstellen verwenden. Dann reicht es aus, die Gleichung (1) für die diskreten Werte $x=x_0, x_1, \ldots$ auszuwerten. Es bleibt das Problem, für die Anfangsstützstelle x_0 die Näherung $\tilde{f}(x_0)$ zu finden. Diese Frage ist aber durch Gleichung (1.5a) gelöst, wenn wir $x_0:=a$ wählen: $f(x_0)=f(a)=g(a)$. Der Algorithmus lautet damit wie folgt.

Diskretisierung durch Quadraturverfahren

Stützstellen: $a=x_0<x_1<x_2<\ldots<x_{i-1}<x_i<\ldots$

Quadraturformeln: $Q_i:=Q_{[a,x_i]}$ mit Stützstellen x_l, $0\leqslant l\leqslant i$.

Start:

$$(2.2.2a) \qquad f_0:=g(a)$$

Rekursion für $i:=1,2,\ldots$:

$$(2.2.2b) \qquad f_i:=g(x_i)+Q_{[a,x_i]}(k(x_i,\cdot,\tilde{f}(\cdot))),\ \text{wobei } \tilde{f}(x_l):=f_l.$$

Gemäß (1.4.10) schreiben wir die Quadraturformeln $Q_i:=Q_{[a,x_i]}$ als

$$(2.2.2c) \qquad Q_{[a,x_i]}(f)=\sum_{l=0}^{i}w_{i,l}\,f(x_l).$$

Damit lautet (2b):

$$(2.2.2b') \qquad f_i := g(x_i) + \sum_{l=0}^{i} w_{l,i} \, k(x_i, x_l, f_l).$$

Bemerkung 2.2.2 (2a,b) ist ein gestaffeltes System von Gleichungen. Jede einzelne Gleichung (2b') ist im allgemeinen nichtlinear in f_i; sie wird jedoch zu einer expliziten Gleichung für f_i, wenn $w_{i,i}=0$. Im letzten Fall heißt die Diskretisierung *explizit*, sonst *implizit*.

Bemerkung 2.2.3 Der Algorithmus (2a,b) verdeutlich den zweifachen Charakter der x_l ($l \geqslant 0$). Sie dienen zum einen als Stützstellen der Diskretisierung der Integrale. Zum anderen sind sie - unabhängig von der Behandlung der Integrale - die diskreten x-Werte, für die die unbekannte Funktion f approximiert werden soll.

Die beschriebenen Anforderungen an die Stützstellen machen es zunächst unmöglich, die wegen ihrer Stabilität und Genauigkeit sonst favorisierte Gauß-Quadratur zu verwenden, denn die in $[a,x_i]$ benötigten Gauß-Stützstellen x_l sind zu den in $[a,x_{i-1}]$ gebrauchten disjunkt (vgl. aber §2.3). Die naheliegende Wahl der Stützstellen sind die äquidistanten Punkte

$$(2.2.3) \qquad x_i := a + i h \quad \text{mit einer Schrittweite } h > 0.$$

Bemerkung 2 besagt, daß die Berechnung besonders einfach wird, wenn die Gewichte so bestimmt werden, daß $w_{i,i}=0$. Hiermit sind die gängigen Newton-Cotes-Formeln ausgeschlossen. Ein $w_{i,i}=0$ erfüllendes Beispiel ist die linksseitige Rechtecksformel (1.4.17a):

$$(2.2.4) \qquad Q_n^{lR}(f) := h \sum_{i=0}^{n-1} f(x_i),$$

die in (2b) bzw. (2b') eingesetzt die folgende Gleichung liefert:

$$(2.2.4') \qquad f_i := g(x_i) + h \sum_{l=0}^{i-1} k(x_i, x_l, f_l).$$

Bemerkung 2.2.4 Anders als bei gewöhnlichen Differentialgleichungen bleibt der *Rechenaufwand* nicht proportional zur Anzahl der berechneten Werte. Die Berechnung von $f_0, f_1, \ldots, f_i$ benötigt $i(i+1)/2$ Additionen und insbesondere $i(i+1)/2$ Auswertungen des Kernes k, außerdem $i+1$ g-Auswertungen und i Multiplikationen. Da im i-ten Schritt alle Werte f_l für $0 \leqslant l \leqslant i$ eingehen, müssen diese bei der Implementierung auch abgespeichert werden.

2.2.2 Fehlerabschätzung

Die nach (2b') berechneten f_i sollen die unbekannte Lösung f an der Stelle x_i approximieren. Es ist daher zu prüfen, ob die Fehler

$$(2.2.5) \qquad d_i := f_i - f(x_i)$$

mit feiner werdender Diskretisierung gegen null streben und - wenn ja - wie schnell. Der Diskretisierungsparameter im Beispiel (4') ist die Schrittweite h. Im allgemeinen Fall (2a,b) brauchen die Stützstellen nicht äquidistant zu sein, aber wir können

$$(2.2.6) \qquad h := \sup\{(x_i - a)/i : i \geq 1\}$$

per definitionem als Diskretisierungsparameter einführen. Für den äquidistanten Fall stimmt h aus (6) mit h aus (3) überein. Wegen (2a) verschwindet der Anfangsfehler:

$$(2.2.7a) \qquad d_0 = 0,$$

während man für $i > 0$ aus (2b') und der Integralgleichung (1.2) ableitet, daß

$$(2.2.7b) \quad \begin{aligned} d_i &= g(x_i) + \sum_{\ell=0}^{i} w_{\ell,i}\, k(x_i, x_\ell, f_\ell) - [g(x_i) + \int_a^{x_i} k(x_i, y, f(y))\,dy] \\ &= \sum_{\ell=0}^{i} w_{\ell,i} [k(x_i, x_\ell, f_\ell) - k(x_i, x_\ell, f(x_\ell))] + R(q_i), \end{aligned}$$

wobei $R(q_i)$ den Quadraturfehler für den Integranden

$$(2.2.7c) \qquad q_i(y) := k(x_i, y, f(y))$$

über dem Intervall $[a, x_i]$ darstellt (vgl. (1.4.11)). Unter den Annahmen $g \in \hat{C}^m(I)$ und $k \in \hat{C}^m(G \times \mathbb{R})$ (bzw. schwächeren Voraussetzungen) ergab Satz 1.6, daß $f \in \hat{C}^m(I)$, wenn überhaupt eine stetige Lösung f existiert. Mit $k \in \hat{C}^m(G \times \mathbb{R})$ und $f \in \hat{C}^m(I)$ ist aber auch $q_i \in \hat{C}^m([a, x_i])$, und

$$(2.2.7d) \quad \begin{aligned} &\| q_i \|_{\hat{C}^m([a, x_i])} \leq C_I \quad \text{mit} \\ &C_I := \max\{\| k(x, \cdot, f(\cdot)) \|_{\hat{C}^m([a, x])} : x \in I\} \end{aligned}$$

gilt, solange

$$(2.2.7e) \qquad x_i \in I = [a, b].$$

Bemerkung 2.2.5 Wenn das Quadraturverfahren $\{Q_i = Q_{[a, x_i]}\}$ (vgl. (2a,b)) die Konsistenzordnung m besitzt und (7d) gilt, so ist der Quadraturfehler abschätzbar durch

$$(2.2.7f) \qquad |R(q_i)| \leq (x_i - a)^{1+m} C_Q C_I\, i^{-m} \leq (x_i - a) C_Q C_I\, h^m.$$

Beweis. Man ersetze in (1.4.15) b durch x_i. $\qquad\blacksquare$

In (7b) ist noch $k(x_i, x_\ell, f_\ell) - k(x_i, x_\ell, f(x_\ell))$ abzuschätzen. Hierfür benötigt man eine Lipschitz-Bedingung, wie sie schon für den Existenz- und Eindeutigkeitssatz 1.1 erforderlich war (vgl. (1.4)):

$$(2.2.8) \qquad |k(x, y, z) - k(x, y, z')| \leq L|z - z'| \quad \text{für alle } (x, y) \in G,\ z, z' \in \mathbb{R}$$

(G gemäß (1.3)). In (1.4) konnte die Lipschitz-Konstante L von x abhängen. Für den vorliegenden Fall eines endlichen Intervalles I sind (8) und (1.4) äquivalent (vgl. Bemerkung 1.2b). Mit (8) gelingt die Abschätzung

$$(2.2.7g) \qquad |k(x_i, x_\ell, f_\ell) - k(x_i, x_\ell, f(x_\ell))| \leq L|f_\ell - f(x_\ell)| = L|d_\ell|.$$

Die Gleichung $\sum_\ell w_{\ell,i} = x_i - a \leq i h$ gilt, falls die Quadraturformel Q_i die konstante Funktion exakt integriert. Wir fordern, daß die Gewichte im folgenden Sinne gleichverteilt sind:

$$(2.2.7h) \qquad |w_{\ell,i}| \leq C_W h \quad \text{für alle } 0 \leq \ell \leq i.$$

Aus (7b,f,g,h) erhält man schließlich die Ungleichung

$$(2.2.7\text{i}) \qquad |d_i| \leq C_W\, L\, h \sum_{\ell=0}^{i-1} |d_\ell| + L|w_{i,i}|\,|d_i| + (b-a)\,C_Q\,C_I\,h^m.$$

Beispiel 2.2.6 Für die linksseitige Rechtecksformel (4) lauten die Konstanten $C_W = 1$, $C_Q = \frac{1}{2}$ und $w_{i,i} = 0$.

Zur Untersuchung der Ungleichung (7i) vereinfachen wir die Schreibweise durch Einführung neuer Konstanten. Setzt man in

$$(2.2.9\text{a}) \qquad E_0 = 0, \quad 0 \leq E_i \leq M_0 E_i + h M_1 \sum_{\ell=0}^{i-1} E_\ell + M_2 \quad (i \geq 1)$$

$E_i = |d_i|$, $M_1 = C_W L$, $M_0 = L|w_{i,i}|$, $M_2 = (b-a)\,C_Q\,C_I\,h^m$, folgt (9a) aus (7i).

Lemma 2.2.7 (Lemma von Gronwall) **(a)** Es gebe Zahlen $\alpha, \beta_\ell \geq 0$ und $0 \leq M_0 < 1$, so daß

$$(2.2.9\text{b}) \qquad 0 \leq E_i \leq \alpha + \sum_{\ell=0}^{i-1} \beta_\ell E_\ell + M_0 E_i \qquad\qquad \text{für } i \geq 0.$$

Dann genügen die Größen E_i der Abschätzung (10b) für alle $i \geq 0$:

$$(2.2.10\text{b}) \qquad E_i \leq \frac{\alpha}{1-M_0} \prod_{\ell=0}^{i-1} (1 + \beta_\ell/(1-M_0)) \leq \frac{\alpha}{1-M_0} \exp\{\sum_{\ell=0}^{i-1} \beta_\ell/(1-M_0)\}.$$

(b) Erfüllt die Folge $\{E_i\}$ die Ungleichung (9a) mit $M_0, M_1, M_2, h \geq 0$ und $M_0 < 1$, so ist sie durch (10a) beschränkt:

$$(2.2.10\text{a}) \qquad \begin{aligned} &E_i \leq M_2 C_2 e^{C_1 i h} && \text{für alle } i \geq 0 \text{ mit} \\ &C_1 := M_1/(1-M_0), \; C_2 := 1/(1-M_0) = C_1/M_1. \end{aligned}$$

Beweis. (i) (9a) ist der Spezialfall $\alpha := M_2$, $\beta_\ell := h M_1$ von (9b). Einsetzen dieser Werte in (10b) liefert (10a). Es bleibt Teil (a) zu zeigen.

(ii) Da $0 \leq M_0 < 1$, läßt sich der Summand $M_0 E_i$ auf der rechten Seite von (9b) auf die andere Seite bringen. Nach Division durch $1-M_0 > 0$ erhält man die modifizierte Ungleichung (9b) mit $\alpha' := \alpha/(1-M_0)$ statt α, $\beta'_\ell := \beta_\ell/(1-M_0)$ statt β_ℓ und ohne $M_0 E_i$-Term. Die nachzuweisende Abschätzung (10b) wird zu $E_i \leq \alpha' \prod_{\ell=0}^{i-1} (1 + \beta'_\ell)$. Der Beweis wird durch Induktion geführt.

(iii) Induktionsanfang: Für $i=0$ ergibt die Konvention der leeren Summe $E_0 \leq \alpha'$ für (9b) und die des leeren Produktes $E_i \leq \alpha' \prod_{\ell=0}^{i-1} (1 + \beta'_\ell)$ für $i=0$.

(iv) Die Abschätzung $E_j \leq \alpha' \prod_{\ell=0}^{j-1} (1 + \beta'_\ell)$ gelte für $0 \leq j \leq i-1$. Setzt man $E_0 \leq \alpha'$ aus (iii) in (9b) ein, erhält man

$$E_i \leq \alpha' + \beta'_0 E_0 + \sum_{\ell=1}^{i-1} \beta'_\ell E_\ell \leq \alpha'(1+\beta'_0) + \sum_{\ell=1}^{i-1} \beta'_\ell E_\ell \quad \text{für } i \geq 1.$$

In dieser Abschätzung kommen nur $i-1$ Summanden vor (wobei der Index verschoben ist), so daß die Induktionsannahme die Behauptung $E_i \leq \alpha'(1+\beta'_0) \prod_{\ell=1}^{i-1} (1 + \beta'_\ell) = \alpha' \prod_{\ell=0}^{i-1} (1 + \beta'_\ell)$ und damit den ersten Teil von (10b) beweist.

(v) Eine Analyse der Funktion $e^x - 1 - x$ liefert die Ungleichung

(2.2.11) $e^x \geqslant 1 + x$ für alle $x \in \mathbb{R}$.

Verwendet man (11) für $1 + \beta'_i \leqslant \exp\{\beta'_i\}$, folgt auch die zweite Ungleichung in (10b). ◨

In (4') wurde die Diskretisierung mit Hilfe der linksseitigen Rechtecksformel definiert. Die zugehörige Fehlerabschätzung erhält der

Satz 2.2.8 (Quadratur durch *Rechtecksformel*) Es gelte $g \in C_L(I)$ und $k \in C_L(G \times \mathbb{R})$ für ein Intervall $I = [a, b]$. Die Integralgleichung (1.2) habe eine stetige Lösung f. Für die durch (4') definierten Näherungen $\{f_i\}$ gilt die Fehlerabschätzung

(2.2.12) $|f_i - f(x_i)| \leqslant \dfrac{b-a}{2} C_I e^{L(x_i - a)} h$ ($x_i = a + ih$, C_I, L aus (7d), (8)).

Beweis. $f \in C_L(I)$ folgt aus Satz 1.7 und Korollar 1.8. Die Voraussetzung an k sichert auch $k(x, y, f(y)) \in C_L(G) = \hat{C}^1(G)$, so daß (7d) für $m = 1$ zutrifft. Bemerkung 5 liefert (7f) für die Konsistenzordnung $m = 1$ der Rechtecksformel (vgl. Übungsaufgabe 1.4.25). Die Abschätzung (7i) führt über (9a) und Lemma 7 zur Ungleichung

$$|d_i| = |f_i - f(x_i)| \leqslant \tfrac{h}{2}(b-a) C_I e^{Lih} = \tfrac{h}{2}(b-a) C_I e^{L(x_i - a)},$$

da $C_W = 1$, $w_{ii} = 0$ und $C_Q = \tfrac{1}{2}$ (vgl. Beispiel 6). ◨

(12) beschreibt die *Konvergenz erster Ordnung*. Mehr ist von einem Quadraturverfahren erster Ordnung nicht zu erwarten. Um schnellere Konvergenz zu erreichen, kann man die *summierte Trapezformel* einsetzen, die von zweiter Ordnung ist (vgl. Übungsaufgabe 1.4.25). Mit der Schreibweise $\sum''$ aus (1.4.18c') lautet die entsprechende Diskretisierung

(2.2.13) $f_0 := g(a)$, $f_i := g(x_i) + h \displaystyle\sum_{j=0}^{i}{}'' k(x_i, x_j, f_j)$ $(i = 1, 2, \ldots)$

Da das letzte Gewicht $w_{i,i} = \tfrac{1}{2}h \neq 0$ lautet, ist die Diskretisierung implizit; (13) stellt für alle $i \geqslant 1$ eine nichtlineare Gleichung dar (vgl. Bemerkung 2). Es stellt sich daher die Frage nach der Existenz und Eindeutigkeit der Lösung f_i und nach numerischen Lösungsverfahren.

Lemma 2.2.9 Die Kernfunktion k erfülle die Lipschitz-Bedingung

(2.2.14a) $|k(x, x, z) - k(x, x, z')| \leqslant L|z - z'|$ für alle $x \in I$, $z, z' \in \mathbb{R}$,

die z.B. aus (8) folgt. Die Schrittweite h sei hinreichend klein:

(2.2.14b) $h < 2/L$ (L aus (14a)).

Dann haben die nichtlinearen Gleichungen (13) eindeutige Lösungen f_i.

Beweis. Man setze zur Abkürzung

(2.2.14c) $c_i := g(x_i) + \frac{h}{2} k(x_i, x_0, f_0) + h \sum_{j=1}^{i-1} k(x_i, x_j, f_j).$

Die Gleichung (13) für f_i nimmt damit die Form der Fixpunktgleichung

(2.2.14d) $f_i = T(f_i)$ mit $T(\zeta) := c_i + \frac{h}{2} k(x_i, x_i, \zeta)$

an. Im Banach-Raum $X = (\mathbb{R}, |\cdot|)$ ist T kontrahierend mit $q := hL/2 < 1$:

(2.2.14e) $|T(\xi) - T(\zeta)| = \frac{h}{2} |k(x_i, x_i, \xi) - k(x_i, x_i, \zeta)| \leqslant \frac{hL}{2} |\xi - \zeta|.$

Der Banachsche Fixpunktsatz 1.3.10 beweist die Behauptung.   ▨

Der Banachsche Fixpunktsatz liefert darüberhinaus ein *Berechnungs-verfahren* zur näherungsweisen Lösung der Gleichungen (13):

(2.2.15a$_1$) $f_i^{(0)} := f_{i-1}$ (Startwert)
oder
(2.2.15a$_2$) $f_i^{(0)} := c_i + \frac{h}{2} k(x_i, x_{i-1}, f_{i-1})$ (Startwert);

(2.2.15b) $f_i^{(\upsilon+1)} := c_i + \frac{h}{2} k(x_i, x_i, f_i^{(\upsilon)})$ (Iteration).

Übungsaufgabe 2.2.10 Es gelte (14b), $g \in C_L(I)$, $k \in C_L(G \times \mathbb{R})$. Man zeige:
(a) Die Startwerte aus (15a$_{1,2}$) haben den Fehler $|f_i^{(0)} - f_i| = O(h)$ bzw.
$O(h^2)$. **(b)** Für die Iterierten aus (15b) gilt die Abschätzung

$$|f_i^{(\upsilon)} - f_i| \leqslant (Lh/2)^\upsilon |f_i^{(0)} - f_i| \qquad (\upsilon \geqslant 0),$$

so daß $|f_i^{(\upsilon)} - f_i| = O(h^{\upsilon+1})$ für (15a$_1$) und $|f_i^{(\upsilon)} - f_i| = O(h^{\upsilon+2})$ für (15a$_2$).

Die Iteration (15b) ist empfehlenswert, wenn $Lh/2$ klein ist. Selbst-verständlich kommen auch andere Verfahren wie z.B. die Newton-Iteration (vgl. Stoer [1,§5]) in Frage.

Übungsaufgabe 2.2.11 k habe eine Ableitung $\partial k(x, x, z)/\partial z$ und erfülle (14a,b). Man zeige: Die im Newton-Verfahren benötigte Ableitung ist $\neq 0$.

Die *exakte* Lösung der nichtlinearen Gleichung (13) ist i.a. nicht möglich, aber auch *nicht notwendig*. Da für die Näherungen f_i ohnehin ein Fehler $O(h^2)$ erwartet wird, kann man die Iteration (15a,b) abbrechen, sobald der Iterationsfehler $O(h^2)$ erreicht.

Satz 2.2.12 (Quadratur durch *Trapezformel*) Für $I = [a, b]$ gelte $g \in C_L^1(I) = \hat{C}^2(I)$ und $k \in C_L^1(G \times \mathbb{R})$. L sei die Lipschitz-Konstante aus (8). Die Schrittweite h erfülle (14b): $h < 2/L$. Als Näherungslösung der nichtlinearen Gleichung (13) verwende man $\tilde{f}_i := f_i^{(1)}$ aus (15b) mit dem Startwert (15a$_1$). Dann gilt für $\tilde{f}_i$ die Fehlerabschätzung

(2.2.16) $|\tilde{f}_i - f(x_i)| \leqslant Ch^2 e^{L(x_i - a)}.$

Beweis. (i) Die Voraussetzungen garantieren die Regularität $f \in C_L^1(I)$. (ii) Die auftretenden Näherungen zu f_i sind

$$\tilde{f}_0 := f_0 = g(a), \qquad \tilde{f}_i^{(0)} := \tilde{f}_{i-1}, \qquad \tilde{f}_i := f_i^{(1)} \text{ gemäß (15b)}.$$

Wir setzen $d_i := \tilde{f}_i - f(x_i)$ und $d_i^{(\nu)} := f_i^{(\nu)} - f(x_i)$ für $\nu = 0,1$. Es ist

$$|d_i^{(0)}| = |f_i^{(0)} - f(x_i)| \leqslant |\tilde{f}_{i-1} - f(x_{i-1})| + |f(x_{i-1}) - f(x_i)| \leqslant$$
$$\leqslant d_{i-1} + C_f\, h,$$

wobei C_f die Lipschitz–Konstante von f sei. Wie in (7b) erhält man

$$d_i^{(1)} = R(q_i) + \left\{ h \sum_{j=0}^{i-1}{}' \, k(x_i, x_j, \tilde{f}_j) + \tfrac{h}{2} k(x_i, x_i, f_i^{(0)}) - h \sum_{j=0}^{i}{}'' k(x_i, x_j, f(x_j)) \right\}.$$

Hier bezeichnet Σ' die Summe mit den Gewichten 1 für $1 \leqslant j \leqslant i-1$ und $\tfrac{1}{2}$ für $j = 0$. Für den Quadraturfehler der summierten Trapezregel gilt $|R(q_i)| \leqslant C_T h^2$. Die geschweifte Klammer kann wegen (8) durch $hL[\Sigma'|d_j| + \tfrac{1}{2}|d_i^{(0)}|]$ abgeschätzt werden. Zusammen mit der Schranke für $|d_i^{(0)}|$ erhalten wir

$$|d_i| = |d_i^{(1)}| \leqslant hL\left[\sum_{j=0}^{i-1}{}' \, |d_j| + \tfrac{1}{2}|d_{i-1}| \right] + (C_T + \tfrac{1}{2}LC_f)h^2.$$

Lemma 7 ist mit $M_0 = 0$, $\sum_{j=0}^{i-1} \beta_j \leqslant ihL$, $\alpha = (C_T + \tfrac{1}{2}LC_f)h^2$ in (9b) bzw. (10b) anwendbar und liefert das gewünschte Resultat (16) mit $C = C_T + \tfrac{1}{2}LC_f$. ∎

Die Ordnung 2 kann auch mit einem *expliziten* Verfahren erreicht werden. Dazu modifiziert man das Quadraturverfahren wie folgt.

Bemerkung 2.2.13 Sei Q_I ein summiertes Quadraturverfahren $Q_I = \sum_{k=1}^{i} Q^{(k)}$, wobei $Q^{(k)}$ ein Verfahren der Ordnung $\varkappa$ über dem Teilintervall I_k der Länge $\leqslant \text{const}\, h$ sei. Gemäß Lemma 1.4.23 ist Q_I ebenfalls von der Ordnung $\varkappa$. Ändert man in Q_I einen (oder allgemeiner eine *feste* Anzahl von) Summanden $Q^{(k)}$ in $\tilde{Q}^{(k)}$ ab, wobei $\tilde{Q}^{(k)}$ von der Ordnung $\varkappa-1$ sei, so ist entstehende summierte Verfahren $\tilde{Q}_I$ wieder von der Ordnung $\varkappa$.

Beweis. Der Quadraturfehler $\tilde{Q}^{(k)}$ auf dem Intervall I_k ist $O(h^\varkappa)$. Summiert mit den Fehlern $O(h^{\varkappa+1})$ von $Q^{(k)}$ über den übrigen Intervallen ergibt sich der globale Fehler $O(h^\varkappa)$. ∎

Wir können Bemerkung 13 anwenden, indem wir die Trapezformel auf dem letzten Intervall $[x_{i-1}, x_i]$ durch die um eine Ordnung niedrigere linksseitige Rechtecksformel ersetzen. Die Diskretisierung lautet dann

$$(2.2.17a) \qquad f_0 := g(a),$$
$$(2.2.17b) \qquad f_i := g(x_i) + \tfrac{1}{2}hk(x_i, x_0, f_0) + h \sum_{j=1}^{i-2} k(x_i, x_j, f_j) +$$
$$+ \tfrac{3}{2}hk(x_i, x_{i-1}, f_{i-1}) \qquad \text{für } i = 1,2,\ldots$$

Bemerkung 2.2.14 Unter den Voraussetzungen von Satz 12 ist die Diskretisierung (17a,b) konvergent von der *zweiter Ordnung*:

$$(2.2.18) \qquad |f_i - f(x_i)| \leqslant C h^2 e^{L(x_i - a)}.$$

Ein _Verfahren dritter Ordnung_ erhält man bei entsprechender Glattheit von $k(x,y,f(y))$ mit den folgenden Quadraturformeln für $Q_{[a,x_i]}$:

(2.2.19a) i gerade: $Q_{[a,x_i]} := Q_{[a,x_i]}^{\text{Simpson}}$,

(2.2.19b) i ungerade: $Q_{[a,x_i]} := Q_{[a,x_{i-1}]}^{\text{Simpson}} + Q_{[x_{i-1},x_i]}^{\text{Trapez}}$,

wobei Q_I^{Simpson} die summierte Simpson-Formel über I und $Q_{[x_{i-1},x_i]}^{\text{Trapez}}$ die (nichtsummierte) Trapezformel über $[x_{i-1},x_i]$ bezeichnen. Die Simpson-Formel wird hier nur als Formel dritter Ordnung benutzt. Die Trapezformel ist zwar von zweiter Ordnung, kommt aber nur über einem Teilintervall vor, so daß die Gesamtformel nach Bemerkung 13 von dritter Ordnung ist. Analog zu Satz 12 beweist man, daß das implizite Verfahren (19a,b) von dritter Ordnung konvergiert. Die Werte f_i können dabei wieder mit der (15a,b) entsprechenden Banachschen Fixpunktiteration angenähert werden. Es reicht $\tilde{f}_i = f_i^{(2)}$ zu wählen (vgl. Übungsaufgabe 10b).

Übungsaufgabe 2.2.15 Die _offenen Newton-Cotes-Formeln_ verwenden die Intervallenden nicht als Stützstellen der Quadratur. Mit ihrer Hilfe konstruiere man für $i \geqslant 2$ Formeln $Q_{[a,x_i]}$ der Ordnung 3 mit $w_{i,i} = 0$. Für $i = 1$ verwende man die linksseitige Rechtecksformel. Man zeige: Die entstehende Diskretisierung ist _explizit_ und konvergiert von dritter Ordnung.

Bei der Konstruktion eines _Verfahrens vierter Ordnung_ entsteht ein neues, prinzipielles Problem: Nach Bemerkung 13 dürfen wir auf einem Teilintervall ein Verfahren dritter (statt vierter) Ordnung wählen. Es gibt aber keine Quadraturformel dritter Ordnung über $[a,a+h]$, die mit den Stützwerten bei $x_0 = a$ und $x_1 = a+h$ auskommt. Die beste Formel mit dieser Eingabe ist die Trapezregel, die wir für $i = 1$ einsetzen:

(2.2.20a) $i = 1$: $Q_{[a,x_i]} := Q_{[a,a+h]}^{\text{Trapez}}$.

Für $i \geqslant 2$ stehen Formeln vierter Ordnung zur Verfügung, z.B.:

(2.2.20b) i gerade: $Q_{[a,x_i]} := Q_{[a,x_i]}^{\text{Simpson}}$,

(2.2.20c) $i \geqslant 3$ ungerade: $Q_{[a,x_i]} := Q_{[a,x_{i-3}]}^{\text{Simpson}} + Q_{[x_{i-3},x_i]}^{3/8\text{-Regel}}$.

Die Gewichte der (unsummierten) _3/8-Regel_ sind $w_1 = w_4 = 3/8$, $w_2 = w_3 = 9/8$.

Bemerkung 2.2.16 g und k seien hinreichend glatt. Die Quadratur in (2b) sei durch (20a-c) definiert. Die Banachsche Fixpunktiteration (15b) zur Lösung von (2b') sei mindestens bis $\nu = 3$ durchgeführt. h sei hinreichend klein. Dann erfüllen die Näherungen $\tilde{f}_i$ die Fehlerabschätzungen

(2.2.20d) $|\tilde{f}_1 - f(x_1)| \leqslant C h^3$,

(2.2.20e) $|\tilde{f}_i - f(x_i)| \leqslant C h^4$ für $i \geqslant 2$.

Beweis. (20d) steht im Einklang mit Bemerkung 13. Zu zeigen ist nur die zunächst überraschende Tatsache, daß für $i \geq 2$ die Ordnung 4 erreicht wird. Hierzu beachte man, daß die Summe $hM_1\sum_\ell E_\ell$ in (9a) auch dann von der Ordnung $O(h^m)$ ist, wenn $E_1 = O(h^{m-1})$ und $E_\ell = O(h^m)$ sonst. ▨

Die Schwierigkeit bei $i=1$ läßt sich jedoch mit einer Technik umgehen, die den Runge-Kutta-Methoden bei gewöhnlichen Differentialgleichungen ähnelt. Man berechne einen *Zwischenwert* $f_{1/2} \approx f(a + \frac{1}{2}h)$ mit Hilfe der Trapezformel. In Analogie zu (20d) hat man $|f_{1/2} - f(a + \frac{1}{2}h)| = O(h^3)$. Danach berechne man f_1 mit der Simpson-Formel (Stützstellen: a, $a + \frac{1}{2}h$, $a + h$). Die Genauigkeit des Resultats ist $f_1 = f(x_1) + O(h^4)$, so daß (20e) für alle $i \geq 1$ gilt.

Die vorhergehende Überlegung ermöglicht Verfahren beliebiger Ordnung, indem man in geeigneten Zwischenstützstellen $\xi_{l,k}$ Hilfswerte $f_{l,k}$ berechnet.

2.3 Weitere numerische Verfahren

Die bisher vorgestellten Verfahren entsprechen den *Einschrittmethoden* bei gewöhnlichen Differentialgleichungen. Zu Analoga der *Mehrschrittverfahren* gelangt man, wenn man den Term f_i auf der linken Seite der Gleichung (2.2b) durch $k+1$ Terme $\alpha_0 f_i + \alpha_1 f_{i-1} + \ldots + \alpha_k f_{i-k}$ ersetzt. Gleichzeitig werden Approximationen der sogenannten «Verzögerungsterme» $g(x) + \int_a^{x_\ell} k(x,y,f(y))dy$ für $x_\ell \leq x$ hinzugenommen. Die Übernahme der für gewöhnliche Differentialgleichungen entwickelten Runge-Rutta-Techniken ergibt die *Volterra-Runge-Rutta-Formeln*. Die genannten Verfahren sind im Buch von Brunner - van der Houwen [1] ausführlich beschrieben.

Als ein alternatives Vorgehen soll im folgenden ein spezielles *Kollokationsverfahren* vorgestellt werden. Bei der direkten Diskretisierung durch ein Quadraturverfahren waren wir gezwungen, äquidistante Stützstellen $x_j = a + jh$ zu wählen (vgl. (2.3)). Ein Ausweg aus dieser Situation lautet wie folgt: Man interpoliere die Stützwerte f_j in den Stützstellen $x_j = a + jh$ für $0 \leq j \leq i$ durch eine Funktion $\Phi(x)$:

(2.3.1) $\qquad \Phi(x_j) = f_j \quad$ für $\quad 0 \leq j \leq i$.

Das Integral $\int_a^{x_i} k(x,y,f(y))dy$, das für die Aufstellung einer Gleichung für die Unbekannte f_i benötigt wird, kann somit durch $\int_a^{x_i} k(x,y,\Phi(y))dy$ approximiert werden. Da $k(x,y,\Phi(y))$ für alle $y \in [a, x_i]$ bekannt ist, kann jede beliebige Quadraturformel mit Stützstellen in $[a, x_i]$ zur Auswertung des Integrals herangezogen werden. Die Stützstellen der Quadraturformel $Q_{[a,x_i]}$ müssen nicht mehr mit den Stützstellen x_j aus (1) übereinstimmen. Beispielsweise kommen auch die *Gauß-Quadraturen* mit ihren nichtäquidistanten Stützstellen in Frage.

Das einfachste Beispiel für Φ ist die *stückweise lineare Interpolation*:

$$(2.3.2) \qquad \Phi(x) = \tfrac{1}{h}[(x - x_j)f_{j+1} + (x_{j+1} - x)f_j] \qquad \text{für } x_j \leqslant x \leqslant x_{j+1}$$

(vgl. Beispiel 1.4.3). Da der Interpolationsfehler von Φ von der Ordnung $O(h^2)$ ist, hat es keinen Sinn, Quadraturverfahren höherer Ordnung anzuwenden. Setzt man wieder die summierte Trapezformel ein, gelangt man zum Verfahren (2.13) zurück. Die Interpolationsordnung erhöht sich auf 4, wenn man z.B. den *stückweise kubischen Hermite-Ansatz* verwendet:

$$(2.3.3) \qquad \Phi \in C^1([a,x_i]) \text{ stimmt auf jedem Teilintervall } [x_j, x_{j+1}] \text{ mit einem kubischen Polynom überein.}$$

Die Charakterisierung $\Phi \in C^1([a,x_i])$ impliziert, daß die links- und rechtsseitigen Ableitungen $\Phi'(x_j \pm 0)$ für alle $1 \leqslant j \leqslant i-1$ übereinstimmen.

Anstelle der Stützwerte f_i sollen im folgenden die kubischen Polynome Φ sukzessiv auf den Teilintervallen $[a, a+h] = [x_0, x_1]$, $[x_1, x_2], \ldots, [x_{i-1}, x_i], \ldots$ bestimmt werden. Am linken Ende x_{i-1} des Intervalles ist die nullte und erste Ableitung von Φ bekannt. Dabei hat man den Start $i = 1$ von der weiteren Berechnung $(i > 1)$ zu unterscheiden:

<u>Start</u> $(i = 1)$:

$$(2.3.4a) \qquad \Phi(a) = g(a),$$

$$(2.3.4b) \qquad \Phi'(a) = f'(a) = g'(a) + k(a, a, g(a)) \qquad \text{(vgl. (1.5b))}.$$

<u>Iteration</u> $(i > 1)$:

$$(2.3.4c) \qquad \Phi(x_{i-1} + 0) = \Phi(x_{i-1} - 0), \quad \Phi'(x_{i-1} + 0) = \Phi'(x_{i-1} - 0).$$

Die in (4c) formulierte Gleichheit der links- und rechtseitigen Grenzwerte und Ableitungen ist definitionsgemäß notwendig. Der gemeinsame Wert $\Phi(x_{i-1} + 0) = \Phi(x_{i-1} - 0)$ ersetzt den bisherigen Stützwert f_{i-1}. Da das kubische Polynom Φ (beschränkt auf $[x_{i-1}, x_i]$) vier Parameter enthält, benötigt man auch vier Gleichungen zur eindeutigen Bestimmung von Φ auf $[x_{i-1}, x_i]$. Neben (4a,b) bzw. (4c) sind noch zwei weitere Bestimmungsgleichungen erforderlich, die wie folgt aus der Integralgleichung hergeleitet werden.

Φ sei auf $[a, x_{i-1}]$ bereits bekannt. Zusammen mit der noch zu bestimmenden Fortsetzung von Φ auf $[x_{i-1}, x_i]$ approximiert man f auf $[a, x_i]$. Die <u>Kollokationsmethode</u> besteht nun darin, daß man die Integralgleichung (1.2) in zwei Punkten

$$(2.3.5) \qquad x_{i,1} = x_{i-1} + \Theta_1 h \;,\; x_{i,2} = x_{i-1} + \Theta_2 h, \qquad \text{wobei } \Theta_1, \Theta_2 \in (0, 1],$$

mit der Ansatzfunktion Φ statt f zu erfüllen sucht:

$$(2.3.6) \qquad \Phi(x_{i,j}) = g(x_{i,j}) + \int_a^{x_{i,j}} k(x_{i,j}, y, \Phi(y))\,dy \qquad \text{für } j = 1, 2.$$

Bemerkung 2.3.1 Pro Intervall $[x_{i-1}, x_i]$ sind vier Gleichungen zu erfüllen: (4a,b) und (6) für $i=1$ und (4c) und (6) für $i>1$. Die beiden Gleichungen (6) sind nichtlinear in den vier Koeffizienten des kubischen Polynoms Φ auf $[x_{i-1}, x_i]$. Zu $I=[a,b]$ sei G durch (1.3) definiert. Ist $k \in C(G \times \mathbb{R})$, so gibt es eine Schranke h_0, so daß die nichtlinearen Gleichungen für alle $h \leq h_0$ und alle $x_i \leq b$ eindeutig auflösbar sind. Damit ist die stückweise kubische Hermite-Funktion $\Phi = \Phi_h$ zur Schrittweite h eindeutig bestimmt.

Die beschriebene Diskretisierung ist noch nicht praktikabel, da in den Gleichungen (6) von einer exakten Integration ausgegangen wird. Die Integrale über $[a, x_{i,j}]$ sind durch geeignete Quadraturen zu ersetzen:

$$(2.3.6') \qquad \Phi(x_{i,j}) = g(x_{i,j}) + Q_{[a, x_{i,j}]}(k(x_{i,j}, \cdot, \Phi(\cdot))) \qquad \text{für } j=1,2.$$

Beispielsweise ist eine summierte Gauß-Quadratur über den Intervallen $[x_{j-1}, x_j]$ $(j=1,\ldots,i-1)$ und $[x_{i-1}, x_{i,j}]$ mit je zwei Stützstellen zu empfehlen. Ersetzt man die Gleichungen (6) durch (6'), gilt die Bemerkung 1 entsprechend.

Da die Interpolation durch die stückweise kubischen Hermite-Funktionen von vierter Ordnung ist und die oben vorgeschlagene Quadratur die Ordnung 4 besitzt, erwartet man eine Fehlerabschätzung der Form

$$(2.3.7) \qquad \| \Phi - f \|_{\infty, [a,b]} \leq C h^4 \| g \|_{\hat{C}^4([a,b])}$$

für $h \leq h_0$ unter geeigneten Bedingungen an g, k und h_0. Es stellt sich aber heraus, daß eine weitere *Stabilitätsbedingung* an die Wahl der Kollokationspunkte $x_{i,j}$ aus (5) zu stellen ist. Wenn die Stabilitätsbedingung verletzt ist, steigt der Fehler für $h \to 0$. Es liegt nahe,

$$(2.3.8a) \qquad \Theta_2 = 1 \qquad\qquad\qquad (\text{d.h. } x_{i,2} = x_i)$$

zu wählen. Das durch (4a-c), (5), (6'), (8a) definierte Kollokationsverfahren ist stabil, wenn

$$(2.3.8b) \qquad \tfrac{1}{2} < \Theta_1 < 1 ,$$

während es für $0 \leq \Theta_1 < \tfrac{1}{2}$ divergiert. Eine gute Wahl für Θ_1 ist $\Theta_1 = 0.6$. Der Beweis dieser Stabilitätsaussage und der Konvergenz (7) sowie die ausführliche Diskussion des vorgestellten Kollokationsverfahrens findet sich bei Esser [1]. Es sei zudem auf das den Kollokationsverfahren gewidmete Kapitel 5 in Brunner - van der Houwen [1] verwiesen.

Die Ordnung $2m=4$ des Hermite-Kollokationsverfahrens kann gesteigert werden. Hierzu ersetzt man die Definition (3) durch:

$$(2.3.9) \qquad \Phi \in C^{m-1}([a, x_i]) \text{ stimmt auf jedem Teilintervall } [x_j, x_{j+1}]$$
$$\text{mit einem Polynom vom Grade } \leq 2m-1 \text{ überein.}$$

Die Kollokation (6) bzw. (6') hat man an $m-1$ Stellen $x_{i,j}$ $(1 \leq j \leq m-1)$ durchzuführen. Dafür erzielt man eine Fehlerabschätzung (7) durch $C h^{2m} \| g \|_{\hat{C}^{2m}([a,b])}$ (vgl. Esser [1]).

2.4 Die lineare Volterrasche Integralgleichung vom Faltungstyp

Die *lineare* Volterrasche Integralgleichung zweiter Art lautet

$$(2.4.1) \qquad f(x) = g(x) + \int_a^x k(x,y)\, f(y)\, dy \qquad \text{für } x \in I.$$

Die Existenz und Eindeutigkeit einer Lösung ergibt sich – zumindest für $k \in C(G)$ – aus §2.1.1. Die Lipschitz-Bedingung (1.4) ist trivialerweise mit der Schrankenfunktion $L(x,y) := |k(x,y)|$ erfüllt.

Versucht man, die Lösung der Integralgleichung (1) darzustellen, so gelingt dies für den Spezialfall des Kerns vom *Faltungstyp*:

$$(2.4.2) \qquad k(x,y) = \varkappa(x-y).$$

Schreibt man wieder $k(x-y)$ für $\varkappa(x-y)$, so erhält man die Gleichung

$$(2.4.3) \qquad f(x) = g(x) + \int_a^x k(x-y)\, f(y)\, dy \qquad \text{für } x \in I.$$

Für die spezielle Wahl $g = 1$ erhält man

$$(2.4.4) \qquad R(x) = 1 + \int_a^x k(x-y)\, R(y)\, dy \qquad \text{für } x \in I.$$

Definition 2.4.1 Die Lösung R von Gleichung (4) heißt *Resolvente* (zum Faltungskern k).

Übungsaufgabe 2.4.2 Ist der Faltungskern k eine Konstante, so ergibt sich $R(x) = e^{k(x-a)}$.

Mit Hilfe der Resolventen kann man die Lösung der allgemeinen Gleichung (3) explizit darstellen.

Satz 2.4.3 R sei die Resolvente zu $k \in C(I)$. Ferner gelte $g \in C^1(I)$. Dann ist die Lösung der Integralgleichung (3) durch (5) gegeben:

$$(2.4.5) \qquad f(x) = R(x)g(a) + \int_a^x g'(a+x-y)\, R(y)\, dy \qquad \text{für } x \in I.$$

Beweis. Setzt man f aus (5) in die rechte Seite der Integralgleichung (3) ein, erhält man

$$g(x) + \int_a^x k(x-y) R(y) g(a)\, dy + I_1 \underset{(4)}{=} g(x) + R(x)g(a) - g(a) + I_1$$

mit
$$I_1 := \int_a^x k(x-y) \int_a^y g'(a+y-t)\, R(t)\, dt\, dy.$$

Die linke Seite $f(x)$ aus (3) schreibe man mit Hilfe von (5) und (4) als

$$R(x)g(a) + \int_a^x g'(a+x-y) \left[1 + \int_a^y k(y-t)\, R(t)\, dt \right] dy =$$
$$= R(x)g(a) + g(x) - g(a) + I_2$$

mit
$$I_2 := \int_a^x g'(a+x-y) \int_a^y k(y-t)\, R(t)\, dt\, dy.$$

Offenbar stimmen beide Seite überein, wenn $I_1 = I_2$. Zum Nachweis der Gleichheit setzen wir formal $k(t) := 0$ für $t < 0$ und $g'(t) := 0$ für $t < a$. Sei $a \le t \le x$. Das Integral $J(t) := \int_0^{x-t} k(s) g'(a+x-s-t)\, ds$ läßt sich auch als $J(t)=\int_0^{x-a} k(s)g'(a+x-s-t)ds$ oder $J(t)=\int_{a-t}^{x-t} k(s)g'(a+x-s-t)ds$ schreiben, da $g'(a+x-s-t)=0$ für $x-t<s\leqslant x-a$ und $k=0$ für $a-t\leqslant s<0$. Die Substitutionen $s=x-y$ im ersten und $s=y-t$ im zweiten Integral liefern

$$J(t)=\int_a^x k(x-y)g'(a+y-t)dy = \int_a^x k(y-t)g'(a+x-y)dy.$$

Die erste Darstellung von $J(t)$ zeigt

$$\int_a^x J(t)R(t)dt = \int_a^x\int_a^x k(x-y)g'(a+y-t)R(t)dtdy =$$
$$= \int_a^x k(x-y)\int_a^x g'(a+y-t)R(t)dtdy = I_1,$$

da $g'=0$ für $y<t\leqslant x$. Analog ergibt sich aus der zweiten Darstellung

$$\int_a^x J(t)R(t)dt = \int_a^x\int_a^x g'(a+x-y)k(y-t)R(t)dtdy =$$
$$= \int_a^x g'(a+x-y)\int_a^x k(y-t)R(t)dt\,dy = I_2.$$

Die Gleichheit $I_1=I_2$ beweist, daß f aus (5) die Gleichung (3) erfüllt. ∎

Die Voraussetzung $g\in C^1(I)$ des Satzes 3 läßt sich abschwächen.

Lemma 2.4.4 Für einen stetigen Faltungskern ist die Resolvente R stetig differenzierbar. Die Ableitung $r:=R'$ ist Lösung der Integralgleichung

$$(2.4.6)\qquad r(x)=k(x-a)+\int_a^x k(x-y)r(y)dy.$$

Beweis. Da k stetig ist, hat (6) eine stetige Lösung r. Man setze $R(x):=1+\int_a^x r(y)dy$. Mit ähnlichen Umformungen wie im vorhergehenden Beweis zeigt man, daß R der Gleichung (4) genügt. Also ist R differenzierbar und hat r als Ableitung. ∎

Partielle Integration im Integral der Darstellung (5) führt auf

$$(2.4.7)\qquad f(x) = g(x) + \int_a^x g(a+x-y)r(y)dy.$$

Zusatz 2.4.5 Für stetigen Faltungskern k und stetiges g läßt sich die Lösung f von (3) durch (7) darstellen.

2.5 Die Volterrasche Integralgleichung 1. Art

Die Volterrasche Integralgleichung erster Art lautet

$$(2.5.1)\qquad g(x) = \int_a^x k(x,y,f(y))dy \qquad\text{für } x\in I=[a,b],$$

wobei g eine gegebene und f die gesuchte Funktion ist. Geht man davon aus, daß k, k_x und f stetig sind, ist die rechte Seite in (1) differenzierbar, so daß g notwendigerweise die Bedingung (2) erfüllen muß:

$$(2.5.2)\qquad g\in C^1(I),\quad g(a)=0.$$

Differenziert man beide Seiten der Integralgleichung (1), ergibt sich

$$(2.5.3)\qquad g'(x) = k(x,x,f(x)) + \int_a^x k_x(x,y,f(y))dy.$$

Die Abbildung $z \mapsto k(x,x,z)$ sei für alle $x \in I$ (mindestens lokal) umkehrbar. Die Umkehrfunktion werde mit $\Phi(x,\cdot)$ bezeichnet:

$$z = \Phi(x,k(x,x,z)) \qquad\qquad \text{für } x \in I, \ z \in \mathbb{R}.$$

Im linearen Falle $k(x,x,z) = k(x,x)z$ reduziert sich die Umkehrbarkeit auf die Forderung $k(x,x) \neq 0$, und $\Phi(x,\eta)$ ist durch $\eta/k(x,x)$ gegeben. Mit Hilfe von Φ läßt sich die Gleichung (3) nach f auflösen:

$$(2.5.4) \qquad f(x) = \Phi\left(x, g'(x) - \int_a^x k_x(x,y,f(y))\, dy\right).$$

Gleichung (4) läßt sich als nichtlineare *Volterrasche Integralgleichung zweiter Art* - wenn auch in unkonventioneller Darstellung - auffassen. Um den Zusammenhang mit einer Gleichung 2. Art zu sehen, wählt man

$$\varphi(x) := k(x,x,f(x))$$

als neue unbekannte Funktion. Aus φ gewinnt man f sofort zurück:

$$f(x) = \Phi(x,\varphi(x)).$$

Indem man die letzte Darstellung einsetzt, erhält man aus (3) die Gleichung

$$(2.5.5) \qquad g'(x) = \varphi(x) + \int_a^x k_x(x,y,\Phi(y,\varphi(y)))\, dy.$$

Dies ist die übliche Volterrasche Integralgleichung zweiter Art mit g' statt g und $\hat{k}(x,y,z) := -k_x(x,y,\Phi(y,z))$ statt k.

Übungsaufgabe 2.5.1 Man zeige: Die Lösung f der Gleichung (1) erster Art hat den Anfangswert $f(a) = \Phi(a,g'(a))$.

Es ist offensichtlich, wie die Voraussetzungen für die Existenz und Eindeutigkeit der Lösung von (3) zu formulieren sind: Neben (2) und der Stetigkeit von k, k_x benötigt man die Lipschitz-Bedingung von k_x bezüglich des letzten Argumentes sowie die Existenz der Umkehrfunktion Φ. Wenn Φ global eindeutig ist, liegt Eindeutigkeit der Lösung f vor. Wenn dagegen mehrere lokale Umkehrungen existieren, erhält man auch mehrere Lösungen der Gleichung (3).

In §6 werden wir ein Beispiel für eine Volterrasche Integralgleichung erster Art - die Abelsche Integralgleichungen - kennenlernen, bei der weder k_x noch der Kern k stetig sind. In diesem Falle wird sich die Bedingung (2): $g \in C^1(I)$ nicht als notwendig erweisen.

Eine naheliegende *Diskretisierung* der Integralgleichung (1) von erster Art besteht darin, die abgeleitete Gleichung (5) von zweiter Art mit den bisher behandelten Mittel zu lösen. Eine direkte Diskretisierung der Gleichung (1) durch Quadraturverfahren (in der Form $g_i = \sum_{j=0}^i w_{i,j} k(x_i,x_j,f_j)$ für $i = 1,2,\ldots$) ist im Prinzip anwendbar, kann aber zur Instabilitäten und damit zur Divergenz führen.

3. Theorie der Fredholmschen Integralgleichungen zweiter Art

Erik Ivar Fredholm (Stockholm) untersuchte die nach ihm benannten Gleichungen schon in den letzten Jahren des vorigen Jahrhunderts. Über Hilbert wurden die Integralgleichungen zur Keimzelle der Funktionalanalysis, die zu Anfang dieses Jahrhunderts Gestalt annahm.

3.1 Die Fredholmsche Integralgleichung 2. Art

In (1.1.3) wurde bereits die Fredholmsche Integralgleichung 2. Art vorgestellt:

$$(3.1.1) \qquad f(x) = g(x) + \int_a^b k(x,y) f(y) dy \qquad \text{für } x \in [a,b].$$

Indem wir wie zuvor das Intervall mit

$$(3.1.2a) \qquad I = [a,b]$$

abkürzen, erhalten wir

$$(3.1.1') \qquad f(x) = g(x) + \int_I k(x,y) f(y) dy \qquad \text{für } x \in I.$$

Gelegentlich werden wir unendliche Intervalle zulassen:

$$(3.1.2b) \qquad I = [a,\infty) \text{ oder } I = (-\infty,\infty).$$

Als Integrationsbereich können auch Kurven im $\mathbb{R}^2$, Teilmengen des $\mathbb{R}^d$ oder Oberflächen solcher Gebiete auftreten. Als allgemeines Symbol für den Integrationsbereich, das auch den Fall $D = I$ einschließt, schreiben wir

$$(3.1.2c) \qquad D \subset \mathbb{R}^d \ (1 \leqslant d < \infty) \text{ oder } D = \partial\Omega \text{ für ein Gebiet } \Omega \subset \mathbb{R}^d.$$

Die Problemstellung lautet damit:

Fredholmsche Integralgleichung 2. Art

$$(3.1.1'') \qquad f(x) = g(x) + \int_D k(x,y) f(y) dy \text{ für } x \in D.$$

Falls D eine Oberfläche ist, bezeichne $\int_D \ldots dy$ das Oberflächenintegral, das üblicherweise als $\int_D \ldots d\Gamma_y$ geschrieben wird (vgl. §8.1.2.2).

Die Funktion $k(x,y)$ heißt die *Kernfunktion* oder der *Kern*. Das Integral in (1), (1') bzw. (1") definiert eine lineare Abbildung, die wir als den *Integraloperator* K bezeichnen werden:

$$(3.1.3) \qquad K: f \mapsto \int_I k(\cdot,y) f(y) dy \text{ bzw. } \int_D k(\cdot,y) f(y) dy.$$

Die Integralgleichungen (1), (1') und (1") werden damit zu

$$(3.1.4) \qquad f = g + Kf.$$

Eine scheinbare Verallgemeinerung von (4) erhält man durch einen weiteren Faktor $\lambda \in C$:

$$(3.1.5) \qquad \lambda f = g + K f.$$

Bemerkung 3.1.1 Gleichung (4) ist der Spezialfall $\lambda = 1$ von (5). Andererseits kann man für jedes $\lambda \neq 0$ Gleichung (5) durch λ dividieren und erhält (4) mit $\frac{1}{\lambda} g$ und $\frac{1}{\lambda} K$ statt g und K. Der Fall $\lambda = 0$ wird in diesem Kapitel generell ausgeschlossen, da (5) dann eine Fredholmsche Integralgleichung *1. Art* darstellt.

Für den Integraloperator K hat man einen passenden Banach-Raum X zu finden, so daß

$$(3.1.6) \qquad K \in L(X,X).$$

Wir werden hierzu nur die einfachsten Räume $X = C(D)$ und $X = L^2(D)$ einsetzen.

3.2 Der Integraloperator K als kompakter Operator

3.2.1 Allgemeines

Unter geeigneten Bedingungen werden sich die Integraloperatoren K als kompakte Operatoren herausstellen. Damit kann (1.6) durch die stärkere Aussage

$$(3.2.1) \qquad K \in K(X,X)$$

ersetzt werden (vgl. §1.3.8). Die Kompaktheit ermöglicht die Anwendung der Riesz-Schauder-Theorie, die zu folgenden Existenz- und Eindeutigkeitsaussagen führt (vgl. Satz 1.3.28):

Satz 3.2.1 Gegeben sei die Fredholmsche Integralgleichung $\lambda f = g + K f$ von 2. Art, d.h. mit $\lambda \neq 0$, und K sei auf einem Banach-Raum X kompakt: (1). Dann gilt <u>*entweder*</u>: Der Operator $\lambda I - K$ hat eine beschränkte Inverse

$$(3.2.2) \qquad (\lambda I - K)^{-1} \in L(X,X),$$

so daß die Gleichung $\lambda f = g + K f$ für jedes $g \in X$ eine eindeutige Lösung

$$(3.2.3) \qquad f = (\lambda I - K)^{-1} g \in X$$

besitzt. <u>*Oder*</u>: λ ist einer der höchstens abzählbar vielen Eigenwerte, die sich nur in 0 häufen können. Dann besitzt die Eigenwertaufgabe

$$(3.2.4) \qquad \lambda e = K e$$

n linear unabhängige Eigenfunktionen $e_1, \ldots, e_n$ als Lösungen, wobei

$$(3.2.5) \qquad 1 \leq n := \dim \operatorname{Kern}(\lambda I - K) = \dim(X / \operatorname{Bild}(\lambda I - K)) < \infty.$$

Es bleibt die Aufgabe, die Kompaktheit (1) für die Räume $X = C(D)$ und $X = L^2(D)$ konkret nachzuweisen.

Dieser Unterabschnitt soll mit Charakterisierungen der Beschränktheit (1.6) abgeschlossen werden. Im Falle $X = C(D)$ kann die Operatornorm von K explizit durch den Kern k beschrieben werden.

Lemma 3.2.2 Für jedes $f \in C(D)$ gelte $Kf \in C(D)$. Wenn die rechte Seite in (6) endlich ist, gehört K zu $L(C(D), C(D))$. Die Operatornorm hat den Wert

$$(3.2.6) \qquad \| K \|_{C(D) \leftarrow C(D)} = \sup_{x \in D} \int_D |k(x,y)| \, dy.$$

Beweis. (i) Sei $C := \sup\{ \int_D |k(x,y)| \, dy : x \in D \} < \infty$. Für jedes $x \in D$ ist $|(Kf)(x)| \leq \int_D |k(x,y)| |f(y)| \, dy \leq C \| f \|_\infty$ und damit $\| Kf \|_\infty \leq C \| f \|_\infty$. Dies beweist die Ungleichung $\| K \|_{C(D) \leftarrow C(D)} \leq C$.

(ii) Sei $\varepsilon > 0$ beliebig. Nach Definition des Supremums gibt es ein $\xi \in D$ mit $C \leq \int_D |k(\xi,y)| \, dy + \varepsilon$. Die Funktion $\Phi(y) := \operatorname{sign} k(\xi,y)$ ist beschränkt, d.h. $\Phi \in L^\infty$, aber i.a. nicht stetig. Wenn $C < \infty$, ist $K\Phi$ erklärt und erfüllt aufgrund der Identität $|z| = z \operatorname{sign} z$ die Abschätzung

$$\| K\Phi \|_\infty \geq |(K\Phi)(\xi)| = \int_D |k(\xi,y)| \, dy \geq C - \varepsilon.$$

Im folgenden Teil werden wir eine *stetige* Funktion φ suchen, die fast die gleiche Ungleichung liefert.

(iii) Zu $\varepsilon > 0$ gibt es ein $\eta \in (0,1]$, so daß $D_0 := \{ y \in D : |k(\xi,y)| \leq \eta \}$ zum Integral $\int_{D_0} |k(\xi,y)| \, dy \leq \varepsilon$ führt. $U \subset D$ sei eine Umgebung von D_0, so daß $\int_U |k(\xi,y)| \, dy \leq 2\varepsilon$. Wir setzen $D_1 := U \setminus D_0$ und $D_2 := D \setminus U$. Damit sind D_0, D_1, D_2 disjunkte Menge, die sich zu D ergänzen. Die Funktion φ sei durch $\varphi = 0$ auf D_0 und $\varphi = \Phi = \operatorname{sign} k(\xi,y)$ auf D_2 definiert. In dem Zwischenraum D_1 zwischen D_0 und D_2 kann φ so erklärt werden, daß es insgesamt stetig ist und nur Werte in $[-1,1]$ annimmt. Wieder gilt

$$\| K\varphi \|_\infty \geq |(K\varphi)(\xi)| = \left| \int_U k(\xi,y)\varphi(y) \, dy + \int_{D_2} k(\xi,y)\varphi(y) \, dy \right| \geq$$
$$\geq \int_{D_2} |k(\xi,y)| \, dy - \int_U |k(\xi,y)\varphi(y)| \, dy \geq \int_{D_2} |k(\xi,y)| \, dy - 2\varepsilon =$$
$$= \int_D |k(\xi,y)| \, dy - \int_U |k(\xi,y)| \, dy - 2\varepsilon \geq C - \varepsilon - 2\varepsilon - 2\varepsilon \geq C - 5\varepsilon.$$

Da $\| \varphi \|_\infty \leq 1$ und ε beliebig, ist C die kleinste Konstante mit $\| K\varphi \|_\infty \leq C \| \varphi \|_\infty$ für alle $\varphi \in C(D)$. Damit folgt (6) aus Übung 1.3.12b. ▨

Lemma 3.2.3 Eine hinreichende Bedingung für $K \in L(X,X)$ mit $X = L^2(D)$ ist $k \in L^2(D \times D)$. Dann gilt die Abschätzung

$$(3.2.7) \qquad \| K \|_{L^2(D) \leftarrow L^2(D)} \leq \left[\iint_{D\,D} |k(x,y)|^2 \, dx \, dy \right]^{1/2}.$$

Beweis. Die Schwarzsche Ungleichung für Integrale liefert

$$\| Kf \|^2_{L^2(D)} = \int_D |(Kf)(x)|^2 \, dx = \int_D \left| \int_D k(x,y) f(y) \, dy \right|^2 dx \leq$$
$$\leq \int_D \left[\int_D |k(x,y)|^2 \, dy \right] \left[\int_D |f(y)|^2 \, dy \right] dx = \left[\iint_{D\,D} |k(x,y)|^2 \, dx \, dy \right] \| f \|^2_{L^2(D)}. \; ▨$$

Definition 3.2.4 Ein Kern $k \in L^2(D \times D)$ heißt *Hilbert-Schmidt-Kern*.

3.2.2 Der Fall $X = C(D)$

Zur Einführung beginnen wir mit einer einfachen Voraussetzung an den Kern: Die Kernfunktion k soll stetig sein.

Satz 3.2.5 D sei ein kompakter Definitionsbereich und $k \in C(D \times D)$. Dann ist K kompakt auf $X = C(D)$.

Beweis. Die Voraussetzung $k \in C(D \times D)$ auf einem Kompaktum D impliziert sofort die schwächeren Bedingungen (8a,b) des nachfolgenden Satzes 3.2.6. Ein anderer Beweisansatz wird in §3.3.2 erwähnt werden. ☐

Die Voraussetzung, daß D kompakt sei, schließt z.B. unbeschränkte Intervalle wie $I = \mathbb{R}$ aus. In §3.2.4 werden wir auf diesen Fall zurückkommen und Beispiele kennenlernen, für die K nicht kompakt sein kann. Die Stetigkeit von k impliziert die Integrierbarkeit von $k(x,y) f(y)$ bezüglich y für $f \in C(D)$. Offenbar kann man hierfür aber auch mit schwächeren Voraussetzungen auskommen. Es reicht, daß $k(x,y)$ integrabel ist, wobei das Integral auch als uneigentliches erklärt sein darf (näheres zu uneigentlichen Integralen in §6.1.3). Das folgende Kriterium gibt hinreichende Bedingungen dieser Art für die Kompaktheit von K an. Die Bedingung (8a) kann auch als $k(x,\cdot) \in L^1(D)$ für alle $x \in D$ geschrieben werden. Auf die Interpretation von $k(x,y) dy$ als (signiertes) Maß $\mu_x(dy)$ soll hier nicht eingegangen werden. Die Bedingungen (8a,b) wären dann Aussagen über die Totalvariation der Maße $\mu_x(dy)$ bzw. $\mu_\xi(dy) - \mu_x(dy)$.

Satz 3.2.6 D sei ein kompakter Definitionsbereich. Die Kernfunktion k des Integraloperators K erfülle

$$(3.2.8a) \qquad \int_D | k(x,y) | \, dy < \infty \qquad\qquad \text{für alle } x \in D,$$

$$(3.2.8b) \qquad \lim_{\xi \to x} \int_D | k(\xi,y) - k(x,y) | \, dy = 0 \qquad \text{für alle } x \in D.$$

Dann ist K kompakt auf $X = C(D)$: $K \in K(X,X)$. Ist umgekehrt $K \in K(X,X)$ ein kompakter Integraloperator mit einem Kern $k(x,\cdot) \in L^1(D)$, so gelten die Bedingungen (8a,b).

Beweis. (i) Sei $B := \{ Kf : f \in C(D), \| f \|_\infty \leq 1 \}$ das Bild der Einheitskugel $K_1(0) \subset X = C(D)$. Es ist zu zeigen, daß B eine in X präkompakte Menge ist. Nach dem Satz von Arzelà-Ascoli (vgl. Satz 1.3.26) ist die gleichmäßige Beschränktkeit und die gleichgradige Stetigkeit der Funktionen $g \in B$ nachzuweisen.

(ii) Man setze

$$\varphi(x) := \int_D | k(x,y) | \, dy \quad \text{und} \quad \Phi(\xi,x) := \int_D | k(\xi,y) - k(x,y) | \, dy .$$

Aufgrund der umgekehrten Dreiecksungleichung $\big| |\alpha| - |\beta| \big| \leq |\alpha - \beta|$ ergibt sich die Abschätzung

$$|\varphi(\xi)-\varphi(x)|=$$

$$\left|\int_D |k(\xi,y)|-|k(x,y)|\,dy\right| \le \int_D |k(\xi,y)-k(x,y)|\,dy = \Phi(\xi,x).$$

Die Voraussetzung (8b) garantiert die Stetigkeit von φ: $\varphi \in C(D)$. Die gleiche Schlußweise zeigt $|\Phi(\xi,x)-\Phi(\xi,x')| \le \Phi(x,x')$, $|\Phi(\xi,x) - \Phi(\xi',x)| \le \Phi(\xi,\xi')$ und zusammen $|\Phi(\xi,x)-\Phi(\xi',x')| \le \Phi(x,x') + \Phi(\xi,\xi')$. Wegen (8b) ist Φ auf $D \times D$ stetig und erfüllt $\Phi(x,x)=0$. Mit D ist auch $D \times D$ kompakt. Daher ist φ beschränkt: $\|\varphi\|_\infty < \infty$ und $\Phi \in C(D \times D)$ gleichmäßig stetig.

(iii) Jedes $g=Kf \in B$ ist durch $\|g\|_\infty \le \|\varphi\|_\infty$ beschränkt, denn

$$|g(x)|=|(Kf)(x)|=\left|\int_D k(x,y)f(y)\,dy\right| \le$$

$$\le \int_D |k(x,y)||f(y)|\,dy \le \int_D |k(x,y)|\,\|f\|_\infty\,dy = \varphi(x\underbrace{\|f\|_\infty}_{\le 1} \le \|\varphi\|_\infty$$

für alle $x \in D$. Also ist B gleichmäßig beschränkt.

(iv) Sei $\varepsilon > 0$ gegeben. Da Φ gleichmäßig stetig auf $D \times D$ ist (vgl. (ii)), gibt es ein δ, so daß $\Phi(\xi,x)=|\Phi(\xi,x)-\Phi(x,x)| \le \varepsilon$ für alle $\xi,x \in D$ mit $|\xi-x| \le \delta$. Sei $g=Kf \in B$ beliebig und $|\xi-x| \le \delta$. Die Abschätzung

$$|g(\xi)-g(x)|= \left|\int_D k(\xi,y)f(y)\,dy - \int_D k(x,y)f(y)\,dy\right| \le$$

$$\le \left|\int_D \{k(\xi,y)-k(x,y)\} f(y)\,dy\right| \le \int_D |k(\xi,y)-k(x,y)|\,\underbrace{|f(y)|}_{\le 1}\,dy \le$$

$$\le \int_D |k(\xi,y)-k(x,y)|\,dy = \Phi(\xi,x) \le \varepsilon$$

beweist die gleichgradige Stetigkeit der Funktionen $g \in B$.

(v) Die Kompaktheit impliziert die Beschränktheit von K: $K \in L(X,X)$. Wegen (6) ist die Bedingung (8a) daher notwendig.

(vi) Es bleibt die Notwendigkeit der Bedingung (8b) zu zeigen. Sei $x_k \in D$ eine Folge mit dem Grenzwert $\xi \in D$. Das Funktional $T_k f := (Kf)(x_k)-(Kf)(\xi)$ hat die Darstellung $T_k f = \int_D t_k(y)f(y)\,dy$ mit $t_k(y):=k(x_k,y)-k(\xi,y)$. Wie im Beweis zu Lemma 2 zeigt man $\sup\{|T_k f|: f \in C(D),\ \|f\|_\infty \le 1\} = \int_D |t_k(y)|\,dy$. Es gibt daher zu jedem $\varepsilon > 0$ Funktionen $f_k \in C(D)$ mit $\|f_k\|_\infty \le 1$ und

$$|T_k f_k - \int_D |t_k(y)|\,dy\,| \le \varepsilon.$$

Da K kompakt, gibt es eine Teilfolge der $g_k := Kf_k$, die gleichmäßig gegen ein $g \in C(D)$ konvergieren. Für hinreichend große k dieser Teilfolge ist $\|g_k-g\|_\infty \le \varepsilon$ und wegen der Stetigkeit von g in ξ auch $|g(x_k)-g(\xi)| \le \varepsilon$, also

$$|T_k f_k|=|g_k(x_k)-g_k(\xi)| \le$$

$$\le |g_k(x_k)-g(x_k)|+|g(x_k)-g(\xi)|+|g(\xi)-g_k(\xi)| \le 3\varepsilon.$$

Mit der vorherigen Ungleichung ergibt sich $\int_D |k(x_k,y)-k(\xi,y)|\,dy = \int_D |t_k(y)|\,dy \le 4\varepsilon$ für die Teilfolge x_k einer beliebigen Folge $x_k \to \xi$. Dies beweist (8b). ∎

Ein weiterer Zugang zur Kompaktheit über die Regularität wird in §3.4 erklärt werden.

3.2.3 Der Fall $X = L^2(D)$

Die nach Lemma 3 für die Beschränktheit ausreichende Bedingung $k \in L^2(D \times D)$ ist auch für die Kompaktheit auf $X = L^2(D)$ hinreichend.

> **Satz 3.2.7** Ein Operator K mit einem Hilbert-Schmidt-Kern ist kompakt in $X = L^2(D)$. D.h. $k \in L^2(D \times D)$ impliziert $K \in K(L^2(D), L^2(D))$.

Beweis. Der Beweis wird in §3.3.2 nachgeholt. Vgl. auch Heuser [1,§87] oder Yosida [1, §X2].

3.2.4 Der Fall eines unbeschränkten Intervalles I

Insbesondere nach Satz 7 könnte der Eindruck entstehen, daß alle beschränkten Operatoren schon kompakt seien. Deshalb soll zunächst näher auf ein Gegenbeispiel eingegangen werden. Die Fourier-Integraltransformation $f \mapsto \hat{f}$ ist durch

$$(3.2.9) \qquad \hat{f}(\xi) := (2\pi)^{-1/2} \int_{\mathbf{R}} e^{-i\xi x} f(x) dx$$

definiert, d.h. durch einen Integraloperator K mit dem stetigen Kern $k(\xi, x) := (2\pi)^{-1/2} e^{-i\xi x}$ über dem unendlichen Intervall $I = \mathbf{R}$.

Bemerkung 3.2.8 Der durch die Fourier-Transformation (9) gegebene Integraloperator K gehört zu $L(X, X)$ für $X = L^2(\mathbf{R})$, ist aber für kein X kompakt.

Beweis. Wie aus der Fourier-Theorie bekannt (vgl. Meister [1]), ist die Fourier-Transformation in $L^2(\mathbf{R})$ normerhaltend, so daß $\|K\|_{X \leftarrow X} = 1$. Also $K \in L(X, X)$ für $X = L^2(\mathbf{R})$. Eine weitere Anwendung von K auf $\hat{f}$ liefert nach allgemeinen Rechenregeln der Fourier-Transformation $g := K\hat{f} = K^2 f$ mit $g(x) = f(-x)$ für alle $x \in \mathbf{R}$. g ist die an der y-Achse gespiegelte Funktion f. Eine erneute Spiegelung liefert f zurück: $K^4 f = K^2 g = f$, d.h. $K^4 = I$ (I: Identität). Wäre K bezüglich irgendeines Banach-Raumes X kompakt, wäre auch $I = K^4$ kompakt. Da die Funktionenräume unendlichdimensional sind, ergibt Übungsaufgabe 1.3.22b ein Widerspruch.

Der Satz 6 wird mit dem Satz von Arzelà-Ascoli bewiesen. Dieser ist aber nicht auf unbeschränkte Definitionsbereiche D übertragbar. Im folgenden werden wir das einseitig unbeschränkte Intervall

$$(3.2.10) \qquad I = [0, \infty)$$

zugrunde legen. Der Banach-Raum $X = C(I) = C([0, \infty))$ der stetigen und beschränkten Funktionen ist zu groß. Stattdessen wird der Unterraum

$$(3.2.11) \qquad X = C_{\lim}([0, \infty)) := \{f: \text{ stetig auf } [0, \infty), \lim_{x \to \infty} f(x) \text{ existiert}\}$$

mit der Supremumsnorm $\|\cdot\|_\infty$ betrachtet.

Übungsaufgabe 3.2.9 Man zeige: **(a)** Alle $f \in X$ sind beschränkt. **(b)** $(C_{\lim}([0, \infty)), \|\cdot\|_\infty)$ ist ein Banach-Raum.

Die Limes-Bedingung in der Definition (11) erzwingt die Stetigkeit in $x = \infty$. Man kann X als den Raum $C([0,\infty])$ über dem kompaktifizierten Intervall $[0,\infty]$ auffassen. Die direkten Übertragungen der Bedingungen (8a,b) lauten

$$(3.2.12a) \qquad \int_0^\infty |k(x,y)|\,dy < \infty \qquad\qquad \text{für alle } x \in I = [0,\infty),$$

$$(3.2.12b) \qquad \lim_{\xi \to x} \int_0^\infty |k(\xi,y) - k(x,y)|\,dy = 0 \qquad \text{für alle } x \in I.$$

Das Analogon der Bedingung (12b) bei $x = \infty$ lautet

$$(3.2.12c) \qquad \lim_{x \to \infty} \sup_{\xi \leqslant x} \int_0^\infty |k(\xi,y) - k(x,y)|\,dy = 0.$$

Der Beweis des folgenden Satzes findet sich bei Sloan [1].

Satz 3.2.10 Der Integraloperator $(Kf)(x) = \int_0^\infty k(x,y)f(y)\,dy$ ist genau dann kompakt auf X (vgl. (11)), wenn (12a-c) gelten.

Übungsaufgabe 3.2.11 Es gelte (12a-c). Man zeige: Die linke Seite in (12a) ist *gleichmäßig* in $x \in [0,\infty)$ beschränkt.

Die bisherigen Aussagen lassen sich direkt auf das beidseitig unbeschränkte Intervall $I = R$ übertragen. Die Bedingungen (12a-c) sind allerdings einschränkender, als man zunächst vermuten mag. Der Kern $k(x,y)$ der Fourier-Transformation ist nur vom Produkt xy abhängig. Derartige Operatoren können nicht kompakt ·in X sein, denn es gilt die

Bemerkung 3.2.12 Ein Kern der Gestalt $k(x,y) = \varkappa(xy)$, der nicht identisch verschwindet, kann (12a-c) nicht erfüllen.

Beweis. Die Substitution $t = xy$ ergibt

$$\int_0^\infty |k(x,y)|\,dy = \int_0^\infty |\varkappa(xy)|\,dy = \frac{1}{x} \int_0^\infty |\varkappa(t)|\,dt \;\to\; \infty \qquad \text{für } x \to 0$$

im Widerspruch zur Aussage von Übungsaufgabe 11. ■

K heißt Operator vom *Faltungstyp*, falls $k(x,y) = \varkappa(x-y)$ nur von der Differenz der Argumente abhängt. Auch dieser Faltungskern, wie er in den Wiener-Hopf-Integralgleichungen vorkommt, ist ausgeschlossen.

Übungsaufgabe 3.2.13 Ein Kern der Gestalt $k(x,y) = \varkappa(x-y)$, der nicht identisch verschwindet, kann (12c) nicht erfüllen.

3.3 Endliche Approximierbarkeit des Integraloperators K

3.3.1 Konvergenz in der Operatornorm

Im folgenden Paragraphen 4 werden wir die Integralgleichung diskretisieren, d.h. sie in ein *endlich*dimensionales Problem verwandeln. Aus dem Integraloperator K wird eine «Näherung» K_n werden, wobei n z.B. die Dimension des Bildes von K_n sein kann. Satz 1.3.23c beweist die

Bemerkung 3.3.1 Sei $K_n \in L(X,X)$ und $\dim \text{Bild}(K_n) < \infty$. Dann ist K_n kompakt: $K_n \in K(X,X)$.

Alle diskreten Analoga von K sind daher kompakt. Eine naheliegende – aber nicht die einzige – Möglichkeit, die Annäherung von K durch K_n darzustellen, ist

(3.3.1) $\qquad \|K - K_n\|_{X \leftarrow X} \to 0 \qquad\qquad$ für $n \to \infty$.

In diesem Falle heißt K_n *konvergent* (gegen K) *in der Operatornorm*. Satz 1.3.23b und Bemerkung 1 implizieren die

Bemerkung 3.3.2 $K_n \in L(X, X)$ mit $\dim \mathrm{Bild}(K_n) < \infty$ konvergiere in der Operatornorm gegen K. Dann ist K kompakt: $K \in K(X, X)$.

Man entnimmt der Bemerkung 2, daß sich *nur* kompakte Operatoren in der Operatornorm approximieren lassen. Die Voraussetzung der Kompaktheit ist daher nicht nur ein Hilfsmittel, um zu Existenz- und Eindeutigkeitsaussagen zu kommen (vgl. Satz 2.1). Ist K nicht kompakt, muß man K in einem anderen (schwächeren) Sinne als in (1) durch K_n approximieren.

3.3.2 Ausgeartete Kerne

X sei der zugrundeliegende Banach-Raum. Ein besonders einfacher Fall liegt vor, wenn sich die (x, y)-Abhängigkeit wie folgt faktorisieren läßt.

Definition 3.3.3 Eine Kernfunktion k_n $(n \in \mathbb{N})$ heißt <u>*ausgeartet*</u>, falls
(3.3.2) $\qquad k_n(x, y) = \sum_{j=1}^{n} a_j(x) b_j(y).$
Dabei ist $a_j \in X$ und $b_j \in X'$ (X': Dualraum von X).

Die Funktionen $a_j(x)$ und $b_j(y)$ müssen derart beschaffen sein, daß die Integrale $\int a_j(x) b_j(y) f(y) dy = a_j(x) \int b_j(y) f(y) dy$ für alle $f \in X$ existieren und die Bilder wieder zu X gehören. Letzeres wird durch $a_j \in X$ garantiert. Die erste Bedingung verlangt die Existenz der Integrale $\int b_j(y) f(y) dy$ für alle $f \in X$. Identifiziert man b_j mit dem Funktional $B_j: f \mapsto \int b_j(y) f(y) dy$, gelangt man zur Forderung $b_j \in X'$. Der Dualraum von $X = L^2(D)$ ist wieder $X' = L^2(D)$, so daß $a_j, b_j \in L^2(D)$ gelten muß. Im Falle von $X = C(D)$ enthält der Dualraum X' verallgemeinerte Funktionen. Um klassische Funktionenräume zu verwenden, kann man sich auf den Unterraum $L^1(D) \subset X'$ beschränken und $b_j \in L^1(D)$ fordern. Falls D endliches Maß besitzt (z.B. beschränkt ist), gilt auch $X = C(D) \subset L^1(D) \subset X'$, so daß $b_j \in C(D)$ ausreicht.

Übungsaufgabe 3.3.4 K_n sei der Integraloperator mit dem ausgeartetem Kern k_n aus (2). Man zeige: **(a)** $K_n \in L(X, X)$. **(b)** Es gilt $\dim(\mathrm{Bild}(K_n)) \leqslant n$. **(c)** Sei $X = C(D)$. Ist $K \in L(X, X)$ ein weiterer Integraloperator mit dem Kern k, so gilt (vgl. (2.6))

(3.3.3) $\qquad \|K - K_n\|_{C(D) \leftarrow C(D)} = \sup_{x \in D} \int_D |k(x, y) - k_n(x, y)| \, dy.$

Die Approximation von K durch K_n mit ausgeartetem Kern kann wie folgt für den Kompaktheitsnachweis verwendet werden.

2. Beweis des Satzes 2.5. Ist $D \subset \mathbf{R}^d$ kompakt, so ist $D \times D$ ein Kompaktum in $\mathbf{R}^{2d}$. Sei $\varepsilon > 0$. Nach dem Satz von Weierstraß (Satz 1.3.8) kann der stetige Kern k durch ein Polynom k_ε approximiert werden, so daß die rechte Seite in (3) $\leq \varepsilon$ wird. Damit konvergieren die so konstruierten K_ε in der Operatornorm gegen K. Ein Polynom $k_\varepsilon(x,y)$ ist aber ein ausgearteter Kern, da jedes Monom $\alpha_{\nu\mu} x^\nu y^\mu$ die Darstellung $a(x) b(y)$ mit $a(x) = \alpha_{\nu\mu} x^\nu \in C(D)$ und $b(y) = y^\mu \in C(D) = X \subset X'$ besitzt. Die Einbettung $X \subset X'$ beruht darauf, daß jedes $\varphi \in X = C(D)$ mit dem Funktional $\Phi(\psi) := \int_D \varphi \psi \, dx$ identifiziert wird. Da D kompakt, gehört φ auch zu $L^1(D)$ und führt zur Dualnorm $\| \Phi \|_{X'} = \| \varphi \|_{L^1(D)} \leq \mu(D) \| \varphi \|_\infty$. Über Übung 4b und Bemerkung 2 erhält man die Kompaktheit von K. ∎

Beweis des Satzes 2.7. Sei $D \subset \mathbf{R}^d$ und $\varepsilon > 0$. Der Kern $k \in L^2(D \times D)$ kann zunächst durch eine stetige Funktion $\varkappa \in C(D \times D)$ mit kompaktem Träger approximiert werden, so daß $\| k - \varkappa \|_{L^2(D \times D)} \leq \frac{\varepsilon}{2}$ (vgl. Bemerkung 1.3.9a). Sei $R := [-L, L]^{2d} \cap (D \times D)$ so gewählt, daß R den Träger von $\varkappa$ enthält. Außerhalb von R sei $\varkappa := 0$ gesetzt. Nach Weierstraß (Satz 1.3.8) läßt sich $\varkappa \in C(R)$ durch ein Polynom $P(x,y) := \sum \alpha_{ij} x^i y^j$ (i, j sind Multiindizes, falls $d > 1$) so annähern, daß $\| \varkappa - P \|_\infty \leq \varepsilon / (2^{d+1} L^d)$. $\chi(\xi)$ sei die charakteristische Funktion des Intervalls $[-L, L]$, d.h. $\chi = 1$ für $|\xi| \leq L$ und $\chi = 0$ sonst. Falls $d > 1$, bezeichnet $\chi(x)$ das Produkt $\chi(x_1) \cdot \ldots \cdot \chi(x_d)$. Offenbar ist der Kern $k_\varepsilon(x,y) := \sum \alpha_{ij} \chi(x) x^i \chi(y) y^j$ ausgeartet und erfüllt $|\varkappa(x,y) - k_\varepsilon(x,y)| \leq \varepsilon / (2^{d+1} L^d)$ in R, während außerhalb von R $\varkappa = k_\varepsilon = 0$ gilt. Wegen $\| \varphi \|_{L^2(R)} \leq C \| \varphi \|_\infty$ für alle $\varphi \in C(R)$ mit $C^2 = \mu(R) \leq (2L)^{2d}$ (Schwarzsche Ungleichung) hat man $\| \varkappa - k_\varepsilon \|_{L^2(D \times D)} \leq \| \varkappa - k_\varepsilon \|_{L^2(R)} \leq \varepsilon / 2$, so daß man auf $\| k - k_\varepsilon \|_{L^2(D \times D)} \leq \varepsilon$ mit einem ausgearteten Kern k_ε schließen kann. Die Abschätzung (2.7) liefert die Konvergenz der ausgearteten Integraloperatoren gegen K in der Operatornorm. Wie oben schließt man auf die Kompaktheit. ∎

3.4 Bildbereich von K

Im folgenden wollen wir genauer charakterisieren, welche Eigenschaften das Bild Kf besitzt. Im allgemeinen gehört Kf für ein $f \in X$ zu einem Unterraum $Y \subset X$, der eine *stärkere* Norm $\| \cdot \|_Y$ als X besitzt. Dabei heißt $\| \cdot \|_Y$ stärker als $\| \cdot \|_X$, wenn $\| f \|_X \leq C \| f \|_Y$ für alle $f \in X$, aber der Quotient $\| f \|_Y / \| f \|_X$ über $f \in Y \subset X$ unbeschränkt ist.

3.4.1 Glatte Kerne $k(x,y)$

Sei $X = C(D)$ mit kompaktem D. In Satz 2.6 wurde die Stetigkeit $k \in C(D \times D) = C^0(D \times D)$ vorausgesetzt. Stärkere Glattheitsannahmen wären $k \in C^\lambda(D \times D)$ für ein $\lambda > 0$, $k \in C_L(D \times D)$ oder $k \in \hat{C}^\lambda(D \times D)$. In diesen Fällen gehört das Bild Kf für jedes $f \in C(D)$ zu den Räumen $C^\lambda(D)$, $C_L(D)$ bzw. $\hat{C}^\lambda(D)$.

Satz 3.4.1 D sei kompakt. Für den Kern k des Operators K gelte entweder (i) $k \in C^\lambda(D \times D)$ oder (ii) $k \in \hat{C}^\lambda(D \times D)$ für ein $\lambda \geq 0$. Dann gilt (i) $K \in L(C(D), C^\lambda(D))$ bzw. (ii) $K \in L(C(D), \hat{C}^\lambda(D))$. Auch ohne Kompaktheit von D gilt $K \in L(L^1(D), C^\lambda(D))$ bzw. $K \in L(L^1(D), \hat{C}^\lambda(D))$.

Beweis. (a) $\lambda = 0$ ist mit Satz 2.5 abgehandelt. Sei $0 < \lambda < 1$. $L \leq \|k\|_{C^\lambda(D \times D)}$ sei die Konstante in $|k(x,y) - k(x',y)| \leq L|x-x'|^\lambda$. Die Ungleichung

$$(3.4.1) \qquad |(Kf)(x) - (Kf)(x')| \leq \int_D |k(x,y) - k(x',y)| \, |f(y)| \, dy \leq$$
$$\leq \mu(D) L \, |x-x'|^\lambda \, \|f\|_\infty \qquad (\mu(D): \text{Maß von } D)$$

beweist die Hölder-Stetigkeit von Kf und $\|Kf\|_{C^\lambda(D)} \leq C\|f\|_\infty$ mit $C := \max\{\mu(D)L, \sup_x \int_D |k(x,y)| \, dy\}$.

(b) Sei $\lambda = 1$. Da D kompakt, darf die Ableitung d/dx unter das Integral gezogen werden: $d(Kf)(x)/dx = \int_D \partial k(x,y)/\partial x \, f(y) \, dy$. Die Abschätzung $\|(Kf)'\|_\infty \leq \max\{\int_D |\partial k(x,y)/\partial x| \, dy : x \in D\} \|f\|_\infty$ beweist $\|Kf\|_{C^1(D)} \leq C\|f\|_\infty$ mit $C := \max\{\max_x \int_D |k(x,y)| \, dy, \max_x \int_D |k_x(x,y)| \, dy\}$.

(c) Die Überlegungen für allgemeine $\lambda > 1$ sind analog: Ableitungen werden auf die Kernfunktion abgewälzt, Hölder-Abschätzungen höherer Ableitungen von Kf führen wie in (a) auf Hölder-Abschätzungen höherer x-Ableitungen von $k(x,y)$. Bei ganzzahligem λ im Falle von $\hat{C}^\lambda(D)$ wird die Hölder- zur Lipschitz-Abschätzung. ▨

Aus dem Beweis geht schon hervor, daß der Kern nur bezüglich x glatt zu sein braucht. Die entsprechende Abschwächung der Voraussetzung soll hier aber nicht formuliert werden, weil man dazu Funktionenräume mit unterschiedlichen Eigenschaften für die verschiedenen Argumente zu definieren hätte. Der folgende Satz gibt die Satz 2.6 entsprechenden Bedingungen an, die zu $Kf \in C^\lambda(D)$ führen.

Satz 3.4.2 D sei ein kompakter Definitionsbereich und $0 < \lambda < 1$. Die Kernfunktion k des Integraloperators K erfülle

$$(3.4.2a) \qquad \int_D |k(x,y)| \, dy < \infty \qquad\qquad \text{für alle } x \in D,$$
$$(3.4.2b) \qquad \int_D |k(\xi,y) - k(x,y)| \, dy \leq C|\xi - x|^\lambda \qquad \text{für alle } \xi, x \in D$$

für eine Konstante C. Dann ist K eine beschränkte Abbildung von $X = C(D)$ auf $C^\lambda(D)$, d.h. $K \in L(C(D), C^\lambda(D))$.

Beweis. Die Ungleichung (1) zeigt die globale Hölder-Stetigkeit von $\varphi := Kf$: $|\varphi(x) - \varphi(\xi)| \leq C\|f\|_\infty$. Da (2a,b) auch (2.8a,b) implizieren, ist $K \in L(X,X)$, d.h. $\|Kf\|_\infty \leq C'\|f\|_\infty$. Die Hölder-Norm von Kf ist also $\|Kf\|_{C^\lambda(D)} \leq \max\{C, C'\} \|f\|_\infty$. ▨

Übungsaufgabe 3.4.3 Man zeige: Auf die Kompaktheit von D kann man in Satz 2 verzichten, wenn man (2a) durch die gleichmäßige Abschätzung $\int_D |k(x,y)| \, dy \leq C_0$ für alle $x \in D$ ersetzt.

Übungsaufgabe 3.4.4 Es gelte $k(x,y) = k_1(x,y) k_2(x,y)$ und $k_1 \in C^\lambda(D \times D)$. k_2 erfülle die Bedingungen (2a,b). D sei kompakt. Man beweise $K \in L(C(D), C^\lambda(D))$ für den Operator mit Kern k.

3.4.2 Das Bild Kf für $f \in C^\lambda(I)$

In §3.4.1 erhielten wir $Kf \in C^\lambda(I)$ für $f \in C(I)$ aufgrund der Glattheit des Kernes k. Kann man die Glattheit von k durch jene von f ersetzen? Im allgemeinen ist die Antwort negativ. Dazu betrachte man den Integraloperator mit einem Kern $k(x,y) = a(x)b(y)$ über dem Intervall $I = [a,b]$, wobei $a \in C(I)$ zwar stetig, aber nicht Hölder-stetig sei. Sei f beliebig glatt, z.B. $f \in C^\infty(I)$. Man rechnet nach, daß $Kf = \beta a$ mit $\beta = \int_I b(y)f(y)dy$. Wenn nicht gerade $\beta = 0$ ist, hat Kf die gleichen Glattheitseigenschaften wie die Funktion a und ist insbesondere nicht Hölder-stetig.

Die Glattheit von f überträgt sich jedoch auf Kf, wenn der Kern vom Faltungstyp ist, d.h. die Gestalt

$$k(x,y) = \tilde{k}(x-y)$$

besitzt. Im folgenden werden wir wieder k für $\tilde{k}$ schreiben, so daß

$$(3.4.3) \qquad (Kf)(x) = \int_I k(x-y)f(y)dy$$

der Integraloperator ist.

Satz 3.4.5 K sei durch (3) mit $I = [a,b]$, $a < b$, gegeben. **(a)** Es gelte $k \in L^1([a-b, b-a])$, d.h.

$$(3.4.4a) \qquad \int_{a-b}^{b-a} |k(\xi)| d\xi =: C_0 < \infty,$$

ferner gebe es ein $\lambda \in (0,1]$ und eine Konstante C_1, so daß

$$(3.4.4b) \qquad \int_x^\xi |k(t)| dt \leqslant C_1 (\xi - x)^\lambda \qquad \text{für alle } a - b \leqslant x \leqslant \xi \leqslant b - a.$$

Dann gehört K zu $L(\hat{C}^\mu(I), \hat{C}^\mu(I))$ für alle Exponenten $0 \leqslant \mu \leqslant \lambda$. **(b)** Wenn $k \in C([a-b, b-a])$, gilt sogar $K \in L(C^1(I), C^1(I))$. Für $f \in C^1(I)$ hat $\varphi = Kf$ die Ableitung

$$(3.4.5) \qquad \varphi'(x) = \int_I k(x-y)f'(y)\, dy + k(x-a)f(a) - k(x-b)f(b).$$

Beweis. (i) Gilt (4b) für λ, so auch für jedes $\mu \in (0, \lambda)$, wobei C_1 durch $C_1(2(b-a))^{\lambda - \mu}$ zu ersetzen ist. Es reicht daher, im folgenden neben dem Fall $\mu = 0$, der dem Leser überlassen bleibt, nur $\mu = \lambda$ zu untersuchen.

(ii) Sei $\varphi := Kf$ für $f \in \hat{C}^\lambda(I)$, d.h. $f \in C^\lambda(I)$ für $0 < \lambda < 1$ bzw. $f \in C_L(I)$ für $\lambda = 1$. Seien x', $x \in I$ zwei Argumente mit $x' = x + \delta > x$. Substitution $\eta := y - \delta$ liefert

$$\varphi(x') = \int_I k(x'-y)f(y)dy = \int_a^b k(x+\delta-y)f(y)dy =$$
$$\int_{a-\delta}^a k(x-\eta)f(\eta+\delta)d\eta + \int_a^{b-\delta} k(x-\eta)f(\eta+\delta)d\eta$$

und analog

$$\varphi(x) = \int_a^{b-\delta} k(x-\eta)f(\eta)d\eta + \int_{b-\delta}^b k(x-\eta)f(\eta)d\eta.$$

Die Differenz läßt sich aufspalten in

$$\varphi(x') - \varphi(x) = D_0 + D_1 + D_2 \quad \text{mit}$$
$$D_0 := \int_a^{b-\delta} k(x-\eta)[f(\eta+\delta)-f(\eta)]\, d\eta,$$
$$D_1 := \int_{a-\delta}^a k(x-\eta)f(\eta+\delta)d\eta, \quad D_2 := -\int_{b-\delta}^b k(x-\eta)f(\eta)d\eta.$$

Wegen $|f(\eta+\delta)-f(\eta)| \le C_f\, \delta^\lambda$ läßt sich D_0 durch $C_f\delta^\lambda\int_a^{b-\delta}|k(x-\eta)|d\eta$ $\le C_0\,C_f\,\delta^\lambda$ abschätzen. D_1 und D_2 sind nach Annahme (4b) durch $C_1\,\delta^\lambda\|f\|_\infty$ beschränkt. Insgesamt erhält man die Hölder- bzw. Lipschitz-Stetigkeit von $\varphi=Kf$.

(iii) Die Darstellung von $\varphi(x')-\varphi(x)$ aus (ii) kann man verwenden, um zu zeigen, daß (5) den Limes von $[\varphi(x')-\varphi(x)]/(x'-x)$ für $x'\to x$ beschreibt. ∎

Die Darstellung (5) erlaubt weitere Aussagen wie z.B. $K\in L(C^1(I),C^{1+\lambda}(I))$ für $k\in C^\lambda([a-b,b-a])$. Die Voraussetzungen (4a,b) besagen, daß $|k(t)|$ eine Hölder-stetige bzw. im Falle $\lambda=1$ eine Lipschitz-stetige Stammfunktion besitzt. Modifikationen des Satzes 5 enthält die

Übungsaufgabe 3.4.6 Man beweise: **(a)** Sind der Kern k und f periodisch mit der Periode $b-a$, braucht Bedingung (4b) nicht gestellt zu werden. **(b)** Satz 5a bleibt für unbeschränkte Intervalle I richtig, wenn die Aussage auf $\mu=\lambda$ beschränkt wird. Für $I=\mathbb{R}$ kann (4b) entfallen.

Häufig ist $k(\cdot)$ nur in einem (oder endlich vielen) Punkten singulär, aber sonst glatt. In dem folgenden Satz wird eine einzige Singularität von $k(t)$ in $t=0$ angenommen.

Satz 3.4.7 Sei $k\in L^1([a-b,b-a])$ und $k\in C^\infty((0,b-a])\cap C^\infty([a-b,0))$. Für jedes $f\in C^\lambda(I)$ oder $f\in \hat{C}^\lambda(I)$ ($\lambda\ge 0$ beliebig) gehört Kf im *offenen* Intervall (a,b) zur gleichen Funktionenklasse.

Beweis. Für $x\in(a,b)$ sei $\varepsilon>0$ so gewählt, daß $a\le x-\varepsilon\le x+\varepsilon\le b$. Man spalte das Integral $(Kf)(x)=\int_a^b k(x-y)f(y)dy$ in $\int_a^{x-\varepsilon}\ldots+\int_{x-\varepsilon}^{x+\varepsilon}\ldots+\int_{x-\varepsilon}^b\ldots$ auf. Das erste und dritte Integral ist bezüglich x unendlich oft differenzierbar. Das mittlere geht durch die Substitution $t=x-y$ in $\int_{-\varepsilon}^{\varepsilon}k(t)f(x-t)dt$ über und erfüllt alle Hölder/Lipschitz-Abschätzungen bzw. Differenzierbarkeitsbedingungen, die auch f erfüllt. ∎

Die vorhergehenden Überlegungen lassen sich auch auf eine größere Klasse von Kernen als $k(x,y)=k(x-y)$ aus (3) übertragen.

Bemerkung 3.4.8 Auf $I=[a,b]$ sei der Kern

(3.4.6) $k(x,y)=l(x,y)\varkappa(x-y)$

definiert, wobei $\varkappa$ die Bedingungen (4a,b) für ein $0<\lambda\le 1$ erfülle und $l\in C^\lambda(I\times I)$ gelte. Dann gilt die Aussage des Satzes 5 für den zu k gehörigen Integraloperator K.

Beweis. $\varphi(x')=(Kf)(x')$ mit $x'=x+\delta$ ist die Summe von

$$\int_I [l(x',y)-l(x.y)]\varkappa(x'-y)f(y)dy$$

und $\int_I l(x,y)\varkappa(x'-y)f(y)dy$. Das erste Integral ist durch const$\cdot\delta^\lambda$ abschätzbar. Die Differenz zwischen dem zweiten Integral und $\varphi(x)$ lautet $\int_I[\varkappa(x'-y)-\varkappa(x-y)][l(x,y)f(y)]dy$ und läßt sich ebenso wie in Satz 5 behandeln. ∎

3.4.3 Kerne mit integrierbarer Singularität

Die Überlegungen des §3.4.2 treffen auf den folgenden Kern zu:

(3.4.7a) $k(x,y)=\ell(x,y)/|x-y|^{1-\lambda}$ für ein $\lambda\in(0,1)$

wobei der Zähler ℓ zum Beispiel der Hölder-Bedingung (7b) genügt:

(3.4.7b) $\ell\in C^{\lambda}(I\times I)$.

Hinreichend ist jedoch schon die gleichmäßige Hölder-Stetigkeit in x:

(3.4.7c) $\|\ell(\cdot,y)\|_{C^{\lambda}(I)}\leq C$ für alle $y\in I$.

Eine weitere Abschwächung lautet: Es gebe Konstanten C, C_1, C_2 mit

(3.4.7d$_1$) $\|\ell\|_{\infty,I\times I}\leq C_1$,

(3.4.7d$_2$) $|\ell(x,y)-\ell(\xi,y)|\leq C_2|x-\xi|^{\lambda}$ für alle $|y-x|>C|x-\xi|$.

Es reicht auch die folgende, ungleichmäßige Lipschitz-Abschätzung:

(3.4.7e)   (7d$_1$) und $|\ell(x,y)-\ell(\xi,y)|\leq C_2\dfrac{|x-\xi|}{|y-x|}$ für $|y-x|>C|x-\xi|$.

Die letztgenannte Bedingung folgt nach dem Mittelwertsatz aus

(3.4.7f)   (7d$_1$) und $|\dfrac{d}{dx}\ell(x,y)|\leq\dfrac{C_2}{|y-x|}$ für alle $x\neq y$.

Der Kern k ist von der Form (6) mit $\varkappa(t):=|t|^{\lambda-1}$. Da $\varkappa$ für $\lambda>0$ uneigentlich integrierbar ist (vgl. §6.1.3) und die Stammfunktion $|t|^{\lambda}/\lambda$ Hölder-stetig zum Exponenten λ ist, sind die Voraussetzungen (4a,b) erfüllt. Satz 5 bzw. seine Verallgemeinerung in Bemerkung 8 ergeben $K\in L(C^{\mu}(I), C^{\mu}(I))$ für alle $0\leq\mu\leq\lambda$. Diese Aussage läßt sich zu $K\in L(C(I), C^{\lambda}(I))$ verstärken.

Satz 3.4.9 I sei kompakt. Der «schwach singuläre» Kern k des Integraloperators K erfülle (7a) und eine der Eigenschaften (7b) bis (7f). Dann gehört K zu $L(C(I), C^{\lambda}(I))$.

Beweis. (i) Wegen der Implikationen (7b) $\Longrightarrow$ (7c) $\Longrightarrow$ (7d) und (7f) $\Longrightarrow$ (7e) reicht es, (7d$_{1,2}$) und (7e) zu untersuchen.

(ii) Bedingung (2a) ist wegen $\int_I |k(x,y)|dy\leq\|\ell\|_{\infty}\int_I|x-y|^{1-\lambda}dy<\infty$ erfüllt.

(iii) Die Konstante C in (7d,e) kann o.B.d.A. als $C\geq 2$ angenommen werden. Für feste $x,\xi\in I$ sei $\varepsilon:=|x-\xi|$ gesetzt. Um (2b) nachzuweisen, zerlegen wir das Integral über $I=D$ in solche über

$$I_0:=\{y\in I:\ |y-x|\leq C\varepsilon\}\quad\text{und}\quad I_1:=I\setminus I_0=\{y\in I:\ |y-x|>C\varepsilon\}.$$

Wegen $C\geq 2$ liegt ξ in I_0. Über I_0 schätzt man das Integral wie folgt ab:

$$\int_{I_0}|k(\xi,y)-k(x,y)|dy\ \leq\ \int_{I_0}[|k(\xi,y)|+|k(x,y)|]\,dy\ \leq$$
$$\leq\ C_1\int_{I_0}[|\xi-y|^{\lambda-1}+|x-y|^{\lambda-1}]\,dy\ \leq$$
$$\leq\ \tfrac{1}{\lambda}C_1[(C\varepsilon-\varepsilon)^{\lambda}+(C\varepsilon+\varepsilon)^{\lambda}+2(C\varepsilon)^{\lambda}]\ \leq\ \tfrac{4}{\lambda}C_1C^{\lambda}\varepsilon^{\lambda}=O(|x-\xi|^{\lambda}).$$

(iv) Im Falle $(7d_{1,2})$ schätzen wir das Integral über I_1 ab durch

$$\int_{I_1} |k(\xi,y)-k(x,y)| \, dy \le$$

$$\le \int_{I_1} \left\{ \frac{|l(\xi,y)-l(x,y)|}{|y-\xi|^{1-\lambda}} + |l(x,y)| \, ||y-\xi|^{\lambda-1}-|y-x|^{\lambda-1}| \right\} dy$$

$$(3.4.7\text{g}) \qquad \le C_2 \int_{I_1} \frac{|x-\xi|^\lambda}{|y-\xi|^{1-\lambda}} \, dy \; + \; C_1 \int_{I_1} ||y-\xi|^{\lambda-1}-|y-x|^{\lambda-1}| \, dy.$$

Das erste Integral in (7g) ist abschätzbar durch

$$C_2 |x-\xi|^\lambda \int_{I_1} |y-\xi|^{\lambda-1} \, dy = O(|x-\xi|^\lambda).$$

In (v) zeigen wir, daß auch das zweiten Integral $O(|x-\xi|^\lambda)$ gleicht. Damit ist die Bedingung (2b) erfüllt, und Satz 2 beweist die Behauptung.

(v) Wenn I die Darstellung $[a,b]$ hat, zerfällt I_1 in die Intervalle $[a,x-C\varepsilon]$ und $[x+C\varepsilon,b]$, die wir zu $(-\infty,x-C\varepsilon]$ und $[x+C\varepsilon,\infty)$ vergrößern dürfen. Für $y \ge x+C\varepsilon$ liefert der Mittelwertsatz der Differentialrechnung die Darstellung

$$(y-\xi)^{\lambda-1}-(y-x)^{\lambda-1} = (\xi-x)(\lambda-1)(y-\zeta)^{\lambda-2}$$

mit einem Zwischenwert ζ zwischen ξ und x. Da $|y-\zeta|=y-\zeta \ge y-(x+\varepsilon)$, folgt

$$\int_{x+C\varepsilon}^{\infty} ||y-\xi|^{\lambda-1}-|y-x|^{\lambda-1}| \, dy \le \varepsilon |\lambda-1| \int_{x+C\varepsilon}^{\infty} (y-x-\varepsilon)^{\lambda-2} dy =$$

$$= \varepsilon(1-\lambda) \int_{(C-1)\varepsilon}^{\infty} t^{\lambda-2} dy = -\varepsilon [t^{\lambda-1}]_{(C-1)\varepsilon}^{\infty} = \varepsilon^\lambda (C-1)^{\lambda-1}.$$

Die gleiche Schranke ist für das Integral über $(-\infty,x-C\varepsilon]$ gültig, so daß

$$(3.4.7\text{h}) \qquad \int_{I_1} ||y-\xi|^{\lambda-1}-|y-x|^{\lambda-1}| \, dy \le 2(C-1)^{\lambda-1} \varepsilon^\lambda.$$

(vi) Im Falle (7e) schätzt man den Integranden des ersten Integrals in (7g) durch

$$(3.4.7\text{i}) \qquad \frac{|l(\xi,y)-l(x,y)|}{|y-\xi|^{1-\lambda}} \le C_2 \frac{|x-\xi|}{|x-y||y-\xi|^{1-\lambda}} \le C_2 \frac{\varepsilon}{|x-y||y-\xi|^{1-\lambda}}$$

ab. Wenn $I=[a,b]$, hat I_1 die Darstellung $I_1=[a,x-C\varepsilon]\cap(x+C\varepsilon,b]$. Es sei $b \ge x-C\varepsilon$ angenommen, damit das zweite Intervall nicht leer ist. In $(x+C\varepsilon,b]$ gilt wegen $C \ge 2$ die Ungleichung

$$|y-\xi| \ge |y-y_0|, \quad |y-x| \ge |y-y_0| \qquad \text{für } y_0 := x+(C-1)\varepsilon.$$

Also ist
$$\int_{x+C\varepsilon}^{b} \frac{dy}{|x-y||y-\xi|^{1-\lambda}} \le \int_{x+C\varepsilon}^{b} \frac{dy}{|y-y_0|^{2-\lambda}} = \int_{\varepsilon}^{b-x-C\varepsilon-\varepsilon} t^{\lambda-2} dt = O(\varepsilon^{\lambda-1}).$$

Gleichermaßen ist das Integral über $[a,x-C\varepsilon)$ beschränkt. Dies beweist

$$\int_{I_1} \frac{|l(\xi,y)-l(x,y)|}{|y-\xi|^{1-\lambda}} \, dy \le C_2 \varepsilon \, O(\varepsilon^{\lambda-1}) = O(\varepsilon^\lambda) = O(|x-\xi|^\lambda).$$

Mit der Abschätzung des zweiten Integrals in (7g) durch Teil (v) hat man wiederum die Bedingung (2b) bewiesen, und Satz 2 ist anwendbar.∎

Ein weiterer, schwach singulärer Kern von praktischem Interesse ist

$$(3.4.8) \qquad k(x,y) = \ell(x,y)\,\log|x-y| \qquad\qquad \text{mit } \ell \in C_L(I\times I).$$

Satz 3.4.10 I sei kompakt; der Kern k erfülle (8). Dann gilt $K \in L(C(I),C^\lambda(I))$ und sogar $K \in K(C(I),C^\lambda(I))$ für alle $0<\lambda<1$.

Beweis. Der Beweis des Satzes 9 läßt sich übertragen und liefert für $\varphi = Kf$ die Abschätzung $|\varphi(\xi)-\varphi(x)| \leqslant C|\xi-x|\,\log|\xi-x|\,\|f\|_\infty$, d.h. φ ist zu jedem Exponenten $0<\lambda<1$ Hölder-stetig: $K \in L(C(I),C^\lambda(I))$. Die Kompaktheit $K \in K(C(I),C^\lambda(I))$ wird in §3.4.4 bewiesen. $\qquad$ ☒

Eine Verstärkung des Satzes 10 zur Aussage $K \in L(C(I),C_L(I))$ ist *nicht* möglich.

Beispiel 3.4.11 (*parabolisches Randkontrollproblem*, vgl. Hackbusch [4]) Die Funktion $y(u)=y(x,t;u)$ sei die Lösung der parabolischen Anfangs-randwertaufgabe (Wärmeleitungsgleichung)

$$(3.4.9a) \qquad y_t(x,t) - y_{xx}(x,t) = f(x,t) \quad \text{für } x>0,\ 0<t<T, \qquad \text{(Dgl.)}$$

$$(3.4.9b) \qquad -y_x(0,t) = u(t) \qquad\qquad\qquad \text{für } 0<t<T \qquad \text{(Randwerte)},$$

$$(3.4.9c) \qquad y(x,0) = y_0(x) \qquad\qquad\qquad \text{für } x>0 \qquad \text{(Anfangswerte)},$$

wobei die rechten Seiten f und y_0 feste Größen sind, während $u \in L^2([0,T])$ eine Funktion ist, die zur Steuerung des «Zustandes» $y=y(u)$ verwendet werden soll. $z \in L^2([0,\infty))$ sei der gewünschte Wert, dem $y(\cdot,T)$ zum Endzeitpunkt $t=T$ möglich nahe kommen soll. Genauer gesagt, soll die «Kostenfunktion»

$$(3.4.9d) \qquad J(u) := \int_0^\infty |y(x,T;u)-z(x)|^2\,dx + \pi^{-1/2} \int_0^T |u(t)|^2\,dt$$

über alle $u \in L^2([0,T])$ minimiert werden. Die «optimale Kontrolle» u^*, die $J(u)$ minimiert, ist Lösung der Integralgleichung

$$(3.4.9e) \qquad u(t) = g(t) - \int_0^T u(\tau)/\sqrt{2T-t-\tau}\ d\tau \qquad\qquad (0\leqslant t\leqslant T).$$

wobei man g wie folgt berechnen kann. $\hat{y}(x,t)$ sei Lösung der Gleichungen (9a-c) mit $u=0$. $\hat{p}(x,t)$ sei Lösung der Differential-gleichung $\hat{p}_t+\hat{p}_{xx}=0$ zum Startwert $\hat{p}(x,T)=\hat{y}(x,T)-z(x)$ mit Rand-werten $\hat{p}_x(0,t)=0$. Dann ist $g(t) := \hat{p}(0,t)$.

Übungsaufgabe 3.4.12 Der durch (9e) definierte Integraloperator K gehört zu $L(C(I),C^{1/2}(I))$ mit $I=[0,T]$. Trotzdem gilt $Kf \in C^\infty([0,T))$ über dem halboffenen Intervall $[0,T)$.

3.4.4 Kompaktheit

Die Resultate zu Bild(K) liefern einen neuen Beweis der Kompaktheit.

Bemerkung 3.4.13 Sei $\lambda>0$. Ein Operator $K\in L(C(D),C^{\lambda}(D))$ ist kompakt auf $X=C^{\mu}(D)$ für jedes $0\leqslant\mu\leqslant\lambda$: $K\in K(C^{\mu}(D),C^{\mu}(D))$. Weiter gilt $K\in K(C^{\varkappa}(D),C^{\mu}(D))$ für alle $\varkappa,\mu\in[0,\lambda]$ mit $\varkappa>0$ oder $\mu<\lambda$.

Beweis. $K\colon C^{\varkappa}(D)\to C^{\mu}(D)$ schreiben wir als Produkt $I_2 K I_1$, wobei $I_1\colon C^{\varkappa}(D)\to C(D)$ und $I_2\colon C^{\lambda}(D)\to C^{\mu}(D)$ die Einbettungen seien. I_1 ist stetig: $I_1\in L(C^{\varkappa}(D),C(D))$ und für $\varkappa>0$ sogar kompakt (vgl. Satz 1.3.27). Analog ist $I_2\colon C^{\lambda}(D)\to C^{\mu}(D)$ stetig und für $\mu<\lambda$ kompakt. Im Produkt $K=I_2 K I_1\colon C^{\varkappa}(D)\to C(D)\to C^{\lambda}(D)\to C^{\mu}(D)$ ist somit mindestens ein Faktor kompakt. Gemäß Satz 1.3.23a ist $K\colon C^{\varkappa}(D)\to C^{\mu}(D)$ kompakt. ▨

3.4.5 Volterrasche Integralgleichung

Der Volterrasche Integraloperator $\int_a^x k(x,y)f(y)dy$ $(a\leqslant x\leqslant b)$ läßt sich formal als Fredholm-Operator über $I=[a,b]$ auffassen, wobei

(3.4.10) $k(x,y)=0$ für $a\leqslant x<y\leqslant b$.

Im allgemeinen ist der Fredholm-Kern k daher an der Diagonalen $x=y$ unstetig. Stetigkeit würde $k(x,x)=0$ erfordern. Diese Bedingung ist aber für Volterra-Integralgleichungen 1. Art höchst unerwünscht. Wir werden im Gegenteil in §6 sehen, daß k bei $x=y$ sogar singulär sein kann.

Bemerkung 3.4.14 Sei $\ell\in\mathbf{N}$. $G:=\{(x,y)\colon a\leqslant y\leqslant x\leqslant b\}$ ist der Definitionsbereich des Volterra-Kerns k. Es gelte $\partial^{\nu}k/\partial x^{\nu}\in C(G)$ für alle $0\leqslant\nu\leqslant\ell$. Dann gehört der Integraloperator für $p=0,1,\ldots,\ell-1$ zu $L(C^p(I),C^{p+1}(I))$.

Beweis durch Induktion nach ℓ. Sei $\varphi:=Kf$. Die Ableitung lautet

$$\varphi'(x)= \int_a^x k_x(x,y)f(y)dy + k(x,x)f(x).$$

Da $k_x(x,y)f(y)\in C(G)$ und $k(x,x)f(x)\in C(I)$, folgt der Induktionsanfang $\varphi\in C^1(I)$. Die Behauptung gelte für $\ell-1$. Da k_x die Voraussetzungen für $\ell-1$ erfüllt, gehört $\int_a^x k_x(x,y)f(y)dy$ zu $C^{p+1}(I)$, $0\leqslant p\leqslant\ell-2$, wenn $f\in C^{p+1}(I)$. Gleiches gilt für $k(x,x)f(x)$. Daher ist $\varphi'\in C^{p+1}(I)$, also $\varphi\in C^{p+2}(I)$ für $0\leqslant p\leqslant\ell-2$ und $f\in C^{p+1}(I)$. Eine Indexverschiebung $p\to p-1$ liefert $\varphi\in C^{p+1}(I)$ für $0\leqslant p\leqslant\ell-1$ und $f\in C^p(I)$. ▨

3.4.6 K als Abbildung von $L^{\infty}(D)$

Bei den meisten Beweisen wurde die Stetigkeit von $f\in C(D)$ nicht benutzt. Für die Beschränktheit reicht jedoch schon $f\in L^{\infty}(D)$ aus.

Bemerkung 3.4.15 In den Sätzen 2.5, 2.6, den Sätzen 1, 2, 9, 10 und Bemerkung 13 können die jeweiligen Räume $L(C(D),Y)$ und $K(C(D),Y)$ durch $L(L^{\infty}(D),Y)$ bzw. $K(L^{\infty}(D),Y)$ ersetzt werden. Im Falle von Satz 2.5 ist z.B. K als Abbildung von $L^{\infty}(D)$ nach $Y=C(D)$ kompakt.

3.5 Lösung der Fredholmschen Integralgleichung 2. Art

3.5.1 Existenz und Eindeutigkeit

Aufgrund der Kompaktheit von K hat die Fredholmsche Integralgleichung $\lambda f = g + K f$ 2. Art *fast immer* eine eindeutige Lösung, denn nach Satz 2.1 ist die Ausnahme nur für abzählbar viele Eigenwerte λ gegeben, die in $\mathbb{C}$ das Maß null haben. Für die numerischen Anwendungen reicht aber die Existenz einer Lösung nicht aus. Sie muß auch hinreichend regulär (d.h. glatt) sein, damit die Approximation gut genug ist.

3.5.2 Regularität

Y sei ein Teilraum von X. Y heißt *stetig eingebettet* in X, falls für die Inklusion $I \in L(Y,X)$ gilt, d.h. falls es ein C gibt, so daß $\| f \|_X \leqslant C \| f \|_Y$ für alle $f \in Y$. Da $Y = C^\lambda(D)$ sogar kompakt in $X = C^\varkappa(D)$ mit $\varkappa < \lambda$ eingebettet ist, ist $C^\lambda(D)$ auch stetig in $C^\varkappa(D)$ eingebettet. Der folgende Satz besagt, daß die Inhomogenität g der Integralgleichung $\lambda f = g + K f$ zu dem Raum Y mit höherer Differenzierbarkeitsordnung gehören und K sein Bild in Y haben muß, damit auch die Lösung f zu Y gehört.

Satz 3.5.1 Y sei stetig in X eingebettet. Es gelte $K \in L(X,Y)$, $\lambda \neq 0$ und $(\lambda I - K)^{-1} \in L(X,X)$. Dann gilt

$$(3.5.1) \qquad (\lambda I - K)^{-1} \in L(Y,Y).$$

Damit hat die Fredholmsche Integralgleichung $\lambda f = g + K f$ für $g \in Y$ auch eine eindeutige Lösung $f = (\lambda I - K)^{-1} g \in Y$.

Beweis. Da $(\lambda I - K)^{-1} \in L(X,X)$, existiert eine eindeutige Lösung $f \in X$. Wegen $g \in Y$ und $K f \in Y$ aufgrund von $K \in L(X,Y)$ ist $\lambda f = g + K f \in Y$. Da $\lambda \neq 0$ für eine Gleichung zweiter Art gilt, folgt $f \in Y$. Die Abschätzung von f in Y lautet

$$\| f \|_Y \leqslant \tfrac{1}{|\lambda|} \left(\| K \|_{Y \leftarrow X} \| f \|_X + \| g \|_Y \right).$$

Zusammen mit $\| f \|_X = \|(\lambda I - K)^{-1} g \|_X \leqslant \|(\lambda I - K)^{-1}\|_{X \leftarrow X} \| I \|_{X \leftarrow Y} \| g \|_Y$ ergibt sich

$$\|(\lambda I - K)^{-1}\|_{Y \leftarrow Y} \leqslant \tfrac{1}{|\lambda|} \left(\| K \|_{Y \leftarrow X} \|(\lambda I - K)^{-1}\|_{X \leftarrow X} \| I \|_{X \leftarrow Y} + 1 \right). \qquad \blacksquare$$

Die Lösung f kann in Y liegen, auch ohne daß $K \in L(X,Y)$ erfüllt ist.

Zusatz 3.5.2 Sei $X = X_0 \supset X_1 \supset X_2 \supset \ldots \supset X_n = Y$ eine Folge stetig eingebetteter Räume. Ferner gelte $(\lambda I - K)^{-1} \in L(X,X)$ und $K \in L(X_{i-1},X_i)$ für $1 \leqslant i \leqslant n$. Dann gilt auch $(\lambda I - K)^{-1} \in L(X_i,X_i)$ für alle $1 \leqslant i \leqslant n$ und insbesondere (1): $(\lambda I - K)^{-1} \in L(Y,Y)$.

Beweis. Man wende Satz 1 n-fach an. $\qquad \blacksquare$

Die Verallgemeinerung in Zusatz 2 findet ihre Anwendung z.B. in Bemerkung 4.14 (vgl. auch das Beispiel in Hackbusch [1,Example 16.1.3]).

4. Numerik der Fredholmschen Integralgleichungen zweiter Art

4.1 Allgemeine Überlegungen

In §§4.4.2-5 und §4.4.7 werden wir verschiedene Möglichkeiten zur Konstruktion von K_n kennenlernen. Die allgemeinen Eigenschaften solcher Approximationen werden in diesem Unterkapitel untersucht.

4.1.1 Notation des semidiskreten Problems

Der zugrundeliegende Banach-Raum sei X. K sei ein Operator aus $L(X,X)$. Die folgenden Aussagen bleiben auch richtig, wenn K kein *Integral*operator ist. Zur Vereinfachung der Schreibweise werden die Normen ohne Index geschrieben. Für $f \in X$ ist daher $\|f\| = \|f\|_X$. Das Symbol $\|\cdot\|$ wird außerdem für die *Operator*norm von $L(X,X)$ verwendet:

$$\|A\| = \|A\|_{X \leftarrow X} \quad \text{für } A \in L(X,X).$$

Zur Approximation von K wird eine Folge $(K_n)_{n \in \mathbb{N}}$ von Operatoren $K_n \in L(X,X)$, $n \in \mathbb{N}$, verwendet. In der Integralgleichung

$$(4.1.1) \qquad \lambda f = g + Kf \qquad (\lambda \neq 0)$$

könnte außer K auch g durch $(g_n)_{n \in \mathbb{N}}$ approximiert werden. Die approximative Gleichung lautet (4.1.2a,b):

	semidiskrete <u>Gleichung</u>		
(4.1.2a)	$\lambda f_n = g + K_n f_n,$	$n \in \mathbb{N},$	oder
(4.1.2b)	$\lambda f_n = g_n + K_n f_n,$	$n \in \mathbb{N},$	

wobei für $f_n \in X$ noch die Existenz und Eindeutigkeit zu klären ist. Da (2a/b) in den Anwendungen ein endlichdimensionales Problem darstellt, heißt (2a/b) die *semidiskrete* (Integral-)Gleichung, während (1) das *kontinuierliche* Problem beschreibt. Die *Diskretisierungen* (2a/b) werden eindeutig durch die Folgen $(K_n)_{n \in \mathbb{N}}$ bzw. $(K_n, g_n)_{n \in \mathbb{N}}$ charakterisiert. Der Begriff «*semi*diskret» wird gewählt, weil zur Beschreibung noch eine Gleichung in X mit $\dim X = \infty$ verwendet wird.

4.1.2 Konsistenz und Stabilität

Unter der *Konsistenz* versteht man eine geeignete Bedingung, die die Nähe der Diskretisierung (K_n, g_n) zu den Originaldaten (K, g) garantiert. Für die meisten der späteren Anwendungen paßt die folgende

Definition 4.1.1 (Konsistenz) Die Diskretisierung $(K_n)_{n \in \mathbb{N}}$ heißt <u>*konsistent*</u> (in X), falls

$$(4.1.3a) \qquad \lim_{n \to \infty} \|K\varphi - K_n\varphi\| = 0 \quad \text{für alle } \varphi \in X.$$

Die Konsistenzbedingung (3a), die wir auch in der Form

$(4.1.3a')$ $\qquad K_n\varphi \to K\varphi$ für alle $\varphi \in X$

notieren können, beschreibt die *punktweise Konvergenz* von K_n gegen K.

Bemerkung 4.1.2 (a) Falls die Diskretisierung (2b) vorliegt, ist außerdem (3b) vorauszusetzen:

$(4.1.3b)$ $\qquad \lim\limits_{n\to\infty} \| g - g_n \| = 0 .$

Die Bedingungen (3a,b) sind äquivalent zu der folgenden:

$(4.1.3c')$ $\qquad g_n + K_n\varphi \to g + K\varphi$ $\qquad\qquad$ in X für alle $\varphi \in X$.

(b) Äquivalent zur Konsistenz (3a) sind die punktweise Konvergenz $K_n\varphi \to K\varphi$ für alle $\varphi \in M$ aus einer dichten Teilmenge M und die gleichmäßige Beschränktheit

$(4.1.3c)$ $\qquad \sup\{ \| K_n \| : n \in \mathbb{N} \} < \infty .$

(c) Hinreichend für (3a) ist die Konvergenz $\lim\limits_{n\to\infty} K_n = K$ im Sinne der Operatornorm:

$(4.1.4)$ $\qquad \| K - K_n \| \to 0$ $\qquad\qquad\qquad$ für $n \to \infty .$

Beweis. Zu (b): Satz von Banach-Steinhaus (Satz 1.3.17) anwenden. Zu (c): Aus (4) schließt man $\| K\varphi - K_n\varphi \| \leqslant \| K - K_n \| \, \| \varphi \| \to 0 .$ ▨

Die Konsistenzbedingung (3a) garantiert keineswegs, daß das semi-diskrete Problem (2a) lösbar ist. Auch wenn $\lambda I - K_n$ eine Inverse besitzt, braucht die Lösung f_n von (3a) nicht gegen f zu konvergieren. Vielmehr muß die Inverse $(\lambda I - K_n)^{-1}$ für alle $n \in \mathbb{N}$ gleichmäßig beschränkt bleiben. Diese Eigenschaft heißt «Stabilität» (hierbei ist λ *fest* vorgegeben).

Definition 4.1.3 (Stabilität) Die Diskretisierung $(K_n)_{n \in \mathbb{N}}$ heißt *stabil* (in X), falls es ein $n_0 \in \mathbb{N}$ und eine Konstante C gibt, so daß $\lambda I - K_n$ für alle $n \geqslant n_0$ eine Inverse $(\lambda I - K_n)^{-1} \in L(X, X)$ besitzt, für die

$(4.1.5)$ $\qquad \| (\lambda I - K_n)^{-1} \| \leqslant C$ $\qquad\qquad$ für alle $n \geqslant n_0 .$

Die Bedingung (4), die schon für die Konsistenzeigenschaft (3a) hinreichend ist, garantiert auch (5), wenn nur $\lambda I - K$ eine Inverse besitzt (d.h. $\lambda \notin \sigma(K)$).

Satz 4.1.4 Sei $(\lambda I - K)^{-1} \in L(X, X)$. Ferner gelte (4): $\| K - K_n \| \to 0$. Dann ist die Diskretisierung stabil. Genauer gilt die Abschätzung

$(4.1.6a)$ $\qquad \| (\lambda I - K_n)^{-1} \| \leqslant \| (\lambda I - K)^{-1} \| / [\, 1 - \| (\lambda I - K)^{-1} \| \, \| K - K_n \| \,]$

für alle n mit der Eigenschaft

$(4.1.6b)$ $\qquad \| K - K_n \| < 1 / \| (\lambda I - K)^{-1} \| .$

Beweis. Aufgrund der Konvergenz (4) gilt die Ungleichung (6b) für hinreichend große $n \geqslant n_0$. (6a) folgt mit $S := \lambda I - K_n$ und $T := \lambda I - K$ aus Lemma 1.3.14. ▨

Der Satz 4 läßt sich wie folgt umkehren.

Zusatz 4.1.5 Seien $K, K_n \in L(X,X)$, $n \in \mathbb{N}$. Für hinreichend große $n \geq n_0$ gelte

(4.1.7a) $\|K - K_n\| < 1 / \|(\lambda I - K_n)^{-1}\|$.

Dann ist auch $\lambda I - K$ invertierbar und erfüllt für $n \geq n_0$ die Abschätzung

(4.1.7b) $\|(\lambda I - K)^{-1}\| \leq \|(\lambda I - K_n)^{-1}\| / [1 - \|(\lambda I - K_n)^{-1}\| \, \|K - K_n\|]$.

Hinreichend für (7a) ist die Operatornormkonvergenz (4) zusammen mit der Stabilität (5).

Beweis. Man wende Lemma 1.3.14 mit $S := \lambda I - K$ und $T := \lambda I - K_n$ an. ▨

Übungsaufgabe 4.1.6 Für bijektive Operatoren $A \in L(X,X)$ wird die Kondition (bezüglich X) durch

(4.1.8) $\text{cond}_X(A) := \|A\| \, \|A^{-1}\|$

definiert (vgl. Definition 1.4.29). Für $K, K_n \in L(X,X)$ mit invertierbarem $\lambda I - K$ und $\alpha := \|(\lambda I - K)^{-1}\| \, \|K - K_n\| < 1$ beweise man

(4.1.9) $\text{cond}_X(\lambda I - K_n) \leq [\text{cond}_X(\lambda I - K) + \alpha] / (1 - \alpha)$.

Weitere Hinweise zur Kondition $\text{cond}_X(\lambda I - K_n)$ finden sich in §4.1.6.

4.1.3 Konvergenz

Die naheliegende Definition der Konvergenz einer Diskretisierung lautet wie folgt.

Definition 4.1.7 (Konvergenz) Die Diskretisierung $\{K_n\}$ heißt *konvergent* (in X), falls ein $n_0 \in \mathbb{N}$ existiert, so daß die semidiskrete Gleichung (2a) für alle $g \in X$ und alle $n \geq n_0$ eindeutig nach $f_n \in X$ auflösbar ist und $\lim_{n \to \infty} f_n$ existiert.

Die Konvergenz aus Definition 7 legt nicht fest, gegen welchen Limes f_n konvergiert. Dieser bestimmt sich aus der Konsistenzbedingung, die den Zusammenhang zwischen K_n und K herstellt.

Lemma 4.1.8 Die Diskretisierung $\{K_n\}$ sei konsistent und konvergent. Dann erfüllen die von $g \in X$ abhängigen Limites $f := \lim_{n \to \infty} f_n$ die Gleichung (1): $\lambda f = K f + g$. Insbesondere ist $\lambda I - K$ *surjektiv*.

Beweis. Die Konsistenz (3a) zieht die gleichmäßige Beschränktheit der Normen $\|K_n\|$ durch eine Konstante C nach sich (vgl. Bemerkung 2b). Man spalte $K_n f_n - K f$ in $K_n(f_n - f) + (K_n - K) f$ auf. Der erste Term ist eine Nullfolge wegen $\|K_n(f_n - f)\| \leq C \|f_n - f\| \to 0$ aufgrund der Konvergenz. Der zweite Summand verschwindet für $n \to \infty$ infolge der Konsistenz (3a). Damit kann man in (2a), $\lambda f_n = g + K_n f_n$, zum Limes übergehen und gewinnt das Resultat (1): $\lambda f = g + K f$. Weil für jedes $g \in X$ eine Lösung f konstruiert werden konnte, ist der Operator $\lambda I - K$ surjektiv. ▨

Übungsaufgabe 4.1.9 (a) Die Diskretisierung $\{K_n\}$ sei konsistent und konvergent. Für die Funktionen g_n aus Gleichung (2b) gelte (3b). Dann existiert ein $n_0 \in \mathbb{N}$, so daß die semidiskrete Gleichung (2b) für alle $n \geq n_0$ eindeutig nach $f_n \in X$ auflösbar ist und $\lim_{n \to \infty} f_n$ existiert. **(b)** Ist K kompakt, so ergeben Konsistenz und Konvergenz, daß

(4.1.10) $(\lambda I - K)^{-1} \in L(X, X)$.

Die *Injektivität* des Operators $\lambda I - K$ ist Ziel von

Lemma 4.1.10 Die Diskretisierung $(K_n)_{n \in \mathbb{N}}$ sei stabil und konsistent. Dann ist $\lambda I - K$ injektiv.

Beweis. $\lambda I - K$ ist injektiv, wenn $\| (\lambda I - K)\varphi \| \geq \eta \| \varphi \|$ für ein positives η und alle $\varphi \in X$ gilt. Zum indirekten Beweis sei angenommen, daß eine Folge $\varphi_n \in X$ mit $\| \varphi_n \| = 1$ und $\psi_n := (\lambda I - K)\varphi_n$ und $\| \psi_n \| \leq 1/n$ existiert. Aufgrund der Konsistenz konvergiert $K_m \varphi_n$ für $m \to \infty$ und festes n gegen $K\varphi_n$. Mithin existiert ein Index $m = m_n$, so daß $\| K_m \varphi_n - K\varphi_n \| \leq 1/n$. $\zeta_n := (\lambda I - K_m)\varphi_n = \psi_n - (K_m \varphi_n - K\varphi_n)$ läßt sich durch $\| \zeta_n \| \leq 2/n$ abschätzen. Aus der Stabilität (5) und der Darstellung $\varphi_n = (\lambda I - K_m)^{-1}\zeta_n$ schließen wir $1 = \| \varphi_n \| \leq C \| \zeta_n \| \leq 2C/n$ und erhalten einen Widerspruch für $n > 2C$.   ∎

4.1.4 Stabilitäts- und Konvergenzsatz

Während die Konvergenz aus Definition 7 als selbstverständliche Forderung erscheint, ist die Stabilität (5) nicht so offensichtlich. Sie ist aber notwendig, wie der folgende Satz lehrt.

> **Satz 4.1.11** (Stabilitätssatz) **(a)** *Konvergenz impliziert Stabilität.* **(b)** Konvergenz *und* Konsistenz ergeben neben der Stabilität auch die *Existenz der Inversen* $(\lambda I - K)^{-1} \in L(X, X)$.

Beweis. (a) Aufgrund der Konvergenz genügen die Operatoren $T_n := (\lambda I - K_n)^{-1}$ für $n \geq n_0$ der Bemerkung 1.3.16 und sind daher für $n \geq n_0$ gleichmäßig beschränkt.

(b) Gemäß Lemma 8 ist $\lambda I - K$ surjektiv. Nach Teil (a) liegt aber auch Stabilität vor, und Lemma 10 garantiert die Injektivität von $\lambda I - K$. Ein bijektiver Operator hat eine Inverse in $L(X, X)$ (vgl. Satz 1.3.13).   ∎

Wichtiger als die Aussage des Satzes 11 wäre ihre Umkehrung, die die Konvergenz der Näherungen f_n gegen die gesuchte Lösung der Gleichung (1) sicher stellte. Hierzu sind außer der Stabilität und Konsistenz noch geringe Annahmen über die Lösbarkeit der Gleichung (1) hinzuzunehmen.

> **Satz 4.1.12** (Konvergenzsatz) **(a)** Vorausgesetzt sei die Stabilität (5) und die Konsistenz (3a). Außerdem sei entweder (i) $\lambda I - K$ surjektiv oder (ii) $\lambda \neq 0$ und K kompakt. Dann ist die Diskretisierung (2a) *konvergent* gegen die Lösung der Gleichung (1). **(b)** Wird zusätzlich (3b) vorausgesetzt, gilt die Konvergenzaussage $f_n \to f$ auch für die Diskretisierung (2b).

Beweis. (i) Lemma 10 garantiert die Injektivität von $\lambda I - K$. Setzt man die Surjektivität voraus, erhält man $(\lambda I - K)^{-1} \in L(X, X)$ (vgl. Beweis-schritt (b) zu Satz 11). Für einen kompakten Operator K fallen Injektivität und Surjektivität zusammen, wenn $\lambda \neq 0$ (vgl. Satz 1.3.28b). Also ist $\lambda I - K$ in jedem Falle surjektiv, und $(\lambda I - K)^{-1} \in L(X, X)$ ist garantiert.

(ii) Sei $g \in X$ beliebig und $f := (\lambda I - K)^{-1} g$. Man setze

$$(4.1.11a) \qquad d_n := \lambda f - K_n f - g_n,$$

wobei $g_n := g$ im Falle der Diskretisierung (2a). Die Konsistenzbedingung (3a) und eventuell (3b) beweisen $d_n \to 0$. (11a) läßt sich zu

$$(4.1.11b) \qquad (\lambda I - K_n) f = g_n + d_n$$

umschreiben. Zieht man hiervon die Gleichung (2b): $(\lambda I - K_n) f_n = g_n$ ab, erhält man

$$(4.1.11c) \qquad (\lambda I - K_n)(f - f_n) = d_n.$$

Die Stabilität erlaubt nun für $n \geq n_0$ die Abschätzung

$$(4.1.11d) \qquad \| f - f_n \| \leq C \| d_n \| \qquad\qquad \text{mit } C \text{ aus (5)}.$$

Ungleichung (11d) zusammen mit $d_n \to 0$ sichert die Konvergenz $f_n \to f$. ▨

Legt man die stärkere Operatornormkonvergenz $K_n \to K$ aus (4) zugrunde, ergeben sich alle gewünschten Eigenschaften.

Satz 4.1.13 Es gelte (4): $\| K_n - K \| \to 0$. λ sei ein regulärer Wert von K: $(\lambda I - K)^{-1} \in L(X, X)$. Dann ist die Diskretisierung (2a) *konsistent*, *stabil* und *konvergent*.

Beweis. Bemerkung 2b und Satz 4 garantieren Konsistenz und Stabilität. Voraussetzung (i) des Satzes 12 ist erfüllt und liefert die Konvergenz. ▨

4.1.5 Fehlerabschätzungen

Die Konvergenzaussage $f_n \to f$ gibt Anlaß zur Hoffnung, daß die Diskretisierung (2a/b) eine brauchbare Näherung für f bereitstellt. Zur Beurteilung der Brauchbarkeit hat man außer der Konvergenz $f_n \to f$ auch die Konvergenz*geschwindigkeit* in Betracht zu ziehen. Wenn die Konvergenz beliebig langsam sein kann (vgl. Bemerkung 1.3.18), ist die Annäherung durch ein f_n nicht praktikabel. Da der Index n in der Praxis mit der Dimension des endlichdimensionalen Problems (2a/b) zusammenhängt, hat n eine obere Schranke, die durch die zur Verfügung stehende Rechenzeit und Speicherkapazität bestimmt wird. Diese Situation führt zu einer anderen Fragestellung: *Welche Fehlerschranke kann man bei festem n für $\| f - f_n \|$ garantieren?* Die folgenden Aussagen gelten für ein festes n, wobei die Voraussetzungen gemäß §4.1.4 für hinreichend große $n \geq n_0$ gesichert werden können.

Lemma 4.1.14 Für ein festes n gelte $(\lambda I - K_n)^{-1} \epsilon L(X,X)$ und $(\lambda I - K)^{-1} \epsilon L(X,X)$. f und f_n seien die Lösungen der Gleichungen (1) bzw. (2b). Dann hat der Fehler $f - f_n$ die Darstellungen

(4.1.12a) $\quad f - f_n = (\lambda I - K_n)^{-1} [(K - K_n)f + g - g_n]$,

(4.1.12b) $\quad f - f_n = (\lambda I - K)^{-1} [(K - K_n)f_n + g - g_n]$

und genügt den *Fehlerabschätzungen* (12c-e):

(4.1.12c) $\quad \|f - f_n\| \leqslant \|(\lambda I - K_n)^{-1}\| \, \|(K - K_n)f + g - g_n\|$,

(4.1.12d) $\quad \|f - f_n\| \leqslant \|(\lambda I - K_n)^{-1}\| [\|(K - K_n)f\| + \|g - g_n\|]$,

(4.1.12e) $\quad \|f - f_n\| \leqslant \|(\lambda I - K_n)^{-1}\| [\|K - K_n\| \, \|f\| + \|g - g_n\|]$.

Beweis. (11c) liefert $f - f_n = (\lambda I - K_n)^{-1} d_n$ mit $d_n := \lambda f - K_n f - g_n$ aus (11a). Indem wir λf durch $g + Kf$ ersetzen, finden wir $d_n = (K - K_n)f + g - g_n$, womit (12a) bewiesen ist. Der Beweis von (12b) verläuft analog. (12c-e) sind sofortige Folge von (12a). ∎

4.1.6 Konditionszahlen

Die Empfindlichkeit der semidiskreten Gleichungen $\lambda f_n = g_n + K_n f_n$ gegenüber Störungen von g_n oder K_n wird nach Satz 1.4.30, der auch für Operatoren aus $L(X,X)$ gilt, durch die *Konditionszahlen*

(4.1.13) $\quad \text{cond}_X(\lambda I - K_n) = \|\lambda I - K_n\| \, \|(\lambda I - K_n)^{-1}\|$

beschrieben. Für die numerische Brauchbarkeit ist es entscheidend, daß diese Zahlen nicht zu groß werden. Insbesondere ist zu gewährleisten, daß die Kondition für $n \to \infty$ nicht über alle Schranken wächst. Die bisherigen Annahmen sind jedoch ausreichend, die gleichmäßige Beschränktheit von $\text{cond}_X(\lambda I - K_n)$ zu sichern.

Satz 4.1.15 Die Diskretisierung $\{K_n\}$ sei konsistent und stabil. Dann gibt es ein n_0 und eine Konstante C, so daß
$$\text{cond}_X(\lambda I - K_n) \leqslant C \qquad \text{für alle } n \geqslant n_0.$$

Beweis. Die Konsistenz (3a) beweist über den Satz von Banach-Steinhaus (Satz 1.3.17) die gleichmäßige Beschränktheit von $\|\lambda I - K_n\|$. Aufgrund der Stabilität ist $\|(\lambda I - K_n)^{-1}\|$ für alle $n \geqslant n_0$ mit geeignetem n_0 erklärt und gleichmäßig beschränkt. ∎

Es sei daran erinnert, daß dank des Stabilitätssatzes 11 die Voraussetzung der Stabilität gegen die Konvergenz ausgetauscht werden kann.

Die Konditionszahl (13) ist aber noch nicht die endgültige Größe, die das numerische Verhalten beschreibt. Die Gleichung $\lambda f_n = g_n + K_n f_n$ ist zu einem System von n Gleichungen für n Unbekannte umzuformen, bevor das Problem wirklich gelöst werden kann. Durch eine ungeschickte Wahl der Gleichungen kann man zu Systemen geführt werden, die eine schlechtere Kondition als $\text{cond}_X(\lambda I - K_n)$ haben. Diese Frage wird in den Abschnitten 4.2.7, 4.4.4, 4.5.5 wieder aufgegriffen werden.

4.2 Diskretisierung durch Kernapproximation

4.2.1 Ausgeartete Kerne

Schon in der theoretischen Untersuchung des §3.3.2 wurden ausgeartete Kerne für den Kompaktheitsnachweis herangezogen. Jetzt soll der Frage nachgegangen werden, ob sich ausgeartete Kerne zur praktischen Berechnung eignen. Es sei an Definition 3.3.3 erinnert: Ein Kern $k_n(x,y)$ heißt *ausgeartet*, falls er die Gestalt

$$(4.2.1) \qquad k_n(x,y) = \sum_{j=1}^{n} a_j(x) b_j(y) \qquad \text{mit } a_j = a_{j,n} \text{ und } b_j = b_{j,n}$$

besitzt, wobei im allgemeinsten Falle $a_j \in X$ und $b_j \in X'$ gelten muß, damit der zugehörige Integraloperator K_n zu $L(X,X)$ gehört. Die Schreibweise $a_{j,n}$ und $b_{j,n}$ soll deutlich machen, daß diese Funktionen mit dem "Diskretisierungsparameter" n variieren dürfen. Das Resultat der Übungsaufgabe 3.3.4 sei hier noch einmal wiederholt.

Bemerkung 4.2.1 (a) $K_n \in L(X,X)$ habe den Kern (1). Dann ist

$$(4.2.2) \qquad \text{Bild}(K_n) = \text{span}\{a_1, a_2, \ldots, a_n\}$$

offenbar endlichdimensional, so daß K_n kompakt ist: $K_n \in K(X,X)$.
(b) Konvergiert $k_n(x,\cdot)$ gleichmäßig für alle $x \in D$ in $L^1(D)$ gegen $k(x,\cdot)$, so konvergiert K_n in der Operatornorm von $L(C(D),C(D))$ gegen den Integraloperator K mit dem Kern k:

$$(4.2.3) \qquad \| K - K_n \|_{C(D) \leftarrow C(D)} = \sup\{ \| k_n(x,\cdot) - k(x,\cdot) \|_{L^1(D)} : x \in D \} =$$
$$= \sup_{x \in D} \int_D | k_n(x,y) - k(x,y) | \, dy .$$

Bemerkung 4.2.2 Ohne Beschränkung der Allgemeinheit kann vorausgesetzt werden, daß die Funktionen $\{a_1, a_2, \ldots, a_n\}$ einerseits wie auch $\{b_1, b_2, \ldots, b_n\}$ andererseits linear unabhängig sind. Damit bezeichnet n die Dimension des Bildraums von K_n.

Beweis. Ist z.B. $a_n(x) = \sum_{j=1}^{n-1} \alpha_j a_j(x)$ setzt man diese Darstellung in (1) ein und erhält $k_n(x,y) = \sum_{j=1}^{n-1} a_j(x)[b_j(y) + \alpha_j b_n(y)]$. Die Zahl der Summanden läßt sich daher so lange reduzieren, bis die Funktionen linear unabhängig sind. ◻

Die _Diskretisierung durch Kernapproximation_ führt zur Gleichung
$$(4.2.4) \qquad \lambda f_n = g + K_n f_n, \quad \text{wobei } K_n \text{ den Kern (1) besitzt.}$$

Wir erhalten damit einen Spezialfall der Gleichung (1.2a). Satz 1.13 und Gleichung (3) ergeben die

Folgerung 4.2.3 Unter der Voraussetzung $\sup_{x \in D} \int_D |k_n(x,y) - k(x,y)| \, dy \to 0$ ist die Diskretisierung *konsistent*. Sie ist außerdem *stabil* und *konvergent*, wenn λ regulärer Wert von K, d.h. $(\lambda I - K)^{-1} \in L(X,X)$.

4.2.2 Aufstellung des Gleichungssystems

Dank Bemerkung 2 dürfen wir die Funktionen $\{a_1, a_2, \ldots, a_n\}$ im weiteren als linear unabhängig und damit als Basis des Bildraumes von K_n annehmen. Wenn Gleichung (4) eine Lösung f_n besitzt, so ist $K_n f_n \in \mathrm{Bild}(K_n)$ eine Linearkombination der Form $K_n f_n = \sum \gamma_j a_j$ mit $\gamma_j := \int_D b_j(y) f_n(y)\,dy$. Setzt man diese Darstellung in (4) ein, erhält man

$$\lambda f_n = g + \sum_{j=1}^{n} \gamma_j a_j.$$

Dividiert man durch λ ($\lambda \neq 0$, da eine Gleichung *zweiter* Art vorliegt) und setzt $\alpha_j := \gamma_j / \lambda$, so erhält man folgende Aussage.

Lemma 4.2.4 Wenn (4) eine Lösung f_n besitzt, so muß sie die Darstellung

$$(4.2.5) \qquad f_n = \tfrac{1}{\lambda} g + \sum_{j=1}^{n} \alpha_j a_j$$

besitzen.

Die *numerische Aufgabe* besteht darin, die Koeffizienten α_j in (5) zu bestimmen. Wir setzen den Ansatz (5) in (4) ein und erhalten

$$g + \lambda \sum_{j=1}^{n} \alpha_j a_j \underset{(5)}{=} \lambda f_n \underset{(4)}{=} g + K_n f_n \underset{(5)}{=} g + K_n\!\left(\tfrac{1}{\lambda} g + \sum_{k=1}^{n} \alpha_k a_k\right) =$$

$$= g + \tfrac{1}{\lambda} K_n g + \sum_{k=1}^{n} \alpha_k K_n a_k.$$

Die Funktion g hebt sich auf beiden Seiten weg. Für $\tfrac{1}{\lambda} K_n g$ erhalten wir

$$(4.2.6a) \qquad \tfrac{1}{\lambda}(K_n g)(x) = \tfrac{1}{\lambda} \int_D \sum_{j=1}^{n} a_j(x) b_j(y) g(y)\,dy = \sum_{j=1}^{n} \beta_j a_j(x) \quad \text{mit}$$

$$(4.2.6b) \qquad \beta_j := \tfrac{1}{\lambda} \int_D b_j(y) g(y)\,dy \qquad\qquad \text{für } 1 \leqslant j \leqslant n.$$

Ebenso erhalten wir für $K_n a_k$ die Darstellung

$$(4.2.7a) \qquad (K_n a_k)(x) = \int_D \sum_{j=1}^{n} a_j(x) b_j(y) a_k(y)\,dy = \sum_{j=1}^{n} \beta_{jk} a_j(x) \quad \text{mit}$$

$$(4.2.7b) \qquad \beta_{jk} := \int_D b_j(y) a_k(y)\,dy \qquad (1 \leqslant j,k \leqslant n).$$

Zusammen ergibt sich

$$\lambda \sum_{j=1}^{n} \alpha_j a_j = \tfrac{1}{\lambda} K_n g + \sum_{k=1}^{n} \alpha_k K_n a_k = \sum_{j=1}^{n} \beta_j a_j + \sum_{k=1}^{n} \alpha_k \sum_{j=1}^{n} \beta_{jk} a_j =$$

$$= \sum_{j=1}^{n} \left\{ \beta_j + \sum_{k=1}^{n} \beta_{jk} \alpha_k \right\} a_j.$$

Wegen der linearen Unabhängigkeit der a_j ist diese Gleichung mit der durch Koeffizientenvergleich entstehenden Gleichung (8) äquivalent:

$$(4.2.8) \qquad \lambda \alpha_j = \beta_j + \sum_{k=1}^{n} \beta_{jk} \alpha_k \qquad\qquad \text{für } 1 \leqslant j \leqslant n.$$

In Matrixschreibweise lautet das *zu lösende Gleichungssystem*

$$
\begin{aligned}
&\text{(4.2.9a)} \quad (\lambda I - B)a = b \quad \text{oder} \quad (\lambda I - B_n)\,a_n = b_n \\
&\text{mit} \\
&\text{(4.2.9b)} \quad a := a_n := \begin{bmatrix} \alpha_1 \\ \vdots \\ \alpha_n \end{bmatrix}, \quad b := b_n := \begin{bmatrix} \beta_1 \\ \vdots \\ \beta_n \end{bmatrix} \quad (\alpha_j \text{ aus } (5),\ \beta_j \text{ aus } (6b)), \\
&\text{(4.2.9c)} \quad B := B_n := \begin{bmatrix} \beta_{11} & \beta_{12} & \cdots & \beta_{1n} \\ \vdots & \vdots & & \vdots \\ \beta_{n1} & \beta_{n2} & \cdots & \beta_{nn} \end{bmatrix} \quad \text{mit}\ \ \beta_{jk}\ \text{aus (7b)}.
\end{aligned}
$$

Das Gleichungssystem (9a) und die Diskretisierung (4) sind in folgendem Sinne äquivalent.

Satz 4.2.5 Es gelte $\lambda \neq 0$. Die in (1) auftretenden Funktionen $\{a_1, \ldots, a_n\}$ seien linear unabhängig. **(a)** Die Matrix $\lambda I - B$ ist genau dann regulär, wenn λ ein regulärer Wert von K_n ist, d.h. wenn $(\lambda I - K_n)^{-1} \in L(X, X)$. **(b)** Eine Lösung a des Gleichungssystems (9a-c) liefert über die Definitionsgleichung (5) für f_n eine Lösung von (4): $\lambda f_n = g + K_n f_n$. **(c)** f_n sei Lösung von (4), $\lambda f_n = g + K_n f_n$. Dann löst der Koeffizientenvektor a aus der Darstellung (5) von f_n das Gleichungssystems (9a-c).

Beweis. Der Teil (c) ist bereits mit der Herleitung des Gleichungssystems (9a-c) gezeigt worden. Die Schlüsse können aber auch in umgekehrter Richtung angewandt werden und beweisen Teil (b). Da die Funktionen a_j linear unabhängig sind, ist die Zuordnung von a und f_n durch (5) eineindeutig. Nach (b) und (c) ist die eindeutige Lösbarkeit der Gleichungen (9a-c) und (4) äquivalent. Andererseits ist die eindeutige Lösbarkeit von (9a-c) bzw. (4) äquivalent zur Regularität von $\lambda I - B$ bzw. zur Existenz von $(\lambda I - K_n)^{-1} \in L(X, X)$. ∎

Übungsaufgabe 4.2.6 Man zeige: Wenn die Funktionen a_j linear abhängig sind, muß die Matrix $\lambda I - B$ singulär sein.

4.2.3 Kernapproximation durch Interpolation

Jede Interpolation einer Funktion $\varphi \in C(D)$ ist nach Übungsaufgabe 1.4.7 durch ihre Lagrange-Darstellung (1.4.7): $\sum \varphi(x_j) L_j(x)$ beschreibbar. Da die Lagrange-Funktionen linear unabhängig sind, kommen sie für das System der Funktionen $\{a_1, \ldots, a_n\}$ in Frage. Die Interpolation von $k(\cdot, y)$ bezüglich x liefert die Näherung

$$\text{(4.2.10a)} \quad k_n(x, y) = \sum_{j=1}^{n} a_j(x) k(x_j, y) \quad (a_j = L_j: \text{Lagrange-Funktion}).$$

Die Funktionen b_j sind durch $k(x_j, y)$ gegeben. Die zur Aufstellung des Gleichungssystems zu berechnenden Größen sind

$$\text{(4.2.10b)} \quad \beta_j = \tfrac{1}{\lambda} \int_D k(x_j, y) g(y)\,dy, \quad \beta_{jk} = \int_D k(x_j, y) a_k(y)\,dy \quad (1 \leq j, k \leq n).$$

4.2.4 Tensorapproximation von k

Eine weitere, aus praktischen Gründen sehr bequeme Approximation des Kerns k ist durch

$$(4.2.11a) \qquad k_n(x,y) = \sum_{k=1}^{n} \sum_{j=1}^{n} c_{jk}\, a_j(x) b_k(y)$$

mit von n abhängigen Koeffizienten $c_{jk}=c_{jk,n}$ und einem linear unabhängigen System $\{a_1, a_2, \ldots, a_n\}$ beschrieben, wobei $a_j=a_{j,n}$, $b_k=b_{k,n}$. Die Koeffizienten c_{jk} aus (11a) bilden die $n\times n$-Matrix

$$(4.2.11b) \qquad C := C_n := (c_{jk,n})_{j,k=1,\ldots,n}.$$

Eine Darstellung von k_n der Form (11a) entsteht insbesondere dann, wenn k durch eine zweifache Interpolation bezüglich x und y angenähert wird (vgl. Lemma 10).

Da die Doppelsumme in (11a) n^2 Summanden hat, aber nur n linear unabhängige a_j vorliegen, ist die Darstellung (11a) kein Spezielfall von (1). Das Bild des Operators K_n mit dem Kern k_n erfüllt jedoch wieder (2), so daß der Ansatz (5) für die Lösung f_n weiterhin gilt. Der Leser mag die Überlegung des Abschnittes 4.2.2 sinngemäß wiederholen und so das folgende Resultat beweisen.

Satz 4.2.7 Das *Gleichungssystem* zur Bestimmung des Koeffizientenvektors $a=a_n$ für die Darstellung (5) von f_n lautet

$$(4.2.11c) \qquad (\lambda I - B')a = b' \quad \text{mit } B' = B_n' := C B \text{ und } b' = b_n' := C b,$$

wobei B und b die in (9b,c) definierten Größen sind. Unter den gleichen Voraussetzungen wie in Satz 4 stimmt die Lösbarkeit der Aufgabe (4) für alle $g \in X$ mit der Regularität der Matrix $\lambda I - B'$ überein. Die jeweiligen Lösungen hängen über (5) zusammen.

Man beachte, daß nur formal die gleiche Matrix B in (9a) und (11c) auftritt. Im Falle der Approximation von k durch k_n gemäß (11a) sind die Funktionen a_j und b_j unabhängig von k wählbar. Zur guten Approximation hat man nur die Koeffizienten c_{jk} (d.h. die Matrix C) geeignet zu wählen. Im Falle von (1) steckt die Approximationsgüte bereits in der Definition der a_j und b_j.

Die Vorteile der Tensorapproximation (11a) gegenüber der Näherung (10a) gemäß §4.2.3 sind zusammengestellt in

Bemerkung 4.2.8 Die Matrix C ist mit (11b) explizit gegeben. Zur Berechnung der Matrix B braucht man lediglich die Quadraturen $\beta_{jk} = \int b_j(y) a_k(y) dy$ auszuführen, die nur von der Auswahl der Funktionensysteme a_j, b_j abhängen, nicht aber wie im Falle (10a) von k. Die Berechnung von $\beta_j := \frac{1}{\lambda} \int_D b_j(y) g(y) dy$ (vgl. (6b)) ist wegen des im allgemeinen kleinen Trägers von b_j wesentlich bequemer als die Auswertung von $\beta_j = \frac{1}{\lambda} \int_D k(x_j,y) g(y) dy$ im Falle von (10b).

4.2.5 Beispiele für Kernapproximationen

In theoretischen Betrachtungen spielen *Polynome* $k_n(x,y)=\sum c_{ij}x^iy^j$ eine wichtige Rolle. In der Numerik sind sie bis auf wenige Ausnahmen *ungeeignet*, insbesondere wenn sie von hohem Grad sind. Die in der Theorie verwendeten Polynome sind jene aus dem Approximationssatz von Weierstraß. Ihre numerische Bestimmung wäre viel zu kompliziert. Spezielle Polynome wie etwa die Taylor-Entwicklungspolynome der Funktion $k(x,y)$ oder Interpolationspolynome führen i.a. zur numerischen Instabilität. Außerdem sind die Monome $a_i(x)=x^i$ und $b_j(y)=y^j$ Funktionen mit globalem Träger: Träger(a_i) = Träger(b_j) = D.

Bemerkung 4.2.9 Wenn die Integrale in (6b) und (7b) zur Bestimmung der Koeffizienten β_j und β_{jk} nicht explizit bekannt sind, ist man auf eine Näherung durch *numerische Quadratur* angewiesen. Die Quadratur braucht nur über den *Träger* des Integranden ausgeführt zu werden. Zum einen kann man davon ausgehen, daß der Rechenaufwand der Quadraturformel entsprechend geringer ist, wenn sich der Integrationsbereich verkleinert. Zum anderen können kleine Träger der a_k und b_j in der Formel (7b) für β_{jk} dafür sorgen, daß die Träger disjunkt sind und somit das Produkt $a_k b_j$ und damit β_{jk} verschwinden.

Den angedeuteten Schwierigkeiten kann man entgehen, wenn man für $a_j=b_j$ ein System *orthogonaler Funktionen* wählt. Für $I=[0,2\pi]$ könnte man die trigonometrischen Funktionen $\{\frac{1}{2},\ \sin x,\ \cos x,\ \sin 2x,\ \cos 2x,...\}$ verwenden. Die Integrale (7b) für β_{jk} haben dann den Wert π für $j=k$ und null sonst. Die Berechnung der Koeffizienten c_{jk} und β_j erfordern eine Fourier-Analyse von $k(x,y)$ bzw. g. Gegen dieses Vorgehen ist allerdings einzuwenden, daß die Konvergenz $k_n\to k$ für nicht-doppeltperiodische $k(x,y)$ langsam sein wird. Außerdem stehen für allgemeine Bereiche $D\subset\mathbf{R}^d$ keine Orthogonalsysteme zur Verfügung.

Berücksichtigt man Bemerkung 9, so wird man zur *stückweise linearen Interpolation* geführt. Für $D=I=[0,1]$ und $n\in\mathbf{N}$ wählt man die äquidistante Stützstellen $\xi_j:=j/n$ $(0\leqslant j\leqslant n)$. Die gesuchten Funktionen $a_j=b_j$ sind die Lagrange-Funktionen (vgl. Def. 1.4.4), die für die stückweise lineare Interpolation (vgl. Beispiel 1.4.5) die Gestalt

$$(4.2.12a)\qquad a_j(x)=b_j(x)=\begin{cases} 0 & \text{für } |x-j/n|>1/n, \\ 1-n|x-j/n| & \text{für } |x-j/n|\leqslant 1/n. \end{cases}$$

annehmen. Die Interpolierende von $k(x,\cdot)$ bezüglich y bei festem x ist $\sum_m k(x,m/n)b_m(y)$ (vgl. Lemma 1.4.3). Interpoliert man noch einmal bezüglich x, erhält man die *Tensorproduktinterpolation*

$$k_n(x,y)=\sum_{j=1}^{n}\ \sum_{m=1}^{n}\ k(j/n,m/n)\ a_j(x)\ b_m(y).$$

Dies beweist den ersten Teil des folgenden Lemmas. (12c) ist dem Leser zum Nachrechnen empfohlen. (12d) ist analog zu Bemerkung 1.4.11 (wenn auch komplizierter).

Lemma 4.2.10 (a) Für die stückweise lineare Interpolation lauten die Koeffizienten c_{jm} aus (11a):

(4.2.12b) $c_{jm} := k(j/n, m/n)$ $(0 \le j, m \le n)$.

Anders als in (5) ist der Indexbereich $0, 1, \ldots, n$ (anstelle von $1, \ldots, n$).
(b) Die Träger der $a_j(x) = b_j(x)$ sind die Intervalle $[(j-1)/n, (j+1)/n] \cap I$. Die Matrix B ist tridiagonal. Ihre Koeffizienten $\beta_{jk} := \int_D b_j(y) a_k(y) dy$ lauten

(4.2.12c) $\beta_{00} = \beta_{nn} = \frac{1}{3n}$, $\beta_{jj} = \frac{2}{3n}$ $(1 \le j < n)$, $\beta_{j,j\pm1} = \frac{1}{6n}$, $\beta_{jk} = 0$ für $|j-k| \ge 2$.

(c) Wenn $k \in C^2(I \times I)$ oder $k \in C_L^1(I \times I)$, so gilt

(4.2.12d) $\| K - K_n \|_{C(I) \leftarrow C(I)} \le \| k - k_n \|_\infty \le 2n^{-2} \| k \|_{C_L^1(I \times I)}$.

Abschätzung (12d) zeigt Konvergenz der Ordnung 2, die von den numerischen Resultaten in §4.2.8 bestätigt wird. Will man höhere Ordnungen, z.B. die Ordnung 4 erreichen, hat man die stückweise kubische Hermite-Interpolation (vgl. §2.3, (2.3.3) und (2.3.9)) oder die kubische Spline-Interpolation zu verwenden. Der letztgenannte Ansatz findet sich beispielsweise bei Hämmerlin-Schumaker [1]. Höhere Konvergenzraten ergeben die «blending splines» (vgl. Bamberger-Hämmerlin [1]).

4.2.6 Variante der Kernapproximation

Approximieren wir nicht nur den Kern k durch (11a), sondern auch die Inhomogenität g durch

(4.2.13a) $g_n := \sum_{j=1}^{n} \gamma_j a_j$,

so erhalten wir die Gleichung

(4.2.13b) $f_n = g_n + K_n f_n$ mit K_n wie in (4)   (vgl. (1.2b)).

Bemerkung 4.2.11 Wenn $g_n \to g$ in X, so übertragen sich alle Konvergenz-, Konsistenz- und Stabilitätseigenschaften der Diskretisierung (4) auf (13b).

Der Ansatz (5) für f_n vereinfacht sich nun zu

(4.2.13c) $f_n := \sum_{j=1}^{n} \hat{\alpha}_j a_j$ mit $\hat{\alpha}_j := \hat{\alpha}_{j,n} := \alpha_j + \frac{1}{\lambda} \gamma_j$.

Die Koeffizienten $\hat{\alpha}_j$ und γ_j bilden die Vektoren

(4.2.13d) $\hat{a} := \hat{a}_n := (\hat{\alpha}_j)_{j=1,\ldots,n}$, $c := c_n := (\gamma_j)_{j=1,\ldots,n}$.

Übungsaufgabe 4.2.12 Zur Bestimmung der Koeffizienten $\hat{\alpha}_j$ aus (13c) hat man das Gleichungssystem (14) zu lösen:

(4.2.14) $(\lambda I - B') \hat{a} = c$ mit $B' = C_n B_n$ aus (11b).

4.2.7 Analyse des Gleichungssystems

Bei der Aufstellung der Gleichungssysteme (11c) oder (14) hat man mit Störungen in der rechten Seite und in der Matrix zu rechnen. Diese können ihre Ursache in der Rundung der Eingabedaten und in der Gleitkommarechnung haben. Man kann aber auch die i.a. unvermeidlich auftretenden Quadraturfehler bei der Bestimmung der Werte β_j in (6b) als Störung der rechten Seite des Gleichungssystems auffassen. Aus Kapitel 1.4.3 wissen wir, daß für die Übertragung der Fehler auf die Lösung die *Kondition* der Matrix des entsprechenden Gleichungssystems (9a), (11c) bzw. (14) bestimmend ist.

Hierzu läßt sich ein positives Resultat erzielen, wenn man die speziell auf das Problem zugeschnittene Vektornorm (15) in $\mathbf{R}^n$ einführt:

$$(4.2.15) \qquad \|a\| := \left\| \sum_{j=1}^{n} \alpha_j a_j \right\|_X \qquad \text{für } a = (\alpha_j) \in \mathbf{R}^n \text{ mit } a_j \text{ aus } (11a).$$

Übungsaufgabe 4.2.13 $\{a_1, \ldots, a_n\}$ seien linear unabhängig. Man zeige: (15) ist eine Norm im $\mathbf{R}^n$.

Die Definition von $\|\cdot\|$ berücksichtigt, daß man weniger an den Koeffizienten α_j selbst als an $\sum \alpha_j a_j \in X$ interessiert ist. Die Vektornorm $\|\cdot\|$ erzeugt eine Matrixnorm $\|\cdot\|$ und somit eine Kondition (1.4.22), die wir mit $\mathrm{cond}_{\|\|}(A)$ bezeichnen.

Satz 4.2.14 Für die $\|\cdot\|$-Kondition der Matrizen $\lambda I - C_n B_n$ aus (11c) und (14) gilt die Gleichheit (16) mit K_n aus (4):

$$(4.2.16) \qquad \mathrm{cond}_{\|\|}(\lambda I - C_n B_n) = \mathrm{cond}_X(\lambda I - K_n).$$

Beweis. (i) Wir verwenden die Gleichung (14), $(\lambda I - B')\,\hat{a} = c$, da dann die Identitäten $\|\hat{a}\| = \|f_n\|_X$ und $\|c\| = \|g_n\|_X$ gelten (f_n, g_n aus (13b)).

(ii) Sei $c = (\gamma_j) \in \mathbf{R}^n$ beliebig. Für die Funktion $g_n := \sum_j \gamma_j a_j$ habe (13b) die Lösung f_n. Kombiniert man $\|\hat{a}\| = \|f_n\|$ und $\|c\| = \|g_n\|$ mit $\|f_n\| \leqslant \|(\lambda I - K_n)^{-1}\| \|g_n\|$ und $\|\hat{a}\| \leqslant \|(\lambda I - C_n B_n)^{-1}\| \|c\|$ (vgl. Übungsaufgabe 12), erhält man $\|(\lambda I - K_n)^{-1}\| = \|(\lambda I - C_n B_n)^{-1}\|$.

(iii) Ebenso zeigt man $\|\lambda I - C_n B_n\| = \|\lambda I - K_n\|$. Zusammen ergibt sich die behauptete Abschätzung (16).   ⬛

Da die rechte Seite in (16) nach Satz 1.15 und Folgerung 3 gleichmäßig beschränkt ist, sind die Gleichungssysteme (11c) und (14) für alle $n \geqslant n_0$ gut konditioniert, wenn jeweils mit der Norm $\|\cdot\|$ gemessen wird.

Die folgenden Übungsaufgaben zeigen, daß die Norm $\|\cdot\|$ mit wohlbekannten Vektornormen zusammenfallen kann.

Übungsaufgabe 4.2.15 (a) Die Diskretisierung und das Gleichungssystem seien wie in Lemma 10 definiert. Der zugrundeliegende Banach-Raum sei $X = C(I)$. Man zeige: $\|\cdot\|$ ist die Maximumnorm:

$$(4.2.17a) \qquad \|\cdot\| = \|\cdot\|_\infty.$$

(b) Die Funktionen $a_j = b_j$ in der Kernapproximation (11a) seien *orthonormal*. Der zugrundeliegende Banach-Raum sei $X = L^2(D)$. Man beweise, daß $\|\cdot\|$ die Euklidische Norm $\|\cdot\|_2$ ist:

(4.2.17b) $\qquad \|\cdot\| = \|\cdot\|_2$.

Die positive Aussage des Satzes 14 mag verwundern. Besagt sie doch, daß sich die Kondition für ein "fast linear abhängiges" System $\{a_1, \ldots, a_n\}$ ebenso abschätzen läßt wie für eine "vernünftig" gewählte Basis $\{a_1, \ldots, a_n\}$. Auf diese berechtigten Bedenken soll im folgenden eingegangen werden.

Rundungsfehler, die herrühren können von

(i) der Rundung der exakten Koeffizienten c_{jk}, α_{jk}, β_j,

(ii) Gleitkommafehlern bei der Berechnung der Matrix $\lambda I - C_n B_n$ bzw. des Vektors $b' = C b$,

(iii) Gleitkommafehlern bei der Auflösung des Gleichungssystems (11c) bzw. (14),

lassen sich nur in dazu passenden Vektornormen ($\|\cdot\|_\infty$, $\|\cdot\|_2$, $\|\cdot\|_F$, vgl. Wilkinson [1]) abschätzen, aber nicht (primär) mit $\|\cdot\|$. Für den Vergleich der Normen braucht man Abschätzungen der Form

(4.2.18a) $\qquad \|\cdot\| \leqslant C_1 \|\cdot\|, \quad \|\cdot\| \leqslant C_2 \|\cdot\|,$

wobei $\|\cdot\|$ eine der erwähnten Normen $\|\cdot\|_\infty$, $\|\cdot\|_2$, $\|\cdot\|_F$ sei. Für die Rundungsfehleranalyse spielt das Produkt

(4.2.18b) $\qquad C_0 := C_{0,n} := C_1 C_2$ $\qquad$ (C_1, C_2 minimale Konstanten aus (18a))

die Rolle einer Konditionszahl.

Übungsaufgabe 4.2.16 $\|\cdot\|$ und $\|\cdot\|$ bezeichne neben den *Vektor*normen auch die *Matrix*normen. Es gelte (18a,b). Man beweise:

(4.2.18c) $\qquad \|A\| \leqslant C_0 \|A\|$ und $\|A\| \leqslant C_0 \|A\|$ $\qquad$ für Matrizen A.

Ist beispielsweise $A_n := \lambda I - C_n B_n$ numerisch berechnet worden zu $\tilde{A}_n = A_n + \Delta$, wobei die Störung Δ in der $\|\cdot\|$-Matrixnorm durch $\|\Delta\| \leqslant \eta \|A_n\|$ abschätzbar sei, erlaubt Übungsaufgabe 16 die Abschätzung in der $\|\cdot\|$-Matrixnorm durch $\|\Delta\| \leqslant C_0^2 \eta \|A_n\|$. Gemäß Satz 1.4.30b ist der durch Δ induzierte relative Fehler der Lösung $\hat{a}$ aus Gleichungssystem (14) abschätzbar durch $C_0^2 \mathrm{cond}_\|(\lambda I - C_n B_n)\eta + O(\eta^2)$. Dies macht die Fehlerverstärkung durch den Faktor C_0 sichtbar.

Übungsaufgabe 4.2.17 Es gelte $a_j = b_j$ in (11a). Sei $\|\cdot\| = \|\cdot\|_2$ die Euklidische Norm, die zur Kondition $\mathrm{cond}_2(A) = \|A\|_2 \|A^{-1}\|_2$ führe. $X = L^2(D)$ sei mit der üblichen Norm (1.3.6b) versehen. **(a)** Man beweise

(4.2.18d) $\qquad C_{0,n} = \sqrt{\mathrm{cond}_2(B_n)}$ $\qquad\qquad$ (B_n aus (9c)).

(b) Für die in Übungsaufgabe 15 genannten Fälle gilt das *optimale* Resultat $C_0 = 1$.

Einen Quadraturfehler bei der Bestimmung der Integrale $\beta_j := \frac{1}{\lambda}\int_D b_j(y)g(y)dy$ in (6b) kann man als Fehler von $b = (\beta_j)$ behandeln. In diesem Falle führt die Analyse wieder zur Fehlerverstärkung um den Faktor $C_0 \mathrm{cond}_\blacksquare(\lambda I - C_n B_n)$. Letztes kann vermieden werden, wenn es gelingt, die numerischen Quadraturen mittels *Rückwärtsanalyse* zu interpretieren.

Bemerkung 4.2.18 Die Integrale $\beta_j := \frac{1}{\lambda}\int_D b_j(y)g(y)dy$ in (6b) seien durch *numerische Quadratur* zu $\widetilde{\beta}_j$ $(1 \leqslant j \leqslant n)$ berechnet. $\widetilde{g}\in X$ sei eine Funktion derart, daß $\widetilde{\beta}_j$ das exakte Integral zu $\widetilde{g}$ darstellt: $\widetilde{\beta}_j := \frac{1}{\lambda}\int_D b_j(y)\widetilde{g}(y)dy$ für alle $1 \leqslant j \leqslant n$, wobei $\|g - \widetilde{g}\| \leqslant \eta$. Dies führt zu einer gestörten Lösung $\widetilde{f}_n$ mit $\|\widetilde{f}_n - f_n\|_X \leqslant \eta\,\|(\lambda I - K_n)^{-1}\|$.

4.2.8 Numerische Beispiele

Als erstes Beispiel wählen wir in $D = I = [0,1]$ den glatten Kern

(4.2.19a) $k(x,y) = \cos(\pi x y)$.

Die Lösung wird als

(4.2.19b) $f(x) = 1$

vorgegeben. Mit $\lambda = 1$ berechnet man die Inhomogenität $g = \lambda f - Kf$ zu

(4.2.19c) $g(x) = 1 - \dfrac{\sin \pi x}{\pi x}$.

Als Kernapproximation K_n wählen wir die *stückweise lineare Interpolation*, wie sie in (11a), (12a) und Lemma 10 beschrieben wurde. Die Matrizen B und C sind bereits in (12b,c) definiert. Die zur Bestimmung des Vektors b erforderlichen Integrale $\beta_j := \frac{1}{\lambda}\int_D b_j(y)g(y)dy$, b_j aus (12a), lassen sich (ohne den Integralsinus) nicht explizit angeben. Die Werte β_j werden daher näherungsweise durch die Quadraturformel (4.6.26a,b) berechnet, für die die Abschätzungen $|\widetilde{\beta}_j - \beta_j| = O(h^5)$ $(1 \leqslant j \leqslant n-1)$ und $|\widetilde{\beta}_j - \beta_j| = O(h^3)$ $(j = 0,\ j = n)$ gelten. Hierbei ist $h = 1/n$ die Schrittweite der äquidistanten Stützstellen. Über das Gleichungssystem (11c) bestimmt man den Vektor a. Darauf ergibt sich f_n aus (5). Die folgende Tabelle 1 enthält den maximalen Fehler

(4.2.20) $e_h := \max\{|f_n(\nu h) - f(\nu h)| : \nu = 0,1,\ldots,n\}$.

h	e_h	
1/2	0.086 717 6	
		2.86
1/4	0.030 298 8	
		3.47
1/8	0.008 731 6	
		3.78
1/16	0.002 307 6	
		3.90
1/32	0.000 591 0	
		3.96
1/64	0.000 149 4	
		3.98
1/128	0.000 037 6	

Tabelle 4.2.1 Beispiel (19a-c) mit Tensorapproximation (11a)

h	e_h	
1/2	1.225 361 8	
		5.08
1/4	0.241 311 6	
		7.38
1/8	0.032 678 9	
		8.10
1/16	0.004 032 4	
		8.20
1/32	0.000 492 0	
		8.15
1/64	0.000 060 4	
		5.87
1/128	0.000 010 3	

Tabelle 4.2.2 Beispiel (19a), (21a,b) mit Tensorapproximation (11a)

Bemerkung 4.2.19 Da die verwendeten a_j Lagrange-Funktionen sind, ermittelt man aus (5) die Darstellung (20') für e_h:

(4.2.20') $e_h := \max\{ |\frac{1}{\lambda} g(\nu h) + \alpha_\nu - f(\nu h)| : \nu = 0, 1, \ldots, n\}.$

Die letzte Spalte von Tabelle 1 enthält die Quotienten e_{2h}/e_h zweier aufeinanderfolgender Fehler. Der Wert approximiert 4, was in Übereinstimmung mit Abschätzung (12d) auf Konvergenz zweiter Ordnung hinweist.

Das zweite Beispiel enthält den gleichen glatten Kern (19a). Als Lösung ist jedoch (wie von Atkinson [1],[2],[3,p.59] vorgeschlagen)

(4.2.21a) $f(x) = e^x \cos(7x)$

vorgegeben, die nach Berechnung von $g = \lambda f - Kf$ zu

(4.2.21b) $g(x) = \lambda f(x) - \frac{1}{2} \dfrac{e[\cos(\pi x+7)+(\pi x+7)\sin(\pi x+7)]-1}{1+(\pi x+7)^2}$

$\qquad\qquad\qquad - \frac{1}{2} \dfrac{e[\cos(\pi x-7)+(\pi x-7)\sin(\pi x-7)]-1}{1+(\pi x-7)^2}$

führt (hier: $\lambda = 1$). Auch hier ist die exakte Berechnung der Integrale β_j unmöglich. Sie werden wie oben approximiert. Die numerischen Ergebnisse für verschiedene Schrittweiten der stückweise linearen Interpolation sind in Tabelle 2 aufgeführt. Der Quotienten in der letzten Spalte scheinen auf Konvergenz dritter Ordnung hinzuweisen. Ein Vergleich mit der späteren Tabelle 4 und der Quotient 5.87 zwischen $h = 1/64$ und $1/128$ legen aber den Schluß näher, daß bis $h = 1/64$ der Quadraturfehler $O(h^3)$ gegenüber dem Diskretisierungsfehler $O(h^2)$ überwiegt.

Eine Alternative zur Approximation von k durch das Tensorprodukt (11a) ist die Kernapproximation (10a) mit den Lagrange-Funktionen a_j aus (12a) und $b_j(y) = k(x_j, y)$. Die Approximation durch (10a) ist genauer, da kein Interpolationsfehler bezüglich y auftritt. Die Schwierigkeiten dieser Wahl sind in Bemerkung 8 erwähnt. Die Integrale β_{jk} sind im folgenden mit der gleichen numerischen Quadratur angenähert worden, die in den vorhergehenden Beispielen zur Bestimmung von β_j verwandt wurde. Die jetzigen Koeffizienten β_j sind Integrale über $k(x_j, y)g(y)$. Hierfür wird die summierte Simpson-Quadraturformel mit $2n+1$ Stützstellen eingesetzt (vgl. (1.4.18d)). Für beide Beispiele zeigen

h	e_h	
1/2	0.114 595 1	
		4.20
1/4	0.027 285 5	
		4.28
1/8	0.006 375 5	
		4.18
1/16	0.001 525 4	
		4.10
1/32	0.000 375 1	
		4.05
1/64	0.000 091 8	

Tabelle 4.2.3 Beispiel (19a–c) mit Kernapproximation (10a)

h	e_h	
1/2	0.049 578 2	
		3.93
1/4	0.012 605 3	
		4.57
1/8	0.002 759 0	
		4.25
1/16	0.000 648 7	
		4.07
1/32	0.000 159 4	
		4.04
1/64	0.000 039 5	

Tabelle 4.2.4 Beispiel (19a), (21a,b) mit Kernapproximation (10a)

die Fehlerquotienten Konvergenz zweiter Ordnung. Man beachte, daß die Fehler aus Tabelle 4 trotz geringerer Konvergenzordnung besser sind als für die Tensorapproximation aus Tabelle 2. Der Vergleich der Werte der Tabellen 1 und 3 zeigt keine wesentliche Unterschiede.

Für die Diskretisierungsverfahren der nachfolgenden Kapitel werden auch numerische Beispiele mit schwach singulären Kernen vorgeführt. Mit der Kernapproximation läßt sich ein Kern wie z.B. $k(x,y)=|x-y|^{-1/2}$ aber nur mit größten Schwierigkeiten behandeln. Die Approximation (11a), (12a), die auf einem Tensorprodukt von Interpolationen beruht, läßt sich wegen der benötigten Koeffizienten $c_{ij}=k(ih,jh)$ nicht anwenden. Eine vernünftige, nicht auf Interpolation beruhende Approximation ist auch nicht offensichtlich. Eine Möglichkeit besteht in der Approximation von k durch k_n nach (10a). Für $b_j(y) = |x_j-y|^{-1/2}$ hätte man dann die Integrale (10b): $\beta_j = \frac{1}{\lambda} \int_D k(x_j,y)g(y)dy$ auszuwerten. Im Prinzip steht als numerisches Verfahren für derartige Probleme die Produktintegration zur Verfügung, die in §4.7.8 und §4.6.7 erläutert wird. Da für das beabsichtigte Beispiel (4.22c) aber auch g keine glatte Funktion ist, scheinen große Quadraturfehler schon bei der Berechnung des Vektors b unvermeidlich.

4.3 Projektionsmethoden (allgemein)

4.3.1 Unterräume

In §4.2 haben wir den Kern so vereinfacht, daß ein endlichdimensionales Problem entstand. Jetzt werden wir den (unendlichdimensionalen) Raum X ($X=C(D)$ oder $X=L^2(D)$) durch einen endlichdimensionalen Unterraum X_n ersetzen. Diese Unterräume werden die Bildräume von Projektionen sein, die dem Verfahren seinen Namen geben. Bei der *Kollokationsmethode* (§4.4) werden die Projektionen im Vordergrund stehen, während beim *Galerkin-Verfahren* (§4.5) eher die Unterräume als primär anzusehen sind. In der allgemeinen (abstrakten) Darstellung beginnen wir mit den *Unterräumen:*

(4.3.1a) $X_n \subset X$ seien Unterräume $(n \in \mathbb{N})$.

Der *Abstand* eines «Punktes» $x \in X$ von X_n ist durch

$$\mathrm{dist}(x,X_n) := \inf\{\|x-\xi\| : \xi \in X_n\}$$

gegeben. Wir werden sehen, daß für die Konvergenz des Verfahrens

(4.3.1b) $\lim_{n \to \infty} \mathrm{dist}(x,X_n) = 0$ für alle $x \in X$

gelten muß (vgl. Bemerkung 5). Die Bedingung (1b) beschreibt, daß der Gesamtraum X durch die Teilräume «ausgeschöpft» wird.

Übungsaufgabe 4.3.1 Man zeige: **(a)** Hinreichend für (1b) sind die Inklusionen $X_1 \subset X_2 \subset \ldots$, wenn die Vereinigung $\cup_{j \in \mathbb{N}} X_j$ dicht in X liegt. **(b)** Notwendig für (1b) ist $\dim X_n \to \infty$.

In Hinblick auf die praktische Anwendbarkeit sollen nur endlich-dimensionale X_n betrachtet werden:

$$(4.3.1\,c) \qquad \dim X_n < \infty .$$

4.3.2 Projektionen

Es sei daran erinnert, daß eine lineare Abbildung $\Pi_n : X \to X$ eine *Projektion* ist, falls $\Pi_n^2 = \Pi_n$. Jede Projektion Π_n definiert einen Unterraum als Bildraum:

$$(4.3.2a) \qquad X_n := \mathrm{Bild}(\Pi_n) .$$

In diesem Falle spricht man von einer Projektion *auf* X_n.

Übungsaufgabe 4.3.2 (a) Π_n sei Projektion auf X_n. Man zeige: X_n läßt sich als *Fixpunktmenge* charakterisieren:

$$(4.3.2a') \qquad X_n := \{ x \in X : \Pi_n x = x \} .$$

(b) Ist Π_n Projektion auf X_n mit (1c), so ist sie beschränkt: $\Pi_n \in L(X,X)$.
(c) Seien $a,b \in X = C(D)$ Funktionen mit $\int_D a(x)b(x)dx = 1$. Man definiere Π_1 durch $(\Pi_1 f)(x) = a(x)\int_D b(y)f(y)dy$ und zeige: Π_1 ist Projektion auf $X_1 = \mathrm{span}\{a\}$.

Während die Zuordnung des Unterraumes X_n zu Π_n durch (2a) eindeutig ist, gilt die Umkehrung *nicht*. Es gibt im allgemeinen unendlich viele Projektionen auf den gleichen Unterrraum X_n. Zum Beispiel ergeben unterschiedliche $b \in X$ in Übungsaufgabe 2c auch verschiedene Projektionen, obwohl der Bildraum fest bleibt.

Für eine *Folge* $\{\Pi_n\}_{n \in \mathbb{N}}$ *von Projektionen* führen wir folgende Begriffe ein:

Definition 4.3.3 X sei Banach-Raum. Sei $\{\Pi_n\}_{n \in \mathbb{N}}$ eine Folge von Projektionen $\Pi_n \in L(X,X)$. **(a)** $\{\Pi_n\}_{n \in \mathbb{N}}$ heißt *konvergent*, falls

$$(4.3.3a) \qquad \Pi_n x \to x \qquad\qquad \text{in } X \text{ für alle } x \in X .$$

(b) $\{\Pi_n\}_{n \in \mathbb{N}}$ heißt *konsistent*, falls es eine dichte Teilmenge $M \subset X$ gibt mit

$$(4.3.3b) \qquad \Pi_n x \to x \qquad\qquad \text{in } X \text{ für alle } x \in M .$$

(c) $\{\Pi_n\}_{n \in \mathbb{N}}$ heißt *stabil*, falls $\| \Pi_n \|$ gleichmäßig beschränkt ist:

$$(4.3.3c) \qquad \sup \{ \| \Pi_n \| : n \in \mathbb{N} \} < \infty .$$

Der Satz von Banach-Steinhaus (Satz 1.3.17) beweist die

Bemerkung 4.3.4 $\{\Pi_n\}_{n \in \mathbb{N}}$ ist genau dann konvergent, wenn es konsistent und stabil ist.

Die Forderung (1b) ergibt sich aus

Bemerkung 4.3.5 (a) Die Konsistenz (und erst recht die Konvergenz) von $\{\Pi_n\}_{n \in \mathbb{N}}$ impliziert (1b): $\lim\limits_{n \to \infty} \mathrm{dist}(x, X_n) = 0$ für alle $x \in X$.
(b) Ist $\{\Pi_n\}_{n \in \mathbb{N}}$ stabil und gilt (1b), so ist auch $\{\Pi_n\}_{n \in \mathbb{N}}$ konvergent.

Beweis. (a) Seien $\varepsilon > 0$ und $x \in X$ beliebig. Da $M \subset X$ dicht, gibt es ein $x' \in M$ mit $\| x - x' \| \leqslant \varepsilon / 2$. Gemäß (3b) gibt es ein n, so daß $\| \xi - x' \| \leqslant \varepsilon / 2$ für $\xi := \Pi_n x' \in X_n$. Also $\text{dist}(x, X_n) \leqslant \| x - \xi \| \leqslant \| x - x' \| + \| x' - \xi \| \leqslant \varepsilon$.

(b) Sei $x \in X$ beliebig. Wegen (1b) existiert eine Folge $\xi_n \in X_n$ mit $\xi_n \to x$. Die Aufspaltung $x - \Pi_n x = x - \xi_n - \Pi_n(x - \xi_n)$ und (3c) beweisen (3a). ▣

4.3.3 Hilfssätze

Die Projektionen Π_n konvergieren gemäß (3a) *punktweise* gegen die Identität I. Eine Konvergenz in der Operatornorm ist i.a. ausgeschlossen (vgl. nachfolgende Übungsaufgabe 6). Bei den Konvergenzuntersuchungen in §4.3.4 werden wir Aussagen über das Konvergenzverhalten des Produktes $\Pi_n K$ benötigen, die sich aus Lemma 7 ergeben.

Übungsaufgabe 4.3.6 Man zeige: Gilt $\| \Pi_n - I \| \to 0$ für Projektionen Π_n, so muß $\Pi_n = I$ für hinreichend große $n \geqslant n_0$ gelten.

Lemma 4.3.7 $M \subset X$ sei eine präkompakte Teilmenge des Banach-Raumes X. Die Operatoren $A_n \in L(X, X)$ seien punktweise konvergent gegen A: $A_n x \to A x$ für alle $x \in X$. Dann konvergieren die Folgen $\{ A_n x \}$ für alle $x \in M$ gleichmäßig, d.h.

$$(4.3.4) \qquad \sup_{x \in M} \| A_n x - A x \| \to 0 \qquad\qquad \text{für } n \to \infty.$$

Beweis. (i) $C := \sup\{ \| A_n \| : n \in \mathbb{N} \}$ ist endlich («Stabilität» von $\{ A_n \}$, vgl. Bemerkung 1.3.16). Ferner gilt $\| A \| \leqslant C$.

(ii) Wenn (4) nicht gültig wäre, gäbe es ein $\varepsilon > 0$ und eine Teilfolge $\mathbb{N}' \subset \mathbb{N}$, so daß $\sup_{x \in M} \| A_n x - A x \| \geqslant \varepsilon$ für alle $n \in \mathbb{N}'$. Daher existieren $x_n \in M$ mit $\| A_n x_n - A x_n \| \geqslant \varepsilon / 2$ für alle $n \in \mathbb{N}'$. Da M präkompakt, gibt es eine weitere Teilfolge $\mathbb{N}'' \subset \mathbb{N}'$, so daß $\lim_{n \in \mathbb{N}''} x_n = x$ existiert. Man wähle $n \in \mathbb{N}''$ mit $\| x_n - x \| < \varepsilon / (8C)$ und $\| A_n x - A x \| < \varepsilon / 4$. Damit ist $\| A_n x_n - A x_n \| \leqslant \| (A_n - A)(x_n - x) \| + \| (A_n - A) x \| < (\| A_n \| + \| A \|) \| x_n - x \| + \varepsilon / 4 < \varepsilon / 2$ im Widerspruch zur vorhergehenden Ungleichung. ▣

Lemma 4.3.8 X sei Banach-Raum. $A_n \in L(X, X)$ konvergiere *punktweise* gegen A. Für jeden kompakten Operator $K \in K(X, X)$ konvergiert das Produkt $A_n K$ in der *Operatornorm* gegen AK: $\| A_n K - AK \| \to 0$.

Beweis. Sei $B := \{ Kx : \| x \| \leqslant 1 \}$. Da K kompakt, ist B präkompakt. (4) zeigt $\| A_n K - AK \| := \sup_{\| x \| \leqslant 1} \| A_n K x - AK x \| = \sup_{y \in B} \| A_n y - A y \| \to 0$. ▣

4.3.4 Diskretisierung mittels Projektion

Projektionen Π_n und ihre Bildräume X_n seien gegeben. Wir wollen die diskrete Lösung f_n im Unterraum X_n bestimmen. Nun hat die Gleichung $\lambda f = g + K f$ im allgemeinen *keine* Lösung im Unterraum X_n, sondern jedes $f_n \in X_n$ wird einen Fehler

$$d_n := (\lambda I - K) f_n - g$$

erzeugen. Wenn auch $d_n = 0$ nicht möglich ist, so soll doch die

Projektion verschwinden: $\Pi_n d_n = 0$, d.h.

(4.3.5a) $\Pi_n [(\lambda I - K) f_n - g] = 0$

oder

(4.3.5b) $\lambda \Pi_n f_n = \Pi_n g + \Pi_n K f_n$.

Da die Lösung f_n zu X_n gehören soll, gilt $\Pi_n f_n = f_n$ (vgl. (2a')), und Gleichung (5b) läßt sich als

(4.3.5c) $\lambda f_n = \Pi_n g + \Pi_n K f_n$

schreiben. Dies entspricht der allgemeinen Form (1.2b):

---

semidiskrete Projektionsgleichung

(4.3.6) $\lambda f_n = g_n + K_n f_n$ mit $K_n := \Pi_n K$ und $g_n := \Pi_n g$.

Die Lösbarkeit von Gleichung (6) in X_n wird durch das folgende Lemma auf die Lösbarkeit in X reduziert.

Lemma 4.3.9 Sei $\lambda \neq 0$. Jede Lösung $f_n \in X$ der Gleichung (6) gehört zu X_n.

Beweis. Sei $f_n \in X$ Lösung von (6). Da $g_n = \Pi_n g \in X_n$ und $K_n f_n = \Pi_n K f_n \in X_n$, muß auch die Summe λf_n zu X_n gehören. $\lambda \neq 0$ liefert $f_n \in X_n$.   ∎

Man beachte, daß die Aussage von Lemma 9 falsch wird, wenn Näherungen $g_n \notin X_n$ anstelle von $g_n = \Pi_n g$ in (6) verwendet würden. Außerdem gilt Lemma 9 nicht für die Gleichung erster Art. d.h. für $\lambda = 0$.

Weitere, fast äquivalente *Darstellungen* des Problems sind

(4.3.7) $\lambda f_n = g_n + \hat{K}_n f_n$ mit $\hat{K}_n := \Pi_n K \Pi_n$ und $g_n := \Pi_n g$

und

(4.3.8) $\lambda f_n' = g + K_n' f_n'$ mit $K_n' := K \Pi_n$.

Bemerkung 4.3.10 Sei $\lambda \neq 0$. **(a)** Die Aufgaben (6) und (7) sind äquivalent, d.h. jede Lösung der einen ist auch Lösung der anderen Gleichung. **(b)** Die Aufgaben (6) und (8) sind in folgendem Sinne äquivalent: Ist $f_n' \in X$ eine Lösung von (8), so ist $f_n := \Pi_n f_n' \in X_n$ eine Lösung von (6). Löst umgekehrt $f_n \in X_n$ die Aufgabe (6), so genügt

(4.3.9) $f_n' := \frac{1}{\lambda} (g + K f_n)$

der Gleichung (8). **(c)** Wenn eine der Inversen von $\lambda I - K_n$, $\lambda I - \hat{K}_n$ oder $\lambda I - K_n'$ existiert, so existieren alle und hängen wie folgt zusammen:

(4.3.10a) $(\lambda I - K_n')^{-1} = \frac{1}{\lambda} [I + K (\lambda I - K_n)^{-1} \Pi_n] =$
            $= \frac{1}{\lambda} [I + K (\lambda I - \hat{K}_n)^{-1} + \frac{1}{\lambda} K (\Pi_n - I)]$,

(4.3.10b) $(\lambda I - \hat{K}_n)^{-1} = \frac{1}{\lambda} (I - \Pi_n) + (\lambda I - K_n')^{-1} =$
            $= \frac{1}{\lambda} (I - \Pi_n) + \Pi_n (\lambda I - K_n')^{-1}$,

(4.3.10c) $(\lambda I - K_n)^{-1} = \frac{1}{\lambda} [I + \Pi_n (\lambda I - K_n')^{-1}] =$
            $= \frac{1}{\lambda} [I + (\lambda I - \hat{K}_n)^{-1} K + \frac{1}{\lambda} (\Pi_n - I) K]$.

Beweis. (a) Die Lösung f_n gehört zu X_n (vgl. Lemma 9). Also ist $\Pi_n f_n = f_n$ und $K_n f_n = \Pi_n K f_n = \Pi_n K \Pi_n f_n = \hat{K}_n f_n$. Damit löst f_n (7) und umgekehrt.

(b) f_n' sei Lösung der Gleichung (8). Anwendung von Π_n liefert $\lambda \Pi_n f_n' = \Pi_n K_n' f_n' + \Pi_n g$. Für $f_{n'} = \Pi_n f_n'$ prüft man nach, daß $\lambda f_n = \Pi_n(\lambda f_n') = \Pi_n(g + K_n' f_n') = \Pi_n K \Pi_n f_n' + \Pi_n g = \Pi_n K f_n + g_n = K_n f_n + g_n$. Sei umgekehrt f_n eine Lösung von (6), und f_n' werde durch (9) definiert. Aus $\Pi_n f_n' = \frac{1}{\lambda}(\Pi_n g + \Pi_n K f_n) = \frac{1}{\lambda}(g_n + K_n f_n) = f_n$ schließt man auf $\lambda f_n' - g = \lambda \frac{1}{\lambda}(g + K f_n) - g = K f_n = K \Pi_n f_n' = K_n' f_n'$, d.h. Gleichung (8).

(c) Wir führen als Abkürzungen $T_{n'} = \lambda I - K_n'$ und den Ausdruck $A_{n'} = \frac{1}{\lambda}\left[I + K(\lambda I - K_n)^{-1}\Pi_n\right]$ aus (10a) ein, wobei wir voraussetzen, daß die Inverse $(\lambda I - K_n)^{-1}$ existiert. Aufgrund der Identität $\Pi_n K_n' = K_n \Pi_n$ ist

$$A_n T_n' = \frac{1}{\lambda}\left[I + K(\lambda I - K_n)^{-1}\Pi_n\right](\lambda I - K_n') =$$

$$= I - \frac{1}{\lambda}K_n' + \frac{1}{\lambda}K(\lambda I - K_n)^{-1}(\lambda \Pi_n - \Pi_n K_n') =$$

$$= I - \frac{1}{\lambda}K_n' + \frac{1}{\lambda}K(\lambda I - K_n)^{-1}(\lambda \Pi_n - K_n \Pi_n) =$$

$$= I - \frac{1}{\lambda}K_n' + \frac{1}{\lambda}K(\lambda I - K_n)^{-1}(\lambda I - K_n)\Pi_n = I - \frac{1}{\lambda}K_n' + \frac{1}{\lambda}K\Pi_n = I.$$

Ebenso beweist man $T_n' A_n = I$, wobei nachgewiesen ist, daß A_n die Inverse von T_n' ist. Alle weiteren Fälle sind analog. ▨

4.3.5 Konvergenzuntersuchung

Wir wenden uns wieder der Hauptvariante (6) der Projektionsmethode zu und beweisen als Hauptergebnis den

> **Satz 4.3.11** Die Projektionsfolge $\{\Pi_n\}$ sei konvergent (vgl. (3a)) und K sei kompakt: $K \in K(X, X)$. Dann *konvergieren* die Operatoren $K_n = \Pi_n K$ aus (6) in der Operatornorm gegen K:
>
> (4.3.11a) $\|K_n - K\| \to 0$ für $n \to \infty$.
>
> Wenn λ ein regulärer Wert ist, d.h. $(\lambda I - K)^{-1} \in L(X, X)$, ist die Diskretisierung (6) durch Projektion *konvergent, stabil* und *konsistent.* Die Projektionslösungen f_n erfüllen
>
> (4.3.11b) $f_n \to f = (\lambda I - K)^{-1} g$ in X.

Beweis. (i) (11a) ist Folge von Lemma 8 mit $A_{n'} = \Pi_n$ und $A' = I$. (ii) Satz 1.13 ergibt Konsistenz, Stabilität und Konvergenz. (iii) Die Konvergenz von $\{\Pi_n\}$ garantiert die Konvergenz $g_n \to g$ gemäß (1.3b), so daß $f_n \to f$ aus Satz 1.12b abzuleiten ist. ▨

Für die Varianten (7) und (8) mit den Approximationen $\{\hat{K}_n\}$ und $\{K_n'\}$ ist (11a) nicht unter den gleichen Voraussetzungen zu zeigen. Trotzdem gilt der

Satz 4.3.12 Unter den Voraussetzungen des Satzes 11 und der Annahme $\lambda \neq 0$ sind auch die Diskretisierungen $\{\hat{K}_n\}$ und $\{K'_n\}$ konvergent, konsistent und stabil. Für die zugehörigen Lösungen gilt (11b).

Beweis. (i) $K'_n = K\Pi_n$ ist wegen der Konvergenz von $\{\Pi_n\}$ *konsistent*: $K'_n x = K\Pi_n x \to Kx$ für alle $x \in X$. Nach Bemerkung 4 ist $\{\Pi_n\}$ stabil, während Satz 11 die Stabilität von K_n garantiert. Die gleichmäßige Beschränktheit von $\{\Pi_n\}$ und $\{\|(\lambda I - K_n)^{-1}\|\}$ zusammen mit $\lambda \neq 0$ beweist über (10a) auch jene von $\{\|(\lambda I - K'_n)^{-1}\|\}$. Also ist $\{K'_n\}$ *stabil*. Über den Konvergenzsatz 1.12 erhalten wir die *Konvergenz*. Schließlich liefert $g_n = \Pi_n g \to g$ die Bedingung (1.3b), die (11b) sichert.

(ii) Zum Nachweis der Konvergenz $\hat{K}_n x \to Kx$ spalte man $(\hat{K}_n - K)x$ in $[\Pi_n Kx - Kx] + \Pi_n K[\Pi_n x - x]$ auf und beachte, daß $\Pi_n x \to x$, $\Pi_n Kx \to Kx$ und daß $\|\Pi_n\|$ gleichmäßig beschränkt ist. Damit ist $\{\hat{K}_n\}$ konsistent. Wie in (i) erhalten wir die Stabilität und Konvergenz. ☒

4.3.6 Fehlerabschätzung

Wie schon in §4.1.5 betont, sind *quantitative* Abschätzungen des Fehlers $f_n - f$ für einen *festen* Diskretisierungsparameter n wesentlich wichtiger als qualitative Aussagen über den Grenzprozeß $n \to \infty$.

Satz 4.3.13 Für ein festes n gelte $(\lambda I - K_n)^{-1} \in L(X, X)$ und $(\lambda I - K)^{-1} \in L(X, X)$. f und f_n seien die Lösungen der Integralgleichung (1.1): $\lambda f = g + Kf$ bzw. der Diskretisierung (6). Dann hat der Fehler $f - f_n$ die Darstellung

$$(4.3.12a) \quad f - f_n = \lambda\,(\lambda I - K_n)^{-1}\,(I - \Pi_n)f$$

und genügt der *Fehlerabschätzung*

$$(4.3.12b) \quad \|f - f_n\| \leq |\lambda|\,\|(\lambda I - K_n)^{-1}\|\,\|f - \Pi_n f\|.$$

Der Vergleich von f_n mit der Projektion $\Pi_n f$ der exakten Lösung ergibt die Darstellung

$$(4.3.12c) \quad \Pi_n f - f_n = (\lambda I - K_n)^{-1}\,K_n\,(I - \Pi_n)f$$

und die Abschätzung

$$(4.3.12d) \quad \|\Pi_n f - f_n\| \leq \|(\lambda I - K_n)^{-1}\|\,\|\Pi_n\|\,\|K(f - \Pi_n f)\|.$$

Beweis. (i) Setzt man die Definitionen $K_n = \Pi_n K$ und $g_n = \Pi_n g$ in die allgemeine Abschätzung (1.12a) aus Lemma 1.14 ein, wird die eckige Klammer in (1.12a) zu $(I - \Pi_n)(g + Kf)$. Aus $\lambda f = g + Kf$ schließt man auf die behauptete Darstellung (12a). (12b) ist triviale Folge von (12a).

(ii) Aus $\lambda I = (\lambda I - K_n) + K_n$ schließt man $\lambda(\lambda I - K_n)^{-1} = I + (\lambda I - K_n)^{-1}K_n$. Daher schreibt sich (12a) auch als

$$(4.3.12e) \quad f - f_n = (I - \Pi_n)f + (\lambda I - K_n)^{-1}K_n\,(I - \Pi_n)f,$$

woraus (12c) und wegen $K_n = \Pi_n K$ auch (12d) folgen. ☒

In Satz 13 wurde weder die Voraussetzung der Konvergenz noch der Stabilität gestellt. Man braucht diese Bedingungen aber implizit, um (für hinreichend großes n) die Existenz der Inversen $(\lambda I - K_n)^{-1}$ zu sichern. Ebenso wird die Bedeutung der *Stabilität* - d.h. der gleichmäßigen Beschränktheit von $\|(\lambda I - K_n)^{-1}\|$ - deutlich. Würde diese Größe gegen ∞ streben, enthielte die rechte Seite der Abschätzung (12b) einen wachsenden Faktor, der eine gute Approximation von f durch f_n unwahrscheinlich machte. Sei deshalb $\{K_n\}$ als stabil vorausgesetzt. Die *Stabilitätskonstante* sei mit C_S bezeichnet:

$$(4.3.13) \qquad \|(\lambda I - K_n)^{-1}\| \leqslant C_S \qquad\qquad (n \in \mathbb{N}).$$

Die Fehlerabschätzung (12b) nimmt damit die Gestalt

$$(4.3.14a) \qquad \|f - f_n\| \leqslant |\lambda|\, C_S\, \|f - \Pi_n f\|$$

an. Wenn die Projektion Π_n überhaupt sinnvoll ist, sollte $\tilde{f}_n := \Pi_n f$ eine akzeptable Approximation von f darstellen. Ungleichung (14a) besagt, daß der tatsächliche Fehler $\|f - f_n\|$ bis auf den festen Faktor $|\lambda| C_S$ mit diesem akzeptablen Fehler $\|f - \tilde{f}_n\|$ übereinstimmt.

Bemerkung 4.3.14 Wenn X ein Hilbert-Raum ist und Π_n die *orthogonale Projektion* auf X_n darstellt, wird (14a) zur *quasi-optimalen* Abschätzung

$$(4.3.14b) \qquad \|f - f_n\| \leqslant |\lambda|\, C_S\, \mathrm{dist}(f, X_n)$$

(vgl. (1b)). Man nennt die Abschätzung (14b) quasi-optimal, weil sie bis auf einen festen Faktor dem kleinstmöglichen Fehler gleicht.

Durch die Abschätzung (14a) gelingt es, die Fehleranalyse der diskreten Gleichung (6) auf die Fehleranalyse der Projektion Π_n zurückzuführen. Der folgende Satz zeigt eine der möglichen Anwendungen.

Satz 4.3.15 Sei $X = C(D)$. Die Integralgleichung $\lambda f = g + K f$ habe eine Lösung $f \in C^\tau(D)$ mit $\tau > 0$. Die Diskretisierung (6) sei stabil. Die Projektion Π_n erfülle

$$(4.3.15) \qquad \|f - \Pi_n f\|_\infty \leqslant C_\Pi\, n^{-\tau}\, \|f\|_{C^\tau(D)}.$$

Dann ist die Projektionsmethode *konvergent von der Ordnung* τ:

$$(4.3.16) \qquad \|f - f_n\|_\infty = O(n^{-\tau}).$$

Beweis. Man setze (15) in (14a) ein.　　　　　　　　　　　　　∎

Wir werden später (in §4.6.4) sehen, daß häufig die Differenz $\Pi_n f - f_n$ klein gegenüber $\Pi_n f - f$ ist, so daß nach (12e) der Fehler $f - f_n$ ungefähr dem Projektionsfehler $\Pi_n f - f$ gleicht.

4.4 Kollokationsmethode

4.4.1 Definition der Projektion durch Interpolation

Im weiteren sei

$$(4.4.1) \qquad X = C(D)$$

der zugrundeliegende Banach-Raum. Eine Interpolation in $C(D)$ kann, wie in §1.4.1 erklärt, mit einer Projektion $\Pi_n \in L(X, X)$ charakterisiert werden. *Das Projektionsverfahren (3.6) mit dieser Wahl der Projektion Π_n definiert die* <u>Kollokationsmethode</u>.

Zur Festlegung der Interpolation seien disjunkte Stützstellen

$$\xi_{1,n}, \, \xi_{2,n}, \, \ldots, \, \xi_{n,n} \in D$$

gewählt. Sie bilden die Menge

$$(4.4.2) \qquad \Xi := \{ \xi_{1,n}, \, \xi_{2,n}, \, \ldots, \, \xi_{n,n} \} \subset D.$$

$X_n \subset X$ sei der Unterraum, in dem die interpolierenden Funktionen (*Ansatzfunktionen*) liegen sollen. Für die numerische Anwendung ist es entscheidend, eine (geeignete) Repräsentierung von X_n durch eine *Basis*

$$(4.4.3a) \qquad \{ \Phi_{1,n}, \, \Phi_{2,n}, \, \ldots, \, \Phi_{n,n} \} \qquad \text{mit}$$
$$(4.4.3b) \qquad X_n = \text{span}\{ \Phi_{1,n}, \, \Phi_{2,n}, \, \ldots, \, \Phi_{n,n} \}$$

zu kennen. Die Interpolation einer Funktion $\varphi \in X$ durch $\varphi_n \in X_n$ mit

$$(4.4.4) \qquad \varphi_n(\xi_{j,n}) = \varphi(\xi_{j,n}) \qquad\qquad \text{für alle } 1 \leq j \leq n$$

existiert und ist eindeutig, wenn für die folgende Matrix gilt:

$$(4.4.5) \qquad \left(\Phi_{j,n}(\xi_{i,n}) \right)_{i,j=1,\ldots,n} \text{ ist regulär.}$$

Übungsaufgabe 4.4.1 Man beweise: **(a)** Bedingung (5) impliziert, daß die «Ansatzfunktionen» (3a) in X linear unabhängig sind. **(b)** Zwei Funktionen $\varphi_n, \psi_n \in X_n$ sind genau dann identisch, wenn sie an den Stützstellen übereinstimmen: $\varphi_n(\xi) = \psi_n(\xi)$ für alle $\xi \in \Xi$.

Unter Voraussetzung (5) definiert die Interpolation die Projektion
$$(4.4.6) \qquad \Pi_n : \varphi \in X \mapsto \varphi_n \in X_n \qquad\qquad (\text{wobei } \varphi_n \text{ durch (4) erklärt ist}).$$

4.4.2 Aufstellung des Gleichungssystems

Nach Lemma 3.9 gehören beide Seiten der semidiskreten Gleichung (3.6),

$$(4.4.7a) \qquad \lambda f_n = g_n + K_n f_n \qquad \text{mit } K_n := \Pi_n K \text{ und } g_n := \Pi_n g,$$

zum Raum X_n der Ansatzfunktionen. Übungsaufgabe 1b zeigt, daß die semidiskrete Projektionsgleichung (7a) mit den n Gleichungen

$$(4.4.7b) \qquad \lambda f_n(\xi_{j,n}) = g_n(\xi_{j,n}) + (K_n f_n)(\xi_{j,n}) \qquad \text{für } 1 \leq j \leq n$$

äquivalent ist. Aufgrund der Interpolationsbeziehungen $g_n(\xi_{j,n}) = g(\xi_{j,n})$ und $(K_n f_n)(\xi_{j,n}) = (K f_n)(\xi_{j,n})$ (vgl. (4)) schließt man, daß (7a) und (7b) zu (7c) äquivalent sind:

> **Kollokationsgleichung:**
>
> (4.4.7c) $\lambda f_n(\xi_{j,n}) = g(\xi_{j,n}) + (Kf_n)(\xi_{j,n})$ für $1 \leqslant j \leqslant n$.

Gleichung (7c) macht deutlich, daß wir die Integralgleichung $\lambda f = g + Kf$ nicht in allen Punkten $x \in D$, sondern nur in den Stützstellen $\xi \in \Xi$ erfüllen. Wegen dieser Eigenschaft nennen man die $\xi \in \Xi$ die *Kollokationspunkte*.

Nachdem eine Basis (3a,b) von X_n gewählt ist, besteht die numerische Aufgabe in der Bestimmung der Koeffizienten α_k der Darstellung

$$(4.4.8) \qquad f_n = \sum_{k=1}^{n} \alpha_k \Phi_{k,n}.$$

Man setze (8) in (7c) ein:

$$(4.4.7\text{d}) \qquad \lambda \sum_{k=1}^{n} \alpha_k \Phi_{k,n}(\xi_{j,n}) = g(\xi_{j,n}) + (K \sum_{k=1}^{n} \alpha_k \Phi_{k,n})(\xi_{j,n}) =$$

$$= g(\xi_{j,n}) + \sum_{k=1}^{n} \alpha_k (K \Phi_{k,n})(\xi_{j,n}) \qquad \text{für } 1 \leqslant j \leqslant n.$$

(7d) stellt ein Gleichungssystem von n Gleichungen für die n Unbekannten $\{\alpha_k\}$ dar. Wir definieren die Vektoren

$$(4.4.9\text{a}) \qquad a := a_n := \begin{bmatrix} \alpha_1 \\ \vdots \\ \alpha_n \end{bmatrix}, \qquad b := b_n := \begin{bmatrix} g(\xi_{1,n}) \\ \vdots \\ g(\xi_{n,n}) \end{bmatrix}$$

und Matrizen

$$(4.4.9\text{b}) \qquad A := A_n := \begin{bmatrix} \alpha_{11} & \alpha_{12} & \cdots & \alpha_{1n} \\ \vdots & \vdots & & \vdots \\ \alpha_{n1} & \alpha_{n2} & \cdots & \alpha_{nn} \end{bmatrix} \quad \text{mit } \alpha_{jk} := \Phi_{k,n}(\xi_{j,n})$$

und

$$(4.4.9\text{c}) \qquad B := B_n := \begin{bmatrix} \beta_{11} & \beta_{12} & \cdots & \beta_{1n} \\ \vdots & \vdots & & \vdots \\ \beta_{n1} & \beta_{n2} & \cdots & \beta_{nn} \end{bmatrix} \quad \text{mit } \beta_{jk} := (K\Phi_{k,n})(\xi_{j,n}).$$

Indem man (7d) durch die Vektoren aus (9a) und die Matrizen A und B ausdrückt, erhält man die Darstellung (10), das *diskrete* Problem:

> Die Kollokationsmethode mit den Kollokationspunkten Ξ und der Basis $\{\Phi_{1,n}, \Phi_{2,n}, \ldots, \Phi_{n,n}\}$ aus (3a) führt auf das Gleichungssystem
>
> (4.4.10) $(\lambda A - B)a = b$
>
> für die Koeffizienten α_k der Darstellung (8).

Wenn wir die Abhängigkeit der Größen A, B, a, b von dem Diskretisierungsparameter n deutlich machen wollen, schreiben wir anstelle von (10):

$$(4.4.10') \qquad (\lambda A_n - B_n)a_n = b_n.$$

In Analogie zu Satz 2.5 (mit entsprechendem Beweis) gilt die

Bemerkung 4.4.2 Die Matrix $\lambda A_n - B_n$ ist genau dann regulär, wenn Gleichung (7a) für alle $g \in X$ (damit für alle $g_n \in X_n$) lösbar ist. Die Lösungen von (7a) und (10) hängen über (8) zusammen.

Das Augenmerk soll im folgenden auf den *Bedarf an Rechenaufwand* gelenkt werden, der nötig ist, um das Gleichungssystem (10) aufzustellen. Die Matrix A wird bei den Basen, die in §4.4.3 empfohlen werden, sehr einfach und insbesondere schwachbesetzt sein. Der einfachste, aber nichtsdestoweniger häufige Fall ist der folgende.

Bemerkung 4.4.3 Wenn die Basis $\{\Phi_{1,n}, \ldots, \Phi_{n,n}\}$ (vgl. (3a)) aus den Lagrange-Funktionen gebildet wird (d.h. $\Phi_j(\xi_k) = \delta_{jk}$, vgl. (1.4.5)), so ist

(4.4.11) $A = I$.

Die Hauptarbeit steckt in der Matrix B, die i.a. vollbesetzt ist.

Bemerkung 4.4.4 Zur Berechnung der Matrix $B = B_n$ sind n^2 Integrale

$$(4.4.12) \qquad \beta_{jk} := \int_D k(\xi_j, y)\Phi_k(y)\,dy \qquad\qquad (1 \leqslant j, k \leqslant n)$$

auszuwerten. Wenn die Integrale nicht formelmäßig bekannt sind, muß die Integration durch eine numerische Quadratur angenähert werden.

4.4.3 Beispiele für Interpolationen

Die (globale) *Interpolation durch Polynome* kommt für numerische Zwecke nicht in Frage, da sie instabil ist. Es gilt $\| \Pi_n \| \geqslant O(\log n)$, vgl. Faber [1]; $\| \Pi_n \| = O(\log n)$ erreicht man durch Wahl der Čebyšev-Knoten $\xi_{i,n} := a + \frac{1}{2}(b-a)(1 + \cos((2i-1)/(2n)))$ in $I = [a,b]$. Man beachte aber das positive Resultat in Satz 6.10.

Eine mögliche Interpolation globaler Art ist die durch *trigonometrische* Funktionen (vgl. Stoer [1]). Dies bietet sich insbesondere dann an, wenn der Integrationsbereich D eine geschlossene Kurve im $\mathbb{R}^2$ ist, da dann periodische Lösungen und Kerne vorliegen. Die Integration in (12) reduziert sich auf das Problem der Fourier-Analyse.

Übungsaufgabe 4.4.5 D sei eine geschlossene Kurve des $\mathbb{R}^2$, die die Parametrisierung $t \in [0, 2\pi] \mapsto \varphi(t) = (\varphi_1(t), \varphi_2(t)) \in D$ mit $d\varphi(t)/dt \neq 0$ besitze. Dann ist die Integralgleichung $f(x) = g(x) + \int_D k(x,y)f(y)\,dy$ zu

$$(4.4.13) \qquad \hat{f}(s) = \hat{g}(s) + \int_0^{2\pi} \hat{k}(s,t)\hat{f}(t)\,dt$$

äquivalent, wobei

$$\hat{f}(s) := f(\varphi(s)), \quad \hat{g}(s) := g(\varphi(s)),$$
$$\hat{k}(s,t) := k(\varphi(s), \varphi(t))|\varphi'(t)| \qquad \text{mit}$$
$$|\varphi'(t)| := [|d\varphi_1(t)/dt|^2 + |d\varphi_2(t)/dt|^2]^{1/2}.$$

Der transformierte Kern $\hat{k}(s,t)$ ist in s und t jeweils 2π-periodisch.

Den flexibelsten Zugang erlauben die _stückweisen Interpolationen_. Abgesehen von den stabilen Interpolationseigenschaften haben sie einen rechentechnischen Vorteil. Die Interpolation kann Funktionen $\{\Phi_{1,n}, \ldots, \Phi_{n,n}\}$ in (3a) benutzen, die _lokale Träger_ haben (vgl. Bemerkung 2.9).

In §1.4 und §4.2.4 haben wir die _stückweise lineare Interpolation_ für Intervalle $D=I=[a,b]$ kennengelernt. Als Basisfunktionen Φ_k wählt man die Lagrange-Funktionen (1.4.6), d.h. die stückweise linearen Funktionen mit $\Phi_k(\xi_j)=\delta_{jk}$. Nach Bemerkung 3 ist $A=I$. Zur Berechnung der Matrix B verweisen wir auf

Bemerkung 4.4.6 Sei $D=I=[a,b]$. Die Kollokationspunkte (Stützstellen) seien $a=\xi_1<\xi_2<\ldots<\xi_n=b$. Die Integrale β_{jk} aus (12) reduzieren sich auf die Integrale über die zwei Teilintervalle $[\xi_{k-1},\xi_k]$, $[\xi_k,\xi_{k+1}]$:

$$(4.4.14) \qquad \beta_{jk} = \frac{1}{\xi_k-\xi_{k-1}} \int_{\xi_{k-1}}^{\xi_k} k(\xi_j,y)(y-\xi_{k-1})dy \; +$$

$$+ \frac{1}{\xi_{k+1}-\xi_k} \int_{\xi_k}^{\xi_{k+1}} k(\xi_j,y)(\xi_{k+1}-y)dy.$$

Dabei entfällt das erste Integral für $k=1$ und das letzte für $k=n$.

Bei einer äquidistanten Zerlegung ist $h=h_n=\xi_k-\xi_{k-1}=(b-a)/n$ die zugehörige Schrittweite.

Satz 4.4.7 (Fehlerordnung) f_n sei die Lösung der Kollokationsmethode mit _stückweise linearer Interpolation_ in $D=I=[a,b]$ und äquidistanten Stützstellen $\xi_k:=a+(b-a)(k-1)/(n-1)$, $1\leqslant k\leqslant n$. λ sei regulärer Wert des kompakten Operators K. Die Lösung f von $\lambda f=g+Kf$ gehöre zu $C_L^j(D)$. Für hinreichend großes n_0 existieren die Lösungen f_n $(n\geqslant n_0)$ und _konvergieren von zweiter Ordnung_, d.h.

$$(4.4.15) \qquad \|f-f_n\|_\infty \leqslant \text{const } h_n^2.$$

Beweis. Satz 3.15 läßt sich mit $\tau=2$ anwenden. Stabilität liegt wegen $K\in K(X,X)$ vor (vgl. Satz 3.11). ■

Das Resultat des Satzes 7 bleibt auch für nichtäquidistante Kollokationspunkte $\xi_k\in\Xi$ gültig, wenn man (1.4.5c) voraussetzt: Es gibt ein C mit $\xi_{k+1}-\xi_k\leqslant C/n$ $(1\leqslant k<n)$.

Höhere stückweise Ansätze können vom Hermite-Typ (vgl. §2.3) oder Spline-Typ sein. Im letzteren Fall hat man als Basis $\{\Phi_{1,n},\ldots\}$ die B-Splines (vgl. Stoer [1]) zu wählen, damit man wieder mit lokalen Trägern arbeiten kann. Die stückweisen Ansätze sind auch für höherdimensionale Bereiche $D\subset\mathbf{R}^d$ geeignet. An die Stelle der Teilintervalle treten im zweidimensionalen Fall z.B. Dreiecke (vgl. §9.2.3).

Es können aber auch niedrigere Ansätze als die stückweise linearen verwendet werden.

Bemerkung 4.4.8 (stückweise konstante Interpolation) Das Intervall I sei in n Teilintervalle

$$I_1=[x_0,x_1),\ I_2=[x_2,x_3),\ \dots,\ I_n=[x_{n-1},x_n]$$

mit $a=x_0<x_1<\dots<x_n=b$ zerlegt. Die Kollokationspunkte seien als

$$\xi_k:=(x_k+x_{k-1})/2 \in I_k \qquad \text{(Mittelpunkt von } I_k)$$

definiert. $X_n \subset L^\infty(I)$ sei der Unterraum der auf I_k konstanten Funktionen. Die Lagrange-Funktionen sind die charakterischen Funktionen von I_k:

(4.4.16a) $\Phi_{k,n}(x)=1$ für $x \in I_k$, $\Phi_{k,n}(x)=0$ sonst,

so daß Träger$(\Phi_{k,n})=I_k$. Bemerkung 3 zeigt $A=I$. Die Elemente von B sind

(4.4.16b) $\beta_{jk}:=\int_{I_k}k(\xi_j,y)\,dy$ $\qquad\qquad$ $(1\le j,k\le n)$.

Unter der Voraussetzung (1.4.5c): $x_k-x_{k-1}\le h_n \le C/n$ ist die stückweise konstante Interpolation von erster Ordnung. $\{\Pi_n\}$ ist auf $C(I)$ konvergent. Für kompaktes K und hinreichend großes n_0 existieren daher die Lösungen f_n $(n\ge n_0)$ und *konvergieren von erster Ordnung*:

(4.4.16c) $\|f-f_n\|_\infty \le C h_n$.

Die numerischen Resultate (Tabelle 2) werden sogar quadratische Konvergenz zeigen: $\|f-f_n\|_\infty = O(h_n^2)$. Diese «Superkonvergenz» wird in Satz 4.6.17a begründet. Zu Abschätzungen des Interpolationsfehlers in der $L^2(I)$-Norm sei auf (6.8a) verwiesen.

4.4.4 Kondition des Gleichungssystems

Zu einer Basis $\Phi:=\{\Phi_{1,n},\ \Phi_{2,n},\ \dots,\ \Phi_{n,n}\}$ von $X_n \subset X=C(D)$ (oder $X_n \subset X=L^\infty(D)$) definieren wir die von n abhängige Konstante

(4.4.17) $C_n(\Phi):=\max\{\sum_{j=1}^{n}|\Phi_{j,n}(x)|: x\in D\}$.

Falls $\Phi_{j,n}$ die Lagrange-Funktionen sind (vgl. Definition 1.4.4), stimmt $C_n(\Phi)$ mit der Operatornorm $\|\Pi_n\|=\|\Pi_n\|_{C(D)\leftarrow C(D)}$ überein:

Lemma 4.4.9 Für eine Basis $\{\Phi_{1,n},\dots,\Phi_{n,n}\}$ aus Lagrange-Funktionen gilt

(4.4.18) $\|\Pi_n\|_{C(D)\leftarrow C(D)} = C_n(\Phi)$.

Beweis. (i) Die Interpolierende von $f\in C(D)$ ist $\Pi_n f=\sum f(\xi_j)\Phi_{j,n}$. Aus $|(\Pi_n f)(x)| = |\sum f(\xi_j)\Phi_{j,n}(x)| \le \max\{|f(\xi_j)|: 1\le j\le n\}\sum|\Phi_{j,n}(x)| \le \|f\|_\infty C_n(\Phi)$ schließt man $\|\Pi_n\|_{C(D)\leftarrow C(D)}\le C_n(\Phi)$.

(ii) Sei $x_0\in D$ das Argument, für das das Maximum auf der rechten Seite von (17) angenommen wird: $C_n(\Phi)=\sum|\Phi_{j,n}(x_0)|$. Man wähle die stückweise lineare Funktion $f\in C(D)$ mit $f(\xi_j)=\text{sign}(\Phi_j(x_0))$. Aus $\|f\|_\infty=1$ und $\Pi_n f(x_0)=\sum|\Phi_{j,n}(x_0)|=C_n(\Phi)$ folgert man $\|\Pi_n\|\ge C_n(\Phi)$. ∎

Der Norm $\|\cdot\|_\infty$ in $C(D)$ entspricht die Maximumnorm $\|\cdot\|_\infty$ des $\mathbb{R}^n$ (vgl. (1.3.3a)). Deshalb soll im folgenden die $\|\cdot\|_\infty$-Kondition cond_∞ des Gleichungssystems (10), $(\lambda A_n - B_n)a_n = b_n$, bestimmt werden. Dazu schätzen wir in Lemma 11 $\|\lambda A_n - B_n\|_\infty$ und in Lemma 12 $\|(\lambda A_n - B_n)^{-1}\|_\infty$ ab und präsentieren das Resultat in Satz 13.

Übungsaufgabe 4.4.10 Man zeige: **(a)** $\|A_n\|_\infty \leqslant C_n(\Phi)$ mit A_n aus (9b). **(b)** Ist $c = (\gamma_j) \in \mathbb{R}^n$ und $g = \sum_j \gamma_j \Phi_{j,n}$, so gilt $\|g\|_\infty \leqslant C_n(\Phi)\|c\|_\infty$. **(c)** c und g seien wie in (b). Außerdem setze man $q := (q_i) \in \mathbb{R}^n$ mit $q_i := g(\xi_i)$. Man zeige: $q = A_n c$, $\|q\|_\infty \leqslant \|g\|_\infty$ und $\|c\|_\infty \leqslant \|A_n^{-1}\|_\infty \|g\|_\infty$.

Lemma 4.4.11 Mit der Größe $C_n(\Phi)$ aus (17) gilt

$$(4.4.19) \qquad \|\lambda A_n - B_n\|_\infty \leqslant C_n(\Phi)\,\|(\lambda I - K_n)\| \qquad \text{mit } K_n = \Pi_n K.$$

Beweis. Sei $a = (\alpha_j) \in \mathbb{R}^n$ beliebig. Man setze $f_n := \sum_j \alpha_j \Phi_{j,n} \in X_n$ und $g_n := (\lambda I - K_n)f_n$. Gemäß Bemerkung 2 ist $b = (\beta_j) \in \mathbb{R}^n$ mit $\beta_j = g_n(\xi_j)$ die rechte Seite im Gleichungssystem (10): $(\lambda A_n - B_n)a = b$. Übungsaufgabe 10b,c gestattet uns, b durch $\|b\|_\infty \leqslant \|g_n\|_\infty \leqslant \|\lambda I - K_n\|\,\|f_n\|_\infty \leqslant \|\lambda I - K_n\|\,C_n(\Phi)\|a\|_\infty$ abzuschätzen. Dies beweist (19).   ∎

Lemma 4.4.12 Die Matrix $\lambda A_n - B_n$ aus (10) sei regulär. Dann ist

$$(4.4.20) \qquad \|(\lambda A_n - B_n)^{-1}\|_\infty \leqslant \|A_n^{-1}\|_\infty \|\Pi_n\|\,\|(\lambda I - K_n)^{-1}\| \quad \text{mit } K_n = \Pi_n K.$$

Beweis. Sei $b = (\beta_i) \in \mathbb{R}^n$ ein beliebiger Vektor. Wie im Beweis zu Lemma 9 wählen wir eine Funktion $g \in C(D)$ mit den Eigenschaften

$$g(\xi_i) = \beta_i, \qquad \|g\|_\infty \leqslant \|b\|_\infty$$

und betrachten das Gleichungssystem $(\lambda A_n - B_n)a = b$ für $a = (\alpha_j)$. Wieder ist $f_n := \sum \alpha_j \Phi_j$ die Lösung von $(\lambda I - K_n)f_n = \Pi_n g$. Damit ist

$$\|f_n\|_\infty \leqslant \|(\lambda I - K_n)^{-1}\|\,\|\Pi_n g\|_\infty \leqslant \|(\lambda I - K_n)^{-1}\|\,\|\Pi_n\|\,\|g\|_\infty \leqslant$$
$$\leqslant \|(\lambda I - K_n)^{-1}\|\,\|\Pi_n\|\,\|b\|_\infty.$$

Übungsaufgabe 10c zeigt $\|a\|_\infty = \|A_n^{-1}A_n a\|_\infty \leqslant \|A_n^{-1}\|_\infty \|f_n\|_\infty$. Beide Abschätzung zusammen beweisen (20).   ∎

> **Satz 4.4.13** Die Kondition des Gleichungssystems (10) beträgt
> $$(4.4.21a) \qquad \mathrm{cond}_\infty(\lambda A_n - B_n) \leqslant C_n(\Phi)\|A_n^{-1}\|_\infty \|\Pi_n\|\,\mathrm{cond}_{C(D)}(\lambda I - K_n).$$
> Wenn die Basis $\{\Phi_{1,n},...,\Phi_{n,n}\}$ aus Lagrange-Funktionen gebildet wird, vereinfacht sich die Abschätzung (21a) zu
> $$(4.4.21b) \qquad \mathrm{cond}_\infty(\lambda I - B_n) \leqslant \|\Pi_n\|^2\,\mathrm{cond}_{C(D)}(\lambda I - K_n).$$

Beweis. (21a) erhält man als Produkt aus den Ungleichungen (19), (20). (21b) ist Folge von (11): $A_n = I$ und (18): $\|\Pi_n\| = C_n(\Phi)$.   ∎

Übungsaufgabe 4.4.14 Für die stückweise lineare Interpolation mit ihrer Lagrange-Basis gilt $C_n(\Phi)=1$ wegen $\sum_{j=1}^{n} |\Phi_{j,n}(x)| = 1$ für alle $x \in D$.

Setzt man das Resultat der Übungsaufgabe 14 in (21b) ein, erhält man

Bemerkung 4.4.15 Die stückweise lineare Interpolation führt zur optimalen Konditionsabschätzung $\mathrm{cond}_\infty(\lambda I - B) \leqslant \mathrm{cond}_{C(D)}(\lambda I - K_n)$.

Im allgemeinen Falle (21a) sichert die Konsistenz und Stabilität von $\{K_n\}$ sowie die Stabilität von $\{\Pi_n\}$ die gleichmäßige Beschränktheit von $\|\Pi_n\| \mathrm{cond}_{C(D)}(\lambda I - K_n)$ (vgl. Satz 1.15). (21a) reduziert sich auf

$$(4.4.21c) \qquad \mathrm{cond}_\infty(\lambda A_n - B_n) \leqslant \mathrm{const}\, C_n(\Phi) \|A_n^{-1}\|_\infty,$$

wobei auf der rechten Seite nur noch $C_n(\Phi)$ und $\|A_n^{-1}\|_\infty$ von der Basiswahl $\{\Phi_{1,n},\ldots,\Phi_{n,n}\}$ abhängen. Da $C_n(\Phi)$ eng mit der Norm $\|A_n\|_\infty$ zusammenhängt (vgl. Übungsaufgabe 10a), ähnelt die rechte Seite in (21c) dem Ausdruck $\mathrm{const}\cdot\mathrm{cond}_\infty(A_n)$.

Gelegentlich sind auch Aussagen über die _Spektralkondition_ von A_n, das ist die Matrixkondition bezüglich der Euklidischen Vektornorm $\|\cdot\|_2$, notwendig. Ein Beispiel ist die Analyse der cg-Verfahren in §5.1.4. Der folgende Satz erfordert einen Vorgriff auf das Galerkin-Verfahren.

Satz 4.4.16 $\lambda A_n - B_n$ sei regulär und $K \in L(L^2(D), C(D))$. A_n^G sei die in (5.7b) zu definierende Galerkin-Matrix (in (5.7b) nur A_n genannt). Bezüglich der der Euklidischen Vektornorm entsprechenden Spektral-(matrix)norm und der Spektralkondition gelten die Ungleichungen

$$\|\lambda A_n - B_n\|_2 \leqslant \sqrt{\mathrm{cond}_2(A_n^G)}\ \|A_n\|_2\ \|\lambda I - K_n\|_2,$$

$$\|(\lambda A_n - B_n)^{-1}\|_2 \leqslant \sqrt{\mathrm{cond}_2(A_n^G)}\ \|A_n^{-1}\|_2\|(\lambda I - K_n)^{-1}\|_2,$$

$$\mathrm{cond}_2(\lambda A_n - B_n) \leqslant \mathrm{cond}_2(A_n^G)\, \mathrm{cond}_2(A_n)\, \mathrm{cond}_{L^2(D)}(\lambda I - K_n).$$

Beweis. Man schließt analog zu Satz 13 und Satz 5.10. ∎

Welche Schlüsse wir aus den Konditionsabschätzungen ziehen können, zeigen die Kapitel 4.6.6 und 5.1.4.

4.4.5 Numerische Beispiele

Wir greifen die Beispiele aus Abschnitt 4.2.8 wieder auf. Die durch (2.19a-c) definierte Integralgleichung hat als exakte Lösung $f=1$. Wie aus der folgenden Bemerkung hervorgeht, ist dieses Problem kein ernsthaftes Testproblem für die Kollokationsmethode, dagegen eignet es sich sehr gut als erster Test des Computerprogrammes.

Bemerkung 4.4.17 Wenn die exakte Lösung f der Integralgleichung im Unterraum X_n liegt, ist sie auch die Kollokationslösung, d.h. $f_n = f$.

Das zweite Beispiel aus §4.2.8 ist durch (2.19a), (2.21 a,b) beschrieben:

$$k(x,y)=\cos(\pi x\,y), \quad f(x)=e^{x}\cos(7x), \quad I=[0,1], \quad \lambda=1.$$

Die Kollokation sei zunächst durch die *stückweise lineare Interpolation* in den Stützstellen $\xi_k := kh$, $h := 1/n$, $k=0,1,\ldots,n$ definiert. Der Vektor b ergibt sich durch punktweise Auswertung der Funktion g aus (2.21b) in allen Kollokationspunkten ξ_k. Da die Lagrange-Funktionen (2.12) als Basis verwendet werden, ist $A=I$. Die Matrix B hat die Koeffizienten β_{jk} aus (14). Auswertung dieser Integrale liefert

$$\beta_{jk} = h\,\cos(\pi x\,\xi_k)\,\left[\frac{\sin x\pi h/2}{x\pi h/2}\right]^{2} \qquad (1\leqslant k\leqslant n-1),$$

$$\beta_{j0} = \tfrac{1}{2}h\,\left[\frac{\sin x\pi h/2}{x\pi h/2}\right]^{2},$$

$$\beta_{jn} = \frac{\sin x\pi}{x\pi}\left(1-\frac{\sin x\pi h}{x\pi h}\right) + \tfrac{1}{2}h\,\cos(\pi x)\left[\frac{\sin x\pi h/2}{x\pi h/2}\right]^{2},$$

wobei jeweils $x := \xi_j$ einzusetzen ist $(j=0,\ldots,n)$. Die in den Stütz- und Kollokationspunkten ξ_k ausgewerteten Fehler $f_n - f$ definieren das Fehlermaximum e_h aus (2.20). Der Vergleich der Fehler e_h für h zwischen $1/2$ und $1/64$ (vgl. Tabelle 1) bestätigt deutlich die *quadratische Konvergenz* des Verfahrens.

h	e_h	
1/2	0.558 853 9	7.18
1/4	0.077 801 0	4.54
1/8	0.017 152 1	4.13
1/16	0.004 155 0	4.03
1/32	0.001 030 6	4.01
1/64	0.000 257 1	

Tabelle 4.4.1 Beispiel (2.19a), (2.21a,b). Kollokationslösung mit stückweise *linearer* Interpolation

h	e_h	
1/2	0.583 336 6	7.13
1/4	0.081 817 6	4.37
1/8	0.018 739 5	4.08
1/16	0.004 594 2	4.02
1/32	0.001 143 1	4.00
1/64	0.000 285 5	

Tabelle 4.4.2 Gleiches Beispiel. Kollokationslösung mit stückweise *konstanter* Interpolation

Eine Alternative zur stückweise linearen, ist die *stückweise konstante Interpolation* (vgl. Bemerkung 8). Die Teilintervalle seien äquidistant gewählt: $I_k=[(k-1)h,kh]$ für $k=1,\ldots,n$. Gemäß Bemerkung 8 werden die Kollokationspunkte als die Mittelpunkte $\xi_k := (k-\tfrac{1}{2})h$ gewählt. Die Berechnung der Matrix B ist bequemer, da die Koeffizienten laut (16b) durch die einfacheren Integrale $\beta_{jk}=\int_{I_k}\cos\pi x y\,dy$ mit $x=\xi_j$ gegeben sind:

$$\beta_{jk}= h\,\frac{\sin x\pi h/2}{x\pi h/2}\,\cos\pi\,\xi_j\xi_k \qquad \text{für Beispiel (2.19a).}$$

Nach der Abschätzung (16c) sollte man lineare Konvergenz erwarten. Die numerischen Resultate aus Tabelle 2 zeigen aber deutlich eine Fehlerverbesserung um den Faktor $e_{2h}/e_h\approx 4$, was *quadratische Konvergenz* anzeigt. Außerdem stimmen die Fehler auch von ihrer absoluten Größe her weitgehend mit denen der linearen Interpolation überein. Wegen der einfacheren Handhabung der stückweise konstanten Interpolation, wäre diese der linearen insgesamt vorzuziehen. Die Diskrepanz zwischen der linearen Konvergenzvorhersage in (16c) und der beobachteten quadratischen Konvergenz wird in §4.6.4 diskutiert werden. Es sei vorweggenommen, daß die bessere Fehlerordnung («Superkonvergenz») darauf zurückzuführen ist, daß e_h den Fehler $f_n - f$ nur an den Kollokationspunkten ξ_k beschreibt.

Die bisherigen Beispiele zeichnen sich durch einen besonders glatten Kern k aus. Im folgenden testen wir die Kollokationsverfahren für den schwach singulären Kern

$$(4.4.22a) \qquad k(x,y) = 1/\sqrt{|x-y|}, \qquad\qquad x,y \in I := [0,1].$$

Die Regularitätsüberlegungen aus Satz 3.4.9 zusammen mit Satz 3.5.1 ergeben, daß im allgemeinen hinreichend glatte g zu einer Lösung f aus dem Hölder-Raum $C^{1/2}(I)$ führen. Als Funktion f sei daher

$$(4.4.22b) \qquad f(x) = \sqrt{x} + \sqrt{1-x} \qquad\qquad (x \in I)$$

gewählt. f gehört zu $C^{1/2}(I)$. Die zur Berechnung von $g := f - Kf$ notwendige Integration ist dem geneigten Leser überlassen. Das Resultat ist

$$(4.4.22c) \qquad g(x) = -\frac{\pi}{2} - x\, \log(1+\sqrt{1-x}\,)/\sqrt{x}\,) - (1-x)\log(1+\sqrt{x}\,)/\sqrt{1-x}\,).$$

g gehört für alle $\lambda < 1$ zu $C^\lambda(I)$.

Wir wenden zuerst die Kollokation durch *stückweise lineare Interpolation* mit den gleichen äquidistanten Stützstellen wie bisher an. Die Koeffizienten von B berechnet man gemäß (14) als

$$(4.4.23) \qquad \beta_{jk} = \beta_{jk,1} + \beta_{jk,2} \qquad \text{mit } \beta_{j0,1} = \beta_{jn,2} = 0 \qquad \text{und}$$

$$\beta_{jk,1} = \pm\tfrac{4}{3}\sqrt{h}\,\Big[(\tfrac{3}{2}+j-k)\sqrt{|k-j|} - (j-k+1)\sqrt{|k-j-1|}\,\Big] \quad \text{für}\begin{cases} 1\leqslant j\leqslant k-1,\\ k\leqslant j\leqslant n, \end{cases}$$

$$\beta_{jk,2} = \mp\tfrac{4}{3}\sqrt{h}\,\Big[(\tfrac{3}{2}+k-j)\sqrt{|k-j|} - (k-j+1)\sqrt{|k-j-1|}\,\Big] \quad \text{für}\begin{cases} j\leqslant k\leqslant n-1,\\ 0\leqslant j\leqslant k. \end{cases}$$

Den Fehler e_h bezeichnen wir jetzt mit $e_{h,\infty}$:

$$(4.4.24a) \qquad e_{h,\infty} := \max\{|f_n(\nu h) - f(\nu h)| : \nu = 0, 1, \ldots, n\}.$$

Daneben verwenden wir die Euklidische Fehlernorm

$$(4.4.24b) \qquad e_{h,2} := \Big[\sum_{\nu=0}^{n} |f_n(\nu h) - f(\nu h)|^2 / (n+1)\Big]^{1/2},$$

die ein diskretes Analogon der L^2-Norm $\|f_n - f\|_2$ darstellt. Beide in Tabelle 3 wiedergegebenen Fehler sind deutlich größer als für die vorangegangenen Beispiele mit glattem Kern. Da die Quotienten in der Tabelle 3 zwischen 2 und $2\sqrt{2}$ liegen, schließt man auf eine Konvergenzordnung zwischen 1 und $3/2$. Aufgrund von Satz 3.15 erwartet man nur die Ordnung $\frac{1}{2}$. Da in die Fehler $e_{h,\infty}, e_{h,2}$ aber nur die Werte von $f_n - f$ an den Stützstellen νh eingehen, muß man die Ungleichung (6.15) aus §4.6 zugrunde legen, in der $K(f_n - f)$ abzuschätzen ist.

h	$e_{h,\infty}$		$e_{h,2}$	
1/2	0.326 07	1.80	0.190 27	2.02
1/4	0.180 95	1.52	0.094 34	1.28
1/8	0.118 96	1.88	0.073 91	1.74
1/16	0.063 36	2.35	0.042 57	2.28
1/32	0.026 97	2.38	0.018 68	2.60
1/64	0.011 33	2.41	0.007 17	2.75
1/128	0.004 71		0.002 61	

Tabelle 4.4.3 Beispiel (22a-c). Kollokation mit stückweise *linearer* Interpolation

h	$e_{h,\infty}$		$e_{h,2}$	
1/2	0.031 18	0.26	0.031 18	0.26
1/4	0.117 83	2.26	0.113 06	2.86
1/8	0.052 15	2.43	0.039 53	2.75
1/16	0.021 48	2.51	0.014 36	2.81
1/32	0.008 57	2.44	0.005 11	2.81
1/64	0.003 52	2.35	0.001 82	2.79
1/128	0.001 50		0.000 65	

Tabelle 4.4.4 Beispiel (22a-c). Kollokation mit stückweise *konstanter* Interpolation

Im Falle der Kollokation mit der schon für Tabelle 2 verwendeten *stückweise konstanten Interpolation* berechnet man die Koeffizienten (16b) zu

$$(4.4.25) \qquad \beta_{kk} = 2\sqrt{2h}, \quad \beta_{jk} = 2\sqrt{h}\,/\left(\sqrt{|k-j+\tfrac{1}{2}|} + \sqrt{|k-j-\tfrac{1}{2}|}\right) \quad \text{für } j \neq k.$$

Trotz der niedrigeren Interpolationsordnung zeigen die zugehörigen Fehler $e_{h,\infty}$ und $e_{h,2}$ aus Tabelle 4 nicht nur ein ähnliches Konvergenzverhalten wie die lineare Interpolation, sondern sind auch noch kleiner. Bezüglich der Euklidischen Norm ist die Konvergenz von der Ordnung $\tfrac{3}{2}$: $e_{h,2} = O(h^{3/2})$, denn $2^{3/2} = 2.81\ldots$.

Für glatte g kann man gemäß Satz 3.4.7 auf eine Lösung f schließen, die sich nur an den Intervallenden wie die Stammfunktion von $k(t) = 1/\sqrt{|t|}$ verhält und sonst glatt ist Das bedeutet, daß wir auch ohne Kenntnis der Lösung (22b) auf eine Singularität der Art $\sqrt{x}$ bei $x = 0$ und $\sqrt{1-x}$ bei $x = 1$ schließen können. Da der Diskretisierungsfehler sich aus dem Projektionsfehler ableitet, wollen wir eine *nichtäquidistante* Intervallzerlegung verwenden, die zu einem optimalen Projektionsfehler führt. Dazu wählen wir die Teilintervalle $I_j := [x_{j-1}, x_j]$ mit $x_j = 1 - x_{n-j} = \tfrac{1}{2}(2j/n)^{7/4}$ für $0 \leqslant j \leqslant \tfrac{n}{2}$. Die Intervallängen variieren zwischen $O(n^{-7/4})$ und $O(1/n)$. Wir wählen die *stückweise konstante Interpolation* auf I_j mit den Kollokationspunkten $\xi_j = \tfrac{1}{2}(x_{j-1} + x_j)$. Die in Tabelle 5 wiedergegebenen Resultate zeigen, daß mit dieser dem Problem angepaßten Intervallzerlegung die stückweise konstante Kollokation besser ist als die äquidistante stückweise lineare Kollokation. Eine Genauigkeit, die sich im letzten Falle für $n = 128$ ergab, erhält man jetzt mit $n = 32$ Kollokationspunkten. Die Quotienten der Fehlernormen variieren stark, deuten asymptotisch aber fast auf quadratische Konvergenz hin.

n	$e_{n,\infty}$		$e_{n,2}$	
2	0.031 18	0.59	0.031 18	0.70
4	0.052 47	1.44	0.044 44	1.50
8	0.036 31	2.62	0.029 55	2.77
16	0.013 86	3.14	0.010 67	3.27
32	0.004 41	3.54	0.003 26	3.57
64	0.001 24	3.59	0.000 91	3.73
128	0.000 83		0.000 25	

Tabelle 4.4.5 Beispiel (22a-c). Kollokation mit stückweise *konstanter* Interpolation und graduiertem Gitter

4.5 Galerkin-Verfahren

4.5.1 Unterraum, Orthogonalprojektion

Damit die folgenden Überlegungen möglich sind, müssen wir im weiteren den Raum X als *Hilbert-Raum* mit dem Skalarprodukt $\langle\cdot,\cdot\rangle$ voraussetzen. Die natürliche Wahl ist dabei $X = L^2(D)$. X_n sei ein Unterraum (*Ansatzraum*) bzw. ein Element einer Folge von Unterräumen:

$$(4.5.1) \qquad X_n \subset X.$$

Eine in vieler Hinsicht ausgezeichnete Projektion unter allen Projektionen auf X_n ist die orthogonale Projektion Π_n auf X_n (vgl. Definition 1.3.32). *Das <u>Galerkin-Verfahren</u> ist das Projektionsverfahren aus §4.3, bei dem die orthogonale Projektion Π_n auf X_n zugrundegelegt wird.* Die Lösung des Galerkin-Verfahrens zum Unterraum X_n heißt die <u>Galerkin-Lösung</u> in X_n.

Da die orthogonale Projektion eindeutig durch X_n definiert ist (vgl. Bemerkung 1.3.33), ist auch die Konvergenz der Folge $\{\Pi_n\}$ von Projektionen durch die Unterraumfolge $\{X_n\}$ bestimmt. (1.3.18') beweist die

Bemerkung 4.5.1 (a) $\{\Pi_n\}$ sei eine Folge orthogonaler Projektionen auf die Unterräume X_n. $\{\Pi_n\}$ ist genau dann *konvergent* (d.h. $\Pi_n x \to x$ für alle $x \in X$), wenn (3.1b) gilt: $\operatorname{dist}(x, X_n) \to 0$ für alle $x \in X$. **(b)** Die Stabilität der Folge $\{\Pi_n\}$ ist ohnehin trivial, da $\|\Pi_n\| \leqslant 1$.

Lemma 4.5.2 Zwei Elemente $f,\ g \in X_n$ stimmen genau dann überein, wenn

$$\langle f,\varphi\rangle = \langle g,\varphi\rangle \qquad\qquad \text{für alle}\quad \varphi \in X_n.$$

Beweis. Die Wahl $\varphi := f - g$ liefert $0 = \langle f - g, \varphi \rangle = \| f - g \|^2$, also $f = g$. ◻

Für die numerische Realisierung ist es wiederum nötig, den Unterraum X_n durch eine spezielle *Basis* zu beschreiben:

$$(4.5.2) \qquad X_n = \operatorname{span}\{\Phi_{1,n},\ \Phi_{2,n},\ \ldots,\ \Phi_{n,n}\}.$$

Lemma 4.5.3 Zwei Elemente $f,\ g \in X_n$ stimmen genau dann überein, wenn

$$\langle f,\Phi_{j,n}\rangle = \langle g,\Phi_{j,n}\rangle \qquad\qquad \text{für alle}\quad 1 \leqslant j \leqslant n.$$

Beweis. Sei $\varphi \in X_n$ beliebig. Es hat eine Darstellung $\varphi = \sum \alpha_j \Phi_{j,n}$. Die Gleichheit $\langle f,\Phi_{j,n}\rangle = \langle g,\Phi_{j,n}\rangle$ liefert $\langle f,\varphi\rangle = \sum \bar\alpha_j \langle f,\Phi_{j,n}\rangle = \sum \bar\alpha_j \langle g,\Phi_{j,n}\rangle = \langle g,\varphi\rangle$ und daher über Lemma 2 die Gleichheit $f = g$. ◻

Übungsaufgabe 4.5.4 Die Funktionen $\Phi_1,\ \Phi_2,\ \ldots,\ \Phi_n \in X$ sind genau dann linear unabhängig, wenn die *Gram*sche *Matrix*

$$A := \big(\langle \Phi_j,\Phi_k\rangle\big)_{j,k=1,\ldots,n}$$

regulär ist. Wenn A regulär ist, ist A auch *positiv definit*, d.h. $A = A^T$ und für das Skalarprodukt im $\mathbb{R}^n$ gilt $(Ac,c) > 0$ für alle $0 \neq c \in \mathbb{R}^n$.

4.5.2 Aufstellung des Gleichungssystems

Aus Lemma 3.9 wissen wir, daß beide Seiten der Projektionsgleichung

$$(4.5.3) \qquad \lambda f_n = g_n + K_n f_n \qquad \text{mit } K_n := \Pi_n K \text{ und } g_n := \Pi_n g$$

zu X_n gehören. Lemma 3 erlaubt uns, die semidiskrete Gleichung (3) auf n skalare Gleichungen

$$\lambda \langle f_n, \Phi_{j,n} \rangle = \langle \lambda f_n, \Phi_{j,n} \rangle = \langle g_n + K_n f_n, \Phi_{j,n} \rangle =$$
$$= \langle g_n, \Phi_{j,n} \rangle + \langle K_n f_n, \Phi_{j,n} \rangle$$

zu reduzieren. Nach Definition von g_n ist $\langle g_n, \Phi_{j,n} \rangle = \langle \Pi_n g, \Phi_{j,n} \rangle$. Eine orthogonale Projektion ist definitionsgemäß selbstadjungiert, das heißt $\langle \Pi_n g, \Phi_{j,n} \rangle = \langle g, \Pi_n \Phi_{j,n} \rangle$. Da $\Phi_{j,n} \in X_n$, erhalten wir $\Pi_n \Phi_{j,n} = \Phi_{j,n}$. Zusammen ergibt sich $\langle g_n, \Phi_{j,n} \rangle = \langle g, \Phi_{j,n} \rangle$. Ebenso formt man den zweiten Summanden um:

$$\langle K_n f_n, \Phi_{j,n} \rangle = \langle \Pi_n K f_n, \Phi_{j,n} \rangle = \langle K f_n, \Pi_n \Phi_{j,n} \rangle = \langle K f_n, \Phi_{j,n} \rangle.$$

Dies erlaubt uns, die n Gleichungen zu (4) zu vereinfachen:

---

diskrete Galerkin-Gleichung

$$(4.5.4) \qquad \lambda \langle f_n, \Phi_{j,n} \rangle = \langle g, \Phi_{j,n} \rangle + \langle K f_n, \Phi_{j,n} \rangle \qquad \text{für alle } 1 \leq j \leq n.$$

Wie in (4.8) macht man den Ansatz

$$(4.5.5) \qquad f_n = \sum_{k=1}^{n} \alpha_k \Phi_{k,n},$$

den man sofort in (4) einsetzen kann:

$$\lambda \langle f_n, \Phi_{j,n} \rangle = \lambda \langle \sum_{k=1}^{n} \alpha_k \Phi_{k,n}, \Phi_{j,n} \rangle = \lambda \sum_{k=1}^{n} \alpha_k \langle \Phi_{k,n}, \Phi_{j,n} \rangle$$

auf der linken Seite und

$$\langle g, \Phi_{j,n} \rangle + \langle K f_n, \Phi_{j,n} \rangle = \langle g, \Phi_{j,n} \rangle + \sum_{k=1}^{n} \alpha_k \langle K \Phi_{k,n}, \Phi_{j,n} \rangle$$

auf der rechten Seite. Die Koeffizienten α_k aus (5) sind die Lösung von

$$(4.5.6) \quad \lambda \sum_{k=1}^{n} \alpha_k \langle \Phi_{k,n}, \Phi_{j,n} \rangle = \langle g, \Phi_{j,n} \rangle + \sum_{k=1}^{n} \alpha_k \langle K \Phi_{k,n}, \Phi_{j,n} \rangle \quad (1 \leq j \leq n).$$

Wie zuvor (vgl. (4.9a-c)) führen wir die Vektoren

$$(4.5.7a) \qquad a := a_n := \begin{bmatrix} \alpha_1 \\ \vdots \\ \alpha_n \end{bmatrix}, \qquad b := b_n := \begin{bmatrix} \langle g, \Phi_{1,n} \rangle \\ \vdots \\ \langle g, \Phi_{n,n} \rangle \end{bmatrix}$$

und Matrizen (7b,c) ein:

$$(4.5.7b) \qquad A := A_n := \begin{bmatrix} \alpha_{11} & \alpha_{12} & \cdots & \alpha_{1n} \\ \vdots & \vdots & & \vdots \\ \alpha_{n1} & \alpha_{n2} & \cdots & \alpha_{nn} \end{bmatrix} \qquad \text{mit } \alpha_{jk} := \langle \Phi_{k,n}, \Phi_{j,n} \rangle$$

und

$$(4.5.7c) \qquad B := B_n := \begin{pmatrix} \beta_{11} & \beta_{12} & \cdots & \beta_{1n} \\ \vdots & \vdots & & \vdots \\ \beta_{n1} & \beta_{n2} & \cdots & \beta_{nn} \end{pmatrix} \qquad \text{mit } \beta_{jk} := \langle K\Phi_{k,n}, \Phi_{j,n} \rangle .$$

Bemerkung 4.5.5 (a) Die Matrix A ist die positiv definite Gramsche Matrix (vgl. Übungsaufgabe 4). **(b)** Für eine Orthonormalbasis $\{\Phi_{1,n}, \ldots, \Phi_{n,n}\}$ ist $A = I$. **(c)** Für einen *symmetrischen Kern*, d.h. $k(x,y) = k(y,x)$, ist B - anders als bei der Kollokationsmethode - eine symmetrische Matrix, wie man der Darstellung (7c') entnimmt:

$$(4.5.7c') \qquad \beta_{jk} = \int\!\!\int \Phi_{j,n}(x) k(x,y) \Phi_{k,n}(y) \, dx \, dy .$$

Indem wir das Gleichungssystem (6) mit Hilfe der Vektoren a, b und der Matrizen A und B ausdrücken, erhalten wir die Darstellung (8).

Das Galerkin-Verfahren zum Unterraum X_n mit der Basis $\{\Phi_{1,n}, \Phi_{2,n}, \ldots, \Phi_{n,n}\}$ führt auf das lineare Gleichungssystem

$(4.5.8) \qquad (\lambda A_n - B_n) a_n = b_n \quad$ bzw. $\quad (\lambda A - B) a = b$.

Man beachte, daß die Berechnung der Daten $\{A_n, B_n, b_n\}$ aufwendiger als im Falle des Kollokationsverfahrens ist. Die Koeffizienten $\alpha_{jk} := \Phi_{k,n}(\xi_{j,n})$ und $\beta_j = g(\xi_{j,n})$ des Kollokationsverfahrens brauchen nur eine *Funktionsauswertung*, während die Koeffizienten $\alpha_{jk} = \langle \Phi_{k,n}, \Phi_{j,n} \rangle$ und $\beta_j = \langle g, \Phi_{j,n} \rangle$ des Galerkin-Verfahrens eine *Integration* verlangen. Der größte Aufwand entsteht bei der Berechnung der Koeffizienten β_{jk} aus (7c'), die eine *doppelte Integration* erfordern. Dagegen genügt im Kollokationsfall die Auswertung eines einfachen Integrals.

4.5.3 Konvergenz in $L^2(D)$ und $L^\infty(D)$

Die Konvergenz der Projektionslösung f_n ist nach Satz 3.11 in X konvergent gegen die Lösung $f = (\lambda I - K)^{-1} g$, wenn die Projektionsfolge $\{\Pi_n\}$ konvergent und λ ein regulärer Wert des kompakten Operators K ist. Indem wir Bemerkung 1a und Satz 3.2.7 verwenden, gewinnen wir die folgende hinreichende Bedingung für die Wahl $X = L^2(D)$.

Satz 4.5.6 Sei $X = L^2(D)$. K sei kompakt: $K \in K(L^2(D), L^2(D))$ (hinreichend ist $k \in L^2(D \times D)$). λ sei ein regulärer Wert von K (d.h. $(\lambda I - K)^{-1} \in L(X,X)$). Für die Folge von Unterräumen gelte (3.1b): $\text{dist}(x, X_n) \to 0$ für alle $x \in X$. *Dann ist das Galerkin-Verfahren konvergent*: $f_n \to f = (\lambda I - K)^{-1} g$ in X. Außerdem konvergiert $K_n \to K$ in der Operatornorm.

Wenn auch die Wahl $X = L^2(D)$ naheliegt, so ist dies doch nicht die ausschließliche Möglichkeit. Insbesondere interessiert die gleichmäßige Konvergenz von f_n gegen f, die der Wahl $X = C(D)$ oder $X = L^\infty(D)$ entspräche. Hierzu sei zunächst ein negatives Resultat angeführt.

Bemerkung 4.5.7 Eine in $L^2(D)$ konvergente Projektionenfolge $\{\Pi_n\}$ braucht in $C(D)$ oder $L^\infty(D)$ nicht konvergent zu sein.

Beweis. Man wähle z.B. $D=[0,2\pi]$ und definiere $\Pi_n f$ als n-te Teilsumme der Fourier-Reihe von f. Die Fourier-Reihen konvergieren stets in $L^2([0,2\pi])$, aber es ist bekannt, daß die Fourier-Reihe $\Pi_n f$ nicht für alle stetigen f *gleichmäßig* konvergiert. ■

Es gelingt jedoch, eine positive Aussage zu gewinnen, wenn man voraussetzt, daß die den Unterraum X_n aufspannende Basis $\Phi :=$ $\{\Phi_{1,n}, \ldots, \Phi_{n,n}\}$ aus (2) zu einer gleichmäßig beschränkten Konstante

$$(4.5.9)\quad C_n(\Phi) := \|A^{-1}\|_\infty \left\| \sum_{j=1}^{n} |\Phi_{j,n}(\cdot)| \right\|_\infty \max\left\{ \int_D |\Phi_{j,n}(x)|\,dx : 1 \leqslant j \leqslant n \right\}.$$

mit A aus (7b) führt.

Lemma 4.5.8 Sei $X_n := \operatorname{span}\{\Phi_{1,n}, \ldots, \Phi_{n,n}\} \subset L^1(D) \cap L^\infty(D)$. **(a)** Dann gilt

$$(4.5.10\text{a})\quad \|\Pi_n\|_{L^\infty(D) \leftarrow L^\infty(D)} \leqslant C_n(\Phi)$$

für die Orthogonalprojektion Π_n auf X_n mit $C_n(\Phi)$ aus (9). Wenn

$$(4.5.10\text{b})\quad \sup\{C_n(\Phi): n \in \mathbb{N}\} < \infty,$$

ist die Folge der orthogonalen Projektionen $\{\Pi_n\}$ in $L^\infty(D)$ *stabil*.
(b) Wenn $\Phi_{j,n} \in C(D)$, gilt die Aussage (a) mit (10c) anstelle von (10a):

$$(4.5.10\text{c})\quad \|\Pi_n\|_{C(D) \leftarrow C(D)} \leqslant C_n(\Phi).$$

(c) Wenn eine konvergente Interpolation $\Pi_n': C(D) \to (X_n, \|\cdot\|_\infty)$ existiert, gilt $\operatorname{dist}(\varphi, X_n) \to 0$ in der Supremumsnorm von $L^\infty(D)$ für alle $\varphi \in C(D)$.
(d) Aus $\operatorname{dist}(\varphi, X_n) \to 0$ bezüglich $\|\cdot\|_\infty$ für alle $\varphi \in C(D)$ und aus (10b) folgt die *Konvergenz* $\|\Pi_n \varphi - \varphi\|_\infty \to 0$ für alle $\varphi \in C(D)$.
(e) Die Konvergenz $\|\Pi_n \varphi - \varphi\|_\infty \to 0$ aus Teil (d) zusammen mit der Kompaktheit $K \in K(C(D), C(D))$ impliziert $\|K - K_n\|_{L^\infty(D) \leftarrow C(D)} \to 0$ im Falle (10a) und $\|K - K_n\|_{C(D) \leftarrow C(D)} \to 0$ im Falle (10c). Ist außerdem λ ein regulärer Wert, so ist die Diskretisierung $\{K_n\}$ konvergent, stabil und konsistent bezüglich der Supremumsnorm. Insbesondere gilt $\|f_n - f\|_\infty \to 0$ für die Galerkin-Lösungen.

Beweis. (i) Sei $\varphi \in L^\infty(D)$ beliebig. Die orthogonale Projektion $\Pi_n \varphi$ habe die Darstellung $\Pi_n \varphi = \sum \alpha_j \Phi_j$. Die Koeffizienten α_j bilden den Vektor $a \in \mathbb{R}^n$. Für jedes $x \in D$ ist $|(\Pi_n \varphi)(x)| \leqslant \|a\|_\infty \sum |\Phi_j(x)|$. Somit ist

$$\|\Pi_n f\|_\infty \leqslant \|a\|_\infty \left\| \sum_{j=1}^{n} |\Phi_{j,n}(\cdot)| \right\|_\infty$$

bewiesen. Die Koeffizienten α_j bestimmen sich aus der Identität $\langle \Pi_n \varphi, \Phi_j \rangle = \langle \varphi, \Phi_j \rangle$ für alle $1 \leqslant j \leqslant n$ (vgl. §4.5.2). Dies liefert die Gleichung $Aa = b$ mit A aus (7b) und $b = (\beta_j)$, $\beta_j := \langle \varphi, \Phi_j \rangle$. Damit ist

$$\|a\|_\infty \leqslant \|A^{-1}\|_\infty \|b\|_\infty.$$

Aus $|\beta_j| = |\langle \varphi, \Phi_j \rangle| \leqslant \|\varphi\|_\infty \|\Phi_j\|_{L^1(D)}$ schließt man auf

$$\|b\|_\infty \leqslant \|\varphi\|_\infty \max\{\|\Phi_j\|_{L^1(D)}: 1 \leqslant j \leqslant n\}.$$

Indem man alle Ungleichungen zusammensetzt, gewinnt man (10a).

(ii) Eine konvergente Interpolation Π'_n: $C(D) \to X_n$ beweist unmittelbar den Teil (c): $\mathrm{dist}(f, X_n) \leq \| f - \Pi'_n f \|_\infty \to 0$.

(iii) Teil (d) folgt aus Bemerkung 3.5b, Teil (e) aus Satz 3.11.　⬛

Es bleibt noch zu klären, ob die gleichmäßige Beschränktkeit der Größen $C_n(\Phi)$, wie in (10b) gefordert, erfüllt werden kann. Es wird sich dabei zeigen, daß Unterräume X_n, die durch Basisfunktionen $\Phi_{j,n}$ mit lokalem Träger definiert werden, nicht nur numerische Vorteile bieten, sondern auch gute analytische Eigenschaften zeigen.

Kriterium 4.5.9 $\langle \cdot, \cdot \rangle$ sei das Skalarprodukt (1.3.16) in $X = L^2(D)$.
(a) $\{\Phi_{1,n}, \ldots, \Phi_{n,n}\} \subset L^1(D) \cap L^\infty(D)$ sei die Basis von X_n. Es gebe Zahlen C_1, C_2 und C_3, so daß

(4.5.11a)　　$|\Phi_{j,n}(x)| \leq C_1$　　　　　　　　　　für alle $x \in D$, $1 \leq j \leq n$,

(4.5.11b)　　zu jedem $x \in D$ gebe es höchstens C_2 Indizes j,
　　　　　　　so daß $\Phi_{j,n}(x) \neq 0$,

(4.5.11c)　　$\mu(\mathrm{Träger}(\Phi_{j,n})) \leq C_3/n$　　　　für alle $1 \leq j \leq n$,

wobei μ das Lebesgue-Maß ist (d.h. Länge, Fläche, etc.). Dann gilt

(4.5.11d)　　$\left\| \sum\limits_{j=1}^{n} |\Phi_{j,n}(\cdot)| \right\|_\infty \leq C_1 C_2$,

(4.5.11e)　　$\max\{ \int_D |\Phi_{j,n}(x)| \, dx : 1 \leq j \leq n \} \leq C_1 C_3/n$

(b) Für die Koeffizienten α_{jk} der Matrix A gebe es $q < 1$ und C_4, so daß

(4.5.11f)　　$\sum\limits_{\substack{k=1 \\ k \neq j}}^{n} |\alpha_{jk}| \leq q \, \alpha_{jj}$　　　　für alle $1 \leq j \leq n$ mit $q < 1$,

(4.5.11g)　　$\alpha_{jj} \geq 1/(C_4 n)$　　　　　　für alle $1 \leq j \leq n$.

Dann ist

(4.5.11h)　　$\|A^{-1}\|_\infty \leq C_4 n/(1-q)$.

(c) Sind C_1, C_2, C_3, C_4 und q von n unabhängig, so implizieren die Bedingungen (11a,b,c,f,g) die gleichmäßige Beschränktheit (10b) von $C_n(\Phi)$:

(4.5.11i)　　$C_n(\Phi) \leq C_1^2 C_2 C_3 C_4/(1-q)$.

Beweis. Der Teil (a) ist offensichtlich. Zum Beweis von (11h) spalte man A in $D - B$ auf, wobei $D = \mathrm{diag}(\alpha_{11}, \ldots, \alpha_{nn})$ und $B := D - A$. Es ist $A = D(I - C)$ mit $C := D^{-1}B$. Die Zeilensummennorm von C ist $\|C\|_\infty \leq q < 1$ (vgl. (11f)). Also ist $\|(I-C)^{-1}\|_\infty \leq 1/(1-q)$ (vgl. Lemma 1.3.14 mit $S = I - C$, $T = I$). Da $\|D^{-1}\|_\infty \leq C_4 n$ nach (11g), folgt (11h) aus $\|A^{-1}\|_\infty \leq \|(I-C)^{-1}D^{-1}\|_\infty \leq \|(I-C)^{-1}\|_\infty \|D^{-1}\|_\infty$.　⬛

Das Kriterium 9 wird auf zwei Beispiele angewandt werden. Die orthogonale Projektion auf den Raum der stückweise konstanten oder linearen Funktionen wird in §4.5.6 bzw. §4.5.7 diskutiert werden.

4.5.4 Fehlerabschätzungen

Da das Galerkin-Verfahren eine spezielle Projektionsmethode ist, ist die Abschätzung (3.12b) gültig (vgl. Satz 3.12):

$$(4.5.12a) \qquad \| f - f_n \| \leq |\lambda| \, \| (\lambda I - K_n)^{-1} \| \, \| f - \Pi_n f \|.$$

Satz 3.12 läßt die Wahl von X offen. Wir können in (12a) sowohl die Normen $\| \cdot \| = \| \cdot \|_{L^2(D)}$ als auch $\| \cdot \| = \| \cdot \|_\infty$ einsetzen. Die Stabilität bezüglich $\| \cdot \|$ garantiert

$$(4.5.12b) \qquad |\lambda| \, \| (\lambda I - K_n)^{-1} \| \leq \text{const}.$$

Dabei ist die Stabilität bezüglich $\| \cdot \|_{L^2(D)}$ unter den Voraussetzungen des Satzes 6 gesichert. Hinreichende Bedingungen für die Stabilität bezüglich $\| \cdot \|_\infty$ enthält Lemma 8e.

Es bleibt die Aufgabe, für konkrete Unterräume X_n Abschätzungen von $\| f - \Pi_n f \|$ herzuleiten. Dabei kommt es darauf an, das asymptotische Fehlerverhalten in Abhängigkeit von n quantitativ anzugeben. Sei $h = h_n$ der Diskretisierungsparameter (im allgemeinen $h = O(n^{-1})$ für ein- und $h = O(n^{-2})$ für zweidimensionale Probleme; vgl. (9c)). Falls der *Projektionsfehler* der speziellen Lösung f von der Ordnung $\varkappa$ ist,

$$(4.5.12c) \qquad \| f - \Pi_n f \| \leq \text{const } h_n^\varkappa,$$

führen (12b) und (12c) zur *Fehlerabschätzung*

$$(4.5.12d) \qquad \| f_n - f \| \leq \text{const } h_n^\varkappa,$$

die die *Konvergenz der Galerkin-Lösung von der Ordnung $\varkappa$* beschreibt.

Für den Raum X_n der *stückweise konstanten* Funktionen werden wir in §4.5.6 Konvergenz der Ordnung $\varkappa = 1$ bezüglich $\| \cdot \|_{L^2(I)}$ und $\| \cdot \|_\infty$ nachweisen. Die numerischen Resultate aus §4.5.10 werden jedoch eine bessere als *lineare* Konvergenz aufzeigen. Diese sogenannte «Superkonvergenz» wird in §4.6.2 und §4.6.4 diskutiert werden. Es wird danach möglich sein, *quadratische Konvergenz* zu erzielen: (12d) gilt in geeigneter Norm mit $\varkappa = 2$ (vgl. Bemerkung 6.5), und gewisse punktweise Fehlernormen sind quadratisch (vgl. Lemma 6.18).

Fehlerabschätzungen für die orthogonale Projektion auf die *stückweise linearen* Funktionen finden sich in §4.5.7. Dort wird quadratische Konvergenz bezüglich $\| \cdot \|_{L^2(I)}$ und $\| \cdot \|_\infty$ bewiesen: $\varkappa = 2$ in (12d). Bezüglich schwächerer Normen gilt sogar *Konvergenz vierter Ordnung* (vgl. Bemerkung 6.8 mit $k = 2$).

Allgemein gilt, daß stückweise Polynominterpolation vom Grad $\leq p$ bei einer Intervallzerlegung der Schrittweite h in $L^2(I)$ zu einem Fehler $O(h^{p+1})$ in (12d) führt. In der schwächeren Norm $\| \cdot \|_{-p-1}$ ergibt sich sogar die Fehlerordnung $O(h^{2p+2})$ (vgl. §4.6.2). Durch geeignete Maßnahmen kann man eine Näherung $\tilde{f}_n$ erhalten, die in $L^2(I)$ oder $C(I)$ die Fehlernorm $O(h^{2p+2})$ besitzt.

4.5.5 Kondition des Gleichungssystems

Die Koeffizienten a der Lösung f_n wurden aus dem Gleichungssystem (8), $(\lambda A - B)a = b$, berechnet. Im folgenden soll die Kondition der Matrix $\lambda A - B$ bezüglich der Euklidischen Norm $\|\cdot\|_2$ abgeschätzt werden.

Satz 4.5.10 $\lambda A - B$ sei regulär. Dann gilt die Konditionsabschätzung

$$(4.5.13) \qquad \mathrm{cond}_2(\lambda A - B) \leq \mathrm{cond}_2(A) \; \mathrm{cond}_{L^2(D)}(\lambda I - K_n).$$

Der Beweis ergibt sich sofort aus dem

Lemma 4.5.11 Es gelten die Abschätzungen

$$(4.5.14a) \qquad \|\lambda A - B\|_2 \leq \|A\|_2 \, \|\lambda I - K_n\|, \qquad\qquad (\|\cdot\| = \|\cdot\|_{L^2(D) \leftarrow L^2(D)})$$

$$(4.5.14b) \qquad \|(\lambda A - B)^{-1}\|_2 \leq \|A^{-1}\|_2 \, \|(\lambda I - K_n)^{-1}\|.$$

Beweis. (i) Zunächst sei an ein Resultat der Linearen Algebra erinnert. Eine Matrix M ist genau dann *positiv definit*, wenn sie symmetrisch ist und nur positive Eigenwerte besitzt. Seien $\lambda_{\min}$ der kleinste und $\lambda_{\max}$ der größte Eigenwert von M. Zum Beispiel mit Hilfe der Transformation von M auf Diagonalgestalt beweist man für eine derartige positiv definite Matrix die Eigenschaften (15a,b) und (16):

$$(4.5.15a) \qquad \lambda_{\min} \|v\|_2^2 \leq (Mv,v) \leq \lambda_{\max} \|v\|_2^2,$$

$$(4.5.15b) \qquad \frac{1}{\lambda_{\max}} \|v\|_2^2 \leq (M^{-1}v,v) \leq \frac{1}{\lambda_{\min}} \|v\|_2^2,$$

$$(4.5.16) \qquad \|M\|_2 = \lambda_{\max}, \qquad 1/\|M^{-1}\|_2 = \lambda_{\min}.$$

Hierbei ist $(\cdot,\cdot)$ das Euklidische Skalarprodukt des $\mathbf{R}^n$ mit $(v,v) = \|v\|_2^2$.

(ii) $\varphi \in X_n$ habe die Darstellung $\varphi = \sum \gamma_j \Phi_j$. Zwischen der $L^2(D)$-Norm von φ und dem Vektor $c := (\gamma_j) \in \mathbf{R}^n$ besteht der Zusammenhang

$$(4.5.17) \qquad \|\varphi\|_{L^2(D)}^2 = (Ac,c),$$

wie man sofort aus $\|\varphi\|^2 = \langle \varphi, \varphi \rangle = \langle \sum \gamma_j \Phi_j, \sum \gamma_k \Phi_k \rangle = \sum_{j,k} \gamma_j \langle \Phi_j, \Phi_k \rangle \gamma_k$ und der Definition von A ableitet.

(iii) Gegeben sei ein Vektor $a = (\alpha_j) \in \mathbf{R}^n$. $f \in X := L^2(D)$ sei gewählt als $f := f_n := \sum \alpha_k \Phi_k$. f löst die Integralgleichung mit der Inhomogenität $g := (\lambda I - K)f \in X$. Ihre Projektion auf X_n hat eine Darstellung $g_n := \Pi_n g = \sum \beta_j' \Phi_j$ und erfüllt die Galerkin-Gleichung $g_n = (\lambda I - K_n)f_n$. Diese Koeffizienten definieren den Vektor $b' := (\beta_j')$, während $b = (\beta_j)$ durch $\beta_j := \langle g_n, \Phi_j \rangle = \langle g, \Phi_j \rangle$ bestimmt sei. Wie schon im Beweisteil (i) zu Lemma 8 exerziert, gilt der Zusammenhang $b = Ab'$. Da A positiv definit ist (vgl. Übung 4), lassen sich (15b), (16) und (17) anwenden:

$$\|g_n\|^2 = (Ab',b') = (b,A^{-1}b) \geq \frac{1}{\|A\|_2} \|b\|_2^2,$$

$$\|f_n\|^2 = \|f\|^2 = (Aa,a).$$

Aus $\|b\|_2 \leq \|A\|_2^{1/2} \|g_n\| = \|A\|_2^{1/2} \|(\lambda I - K_n)f_n\| \leq \|A\|_2^{1/2} \|\lambda I - K_n\| \|f_n\|$ und

$$\|f_n\| = \|f\| = \sqrt{(Aa,a)} \leq \|A\|_2^{1/2} \|a\|_2$$

schließen wir $\|b\|_2 \leqslant \|A\|_2 \|\lambda I - K_n\| \|a\|_2$. Da wir aber für die Koeffizientenvektoren a von f_n und b aus g das Gleichungssystem (8): $(\lambda A - B)a = b$ aufgestellt haben, ist $\|(\lambda A - B)a\|_2 \leqslant C\|a\|_2$ mit $C := \|A\|_2 \|\lambda I - K_n\|$ für alle a und damit (14a): $\|\lambda A - B\|_2 \leqslant C$ bewiesen.

(iv) Sei $b = (\beta_j) \in \mathbb{R}^n$ gegeben und $b' = (\beta'_j) := A^{-1}b$ gesetzt. Wir wählen $g := g_n := \sum \beta'_j \Phi_j$. Die Koeffizienten von b erhält man als $\beta_j = \langle g, \Phi_j \rangle$ zurück. Die Galerkin-Lösung $f_n \in X_n$ hat die Koeffizienten $a \in \mathbb{R}^n$, die sich aus dem Gleichungssystem (8): $(\lambda A - B)a = b$ ergeben. Um $a = (\lambda A - B)^{-1}b$ abzuschätzen, verwenden wir wieder (15a,b), (16) und (17):

$$\|a\|_2^2 \leqslant \|A^{-1}\|_2 (Aa, a) = \|A^{-1}\|_2 \|f_n\|^2,$$

$$\|f_n\| = \|(\lambda I - K_n)^{-1}g_n\| \leqslant \|(\lambda I - K_n)^{-1}\| \|g_n\|,$$

$$\|g_n\|^2 = (Ab', b') = (AA^{-1}b, A^{-1}b) = (b, A^{-1}b) \leqslant \|A^{-1}\|_2 \|b\|_2^2.$$

Zusammen: $\|a\|_2 = \|(\lambda A - B)^{-1}b\|_2 \leqslant \|(\lambda I - K_n)^{-1}\| \|A^{-1}\|_2 \|b\|_2$. ▣

Die Größe $\mathrm{cond}_{L^2(D)}(\lambda I - K_n)$ aus (13) ist aufgrund der Konsistenz und Stabilität von $\{K_n\}$ gleichmäßig beschränkt (vgl. Satz 1.15) und kann ohnehin nicht durch die Wahl der Basis $\{\Phi_{1,n}, \ldots, \Phi_{n,n}\}$ beeinflußt werden. Über die Kondition des Gleichungssystems (8) entscheidet daher $\mathrm{cond}_2(A)$. Daraus ergibt sich die folgende Empfehlung

---

Bemerkung 4.5.12 Die Basis $\{\Phi_{1,n}, \ldots, \Phi_{n,n}\}$ sollte so gewählt werden, daß die Spektralkondition $\mathrm{cond}_2(A_n)$ möglichst klein ist und insbesondere für $n \to \infty$ beschränkt bleibt.

Die minimale Konditionszahl ist $\mathrm{cond}_2(A) = 1$. Sie wird z.B. für $A = \alpha I$ mit $\alpha \in \mathbb{R}$ erreicht. Bemerkung 5b gab hierfür eine hinreichende Bedingung und beweist die

Bemerkung 4.5.13 $\mathrm{cond}_2(A) = 1$ gilt für eine Ortho*normal*basis $\{\Phi_{1,n}, \Phi_{2,n}, \ldots, \Phi_{n,n}\}$ oder eine Ortho*gonal*basis mit $\langle \Phi_{j,n}, \Phi_{j,n} \rangle = c_n$ für alle $1 \leqslant j \leqslant n$. In beiden Fällen gilt $\mathrm{cond}_2(A) \leqslant C_n(\Phi)$ mit $C_n(\Phi)$ aus (9).

Die Forderung, eine Orthonormalbasis zu wählen, ist sehr einschränkend. Entweder verzichtet man auf kleine Trägermengen der $\Phi_{j,n}$. Dann stehen verschiedenste Systeme orthonormaler Funktionen, z.B. die trigonometrischen Funktionen zur Verfügung. Will man dagegen den Vorteil kleiner Trägermengen nicht aufgeben, bleiben nur die stückweise konstanten Elemente.

Für die stückweise konstanten oder linearen Funktionen werden wir die gleichmäßige Beschränktheit der Spektralkondition $\mathrm{cond}_2(A)$ nachweisen (vgl. Bemerkungen 20 und Übung 27c). Für eine geeignete Skalierung der stückweise konstanten Basisfunktionen wird Bemerkung 13 anwendbar sein und das optimale Resultat $\mathrm{cond}_2(A) = 1$ beweisen.

Neben der Spektralkondition ist auch die *Konditionszahl* der Matrizen $\lambda A_n - B_n$ *bezüglich der Zeilensummennorm* $\|\cdot\|_\infty$ von praktischem Interesse. Die gleichmäßige Beschränktheit von $\mathrm{cond}_2(\lambda A_n - B_n)$ impliziert keineswegs jene von $\mathrm{cond}_\infty(\lambda A_n - B_n)$, da für allgemeine $n{\times}n$-Matrizen C nur die Ungleichung $\mathrm{cond}_\infty(C) \leqslant n\,\mathrm{cond}_2(C)$ gilt. Wir beweisen ein zu Satz 10 analoges Resultat. An die Stelle von $\mathrm{cond}_2(A)$ tritt die Größe $C_n(\Phi)$ aus (9).

Satz 4.5.14 Es gelte $X_n \subset L^1(D) \cap L^\infty(D)$. $C_n(\Phi)$ sei wie in (9) definiert. $\lambda A_n - B_n$ sei regulär. Dann gilt bezüglich der Zeilensummennorm $\|\cdot\|_\infty$ die Konditionsabschätzung

$$(4.5.18a) \qquad \mathrm{cond}_\infty(\lambda A_n - B_n) \leqslant \big(C_n(\Phi)\big)^2\, \mathrm{cond}_{L^\infty(D)}(\lambda I - K_n).$$

Es sei daran erinnert, daß nach Lemma 8 Konvergenz, Konsistenz und Stabilität von $\{K_n\}$ bezüglich der Supremumsnorm $\|\cdot\|_\infty$ im wesentlichen aus der gleichmäßigen Beschränktheit

$$(4.5.18b) \qquad \sup_{n\in\mathbb{N}} C_n(\Phi) < \infty$$

folgen. Konsistenz und Stabilität von $\{K_n\}$ bezüglich $\|\cdot\|_\infty$ beweisen nach Satz 1.15 die gleichmäßigen Beschränktheit von $\mathrm{cond}_{L^\infty(D)}(\lambda I - K_n)$. Somit ist (18b) die wesentliche Bedingung sowohl für die Kondition des *semi*diskreten wie auch des diskreten Problems. In Kriterium 9 wurde eine hinreichende Bedingung für (18b) angegeben.

Beweis des Satzes 14. Der Beweis wird nur skizziert, da er ähnlich wie zu Satz 10 ist. $\|\lambda A_n - B_n\|_\infty$ wird in (i), $\|(\lambda A_n - B_n)^{-1}\|_\infty$ in (ii) abgeschätzt.

(i) Die Basisdarstellung von $g_n \in X_n$ sei $g_n = \sum \beta_j' \Phi_j$. Dies definiert den Vektor $b' := (\beta_j')$. Die Komponenten β_j von $b := A_n b'$ erhält man als $\beta_j = \langle g_n, \Phi_j \rangle = \langle g, \Phi_j \rangle$. Aus $|\langle g_n, \Phi_j \rangle| \leqslant |\int g_n \Phi_j\, dx| \leqslant \|g_n\|_\infty \int |\Phi_j|\, dx$ ergibt sich

$$\|b\|_\infty \leqslant \|g_n\|_\infty \max\{\|\Phi_j\|_{L^1(D)} : 1 \leqslant j \leqslant n\}.$$

Die Lösung f_n von $\lambda f_n = g_n + K_n f_n$ habe die Darstellung $f_n = \sum \alpha_k \Phi_k$. Sei $a := (\alpha_k)$. Dies liefert die folgende Ungleichung:

$$\|f_n\|_\infty \leqslant \|\textstyle\sum_k |\Phi_k|\|_\infty \|a\|_\infty.$$

Verbindet man beide Abschätzungen durch $\|g_n\|_\infty \leqslant \|\lambda I - K_n\|\, \|f_n\|_\infty$, wobei $\|\cdot\| = \|\cdot\|_{L^\infty(D)\leftarrow L^\infty(D)}$, erreicht man das Zwischenresultat

$$(4.5.18c) \qquad \|\lambda A_n - B_n\|_\infty \leqslant \max_j \|\Phi_j\|_{L^1(D)} \,\|\textstyle\sum_k |\Phi_k|\|_\infty\, \|\lambda I - K_n\|.$$

(ii) Zum Vektor $b = (\beta_j)$ definiere man $(\beta_j') := b' := A^{-1}b$ und $g_n = g :=\sum \beta_j' \Phi_j$. Also ist $\|g_n\|_\infty \leqslant \|b'\|_\infty \|\textstyle\sum_k |\Phi_k|\|_\infty \leqslant \|A^{-1}\|_\infty \|b\|_\infty \|\textstyle\sum_k |\Phi_k|\|_\infty$. Die Lösung f_n hat die Darstellung $f_n = \sum \alpha_k \Phi_k$ mit $(\alpha_k) = a := A^{-1}a'$, $a' = (\alpha_k')$, $\alpha_k' := \langle f_n, \Phi_k \rangle$. Dies zeigt $\|a\|_\infty \leqslant \|A^{-1}\|_\infty \|a'\|_\infty \leqslant \|A^{-1}\|_\infty \|f_n\|_\infty \max \|\Phi_j\|_{L^1(D)} \leqslant \|A^{-1}\|_\infty \max \|\Phi_j\|_{L^1(D)} \|(\lambda I - K_n)^{-1}\| \|g_n\|_\infty$. Zusammen mit der $\|g_n\|_\infty$-Abschätzung ist (18d) bewiesen:

$$(4.5.18d) \qquad \|(\lambda A_n - B_n)^{-1}\|_\infty \leqslant \|A^{-1}\|_\infty^2 \|\textstyle\sum_k |\Phi_k|\|_\infty \max_j \|\Phi_j\|_{L^1(D)} \|(\lambda I - K_n)^{-1}\|.$$

(iii) (18c,d) und die Definition (9) von $C_n(\Phi)$ ergeben (18a). ■

4.5.6 Beispiel: stückweise konstante Funktionen

Im Detail werden wir das folgende Beispiel behandeln. Dabei ist der Raum $X = L^2(I)$ mit dem Skalarprodukt (1.3.16) zugrundegelegt.

Das endliche Intervall $D = I = [a,b]$ sei durch

(4.5.19a) $\qquad a = x_{0,n} < x_{1,n} < \dots < x_{n,n} = b \qquad\qquad$ (Kurznotation: $x_j = x_{j,n}$)

zerlegt in die Teilintervalle (19b) zu der Schrittweite h aus (19c):

(4.5.19b) $\qquad I_k := [x_{k-1}, x_k)$ für $1 \leqslant k < n, \qquad I_n := [x_{n-1}, x_n]$,

(4.5.19c) $\qquad h := h_n := \max\{|x_{k,n} - x_{k-1,n}| : k = 1,\dots,n\}$.

Die Folge der Intervallzerlegungen sei _quasiuniform_:

(4.5.19d) $\qquad |x_{k,n} - x_{k-1,n}| \geqslant h_n / C_Z \qquad\qquad$ für alle $k = 1,\dots, n \in \mathbf{N}$.

Die Mittelpunkte der Teilintervalle I_k seien mit ξ_k bezeichnet:

(4.5.19e) $\qquad \xi_k := \xi_{k,n} := (x_{k-1,n} + x_{k,n})/2 \qquad\qquad$ für $k = 1,\dots,n$.

Der die orthogonale Projektion Π_n definierende Unterraum $X_n \subset L^2(I)$ ist

(4.5.19f) $\qquad X_n := \{f \in L^2(I): f \text{ konstant auf } I_k \text{ für } k = 1,\dots,n\}$.

Der Sonderfall der _äquidistanten Zerlegung_ wird charakterisiert durch

(4.5.19g) $\qquad x_{j,n} = a + jh, \qquad h = h_n = (b-a)/n, \qquad \xi_j = a + (j-\tfrac{1}{2})h, \qquad C_Z = 1$.

Übungsaufgabe 4.5.15 Aus (19c) und (19d) leite man $h_n = O(n^{-1})$ ab:

(4.5.19h) $\qquad h_n \leqslant C_Z \dfrac{b-a}{n}, \qquad x_{k,n} - x_{k-1,n} \geqslant \dfrac{1}{C_Z}\dfrac{b-a}{n} \qquad$ für alle k.

Die Lagrange-Funktionen aus Bemerkung 1.4.13c bieten sich als bequeme Basiselemente von X_n an:

(4.5.20a) $\qquad \Phi_j(x) := \Phi_{j,n}(x) := \left\{ \begin{smallmatrix} 1 & \text{für } x \in I_j \\ 0 & \text{sonst} \end{smallmatrix} \right\} \qquad$ für $j = 1,\dots,n$.

Eine nach Bemerkung 20 günstigere Skalierung der Funktionen ist

(4.5.20b) $\qquad \Phi_j(x) := \Phi_{j,n}(x) := \left\{ \begin{smallmatrix} \sqrt{h/[x_j - x_{j-1}]} & \text{für } x \in I_j \\ 0 & \text{sonst} \end{smallmatrix} \right\} \qquad$ für $j = 1,\dots,n$.

Für den äquidistanten Fall stimmen (20a,b) überein. Beide Basen sind orthogonal, wie zu beweisen ist in

Übungsaufgabe 4.5.16 (a) Die Gramsche Matrix A aus (7b) lautet

(4.5.21a) $\qquad A = A_n = \left\{ \begin{smallmatrix} \operatorname{diag}\{x_1 - x_0,\ x_2 - x_1,\ \dots,\ x_n - x_{n-1}\} & \text{für Basis (20a)}, \\ hI & \text{für Basis (20b)}. \end{smallmatrix} \right.$

(b) Die Matrixelemente von B aus (7c) lauten für die Basiswahl (20a)

(4.5.21b) $\qquad \beta_{jk} = \int_{I_j} [\,\int_{I_k} k(x,y)\,dy\,]\,dx \qquad\qquad$ für $j,k = 1,\dots,n$.

Für die weitere Analyse wird die konkrete Darstellung des Bildes $\Pi_n \varphi$ einer Funktion $\varphi \in L^2(I)$ benötigt. $(\Pi_n \varphi)(x)$ stellt sich für $x \in I_j$ als Mittelwert der Funktion φ über dem Teilintervall I_j heraus.

Lemma 4.5.17 Die orthogonale Projektion (bezüglich $L^2(I)$) auf X_n aus (19f) hat die punktweise Darstellung

$$(4.5.22) \qquad (\Pi_n\varphi)(x) = \frac{1}{x_j - x_{j-1}} \int_{I_j} \varphi(\xi)d\xi \qquad \text{für } x\in I_j.$$

Beweis. $\psi := \Pi_n\varphi$ hat eine Darstellung der Form $\psi = \sum \alpha_j\Phi_j$. Aus $\beta_k := \langle\varphi,\Phi_k\rangle = \langle\varphi,\Pi_n\Phi_k\rangle = \langle\Pi_n\varphi,\Phi_k\rangle = \langle\psi,\Phi_k\rangle = \langle\sum_j \alpha_j\Phi_j,\Phi_k\rangle = \sum_j \alpha_{kj}\alpha_j$ erhält man die Gleichung $Aa = b$ für $a = (\alpha_j)$, $b = (\beta_k)$ und A aus (7b). Mit (21a) folgt die Darstellung (22).　□

Da das Bild von Π_n unstetig ist, kann Π_n nicht zu $L(C(I),C(I))$ gehören; es ist aber als Projektion in $L^\infty(I)$ stabil. Aus (22) und $|\int_{I_k}\varphi(\xi)d\xi| \leq |x_k - x_{k-1}| \|\varphi\|_\infty$ folgert man den

Satz 4.5.18 X_n sei durch (19a,b,f) definiert. Die bezüglich $L^2(I)$ orthogonale Projektion ist nicht nur in $L^2(I)$, sondern auch *in* $L^\infty(I)$ *stabil*:

$$(4.5.23) \qquad \|\Pi_n\|_{L^\infty(D) \leftarrow L^\infty(D)} = 1 \qquad \text{für alle } n\in\mathbb{N}.$$

Die Wahl der Knotenpunkte x_k in (19a) beeinflußt die L^∞-Stabilität nicht; insbesondere ist sie unabhängig von der Konstanten C_Z aus (19d). Man beachte aber, daß Π_n in $L^\infty(I)$ *nicht* konvergent ist. Konvergenz $\Pi_n\varphi \to \varphi$ in $L^\infty(I)$ gilt lediglich für alle $\varphi\in C(I)$.

Übungsaufgabe 4.5.19 Es gelte (19a-f). Man zeige: Für die Basis (20a) bzw. (20b) liefert Kriterium 9 die Konstanten

$$C_1 = 1 \text{ bzw. } \sqrt{C_Z}, \quad C_2 = 1, \quad C_3 = C_Z(b-a), \quad q = 0, \quad C_4 = \frac{1}{b-a}C_Z \text{ bzw. } \frac{1}{b-a}.$$

Aus (10c) und (11i) folgere man

$$(4.5.24) \qquad C_n(\Phi) \leq C_Z^2 \quad \text{und} \quad C_n(\Phi) = 1 \text{ im äquidistanten Falle.}$$

Bemerkung 4.5.20 Es gelte (19a-f). Für die *Konditionsabschätzung* bezüglich der Euklidischen Vektornorm ist der Wert von $\text{cond}_2(A)$ entscheidend (vgl. Bemerkung 12). Es gilt

$$(4.5.25a) \qquad \text{cond}_2(A) = 1 \text{ für Basis (20b)}, \quad \text{cond}_2(A) \leq C_Z \text{ für Basis (20a)}.$$

Der entsprechende Verstärkungsfaktor in der $\|\cdot\|_\infty$-Konditionsabschätzung (18a) ist ebenfalls gleichmäßig beschränkt:

$$(4.5.25b) \qquad C_n(\Phi)^2 \leq C_Z^4.$$

Beweis. (25a) ergibt sich aus (21a) und (16). (25b) ist Folge von (24).　□

Die *Fehlerabschätzung des Projektionsfehlers* $\varphi - \Pi_n\varphi$ hängt von der Norm ab, in der gemessen wird, und von der Regularität von φ. Im folgenden wird die Quasiuniformität (19d) nicht benötigt. Ungleichung (19h) wird gebraucht, falls $O(h)$ durch $O(n^{-1})$ abgeschätzt werden soll.

Lemma 4.5.21 Es gelte (19a-c,f). **(a)** Hat $\varphi \in C_L(I)$ die Lipschitz-Konstante L_φ (die stets durch $L_\varphi \leqslant \|\varphi\|_{C_L(I)}$ abschätzbar ist), so ist der Projektionsfehlers beschränkt durch

$$(4.5.26a) \qquad \|\varphi - \Pi_n\varphi\|_\infty \leqslant \tfrac{1}{2} h\, L_\varphi.$$

(b) Gehört die Ableitung φ' zu $L^2(I)$, so hat man

$$(4.5.26b) \qquad \|\varphi - \Pi_n\varphi\|_{L^2(I)} \leqslant \tfrac{2}{3} h\, \|\varphi'\|_{L^2(I)},$$

$$(4.5.26c) \qquad \|\varphi - \Pi_n\varphi\|_\infty \leqslant \tfrac{2}{3}\sqrt{h}\, \max\{\|\varphi'\|_{L^2(I_k)}: 1 \leqslant k \leqslant n\} \leqslant \tfrac{2}{3}\sqrt{h}\,\|\varphi'\|_{L^2(I)}.$$

Beweis. (i) Wir beschränken uns auf das Teilintervall I_k der Breite $\delta := \delta_k := x_k - x_{k-1}$. Aus der Darstellung (22) der Projektion folgt

$$(4.5.27a) \qquad \varphi(x) - (\Pi_n\varphi)(x) = \tfrac{1}{\delta}\int_{I_k}[\varphi(x) - \varphi(\xi)]\,d\xi \qquad \text{für } x \in I_k.$$

Die Lipschitz-Abschätzung $|\varphi(x) - \varphi(\xi)| \leqslant L_\varphi |x - \xi|$ verhilft zu

$$(4.5.27b) \qquad |\varphi(x) - (\Pi_n\varphi)(x)| \leqslant \tfrac{1}{\delta}\int_{I_k}|\varphi(x) - \varphi(\xi)|\,d\xi \leqslant L_\varphi \tfrac{1}{\delta}\int_{I_k}|x - \xi|\,d\xi =$$

$$= L_\varphi \tfrac{1}{2\delta}[(x_k - x)^2 + (x - x_{k-1})^2] \leqslant \tfrac{1}{2\delta} L_\varphi \delta^2 = \tfrac{1}{2}\delta\, L_\varphi$$

für $x \in I_k$. Da k beliebig, ist (26a) bewiesen.

(ii) Um die L^2-Norm ins Spiel zu bringen, stellen wir den Integranden $|\varphi(x) - \varphi(\xi)|$ in (27b) durch

$$|\varphi(x) - \varphi(\xi)| = \left|\int_\xi^x \varphi'(t)\,dt\right| \qquad (x, \xi \in I_k)$$

dar und verwenden die *Schwarzsche Ungleichung* $[\int\! fg\,dx]^2 \leqslant \int\! f^2\,dx \int\! g^2\,dx$, die mit dem L^2-Skalarprodukt auch in der bekannten Form $|\langle f, g\rangle| \leqslant \|f\|\,\|g\|$ geschrieben werden kann. Mit $f = \varphi'$ und $g = 1$ findet man

$$(4.5.27c) \qquad |\varphi(x) - \varphi(\xi)| \leqslant |x - \xi|^{1/2}\left|\int_\xi^x (\varphi'(t))^2\,dt\right|^{1/2} \leqslant$$

$$\leqslant |x - \xi|^{1/2}\left|\int_{I_k}(\varphi'(t))^2\,dt\right|^{1/2} = |x - \xi|^{1/2}\|\varphi'\|_{L^2(I_k)}.$$

Da $\int_{I_k}|x - \xi|^{1/2}d\xi = \tfrac{2}{3}[(x_k - x)^{3/2} + (x - x_{k-1})^{3/2}] \leqslant \tfrac{2}{3}\delta^{3/2}$, liefert die vorhergehende Ungleichung in (27b) eingesetzt

$$(4.5.27d) \qquad |\varphi(x) - (\Pi_n\varphi)(x)| \leqslant \tfrac{2}{3}\delta^{1/2}\|\varphi'\|_{L^2(I_k)} \qquad \text{für alle } x \in I_k.$$

Die L^2-Norm von $\varphi - \Pi_n\varphi$ über dem Intervall I_k lautet wegen $\delta = \delta_k \leqslant h$

$$(4.5.27e) \qquad \|\varphi - \Pi_n\varphi\|_{L^2(I_k)} = \left[\int_{I_k}|\varphi(x) - (\Pi_n\varphi)(x)|^2\,dx\right]^{1/2} \leqslant \tfrac{2}{3}h\|\varphi'\|_{L^2(I_k)}.$$

Die nachfolgenden Übung 22 leitet hieraus Behauptung (26b) ab. Ungleichung (26c) schließt man sofort aus (27d). ◼

Übungsaufgabe 4.5.22 Eine Intervallzerlegung (19a,b) sei gegeben. Man zeige: Gilt $\|\varphi\|_{L^2(I_k)} \leqslant c\,\|\psi\|_{L^2(I_k)}$ für alle k, so auch $\|\varphi\|_{L^2(I)} \leqslant c\,\|\psi\|_{L^2(I)}$.

Um L^2-Abschätzungen von Ableitungen einfacher zu schreiben, führen wir die H^k-Normen ein.

Definition 4.5.23 Sei $k \in \mathbb{N}_0$. Für Funktionen $\varphi \in L^2(D)$, die (verallgemeinerte) Ableitungen $\varphi^{(\nu)}$ bis zur Ordnung k besitzen, definieren wir

$$(4.5.28) \qquad \|\varphi\|_{H^k(D)} := \left[\sum_{\nu=0}^{k} \|\varphi^{(\nu)}\|_{L^2(D)}^2 \right]^{1/2}.$$

Der Begriff «verallgemeinerte Ableitung» kann ignoriert werden, solange $\varphi \in C^k(D)$. Wenn D mehrdimensional ist, muß die Summe in (28) über alle *partiellen* Ableitungen der Ordnung $\leqslant k$ erstreckt werden.

Man prüft nach, daß $\|\cdot\|_{H^k(D)}$ eine Norm darstellt. $C^k(D)$ versehen mit dieser Norm ergibt einen *nicht*vollständigen normierten Raum. Innerhalb des Raumes $L^2(D)$ kann man den Unterraum $(C^k(D), \|\cdot\|_{H^k(D)})$ vervollständigen und definiert so den Banach-Unterraum $H^k(D) \subset L^2(D)$. Für $k=0$ stimmen $H^0(D)$ und $L^2(D)$ überein. Aufgrund der Vervollständigung enthält der _Sobolev-Raum_ $H^k(D)$ für $k>0$ Funktionen, die keine klassischen k-ten Ableitungen, sondern nur noch verallgemeinerte (oder schwache) Ableitungen besitzen (vgl. Yosida [1,§I.8], Hackbusch [2,§6.2.1]). Einen Spezialfall des *Sobolevschen Einbettungssatzes* enthält das

Lemma 4.5.24 Sei $D=I \subset \mathbb{R}$ ein Intervall. Für $k \in \mathbb{N}$ ist $H^k(I)$ in dem Raum $C^{k-1/2}(I)$ der Hölder-stetigen Funktionen enthalten. Insbesondere gilt $\|\varphi\|_{C^{k-1/2}(I)} \leqslant C_I \|\varphi\|_{H^k(I)}$. Diese Aussage gilt ebenfalls, wenn D eine eindimensionale (hinreichend glatte) Kurve im $\mathbb{R}^d$ darstellt.

Beweis. (i) Sei $I=[a,b]$ und $k=1$ angenommen. Auf das Integral in

$$\varphi(x) - \varphi(y) = \int_x^y \varphi'(\xi) d\xi = \int_x^y 1 \cdot \varphi'(\xi) d\xi \qquad (a \leqslant x \leqslant y \leqslant b)$$

läßt sich die Schwarzsche Ungleichung anwenden und liefert

$$|\varphi(x) - \varphi(y)|^2 \leqslant \int_x^y 1^2 d\xi \int_x^y \varphi'(\xi)^2 d\xi \leqslant |y-x| \int_I \varphi'(\xi)^2 d\xi = |y-x| \|\varphi\|_{H^1(I)}^2.$$

Dies beweist die Hölder-Stetigkeit mit der Konstanten $\|\varphi\|_{H^1(I)}$.

(ii) Analog schließt man über $\varphi(x)^2 - \varphi(y)^2 = \frac{1}{2} \int_x^y \varphi(\xi) \varphi'(\xi) d\xi$ auf $\varphi(x)^2 - \varphi(y)^2 = r(x,y)$ mit $|r(x,y)| \leqslant \frac{1}{2} \|\varphi\| \|\varphi'\|$, wobei $\|\cdot\| = \|\cdot\|_{L^2(I)}$. Integration über x bei festem y führt zu $\|\varphi\|^2 = (b-a)\varphi(y)^2 + R$ mit $|R| \leqslant \frac{1}{2}(b-a) \|\varphi\| \|\varphi'\|$. Damit ist $\varphi^2(y)$ durch $\frac{1}{2} \|\varphi\| \|\varphi'\| + \|\varphi\|^2/(b-a) \leqslant C_I' \|\varphi\|_{H^1(I)}^2$ beschränkt; also $\|\varphi\|_\infty \leqslant C_I'^{1/2} \|\varphi\|_{H^1(I)}$.

(iii) Die Teile (i) und (ii) ergeben zusammen die Behauptung mit $C_I := \max\{1, C_I'^{1/2}\}$. Für $b-a \geqslant 2$ hat die Konstante unabhängig von I den Wert $C_I = 1$. Die Übertragung dieses Resultates auf unbeschränkte Intervalle macht keine Schwierigkeiten.

(iv) Die Untersuchung für $k>1$ kann man auf $k=1$ zurückführen, indem man beachtet, daß $\varphi \in H^k(I)$ zu $\varphi^{(k-1)} \in H^1(I)$ führt. ☐

Da $\|\varphi'\|_{L^2(I)} \leqslant \|\varphi\|_{H^1(I)}$, schreibt sich die Abschätzung (26b) auch als

$$(4.5.26b') \qquad \|\varphi - \Pi_n \varphi\|_{L^2(I)} \leqslant \frac{2}{3} h \|\varphi\|_{H^1(I)}.$$

> Die Ungleichungen (12a-d) und (26b') beweisen: K sei kompakt in $L^2(I)$. Die Galerkin-Lösung für X_n mit stückweise konstanten Funktionen aus (19a-f) konvergiert von erster Ordnung: $\|f_n - f\|_{L^2(I)} \leqslant C h \|f\|_{H^1(I)}$.

4.5.7 Beispiel: stückweise lineare Funktionen

Um wieder zur Dimension $\dim(X_n)=n$ zu gelangen, numerieren wir im Falle stückweise linearer Funktionen die Knoten mit $1,...,n$ statt mit $0, 1,..., n$ wie in (19a). Die Notation lautet somit wie folgt.

Das endliche Intervall $D=I=[a,b]$ sei durch

(4.5.29a) $a=x_{1,n}<...<x_{n,n}=b$ (Kurznotation: $x_j=x_{j,n}$)

zerlegt in die Teilintervalle (29b) zu der Schrittweite h aus (29c):

(4.5.29b) $I_k:=[x_{k-1},x_k)$ für $2\leqslant k<n$, $I_n:=[x_{n-1},x_n]$,

(4.5.29c) $h:=h_n:=\max\{|x_{k,n}-x_{k-1,n}|:\ k=2,...,n\}$.

Die Intervallzerlegung sei quasiuniform, d.h. es gibt ein C_Z mit

(4.5.29d) $|x_{k,n}-x_{k-1,n}|\geqslant h_n/C_Z$ für alle $n\in\mathbb{N}$ und $k=2,...,n$.

Der die orthogonale Projektion Π_n definierende Unterraum $X_n\subset L^2(I)$ ist

(4.5.29e) $X_n:=\{f\in C(I):\ f$ linear auf I_k für $k=2,...,n\}$.

Bemerkung 4.5.25 Im Falle periodischer Funktionen auf I ist wie in (19a) wieder $a=x_0<x_1<...<x_n=b$ anzusetzen, damit $\dim(X_n)=n$.

Die naheliegende Wahl der Basis ist (30a) (vgl. Abb. 1.4.1):

(4.5.30a) $\Phi_k=L_k$ $(1\leqslant k\leqslant n)$ mit $L_k=L_{k,n}$ aus (1.4.6).

In extrem nichtäquidistanten Fällen ist zur Sicherung der Kondition eine Skalierung z.B. durch

(4.5.30b) $\Phi_k=\sqrt{3/(\delta_k+\delta_{k+1})}\ L_k$ $(1\leqslant k\leqslant n)$ mit L_k wie in (30a)

angebracht (vgl. Bemerkung 27c). Mit δ_k wird die Länge der Teilintervalle abgekürzt:

(4.5.30c) $\delta_k:=x_k-x_{k-1}$ für $2\leqslant k\leqslant n$, $\delta_1:=\delta_{n+1}:=0$.

Bemerkung 4.5.26 Es gelte (29a–c,e) und (30c). Für die Basis (30a) erhält man im äquidistanten ($\delta_k=h$ für alle k) bzw. im nichtäquidistanten Falle die tridiagonale Matrix

$$(4.5.31a)\qquad A=\frac{h}{3}\begin{bmatrix} 1 & \frac{1}{2} & & & O \\ \frac{1}{2} & 2 & \frac{1}{2} & & \\ & \frac{1}{2} & \ddots & \ddots & \\ & & \ddots & 2 & \frac{1}{2} \\ O & & & \frac{1}{2} & 1 \end{bmatrix} \quad\text{bzw.}\quad A=\frac{1}{6}\begin{bmatrix} 2(\delta_1+\delta_2) & \delta_2 & & O \\ \delta_2 & 2(\delta_2+\delta_3) & \delta_3 & \\ & \ddots & \ddots & \ddots \\ & & & \delta_n \\ O & & \delta_n & 2(\delta_n+\delta_{n+1}) \end{bmatrix}.$$

Die skalierte Basis (30b) führt auf die Matrixelemente

(4.5.31b) $\alpha_{jj}=1$, $\alpha_{j,j-1}=\alpha_{j-1,j}=\frac{1}{2}\delta_j/\sqrt{(\delta_{j-1}+\delta_j)(\delta_j+\delta_{j+1})}$.

Übungsaufgabe 4.5.27 Man beweise: **(a)** Es gelte (29a-e). Die Basis (30a) erfüllt Kriterium 9 (mit $n-1$ statt n) mit den Konstanten

$$(4.5.32a) \qquad C_1 = 1, \quad C_2 = 2, \quad C_3 = 2C_Z(b-a), \quad C_4 = \frac{3C_Z}{b-a}, \quad q = \tfrac{1}{2},$$

so daß

$$(4.5.32b) \qquad C_n(\Phi) \le 24\, C_Z^2 \qquad\qquad (C_Z = 1 \text{ im äquidistanten Fall}).$$

Die Normen der (symmetrischen) Matrix A sind abschätzbar durch

$$(4.5.32c) \qquad \|A\|_2 \le \|A\|_\infty \le h, \quad \|A^{-1}\|_2 \le \|A^{-1}\|_\infty \le \frac{6C_Z}{b-a}\,(n-1).$$

(b) Es gelte (29a-c,e). Ferner sei $\delta_j/\delta_{j+1} \in [1/\varkappa, \varkappa]$ mit $1 \le \varkappa < 4$ für alle $2 \le j \le n$. Die Basiswahl (30b) führt auf

$$(4.5.32d) \qquad q = \tfrac{1}{2}\sqrt{\varkappa}, \quad C_4 = 1/(n-1) \qquad\qquad \text{in (11f,g)}.$$

$$(4.5.32e) \qquad \|A\|_2 \le \|A\|_\infty \le 1 + \tfrac{1}{2}\sqrt{\varkappa}, \quad \|A^{-1}\|_2 \le \|A^{-1}\|_\infty \le 2/(2-\sqrt{\varkappa}).$$

(c) Die Spektralkondition der Matrix A lautet

$$(4.5.33) \qquad \mathrm{cond}_2(A) \le \begin{cases} 6C_Z^2 & \text{für Basis (30a),} \\ (2+\sqrt{\varkappa})/(2-\sqrt{\varkappa}) & \text{für Basis (30b).} \end{cases}$$

Die Bedingung $\delta_j/\delta_{j+1} \in [1/\varkappa, \varkappa]$ in Teil (b) besagt, daß sich die Intervallängen δ_j beim Übergang von einem Intervall zum anderen nicht sprunghaft ändern dürfen. Der Quotient $\max \delta_j/\min \delta_j$ darf jedoch mit n beliebig wachsen und braucht nicht wie in (29d) durch C_Z beschränkt zu sein. Dies erlaubt «graduierte Gitter». Für Tabelle 4.5 ist eine solche nichtäquidistante Zerlegung verwendet worden.

Die Stabilität und Konvergenz der Projektion Π_n bezüglich der Supremumsform $\|\cdot\|_\infty$ in $C(I)$ folgt aus Lemma 8 und (32b).

Die *Fehlerabschätzung des Projektionsfehlers* wird im folgenden Unterkapitel vorbereitet und in §4.5.9 wieder aufgenommen werden.

4.5.8 Allgemeine Analyse des Projektionsfehlers

Die Darstellung und Abschätzung des Projektionsfehlers $\varphi - \Pi_n\varphi$ ist im Falle der stückweise linearen Funktionen umständlicher als in §4.5.6, da man nicht von einer so expliziten Darstellung des Fehlers wie in Lemma 17 ausgehen kann. Stattdessen müssen wir den Umweg über den *Interpolations*fehler einschlagen. Wir setzen voraus:

$$(4.5.34a) \qquad X_n \subset X \cap C(D) \qquad\qquad (X: \text{Hilbert-Raum}).$$

Als Basis in X_n seien die Lagrange-Funktionen $\Phi_j = L_j$ gewählt:

$$(4.5.34b) \qquad X_n = \mathrm{span}\{\Phi_1, \ldots, \Phi_n\}, \qquad\qquad \Phi_j(x_k) = \delta_{jk}, \quad x_k \in D.$$

Die Interpolation in X_n mit den Stützstellen x_k wird mit $\hat\Pi_n$ bezeichnet. Sie hat die Darstellung

$$(4.5.34c) \qquad \hat\Pi_n\varphi = \sum \hat\alpha_j\Phi_j \quad \text{mit } \hat\alpha_j := \varphi(x_j) \qquad\qquad \text{für } \varphi \in C(D)$$

(vgl. (1.4.7)). Mit $\delta\varphi$ sei der *Interpolationsfehler* bezeichnet:

$$(4.5.34d) \qquad \delta\varphi := \varphi - \hat\Pi_n\varphi.$$

Wir gehen davon aus, daß für $\delta\varphi$ Fehlerabschätzungen z.B. bezüglich $\|\cdot\|_{L^2(D)}$ und $\|\cdot\|_\infty$ bekannt sind, und wollen der Frage nachgehen, wie sich diese Abschätzungen auf den (orthogonalen) Projektionsfehler $\varphi - \Pi_n\varphi$ übertragen. Der Zusammenhang zwischen $\delta\varphi$ und $\varphi - \Pi_n\varphi$ kann zweifach hergestellt werden. Zunächst sei die folgende Abschätzung gegeben.

Lemma 4.5.28 Π_n sei die orthogonale Projektions auf $X_n \subset X \cap C(D)$ bezüglich des Skalarproduktes in X. Für $\varphi \in X \cap C(D)$ gilt die Ungleichung

(4.5.35) $\|\varphi - \Pi_n\varphi\|_X \leqslant \|\delta\varphi\|_X$ mit $\delta\varphi$ aus (34d).

Beweis. Bemerkung 1.3.33c besagt: $\|\varphi - \Pi_n\varphi\|_X \leqslant \|\varphi - \psi\|_X$ für alle $\psi \in X_n$, insbesondere für $\psi = \widehat{\Pi}_n \varphi$.   ☐

Die Abschätzung (35) hat zwei Nachteile. Das Ungleichheitszeichen schließt eine zu pessimistische Abschätzung nicht aus. Zweitens ist sie auf die Norm $\|\cdot\|_X$ des Hilbert-Raumes beschränkt, also in den üblichen Anwendungen auf die L^2-Norm. Eine Abschätzung bezüglich $\|\cdot\|_\infty$ erhält man aus (35) nicht.

Zur genaueren Analyse wollen wir deshalb die folgende exakte Darstellung des Projektionsfehlers beweisen.

Lemma 4.5.29 Es gelte (34a-c). Der Vektor $\hat{a} = (\hat{a}_j) \in \mathbb{R}^n$ sei mit $\hat{a}_j$ aus (34c) definiert. Die Matrix $A = A_n$ ergebe sich aus (7b) mit der Lagrange-Basis (34b). Dann hat der Projektionsfehler $e = e_n = \varphi - \Pi_n\varphi$ in den Stützstellen x_k die Werte

(4.5.36a) $\varepsilon_k = e(x_k) = (\varphi - \Pi_n\varphi)(x_k)$ $(1 \leqslant k \leqslant n)$,

wobei der Vektor $\varepsilon = (\varepsilon_k)$ Lösung der Gleichung (36b) ist:

(4.5.36b) $A\varepsilon = \delta$ mit $\delta = (\delta_j)$, $\delta_j := -\langle \Phi_j, \delta\varphi \rangle$, $\delta\varphi$ aus (34d).

Beweis. Wie im Beweis zu Lemma 17 zeigt man die Darstellung

(4.5.36c) $\Pi_n\varphi = \sum \alpha_j \Phi_j$ mit $a = (\alpha_j)$, $Aa = b = (\beta_j)$, $\beta_j = \langle \varphi, \Phi_j \rangle$.

Daher ist $\varepsilon_k = e(x_k) = \varphi(x_k) - \sum \alpha_j \Phi_j(x_k) = \varphi(x_k) - \alpha_k$ (vgl. (34b)) und $\delta := A\varepsilon = Ac - Aa = Ac - b$ mit $c = (\varphi(x_k))_{k \in \mathbb{N}}$. Aus $\widehat{\Pi}_n \varphi = \sum \varphi(x_k)\Phi_k$ schließt man auf (36b):

$$\delta_j = \sum \alpha_{jk}\varphi(x_k) - \beta_j = \sum \langle \Phi_k, \Phi_j \rangle \varphi(x_k) - \langle \varphi, \Phi_j \rangle =$$
$$= \langle \sum \varphi(x_k)\Phi_k - \varphi, \Phi_j \rangle = \langle \widehat{\Pi}_n \varphi - \varphi, \Phi_j \rangle = -\langle \delta\varphi, \Phi_j \rangle .   ☐$$

Folgerung 4.5.30 Der Projektionsfehler $\varphi - \Pi_n\varphi$ hat die Darstellung

(4.5.36d) $\varphi - \Pi_n\varphi = \delta\varphi + \sum \varepsilon_j \Phi_j$ mit ε_j aus (36a,b).

Zu jeder für φ und auf X_n erklärten Norm $\|\cdot\|$ erhält man die Abschätzung

(4.5.36e) $\|\varphi - \Pi_n\varphi\| \leqslant \|\delta\varphi\| + \|\sum \varepsilon_j \Phi_j\|$.

Für $\| \sum \varepsilon_j \Phi_j \|$ bieten sich konkret folgende Abschätzungen an, wobei die Größe $C_n(\Phi)$ in (9) definiert ist:

(4.5.36f) $\quad \| \sum \varepsilon_j \Phi_j \|_\infty \leq \| \varepsilon \|_\infty \| \sum | \Phi_j | \|_\infty$,

(4.5.36g) $\quad \| \sum \varepsilon_j \Phi_j \|_{L^2(D)} \leq \| A \|_2^{1/2} \| \varepsilon \|_2 \qquad (\| \varepsilon \|_2^2 = \sum \varepsilon_j^2)$.

Dank der Darstellung (36b) erhält man folgende Schranken für $\| \varepsilon \|$:

(4.5.36h) $\quad \| \varepsilon \|_\infty \leq \| A^{-1} \|_\infty \| \delta \|_\infty$,

(4.5.36i) $\quad \| \varepsilon \|_2 \leq \| A^{-1} \|_2 \| \delta \|_2 \leq \| A^{-1} \|_2^{1/2} \sqrt{C_n(\Phi)} \, \| \delta\varphi \|_{L^2(D)}$.

Zusammengesetzt ergeben (36f-i):

(4.5.36j) $\quad \| \sum \varepsilon_j \Phi_j \|_\infty \quad \leq C_n(\Phi) \| \delta\varphi \|_\infty$,

(4.5.36k) $\quad \| \sum \varepsilon_j \Phi_j \|_{L^2(D)} \leq [\operatorname{cond}_2(A) \, C_n(\Phi)]^{1/2} \| \delta\varphi \|_{L^2(D)}$.

Unter der Bedingung (10b): $C_n(\Phi) \leq C$ beweisen die Resultate (36e,j,k) die Abschätzung (36l) für $\| \cdot \|_2$ und $\| \cdot \|_\infty$:

(4.5.36l) $\quad \| \varphi - \Pi_n \varphi \| \leq \operatorname{const} \| \delta\varphi \|$.

Beweis. Die Knotenwerte von $(\varphi - \Pi_n\varphi) - \delta\varphi = (\varphi - \Pi_n\varphi) - (\varphi - \hat\Pi_n\varphi) = (\hat\Pi_n - \Pi_n)\varphi$ sind ε_k (vgl. (36a)). Also ist $(\hat\Pi_n - \Pi_n)\varphi = \sum \varepsilon_k \Phi_k$ und beweist (36d). Bezüglich der weiteren Abschätzungen sei nur (36i) vorgeführt. Nach Definition ist $| \delta_j | = | \langle \delta\varphi, \Phi_j \rangle | \leq \| \delta\varphi | \Phi_j |^{1/2} \|_{L^2(D)} \| | \Phi_j |^{1/2} \|_{L^2(D)}$ und somit

$$\| \delta \|_2^2 = \sum \delta_j^2 \leq \sum_j \left[\int \delta\varphi^2 | \Phi_j(x) | \, dx \right] \left[\int | \Phi_j(x) | \, dx \right] \leq$$
$$\leq \max_j \| \Phi_j \|_{L^1(D)} \sum_j \left[\int \delta\varphi^2 | \Phi_j(x) | \, dx \right] =$$
$$= \max_j \| \Phi_j \|_{L^1(D)} \left[\int \delta\varphi^2 \sum_j | \Phi_j(x) | \, dx \right] \leq$$
$$\leq \max_j \| \Phi_j \|_{L^1(D)} \| \sum | \Phi_j | \|_\infty \int \delta\varphi^2 \, dx .$$

Da A symmetrisch, ist $\| A^{-1} \|_2^{1/2}$ durch $\| A^{-1} \|_\infty^{1/2}$ abschätzbar. ■

4.5.9 Fortsetzung: stückweise lineare Funktionen

Gemäß §4.5.8 ist zunächst der Interpolationsfehler $\delta\varphi := \varphi - \hat\Pi_n\varphi$ zu untersuchen.

Lemma 4.5.31 $I = [a,b]$ sei wie in (29a-c) zerlegt. Für die stückweise lineare Interpolation $\hat\Pi_n$ in den Stützstellen x_k $(1 \leq k \leq n)$ gelten die folgenden Fehlerabschätzungen:

(4.5.37a) $\quad \| \varphi - \hat\Pi_n\varphi \|_\infty \leq \tfrac{1}{8} L_{\varphi'} \cdot h_n^2 \qquad\qquad$ für $\varphi \in C_L^1(I)$,

wobei $L_{\varphi'} \leq \| \varphi \|_{C_L^1(I)}$ die Lipschitz-Konstante von φ' ist,

(4.5.37b) $\quad \| \varphi - \hat\Pi_n\varphi \|_{L^2(I)} \leq 90^{-1/2} \, h_n^2 \, \| \varphi'' \|_{L^2(I)} \qquad\qquad$ für $\varphi \in H^2(I)$.

Beweis. (i) Man wiederhole den Beweis zu Bemerkung 1.4.11 für $\lambda = 2$ und verbessere die Konstante $C_I = 1/4$ zu $1/8$. Dies beweist (37a).

(ii) Man prüfe nach, daß der Fehler $\delta\varphi := \varphi - \hat\Pi_n\varphi$ die folgende «Peano-Kerndarstellung» (37c) hat, indem man $\delta\varphi(x_{k-1}) = \delta\varphi(x_k) = 0$ und $\delta\varphi'' = \varphi''$ verifiziert:

$(4.5.37c_1)$ $\quad (\varphi - \hat{\Pi}_n \varphi)(x) = \int_{I_k} \varkappa(x,\xi)\, \varphi''(\xi)\, d\xi \qquad$ für alle $x \in I_k$ mit

$(4.5.37c_2)$ $\quad \varkappa(x,\xi) = \max\{0, x-\xi\} - (x-x_{k-1})(x_k-\xi)/(x_k-x_{k-1}).$

Die Schwarzsche Ungleichung zeigt $|\delta\varphi(x)| \leqslant \|\varkappa(x,\cdot)\|_{L^2(I_k)} \|\varphi''\|_{L^2(I_k)}$.
Auswertung von $\int_{I_k} \varkappa(x,\xi)^2 d\xi$ liefert den Wert $\|\varkappa(x,\cdot)\|_{L^2(I_k)} = (x-x_{k-1})(x_k-x)/\sqrt{3(x_k-x_{k-1})}$ für alle $x \in I_k$. Integration über I_k beweist

$$\|\varphi - \hat{\Pi}_n \varphi\|^2_{L^2(I_k)} \leqslant \int_{I_k} \frac{(x-x_{k-1})^2 (x_k-x)^2}{3(x_k-x_{k-1})} dx \quad \|\varphi''\|^2_{L^2(I_k)} =$$

$$= \tfrac{1}{90}(x_k - x_{k-1})^4 \|\varphi''\|^2_{L^2(I_k)} \leqslant \tfrac{1}{90} h_n^4 \|\varphi''\|^2_{L^2(I_k)}.$$

Aus Übungsaufgabe 22 erhält man die Behauptung. ▨

Der Vollständigkeit halber sei angemerkt, daß (37c) auch zum Beweis von (37a) verwendet werden kann. Die Ableitung von $\varphi \in C_L^1(I)$ ist von beschränkter Variation, so daß (37c) als Stieltjes-Integral geschrieben werden kann: $\int_{I_k} \varkappa(x,\xi)\, d\varphi'(\xi)$. Mit der Abschätzung $|d\varphi'(\xi)| \leqslant L_{\varphi'} d\xi$ der Totalvariation erhält man $|\int_{I_k} \varkappa(x,\xi)\, d\varphi'(\xi)| \leqslant L_{\varphi'} \int_{I_k} |\varkappa(x,\xi)|\, d\xi = \tfrac{1}{2} L_{\varphi'} (x-x_{k-1})(x_k-x) \leqslant \tfrac{1}{8} L_{\varphi'} h_n^2.$

Die Resultate des vorangehenden Abschnittes führen auf den

Satz 4.5.33 (a) Die Zerlegung von $I = [a,b]$ sei durch (29a–c) beschrieben. Die orthogonale Projektion Π_n auf den Raum X_n der stückweise linearen Funktionen (vgl. (29e)) erfüllt die Fehlerabschätzungen

$(4.5.38a)$ $\quad \|\varphi - \Pi_n \varphi\|_{L^2(I)} \leqslant 90^{-1/2}\, h_n^2\, \|\varphi''\|_{L^2(I)} \qquad$ für $\varphi \in H^2(I)$,

$(4.5.38b)$ $\quad \|\varphi - \Pi_n \varphi\|_\infty \leqslant (1 + C_n(\Phi)) \|\varphi - \hat{\Pi}_n \varphi\|_\infty \leqslant (1 + C_n(\Phi)) \tfrac{1}{8} L_{\varphi'} h_n^2$

für $\varphi \in C_L^1(I)$ mit der Lipschitz-Konstanten $L_{\varphi'}$ von φ'. Wird zusätzlich die Quasiuniformität (29d) angenommen, lautet die Abschätzung

$(4.5.38c)$ $\quad \|\varphi - \Pi_n \varphi\|_\infty \leqslant (\tfrac{1}{8} + 3 C_Z^2) L_{\varphi'} h_n^2 \leqslant (\tfrac{1}{8} + 3 C_Z^2) h_n^2 \|\varphi\|_{C_L^1(I)}.$

(b) Wenn λ regulärer Wert von $K \in K(X,X)$ für $X = L^2(I)$ bzw. $C(I)$ ist und die Lösung f der Integralgleichung zu $H^2(I)$ bzw. $C_L^1(I)$ gehört, impliziert (38c) bzw. (38a) die Fehlerabschätzung (38d) für die Galerkin-Lösung f_n:

$(4.5.38d)$ $\quad \|f_n - f\|_{L^2(I)} \leqslant C h_n^2 \|f\|_{H^2(I)} \quad$ bzw. $\quad \|f_n - f\|_\infty \leqslant C h_n^2 \|f\|_{C_L^1(I)}.$

Beweis. (i) Wegen Lemma 28 ist (38a) unmittelbare Folge von (37b). Ungleichung (38b) ergibt sich aus (36e,j) und (37a). Zur Abschätzung von $C_n(\Phi)$ verwendet man (32b): $C_n(\Phi) \leqslant 24\, C_Z^2$ und gelangt zu (38c).
(ii) Teil (b) folgt mit Satz 6. ▨

Übungsaufgabe 4.5.34 Man führe die Überlegungen der Folgerung 30 und des Lemmas 31 für $\|\cdot\| = \|\cdot\|_{L^1(D)}$ durch und beweise

$(4.5.38e)$ $\quad \|\varphi - \Pi_n \varphi\|_{L^1(D)} \leqslant (1 + C_n(\Phi)) \|\varphi - \hat{\Pi}_n \varphi\|_{L^1(D)},$ wobei

$(4.5.38f)$ $\quad \|\varphi - \hat{\Pi}_n \varphi\|_{L^1(D)} \leqslant \tfrac{1}{8} h_n^2 \|\varphi''\|_{L^1(D)}.$

Hinweis. Die entsprechende Vektornorm ist $\|e\|_1 = \sum |e_j|$. Für die zugehörige Matrixnorm gilt $\|A^{-1}\|_1 = \|A^{-1}\|_\infty$ für symmetrisches A^{-1}.

4.5.10 Numerische Beispiele

Das erste Beispiel sei wie in §4.2.8 und §4.4.5 durch (2.19a), (2.21a,b) beschrieben:

$$k(x,y)=\cos(\pi x y), \quad f(x)=e^{x}\cos(7x), \quad I=[0,1], \quad \lambda=1.$$

Zur Diskretisierung wählen wie die *stückweise konstanten Funktionen* bei einer äquidistanten Zerlegung des Intervalles $I=[0,1]$. Das Integral in $K\Phi_k$ kann noch explizit ausgewertet werden:

$$(4.5.39) \qquad (K\Phi_k)(x)=\int_{(k-1)h}^{kh}\cos(\pi x y)\,dy = h\,\frac{\sin x\pi h/2}{x\pi h/2}\cos\pi x\xi_k,$$

wobei $\xi_k:=(k-\frac{1}{2})h$ $(1\leqslant k\leqslant n)$ der Mittelpunkt (19e) von I_k ist. Zur Berechnung von $\beta_{jk}=\langle K\Phi_k,\Phi_j\rangle$ ist die Funktion (39) nochmals über $x\epsilon I_j$ zu integrieren. Da dieses Integral nicht elementar darstellbar ist, nähern wir β_{jk} durch die (nicht summmierte) Simpson-Formel (1.4.18d) der Schrittweite $\frac{h}{2}$ mit den Stützstellen $x_{j-1}=(j-1)h$, $\xi_j=(j-\frac{1}{2})h$, $x_j=jh$ an:

$$(4.5.40a) \qquad \widetilde{\beta}_{jk}=\frac{h}{6}[(K\Phi_k)(x_{j-1})+4(K\Phi_k)(\xi_j)+(K\Phi_k)(x_j)],$$

$$(4.5.40b) \qquad \widetilde{b}_j=\frac{h}{6}[g(x_{j-1})+4g(\xi_j)+g(x_j)] \qquad \text{mit } g \text{ aus (2.21b).}$$

Da der relative Fehler der Simpson-Quadratur $O(h^4)$ beträgt, sind die Quadraturfehler von $\widetilde{\beta}_{jk}$ und $\widetilde{b}_j$ gegenüber dem Diskretisierungsfehler vernachlässigbar. Die Matrix A ergibt sich nach (21a) zu $A=hI$. Die Lösung der Gleichung $(A-B)a=b$ liefert die Knotenwerte $f_n(\xi_j)=\sum\alpha_k\Phi_k(\xi_j)=\alpha_j$ in den Mittelpunkten ξ_j. In Tabelle 1 sind die Fehlernormen

$$e_{h,\infty}:=\max\{|f_n(\xi_j)-f(\xi_j)|: 1\leqslant j\leqslant n\},$$

$$e_{h,2}:=\{h\textstyle\sum_k|f_n(\xi_j)-f(\xi_j)|^2\}^{1/2}$$

wiedergegeben. Die sehr nahe bei 4 liegenden Quotienten weisen auf quadratische Konvergenz (Superkonvergenz, vgl. Lemma 6.18) hin und gehen über die in §4.5.6 vorhergesagte lineare Konvergenz hinaus.

h	$e_{h,\infty}$		$e_{h,2}$	
1/2	0.240 00	1.02	0.175 97	1.02
1/4	0.234 53	3.14	0.173 16	3.92
1/8	0.074 67	3.88	0.044 19	3.97
1/16	0.019 23	4.00	0.011 12	3.99
1/32	0.004 81	3.99	0.002 78	4.00
1/64	0.001 21		0.000 70	

Tabelle 4.5.1 Galerkin-Verfahren für Beispiel (2.19a), (2.21a,b), stückweise *konstante* Funktionen, numerische Quadratur durch Simpson-Formel

h	$e_{h,\infty}$		$e_{h,2}$	
1/2	0.744 50	1.00	0.486 39	1.18
1/4	0.741 13	4.21	0.413 31	4.34
1/8	0.175 93	4.19	0.095 34	4.27
1/16	0.042 00	4.03	0.022 81	4.07
1/32	0.010 43	3.97	0.005 60	4.04
1/64	0.002 62		0.001 39	

Tabelle 4.5.2 Galerkin-Verfahren für Beispiel (2.19a), (2.21a,b), stückweise *lineare* Funktionen, numerische Quadratur durch Simpson-Formel

Da die Simpson-Quadratur genauer ist als notwendig, könnte man $K\Phi_k$ und g auch mit Hilfe der Tangententrapezregel (1.4.18e) über I_j integrieren:

$$(4.5.40c) \qquad \tilde{\beta}_{jk} = h\,(K\Phi_k)(\xi_j), \qquad \tilde{b}_j = h\,g(\xi_j).$$

Die Resultate finden sich in der Tabelle 4.2 unter den *Kollokations*beispielen, denn es gilt die folgende Aussage:

Übungsaufgabe 4.5.35 Man beweise für die vorliegenden stückweise konstanten Funktionen: Die Tangententrapezregel (40c) produziert bis auf einen uninteressanten Skalierungsfaktor h die gleiche Matrix B und den gleichen Vektor b wie das Kollokationsverfahren bei der stückweise konstanten Interpolation in den Intervallmittelpunkten ξ_k. Da auch A für beide Diskretisierungen übereinstimmt, sind die Lösungen f_n identisch.

Beim Ansatz mit stückweise linearen Funktionen hat $(K\Phi_k)(x)$ für innere Knotenpunkte $x_k \epsilon (0,1)$ die Gestalt $h\cos(\pi x\, x_k)\,[\frac{\sin x\pi h/2}{x\pi h/2}]^2$. Auch hier ist eine numerische Quadratur für die Skalarprodukte $\langle \Phi_j, g\rangle$ und $\langle \Phi_j, K\Phi_k\rangle$ unumgänglich. Die Simpson-Formel mit der Schrittweite $h/2$ in $[x_{j-1}, x_j]$ und $[x_j, x_{j+1}]$ liefert die Approximation

$$(4.5.40d) \qquad \langle \Phi_j, g\rangle \approx \tfrac{h}{3}[g(x_j - \tfrac{h}{2}) + g(x_j) + g(x_j + \tfrac{h}{2})]\ \text{ für innere Knoten } x_j.$$

Übungsaufgabe 4.5.36 (a) Wie lautet die (40d) entsprechende Formel in den Randknoten $x_j = 0$ und $x_j = 1$? **(b)** Warum liefert die Simpson-Formel zur Schrittweite h (statt $\frac{h}{2}$) vollkommen unzureichende Resultate?

Als zweites Beispiel wird auf (4.22a-c) mit dem Kern $|x - y|^{-1/2}$ zurückgegriffen. Für den Ansatz mit *stückweise konstanten* Funktionen läßt sich die doppelte Integration in $\beta_{jk} = \langle K\Phi_k, \Phi_j\rangle$ durchführen. Das Resultat lautet

$$\beta_{jk} = \tfrac{4}{3}h^{3/2}\,[\ ||k-j|+1|^{3/2} + ||k-j|-1|^{3/2} - 2|k-j|^{3/2}\ ].$$

Da die Funktion g aus (4.22c) zu kompliziert für eine exakte Integration ist, wird die Simpson-Formel zur Schrittweite $h/2$ verwendet. Die hiermit erzielten Ergebnisse zeigt die Tabelle 3. Die Fehler sind den Kollokationsergebnissen aus Tabelle 4.5 sehr ähnlich. Da f «fast» in $H^1(I)$ liegt (genauer: in $H^s(I)$ für $s<1$, so daß $\|f - \Pi_n f\|_{L^2} \leqslant C_s h^s$) liefern die Überlegungen dieses Abschnittes einen Fehler $\approx O(h)$. Auch §4.6.4 wird pessimistischere Konvergenzordnungen vorhersagen, als in Tabelle 3 zu beobachten.

h	$e_{h,\infty}$		$e_{h,2}$	
1/2	0.038 92		0.038 92	
		0.49		0.49
1/4	0.079 62		0.072 63	
		1.73		2.21
1/8	0.045 94		0.032 80	
		2.63		3.19
1/16	0.017 45		0.010 29	
		3.16		3.67
1/32	0.005 51		0.002 80	
		3.55		3.61
1/64	0.001 55		0.000 78	
		3.98		3.25
1/128	0.000 39		0.000 24	

Tabelle 4.5.3 Galerkin-Verfahren für Beispiel (4.22a-c) mit stückweise konstanten Funktionen, numerische Quadratur von $\langle \Phi_j, g\rangle$ durch Simpson-Formel

4.6 Verschiedene Anmerkungen zu Projektionsverfahren

Die §4.6.1 und §4.6.3 werden die Diskretisierungen in verschiedene Algorithmen eingebunden. §4.6.2 und §4.6.4 betreffen die Konvergenzanalyse. §4.6.5 diskutiert eine andere Formulierung der Projektionsmethoden. Schließlich gehen §§4.6.6-7 auf die numerische Quadratur und ihren Einfluß auf die Lösungsgenauigkeit ein.

4.6.1 Regularisierung

Die Fehlerdarstellungen (3.12a,c) verknüpften den Fehler von f_n mit dem Projektionsfehler $f - \Pi_n f$. Letzterer ist aber nur dann hinreichend klein, wenn f glatt ist. Dies sei noch einmal verdeutlicht anhand der

Übungsaufgabe 4.6.1 Sei $f(x) = \sqrt{x}$ in $[0,1]$. Die Projektion Π_n sei durch die stückweise lineare Interpolation in den Stützstellen $\{0, h, 2h, \ldots\}$ definiert. Obwohl die Interpolation von zweiter Ordnung ist, beträgt der Interpolationsfehler $\| f - \Pi_n f \|_\infty = \sqrt{h}/4$. Diese Potenz von h entspricht der Glattheitsordnung $f \in C^{1/2}(I)$.

Folglich ist die numerische Lösung durch die beschriebenen Projektionsverfahren nur dann befriedigend, wenn die Lösung glatt ist. Aufgrund des Regularitätssatzes 3.5.1 ist die Lösung f nur glatt, wenn die Inhomogenität g in der Gleichung $\lambda f = g + Kf$ hinreichend glatt ist. Wie geht man aber vor, wenn g nicht glatt ist?

Es sei vorausgesetzt, daß der Integraloperator glättend wirkt: $K \in L(C(I), C^\varkappa(I))$. Aus $g \in C^\varkappa(I)$ schließen wir mit Satz 3.5.1, daß auch $f \in C^\varkappa(I)$. Im folgenden sei nicht mehr als $f \in C(I)$ vorausgesetzt. Die Lösung hat die Darstellung $f = \frac{1}{\lambda}(g + Kf)$. Auf der rechten Seite ist Kf/λ unbekannt, aber seine Zugehörigkeit zu $C^\varkappa(I)$ folgt aus der Annahme über K. Wir können daher den Ansatz

$$(4.6.1a) \qquad f = \tfrac{1}{\lambda} g + \varphi$$

mit einer noch zu bestimmenden Funktion $\varphi \in C^\varkappa(I)$ machen. Einsetzen in die Integralgleichung liefert

$$g + \lambda \varphi = \lambda f = g + Kf = g + \tfrac{1}{\lambda} Kg + K\varphi.$$

Somit haben wir die folgende Integralgleichung für φ gewonnen:

$$(4.6.1b) \qquad \lambda \varphi = \psi + K\varphi \qquad\qquad \text{mit } \psi = \tfrac{1}{\lambda} Kg.$$

Die Annahmen $g \in C(I)$ und $K \in L(C(I), C^\varkappa(I))$ sichern $\psi \in C^\varkappa(I)$. Wendet man ein Projektionsverfahren der Ordnung $\varkappa$ auf (1b) an, erhält man die volle Konvergenzordnung $\| \varphi - \varphi_n \| = O(h^\varkappa)$. Die Näherung für f ergibt sich aus (1a) zu

$$(4.6.1c) \qquad f_n := \tfrac{1}{\lambda} g + \varphi_n \qquad\qquad (\varphi_n\text{: Projektionslösung von (1b)}).$$

Da $f - f_n = \varphi - \varphi_n$, ergibt sich auch für f_n die volle Konvergenzordnung. Der Name «Regularisierung» für dieses Verfahren leitet sich daraus ab, daß man das ursprüngliche Problem in eine neue Aufgabe (1b) umformuliert, deren Lösung hinreichend regulär (glatt) ist.

Das geschilderte Verfahren läßt sich selbst dann anwenden, wenn die Lösung f nicht im zugrundegelegten Raum $C(I)$ bzw. $L^2(I)$ liegt. Als extremes Beispiel sei die Gleichung $\lambda f = g + Kf$ mit der Diracschen Deltafunktion $g = \delta_z$ zu einem $z \in I$ angenommen. Die Distribution (verallgemeinerte Funktion) $\delta_z \in C(I)'$ ist das Funktional mit $\delta_z(f) = f(z)$ für $f \in C(I)$. Das Kollokationsverfahren ist hierauf nicht anwendbar, weil δ_z nicht sinnvoll interpoliert werden kann. Das Galerkin-Verfahren kann zwar noch definiert werden, aber alle bisherigen Fehlerabschätzungen sind nicht anwendbar, da δ_z nicht zu $L^2(I)$ gehört. Die Funktion $\psi = \frac{1}{\lambda} K g$ ergibt sich in diesem Fall zu $\psi(x) = \frac{1}{\lambda} k(x, z)$ und ist hinreichend glatt, wenn der Kern k bezüglich des ersten Arguments glatt ist. Die Diskretisierung der Gleichung (1b) stellt daher keine Schwierigkeit dar. Gemäß (1c) lautet die Lösung $f_n = \frac{1}{\lambda} \delta_z + \varphi_n$.

Das beschriebene Verfahren ist iterierbar: Falls die Inhomogenität ψ von (1b) noch nicht glatt genug ist, kann man auch Gleichung (1b) noch einmal regularisieren, vorausgesetzt, daß $K\psi$ glatter als ψ ist.

4.6.2 Abschätzungen in schwächeren Normen

Zwei Normen $\|\cdot\|$ und $\|\!\|\cdot\|\!\|$ wurden in Bemerkung 1.3.3 äquivalent genannt, falls eine gegenseitige Abschätzung möglich ist. Wenn dagegen $\|\!\|\cdot\|\!\| \leqslant C\|\cdot\|$, aber nicht $\|\cdot\| \leqslant C'\|\!\|\cdot\|\!\|$ gilt, so heißt $\|\!\|\cdot\|\!\|$ eine *schwächere Norm* als $\|\cdot\|$. Offenbar impliziert eine Fehlerabschätzung $\|f_n - f\| = O(h^\alpha)$ auch $\|\!\|f_n - f\|\!\| = O(h^\alpha)$ bezüglich der schwächeren Norm, während die Umkehrung im allgemeinen falsch ist. Beispielsweise ist $\|\cdot\|_{L^2(I)}$ schwächer als die Maximumnorm $\|\cdot\|_{\infty, I}$, wenn I beschränkt ist. In (5.26c) ist $\|\Pi_n g - g\|_\infty = O(h^{1/2})$ für $g \in H^1(I)$ die bestmögliche Fehlerordnung. Die hieraus abgeleitete Ungleichung $\|\Pi_n g - g\|_{L^2(I)} = O(h^{1/2})$ ist nicht mehr optimal, denn in (5.26b) haben wir $\|\Pi_n g - g\|_{L^2(I)} = O(h)$ bewiesen.

Das letzte Beispiel nährt die Hoffnung, daß man mit schwächeren Normen höhere (bessere) Fehlerordnungen erzielen kann. Man beachte jedoch, daß die bessere Fehlerordnung mit einem schwächeren Fehlermaß erkauft wird. Es gibt jedoch Fälle, bei denen eine Abschätzung in einer schwächeren Norm völlig ausreichend ist. Eine noch schwächere als die $L^2(I)$-Norm ist die $(H^1(I))'$-Norm.

Bemerkung 4.6.2 Für alle $f \in L^2(D)$ sei die $H^1(D)'$-Norm als Dualnorm zur Solobev-Norm $\|\cdot\|_{H^1(D)}$ durch (2) definiert (vgl. Ende des §1.3.6):

$$(4.6.2) \qquad \|f\|_{-1} := \|f\|_{H^1(D)'} := \sup\{|(f, \varphi)_{L^2(D)}| / \|\varphi\|_{H^1(D)} : 0 \neq \varphi \in H^1(D)\},$$

wobei $(\cdot, \cdot)_{L^2(D)}$ das L^2-Skalarprodukt (1.3.16) darstelle. $\|\cdot\|_{-1}$ ist eine

Norm auf $L^2(D)$. Vervollständigung von $L^2(D)$ unter der $\|\cdot\|_{-1}$-Norm ergibt den Hilbert-Raum $H^1(D)'$, den Dualraum zu $H^1(D)$. Die Einbettung $L^2(D) \subset H^1(D)'$ ist stetig: $\|f\|_{-1} \leqslant \|f\|_{L^2(D)}$. Das $L^2(D)$-Skalarprodukt läßt sich auf $H^1(D) \times H^1(D)'$ stetig fortsetzen (vgl. Lemma 4c), so daß

$$(4.6.3) \qquad |(f,\varphi)_{L^2(D)}| \leqslant \|f\|_{H^1(D)} \|\varphi\|_{-1} \quad \text{für alle } f \in H^1(D),\ \varphi \in H^1(D)'.$$

Grund für die Einführung der $\|\cdot\|_{-1}$-Norm ist das

Lemma 4.6.3 Π_n sei die orthogonale Projektion auf $X_n \subset L^2(D)$. Es gelte

$$(4.6.4a) \qquad \|\Pi_n \varphi - \varphi\|_{L^2(D)} \leqslant C h \|\varphi\|_{H^1(D)}.$$

Dann sind mit der gleichen Konstanten C die Ungleichungen

$$(4.6.4b) \qquad \|\Pi_n \varphi - \varphi\|_{-1} \leqslant C h \|\varphi\|_{L^2(D)},$$
$$(4.6.4c) \qquad \|\Pi_n \varphi - \varphi\|_{-1} \leqslant C^2 h^2 \|\varphi\|_{H^1(D)}$$

erfüllt. Die Operatornormen von $\Pi_n - I$ sind abschätzbar durch

$$(4.6.4d) \qquad \|\Pi_n - I\|_{H^1(D)' \leftarrow L^2(D)} = \|\Pi_n - I\|_{L^2(D) \leftarrow H^1(D)} \leqslant C h,$$
$$(4.6.4e) \qquad \|\Pi_n - I\|_{H^1(D)' \leftarrow H^1(D)} \leqslant C^2 h^2.$$

Beweis. (i) Sei $\varphi \in L^2(D)$. Da Π_n selbstadjungiert ist (vgl. Definition 1.3.32b), gilt für jedes $\psi \in H^1(D)$:

$$|(\Pi_n \varphi - \varphi, \psi)_{L^2(D)}| = |(\varphi, \Pi_n \psi - \psi)_{L^2(D)}| \leqslant$$
$$\leqslant \|\varphi\|_{L^2(D)} \|\Pi_n \psi - \psi\|_{L^2(D)} \leqslant \|\varphi\|_{L^2(D)} C h \|\psi\|_{H^1(D)}.$$

Die Definition (2) liefert die Behauptung (4b): $\|\Pi_n \varphi - \varphi\|_{-1} \leqslant C h \|\varphi\|_{L^2(D)}$. (4b) impliziert die zweite Ungleichung in (6d). Die erste Gleichheit ist eine Folge des nachfolgenden Lemmas 4a.

(ii) Mit Π_n ist auch $I - \Pi_n$ eine Projektion: $(I - \Pi_n)^2 = I - \Pi_n$. Die Abschätzung

$$\|I - \Pi_n\|_{H^1(D)' \leftarrow H^1(D)} = \|(I - \Pi_n)(I - \Pi_n)\|_{H^1(D)' \leftarrow H^1(D)} \leqslant$$
$$\leqslant \|I - \Pi_n\|_{H^1(D)' \leftarrow L^2(D)} \|I - \Pi_n\|_{L^2(D) \leftarrow H^1(D)} \leqslant (Ch)(Ch)$$

beweist (4e). Hieraus ergibt sich (4c). ∎

Lemma 4.6.4 (a) Der zu $T \in L(X,Y)$ duale Operator T' (vgl. Ende §1.3.6) gehört zu $L(Y',X')$ und erfüllt $\|T'\|_{X' \leftarrow Y'} = \|T\|_{Y \leftarrow X}$. Sind X, Y Hilbert-Räume, wird der duale Operator als *adjungierter Operator* $T^* \in L(Y',X')$ bezeichnet.
(b) Ist X ein in $L^2(D)$ stetig eingebetteter Hilbert-Raum, kann X' als Hilbert-Raum aufgefaßt werden, in den $L^2(D)$ stetig eingebettet ist:

$$X \subset L^2(D) \subset X'.$$

Dabei wird $L^2(D)$ mit seinem Dualraum identifiziert: $f \in L^2(D)$ wird mit dem Funktional $F\colon \varphi \in L^2(D) \mapsto F(\varphi) = \int_D \bar{f}(x)\varphi(x)\,dx$ gleichgesetzt.

(c) Die Hilbert-Räume X, Y seien stetig in $L^2(D)$ eingebettet, oder $L^2(D)$ sei umgekehrt stetig in X oder Y eingebettet. Dann wird der adjungierte Operator $T^* \in L(Y', X')$ konkret beschrieben mit Hilfe des L^2-Skalarprodukt

$$(T^* y, x) = (y, T x) \qquad\qquad \text{für alle } y \in Y' \text{ und } x \in X.$$

Dabei wird ausgenutzt, daß sich das L^2-Skalarprodukt $(\cdot, \cdot)_{L^2(D)}$ dank der in (b) beschriebenen Identifikation stetig zur _Dualform_ auf $X \times X'$ erweitern läßt: $x'(x) = (x, x')_{L^2(D)}$ für alle $x' \in X'$ und $x \in X$.

(d) Ist k der Kern des Integraloperators K, so ist der adjungierte Operator K^* der Integraloperator mit dem durch (5) gegebenen Kern k^*:

$$(4.6.5) \qquad k^*(x, y) = \overline{k(y, x)} \qquad\qquad \text{für alle } x, y \in D.$$

Beweis. Zu den Teilen (a-c) sei auf Hackbusch [2, §6.3] verwiesen. Zum Beweis von Teil (d) beachte man $(K\varphi, \psi) = \int_D \int_D k(x, y) \varphi(y) \overline{\psi(x)} \, dx \, dy$. ∎

Die Abschätzung (4a) trifft für das Galerkin-Verfahren mit den stückweise konstanten Funktionen zu. Für $f \in H^1(D)$ beweist (4c) eine $O(h^2)$-Abschätzung des Projektionsfehlers. Legt man in Satz 3.13 den Raum $X = H^1(D)'$ zugrunde, gelangt man zur

Bemerkung 4.6.5 $(\lambda I - K)^{-1} \in L(X, X)$ gelte für $X = H^1(D)'$. Die das Galerkin-Verfahren definierende orthogonale Projektion erfülle (4a). Gehört die Lösung f von $\lambda f = g + Kf$ zu $H^1(D)$, so gilt die Fehlerabschätzung

$$(4.6.6a) \qquad \| f - f_n \|_{-1} \leqslant |\lambda| \, \| (\lambda I - K_n)^{-1} \|_{H^1(D)' \leftarrow H^1(D)'} \, C^2 h^2 \| f \|_{H^1(D)}$$

für die Galerkin-Lösung f_n. Das Galerkin-Verfahren sei durch die _stückweise konstanten_ Funktionen gemäß (5.19a-f) definiert. λ sei regulärer Wert von K. Unter der in Lemma 6e diskutierten Voraussetzung $K \in L(H^1(I)', L^2(I))$ ist $\{K_n\}$ in $H^1(I)'$ stabil und konvergent:

$$(4.6.6b) \qquad \| f - f_n \|_{-1} \leqslant \text{const } h^2 \| f \|_{H^1(D)}.$$

Beweis. Für den zweiten Teil verwendet man, daß $H^1(I)$ in $L^2(I)$ _kompakt_ eingebettet ist {Beweis: Die mittlere der Einbettungen $H^1(I) \subset C^{1/2}(I) \subset C(I) \subset L^2(I)$ ist kompakt (vgl. Satz 1.3.27), die übrigen sind stetig (vgl. Lemma 5.24). Nach Satz 1.3.23a ist das Produkt der Einbettungen kompakt. Vgl. auch Hackbusch [2, §6.4]}. Über Satz 1.3.23d ist $L^2(I) \subset H^1(I)'$ kompakt eingebettet. In Analogie zu Bemerkung 3.4.13 ist K ein in $H^1(I)'$ kompakter Operator, so daß Satz 3.11 mit $X = H^1(I)'$ anwendbar ist. ∎

Um die Voraussetzungen $K \in L(H^1(D)', H^1(D)')$ und $(\lambda I - K)^{-1} \in L(H^1(D)', H^1(D)')$ der Bemerkung 5 nachprüfen zu können, seien einige hinreichende Bedingungen im nachfolgenden Lemma aufgeführt.

Lemma 4.6.6 (a) Die Aussage $K \in L(H^1(D)', H^1(D)')$ ist äquivalent zu $K^* \in L(H^1(D), H^1(D))$. Insbesondere sind alle Bedingungen der Art $K^* \in L(X, Y)$ mit stetigen Einbettungen $Y \subset H^1(D) \subset X$ hinreichend, z.B. $K^* \in L(L^2(D), H^1(D))$, $K^* \in L(L^2(D), C^1(D))$ und, falls $D \subset \mathbf{R}^1$ oder $D = \partial\Omega$ mit $\Omega \subset \mathbf{R}^2$, auch $K^* \in L(C(D), C^1(D))$.

(b) Sei $\lambda \neq 0$. Die Inverse $(\lambda I - K)^{-1} \in L(H^1(D)', H^1(D)')$ existiert in diesem Raum, wenn $(\lambda I - K)^{-1} \in L(L^2(D), L^2(D))$ und $K \in L(H^1(D)', L^2(D))$ oder $K^* \in L(L^2(D), H^1(D))$.

(c) Die Stabilität $\|(\lambda I - K_n)^{-1}\|_{H^1(D)' \leftarrow H^1(D)'} \leq \mathrm{const}$ bezüglich $H^1(D)'$ folgt aus der Stabilität bezüglich $L^2(D)$ und der Regularitätsbedingung $\|K_n^*\|_{H^1(D) \leftarrow L^2(D)} \leq \mathrm{const}$.

(d) Die letztgenannte Regularitätsbedingung $\|K_n^*\|_{H^1(D) \leftarrow L^2(D)} \leq \mathrm{const}$ folgt für Projektionsverfahren aus $K \in L(H^1(D)', L^2(D))$ oder $K^* \in L(L^2(D), H^1(D))$ (vgl. §3.4) und der Stabilität der Projektion bezüglich $L^2(D)$ (vgl. (3.3.c)).

(e) Hinreichend für $K \in L(H^1(D)', L^2(D))$ und damit für $K^* \in L(L^2(D), H^1(D))$ sind die Bedingungen $k, k_y \in L^2(D \times D)$.

(f) Hinreichend für $K \in L(H^1(D)', L^\infty(D))$ ist die Bedingung $\sup\{\int_D [k(x,y)^2 + k_y(x,y)^2]\,dy : x \in D\} < \infty$.

Beweis. (i) Teil (a) ergibt sich aus Lemma 4a. Für die Beispiele beachte man, daß die Einbettungen $C^1(D) \subset H^1(D)$ {sowie $H^1(D) \subset C(D)$ für eindimensionale Bereiche D} stetig sind (vgl. Lemma 5.24).

(ii) Wegen $L^2(D) = L^2(D)'$ (vgl. Lemma 4b) ist nach Lemma 4a $(\lambda I - K)^{-1} \in L(L^2(D), L^2(D))$ äquivalent zu $(\lambda I - K^*)^{-1} \in L(L^2(D), L^2(D))$. Nach Satz 3.5.1 schließt man auf $(\lambda I - K^*)^{-1} \in L(H^1(D), H^1(D))$, was wiederum nach Lemma 4a zur Behauptung des Teiles (b) führt. Der Beweis des Teiles (c) ist analog.

(iii) Für Teil (d) verwende man $K_n = \Pi_n K$, $K_n^* = K^* \Pi_n^*$ und $\|\Pi_n^*\|_{L^2(D) \leftarrow L^2(D)} = \|\Pi_n\|_{L^2(D) \leftarrow L^2(D)} \leq \mathrm{const}$.

(iv) Sei $\varphi \in H^1(D)'$. Mit Ungleichung (3) läßt sich $\Phi := K\varphi$ durch

$$|(K\varphi)(x)| = |\int_D k(x,y)\varphi(y)\,dy| = |(k(x,\cdot), \varphi)| \leq \|k(x,\cdot)\|_{H^1(D)} \|\varphi\|_{-1}$$

abschätzen. Integration über $x \in D$ liefert zusammen mit der Normdefinition $\int_D \|k(x,\cdot)\|^2_{H^1(D)}\,dx = \int_D \int_D [k^2 + k_y^2]\,dy\,dx$ die Behauptung (e). Teil (f) ergibt sich aus der obigen Abschätzung von $|(K\varphi)(x)|$. ∎

Übungsaufgabe 4.6.7 (a) Auf $I = [a,b]$ sei k als Faltungskern $k(x-y)$ mit $k \in C([a-b, b-a])$ definiert. Man zeige $K, K^* \in L(H^1(I), C^1(I))$.
(b) Sei $k(x,y) = |x-y|^\gamma$ mit $\gamma \in \mathbf{R}$. Man beweise $K \in L(H^1(D)', L^2(D))$ für $\gamma \geq 0$ und $K \in L(H^1(D)', L^\infty(D))$ für $\gamma > \frac{1}{2}$. *Hinweis zu (a):* Satz 3.4.5b.

Die bisherigen Überlegungen demonstrieren an einer speziellen Situation die Verwendung der schwächeren Norm $\|\cdot\|_{-1}$. Indem man die Dualnorm $\|\cdot\|_{-k}$ zu $H^k(D)$ bildet (vgl. Ende §1.3.6 und Definition 5.23), lassen sich die folgenden Verallgemeinerungen beweisen.

Bemerkung 4.6.8 (a) Aus der (4a) entsprechenden Fehlerabschätzung

(4.6.7a) $\| \Pi_n \varphi - \varphi \|_{L^2(D)} \leqslant C h^k \| \varphi \|_{H^k(D)}$ für $\varphi \in H^k(D)$

folgt (7b) oder allgemeiner (7c):

(4.6.7b) $\| \Pi_n \varphi - \varphi \|_{-k} \leqslant C^2 h^{2k} \| \varphi \|_{H^k(D)}$ für $\varphi \in H^k(D)$

(4.6.7c) $\| \Pi_n \varphi - \varphi \|_{\alpha} \leqslant C' h^{\beta - \alpha} \| \varphi \|_{H^\beta(D)}$ für $-k \leqslant \alpha \leqslant 0 \leqslant \beta \leqslant k$, $\varphi \in H^\beta(D)$.

(b) Das Galerkin-Verfahren mit dem Unterraum der *stückweise linearen Funktionen* erlaubt die Fehlerabschätzungen (7a-c) mit $k=2$. In der H^{-2}-Norm erhält man als maximale Fehlerordnung $O(h_n^4)$.

Die Ungleichung (7c) gilt auch für nichtganzzahlige α und β. $H^s(D)$ für allgemeines $s \in \mathbb{R}$ ist z.B. in Hackbusch [2,§6.2.4] erklärt.

Die Beweise des Lemmas 3 benutzen wesentlich die Selbstadjungiertheit der orthogonalen Projektion Π_n. Deshalb lassen sich die Resultate nicht auf Kollokationsverfahren mit einer nicht-orthogonalen Projektion Π_n übertragen. Trotzdem erhält man auch für einige Kollokationsverfahren bessere Fehlerordnungen in schwächeren Normen, wie das folgende Beispiel zeigt. Die folgende Ungleichung (8) ist ein Beispiel einer *nichtoptimalen Fehlerabschätzung*, da die Differenz $2-(-1)=3$ größer ist als der h-Exponent 2.

Beispiel 4.6.9 Π_n sei die *Interpolation mit stückweise konstanten* Funktionen in $I=[a,b]$ wie in Bemerkung 4.8. In $L^2(I)$ besteht die (4a) entsprechende Abschätzung des Interpolationsfehlers durch

(4.6.8a) $\| \Pi_n \varphi - \varphi \|_{L^2(I)} \leqslant C h \| \varphi \|_{H^1(I)}$.   für alle $\varphi \in H^1(I)$.

Es gilt aber auch

(4.6.8b) $\| \Pi_n \varphi - \varphi \|_{-1} \leqslant C h^2 \| \varphi \|_{H^2(I)}$ für alle $\varphi \in H^2(I)$.

Beweis. Durch Taylor-Entwicklung wie im Beweis zu Lemma 5.21. Im äquidistanten Fall kann man auch Fourier-Entwicklungen verwenden. ▨

Die Verwendung schwächerer Normen kann sogar die Stabilität einer Projektion erzeugen: $\|\Pi_n\|_{Y \leftarrow X} \leqslant$ const kann für $Y \subset X$ gelten, obwohl $\sup \|\Pi_n\|_{X \leftarrow X} = \infty$. Ein Beispiel ist die *Polynominterpolation* auf $I=[a,b]$. Wie zu Beginn von §4.4.3 erwähnt, ist die Interpolation Π_n durch Polynome instabil im Raum $X=C(I)$. Es gilt aber der folgende *Satz von Erdös und Turan*, dessen Beweis in Szegö [1,S.331] zu finden ist. Die im Satz erwähnten Orthogonalpolynome sind die gleichen, die von der Gauß-Quadratur zu einer Gewichtsfunktion w bekannt sind (vgl. Stoer [1,§3.5]).

Satz 4.6.10 Sei $w(x) \geq \varepsilon > 0$ in $I = [a,b]$. Das Kollokationsverfahren definiere man durch Polynominterpolation (d.h. $X_n = \{ f \colon$ Polynom vom Grad $\leq n-1 \}$) in den Kollokationspunkten $\Xi_n = \{ \xi_{j,n} \colon 1 \leq j \leq n$, Nullstellen des n-ten Orthogonalpolynoms bezüglich der Gewichtsfunktion $w \}$. Dann gilt die Konvergenzaussage $\| f - \Pi_n f \|_{L^2(I)} \to 0$ für alle $f \in C(I)$.

Folgerung 4.6.11 (i) Unter den Voraussetzungen des Satzes 10 gilt die Stabilität $\| \Pi_n \|_{L^2(I) \leftarrow C(I)} \leq$ const. (ii) Erfüllt K die Regularitätseigenschaft $K \in L(L^2(I), C(I))$, so hat man die Konsistenz des Kollokationsverfahrens: $K_n \varphi \to K \varphi$ für alle $\varphi \in L^2(I)$. (iii) Gilt sogar $K \in K(L^2(I), C(I))$, so konvergiert $K_n \to K$ in der Operatornorm $\| \cdot \|_{L^2(I) \leftarrow L^2(I)}$.

Beweis. (i) nach Satz 1.3.15. (ii) ist direkte Folge des Satzes 10. (iii) ergibt sich aus Lemma 3.8, in dem $A_n \in L(X,X)$ und $K \in K(X,X)$ ohne Änderung der Beweisführung durch $A_n \in L(Y,X)$ und $K \in K(X,Y)$ ersetzt werden können. ∎

4.6.3 Das iterierte Verfahren

Sei f_n eine Näherungslösung, die man durch irgendein Verfahren erhalten habe. Dann läßt sich die «iterierte Näherung» $\tilde{f}_n$ durch

$$(4.6.9) \qquad \tilde{f}_n := \tfrac{1}{\lambda}(g + K f_n)$$

definieren. Der Fehler von $\tilde{f}_n$ läßt sich sofort mit jenem von f_n ausdrücken:

$$(4.6.10) \qquad f - \tilde{f}_n = \tfrac{1}{\lambda} K(f - f_n).$$

Der Sinn dieses Vorgehens besteht darin, daß man häufig für $K(f - f_n)$ bessere Fehlerordnungen als für $f - f_n$ erzielen kann. Die allgemeine Situation wird im folgenden Lemma dargestellt.

Lemma 4.6.12 Es sei $Y \subset X \subset Z$. Aus einer Fehlerabschätzung $\| f - f_n \|_Z \leq C h_n^\varkappa \| f \|_Y$ zusammen mit der Regularitätsannahme $K \in L(Z,X)$ folgt die Abschätzung (11) für die iterierte Näherung:

$$(4.6.11) \qquad \| f - \tilde{f}_n \|_X \leq C' h_n^\varkappa \| f \|_Y.$$

Ist die Z-Abschätzung quasioptimal bezüglich des Projektionsunterraumes X_n: $\| f - f_n \|_Z \leq C \inf \{ \| f - \varphi \|_Z \colon \varphi \in X_n \}$, so gilt (11) in der Form

$$(4.6.11') \qquad \| f - \tilde{f}_n \|_X \leq C' \inf \{ \| f - \varphi \|_Z \colon \varphi \in X_n \}.$$

In der Anwendung ist X der zugrundeliegende Raum, während $\| \cdot \|_Z$ als schwächere Norm gewählt wird, zu der nach §4.6.2 eine bessere Fehlerordnung als zu $\| \cdot \|_X$ gehört. Indem wir die Resultate des vorigen Unterkapitels einsetzen, erhalten wir die folgenden Anwendungsbeispiele:

Beispiel 4.6.13 (a) Für das *Galerkin-Verfahren mit stückweise konstanten Funktionen* hat die iterierte Lösung $\tilde{f}_n$ eine quadratische Fehlerordnung in $L^2(I)$: $\| f - \tilde{f}_n \|_{L^2(I)} \leq C h_n^2 \| f \|_{H^1(I)}$, wenn $K^* \in L(L^2(I), H^1(I))$.

(b) Das *Kollokationsverfahren mit stückweise konstanter Interpolation* führt auf die quadratische Fehlerabschätzung $\|f-\tilde{f}_n\|_{L^2(I)} \le C h_n^2 \|f\|_{H^2(I)}$, wenn $K^* \in L(L^2(I), H^1(I))$.

(c) Unter der verstärkten Bedingung $K \in L(H^1(I)', L^\infty(I))$ (vgl. Lemma 6f) konvergieren die Verfahren aus (a) und (b) gleichmäßig: $\|f-\tilde{f}_n\|_\infty \le C h_n^2 \|f\|_{H^\beta(I)}$ mit $\beta=1$ für Fall (a) und $\beta=2$ für Fall (b).

(d) Für das *Galerkin-Verfahren mit stückweise linearen Funktionen* ist die iterierte Lösung $\tilde{f}_n$ in $L^2(I)$ von vierter Ordnung: $\|f-\tilde{f}_n\|_{L^2(I)} \le C h_n^4 \|f\|_{H^2(I)}$, wenn $K^* \in L(L^2(I), H^2(I))$.

Beweis. (i) Die Bedingung $K^* \in L(L^2(I), H^1(I))$ in Teil (a) wird sowohl in Lemma 6d als auch in der äquivalenten Form $K \in L(Z, X)$ mit $Z = H^1(I)'$ und $X = L^2(I)$ in Lemma 11 benötigt.

(ii) Für (b) und (d) verwende man Beispiel 9 bzw. Bemerkung 8b. ▨

Eine weitere Anwendung des Lemmas 12 liegt in der Möglichkeit, den Fehler $f-\tilde{f}_n$ in <u>stärkeren Normen</u> abschätzen zu können. Wenn z.B. nicht primär f, sondern seine Ableitung f' interessiert, benötigt man eine Fehlerabschätzung in $H^1(I)$ oder $C^1(I)$. Diese erhält man beispielsweise aus $\|f-f_n\|_{L^2(I)}$, wenn $K \in L(L^2(I), H^1(I))$ bzw. $K \in L(L^2(I), C^1(I))$.

Eine andere Möglichkeit, zu den obigen Fehlerabschätzungen zu gelangen, besteht in der Darstellung des Fehlers von $\tilde{f}_n$ durch (12c).

Satz 4.6.14 f_n sei die Lösung des durch Π_n charakterisierten Projektionsverfahrens: $\lambda f_n = \Pi_n g + \Pi_n K f_n$. Die durch (9) definierte iterierte Lösung $\tilde{f}_n$ ist Lösung der semidiskreten Gleichung (12a), die bereits als modifizierte Projektionsgleichung (3.8) erwähnt wurde:

(4.6.12a) $\lambda \tilde{f}_n = g + K \Pi_n \tilde{f}_n$.

Die Projektion angewandt auf $\tilde{f}_n$ reproduziert die Projektionslösung f_n:

(4.6.12b) $\Pi_n \tilde{f}_n = f_n$.

$\tilde{f}_n$ hat die Fehlerdarstellung (12c), wobei die auftretende Inverse $(\lambda I - K \Pi_n)^{-1} \in L(X, X)$ zusammen mit $(\lambda I - \Pi_n K)^{-1}$ existiert:

(4.6.12c) $f - \tilde{f}_n = (\lambda I - K \Pi_n)^{-1} K (I - \Pi_n)(f - f_n)$.

Beweis. (i) Multiplikation von (9) mit Π_n liefert $\lambda \Pi_n \tilde{f}_n = \Pi_n g + \Pi_n K f_n$. Der Vergleich mit der Projektionsgleichung $\lambda f_n = \Pi_n g + \Pi_n K f_n$ beweist (12b). Setzt man die Darstellung $f_n = \Pi_n \tilde{f}_n$ in (9) ein, erreicht man (12a).

(ii) Aus $\lambda(f - \tilde{f}_n) = K(f - f_n)$ und (12b): $\Pi_n \tilde{f}_n = f_n$ schließt man

$$(\lambda I - K \Pi_n)(f - \tilde{f}_n) = \lambda(f - \tilde{f}_n) - K(\Pi_n f - \Pi_n \tilde{f}_n) =$$

$$= K(f - f_n) - K(\Pi_n f - f_n) = K(f - \Pi_n f) = K(I - \Pi_n)(f - f_n).$$

Zur Inversen $(\lambda I - K \Pi_n)^{-1}$ vergleiche man Bemerkung 3.10 und (3.10a). ▨

Man kann das beschriebene Verfahren iterieren, indem man die zweite iterierte Näherung $\tilde{\tilde{f}}_n := \frac{1}{\lambda}(g + K\tilde{f}_n)$ bestimmt. Da $f - \tilde{\tilde{f}}_n = \lambda^{-2}K^2(f - f_n)$, kann dieses Vorgehen im folgenden Beispielsfalle gerechtfertigt sein. Sei $\|f - f_n\|_{-2} = O(h_n^4)$, während man eine Fehlerabschätzung in $L^2(D)$ wünscht. Es gibt Operatoren K mit $K \in L(H^2(D)', H^1(D)')$ und $K \in L(H^1(D)', L^2(D))$, ohne daß $K \in L(H^2(D)', L^2(D))$ gelten würde. In diesem Fall erfüllt erst die zweite Iterierte die Abschätzung $\|f - \tilde{\tilde{f}}_n\|_{L^2(D)} = O(h_n^4)$.

Abschließend sei daran erinnert, daß die Berechnung von $\tilde{f}_n$ nach (9) die (exakte) Integration von $\int k(x,y)f_n(y)dy$ erfordert. Sobald man hierfür eine Quadraturformel einsetzt, hat man weitere Fehlerbetrachtungen durchzuführen.

4.6.4 Superkonvergenz

Von Superkonvergenz spricht man immer dann, wenn eine bessere als eigentlich erwartete Konvergenz auftritt. Wenn z.B. $\|f - f_n\|_\infty = O(h)$ die optimale Fehlerabschätzung ist, kann es trotzdem Punkte $\xi \in D$ gegeben, für die $|f(\xi) - f_n(\xi)| = O(h^2)$ gilt. Im zunächst zu diskutierenden Kollokationsverfahren werden diese «Superkonvergenzpunkte» die Kollokationsstellen sein.

Der Fehler $f - f_n$ kann in den Projektionsfehler $f - \Pi_n f$ von f und die Projektion $\Pi_n f - f_n = \Pi_n(f - f_n)$ des Gesamtfehlers $f - f_n$ zerlegt werden:

$$(4.6.13a) \qquad f - f_n = (f - \Pi_n f) + (\Pi_n f - f_n).$$

Für den ersten Summanden $\Pi_n f - f$ wurde in (3.12c) die Darstellung

$$\Pi_n f - f = (\lambda I - K)^{-1} K_n (I - \Pi_n) f$$

gefunden, die zur Abschätzung (3.12b) führte:

$$(4.6.13b) \qquad \|\Pi_n f - f\| \leqslant \|(\lambda I - K)^{-1}\| \, \|\Pi_n\| \, \|K(I - \Pi_n)f\|.$$

Eine ähnliche Zerlegung enthält das

Lemma 4.6.15 Sei $\lambda \neq 0$. Für die Projektionslösung gilt die Darstellung

$$(4.6.14) \qquad f - f_n = f - \Pi_n f + \frac{1}{\lambda}\Pi_n K(f - f_n).$$

Beweis. Anwendung von Π_n auf $\lambda f = g + Kf$ liefert $\lambda \Pi_n f = \Pi_n g + \Pi_n K f$. Subtrahiert man hiervon die Projektionsgleichung $\lambda f_n = \Pi_n g + \Pi_n K f_n$, gelangt man zu $\Pi_n f - f_n = \frac{1}{\lambda}\Pi_n K(f - f_n)$. Einsetzen in (13a) liefert (14). ∎

Bemerkung 4.6.16 Sowohl für $K(I - \Pi_n)f$ aus (13a) als auch für $K(f - f_n)$ aus (14) kann man mit Hilfe der in §§4.6.2-3 diskutierten Abschätzungstechniken zu Fehlernormen $\|K(I - \Pi_n)f\|$, $\|K(f - f_n)\|$ von höherer Ordnung als $\|(I - \Pi_n)f\|$ und $\|f - f_n\|$ gelangen. In diesem Falle stellt der Projektionsfehler $f - \Pi_n f$ den *dominanten* Anteil des Fehlers $f - f_n$ dar.

Nach Definition der Projektion Π_n beim Kollokationsverfahren gilt $f(\xi)=(\Pi_n f)(\xi)$ für alle Kollokationspunkte $\xi\in\Xi_n$. Somit entfällt dort der nach Bemerkung 16 sonst dominierende Fehler $(f-\Pi_n f)(\xi)$ und es bleibt:

$$(4.6.15)\qquad f(\xi)-f_n(\xi)=(\Pi_n f-f_n)(\xi)=\tfrac{1}{\lambda}\,[\Pi_n K(f-f_n)](\xi)\quad\text{für alle }\xi\in\Xi_n.$$

Werden die Lagrange-Funktionen als Basis verwendet (vgl. Bemerkung 4.3 und Satz 4.13), werden ohnehin nur die Knotenwerte $\{f_n(\xi):\ \xi\in\Xi_n\}$ aus (15) berechnet. Die bisher präsentierten Beispiele benutzen daher natürlicherweise die diskrete Maximumnorm $\max\{|f(\xi)-f_n(\xi)|:\ \xi\in\Xi_n\}$ oder die entsprechende Euklidische Norm $\left(h\sum_{\xi\in\Xi_n}|f(\xi)-f_n(\xi)|^2\right)^{1/2}$, die lediglich die Werte aus (15) verwenden.

Zwei Beispiele für Superkonvergenzaussagen über die Kollokationslösungen sind dargestellt in

Satz 4.6.17 Sei λ kein Eigenwert des Integraloperators $K\in K(C(I),C(I))$. **(a)** Das Kollokationsverfahren sei durch *stückweise konstante Interpolation* wie in Bemerkung 4.8 oder (5.19a-c,e) definiert. Dann gilt

$$(4.6.16a)\qquad \max\{|f(\xi)-f_n(\xi)|:\ \xi\in\Xi_n\}\le Ch\|f\|_{H^1(I)}\qquad\text{für }f\in H^1(I),$$

falls $K\in L(L^2(I),L^\infty(I))$ (hinreichend: $\int_I k(x,y)^2 dy\le C_I$ für alle $x\in I$), und

$$(4.6.16b)\qquad \max\{|f(\xi)-f_n(\xi)|:\ \xi\in\Xi_n\}\le Ch^2\|f\|_{H^2(I)}\qquad\text{für }f\in H^2(I),$$

falls $K\in L(H^1(I)',L^\infty(I))$ (hinreichende Bedingung in Lemma 6f). **(b)** Für Kollokation mit *stückweise linearer Interpolation* wie in (5.29a-d) gilt (16b) unter der Voraussetzung $K\in L(L^2(I),L^\infty(I))$.

Beweis. Man verwende (14), (15) und Beispiel 9 und beachte die Stabilität von Π_n bezüglich $\|\cdot\|_\infty$. ∎

Für das <u>*Galerkin-Verfahren*</u> wollen wir ein analoges Resultat beweisen. Es basiert auf dem

Lemma 4.6.18 Π_n sei die orthogonale Projektion auf dem Raum X_n der *stückweise konstanten Funktionen* über der Intervallzerlegung (5.19a-d) von $I=[a,b]$. In den Teilintervallmittelpunkten (5.19e): $\xi_i:=\tfrac{1}{2}(x_i+x_{i-1})$ $(i=1,2,\dots,n)$ ist der Projektionsfehler von <u>*zweiter*</u> Ordnung:

$$(4.6.17a)\qquad |(\Pi_n g)(\xi_i)-g(\xi_i)|\le Ch^2\|g''\|_{\infty,[x_{i-1},x_i]}\le Ch^2\|g\|_{C^2(I)}$$

für alle $g\in C^2(I)$, während der Fehler sonst von der Ordnung $O(h)$ ist. Ebenso gilt für alle $g\in C_L^1(I)$ mit der Lipschitz-Konstanten $L_{g'}$ für g', daß

$$(4.6.17b)\qquad |(\Pi_n g)(\xi_i)-g(\xi_i)|\le Ch^2 L_{g'}.$$

Sind die zweiten Ableitungen nur quadratintegrabel, d.h. $g\in H^2(I)$, so erhält man in den Punkten aus (5.19e) noch die Ordnung 1.5:

(4.6.17c) $|(\Pi_n g)(\xi_i) - g(\xi_i)| \leq C h^{3/2} \|g''\|_{L^2(I)}$.

Für die mit der Intervallänge gewichtete Euklidische Norm des Vektors $((\Pi_n g)(\xi_i) - g(\xi_i))_{i=1,\ldots,n}$ gilt

(4.6.17d) $(\sum_{i=1}^{n} |x_i - x_{i-1}| \, |(\Pi_n g)(\xi_i) - g(\xi_i)|^2)^{1/2} \leq C h^2 \|g''\|_{L^2(I)}$.

Ist weiterhin λ ein regulärer Wert von $K \in L(H^{-1}(I), C(I))$ bzw. $K \in L(H^{-1}(I), L^2(I))$, und gehört die Lösung f der Integralgleichung zu $C_L^1(I)$ bzw. $H^2(I)$, so gelten die Fehlerabschätzungen (17e) bzw. (17f)

(4.6.17e) $\max\{|f_n(\xi_i) - f(\xi_i)| \leq C h^2 \|f\|_{C_L^1(I)}$,

(4.6.17f) $(\sum_{i=1}^{n} |x_i - x_{i-1}| \, |f_n(\xi_i) - f(\xi_i)|^2)^{1/2} \leq C h^2 \|f\|_{H^2(I)}$

für die Galerkin-Lösung f_n.

Beweis. (i) Durch partielle Integration beweist man die Darstellung

(4.6.17g) $(g - \Pi_n g)(\xi_k) = \int_{x_{k-1}}^{\xi_k} (\xi_k - x) g''(x) \, dx - \frac{1}{2} \frac{1}{x_k - x_{k-1}} \int_{x_{k-1}}^{x_k} (x_k - x)^2 g''(x) \, dx$.

Hieraus schließt man sofort auf (17a,c). Bezüglich (17b) beachte man den auf den Beweis zu Lemma 5.31 folgenden Absatz.

(ii) $K \in L(H^{-1}(I), C(I))$ impliziert $K \in L(X, X)$ für $X = C(I)$ und $X = L^2(I)$. Da die Einbettungen $C(I) \subset H^{-1}(I)$ und $L^2(I) \subset H^{-1}(I)$ kompakt sind, ist K sogar kompakt in $X = C(I)$ und $X = L^2(I)$ (vgl. Beweis zu Bemerkung 5). Gemäß Lemma 15 haben wir $f - \Pi_n f$ und $\frac{1}{\lambda} \Pi_n K(f - f_n)$ in ξ_i abzuschätzen. (17b) liefert die Abschätzung für $f - \Pi_n f$. Lemma 6b,c ist anwendbar, da $K \in L(H^{-1}(I), C(I))$ auch $K \in L(H^{-1}(I), L^2(I))$ impliziert. Somit sind die Voraussetzungen der Bemerkung 5 erfüllt und ergeben (6a): $\|f - f_n\|_{-1} \leq C h^2 \|f\|_{H^1(I)} \leq C' h^2 \|f\|_{C_L^1(I)}$. Über $K \in L(H^{-1}(I), C(I))$ und die L^∞-Stabilität von Π_n erhält man (17e).

(iii) Der Beweis von (17f) ist im wesentlichen analog. Anstelle von (17b) wird (17d) verwandt. $K \in L(H^{-1}(I), L^2(I))$ garantiert wie in (ii) die Abschätzung $\|\varphi\|_{L^2(I)} \leq C h^2 \|f\|_{H^1(I)}$ für $\varphi := K(f - f_n)$. Man beachte nun, daß die Anwendung der Schwarzschen Ungleichung $([\int_{I_k} \varphi \, dx]^2 \leq \mu(I_k) \int \varphi^2 \, dx)$ auf die rechte Seite in (5.22) zu

$$\sqrt{x_k - x_{k-1}} \, |(\Pi_n \varphi)(x)| \leq \|\varphi\|_{L^2(I_k)} \quad \text{für alle } x \in I_k$$

führt. Summation der quadrierten Ungleichungen liefert $O(h^2) \|f\|_{H^1(I)}$ für $\frac{1}{\lambda} \Pi_n K(f - f_n)$ in $f - f_n$ und beendet den Beweis zu (17f).   □

Der Beweis im Teil (i) nutzt aus, daß der Projektionsfehler $g - \Pi_n g$ für eine lineare Funktion Nullstellen in allen «Superkonvergenzpunkten» ξ_i hat. Allgemein läßt sich der folgende Hinweis für die Suche nach Superkonvergenzpunkten geben:

Bemerkung 4.6.19 Π_n sei exakt für alle Polynome vom Grad $\leq m$, d.h. $\Pi_n x^{\nu} = x^{\nu}$ für alle $x \in I$ und $0 \leq \nu \leq m$. Unter den Voraussetzungen (19a-d) gilt $\| g - \Pi_n g \|_{\infty} \leq C h^{m+1} \| g \|_{C_L^m(I)}$ oder $\| g - \Pi_n g \|_{L^2(I)} \leq C h^{m+1} \| g \|_{H^{m+1}(I)}$. Eine um eine Ordnung verbesserte Fehlerabschätzung erhält man in Punkten $\xi \in I$ mit $(\Pi_n x^{m+1})(\xi) = \xi^{m+1}$.

4.6.5 Allgemeinere Formulierungen der Projektionsmethode

Die Kapitel §4.4 und §4.5 beschränken sich auf zwei Arten von Projektionen Π_n: die Interpolation und die orthogonale Projektion. Daneben gibt es selbstverständlich eine Vielfalt weiterer Möglichkeiten für Projektionen.

Die in §4.3 eingeführten Projektionen erfüllen *zwei* Aufgaben. Zum einen definieren sie einen Unterraum X_n, in dem die Lösung f_n liegen soll. Desweiteren wird die semidiskrete Gleichung aus der Bedingung $\Pi_n d_n = 0$ für den Defekt $d_n := \lambda f_n - K f_n - g$ erhalten (vgl. (3.5a)). Eine weitere, scheinbare Verallgemeinerung besteht darin, $\Pi_n d_n = 0$ durch $\widehat{\Pi}_n d_n = 0$ mit einer von Π_n verschiedenen Projektion $\widehat{\Pi}_n$ zu fordern. Ist $\widehat{\Pi}_n$ eine Projektion in X, so ist der Dualoperator $\widehat{\pi}_n := \widehat{\Pi}_n'$ eine Projektion im Dualraum X'. $\widehat{\Pi}_n d_n = 0$ ist äquivalent zu den folgenden Bedingungen: (i) $\varphi(\widehat{\Pi}_n d_n) = 0$ für alle $\varphi \in X'$, (ii) $(\widehat{\pi}_n \varphi) d_n = 0$ für alle $\varphi \in X'$, (iii) $\varphi d_n = 0$ für alle $\varphi \in X_n' := \text{Bild}(\widehat{\pi}_n)$.

Wir gehen von der Charakterisierung (iii) aus und führen neben X_n einen ebenfalls n-dimensionalen Unterraum X_n' des Dualraumes X' ein. Sei $\{\Phi_1', \ldots, \Phi_n'\}$ eine Basis in X_n':

(4.6.18a) $X_n' = \text{span}\{\Phi_1', \ldots, \Phi_n'\} \subset X'$.

Die neue Projektion $\widehat{\Pi}_n d_n = 0$ für $d_n := \lambda f_n - K f_n - g$ schreiben wir als

(4.6.18b) $\varphi(\lambda f_n - K f_n - g) = 0$ mit $f_n \in X_n$ für alle $\varphi \in X_n'$.

Nach der Basiswahl (18a) ist (18b) äquivalent zu den n Gleichungen

(4.6.18b') $\Phi_j'(\lambda f_n - K f_n - g) = 0$ mit $f_n \in X_n$ für alle $j = 1, \ldots, n$.

Führt man das *Dualprodukt* $\langle \varphi, f \rangle := \varphi(f)$ auf $X' \times X$ für $\varphi \in X'$ und $f \in X$ ein, schreibt sich (18b') als

(4.6.18b") $\langle \Phi_j', \lambda f_n - K f_n - g \rangle = 0$ mit $f_n \in X_n$ für alle $j = 1, \ldots, n$.

Da man f_n als Funktion in X_n ansetzt, nennt man

(4.6.18c) $X_n = \text{span}\{\Phi_1, \ldots, \Phi_n\} \subset X$

den *Ansatzraum* und die Basisfunktionen Φ_j die *Ansatzfunktionen*. Dagegen heißen die Funktionale Φ_j' in (18d") die *Testfunktionen*. X_n' heißt der *Raum der Testfunktionen* oder *Testraum*.

Nachdem man schon konkrete Basisfunktionen in X_n und X_n' gewählt hat, erhält man das diskrete Gleichungssystem nach Einsetzen des Ansatzes $f_n = \sum \alpha_j \Phi_j$ in (18b").

Bemerkung 4.6.20 Das Problem (18b") mit dem Ansatz $f_n = \sum \alpha_j \Phi_j$ ist äquivalent zum Gleichungssystem $(\lambda A - B)a = b$, wobei die Koeffizienten von A, B und b wie folgt lauten:

$$\alpha_{jk} = \langle \Phi'_j, \Phi_k \rangle, \quad \beta_{jk} = \langle \Phi'_j, K\Phi_k \rangle, \quad \beta_j = \langle \Phi'_j, g \rangle.$$

Übungsaufgabe 4.6.21 Man zeige: Ist die Matrix A aus Bemerkung 21 regulär, so gibt es Funktionen $\Phi_k^* \in X_n$, so daß $\langle \Phi'_j, \Phi_k^* \rangle = \delta_{jk}$ (Kronecker-Symbol, $1 \leqslant j, k \leqslant n$). $\{\Phi_1^*, \ldots, \Phi_n^*\}$ bildet eine Basis von X_n.

Um zu einer Darstellung der Diskretisierung in einer semidiskreten Form zu gelangen, wählen wir Φ_k^* ($1 \leqslant k \leqslant n$) gemäß Übungsaufgabe 20 und führen die Projektion

$$(4.6.19a) \qquad \pi_n: X' \to X'_n \subset X' \quad \text{mit} \quad \pi_n: \varphi \mapsto \sum_k \langle \varphi, \Phi_k^* \rangle \Phi'_k$$

ein. Man prüft leicht nach, daß $\pi_n \in L(X', X')$, Bild$(\pi_n) = X'_n$ und $\pi_n \Phi'_l = \Phi'_l$; also ist π_n Projektion von X' auf X'_n. Aus der Gleichung $\langle \pi_n \varphi, f \rangle = \sum \langle \varphi, \Phi_k^* \rangle \langle \Phi'_k, f \rangle = \langle \varphi, \sum \langle \Phi'_k, f \rangle \Phi_k^* \rangle$ gewinnt man die Darstellung (19b) der zu π_n dualen Projektion, die mit Π_n bezeichnet sei:

$$(4.6.19b) \qquad \Pi_n f := \sum_k \langle \Phi'_k, f \rangle \Phi_k^*.$$

Da $\{\Phi_1^*, \ldots, \Phi_n^*\}$ eine Basis von X_n bildet, ist Π_n eine Projektion auf X_n.

Die oben mit (i) - (iii) bezeichneten zu $\hat{\Pi}_n d_n = 0$ äquivalenten Bedingungen lassen sich jetzt durch die folgenden Äquivalenzen fortsetzen: (iv) $\langle \pi_n \varphi, d_n \rangle = 0$ für alle $\varphi \in X'$, da $X'_n = \text{Bild}(\pi_n)$; (v) $\langle \varphi, \Pi_n d_n \rangle = 0$ für alle $\varphi \in X'$; (vi) $\Pi_n d_n = 0$. Somit haben wir $\hat{\Pi}_n d_n = 0$ auf ein Projektionsverfahren mit einer Projektion Π_n auf den Ansatzraum X_n - wie in §4.3 beschrieben - zurückgeführt.

Sind $\chi_n \in T_n$ geeignete Testfunktionen ($\dim T_n = \dim X_n$) und Q_n eine Quadraturformel, beschreibt $\hat{\Pi}_n d_n := Q_n(\chi_n d_n)$ eine Projektion, die zu den äußerst interessanten _Qualokationsverfahren_ führt (vgl. Sloan [3]), die höhere Konvergenzordnungen in geeigneten Normen errreichen können.

Die folgenden Beispiele formulieren das Galerkin- und Kollokationsverfahren in der Form (18a,b").

Beispiel 4.6.22 (Galerkin-Verfahren) Der Hilbert-Raum wird mit seinem Dualraum identifiziert: $X = X'$. Das Dualprodukt $\langle \cdot, \cdot \rangle$ ist mit dem Skalarprodukt identisch. Wählt man $X_n = X'_n$ (Ansatzfunktionen = Testfunktionen), erhält man das Galerkin-Verfahren.

Beispiel 4.6.23 (Kollokationsverfahren) Sei $X = C(D)$. Ξ_n seien die Menge der Kollokationspunkte $\xi_1, \ldots, \xi_n$. Wir wählen als Testfunktionen die Diracschen Deltafunktionen $\Phi'_j = \delta_{\xi_j}$ für $\xi_j \in \Xi_n$, die im Dualraum $C(D)'$ liegen und durch $\langle \delta_{\xi_j}, f \rangle := f(\xi_j)$ definiert sind. Damit definiert (18b") das Kollokationsverfahren. Die vorhin verwendeten «dualen Basisfunktionen» Φ_k^* sind die Lagrange-Funktionen L_k.

Die zu der Wahl von Φ_j und Φ'_j duale Situation enthält das

Beispiel 4.6.24 (vgl. Routsalainen - Saranen [1]) Als Ansatzfunktionen seien die Deltafunktionen $\Phi_j = \delta_{\xi_j}$ für $\xi_j \epsilon \Xi_n$ gewählt: $X_n \subset X' := C(D)'$. Als Testfunktionen dienen mindestens stetige $\Phi'_j \epsilon X'_n \subset C(D)$. Die Matrixelemente von A und B lauten gemäß Bemerkung 20 $\alpha_{jk} = \Phi'_j(\xi_k)$ und $\beta_{jk} = \int \Phi'_j(x) k(x, \xi_k) dx$ (vgl. hierzu (4.9b,c)). Die semidiskrete Lösung $f_n = \sum \alpha_k \delta_{\xi_k}$ liegt in $C(D)'$, aber nicht in $L^\infty(D)$ oder $L^2(D)$. Dies schließt Fehlerabschätzung mit $\|\cdot\|_\infty$ oder $\|\cdot\|_{L^2(D)}$ aus. Im eindimensionalen Fall $D = I \subset \mathbb{R}$ ist mit $H^1(I) \subset C(I)$ auch $C(I)' \subset H^1(I)'$ stetig (sogar kompakt) eingebettet (vgl. Lemma 5.24). Neben der Dualnorm $C(I)'$ steht daher die in §4.6.2 definierte Dualnorm $\|\cdot\|_{-1}$ zur Verfügung.

Beispiel 4.6.25 («Methode der kleinsten Quadrate») Sei $X_n = \text{span}\{\Phi_1, \ldots, \Phi_n\}$ ein Unterraum des Hilbert-Raumes X. Wählt man $X'_n = \text{span}\{\Phi'_1, \ldots, \Phi'_n\} \subset X$ mit $\Phi'_j := (\lambda I - K)\Phi_j$, so ist f_n aus (18b'') die Lösung der Minimierungsaufgabe $\|(\lambda I - K)\varphi - g\|_X = \text{Minimum}$ über alle $\varphi \epsilon X_n$.

4.6.6 Numerische Quadratur

Wie die numerischen Beispiele zum Kollokations- und Galerkin-Verfahren deutlich machten, sind in der Praxis die Integrationen zur Bestimmung der Koeffizienten von $A = A_n$, $B = B_n$ und $b = b_n$ nicht durchführbar, so daß man auf geeignete Quadraturformeln zurückgreifen muß.

Im folgenden beschränken wir uns auf die Diskussion der Quadratur in B. Mit β_{jk} sind die Koeffizienten von B beschrieben, während $\tilde{\beta}_{jk}$ die mit Hilfe einer Quadratur angenäherten Werte seien. Die Matrix $(\tilde{\beta}_{jk})$ wird entsprechend mit $\tilde{B}$ bezeichnet. Der Quadraturfehler von $\tilde{\beta}_{jk}$ ist $\delta\beta_{jk} := \tilde{\beta}_{jk} - \beta_{jk}$ und bildet die Fehlermatrix $\delta B = \tilde{B} - B$. Während f_n die semidiskrete Lösung ist, bezeichnet $\tilde{f}_n$ die Lösung mit numerischer Quadratur und $\delta f_n = \tilde{f}_n - f_n$ den Effekt des Quadraturfehlers.

Der Einfluß der numerischen Quadratur kann auf zwei Ebenen diskutiert werden. Man kann (i) die Abweichung δB als Ausgangspunkt der Fehlerabschätzungen nehmen oder (ii) nach der Differenz δf_n fragen. Der Zugang (i) hat den Vorteil, die Stabilität ohne weitere Bedingungen zu sichern und Fehlerabschätzungen für δf_n zu liefern, die *nicht* von der Glattheit der Lösung f abhängen. Die von (ii) ausgehenden Überlegungen führen in einigen Fällen zu besseren Abschätzungen von δf_n. In konsequenter Anwendung führt dieser Zugang jedoch von den Projektionsverfahren weg zum Nyström-Verfahren (vgl. §4.7, §4.8.1.3).

Wir beginnen mit der Beschreibung der Fehlermatrix $\delta B = \tilde{B} - B$. Es sei im folgenden vorausgesetzt, daß die Träger der Basisfunktionen Φ_j die Länge $O(h)$ besitzen. Ferner sei Φ_j so skaliert, daß $\beta_{jk} = O(h)$. Letzteres führt zu $\|B\|_\infty = O(1)$ und $\|B\|_2 = O(1)$. Man beachte, daß alle Integrationen nur über den Träger von Φ_j ausgeführt werden müssen. Eine geeignete Quadratur führe zu einem Quadraturfehler $\delta\beta_{jk} = O(h^{1+\varkappa})$ mit $\varkappa > 0$. Die Zeilensummen- und Spektralnorm der Matrizen lauten demnach

$$(4.6.20) \qquad \|\delta B\|_\infty = O(h^\varkappa), \quad \|\delta B\|_2 = O(h^\varkappa), \quad \|B\|_\infty^{-1} = O(1), \quad \|B\|_2^{-1} = O(1).$$

Anstelle von $(\lambda A - B)a = b$ wird die durch δB gestörte Gleichung

(4.6.21) $\qquad (\lambda A - \widetilde{B})\widetilde{a} = b$

gelöst. Gemäß §4.4.4 und §4.5.5 sei $\mathrm{cond}(\lambda A - B) = O(1)$ angenommen. Satz 1.4.30 garantiert dann zusammen mit (20) die Abschätzungen (22a) bzw. (22b) des relativen Fehlers für hinreichend kleines h:

(4.6.22a) $\qquad \| \widetilde{a} - a \|_\infty / \| a \|_\infty \leqslant O(h^\varkappa),$

(4.6.22b) $\qquad \| \widetilde{a} - a \|_2 / \| a \|_2 \leqslant O(h^\varkappa)$

(vgl. (1.4.23e)). Über die Darstellung $f_n = \sum \alpha_j \Phi_j$ bzw. $\widetilde{f}_n = \sum \widetilde{\alpha}_j \Phi_j$ übertragen sich die Abschätzungen (22a,b) auf die Norm von $\widetilde{f}_n$-f_n, denn die bisher vorgeschlagenen konstanten/linearen Ansatzfunktionen Φ_j erfüllen die Voraussetzungen des Kriteriums 5.9 (vgl. Übung 5.19/27).

Bemerkung 4.6.26 (a) $C_n(\Phi)$ sei die in (5.9) definierte Größe, die unter den Voraussetzungen des Kriteriums 5.9 gleichmäßig beschränkt ist. Für die semidiskreten Galerkin-Lösungen f_n (bei exakter Integration) und $\widetilde{f}_n$ (bei numerischer Quadratur) gilt unter der Voraussetzung (22a) die Abschätzung (23a) des relativen Fehlers von $\delta f_n := \widetilde{f}_n$-$f_n$:

(4.6.23a) $\qquad \| \widetilde{f}_n$-$f_n \|_\infty / \| f_n \|_\infty \leqslant C_n(\Phi) \| \widetilde{a} - a \|_\infty / \| a \|_\infty .$

(b) Ist $A = A_n$ die Matrix aus (5.7b), so gilt

(4.6.23b) $\qquad \| \widetilde{f}_n$-$f_n \|_{L^2(D)} / \| f_n \|_{L^2(D)} \leqslant \sqrt{\mathrm{cond}_2(A)} \; \| \widetilde{a} - a \|_\infty / \| a \|_\infty .$

(c) Unter der Voraussetzung $C_n(\Phi) \leqslant \mathrm{const}$ bzw. $\mathrm{cond}_2(A) \leqslant \mathrm{const}$ folgt aus (22a/b) und (23a/b) die Abschätzung $\| \widetilde{f}_n$-$f_n \| / \| f_n \| \leqslant O(h^\varkappa)$.

Beweis. Dem Beweis des Lemmas 5.8 entnehmen wir die Ungleichungen $\| \delta f_n \|_\infty = \| \Pi_n \delta f_n \|_\infty \leqslant \| \sum |\Phi_j| \|_\infty \| \widetilde{a} - a \|_\infty$ und $\| a \|_\infty \leqslant \| A^{-1} \|_\infty \max_j \| \Phi_j \|_{L^1(D)} \| f_n \|_\infty$. Hieraus schließt man auf (23a). Die analogen Ungleichungen für (23b) findet man im Teil (iii) des Beweises zu Lemma 5.11. $\qquad$ ▨

Bei der Beschreibung konkreter Quadraturverfahren für das Integral $\int \varphi(\xi) \Phi_j(\xi) d\xi$, das beispielsweise mit $\varphi = k(x, \cdot)$ in β_{jk} und mit $\varphi = g$ in β_j vorkommt, gehen wir von einer stückweise glatten Basisfunktion Φ_j auf einer Intervallzerlegung $a = x_0 < x_1 < \ldots < x_n = b$ aus (vgl. (5.19a-c) und (5.29a-c)). Wenn Φ_j wie bei den Lagrange-Funktionen durch

(4.6.24a) $\qquad \| \Phi_j \|_\infty = O(1)$

skaliert ist, gilt für die im offenen Intervall (x_{k-1}, x_k) existierende ν-fache Ableitung und die Lipschitz-Konstante von $\Phi_j^{(\nu-1)}$ bestenfalls

(4.6.24b) $\qquad \| \Phi_j^{(\nu)} \|_\infty = O(h^{-\nu})$ und $L_{\Phi_j^{(\nu-1)}} = O(h^{-\nu}),$

wie man über den Mittelwertsatz aus (24a) und Träger$(\Phi_j) = O(h)$ folgert.

Durch die Voraussetzung $\varkappa > 0$ wird die Stabilität [hier in der Form der gleichmäßigen Beschränktheit von $(\lambda A_n - \widetilde{B}_n)^{-1}$] gesichert. Die Abschätzung $\| \delta B \| = O(h^\varkappa)$ kann in Hinblick auf die Stabilität durch $\| \delta B \| = o(1)$ oder sogar $\| \delta B \| \leqslant \eta$ (mit genügend kleinem η) ersetzt werden.

Daß man nicht jede numerische Quadratur in dieser Weise analysieren kann, soll das folgende Beispiel verdeutlichen. Φ_j sei die stückweise lineare Lagrange-Funktion (1.4.6) über der äquidistanten Intervallunterteilung $x_j = a + jh$. Die summierte Simpson-Formel (1.4.18d) mit den gleichen Stützstellen x_j angewandt auf $\varphi\Phi_j$ liefert $\frac{2}{3}h\varphi(x_j)$ oder $\frac{4}{3}h\varphi(x_j)$, je nachdem ob j gerade oder ungerade ist. Beide Werte weichen um $O(h)$ von $\int\varphi\Phi_j d\xi = h\varphi(x_j) + O(h^2)$ ab. Die Ursache liegt darin, daß man die (unsummierte) Simpson-Formel über das Intervall $[x_{k-1}, x_{k+1}]$ erstreckt, in dem $\varphi\Phi_j$ nur zu $C_L(I) = \hat{C}^1(I)$ gehört. Die Fehlerabschätzung $|R(\varphi\Phi_j)| \leqslant Ch^{1+\varkappa}\|\varphi\Phi_j\|_{\hat{C}^\varkappa(I)}$ – das ist (1.4.17) mit der Trägerlänge $b-a=2h$ und $n=3$ – ist demnach nur für $\varkappa=1$ anwendbar und liefert wegen $\|\varphi\Phi_j\|_{\hat{C}^1(I)} = O(h^{-1})$ (vgl. (24b)) einen Fehler von der gleichen Größenordnung wie das Integral $\int\varphi\Phi_j d\xi$ selbst. Aus $\delta\beta_{jk} = O(h)$ folgert man $\delta B = O(1)$, so daß schon die Stabilität fraglich ist und die Ungleichungen (22a,b) mit $\varkappa=0$ keine Konvergenzaussage mehr zulassen. Daß trotzdem positive Aussagen möglich sind, soll der *zweite Zugang* zur Fehlerdiskussion zeigen.

Sei Q die Quadratur, die im Kollokationsverfahren eingesetzt wird:

$$\beta_{jk} = \int_I k(\xi_j, y)\Phi_k(y)\,dy, \qquad \tilde{\beta}_{jk} = Q(k(\xi_j, \cdot)\Phi_k).$$

Die semidiskrete Lösung sei $f_n = \sum\alpha_k\Phi_k$. In (4.7b) wird $(K_n f_n)(\xi_j)$ durch

$$\sum_k\tilde{\beta}_{jk}\alpha_k = Q(k(\xi_j, \cdot)\sum_k\alpha_k\Phi_k) = Q(k(\xi_j, \cdot)f_n)$$

ersetzt und führt (Lösbarkeit des Gleichungssystems vorausgesetzt) zu einer Lösung $\tilde{f}_n$ von $\lambda\tilde{f}_n = g_n + \tilde{K}_n\tilde{f}_n$, wobei $\tilde{K}_n$ aus K_n nach Ersetzung der Integration durch Q entstehe. Aus dieser Gleichung und $\lambda f_n = g_n + K_n f_n$ erhält man für die Differenz $\delta f_n := \tilde{f}_n - f_n$ die Darstellung

$$(\lambda I - \tilde{K}_n)\delta f_n = (\tilde{K}_n - K_n)f_n.$$

Für die rechte Seite findet man die folgende Umformung, wobei k die Kurzschreibweise für $k(\xi_j, \cdot)$ ist und f beliebig gewählt werden kann:

$$((\tilde{K}_n - K_n)f_n)(\xi_j) = \int_I(f - f_n)k\,dy - Q((f - f_n)k) + \left\{Q(fk) - \int_I fk\,dy\right\}.$$

Indem man die gleichlautende Lösung von $\lambda f = g + Kf$ einsetzt, erhält man für $\int(f - \Pi_n f)k\,dy$ und $Q((f - f_n)k)$ eine Abschätzung durch den Projektionsfehler $\|f - \Pi_n f\|_\infty$. Die geschweifte Klammer $Q(fk) - \int_I fk\,dy$ beschreibt den Quadraturfehler $R(fk)$ für den Integranden $fk = fk(\xi_j, \cdot)$, der von der Glattheit sowohl der Lösung f als auch des Kerns k abhängt. Die hieraus nicht direkt folgende Stabilität $\|(\lambda I - \tilde{K}_n)^{-1}\|_\infty \leqslant C$ voraussetzend gelangen wir zur Fehlerabschätzung

$$(4.6.25) \qquad \|\delta f_n\| \leqslant O(\|f - f_n\|_\infty) + O(\max_j R(fk(\xi_j, \cdot))).$$

Abschätzung (25) liefert die Empfehlung, *eine numerische Quadratur von der Ordnung des Projektionsfehlers zu verwenden*. Auch die oben erwähnte Simpson-Formel zur Schrittweite h ist zulässig und liefert eine Störung der Ordnung $O(h^4)$, obwohl $\delta B = O(h^0)$!

Im Falle der Simpson-Formel kann man kleine δB-Fehler erreichen, wenn die Teilintervalle, auf denen die *summierte* Quadraturformel beruht, mit den verwendeten Teilintervallen I_k übereinstimmen oder darin enthalten sind. Nach Lemma 1.4.23 reicht dann die Glattheit von Φ_j im *Inneren* von I_k. Im Falle der Simpson-Formel muß die Schrittweite der Quadraturformel mindestens $h/2$ sein. Die Gewichte $\frac{4}{3}(h/2)$ und $\frac{2}{3}(h/2)$ zusammen mit den Werten $\Phi_j(x_j)=1$ und $\Phi_j(x_j\pm h/2)=\frac{1}{2}$ der stückweise linearen Lagrange-Funktion (1.4.6) ergibt die Approximation

$$\int \varphi\, \Phi_j\, d\xi \approx Q_{j,h}(\varphi) := \tfrac{1}{3} h\, [\varphi(x_j-h/2)+\varphi(x_j)+\varphi(x_j+h/2)].$$

Die Fehlerabschätzungen lautet $|Q_{j,h}(\varphi)-\int\varphi\,\Phi_j\,d\xi| \leqslant C\, h^5\, \|\varphi\|_{\widehat{C}^4(I)}$.

Die obige Quadratur ist im ersten numerischen Beispiel zum Galerkin-Verfahren (§4.5.10, Tabelle 5.2) zur Approximation von $\int\varphi(x)\Phi_j(x)dx$ mit $\varphi(x):=(K\Phi_k)(x)$ eingesetzt worden (vgl. (5.40d)).

Übungsaufgabe 4.6.27 Φ_j seien die stückweise linearen Lagrange-Funktionen. Man zeige: **(a)** Die _summierte Trapezformel_ approximiert $\int\varphi\,\Phi_j\,dx$ durch $Q_j(\varphi)=\frac{1}{2}(x_{j+1}-x_{j-1})\varphi(x_j)$. Die resultierende Fehlermatrix lautet $\|\delta B\|=O(h)$ im allgemeinen und $\|\delta B\|=O(h^2)$ im äquidistanten Fall. **(b)** Die Trapezformel Q_j aus (a) ist zugleich die gewichtete Newton-Cotes-Formel mit einer Stützstelle x_j zur Gewichtsfunktion $w=\Phi_j$. **(c)** In der Formel (26a) seien α, β, γ durch (26b) bestimmt:

$$(4.6.26a)\qquad Q_{j,h}(\varphi):=\alpha\varphi(x_{j-1})+\beta\varphi(x_j)+\gamma\varphi(x_{j+1}),$$

$$(4.6.26b)\qquad \alpha=\frac{A^3+2A^2B-B^3}{12\,A\,(A+B)},\quad \beta=\frac{A^3+4A^2B+4AB^2+B^3}{12\,A\,B},\quad \gamma=\frac{B^3+2B^2A-A^3}{12\,B\,(A+B)}$$

mit $\qquad A:=x_j-x_{j-1},\quad B:=x_{j+1}-x_j.$

$Q_{j,h}$ ist exakt für Polynome bis zum Grad $\leqslant 2$. Formel (26a,b) stellt die mit der stückweise linearen Lagrange-Funktion (1.4.6) _gewichtete Newton-Cotes-Formel_ zu den Stützstellen x_j, $x_{j\pm1}$ dar. Im äquidistanten Fall führt sie auf den Fehler $O(h^5)$, sonst auf

$$(4.6.26c)\qquad |Q_{j,h}(\varphi)-\int\varphi\,\Phi_j\,d\xi| \leqslant C\, h^4\, \|\varphi\|_{\widehat{C}^3(I)}.$$

4.6.7 Produktintegration

Das zweite numerische Beispiel aus §4.4.5 enthält den schwach singulären Kern (4.22a): $k(x-y)=|x-y|^{-1/2}$. Die Matrixkoeffizienten $\beta_{jk}=\int k(\xi_j,y)\Phi_k(y)dy$ sind glücklicherweise exakt integrierbar, so daß sich das Problem der numerischen Quadratur in §4.4.5 nicht stellte. Die bei jeder Standardquadraturmethode auftretenden Schwierigkeiten sind:

(i) Für $k=j$ liegt die singuläre Stelle $y=\xi_j$ im Integrationsbereich (im Träger von Φ_k) und die Quadraturformel versagt.

(ii) Auch wenn $y=\xi_j$ nicht im Träger von Φ_k liegt, aber nah benachbart ist, ergeben sich große Quadraturfehler. Ist z.B. der Abstand $\leqslant \ell h$ und $k(x-y)=|x-y|^{-1/2}$, so hat die in der Fehlerabschätzung auftretende Norm $\|\varphi\|_{\widehat{C}^\varkappa(I)}$ für $\varphi=k(\xi_j,\cdot)$ die Größenordnung $O([\ell h]^{-\varkappa-1/2})$.

Wenn der Kern k nicht so einfach ist, daß $\int k(\xi,y)\Phi_k(y)dy$ exakt integriert werden kann, ist es aber vielleicht möglich, k als Produkt

$$(4.6.27) \qquad k(x,y)=l(x,y)\varkappa(x,y)$$

zu schreiben, wobei $l(x,y)$ hinreichend glatt ist und $\varkappa(x,y)$ eine exakte Integration $\int \varkappa(\xi,y)\Phi_k(y)dy$ zuläßt. In diesem Falle steht das interpolatorische Quadraturverfahren mit der Gewichtsfunktion $\omega=\varkappa(x,\cdot)$ zur Verfügung, wie es in (1.4.16d,e) definiert wurde:

$$(4.6.28a) \qquad Q_n^{\varkappa(x,\cdot)}(\varphi):=\int_D \varkappa(x,y)\Pi_n\varphi(y)\,dy\,,$$

wobei Π_n eine Interpolation mit Stützstellen x_i definiert. Seien L_i die Lagrange-Funktionen. Gemäß (1.4.16e) gilt die Darstellung

$$(4.6.28b) \qquad Q_n^{\varkappa(x,\cdot)}(\varphi):=\sum w_i(x)\,\varphi(x_i)\ \text{mit}\ w_i(x):=\int_D \varkappa(x,y)L_i(y)dy.$$

Indem wir $\varphi:=l(x,\cdot)\Phi_k$ setzen, erhalten wir die Approximation

$$(4.6.28c) \qquad Q_n^{\varkappa(x,\cdot)}(l(x,\cdot)\Phi_k)=\int_D \varkappa(x,y)\Pi_n[l(x,y)\Phi_k(y)]\,dy=$$
$$=\sum_i w_i(x)\,l(x,x_i)\,\Phi_k(x_i)$$

für $\int_D k(x,y)\Phi_k(y)dy$. Wenn die Basisfunktionen Φ_k als Lagrange-Funktionen L_k der Interpolation Π_n aus (28a) gewählt sind, wird (28c) zu

$$(4.6.28d) \qquad Q_n^{\varkappa(x,\cdot)}(l(x,\cdot)\Phi_k)=w_k(x)l(x,x_k)=l(x,x_k)\int_D \varkappa(x,y)L_k(y)dy.$$

Das gewichtete Quadraturverfahren $Q_n^{\varkappa(x,\cdot)}$, das in diesem Zusammenhang _Produktintegration_ heißt, enthält Gewichte $w_i(x)$, die von x abhängen! Im Falle von $k(x-y)=|x-y|^{-1/2}$ und der stückweise linearen Interpolation beschreiben die Koeffizienten β_{jk} aus (4.23) die Gewichte $w_k(x)$ bei $x=x_j$.

Bei der Faktorisierung $k(x,y)=l(x,y)\varkappa(x,y)$ in (27) ist darauf zu achten, daß $\varkappa(x,y)L_k(y)$ hinreichend einfach zu integrieren ist. Wenn man $\varkappa$ so wählt, daß es asymptotisch die gleiche Singularität wie k besitzt, kann man den Faktor l indirekt durch $l:=k/\varkappa$ definieren.

Beispiel 4.6.28 Sei $k(x,y)=|e^x-e^y|^{-1/2}$. Bei $x=y$ verhält sind k wie $e^{-x/2}|x-y|^{-1/2}$. Deshalb wird $\varkappa(x,y):=|x-y|^{-1/2}$ und $l:=k/\varkappa$ gewählt. Man prüft nach, daß k in x und y analytisch ist und somit alle Regularitätsanforderungen erfüllt.

Der _Quadraturfehler der Produktintegration_ ist wie im Standardfall durch den Interpolationsfehler von $\Pi_n[l(x,y)\Phi_k(y)]$ in (28c) gegeben.

Bemerkung 4.6.29 Da die Bestimmung und Auswertung der Gewichte $w_i(x)$ in (28b) aufwendiger als ein übliches Quadraturverfahren ist, empfiehlt sich der folgende Kompromiß: Das Integral $\int k(x,y)\Phi_k(y)dy$ berechnet man mit Hilfe der Produktintegration, solange x einen Abstand kleiner als $\delta=\delta(h)$ vom Träger(Φ_k) besitzt. Andernfalls verwendet man übliche Quadraturen wie in §4.6.6 vorgeschlagen. Hierbei ist vorausgesetzt, daß $k(x,y)$ nur bei $x=y$ singulär wird.

4.7 Diskretisierung durch Quadraturverfahren: Nyström-Methode

4.7.1 Beschreibung des Verfahrens

In diesem Abschnitt behandeln wir eine Diskretisierung, die sich direkt aus der Anwendung einer Quadraturformel ergibt und somit als die naheliegendste Diskretisierung angesehen werden kann. Bei der Fredholmschen Integralgleichung liegt eine einfachere Situation vor als für die Volterrasche (vgl. §2.2.1), da der Integrationsbereich fest liegt.

Ausgehend von n _Stützstellen_

$$(4.7.1\,a) \qquad \Xi_n := \{\xi_{1,n}, \xi_{2,n}, \ldots, \xi_{n,n}\} \subset D$$

und zugehörigen _Gewichten_

$$(4.7.1\,b) \qquad w_{1,n}, w_{2,n}, \ldots, w_{n,n}$$

definieren wir ein _Quadraturverfahren_ Q_n ($n \in \mathbb{N}$, vgl. §1.4.2):

$$(4.7.1\,c) \qquad Q_n(\varphi) := \sum_{k=1}^{n} w_{k,n} \varphi(\xi_{k,n})$$

für Integrale $\int_D \varphi(y)\,dy$ über D. Der Integrand der Fredholmschen Integralgleichung ist $\varphi(y) := k(x,y)f(y)$. Bei der _Nyström-Methode_ nähert man das Integral durch Q_n an und bestimmt eine Approximation f_n durch

$$(4.7.2) \qquad \lambda f_n(x) = g(x) + \sum_{k=1}^{n} w_{k,n}\, k(x, \xi_{k,n}) f_n(\xi_{k,n}) \quad \text{für alle } x \in D.$$

Zur Lösung der semidiskreten Aufgabe (2) geht man am einfachsten in zwei Schritten vor. Zunächst schreibt man die Gleichung (2) nur für die Argumente $x = \xi_{j,n} \in \Xi$ auf:

$$(4.7.3) \qquad \lambda f_n(\xi_{j,n}) = g(\xi_{j,n}) + \sum_{k=1}^{n} w_{k,n}\, k(\xi_{j,n}, \xi_{k,n})\, f_n(\xi_{k,n}) \quad (1 \le j \le n).$$

Führt man die Abkürzung

$$(4.7.4) \qquad f_{k,n} := f_n(\xi_{k,n}) \qquad\qquad (1 \le k \le n,\ n \in \mathbb{N}).$$

ein, stellt (3) ein System von n Gleichungen

$$(4.7.5) \qquad \lambda f_{j,n} = g(\xi_{j,n}) + \sum_{k=1}^{n} w_{k,n}\, k(\xi_{j,n}, \xi_{k,n}) f_{k,n} \qquad\qquad (1 \le j \le n)$$

für die n Unbekannten $\{f_{1,n}, \ldots, f_{n,n}\}$ dar. Wir führen die Vektoren

$$(4.7.6\,a) \qquad a_n := \begin{bmatrix} f_{1,n} \\ \vdots \\ f_{n,n} \end{bmatrix}, \qquad b_n := \begin{bmatrix} g(\xi_{1,n}) \\ \vdots \\ g(\xi_{n,n}) \end{bmatrix},$$

und die Matrix

$$(4.7.6\,b) \qquad B_n := \begin{bmatrix} \beta_{11} & \beta_{12} & \cdots & \beta_{1n} \\ \vdots & \vdots & & \vdots \\ \beta_{n1} & \beta_{n2} & \cdots & \beta_{nn} \end{bmatrix} \qquad \text{mit } \beta_{jk} := w_{k,n}\, k(\xi_{j,n}, \xi_{k,n})$$

ein.

Bemerkung 4.7.1 Die *Nyström-Methode* führt auf die n Gleichungen (5) für die n unbekannten Funktionswerte $f_{k,n}$ aus (4). In Matrixdarstellung lautet (5):

$$(4.7.7) \qquad (\lambda I - B_n)\, a_n = b_n \; .$$

Nachdem man $f_{k,n} = f_n(\xi_{k,n})$ kennt, ist auch die rechte Seite in Gleichung (2) für alle $x \in D$ bekannt. Mit (4) schreiben wir (2) um und lösen nach $f_n(x)$ auf:

$$(4.7.8) \qquad f_n(x) = \tfrac{1}{\lambda}\Big[g(x) + \sum_{k=1}^{n} w_{k,n}\, k(x, \xi_{k,n})\, f_{k,n} \Big] \qquad (x \in D).$$

Hierdurch ist $f_n(x)$ für alle $x \in D$ bestimmt.

Bemerkung 4.7.2 Wenn $f_{k,n} := f_n(\xi_{k,n})$ das Gleichungssystem (7) löst, stellt (8) eine Interpolation, die sogenannte *Nyström-Interpolation* dar. Die Nyström-Interpolation ist affin, aber nicht linear. Die Nyström-Interpolierende (8) der diskreten Lösung $f_{k,n}$ stellt die Lösung der Aufgabe (2) dar.

Beweis. Die Werte von f_n an den Stützstellen $\xi_{k,n}$ sind aufgrund von (7) die vorgegebenen Stützwerte $f_{k,n}$. Der absolute Term $g(x)/\lambda$ in (8) widerspricht der Linearität. ▨

Die rechte Seite in (2) definiert den Operator $K_n \in L(C(D), C(D))$ mit

$$(4.7.9a) \qquad (K_n \varphi)(x) = \sum_{k=1}^{n} w_{k,n}\, k(x, \xi_{k,n})\, \varphi(\xi_{k,n}) = Q_n(k(x,\cdot)\varphi(\cdot))$$

für alle $x \in D$ und $\varphi \in C(D)$. Damit läßt sich die Gleichung (2) in der Form

$$(4.7.9b) \qquad \lambda f_n = g + K_n f_n$$

schreiben. Anders als bei den vorhergehenden Diskretisierungsverfahren ist das diskrete Gleichungssystem (7) *unmittelbar* mit der diskreten Operatorgleichung (9b) verknüpft. Das System (7) ist Folge von (9b), wenn man die Argumente x auf Ξ_n beschränkt.

Bemerkung 4.7.3 Wenn der Kern symmetrisch ist, d.h. $k(x,y) = k(y,x)$, ist die Matrix B_n i.a. nicht symmetrisch. Sind die Gewichte $w_{k,n}$ jedoch positiv, kann man die Gleichung (7) in das äquivalente System

$$(4.7.7') \qquad (\lambda I - B_n')\, a_n' = b_n'$$

mit symmetrischer Matrix $B_n' = D^{1/2} B_n D^{-1/2}$ und Vektoren $a_n' = D^{1/2} a_n$, $b_n' = D^{1/2} b_n$ überführen, wobei $D = D_n := \mathrm{diag}\{w_{1,n}, \ldots, w_{n,n}\}$. Explizit lauten die Matrixelemente von B_n': $\beta_{jk}' = \sqrt{w_{j,n}\, w_{k,n}}\; k(\xi_{j,n}, \xi_{k,n})$.

Lemma 4.7.4 Der Operator K_n aus (9a) hat ein endlichdimensionales Bild. Wenn der Kern $k(x,y)$ in $x \in D$ stetig ist, gilt $K_n \in K(C(D), C(D))$. In der Operatornorm $\|\cdot\|_{C(D) \leftarrow C(D)}$ ist

$$(4.7.10) \qquad \|K_n\| = \sup_{x \in D} \sum_{k=1}^{n} |w_{k,n}\, k(x, \xi_{k,n})| \, .$$

Beweis. Wenn $k(\cdot,y)\in C(D)$, bildet K_n in $C(D)$ ab. Aus $\dim(\mathrm{Bild}(K_n))\leqslant n$ folgt $K_n\in K(C(D),C(D))$ nach Satz 1.3.23c. (10) beweist man ähnlich wie (4.18).

4.7.2 Konvergenzüberlegungen

Konvergenzabschätzungen sind auf zwei Ebenen möglich. Zum einen kann man sich auf die Stützstellen $\xi_{k,n}\in\Xi_n$ beschränken und nach dem Fehler

$$(4.7.11\mathrm{a})\qquad \delta f_{\Xi,n}:=\max\{|f_{k,n}-f(\xi_{k,n})|:\ 1\leqslant k\leqslant n\}$$

fragen. f sei dabei die exakte Lösung der Fredholmschen Integralgleichung (3.1.1). Zum anderen ist mit $f_{k,n}$ die Funktion f_n (vgl. (8)) gegeben, so daß der Fehler von f_n bezüglich der Supremumsnorm untersucht werden kann:

$$(4.7.11\mathrm{b})\qquad \delta f_{D,n}:=\|f_n-f\|_{\infty,D}.$$

Beide Fehler hängen jedoch wie folgt eng zusammen.

Bemerkung 4.7.5 Die Fehler $\delta f_{\Xi,n}$, $\delta f_{D,n}$ seien wie in (11a,b) definiert. **(a)** In der einen Richtung gilt die Ungleichung

$$(4.7.12\mathrm{a})\qquad \delta f_{\Xi,n}\leqslant\delta f_{D,n}.$$

(b) Für die umgekehrte Richtung läßt sich z.B. die Abschätzung

$$(4.7.12\mathrm{b})\qquad \delta f_{D,n}\leqslant[\|R_n(f)\|_\infty+\|K_n\|\,\delta f_{\Xi,n}]/|\lambda|$$

angeben, wobei $R_n(f)$ der Quadraturfehler aus (2) ist:

$$(4.7.12\mathrm{c})\qquad R_n(f)(x):=\int_D k(x,y)f(y)dy-Q_n(k(x,\cdot)f(\cdot)).$$

Beweis. (12a) ist wegen $\Xi_n\subset D$ trivial. Subtraktion der diskreten Gleichung $\lambda f_n=g+K_nf_n$ von der Integralgleichung $\lambda f=g+Kf$ liefert

$$\lambda(f-f_n)=Kf-K_nf_n=(K-K_n)f+K_n(f-f_n).$$

Nach Definition von K_n ist $\|(K-K_n)f\|_\infty=\|R_n(f)\|_\infty$. Der zweite Term $K_n(f-f_n)$ läßt sich nicht nur durch $\|K_n\|\,\|f-f_n\|_\infty=\|K_n\|\,\delta f_{D,n}$, sondern sogar durch $\|K_n\|\,\delta f_{\Xi,n}$ abschätzen. Damit ist (12b) beweisen.

Bei den bisherigen Diskretisierungsverfahren konnten wir unter geeigneten Voraussetzungen die Konvergenz $K_n\to K$ in der Operatornorm beweisen. Hieraus ließ sich Konsistenz, Stabilität und Konvergenz beweisen (vgl. Satz 1.13). Fehlerabschätzungen konnte man z.B. aus den Ungleichungen (1.12d,e) gewinnen, die für $g_n=g$ die Form

$$\|f-f_n\|\leqslant\|(\lambda I-K_n)^{-1}\|\,\|(K-K_n)f\|\leqslant\|(\lambda I-K_n)^{-1}\|\,\|K-K_n\|\,\|f\|$$

annehmen. Das folgende Lemma zeigt, daß für das Nyström-Verfahren *keine* Normkonvergenz vorliegt (wenigstens, solange man $X=C(D)$ zugrunde legt). Die Schranke $\|(\lambda I-K_n)^{-1}\|\,\|K-K_n\|\,\|f\|$ in der letzten Fehlerabschätzung ist somit unbrauchbar.

Lemma 4.7.6 D sei kompakt. Es gelte $k \in C(D \times D)$. Das Quadraturverfahren Q_n aus (1c) sei konvergent (vgl. Definition 1.4.15). Dann folgt

(4.7.13a) $\| K_n \varphi - K \varphi \|_\infty \to 0$ $(n \to \infty)$ für alle $\varphi \in C(D)$,

d.h. $\{K_n\}$ ist *konsistent*. Bezüglich der Operatornorm $\| \cdot \|_{C(D) \leftarrow C(D)}$ gilt

(4.7.13b) $\| K_n - K \| \geqslant \| K \|$ für alle $n \in \mathbb{N}$,

(4.7.13c) $\| (K_n - K) K \| \to 0, \ \| (K_n - K) K_n \| \to 0$ $(n \to \infty)$.

Beweis. (i) Für festes $x \in D$ ist $\Phi(y) := k(x, y) \varphi(y)$ stetig. Die Konvergenz von Q_n beweist $(K_n \varphi)(x) = Q_n \Phi \to \int_D \Phi(y) dy = (K \varphi)(x)$ für alle $x \in D$. Satz 1.4.17 beweist die Stabilität von Q_n: $\| Q_n \| = \sum_{k=1}^n |w_{k,n}| \leqslant C$ für alle $n \in \mathbb{N}$. Dies zeigt die gleichmäßige Beschränktheit von K_n (vgl. (10)):

$$\| K_n \| \leqslant C \| k \|_{\infty, D \times D} \cdot$$

Aus der Stabilität $\| Q_n \| \leqslant C$ folgt ferner die Abschätzung

$$|(K_n \varphi)(x) - (K_n \varphi)(y)| \leqslant C \| k(x, \cdot) - k(y, \cdot) \|_\infty \| \varphi \|_\infty,$$

die die gleichgradige Stetigkeit von $\{ K_n \varphi : n \in \mathbb{N} \}$ zeigt (man beachte, daß k auf $D \times D$ gleichmäßig stetig ist). Damit ist der Satz von Arzelà-Ascoli (Satz 1.3.26) anwendbar: Es existiert eine Teilfolge von $K_n \varphi$, die gleichmäßig konvergiert. Nachdem oben schon die punktweise Konvergenz $K_n \varphi \to K \varphi$ festgestellt worden ist, schließt man auf die gleichmäßige Konvergenz der Gesamtfolge $K_n \varphi$, d.h. auf (13a).

   (ii) Da D kompakt ist, gibt es gemäß (3.2.6) ein $\xi \in D$, so daß

$$\| K \| = \int_D |k(\xi, y)| dy.$$

In Lemma 3.2.2 wurde diese Aussage dadurch beweisen, daß man für jedes $\varepsilon > 0$ ein $\varphi_\varepsilon \in C(D)$ konstruierte, für das $\| \varphi_\varepsilon \|_\infty = 1$ und

$$\int_D k(\xi, y) \varphi_\varepsilon(y) dy \geqslant \int_D |k(\xi, y)| dy - \varepsilon$$

zutreffen. Durch eine Änderung von φ_ε in einer hinreichend kleinen Umgebung von Ξ_n kann man erreichen, daß zusätzlich $\varphi_\varepsilon(\xi_{k,n}) = 0$ für die Quadraturstützstellen $\xi_{k,n} \in \Xi_n$ gilt. Dies impliziert $K_n \varphi_\varepsilon = 0$. Aus

$$\| K - K_n \| \geqslant \| (K - K_n) \varphi_\varepsilon \|_\infty = \| K \varphi_\varepsilon \|_\infty \geqslant \| K \| - \varepsilon$$

schließt man auf (13b).

   (iii) Nach Satz 3.2.5 ist K kompakt. Aus (13a) und Lemma 3.8 beweist man die erste Aussage $\| (K_n - K) K \| \to 0$. Zum Nachweis der zweiten Aussage $\| (K_n - K) K_n \| \to 0$ definiere man

$$\Phi_n(\xi) := \| (K - K_n) k(\cdot, \xi) \|_\infty \qquad \text{für } \xi \in D.$$

Die umgekehrte Dreiecksungleichung liefert

$$|\Phi_n(\xi) - \Phi_n(\zeta)| \leqslant \| (K - K_n)(k(\cdot, \xi) - k(\cdot, \zeta)) \|_\infty$$
$$\leqslant \| K - K_n \| \ \| k(\cdot, \xi) - k(\cdot, \zeta) \|_\infty.$$

Die gleichmäßige Beschränktheit von $\| K - K_n \|$ folgt aus der Konvergenz (13a). Die gleichmäßige Stetigkeit von k beweist somit die gleichmäßige Beschränktheit und gleichgradige Stetigkeit von Φ_n. Zusammen mit der Kompaktheit von D und der punktweisen Konvergenz (13a) ergibt sich die gleichmäßige Konvergenz $\Phi_n \to 0$. Aufgrund der Darstellung

$$\|(K_n - K)K_n\| = \sum_{k=1}^n |w_{k,n}| \Phi_n(\xi_{k,n})$$

(analog zu (10)) und wegen der Stabilität von Q_n: $\sum_{k=1}^n |w_{k,n}| \leq C$, folgt nun die Behauptung $\|(K_n - K)K_n\| \to 0$.

Die Aussagen in (13c) stellen einen Ersatz für die fehlende Operatornormkonvergenz dar. Wie man hieraus auf die Stabilität der Diskretisierung schließt, die ja für die Konvergenz notwendig ist (vgl. Satz 4.1.11), zeigt der nächste Absatz.

4.7.3 Stabilität

In Satz 1.4 wurde die Existenz und gleichmäßige Beschränktheit von $\|(\lambda I - K_n)^{-1}\|$ durch (1.6b), $\|K - K_n\| < 1 / \|(\lambda I - K)^{-1}\|$, bewiesen. Der folgende Satz von Brakhage [1] zeigt, daß auch eine entsprechende Abschätzung von $\|(K_n - K)K\|$ ausreicht.

Satz 4.7.7 X sei ein Banach-Raum. $\lambda \neq 0$ sei ein regulärer Wert des Operators $S \in L(X,X)$, d.h. $(\lambda I - S)^{-1} \in L(X,X)$. T sei ein kompakter Operator: $T \in K(X,X)$. Wenn die Ungleichung

(4.7.14a) $\|(T - S)T\| < |\lambda| / \|(\lambda I - S)^{-1}\|$

gilt, existiert auch $(\lambda I - T)^{-1} \in L(X,X)$ und genügt der Abschätzung

(4.7.14b) $\|(\lambda I - T)^{-1}\| \leq \dfrac{1 + \|(\lambda I - S)^{-1}\| \|T\|}{|\lambda| - \|(\lambda I - S)^{-1}\| \|(T - S)T\|}.$

Für die Lösungen der Gleichungen $(\lambda I - S)f_S = g$ und $(\lambda I - T)f_T = g$ gilt

(4.7.14c) $\|f_S - f_T\|_X \leq \|(\lambda I - S)^{-1}\| \dfrac{\|(T - S)T\| \|f_S\|_X + \|(T - S)g\|_X}{|\lambda| - \|(\lambda I - S)^{-1}\| \|(T - S)T\|}$,

(4.7.14d) $\|f_S - f_T\|_X \leq \|(\lambda I - T)^{-1}\| \|(S - T)f_S\|_X$.

Beweis. (i) Aus der Identität $I = \frac{1}{\lambda}[(\lambda I - T) + T]$ folgt die Darstellung

$$(\lambda I - T)^{-1} = \frac{1}{\lambda}[I + (\lambda I - T)^{-1}T],$$

vorausgesetzt $(\lambda I - T)^{-1}$ existiert. Diese Voraussetzung brauchen wir im weiteren aber nicht mehr, da wir auf der rechten Seite $(\lambda I - T)^{-1}$ durch $(\lambda I - S)^{-1}$ ersetzen, um eine Approximation

$$A := \frac{1}{\lambda}[I + (\lambda I - S)^{-1}T]$$

für $(\lambda I - T)^{-1}$ zu erhalten. Demnach sollte $B := A(\lambda I - T)$ die Identität I approximieren. Die Rechnung

$$B = \frac{1}{\lambda}[I + (\lambda I - S)^{-1}T](\lambda I - T) = I - \frac{1}{\lambda}[T - (\lambda I - S)^{-1}T(\lambda I - T)] =$$
$$= I - \frac{1}{\lambda}(\lambda I - S)^{-1}\{(\lambda I - S)T - T(\lambda I - T)\} = I - \frac{1}{\lambda}(\lambda I - S)^{-1}(T - S)T$$

zeigt eine Abweichung von I um $\frac{1}{\lambda}(\lambda I-S)^{-1}(T-S)T$. Dank der Voraussetzung (14a) ist die Operatornorm dieses Ausdruckes

$$\| \tfrac{1}{\lambda}(\lambda I-S)^{-1}(T-S)T \| \leqslant \| (\lambda I-S)^{-1} \|\, \|(T-S)T\| / |\lambda| < 1 ,$$

so daß Lemma 1.3.14 (mit B und I anstelle von S und T) die Existenz von $B^{-1}\epsilon L(X,X)$ beweist.

(ii) Wäre λ ein Eigenwert von T, müßte $B=A(\lambda I-T)$ im Widerspruch zu Teil (i) singulär sein. Da T kompakt ist, beweist Satz 1.3.28 die Existenz der Inversen $(\lambda I-T)^{-1}\epsilon L(X,X)$. Indem wir die Gleichung $B=A(\lambda I-T)$ von links mit B^{-1} und von rechts mit $(\lambda I-T)^{-1}$ multiplizieren, erhalten wir die Darstellung $(\lambda I-T)^{-1}=B^{-1}A$, d.h.

$$(4.7.14e) \qquad (\lambda I-T)^{-1} = \left[\lambda I-(\lambda I-S)^{-1}(T-S)T \right]^{-1} \left[I + (\lambda I-S)^{-1}T \right].$$

Gemäß (1.3.12b) ist die Inverse auf der rechten Seite durch

$$\left\| \left[\lambda I-(\lambda I-S)^{-1}(T-S)T \right]^{-1} \right\| \leqslant 1/\left[|\lambda| - \|(\lambda I-S)^{-1}\|\, \|(T-S)T\| \right]$$

abschätzbar, während der andere Faktor durch $1+\|(\lambda I-S)^{-1}\|\,\|T\|$ beschränkt ist. Zusammen ergibt sich Ungleichung (14b).

(iii) Subtraktion der Gleichungen $(\lambda I-S)f_S=g$ und $(\lambda I-T)f_T=g$ liefert

$$\lambda(f_S-f_T) = Sf_S-Tf_T = T(f_S-f_T) + (S-T)f_S$$

und $\qquad f_S-f_T = (\lambda I-T)^{-1}(S-T)f_S.$

Diese Darstellung beweist die Abschätzung (14d). Vertauschung von S und T ergibt die analoge Darstellung

$$f_T-f_S = (\lambda I-S)^{-1}(T-S)f_T.$$

Setzen wir auf der rechten Seite $f_T=\frac{1}{\lambda}(g+Tf_T)$ ein, ergibt sich

$$f_T-f_S = \tfrac{1}{\lambda}(\lambda I-S)^{-1}(T-S)(g+Tf_T) =$$
$$= \tfrac{1}{\lambda}(\lambda I-S)^{-1}(T-S)(g+Tf_S) + \tfrac{1}{\lambda}(\lambda I-S)^{-1}(T-S)T(f_T-f_S),$$

also

$$f_T-f_S = \left[I-\tfrac{1}{\lambda}(\lambda I-S)^{-1}(T-S)T \right]^{-1} \tfrac{1}{\lambda}(\lambda I-S)^{-1}(T-S)(g+Tf_S).$$

Die zugehörige Normabschätzung führt auf (14c).

Um mit dem Satz 7 die Stabilität der Nyström-Methode nachzuweisen, ist in (14b) $T:=K_n$ und $S:=K$ zu setzen. Damit die Voraussetzung (14a) befriedigt werden kann, ist $\|(T-S)T\|=\|(K_n-K)K_n\|\to 0$ zu zeigen. In Lemma 6 wurde $\|(K_n-K)K_n\|\to 0$ unter der starken Bedingung $k\epsilon C(D\times D)$ bewiesen. Es sei daran erinnert, daß $\|(K_n-K)K\|\to 0$ gemäß Lemma 3.8 aus der punktweisen Konvergenz $K_n\to K$ und der Kompaktheit von K folgt. Für $\|(K_n-K)K_n\|\to 0$ reicht es nicht, die Kompaktheit von K_n vorauszusetzen. Ein Blick auf das Lemma 3.7 zeigt, daß es eine präkompakte Teilmenge $M\subset X$ geben muß, die alle Bilder $K_n\varphi$ ($\|\varphi\|=1$, $n\epsilon\mathbb{N}$) enthält. Dies führt auf die

---

Definition 4.7.8 Eine Menge $\{T_n\}_{n \in \mathbb{N}}$ von Operatoren $T_n \in L(X,X)$ heißt _kollektiv kompakt_, wenn die Menge $\{T_n \varphi : \varphi \in X \text{ mit } \|\varphi\| \leqslant 1, n \in \mathbb{N}\}$ präkompakt ist.

Man beachte, daß die Präkompaktheit von $B_n := \{T_n \varphi : \varphi \in X, \|\varphi\| \leqslant 1\}$ die Kompaktheit von T_n definiert, während jetzt die _Vereinigung_ $\cup_{n \in \mathbb{N}} B_n$ präkompakt sein muß.

Bemerkung 4.7.9 (a) Ist die Menge $\{T_n\}_{n \in \mathbb{N}}$ kollektiv kompakt, so ist jedes T_n kompakt. **(b)** Konvergiert eine Folge kollektiv kompakter T_n punktweise gegen ein $T \in L(X,X)$, so ist T kompakt. **(c)** Sind T_n kompakte Operatoren, die in der Operatornorm konvergieren, so ist $\{T_n\}_{n \in \mathbb{N}}$ kollektiv kompakt.

Beweis. (i) Mit $B \subset X$ ist auch der Abschluß $\bar{B}$ und jede Teilmenge $A \subset \bar{B}$ präkompakt. Nach Definition ist $B := \{T_n \varphi : \varphi \in X \text{ mit } \|\varphi\| \leqslant 1, n \in \mathbb{N}\}$ präkompakt. Die Präkompaktheit der Teilmenge $B_n := \{T_n \varphi : \varphi \in X, \|\varphi\| \leqslant 1\}$ beweist $T_n \in K(X,X)$.

(ii) Seien B und B_n wie oben und $A := \{T\varphi : \varphi \in X, \|\varphi\| \leqslant 1\}$. Jedes $\psi \in A$ hat die Darstellung $\psi = T\varphi$ mit einem $\varphi \in X, \|\varphi\| \leqslant 1$. Wegen der punktweisen Konvergenz ist $\psi = \lim \psi_n$ mit $\psi_n := T_n \varphi$. Da $\psi_n \in B_n \subset B$, folgt $\psi \in \bar{B}$. Weil $\psi \in A$ beliebig, schließt man auf $A \subset \bar{B}$. Gemäß (i) ist A präkompakt und somit T kompakt.

(iii) Sei $\{\psi_m\} \subset B$ eine Folge in B, wobei B und B_n wie oben definiert seien. Zu zeigen ist, daß eine Teilfolge der ψ_m konvergiert. Sei zunächst angenommen, daß $\{\psi_m\} \subset \cup_{0 < n \leqslant k} B_n$ für ein $k \in \mathbb{N}$. Da T_n kompakt, sind alle B_n präkompakt. Als Vereinigung endlich vieler präkompakter Mengen ist $\cup_{0 < n \leqslant k} B_n$ wieder präkompakt. Also gibt es eine konvergente Teilfolge. Jedes ψ_m hat eine Darstellung $\psi_m = T_{n(m)} \varphi_m$ mit geeignetem $n(m)$ und $\|\varphi_m\| \leqslant 1$. Falls die obige Annahme nicht zutrifft, gibt es eine Teilfolge, die wieder mit $\psi_m = T_{n(m)} \varphi_m$ bezeichnet sei, so daß $n(m) \to \infty$ für $m \to \infty$. Sei $T := \lim T_n$ und $y_m := T\varphi_m$. Gemäß Satz 1.3.23b ist T kompakt, so daß $y_m = T\varphi_m$ eine wieder mit y_m bezeichnete Teilfolge enthält. Die entsprechende Teilfolge ψ_m hat wegen $\|\psi_m - y_m\| = \|(T_{n(m)} - T)\varphi_m\| \leqslant \|T_{n(m)} - T\| \to 0$ den gleichen Grenzwert. Damit ist in jedem Falle eine konvergente Teilfolge gefunden. ▨

Satz 4.7.10 (Anselone-Moore [1], Anselone [1]) X sei Banach-Raum. Die Diskretisierung $\{K_n \in L(X,X)\}$ sei zu $K \in L(X,X)$ konsistent (d.h. $K_n \varphi \to K\varphi$ für alle $\varphi \in X$, vgl. Definition 1.1). Außerdem sei $\{K_n\}$ kollektiv kompakt. Dann ist K kompakt und die Folge $\{K_n\}$ gleichmäßig beschränkt. Ferner gilt

$$(4.7.15a) \qquad \|(K - K_n)K\| \to 0 \qquad \qquad \text{für } n \to \infty,$$

$$(4.7.15b) \qquad \|(K - K_n)K_n\| \to 0 \qquad \qquad \text{für } n \to \infty.$$

Beweis. (i) Aufgrund der Konsistenz ist Bemerkung 9b anwendbar und beweist $K \in K(X,X)$.

(ii) Die gleichmäßige Beschränktheit der K_n ist Folge des Satzes 1.3.15 von der gleichmäßigen Beschränktheit.

(iii) Konsistenz von $\{K_n\}$ und $K \in K(X,X)$ liefert (15a) (vgl. Lemma 3.8).

(iv) (15b) folgt aus Lemma 3.7 mit $M := B$ (B: Beweis zu Bemerkung 9).

Fügt man die Aussagen der Sätze 7 und 10 zusammen, erhält man den

---

Satz 4.7.11 X sei Banach-Raum. Die Diskretisierung $K_n \in L(X,X)$ sei konsistent zu $K \in L(X,X)$ und kollektiv kompakt. $\lambda \neq 0$ sei regulärer Wert von K. *Dann ist die Diskretisierung stabil und konvergent.* Insbesondere gilt für hinreichend großes n_0 die Ungleichung

$$(4.7.16a) \qquad \|(K-K_n)K_n\| < |\lambda| / \|(\lambda I - K)^{-1}\| \qquad \text{für alle } n \geq n_0,$$

so daß $(\lambda I - K_n)^{-1}$ für $n \geq n_0$ existiert und wegen

$$(4.7.16b) \qquad \|(\lambda I - K_n)^{-1}\| \leq \frac{1 + \|(\lambda I - K)^{-1}\| \|K_n\|}{|\lambda| - \|(\lambda I - K)^{-1}\| \|(K-K_n)K_n\|} \qquad \text{für } n \geq n_0$$

gleichmäßig beschränkt ist. Die Lösungen von $\lambda f = g + Kf$ und $\lambda f_n = g + K_n f_n$ $(n \geq n_0)$ erfüllen die beiden *Fehlerabschätzungen*

$$(4.7.16c) \qquad \|f - f_n\| \leq \|(\lambda I - K)^{-1}\| \frac{\|(K-K_n)K_n\| \|f\| + \|(K-K_n)g\|}{|\lambda| - \|(\lambda I - K)^{-1}\| \|(K-K_n)K_n\|}$$

$$(4.7.16d) \qquad \|f - f_n\| \leq \|(\lambda I - K_n)^{-1}\| \, \|(K-K_n)f\| \qquad \text{für alle } n \geq n_0.$$

Beweis. Satz 10 beweist $\|(K-K_n)K_n\| \to 0$, so daß (16a) folgt. Zusammen mit der gleichmäßigen Beschränktheit der K_n zeigt die Ungleichung (16b), die man aus (14b) mit $T := K_n$ und $S := K$ ableitet, die gleichmäßige Beschränktheit von $\|(\lambda I - K_n)^{-1}\|$, d.h. K_n ist stabil. Konsistenz, Stabilität und $K \in K(X,X)$ implizieren die Konvergenz (vgl. Satz 1.12a)). Die Konvergenz liest man auch aus den Ungleichungen (16c,d) ab, die aus (14c,d) folgen.

Zusatz 4.7.12 Sei $X = C(D)$ gewählt. Aufgrund der Ungleichung (12a): $\max\{|f_{k,n} - f(\xi_{k,n})| : 1 \leq k \leq n\} \leq \|f - f_n\|_\infty$ sind (16c) und (16d) auch Fehlerabschätzungen für die berechneten Näherungen $\alpha_j = f_{j,n} = f_n(\xi_{j,n})$.

Übungsaufgabe 4.7.13 Man beweise die folgende Umkehrung von Satz 11. X sei Banach-Raum und $K \in K(X,X)$. Für ein n gelte $(\lambda I - K_n)^{-1} \in L(X,X)$ und

$$(4.7.17a) \qquad \|(K-K_n)K\| < |\lambda| / \|(\lambda I - K_n)^{-1}\|.$$

Dann existiert $(\lambda I - K)^{-1}$ und erfüllt

$$(4.7.17b) \qquad \|(\lambda I - K)^{-1}\| \leq \frac{1 + \|(\lambda I - K_n)^{-1}\| \|K\|}{|\lambda| - \|(\lambda I - K_n)^{-1}\| \|(K-K_n)K\|} \, .$$

Die Fehlerabschätzung lautet

$$(4.7.17c) \qquad \|f - f_n\| \leq \|(\lambda I - K_n)^{-1}\| \frac{\|(K-K_n)K\| \|f_n\| + \|(K-K_n)g\|}{|\lambda| - \|(\lambda I - K_n)^{-1}\| \|(K-K_n)K\|} \, .$$

Die bisherigen Voraussetzungen lassen noch eine beliebig langsame Konvergenz $\|(K-K_n)K_n\|\to 0$ zu. Um das Verfahren für die Praxis interessant zu machen, hat man eine (hinreichend hohe) Konvergenzordnung nachzuweisen.

4.7.4 Konsistenzordnung

Im folgenden sei angenommen, daß das Quadraturverfahren Q_n konvergent ist und die Konsistenzordnung $\varkappa>0$ besitzt:

$$(4.7.18)\qquad |Q_n\varphi-\textstyle\int_D\varphi(x)dx|\le Ch^\varkappa\|\varphi\|_{\hat{C}^\varkappa(D)}\quad\text{mit }h=\tfrac{1}{n}\text{ für alle }\varphi\in\hat{C}^\varkappa(D).$$

Wenn der Kern k zu $\hat{C}^\varkappa(D\times D)$ gehört, sind insbesondere die Abschätzungen (19a,b) gültig,

$$(4.7.19a)\qquad \|k(\cdot,y)\|_{\hat{C}^\varkappa(D)}\le\|k\|_{\hat{C}^\varkappa(D\times D)}\qquad\text{für alle }y\in D,$$

$$(4.7.19b)\qquad \|k(x,\cdot)\|_{\hat{C}^\varkappa(D)}\le\|k\|_{\hat{C}^\varkappa(D\times D)}\qquad\text{für alle }x\in D,$$

wobei in $\|k(\cdot,y)\|_{\hat{C}^\varkappa(D)}$ die Norm bezüglich x zu nehmen ist, während y ein Parameter ist.

Übungsaufgabe 4.7.14 Seien $\varphi,\psi\in\hat{C}^\varkappa(D)$. Dann gilt $\|\varphi\psi\|_{\hat{C}^\varkappa(D)}\le C\|\varphi\|_{\hat{C}^\varkappa(D)}\|\psi\|_{\hat{C}^\varkappa(D)}$ mit einer nur von $\varkappa\ge 0$ abhängigen Konstanten C.

Satz 4.7.15 D sei kompakt. Der Kern $k(x,y)$ des Operators K erfülle $k\in\hat{C}^\varkappa(D\times D)$ für ein $\varkappa>0$. Q_n sei stabil und habe die Konsistenzordnung $\varkappa>0$ (vgl. (18)). Dann ist die Nyström-Diskretisierung $\{K_n\}$ kollektiv kompakt, und es gelten die Abschätzungen (20a-c) mit geeignetem C:

$$(4.7.20a)\qquad \|(K-K_n)K_n\|\le Ch^\varkappa,\qquad\qquad (\;\|\cdot\|=\|\cdot\|_{C(D)\leftarrow C(D)}\;)$$

$$(4.7.20b)\qquad \|(K-K_n)K\|\le Ch^\varkappa,\qquad\qquad (\;h=1/n\;)$$

$$(4.7.20c)\qquad \|K-K_n\|_{C(D)\leftarrow\hat{C}^\varkappa(D)}\le Ch^\varkappa,$$

Beweis. (i) Sei $\varphi\in\hat{C}^\varkappa(D)$ beliebig. Nach Definition (9a) von K_n ist

$$\big((K-K_n)\varphi\big)(x)=\textstyle\int_D k(x,y)\varphi(y)dy-Q_n(k(x,\cdot)\varphi(\cdot)),$$

so daß (18) zu $|((K-K_n)\varphi)(x)|\le Ch^\varkappa\|k(x,\cdot)\varphi(\cdot)\|_{\hat{C}^\varkappa(D)}$ führt. Mit Übungsaufgabe 14 und Abschätzung (19b) erhält man

$$\|k(x,\cdot)\varphi(\cdot)\|_{\hat{C}^\varkappa(D)}\le C\|k(x,\cdot)\|_{\hat{C}^\varkappa(D)}\|\varphi\|_{\hat{C}^\varkappa(D)}\le C\|k\|_{\hat{C}^\varkappa(D\times D)}\|\varphi\|_{\hat{C}^\varkappa(D)}.$$

Dies beweist $\|(K-K_n)\varphi\|_\infty\le Ch^\varkappa\|k\|_{\hat{C}^\varkappa(D\times D)}\|\varphi\|_{\hat{C}^\varkappa(D)}$ mit einer *neuen* Konstanten C. Da $\|\cdot\|_\infty$ die zu $C(D)$ gehörende Norm ist, folgt $\|K-K_n\|_{C(D)\leftarrow\hat{C}^\varkappa(D)}\le Ch^\varkappa\|k\|_{\hat{C}^\varkappa(D\times D)}$ (vgl. Übungsaufgabe 1.3.12b). Bezeichnet man $C\|k\|_{\hat{C}^\varkappa(D\times D)}$ als neue Konstante C, erhält man (20c).

(ii) Satz 3.4.1 garantiert $\|K\|_{\hat{C}^\varkappa(D)\leftarrow C(D)}\le C$. Zusammen mit (20c) ist

$$\|(K-K_n)K\|_{C(D)\leftarrow C(D)}\le\|K-K_n\|_{C(D)\leftarrow\hat{C}^\varkappa(D)}\|K\|_{\hat{C}^\varkappa(D)\leftarrow C(D)}\le C'h^\varkappa$$

und beweist (20b).

(iii) Sei $\varphi \in \hat{C}^{\varkappa}(D)$ beliebig. Übungsaufgabe 14 und (19a) beweisen

$$\|K_n\varphi\|_{\hat{C}^{\varkappa}(D)} = \|\textstyle\sum_j w_{j,n} k(\,\cdot\,,\xi_{j,n})\varphi(\xi_{j,n})\|_{\hat{C}^{\varkappa}(D)} \le$$

$$\le \textstyle\sum_j |w_{j,n}|\,|\varphi(\xi_{j,n})|\,\|k(\,\cdot\,,\xi_{j,n})\|_{\hat{C}^{\varkappa}(D)} \le \|k\|_{\hat{C}^{\varkappa}(D\times D)}\|\varphi\|_\infty \textstyle\sum_j |w_{j,n}|.$$

Da Q_n als stabil vorausgesetzt wurde, ist $\sum_j |w_{j,n}| \le$ const gleichmäßig beschränkt, und man erhält insgesamt die Ungleichung

$$\|K_n\|_{\hat{C}^{\varkappa}(D)\leftarrow C(D)} \le \text{const } \|k\|_{\hat{C}^{\varkappa}(D\times D)}.$$

Wie in Teil (ii) schließt man hieraus auf (20a). Jede Folge $K_{n(j)}\varphi_j$ mit $\|\varphi_j\|_\infty \le 1$ ist in $\hat{C}^{\varkappa}(D)$ beschränkt und besitzt somit in $C(D)$ eine konvergente Teilfolge. Also ist $\{K_n\}$ kollektiv kompakt.   ∎

Der folgende Satz zeigt, wie sich die Konsistenzordnung der Quadraturformel auf die Fehlerabschätzung der Nyström-Lösung überträgt.

Satz 4.7.16 D sei kompakt. Das Nyström-Verfahren sei mit einem stabilen Quadraturverfahren Q_n der Konsistenzordnung $\varkappa > 0$ konstruiert (vgl. (18)). Es gelte $k \in \hat{C}^{\varkappa}(D\times D)$. λ sei regulärer Wert von K, und es gelte $g \in C^{\varkappa}(D)$. Dann genügen die Komponenten α_j des Lösungsvektors a_n aus (7) sowie die Nyström-Lösung f_n für $n \ge n_0$ (n_0 hinreichend groß) der *Fehlerabschätzung*

$$(4.7.21) \qquad \max\{|\alpha_j - f(\xi_{j,n})| : 1 \le j \le n\} \le \|f_n - f\|_\infty \le C h^{\varkappa}\|g\|_{\hat{C}^{\varkappa}(D)}.$$

Beweis. Die linke Ungleichung in (21) ist mit (12a) identisch. Die Stabilität von Q_n zusammen mit (18) beweist die Konvergenz des Quadraturverfahrens (vgl. Satz 1.4.17). Die Konsistenz der K_n ist somit durch Lemma 6 gesichert. Satz 15 garantiert die kollektive Kompaktheit der K_n und die Ungleichungen (20a-c). Satz 11 beweist die Stabilität. Insbesondere gibt es ein n_0, so daß die Nyström-Lösung f_n für $n \ge n_0$ wohldefiniert ist. Die zweite Ungleichung in (21) ergibt sich aus (16c), wenn man den Zähler des Bruches wie folgt abschätzt:

$$\|(K-K_n)K_n\|\,\|f\|_\infty \underset{(20\text{a})}{\le} C h^{\varkappa}\|(\lambda I - K)^{-1}\|\,\|g\|_\infty \le C' h^{\varkappa}\|g\|_{\hat{C}^{\varkappa}(D)},$$

$$\|(K-K_n)g\|_\infty \le \|K-K_n\|_{C(D)\leftarrow \hat{C}^{\varkappa}(D)}\|g\|_{\hat{C}^{\varkappa}(D)} \underset{(20\text{c})}{\le} C h^{\varkappa}\|g\|_{\hat{C}^{\varkappa}(D)}.$$

Der Nenner $|\lambda| - \|(\lambda I - K)^{-1}\|\,\|(K-K_n)K_n\|$ in (16c) ist für $n \ge n_0$ positiv und strebt für $n \to \infty$ gegen $|\lambda|$. Somit bleibt der Nenner $\ge \varepsilon > 0$. Insgesamt ist die rechte Seite in (16c) durch const $h^{\varkappa}\|g\|_{\hat{C}^{\varkappa}(D)}$ abschätzbar und beweist (21).   ∎

4.7.5 Kondition des Gleichungssystems

Lemma 4.7.17 K_n sei der Nyström-Operator (9a) und B_n die Matrix (6b). Dann gilt für die Zeilensummennorm der Matrix $\lambda I - B_n$ die Abschätzung

$$(4.7.22\text{a}) \qquad \|\lambda I - B_n\|_\infty \le \|\lambda I - K_n\|_{C(D)\leftarrow C(D)}.$$

Beweis. Sei $a=(\alpha_j)\in\mathbb{R}^n$. Stückweise lineare Interpolation der Werte $\varphi(\xi_{j,n})=\alpha_j$ ergibt $\varphi\in C(D)$ mit $\|\varphi\|_\infty=\|a\|_\infty$. Die Aussage (22a) folgt aus

$$\|(\lambda I-B_n)a\|_\infty = \max\{|\alpha_j-\textstyle\sum_k w_{k,n}\,k(\xi_{j,n},\xi_{k,n})\alpha_k|:\ 1\leqslant j\leqslant n\}\ \leqslant$$
$$\leqslant \sup\{|\varphi(x)-\textstyle\sum_k w_{k,n}k(x,\xi_{k,n})\varphi(\xi_{k,n})|:\ x\in D\}\ =$$
$$=\|(\lambda I-K_n)\varphi\|_\infty\leqslant\|\lambda I-K_n\|\,\|\varphi\|_\infty=\|\lambda I-K_n\|\,\|a\|_\infty.\qquad\blacksquare$$

Lemma 4.7.18 K_n und B_n seien wie in Lemma 17. Wenn die Matrix $\lambda I-B_n$ ist genau dann regulär, wenn der Operator $\lambda I-K_n$ invertierbar ist. In diesem Falle gilt

$$(4.7.22\mathrm{b})\qquad \|(\lambda I-B_n)^{-1}\|_\infty\leqslant\|(\lambda I-K_n)^{-1}\|_{C(D)\leftarrow C(D)}.$$

Beweis. Daß $\lambda I-B_n$ und $\lambda I-K_n$ simultan regulär bzw. singulär sind, folgt aus den Überlegungen in §4.7.1. Wie im Beweis zu Lemma 17 sei zu gegebenem $b=(\beta_j)\in\mathbb{R}^n$ ein $g\in C(D)$ mit $\|g\|_\infty=\|b\|_\infty$ gewählt. f_n sei die Lösung von $(\lambda I-K_n)f_n=g$. Die Werte $\alpha_j=f(\xi_{j,n})$ sind gemäß Bemerkung 1 die Komponenten des Lösungsvektors a aus $(\lambda I-B_n)a=b$. Da b beliebig gewählt war, folgt (22b) aus

$$\|(\lambda I-B_n)^{-1}b\|_\infty = \|a\|_\infty\leqslant\|f_n\|_\infty=\|(\lambda I-K_n)^{-1}g\|_\infty\leqslant$$
$$\leqslant\|(\lambda I-K_n)^{-1}\|\,\|g\|_\infty = \|(\lambda I-K_n)^{-1}\|\,\|b\|_\infty.\qquad\blacksquare$$

Satz 4.7.19 Die Kondition bezüglich der Zeilensummennorm $\|\cdot\|_\infty$ bzw. der Supremumsnorm von $X=C(D)$ erfüllt die optimale Abschätzung

$$(4.7.22\mathrm{c})\qquad \mathrm{cond}_\infty(\lambda I-B_n)\leqslant\mathrm{cond}_{C(D)}(\lambda I-K_n).$$

Dabei ist die rechte Seite unter der Voraussetzung der Konsistenz und Stabilität der K_n gleichmäßig beschränkt.

Beweis. (22c) ist direkte Folge von (22a,b). Die gleichmäßige Beschränktheit von $\mathrm{cond}_{C(D)}(\lambda I-K_n)$ ist in Satz 1.15 festgestellt. $\blacksquare$

4.7.6 Regularisierung

Das in §4.6.1 beschriebene Verfahren der Regularisierung läßt sofort auf die Nyström-Methode übertragen. Sei eine Inhomogenität g gegeben, die nicht hinreichend glatt ist (z.B. g stetig, aber nicht Hölder-stetig). Unter der Voraussetzung $g\in C(D)$ und $K\in L(C(D),\hat{C}^\varkappa(D))$ (vgl. Satz 3.4.1) gilt $Kg\in\hat{C}^\varkappa(D)$. Man löse $\lambda\varphi=Kg+K\varphi$ mittels der Nyström-Methode:

$$\lambda\varphi_n=Kg+K_n\varphi_n.$$

Gemäß Bemerkung 1 hat man hierzu das Gleichungssystem $(\lambda I-B_n)a_n=b_n$ zu lösen. Der zusätzliche Aufwand besteht in der Auswertung der Koeffzienten β_j des Vektors b_n:

$$\beta_j:=(Kg)(\xi_{j,n})=\int_D k(\xi_{j,n},y)g(y)\,dy.$$

Da g als wenig glatt vorausgesetzt worden ist, hat man diese Integrale sehr geschickt numerisch zu approximieren oder aber exakt auszuwerten. Die *regularisierte Lösung* ist durch

$$f_n := \tfrac{1}{\lambda}(\varphi_n + g)$$

definiert. Für den Fehler von f_n hat die Gleichung

$$f - f_n = \tfrac{1}{\lambda}(\varphi - \varphi_n).$$

Kann man wie oben $Kg \in \hat{C}^{\varkappa}(D)$ voraussetzen, ergibt (21) die Abschätzung $\|\varphi - \varphi_n\|_\infty \leq C h^{\varkappa} \|Kg\|_{\hat{C}^{\varkappa}(D)}$, die sich sofort auf $f - f_n$ überträgt:

$$\|f - f_n\|_\infty \leq \tfrac{1}{|\lambda|} C h^{\varkappa} \|Kg\|_{\hat{C}^{\varkappa}(D)}.$$

Damit ist die Lösung der gestellten Aufgabe mit voller Konsistenzordnung $\varkappa$ gelungen.

4.7.7 Numerische Beispiele

Das Beispiel (2.19a), (2.21a,b) erfüllt hinsichtlich der Glattheit des Kernes alle Voraussetzungen, die in den vorhergehenden Sätzen gefordert wurden. Als Quadraturverfahren verwenden wir die *summierte Trapezregel* und die *summierte Simpson-Formel* über der äquidistanten Intervallzerlegung zur Schrittweite $h = 1/n$, wobei für das Simpson-Verfahren nur gerade n in Frage kommen. Die Stützstellen sind demnach $\xi_{j,n} = jh = j/n$. Die Gewichte $w_{j,n}$ sind in (1.4.18c) bzw. (1.4.18d) angegeben. Die Aufstellung des Gleichungssystems erfordert nur die Auswertung der Kernfunktion k bei $(\xi_{j,n}, \xi_{k,n})$ und der Inhomogenität g bei $\xi_{j,n}$. Da keine Integrale auszuwerten sind, ist diese Methode sehr bequem. Trotz der Einfachheit ist das Nyström-Verfahren sehr effektiv, wie die in den Tabellen 1 und 2 wiedergegebenen Resultate belegen. $e_{h,\infty}$ bezeichnet den Fehler (4.24a), das Maximum über $|f_{j,n} - f(jh)|$, $0 \leq j \leq n$. Die Euklidische Norm der Fehler (vgl. (4.24b)) zeigt das gleiche Verhalten. Die summierte Trapezformel ist von zweiter Ordnung ($\varkappa = 2$). In Übereinstimmung mit Satz 16 konvergiert der Diskretisierungsfehler quadratisch, wie die rechts in der Tabelle 1 angegebenen Fehlerquotienten ausweisen. Die Quotienten der Tabelle 2 konvergieren gegen $16 = 2^4$ und zeigen damit Konvergenz des Nyström-Verfahrens von der Ordnung 4 an. Da das Simpson-Verfahren von vierter Ordnung ist, wird Satz 16 erneut bestätigt.

h	$e_{h,\infty}$	
1/2	0.838 018	5.69
1/4	0.147 195	4.24
1/8	0.034 712	4.06
1/16	0.008 560	4.01
1/32	0.002 133	4.00
1/64	0.000 533	4.00
1/128	0.000 133	

Tabelle 4.7.1 Beispiel (2.19a), (2.21a,b). Nyström-Verfahren mit summierter *Trapezformel*

h	$e_{h,\infty}$	
1/2	2.297 217 238	22.41
1/4	0.102 493 748	31.57
1/8	0.003 246 200	18.38
1/16	0.000 179 572	16.47
1/32	0.000 010 900	16.11
1/64	0.000 000 676	16.03
1/128	0.000 000 042	

Tabelle 4.7.2 Beispiel (2.19a), (2.21a,b). Nyström-Verfahren mit summierter *Simpson-Formel*

4.7.8 Produktintegration

Wie in §4.6.7 beschrieben kann man bei einer Produktdarstellung

$$k(x,y) = l(x,y)\varkappa(x,y) \qquad (l \text{ glatt}, \varkappa \text{ evtl. singulär})$$

des Kernes eine mit $\varkappa(x,y)$ gewichtete Quadraturformel

$$(4.7.23a) \qquad Q_n^\varkappa(\varphi) = \int_D \varkappa(x,y)\,\Pi_n\varphi(y)\,dy = \sum_{i=1}^n w_{i,n}(x)\,\varphi(\xi_{i,n}) \quad \text{mit}$$

$$(4.7.23b) \qquad w_{i,n}(x) := \int_D \varkappa(x,y)\,L_i(y)\,dy$$

einführen. $Q_n^\varkappa(l(x,\cdot)\varphi)$ dient dann der Approximation von $(K\varphi)(x) = \int k(x,y)\varphi(y)dy$. Hierbei ist Π_n eine Interpolation in den Stützstellen $\xi_{i,n}$ mit den Lagrange-Funktionen L_i. Für die praktische Berechnung benötigt man die Gewichte $w_{i,n}(x)$ nur in den Stützstellen $x = \xi_{k,n} \in \Xi_n$. Der semidiskrete Nyström-Operator K_n lautet

$$(4.7.24) \qquad (K_n\varphi)(x) = \sum_{k=1}^n w_{k,n}(x)l(x,\xi_{k,n})\,\varphi(\xi_{k,n}) = Q_n^\varkappa(l(x,\cdot)\varphi).$$

Die *Matrix* $B_n = (\beta_{jk})$ des Gleichungssystems (7) hat die Koeffizienten $\beta_{jk} := w_{k,n}(\xi_{j,n})l(\xi_{j,n},\xi_{k,n})$ (vgl. (6b)). *Kollektive Kompaktheit* und *Konsistenz* von K_n ergeben sich aus

Lemma 4.7.20 $\hat{K}$ sei der Integraloperator mit dem Kern $\varkappa(x,y)$. D sei kompakt. Die in (23a) auftretende Interpolation sei stabil in $C(D)$. Wenn $\hat{K}$ in $C(D)$ kompakt ist und $l \in C(D \times D)$, ist die durch die Produktintegration gewonnene Diskretisierung K_n aus (24) *kollektiv kompakt*.

Beweis. (i) Satz 3.2.6 beweist $\int |\varkappa(x,y)|dy \le C$ für $x \in D$ und $\Phi(\xi,x) := \int |\varkappa(\xi,y) - \varkappa(x,y)|dy \to 0$ für $\xi \to x \in D$. In Beweisteil (ii) des Satzes 3.2.6 wurde bereits die gleichmäßige Stetigkeit von Φ in $D \times D$ gezeigt. Sei $\varphi \in C(D)$ mit $\|\varphi\|_\infty \le 1$ beliebig. $K_n\varphi$ ist durch $C\|\Pi_n[l\varphi]\|_\infty \le C'\|l\|_\infty\|\varphi\|_\infty \le C'\|l\|_\infty$ gleichmäßig beschränkt. Die Darstellung $(K_n\varphi)(\xi) - (K_n\varphi)(x) = \int[\varkappa(\xi,y) - \varkappa(x,y)]\Pi_n[l(\xi,\cdot)\varphi](y)dy + \int\varkappa(x,y)\Pi_n[(l(\xi,\cdot) - l(x,\cdot))\varphi](y)dy$ beweist über die gleichmäßige Stetigkeit von Φ und l die gleichgradige Stetigkeit von $\{K_n\varphi: n \in \mathbb{N}, \|\varphi\|_\infty \le 1\}$. Also ist $\{K_n\}$ kollektiv kompakt. ▨

Übungsaufgabe 4.7.21 Die Voraussetzungen seien wie in Satz 20. Ferner sei die Interpolation Π_n konvergent. Dann ist K_n in $C(D)$ *konsistent*.

Wichtiger als die Konsistenz ist die *Konsistenz der Ordnung* $\varkappa$:

Bemerkung 4.7.22 D sei kompakt und $\int_D|\varkappa(x,y)|dy$ stetig in D. Der Faktor l in $k = l\varkappa$ gehöre zu $\hat{C}^\varkappa(D \times D)$. [Es reicht schon aus, daß $\|l(x,\cdot)\|_{\hat{C}^\varkappa(D)} \le \text{const}$ für alle $x \in D$.] Die zur Quadratur (23a) verwandte Interpolation Π_n sei von der Ordnung $\varkappa$: $\|\Pi_n\varphi - \varphi\|_\infty \le Ch^\varkappa\|\varphi\|_{\hat{C}^\varkappa(D)}$. Dann ist auch K_n konsistent von der Ordnung $\varkappa$: $\|K_n\varphi - K\varphi\|_\infty \le Ch^\varkappa\|\varphi\|_{\hat{C}^\varkappa(D)}$.

Beweis. Das Produkt $\psi := l\varphi$ erfüllt für jedes $\varphi \in \hat{C}^\varkappa(D)$ die Abschätzung $\|\psi(x,\cdot)\|_{\hat{C}^\varkappa(D)} \le C\|\varphi\|_{\hat{C}^\varkappa(D)}$ für alle $x \in D$ (vgl. Übung 14). Die Darstellung $(K_n\varphi - K\varphi)(x) = \int_D \varkappa(x,y)\{\Pi_n[l(x,\cdot)\varphi](y) - [l(x,y)\varphi(y)]\}dy$ führt sofort auf die Behauptung, da $\int_D|\varkappa(x,y)|dy$ in D beschränkt ist. ▨

Satz 11 folgert aus kollektiver Kompaktheit und Konsistenz die *Stabilität* und *Konvergenz*. Über (16d) garantiert die Konsistenz der

Ordnung $\varkappa$ die _Fehlerabschätzung_ $\|f-f_n\|_\infty \leqslant C h^\varkappa \|f\|_{\hat{C}^\varkappa(D)}$.

Für schwach singuläre Kerne reicht es nicht, die Integration mit Hilfe der Produktintegration zu verbessern. Da die Lösung u am Rand singuläre Ableitungen besitzt (vgl. §4.4.5, (4.22b)), wird der Quadraturfehler am Rand trotz Produktintegration ungünstig. Als Ausweg empfiehlt sich ein _graduiertes Gitter_, wie es schon in §4.4.5 (Tab. 4.5) angewandt wurde. Zu optimalen Fehlerabschätzungen und zur genauen Beschreibung der Schrittweitenwahl sei auf Schneider [1] verwiesen.

4.8 Ergänzungen

4.8.1 Zusammenhang der Diskretisierungsverfahren

Die besprochenen Diskretisierungen durch Kernapproximation, Kollokation, Galerkin-Methode und Nyström-Verfahren sind keineswegs grundverschieden. Im folgenden wollen wir an einigen Beispielen vorführen, welche Verbindungen bestehen.

4.8.1.1 Verbindung: Kernapproximation und Galerkin-Methode

Sei $X_n \subset L^2(D)$ ein Unterraum, für den wir eine Orthonormalbasis $\{\Phi_1,\ldots,\Phi_n\}$ wählen. Der Kern

$$(4.8.1a) \qquad k_n(x,y)=\sum_{j=1}^{n} a_j(x)b_j(y) \qquad \text{mit} \quad a_j:=K\Phi_j \quad \text{und} \quad b_j:=\Phi_j$$

ist ausgeartet (vgl. (2.1)) und begründet die Methode der Kernapproximation. Die weiteren Überlegungen beruhen auf dem Resultat der

Übungsaufgabe 4.8.1 Π_n sei die bezüglich $L^2(D)$ orthogonale Projektion auf X_n. Der durch den in (1a) definierten Kern k_n erklärte Integraloperator K_n hat die Darstellung

$$(4.8.1b) \qquad K_n=K\Pi_n.$$

Hieraus und aus Bemerkung 3.10b ergibt sich die

Bemerkung 4.8.2 Die Lösung f_n' der Kernapproximation durch k_n aus (1a) ist die Lösung der Gleichung (3.8). Die orthogonale Projektion $f_n:=\Pi_n f_n'$ der Kernapproximationslösung ist die Lösung des Galerkin-Verfahrens $\lambda f_n=\Pi_n g+\Pi_n K f_n$ auf X_n. Umgekehrt erhält man aus der Galerkin-Lösung f_n über $f_n':=\frac{1}{\lambda}(g+K f_n)$ die Kernapproximationslösung zum Kern (1a). f_n' stellt die iterierte Galerkin-Lösung dar (vgl. §4.6.3).

4.8.1.2 Vom Galerkin- zum Kollokations- und Nyström-Verfahren

In der Praxis kann das Galerkin-Verfahren kaum ohne zusätzliche numerische Quadratur angewandt werden (vgl. Beispiele in §4.6.6). Wir geben ein einfaches Beispiel für die Interpretation der Quadratur.

X_n sei der Raum der stückweise konstanten Funktionen über einer (der Einfachheit halber) äquidistanten Zerlegung von $I=[a,b]$. Φ_j seien die Lagrange-Funktionen aus Beispiel 1.4.13c. Ersetzt man die Integrale sowohl im Skalarprodukt als auch in $K\varphi$ konsequent durch die summierte Tangententrapezformel (1.4.18e), werden die Matrizen A und B aus (5.7b,c) zu

$$\tilde{A}_n = A_n = h\,I, \qquad \tilde{B}_n = (\tilde{\beta}_{jk}) \quad \text{mit} \quad \tilde{\beta}_{jk} = h^2 k(\xi_j, \xi_k).$$

Das entstehende Gleichungssystem $(\lambda\tilde{A}_n - \tilde{B}_n)a_n = b_n$ ist mit dem des *Nyström-Verfahrens* (zur Tangententrapezformel) äquivalent.

Ersetzt man nur die Integrale der Skalarprodukte $\langle \Phi_j, \Phi_k \rangle$ und $\langle K\Phi_k, \Phi_j \rangle$ durch die summierte Tangententrapezformel, so erhält man die entsprechende *Kollokations*gleichung (4.10).

Bemerkung 4.8.3 Die Interpretation des Kollokationsverfahrens als ein Galerkin-Verfahren mit numerischer Quadratur eröffnet einen neuen Zugang zu Fehlerabschätzungen: Der Fehler der Kollokationslösung ist abschätzbar durch die Summe des Galerkin-Fehlers und des in §4.6.6 diskutierten Quadraturfehlers.

Allgemein führt ein beliebiges Quadraturverfahren $\sum_i w_{ij}\varphi(\xi_{ij}) \approx \int \Phi_j \varphi\,dx$, das zur Approximation von $\int \Phi_j g\,dx$ und $\int \Phi_j(K\Phi_k)\,dx$ eingesetzt wird, zu einem Projektionsverfahren $\lambda f_n = g_n + K_n f_n$ mit $g_n = \Pi_n g$ und $K_n = \Pi_n K$, wobei Π_n die folgende *gewichtete Interpolation* beschreibt: $\varphi_n = \Pi_n \varphi \in X_n$ erfülle $\sum_i w_{ij}\varphi_n(\xi_{ij}) = \sum_i w_{ij}\varphi(\xi_{ij})$ für alle $1 \le j \le n$ (vgl. §4.6.5). Wenn $w_{ij} \ne 0$ bei festem j nur für *ein* $i = i(j)$ zutrifft, beschreibt Π_n die übliche Interpolation in den Stützstellen $\xi_i := \xi_{i(j),i}$.

Bemerkung 4.8.4 Das Galerkin-Verfahren in X_n sei modifiziert durch eine numerische Quadratur der Skalarprodukte $\langle \Phi_j, g \rangle$ und $\langle \Phi_j, K\Phi_k \rangle$. Die Quadraturformel verwende nur die Stützstellen $\Xi_n = \{\xi_{1,n}, ..., \xi_{n,n}\}$. Dann ist die Kollokationslösung f_n, die durch X_n und die Kollokationspunkte Ξ_n charakterisiert ist, zugleich die Galerkin-Lösung (mit numerischer Quadratur).

Beweis. Sei $d_n := \lambda f_n - g_n - K_n f_n$. Mit $d_n(\xi) = 0$ in allen $\xi \in \Xi_n$ verschwindet auch das numerische Quadraturergebnis von $\int \Phi_j d_n dx$.　　□

4.8.1.3 Vom Kollokations- zum Nyström-Verfahren

Für das Eingangsbeispiel des §4.8.1.2 zeigt sich sofort der analoge Zusammenhang: Wird die Integration im Kollokationsverfahren durch die Tangententrapezregel angenähert, erhält man das Nyström-Verfahren.

Aber auch das unveränderte Kollokationsverfahren läßt sich als Nyström-Verfahren interpretieren. Seien Φ_j die Lagrange-Funktionen und x_j die Stützstellen der Interpolation im Kollokationsverfahren. Zur Berechnung der Integrale $\int k(x,y)\varphi(y)dy$ wähle man die Produktintegration aus §4.7.8 mit $l = k$ und $\varkappa = 1$. Es ergibt sich $\sum w_j(x)\varphi(x_j)$ mit den Gewichten $w_j(x) := \int k(x,y)\Phi_j(y)dy$. Die Berechnung dieser Gewichte mag nicht praktikabel sein, sie begründet in jedem Falle ein auf dieser Quadratur beruhendes Nyström-Verfahren. Wegen der speziellen Wahl der Quadratur hat der Nyström-Operator K_n die

Eigenschaft $K_n \Phi_j = K \Phi_j$. Hieraus beweist man die

Bemerkung 4.8.5 Sei f_n die Kollokationslösung und $\tilde{f}_n$ die Nyström-Lösung für die oben beschriebene spezielle Quadraturformel. Dann stimmen die Lösungen in den Stützstellen überein: $f_n(x_j) = \tilde{f}_n(x_j)$. Ferner ist die Nyström-Lösung $\tilde{f}_n$ die iterierte Kollokationslösung:

$$\tilde{f}_n = \tfrac{1}{\lambda}(g + K f_n).$$

4.8.1.4 Vom Kollokations- zum Galerkin-Verfahren

Für die stückweise lineare Kollokation (allgemeiner: Kollokation mit Splines ungeraden Grades) haben Arnold – Wendland [1] gezeigt, daß das Kollokationsverfahren einem modifizierten Galerkin-Verfahren äquivalent ist. Damit können insbesondere die weitergehenden Konvergenzeigenschaften des Galerkin-Verfahrens (z.B. Bemerkung 6.8) auf diese Kollokationsmethode übertragen werden.

4.8.2 Methode der Defektkorrektur

Eine insbesondere aus dem Gebiet der Differentialgleichungen wohlbekannte Methode ist die Defektkorrektur (vgl. Hackbusch [1,§14.3]). Wir gehen von zwei Annahmen aus:

(i) Die Matrix $\lambda A_n - B_n$ des diskreten Verfahrens steht bereit; ebenso eine Gleichungsauflösungsroutine zur Berechnung der Lösung.

(ii) Zu jedem (glatten) φ kann $K\varphi$ durch ein geeignetes Integrationsprogramm sehr genau approximiert werden. Zur Vereinfachung der Überlegungen gehen wir von der *exakten* Integration aus.

Wir definieren das folgende iterative Verfahren:

$$
\boxed{
\begin{array}{ll}
& \underline{\text{iterierte Defektkorrektur:}} \\[4pt]
(4.8.2a) & f_n^0 := (\lambda I - K_n)^{-1} g_n \\[4pt]
(4.8.2b) & f_n^{j+1} := f_n^j - (\lambda I - K_n)^{-1}[(\lambda I - K)f_n^j - g] \quad \text{für } j = 0,1,2,\dots
\end{array}
}
$$

Da der Ausdruck $[(\lambda I - K)f_n^j - g]$ als «Defekt» von f_n^j bezeichnet wird, ergibt sich der Name «Defektkorrektur» für den Iterationsschritt (2b). Die Ausführung von $(\lambda I - K_n)^{-1}\dots$ in (2a) und (2b) erfordert im Falle des Nyström-Verfahrens oder der Kernapproximation die Lösung eines Gleichungssystems (Annahme (i)). Bezüglich der Projektionsverfahren beachte man Übungsaufgabe 6. Die Auswertung von $K f_n^j$ in (2b) ist nach Annahme (ii) möglich.

Übungsaufgabe 4.8.6 Bei Projektionsverfahren wurden bisher nur Gleichungen $\lambda f_n = g_n + K_n f_n$ mit $g_n \in X_n$ gelöst. Man zeige: Die Projektionslösung f_n der Gleichung $\lambda f_n = g + K_n f_n$ ergibt sich als $f_n = f^X + f^\perp$ mit $f^\perp := (I - \Pi_n)g/\lambda$ und $(\lambda I - K_n)f^X = \varphi_n \in X_n$, wobei $\varphi_n := \Pi_n g + K_n f^\perp$.

Übungsaufgabe 4.8.7 Man beweise: f_n^j aus (2a,b) hat die Fehlerdarstellung (2c), wobei f die Lösung der Integralgleichung $\lambda f = g + K f$ ist:

$$(4.8.2c) \qquad f_n^j - f = \left\{(\lambda I - K_n)^{-1}(K - K_n)\right\}^j (f_n^0 - f) \quad \text{für } j = 0,1,2,\dots$$

Für ein stabiles Projektionsverfahren der Ordnung x gibt es C_1, C_2 mit

(4.8.3a) $\| K - K_n \|_{X \leftarrow X} \leq C_1 h_n^x$,

(4.8.3b) $\| (\lambda I - K_n)^{-1} \|_{X \leftarrow X} \leq C_2$ für alle n.

Zum Beweis von (3a) benötigt man wegen $K - K_n = (I - \Pi_n) K$ eine Regularitätsannahme [z.B. $K \in L(C(D), \hat{C}^x(D))$] und eine entsprechende Abschätzung des Projektionsfehlers [z.B. $\| (I - \Pi_n) \varphi \|_\infty \leq C h^x \| \varphi \|_{\hat{C}^x(D)}$]. Kombination von (2c) und (3a,b) beweist das

Lemma 4.8.8 Es gelte (3a,b). Für den Fehler von f_n^j aus (2a,b) hat man

(4.8.3c) $\| f_n^j - f \|_X \leq (C_1 C_2)^j h_n^{jx} \| f_n^0 - f \|_X$ für alle $j \geq 0$.

Die Abschätzung (3c) läßt sich in zweifacher Weise interpretieren. Zum einen kann man den Grenzprozeß $j \to \infty$ bei festem h_n untersuchen. Sobald die Schrittweite h_n unter $h_{\max} := (C_1 C_2)^{-1/x}$ fällt, *konvergiert die iterierte Defektkorrektur* gegen die Lösung der Integralgleichung: $f_n^j \to f$ für $j \to \infty$. Hält man dagegen die Iterationszahl j fest, besagt die Ungleichung (3c), daß die j-fache Defektkorrektur ein *Verfahren der Ordnung* $(j+1)x$ *ist*, wenn man von $\| f_n^0 - f \|_X = O(h_n^x)$ ausgeht.

Für das Nyström-Verfahren können die vorhergehenden Überlegungen mit $X = \hat{C}^x(D)$ angewandt werden. Zwar enthält Satz 7.15 eine schwächere Aussage als (3a). Aber mit einer stärkeren Regularitätsannahme an den Kern trifft (3a) mit $X = \hat{C}^x(D)$ zu (vgl. Bemerkung 5.3.12).

Übungsaufgabe 4.8.9 K_n sei durch das Nyström-Verfahren definiert. **(a)** Aus der Stabilität von K_n bezüglich $C(D)$ und $\| K_n \|_{\hat{C}^x(D) \leftarrow C(D)} \leq C$ für alle n schließe man auf (3b) mit $X = \hat{C}^x(D)$ (vgl. Satz 3.5.1). **(b)** Die Abschätzung $\| K_n \|_{\hat{C}^x(D) \leftarrow C(D)} \leq C$ folgere man aus der Stabilität der zugrundeliegenden Quadratur und $\| k(\cdot, y) \|_{\hat{C}^x(D)} \leq$ const für alle $y \in D$.

Übungsaufgabe 4.8.10 Es gelte $g_n = g$ in (2a). Man zeige: Ersetzt man den Start (2a) durch $f_n^{-1} := 0$ und wendet (2b) für $j \geq -1$ an, so ergibt sich der Wert f_n^0 aus (2a) als Resultat von (2b) für $j = -1$. Es gilt

$$\| f_n^0 - f \| \leq C_1 C_2 h_n^x \| f \|.$$

4.8.3 Extrapolationsverfahren

Sobald die Lösung f_n der semidiskreten Gleichung $\lambda f_n = g_n + K_n f_n$ zur Schrittweite $h = h_n$ eine *asymptotische Entwicklung* der Form

(4.8.4a) $f_n(x) = \sum_{\nu=0}^{\ell-1} h_n^{\gamma_\nu} f_{(\nu)}(x) + h_n^{\gamma_\ell} F_{(\ell)}(x, h_n)$ für alle $n \in \mathbb{N}$, $x \in D$

mit von h unabhängigen Funktionen $f_{(\nu)}$, mit Exponenten

(4.8.4b) $0 = \gamma_0 < \gamma_1 < \dots < \gamma_\ell$

und mit einem beschränkten Restterm

(4.8.4c) $| F_{(\ell)}(x, h_n) | \leq C(x)$ für alle h_n und $x \in D$

besitzt, kann man aus ℓ Werten $f_{n_1}, f_{n_2}, \dots, f_{n_\ell}$ einen extrapolierten Wert

(4.8.5a) $f_{\mathrm{ex}} := \sum_{\mu=1}^{\ell} \alpha_\mu f_{n_\mu}$

von der Ordnung γ_ℓ bestimmen. Die Koeffizienten α_μ sind Lösung von

$$(4.8.5b) \qquad \sum_{\mu=1}^{\ell} \alpha_\mu = 1, \qquad \sum_{\mu=1}^{\ell} \alpha_\mu h_{n_\mu}^{\gamma_\nu} = 0 \qquad \text{für } 1 \leqslant \nu \leqslant \ell - 1.$$

Für $\ell = 2$ lautet die Extrapolationsformel z.B.

$$(4.8.5c) \qquad f_{ex} := (h_{n_2}^{\gamma_1} f_{n_1} - h_{n_1}^{\gamma_1} f_{n_2}) / (h_{n_2}^{\gamma_1} - h_{n_1}^{\gamma_1}).$$

In gut gearteten Anwendungen sind die Exponenten (4b) von der Form $\gamma_\nu = \nu$ oder sogar $\gamma_\nu = 2\nu$. Die Extrapolation aus ℓ Werten f_{n_μ} ($1 \leqslant \mu \leqslant \ell$, z.B. mit $n_\mu = 2^{\mu-1} n_1$) liefert dann ein Resultat der Ordnung $O(h^\ell)$ bzw. $O(h^{2\ell})$ mit $h = h_{n_1}$.

Übungsaufgabe 4.8.11 Sei $\gamma_\nu = 2\nu$ und $h_{n_\mu} := h_{n_1}/2^{\mu-1}$. Man zeige: Die Koeffizienten α_μ aus (5b) lauten $\alpha_1 = -1/3$, $\alpha_2 = 4/3$ für $\ell = 2$ und $\alpha_1 = 1/45$, $\alpha_2 = -20/45$, $\alpha_3 = 64/45$ für $\ell = 3$.

Daß Entwicklungen (4a-c) für Lösungen von Integralgleichungen wirklich auftreten können, zeigt das folgende Beispiel: das Nyström-Verfahren basierend auf der summierten Trapezformel (1.4.18c').

Die summierte Trapezformel $Q_h(\varphi)$ auf $I = [a,b]$ zur Schrittweite $h = h_n = (b-a)/n$ gestattet die Entwicklung (6a) in h^2:

$$(4.8.6a) \qquad Q_h(\varphi) = \int_I \varphi(x)\,dx + \sum_{\nu=1}^{\ell-1} h^{2\nu} \tau_{2\nu}(\varphi) + h^{2\ell} T_{2\ell}(\varphi;h)$$

mit folgenden Funktionalen als Koeffizienten (vgl. Stoer [1, §§3.3-4]):

$$(4.8.6b) \qquad \tau_{2\nu} \in C^{2\nu}(I)' \quad (1 \leqslant \nu < \ell), \qquad |T_{2\ell}(\varphi;h)| \leqslant C_\ell \|\varphi\|_{\hat{C}^{2\ell}(I)} \quad \text{für alle } h.$$

Im Nyström-Verfahren wird die Quadratur $Q_h(k(x,\cdot)\varphi)$ benötigt. Wir definieren die Funktionen $\varkappa_{2\nu}(\varphi)(x)$ für $\varphi \in C^{2\nu}(I)$ und $x \in I$ durch

$$(4.8.6c) \qquad \varkappa_{2\nu}(\varphi)(x) := \tau_{2\nu}(k(x,\cdot)\varphi) \qquad \text{für } 1 \leqslant \nu < \ell,$$

$$(4.8.6d) \qquad K_{2\ell}(\varphi;h)(x) := T_{2\ell}(k(x,\cdot)\varphi;h).$$

Da $(K_n\varphi)(x)$ als $Q_h(k(x,\cdot)\varphi)$ für $h = h_n$ definiert ist, folgt die Entwicklung

$$(4.8.6e) \qquad K_n\varphi = K\varphi + \sum_{\nu=1}^{\ell-1} h^{2\nu}\varkappa_{2\nu}(\varphi) + h^{2\ell} K_{2\ell}(\varphi;h) \text{ mit } |K_{2\ell}(\varphi;h)(x)| \leqslant C(x),$$

vorausgesetzt, φ und $k(x,\cdot)$ gehören bei festem $x \in I$ zu $\hat{C}^{2\ell}(I)$. Wegen dieser starken Voraussetzung an den Kern k wurde oben von «gut gearteten Anwendungen» gesprochen. Die Glattheitseigenschaften der Abbildungen $\varkappa_{2\nu}$ müssen präzise wie folgt sein:

$$(4.8.6f) \qquad \varkappa_{2\nu} \in L(\hat{C}^\mu(D), \hat{C}^{\mu-2\nu}(D)) \text{ für } 2\nu \leqslant \mu \leqslant 2\ell, \ K_{2\ell} \in L(\hat{C}^{2\ell}(D), L^\infty(D)).$$

Übungsaufgabe 4.8.12 Man zeige: **(a)** Existiert eine Entwicklung (6e) der Ordnung 2ℓ, so existieren auch jene zur geringeren Ordnung $2\ell' < 2\ell$. **(b)** Die Summe in (6e) läßt sich von $\nu = 0$ bis $\ell-1$ erstrecken, wenn man $K\varphi$ als $h^0 \varkappa_0(\varphi)$ definiert. Für $\ell = 0$ lautet das Restglied $K_0(\varphi;h) := K_n\varphi$. *Hinweis zu (a):* $K_{2\ell-2}(\varphi;h) = \varkappa_{2\ell-2}(\varphi) + h^2 K_{2\ell}(\varphi;h)$.

Lemma 4.8.13 Der Integraloperator K besitze die Regularitätseigenschaft $(\lambda I - K)^{-1} \in L(\hat{C}^\mu(D), \hat{C}^\mu(D))$ für $\mu = 2,4,\dots,2\ell$. Die Diskretisierung $\{K_n\}$ sei stabil und erlaube die Entwicklung (6e,f). Dann hat die Lösung

f_n der semidiskreten Gleichung $\lambda f_n = g + K_n f_n$ eine asymptotische Entwicklung (4a-c) mit den Exponenten $\gamma_\nu = 2\nu$, wobei der führende Koeffizient $f_{(0)}$ in (4a) die Lösung f der Integralgleichung $\lambda f = g + K f$ darstellt.

Beweis. Der Übersichtlichkeit halber wird der Beweis für $\ell = 2$ vorgeführt. Wir schreiben, die semidiskrete Lösung f_n als Ansatz in der Form

$$f_n(x) = f_{(0)}(x) + h^2 f_{(1)}(x) + h^4 F_{(2)}(x;h)$$

mit noch zu bestimmenden Funktionen $f_{(0)}$ und $f_{(1)}$. Eine asymptotische Entwicklung ist erst nachgewiesen, wenn wir die Beschränktheit (4c) von $F_{(2)}$ zeigen können. Gemäß Übungsaufgabe 12a induziert der Ansatz die Darstellungen $f_n(x) = f_{(0)}(x) + h^2 F_{(1)}(x;h) = F_{(0)}(x;h)$. Einsetzen in die Entwicklung (6e) liefert:

$$\begin{aligned}
K_n f_n &= K_n f_{(0)} + h^2 K_n f_{(1)}) + h^4 K_n F_{(2)} = \\
&= K f_{(0)} \;\; + h^2 \varkappa_2(f_{(0)}) + h^4 K_4(f_{(0)};h) + \\
&\quad\;\; + h^2 K f_{(1)} \;\; + h^4 K_2(f_{(1)};h) + \\
&\quad\quad\quad\quad\quad\;\; + h^4 K_0(F_{(2)};h).
\end{aligned}$$

Der Ausdruck stimmt mit $\lambda f_n - g = \lambda f_{(0)} - g + h^2 \lambda f_{(1)} + h^4 \lambda F_{(2)}$ überein. Ein Koeffizientenvergleich der h-Potenzen führt auf die Gleichungen

$$\lambda f_{(0)} = g + K f_{(0)}, \;\; \lambda f_{(1)} = \varkappa_2(f_{(0)}) + K f_{(1)}, \;\; \lambda F_{(2)} = K_4(f_{(0)};h) + K_2(f_{(1)};h) + K_0(F_{(2)};h).$$

Die erste beweist $f = f_{(0)}$. Die zweite definiert die Koeffizientenfunktion $f_{(1)}$ als Lösung einer Integralgleichung. Gemäß Übungsaufgabe 12b ist $K_0(F_{(2)};h) = K_n F_{(2)}$. Die dritte Gleichung liest sich deshalb als semidiskrete Gleichung $\lambda F_{(2)} = G_n + K_n F_{(2)}$ mit $G_n := K_4(f_{(0)};h) + K_2(f_{(1)};h)$. Die Stabilität von $\{K_n\}$ führt zur Beschränktheit (4c) von $F_{(2)}$. ∎

Als numerisches Beispiel verwenden wir im folgenden wieder die Integralgleichung (2.19a), (2.21a,b) mit $\lambda = 0.1$. Das Nyström-Verfahren basierend auf der summierten Trapezformel liefert für die Schrittweiten $h = 1, 1/2, 1/4, ..., 1/32$ die in der ersten Spalte von Tabelle 1 wiedergegebenen Fehler $\max\{|f_n(\nu h) - f(\nu h)|: \nu = 0,1,...,n\}$. Die Fehlerquotienten liegen wegen der quadratischen Ordnung bei 4. Die für die Extrapolation (5a) benötigten Koeffizienten sind in Übungsaufgabe 11 angegeben. Bei Extrapolation aus $\ell = 2$ Werte ergibt sich die Ordnung 4, was durch die $16 = 2^4$ approximierenden Quotienten in Tabelle 1 bestätigt wird. Der bei Schrittweite h eingetragene Fehler gehört zur Extrapolation aus h und $2h$. Die Werte der dritten Spalte

Schritt- weite h	Fehler ohne Extrapolation		Fehler bei Extrapolation aus 2 Werten		3 Werten	
1	1.42					
1/2	1.66	0.86	2.69			
1/4	$2.63_{10}-1$	6.31	$4.46_{10}-1$	6.0	$6.55_{10}-1$	
1/8	$5.19_{10}-2$	5.06	$1.84_{10}-2$	24.2	$1.49_{10}-2$	43.8
1/16	$1.22_{10}-2$	4.24	$9.89_{10}-4$	18.6	$2.26_{10}-4$	66.1
1/32	$3.01_{10}-3$	4.06	$5.93_{10}-5$	16.7	$2.97_{10}-6$	76.0

Tabelle 4.8.1 Diskretisierungsfehler mit und ohne Extrapolation

beziehen sich auf die Extrapolation aus h, $2h$ und $4h$. Die angegebenen Quotienten liegen in der Nähe von $64 = 2^6$ und bestätigen die Ordnung 6.

Die in Lemma 13 geforderten Voraussetzungen sind bei nichtglatten Kernen nicht gegeben. Es können allgemeinere Sequenzen (4b) von Exponenten auftreten (vgl. Bulirsch [1], Stoer [1,§3.6]). Literatur zu Extrapolationsverfahren (auch «Richardson-Extrapolation» oder «deferred approach to the limit» genannt) bei Integralgleichungen zweiter Art findet man z.B. bei Baker [1,§4.18] und Saranen [2].

4.8.4 Eigenwertaufgaben

Bisher standen nur die Integral*gleichungen* $\lambda f = g + K f$ im Vordergrund. Ergänzend sei jetzt die *Eigenwertaufgabe* behandelt. Eine komplexe Zahl $\lambda \epsilon \mathbf{C}$ heißt *Eigenwert* und f *Eigenfunktion* von K, falls

$$(4.8.7) \qquad \lambda f = K f \qquad\qquad \text{mit } 0 \neq f \epsilon X.$$

Für kompakte Operatoren $K \epsilon K(X, X)$ besagt die Riesz-Schauder-Theorie (vgl. Satz 1.3.28), daß alle singulären Werte von K außer eventuell $\lambda = 0$ Eigenwerte sein müssen. Die Menge der singulären Werte von K wurde in §1.3.1 als das *Spektrum* $\sigma(K)$ eingeführt:

$$\sigma(K) := \{\lambda \epsilon \mathbf{C} : \quad \lambda I - K \text{ ist nicht bijektiv}\}.$$

Alle bisher genannten Diskretisierungsverfahren führen zu einer Folge von Operatoren K_n. Das semidiskrete Analogon der Eigenwertaufgabe (7) lautet in jedem Falle

$$(4.8.8) \qquad \lambda_n f_n = K_n f_n \qquad (n \epsilon \mathbf{N}),$$

wobei f_n die dem Diskretisierungsverfahren gemäße Darstellung hat. Im Falle der Kernapproximation gilt $f_n \epsilon \text{span}\{a_1, \ldots, a_n\}$ mit a_j aus (2.1) bzw. (2.11a). Für Projektionsverfahren liegt f_n in X_n, während f_n beim Nyström-Verfahren durch die Nyström-Interpolation aus den Stützwerten hervorgeht.

In der gleichen Weise, wie man von der semidiskreten Integralgleichung $\lambda f_n = g_n + K_n f_n$ zum diskreten Gleichungssystem $(\lambda A_n - B_n) a_n = b_n$ - eventuell mit $A_n = I$ - gelangt, ist die *Eigenwertaufgabe* (7) *äquivalent zur Matrix-Eigenwertaufgabe*

$$(4.8.9) \qquad \lambda A_n a_n = B_n a_n.$$

Für die Kernapproximation, das Nyström-Verfahren und spezielle Projektionsverfahren (z.B. Kollokation mit Lagrange-Funktionen als Basiselementen) ist $A_n = I$. In diesem Fall stellt (9) ein übliches Eigenwertproblem dar, während man (9) für $A_n \neq I$ als *verallgemeinertes Eigenwertproblem* bezeichnet. Da sich symmetrische Eigenwertprobleme leichter behandeln lassen als allgemeine, ist die folgende Feststellung wichtig.

Bemerkung 4.8.14 Der Integraloperator K sei *symmetrisch*, d.h. $k(x, y) = k(y, x)$. Dann ist die Matrix B_n symmetrisch, falls

(a) die Kernapproximation mit $a_j = b_j$ in (2.1) verwandt wird, **(b)** das Galerkin-Verfahren angewandt wird oder **(c)** die Gewichte des dem Nyström-Verfahren zugrundeliegenden Quadraturverfahrens positiv sind und B_n' aus (7.7') anstelle von B_n benutzt wird.

Da (8) und (9) äquivalent sind, haben sie die gleichen Eigenwerte λ_n. Genauer gesagt, existieren zu jedem n bis zu n verschiedene Eigenwerte $\lambda_n^{(1)}$, $\lambda_n^{(2)}$,..., die das Spektrum $\sigma(K_n) = \sigma(A_n^{-1} B_n)$ des Operators K_n und der Matrix $A_n^{-1} B_n$ definieren. Im folgenden soll der Zusammenhang zwischen dem diskreten Eigenwertspektrum $\sigma(K_n)$ [und den zugehörigen Eigenfunktionen f_n] und dem Spektrum $\sigma(K)$ [und den Eigenfunktionen f] aufgezeigt werden. Die folgenden Sätze verwenden als Voraussetzung nur, daß die Diskretisierung $\{K_n\}$ konsistent zu K und kollektiv kompakt ist. Da die kollektive Kompaktheit aus der Operatornormkonvergenz $K_n \to K$ folgt (vgl. Bemerkung 7.9), ist diese Voraussetzung für alle bisher behandelten Verfahren gegeben.

Satz 4.8.15 Die Diskretisierung $\{K_n\}$ sei konsistent zu K und kollektiv kompakt. λ_n ($n \in \mathbb{N}$) sei eine Folge von Eigenwerten $\lambda_n \in \sigma(K_n)$ der semidiskreten Aufgabe (8) mit zugehörigen normierten Eigenfunktionen $\| f_n \| = 1$. Dann existiert eine Teilfolge λ_{n_k}, die entweder gegen null oder gegen einen Eigenwert $\lambda \in \sigma(K)$ konvergiert. Falls $\lambda = \lim \lambda_{n_k} \neq 0$, kann die Teilfolge so gewählt werden, daß die f_{n_k} gegen eine zu λ gehörende Eigenfunktion f der Aufgabe (7) konvergieren.

Beweis. Aus $\lambda_n f_n = K_n f_n$ schließt man über $|\lambda_n| \| f_n \| = \| \lambda_n f_n \| \leqslant \| K_n f_n \| \leqslant \| K_n \| \| f_n \|$ auf $|\lambda_n| \leqslant \| K_n \|$ für alle $\lambda_n \in \sigma(K_n)$. Die Konsistenz der K_n beweist über die gleichmäßige Beschränktheit (Satz 1.3.17) die Ungleichung

$$|\lambda_n| \leqslant \text{const} \qquad \text{für alle } \lambda_n \in \sigma(K_n) \text{ und alle } n \in \mathbb{N}.$$

Folglich existiert eine konvergente Teilfolge der $\{\lambda_n\}$, die der Einfachheit halber wieder mit $\{\lambda_n\}$ bezeichnet sei. Da $\| f_n \| = 1$, folgt aus der kollektiven Kompaktheit die Existenz einer konvergenten Teilfolge $K_{n_i} f_{n_i} \to \varphi$. Falls $\lambda := \lim \lambda_n \neq 0$, konvergiert $f_{n_i} = \lambda_{n_i}^{-1} K_{n_i} f_{n_i}$ gegen $f := \lambda^{-1} \varphi$. In $K_{n_i} f_{n_i} = K_{n_i}(f_{n_i} - f) + (K_{n_i} - K)f + Kf$ streben die ersten beiden Terme aufgrund der gleichmäßigen Beschränktheit und der Konsistenz gegen null, so daß $K_{n_i} f_{n_i} \to Kf$ folgt. Da auch $K_{n_i} f_{n_i} = \lambda_{n_i} f_{n_i} \to \lambda f$ und $\| f \| = \lim \| f_{n_i} \| = 1$ (also $f \neq 0$), ist λ Eigenwert und f Eigenfunktion der Aufgabe (7).   ▨

Satz 15 zeigt, daß Teilfolgen diskreter Eigenwerte nur gegen die Eigenwerte der Aufgabe $\lambda f = Kf$ streben können. Wir wollen jetzt die Umkehrung formulieren: Jeder Eigenwert von $\lambda f = Kf$ ist Grenzwert diskreter Eigenwerte.

Satz 4.8.16 Die Diskretisierung $\{K_n\}$ sei konsistent und kollektiv kompakt. Dann existiert zu jedem Eigenwert $\lambda \neq 0$ von K eine Folge $\{\lambda_n\}$ diskreter Eigenwerte der Aufgabe (8) mit $\lim\limits_{n \to \infty} \lambda_n = \lambda$.

Der Beweis wird vorbereitet durch zwei Lemmata.

Lemma 4.8.17 Es sei $x_n(\lambda) := \left\{ \begin{matrix} 1/\|(\lambda I - K_n)^{-1}\|, & \text{falls } \lambda \notin \sigma(K) \\ 0 & \text{sonst.} \end{matrix} \right\}$ definiert.

(a) Ist die Diskretisierung $\{K_n\}$ konsistent, so gilt $\lim\limits_{n \to \infty} x_n(\lambda) = 0$ für jeden Eigenwert $\lambda \in \sigma(K)$.

(b) Ist $\{K_n\}$ konsistent und kollektiv kompakt und gilt $\lim\limits_{n \to \infty} x_n(\lambda) = 0$ für ein $\lambda \neq 0$, so ist λ Eigenwert von K.

Beweis. (i) Sei $\lambda \in \sigma(K)$ Eigenwert von K mit zugehöriger Eigenfunktion $f \neq 0$. Wir setzen $g_n := \lambda f - K_n f$. Wegen der Konsistenz gilt $g_n \to \lambda f - K f = 0$. Würde $x_n(\lambda)$ für $n \to \infty$ nicht gegen null streben, gäbe es eine Teilfolge mit $x_{n_i}(\lambda) \geq \epsilon > 0$ für ein $\epsilon > 0$, d.h. $\|(\lambda I - K_{n_i})^{-1}\| \leq C := 1/\epsilon$. Damit gälte $\|f\| = \|(\lambda I - K_{n_i})^{-1} g_{n_i}\| \leq \|(\lambda I - K_{n_i})^{-1}\| \|g_{n_i}\| \leq C \|g_{n_i}\| \to 0$ im Widerspruch zu $f \neq 0$. Also ist $x_n(\lambda) \to 0$ bewiesen.

(ii) Für ein $\lambda \neq 0$ sei $x_n(\lambda) \to 0$ $(n \to \infty)$ vorausgesetzt, d.h. $\|(\lambda I - K_n)^{-1}\| \to \infty$, wobei formal $\|(\lambda I - K_n)^{-1}\| = \infty$ für $\lambda \in \sigma(K_n)$ gesetzt sei. Damit existieren Folgen $\{f_n\}$ und $\{g_n\}$ mit

$$(\lambda I - K_n) f_n = g_n, \qquad \|f_n\| = 1, \qquad g_n \to 0 \text{ in } X.$$

Aufgrund der kollektiven Kompaktheit besitzt $K_n f_n$ eine konvergente Teilfolge $K_{n_i} f_{n_i}$. Wegen $f_n = (g_n + K_n f_n)/\lambda$ konvergiert f_{n_i} gegen ein f, für das man die Darstellung $f = \lim f_{n_i} = \lim(g_{n_i} + K_{n_i} f_{n_i})/\lambda = K f/\lambda$ nachweist (vgl. Teil (i)). Also ist λ Eigenwert von K. ∎

Beim Nachweis der Stabilität (d.h. $\underline{\lim} \, x_n(\lambda) \geq \epsilon > 0$) aus der kollektiven Kompaktheit in Satz 4.7.11 wurde vorausgesetzt, daß λ regulärer Wert ist. Lemma 17 zeigt, daß diese Voraussetzung auch notwendig ist.

Übungsaufgabe 4.8.18 Zum Nachweis der Stetigkeit von x_n in $\mathbb{C}$ beweise man $|x_n(z) - x_n(\zeta)| \leq |z - \zeta|$ für alle $z, \zeta \in \mathbb{C}$.

Die in Lemma 17 für alle $\lambda \in \mathbb{C}$ definierte und nach Übungsaufgabe 18 stetige Funktion $x_n(\lambda) \geq 0$ erfüllt das folgende *Minimumprinzip*.

Lemma 4.8.19 $G \subset \mathbb{C} \setminus \{0\}$ sei kompakt. Dann gilt die Alternative: *Entweder* liegt ein diskreter Eigenwert $\lambda_n \in \sigma(K_n)$ in G, *oder* x_n nimmt sein Minimum auf dem Rand ∂G an.

Beweis. Es sei angenommen, daß kein diskreter Eigenwert $\lambda_n \in \sigma(K_n)$ in G liegt, und wir wollen den zweiten Teil der Alternative beweisen. Da x_n stetig ist (vgl. Übungsaufgabe 18), nimmt es in einem Punkt $\lambda \in G$ sein Minimum an. Sei $\varphi \in X$ fest gewählt. Gemäß Annahme ist λ kein diskreter Eigenwert, so daß $(\lambda I - K_n)^{-1} \varphi$ wohldefiniert ist. Nach dem Satz von Hahn-Banach (vgl. Heuser [1, Satz 36.4] oder Yosida [1, §IV.4]) gibt es ein Funktional $\Phi \in X'$ mit

$$\|\Phi\|_{X'} = 1, \quad \Phi\big((\lambda I - K_n)^{-1} \varphi\big) = \|(\lambda I - K_n)^{-1} \varphi\|.$$

Wegen $x_n(z) > 0$ in G existiert $(z I - K_n)^{-1}$ für alle $z \in G$. Wir setzen

$$f(z) := \Phi\big((zI - K_n)^{-1}\varphi\big) \qquad\qquad \text{für alle } z \in G.$$

Da auch die Ableitung $f'(z) = -\Phi\big((zI - K_n)^{-2}\varphi\big)$ in G existiert, ist $f(z)$ holomorph in G. Das Maximumprinzip für holomorphe Funktionen besagt, daß $|f(z)|$ sein Maximum auf dem Rand ∂G annimmt, d.h.

$$\|(\lambda I - K_n)^{-1}\varphi\| = f(\lambda) = |f(\lambda)| \leqslant \max\{|f(z)|: z \in \partial G\}.$$

Wegen $|f(z)| \leqslant |\Phi\big((zI - K_n)^{-1}\varphi\big)| \leqslant \|\Phi\|_{X'} \cdot \|(zI - K_n)^{-1}\varphi\| = \|(zI - K_n)^{-1}\varphi\| \leqslant$
$\leqslant \|(zI - K_n)^{-1}\| \, \|\varphi\| = \|\varphi\| / \varkappa_n(z)$ für alle $z \in G$ schließt man hieraus

$$\|(\lambda I - K_n)^{-1}\varphi\| \leqslant \max\{\|\varphi\| / \varkappa_n(z): z \in \partial G\} = \|\varphi\| / \min\{\varkappa_n(z): z \in \partial G\}.$$

Da φ beliebig gewählt wurde, ist die Operatornorm beschränkt durch

$$1 / \varkappa_n(\lambda) = \|(\lambda I - K_n)^{-1}\| \leqslant 1 / \min\{\varkappa_n(z): z \in \partial G\}.$$

Die Ungleichung $\varkappa_n(\lambda) \geqslant \min\{\varkappa_n(z): z \in \partial G\}$ besagt, daß das Minimum von $\varkappa_n$ auf ∂G angenommen wird. ◾

Beweis zu Satz 16. (i) Da $\{K_n\}$ konsistent und kollektiv kompakt, ist $K = \lim K_n$ kompakt (vgl. Bemerkung 7.9b). Jeder Eigenwert $\lambda \neq 0$ von K ist gemäß Satz 1.3.28c isoliert: Es gibt eine Umgebung $G \subset \mathbb{C}$ von λ, so daß

$$0 \notin G, \quad G \cap \sigma(K) = \{\lambda\}, \quad \lambda \in G \setminus \partial G, \quad G \text{ kompakt}.$$

Für $\alpha_n := \min\{\varkappa_n(z): z \in \partial G\}$ wollen wir $\alpha_n \geqslant \varepsilon > 0$ $(n \geqslant n_0)$ nachweisen. Andernfalls gäbe es eine Teilfolge $\alpha_{n_i} \to 0$ und man fände $z_i \in \partial G$, so daß $\alpha_{n_i} = \varkappa_{n_i}(z_i) \to 0$. Da ∂G kompakt ist, konvergiert eine weitere Teilfolge der z_i gegen ein $\zeta \in \partial G$. Aus $|\varkappa_{n_i}(\zeta) - \varkappa_{n_i}(z_i)| \leqslant |\zeta - z_i| \to 0$ (vgl. Übungsaufgabe 18) folgt $\varkappa_{n_i}(\zeta) \to 0$ für $i \to \infty$. Nach Lemma 17b wäre ζ Eigenwert von K. $\zeta \in \partial G$ impliziert $\zeta \in G$ und $\zeta \neq \lambda$ im Widerspruch zur Annahme, daß λ einziger Eigenwert in G ist.

(ii) Nach Teil (i) gilt $\alpha_n \geqslant \varepsilon > 0$ für $n \geqslant n_0$. Nach Lemma 17a ist $\lim\limits_{n \to \infty} \varkappa_n(\lambda) = 0$. n_0 kann daher so gewählt werden, daß $\varkappa_n(\lambda) < \varepsilon$ für $n \geqslant n_0$. Da α_n das Randminimum von $\varkappa_n$ darstellt, nimmt $\varkappa_n$ sein Minimum offenbar nicht auf dem Rand an. Aus Lemma 19 schließt man: Für alle $n \geqslant n_0$ enthält G mindestens einen diskreten Eigenwert $\lambda_n \in \sigma(K_n)$. Da diese Aussage für jede hinreichend kleine Umgebung gilt, finden wir $\lambda_n \in \sigma(K_n)$ mit $\lim\limits_{n \to \infty} \lambda_n = \lambda$. ◾

Indem wir Satz 15 auf die eben konstruierte Folge $\lambda_n \in \sigma(K_n)$ anwenden, erhalten wir zusätzlich, daß eine Teilfolge der Eigenfunktionen f_n von K_n gegen eine Eigenfunktion f von K konvergiert.

Nachdem die Konvergenz $\lambda_n \to \lambda$ gesichert ist, wollen wir *quantitative* Fehlerabschätzungen für die Differenzen $|\lambda_n - \lambda|$ der Eigenwerte und die Differenzen $\|f_n - f\|$ der Eigenfunktionen beweisen. Hierfür benötigen wir die Regularitätsannahme (10a) und die Konsistenzannahme (10b):

(4.8.10a) $K \in L(X,Y)$, $K \in K(X,X)$.

(4.8.10b$_1$) $\|\varphi - \Pi_n\varphi\|_X \le C h^{\varkappa} \|\varphi\|_Y$ für alle $\varphi \in Y$ **(im Falle eines Pro-jektionsverfahrens)**

(4.8.10b$_2$) $\|K - K_n\|_{X \leftarrow Y} \le C h^{\varkappa}$ **(für Kernapproximation und Nyström-Methode).**

Aus $\lambda f = Kf$, $\lambda \ne 0$ und (10a) folgert man sofort $f \in Y$ für die Eigenfunktion.

Wir gehen davon aus, daß λ ein *einfacher Eigenwert* ist, d.h. es gilt

(4.8.11a) $\dim E(\lambda) = 1$ für den Eigenraum $E(\lambda) := \{ f \in X: \lambda f = Kf \}$.

Dann hat auch der duale Operator K' einen Eigenraum der Dimension 1:

(4.8.11b) $\dim E'(\lambda) = 1$ für den Eigenraum $E'(\lambda) := \{ f' \in X': \lambda f' = K'f' \}$.

Es lassen sich daher feste Eigenfunktionen f und f' finden, die $E(\lambda)$ und $E'(\lambda)$ aufspannen. Die nächste Forderung besagt, daß auch die *algebraische Vielfachheit* von λ eins beträgt (vgl. Hackbusch [2,§11.2.3]):

(4.8.11c) $f'(f) \ne 0$.

f sei so skaliert, daß $f'(f)=1$. Aus Satz 15 schließt man, daß für hinreichend großes $n \ge n_0$ auch die diskreten Eigenwerte λ_n einfach sein müssen. Die zugehörigen Eigenfunktionen f_n können für $n \ge n_0$ durch $f'(f_n) = 1$ normiert werden.

Satz 4.8.20 Es gelte (10a,b), (11a,c), $K \in K(X,X)$. Zu $0 \ne \lambda \in \sigma(K)$ sei die Eigenfunktion von K mit $f'(f)=1$ skaliert. Die Diskretisierung $\{K_n\}$ sei konsistent und kollektiv kompakt. Der Dualoperator K'_n erfülle $\lim K'_n f' = K'f'$ in X'. λ_n $(n \ge n_0)$ sei eine Folge diskreter gegen λ konvergenter Eigenwerte mit Eigenfunktionen f_n, die durch $f'(f_n)=1$ normiert seien. Dann gelten die Konvergenzabschätzungen

(4.8.12) $|\lambda - \lambda_n| \le C h^{\varkappa}$, $\|f - f_n\| \le C h^{\varkappa}$.

Beweis. (i) Ausgehend von $\lambda_n(f_n - f) = K_n f_n - (\lambda_n/\lambda)Kf$ gelangt man zu

(4.8.13a) $\lambda_n(f_n - f) = K_n(f_n - f) + d_n$ mit

(4.8.13b) $d_n := [\lambda_n(K_n - K)f + (\lambda - \lambda_n)K_n f]/\lambda$.

Aus (11a) schließt man

(4.8.13c) $\|d_n\| \le C(h^{\varkappa} + |\lambda - \lambda_n|)$.

Wegen Gleichung (13a) und $f'(f_n) = f'(f) = 1$ ist die erweiterte Gleichung

$$\begin{bmatrix} \lambda_n - K_n & f \\ f' & o \end{bmatrix} \begin{bmatrix} f_n - f \\ \omega \end{bmatrix} = \begin{bmatrix} d_n \\ 0 \end{bmatrix}$$

mit $\omega = 0$ erfüllt. Im Vorgriff auf §4.8.5 verwenden wir das Lemma 8.25 mit $\varphi_n = \varphi = f$, $\varphi'_n = \varphi' = f$, das die Stabilität sichert und so zu (13d) führt:

(4.8.13d) $\|f_n - f\| \le C\|d_n\| \le C'(h^{\varkappa} + |\lambda - \lambda_n|)$.

(ii) Wendet man das Funktional f' auf die Darstellung

$$(4.8.13e) \qquad (\lambda I - K)(f - f_n) = (\lambda_n - \lambda)f_n - (K_n - K)f - (K_n - K)(f_n - f)$$

an, so ergibt sich wegen $\langle f', (\lambda I - K)\varphi \rangle = \langle (\lambda I - K')f', \varphi \rangle = 0$ und $f'(f_n) = f'(f) = 1$ die Abschätzung

$$(4.8.13f) \qquad |\lambda_n - \lambda| \leq C\,[\,\|(K_n - K)f\| + \|(K_n' - K')f'\|_{X'}\,\|f - f_n\|\,] \leq$$
$$\leq C\,[\,h^{\varkappa} + \|(K_n' - K')f'\|_{X'}\,\|f - f_n\|\,].$$

Einsetzen in (13d) liefert

$$\|f_n - f\| \leq C\,(h^{\varkappa} + \|(K_n' - K')f'\|_{X'}\,\|f - f_n\|).$$

Nach Voraussetzung ist $\|(K_n' - K')f'\|_{X'} \leq 1/(2C)$ für hinreichend großes $n \geq n_0$. Also ist $\|f_n - f\| \leq C'h^{\varkappa}$ gezeigt. Einsetzen in (13f) sichert auch $|\lambda_n - \lambda| \leq C\,h^{\varkappa}$. ■

Für *Galerkin-Verfahren* quadriert sich die Genauigkeit von $|\lambda_n - \lambda|$.

Zusatz 4.8.21 Unter den Voraussetzungen des Satzes 20 führt ein Galerkin-Verfahren auf $|\lambda - \lambda_n| \leq C h^{\varkappa}\|(I - \Pi_n)f'\|$. Wenn $f' \in Y$, ergibt sich $|\lambda - \lambda_n| \leq C h^{2\varkappa}$.

Beweis. Zu f' findet man $\tilde{f}_n' \in X_n$ mit $\langle f' - \tilde{f}_n', f \rangle = 0$ und $\|f' - \tilde{f}_n'\| \leq 2\|(I - \Pi_n)f'\|$. $(\lambda I - K_n)f_n = 0$ ist identisch mit $\langle (\lambda I - K)f_n, \varphi_n \rangle = 0$ für alle $\varphi_n \in X_n$. Indem man speziell $\varphi_n = \tilde{f}_n'$ setzt, findet man

$$0 = \langle (\lambda I - K)f_n, f' \rangle = \langle (\lambda_n I - K)f_n, f' \rangle + (\lambda - \lambda_n)\langle f_n, f' \rangle =$$
$$= \langle (\lambda_n I - K)f_n, f' - \tilde{f}_n' \rangle + (\lambda - \lambda_n)\langle f_n, f' \rangle =$$
$$= \langle (\lambda_n I - K)(f_n - f), f' - \tilde{f}_n' \rangle + (\lambda - \lambda_n)\langle f_n, f' \rangle.$$

Wegen der Skalierung $\langle f_n, f' \rangle = 1$ und der Wahl von $\tilde{f}_n'$ erhält man $|\lambda - \lambda_n| \leq \|\lambda_n I - K\|\,\|f_n - f\|\,\|f' - \tilde{f}_n'\| \leq C h^{\varkappa}\|f' - \tilde{f}_n'\| \leq 2 C h^{\varkappa}\|(I - \Pi_n)f'\|$. ■

4.8.5 Komplementäre Integralgleichungen

Nach Definition eines singulären Wertes ist die Gleichung

$$(4.8.14a) \qquad \lambda f = g + Kf \qquad \text{mit } \lambda \in \sigma(K)$$

nicht für alle $g \in X$ eindeutig lösbar. Der Riesz-Schauder-Theorie zufolge besitzt die Gleichung (14a) (mindestens) eine Lösung genau dann, wenn $\langle \varphi, g \rangle = 0$ für alle Eigenfunktionen $\varphi \in E'(\lambda)$ des dualen Operators K' gilt. Wir wollen von der speziellen Annahme ausgehen, daß λ ein *einfacher Eigenwert* ist. Indem wir Eigenfunktionen $0 \neq e \in E(\lambda)$ und $0 \neq e' \in E'(\lambda)$ wählen, können wir die Eigenräume $E(\lambda)$ und $E'(\lambda)$ durch

$$(4.8.14b) \qquad E(\lambda) = \text{span}\{e\}, \qquad E'(\lambda) = \text{span}\{e'\}, \qquad e \neq 0,\ e' \neq 0,$$

darstellen. Die Lösbarkeitsaussage für Gleichung (14a) lautet wie folgt.

Lemma 4.8.22 Es gelte $K \in K(X,X)$, $0 \neq \lambda \in \sigma(K)$ und (14b). Die Gleichung (14a) hat genau dann eine Lösung $f \in X$, wenn

$(4.8.14c) \qquad \langle e', g \rangle = 0 \qquad\qquad (e' \text{ aus } (14b)).$

Ist f eine Lösung, so stellt $\{f + \alpha e : \alpha \in C\}$ die Lösungsgesamtheit dar.

Mit einer direkten Diskretisierung der Gleichung (14a) handelt man sich sehr große Komplikationen ein. Ein einfacher Ausweg ist die _Erweiterung der singulären Gleichung_ zu einem Gleichungssystem für $f \in X$ und $\omega \in R$ (oder $\omega \in C$):

$$
\begin{array}{ll}
(4.8.15a) & \lambda f - Kf - \omega\varphi = g, \\
(4.8.15b) & \lambda\omega - \langle \varphi', f \rangle = \gamma.
\end{array}
$$

Dabei sind $\varphi, g \in X$, $\varphi' \in X'$ und $\gamma \in R$ gegeben. Gesucht werden $f \in X$, $\omega \in R$. Das System (15a,b) schreibt sich einfacher als

$$(4.8.15') \qquad (\lambda I - \hat{K})\hat{f} = \hat{g} \text{ mit } \hat{f} = \begin{bmatrix} f \\ \omega \end{bmatrix} \in \hat{X} = X \oplus R, \ \hat{g} = \begin{bmatrix} g \\ \gamma \end{bmatrix} \in \hat{X}, \ \hat{K} = \begin{bmatrix} K & \varphi \\ \varphi' & 0 \end{bmatrix}.$$

Übungsaufgabe 4.8.23 Ist K in X kompakt, so auch $\hat{K}$ in $\hat{X}$.

Daß Gleichung (15') eine wohlgestellte Aufgabe darstellt, zeigt

Lemma 4.8.24 $K \in K(X,X)$ habe einen einfachen Eigenwert λ. Es gelte (14b). Die Funktionen $\varphi \in X$ und $\varphi' \in X'$ seien so gewählt, daß

$(4.8.15c) \qquad \langle e', \varphi \rangle \neq 0, \quad \langle \varphi', e \rangle \neq 0.$

Dann ist λ regulärer Wert von $\hat{K}$. Erfüllt g die Bedingung (14c), so ist die Komponente f in der Lösung $\hat{f}$ von (15') eine Lösung der ursprünglichen Gleichung (14a). Durch Variation von γ in (15b) erhält man die Gesamtheit aller Lösungen von (14a).

Die reguläre Gleichung (15') kann durch (16) diskretisiert werden:

$(4.8.16) \qquad (\lambda I - \hat{K}_n)\hat{f}_n = \hat{g}_n.$

Im Falle eines durch Π_n definierten Projektionsverfahrens erklärt man die Projektion $\hat{\Pi}_n$ in $\hat{X} = X \oplus R$ durch $\hat{\Pi}_n \hat{f} = \begin{bmatrix} \Pi_n f \\ \omega \end{bmatrix}$ für $\hat{f} = \begin{bmatrix} f \\ \omega \end{bmatrix}$. Gleichung (16) repräsentiert damit das System

$$
\begin{array}{lll}
(4.8.17a) & \lambda f_n - K_n f_n - \omega\varphi_n = g_n & \text{mit } K_n = \Pi_n K, \ \varphi_n = \Pi_n \varphi, \ g_n = \Pi_n g, \\
(4.8.17b) & \lambda\omega - \langle \varphi'_n, f_n \rangle = \gamma & \text{mit } \varphi'_n = \varphi'.
\end{array}
$$

In Analogie zu Übungsaufgabe 23 beweist man das

Lemma 4.8.25 Es gelte $\varphi_n \to \varphi$ in X und $\varphi'_n \to \varphi'$ in X' für φ_n und φ'_n aus (17a,b). Dann übertragen sich die Eigenschaften der Konsistenz und der kollektiven Kompaktheit von $\{K_n\}$ auf $\{\hat{K}_n\}$.

Lemma 24 und Satz 7.11 beweisen den

Satz 4.8.26 $K \in K(X,X)$ habe einen einfachen Eigenwert $\lambda \in \sigma(K)$. Es gelte (14b) und (15c). $\{K_n\}$ sei konsistent und kollektiv kompakt. Es gelte $\varphi_n \to \varphi$ in X und $\varphi_n' \to \varphi'$ in X' für φ_n und φ_n' aus (17a,b). Dann ist die Diskretisierung $\{\hat{K}_n\}$ aus (17a,b) konsistent, kollektiv kompakt, stabil und konvergent.

Satz 26 besagt, daß man dank der Erweiterung (17a,b) das singuläre Problem (14a) ohne numerische Schwierigkeiten lösen kann. Es läßt sich leicht nachvollziehen, daß man für Lösungen der Diskretisierung (16) die gewohnten Fehlerabschätzungen erhält.

4.8.6 Nachtrag: Störungssatz zur Stabilität

In ersten Unterkapitel §4.1 wurden allgemeine Eigenschaften von Diskretisierungen, darunter die Stabilität diskutiert. Da der Begriff der kollektiven Kompaktheit mit dem Nyström-Verfahren eingeführt worden ist, kann die zweite Aussage zur Störung einer stabilen Diskretisierung erst jetzt formuliert werden.

Im folgenden ist $\{K_n\}$ als stabil (bezüglich X und λ) vorausgesetzt. T_n sei eine Folge von Störungen. $K_n' := K_n + T_n$ sei die gestörte Diskretisierung, nach deren Stabilität wir fragen.

Die erste Aussage beruht auf der gleichen Überlegung wie Satz 1.4, so daß der Beweis entfallen kann:

Lemma 4.8.27 $\{K_n\}$ sei stabil mit der Konstante C_S: $\|(\lambda I - K_n)^{-1}\| \leq C_S$. $\{T_n\}$ erfülle die Abschätzung $\|T_n\| \leq \zeta / C_S$ mit $\zeta < 1$ für alle $n \geq n_0$. Dann ist auch die Folge $\{K_n + T_n\}$ stabil.

Satz 4.8.28 Sei $\lambda \neq 0$. $\{K_n\}$ sei konvergent und konsistent zu $K \in L(X,X)$. $\{T_n\}$ sei kollektiv kompakt und konvergiere punktweise gegen T. λ sei regulärer Wert von $K+T$. Dann ist die Folge $\{K_n + T_n\}$ stabil, konsistent und konvergent.

Beweis. (i) Wir wollen zunächst zeigen, daß auch $(\lambda I - K_n)^{-1} T_n$ $(n \geq n_0)$ kollektiv kompakt ist. Sei $\Phi_j := (\lambda I - K_{n(j)})^{-1} T_{n(j)} \varphi_j$ mit $\|\varphi_j\| \leq 1$. Da $\{T_n\}$ kollektiv kompakt ist, gibt es eine Teilfolge mit $\psi_k := T_{n(j_k)} \varphi_{j_k} \to \psi$, wobei o.B.d.A. $n(j_{k+1}) \geq n(j_k)$ eingerichtet werden kann. Entweder gilt $n(j_k) = m$ für $k \geq k_0$ oder $n(j_k) \to \infty$. Im ersten Fall folgt $\Phi_{j_k} = (\lambda I - K_m)^{-1} \psi_k \to (\lambda I - K_m)^{-1} \psi$. Im zweiten hat man $\Phi_{j_k} \to (\lambda I - K)^{-1} \psi$ nach Lemma 1.8 und Satz 1.12b.

(ii) Ebenfalls mit Satz 1.12b (mit $g_n := T_n \varphi \to T \varphi$) beweist man, daß $A_n := (\lambda I - K_n)^{-1} T_n$ punktweise gegen $A := (\lambda I - K)^{-1} T$ konvergiert.

(iii) Nach Lemmata 1.8 und 1.10 ist λ ist regulärer Wert von K. Da $\lambda I - K - T = (\lambda I - K)(I - A)$, ist 1 auch regulärer Wert von A. Da $\{A_n\}$ kollektiv kompakt und konsistent zu A ist und 1 einen regulären Wert von A darstellt, ergibt Satz 7.11 die Stabilität: $\|(I - A_n)^{-1}\| \leq C$. Wegen $(\lambda I - K_n - T_n)^{-1} = (I - A_n)^{-1} (\lambda I - K_n)^{-1}$ ist auch $\{K_n + T_n\}$ stabil.

(iv) Die Konsistenz von $\{K_n + T_n\}$ ist trivial. Da $\lambda I - K - T = (\lambda I - K)(I - A)$ bijektiv ist (vgl. (iii)), folgt die Konvergenz nach Satz 1.12a. ∎

5. Mehrgitterverfahren zur Auflösung des Gleichungssystems bei Integralgleichungen 2. Art

Die Diskretisierungen aus Abschnitt 4 überführen die Fredholmsche Integralgleichung in ein Gleichungssystem. Da dieses System aus sehr vielen Gleichungen bestehen kann und zudem die Matrix voll besetzt ist, ist die Auflösung keine triviale Aufgabe. In diesem Kapitel werden wir hauptsächlich auf die Lösung durch die *Mehrgittermethode* eingehen. Zur Mehrgitterbehandlung von Gleichungen erster Art sei auf §7.3.6 und §9.3 verwiesen.

5.1 Vorbemerkungen

5.1.1 Notation

Die Diskretisierung der Integralgleichung

$$(5.1.1) \qquad \lambda f = g + K f \qquad\qquad (\lambda \neq 0)$$

zweiter Art führte auf ein Gleichungssystem der Form

$$(5.1.2a) \qquad (\lambda I - B_n) a_n = b_n$$

(vgl. (4.2.9a), (4.4.11), (4.7.7)) oder allgemeiner auf

$$(5.1.2b) \qquad (\lambda A_n - B_n) a_n = b_n$$

(vgl. (4.4.10), (4.5.8)). Dabei ist n ein Diskretisierungsparameter, der in den bisherigen Beispielen mehr oder weniger direkt mit der Dimension des Gleichungssystems zusammenhing.

Die Matrix A_n ist nur in den Projektionsverfahren von der Einheitsmatrix I verschieden (vgl. §4.4 und §4.5). Dort ist sie stets regulär, da sonst im Falle der Kollokation die Interpolation nicht eindeutig oder im Falle des Galerkin-Verfahrens die Ansatzfunktionen linear abhängig wären. Damit läßt sich Gleichung (2b) stets in die Form

$$(5.1.2b') \qquad (\lambda I - A_n^{-1} B_n) a_n = A_n^{-1} b_n$$

bringen, die (2a) mit $A_n^{-1} B_n$ und $A_n^{-1} b_n$ anstelle von B_n und b_n entspricht. Um durch die Notation auszudrücken, daß die *diskrete* Gleichung (2b') der *kontinuierlichen* Gleichung (1) entspricht, schreiben wir (2b') als

$$(5.1.3) \qquad \lambda \boldsymbol{f}_n = \boldsymbol{g}_n + \boldsymbol{K}_n \boldsymbol{f}_n,$$

wobei

$$(5.1.4) \qquad \boldsymbol{f}_n := a_n, \quad \boldsymbol{g}_n := A_n^{-1} b_n, \quad \boldsymbol{K}_n := A_n^{-1} B_n$$

jetzt eine *andere* Bedeutung haben als bisher im Kapitel 4. Dort waren f_n und g_n auf D definierte *Funktionen* (aus einem endlichdimensionalen Unterraum), während jetzt $\boldsymbol{f}_n$ und $\boldsymbol{g}_n$ Vektoren sind. $\boldsymbol{K}_n$ ist nicht wie bisher ein *Operator* aus $L(X,X)$, sondern eine *Matrix*. Um Verwechslungen vorzubeugen, werden die neuen Größen in Fettschrift wiedergegeben.

5.1.2 Direkte Lösung des Gleichungssystems

Das Gleichungssystem (3) läßt sich beispielsweise durch die Gauß-Elimination (mit Pivotwahl) direkt lösen. Der Rechenaufwand ist allerdings nicht unbeträchtlich.

Bemerkung 5.1.1 Wenn n die Zahl der Gleichungen und Unbekannten des Gleichungssystems (3) ist, benötigt man für die Gauß-Elimination etwa $\frac{2}{3}n^3$ arithmetische Operationen.

Da die Matrix $\lambda I - K_n$ anders als bei der Diskretisierung von Differentialgleichungen eine vollbesetzte Matrix ist, läßt sich der in Bemerkung 1 genannte Aufwand nur durch andere Matrixdarstellungen reduzieren (vgl. §9.8). Der gleiche Aufwand ist für eine LU-Zerlegung oder im positiv definiten Fall für die Cholesky-Zerlegung erforderlich.

5.1.3 Picard-Iteration

Als Alternative zur direkten Lösung kann man das Gleichungssystem *iterativ* lösen. Die einfachste Iteration besteht darin, auf der rechten Seite von (3) die i-te Iterierte f_n^i einzusetzen und dadurch links die $(i+1)$-te Iterierte f_n^{i+1} zu definieren:

$$\boxed{\begin{array}{c} \underline{\text{Picard-Iteration}} \\[2mm] (5.1.5) \qquad f_n^{i+1} := \frac{1}{\lambda}\left(g_n + K_n\, f_n^i \right) \qquad (i=0,1,2,\dots) \end{array}}$$

Zum Start der Iteration benötigt man einen «Startwert» f_n^0. z.B.
$$f_n^0 = 0 \qquad \text{oder} \qquad f_n^0 = \tfrac{1}{\lambda}\, g_n.$$
Der zweite Vorschlag ergibt sich als erste Iteration aus $f_n^0 = 0$.

Zur *Konvergenz iterativer Verfahren* muß auf den folgenden Satz verwiesen werden:

$$\boxed{\begin{array}{l} \textbf{Satz 5.1.2}\ \text{Ist ein iteratives Verfahren der Form} \\[1mm] (5.1.6a) \qquad x^{i+1} = M x^i + c \qquad\qquad (c\in\mathbb{R}^n,\ M\ n\times n\text{-Matrix}) \\[1mm] \text{gegeben, so konvergiert die Folge } \{x^i\} \text{ für jeden Startwert } x^0 \text{ genau} \\ \text{dann, wenn der } \underline{\textit{Spektralradius}} \\[1mm] (5.1.6b) \qquad \varrho(M) := \max\{|\lambda|:\ \lambda \text{ ist Eigenwert von } M\} \\[1mm] \text{die Ungleichung} \\[1mm] (5.1.6c) \qquad \varrho(M) < 1 \\[1mm] \text{erfüllt. Grenzwert der Folge } \{x^i\} \text{ ist der (eindeutige) Fixpunkt } x \text{ von} \\[1mm] (5.1.6d) \qquad x = M x + c. \\[1mm] \text{Hinreichend (aber nicht notwendig) für (6c) - und damit für die} \\ \text{Konvergenz - ist die Abschätzung einer Matrixnorm von } M \text{ durch} \\[1mm] (5.1.6e) \qquad \|M\| < 1\,. \end{array}}$$

Die Matrix M aus (6a) bezeichnet man als die *Iterationsmatrix*. Es sei daran erinnert, daß die *Matrixnorm*

$$\| M \| := \sup\{ \| M x \| / \| x \| : 0 \neq x \in \mathbb{R}^n \} \qquad \text{(vgl. (1.4.20))}$$

mit der Operatornorm (1.3.11a) für den Raum $X = (\mathbb{R}^n, \| \cdot \|)$ übereinstimmt. Die Vektornorm $\| \cdot \|$ kann z.B. durch (1.3.3a) oder (1.3.3b) definiert sein. Der *Beweis* des Satzes 2 findet sich in Hackbusch [3]. Im Falle von (6e) ergibt sich die Konvergenz direkt aus dem Banachschen Fixpunktsatz 1.3.10. Hiermit beweist man auch das

Korollar 5.1.3 Unter der Voraussetzung (6e) gilt die Fehlerabschätzung

$$(5.1.6f) \qquad \| x^{i+1} - x \| \leq \| M \| \| x^i - x \|$$

für die Iterierten $\{ x^i \}$ aus (6a) und die Lösung x aus (6d). Insbesondere haben die Fehler $x^i - x$ die Darstellung

$$(5.1.6g) \qquad x^{i+1} - x = M (x^i - x).$$

Die Iterationsmatrix der Picard-Iteration (5) lautet $M = \frac{1}{\lambda} K_n$. Die Anwendung der Konvergenzkriterien auf die Picard-Iteration führt auf den

Satz 5.1.4 Die Picard-Iteration (5) konvergiert genau dann, wenn

$$(5.1.7a) \qquad \varrho(K_n) < |\lambda|.$$

Hinreichend für die Konvergenz ist die Matrixnormabschätzung

$$(5.1.7b) \qquad \| K_n \| < |\lambda|.$$

Es gibt *keine* Möglichkeit, durch die Wahl der Diskretisierung eine der Ungleichungen (7a,b) zu erfüllen. Ob Konvergenz vorliegt oder nicht, hängt vom Problem ab (genauer: von λ und K, nicht von g). Die Fehlerdarstellung (6g) übersetzt sich in

$$(5.1.7c) \qquad f_n^{i+1} - f_n = \frac{1}{\lambda} K_n (f_n^i - f_n).$$

Wenn wir die Konvergenz der Picard-Iteration in der gegenüber (7b) verstärkten Form

$$(5.1.7d) \qquad C_N := \sup\{ \| K_n \| : n \in \mathbb{N} \} < |\lambda|$$

voraussetzen, brauchen wir $k \geq (\log \varepsilon) / \log (C_N / |\lambda|)$ Iterationen, um

$$(5.1.7e) \qquad \| f_n^k - f_n \| \leq \varepsilon \| f_n^0 - f_n \| \qquad (\varepsilon < 1)$$

zu erreichen.

Bemerkung 5.1.5 Der Rechenaufwand der Picard-Iteration ist im Fall der Konvergenz proportional zu $n^2 \log \varepsilon$, wenn der Iterationsfehler auf $O(\varepsilon)$ begrenzt werden soll.

Beweis. Pro Iteration (5) ist die Matrix-Vektor-Multiplikation $K_n f_n^i$ der aufwendigste Anteil. Da K_n voll besetzt ist, werden $2 n^2$ arithmetische Operationen benötigt. Dieser Aufwand ist mit der Zahl k der für (7e) notwendigen Iterationen zu multiplizieren. ▣

5.1.4 Verfahren der konjugierten Gradienten

Zunächst sei vorausgesetzt, daß die Matrix K_n oder aber die Matrizen A_n, B_n aus (2b) symmetrisch seien:

(5.1.8a) $K_n = K_n^T$ oder

(5.1.8b) $A_n = A_n^T$ positiv definit, $B_n = B_n^T$ (wobei $K_n = A_n^{-1} B_n$).

Bemerkung 5.1.6 O.B.d.A. sei $\lambda > 0$. Es gelte (8a) oder (8b). Bedingung (7a) ist äquivalent zur positiven Definitheit der Matrizen $\lambda I - K_n$ bzw. $\lambda A_n - B_n$.

Beweis. (i) Sei (8a) angenommen. Jeder Eigenwert σ von $\lambda I - K_n$ hat die Darstellung $\sigma = \lambda - \varkappa$, wobei $\varkappa$ ein Eigenwert von K_n ist. Wegen (8a) ist $\varkappa$ reell, während (7a) zu $|\varkappa| < \lambda$ führt. Also ist $\sigma = \lambda - \varkappa \geqslant \lambda - |\varkappa| > 0$. Die Behauptung ergibt sich, da $\lambda I - K_n$ genau dann positiv definit ist, wenn alle Eigenwerte der symmetrischen Matrix $\lambda I - K_n$ positiv sind.

(ii) Im Falle (8b) ist $\lambda A_n - B_n$ genau dann positiv definit, wenn dies für $\lambda I - A_n^{-1/2} B_n A_n^{-1/2}$ gilt. Da $A_n^{-1/2} B_n A_n^{-1/2}$ und $K_n = A_n^{-1} B_n$ ähnlich sind, also gleiche Eigenwerte haben, folgt die Behauptung wie in Teil (i). ▪

Unter der Voraussetzung, daß

(5.1.8c) $C_n := \lambda I - K_n$ positiv definit

oder alternativ

(5.1.8d) $C_n := \lambda A_n - B_n$ positiv definit

ist, kann das *Verfahren der konjugierten Gradienten* (*cg-Verfahren*) auf Gleichung (3) bzw. (2b) angewandt werden:

Verfahren der konjugierten Gradienten zur Lösung von $C_n f_n = g_n$

<u>Start:</u> $f_n^0 \in X_n$ beliebig,

(5.1.9a) $\pi^0 := \rho^0 := g_n - C_n f_n^0$.

<u>Iteration</u> über $k = 0, 1, 2, \ldots, n-1$. <u>Abbruch</u>, falls $\rho^k = 0$, sonst

(5.1.9b) $c_k := \| \pi^k \|_2^2$, $d_k := (C_n \pi^k, \pi^k)$, $a_k := c_k / d_k$,

(5.1.9c) $f_n^{k+1} := f_n^k + a_k \pi^k$,

(5.1.9d) $\rho^{k+1} := \rho^k - c_k C_n \pi^k$,

(5.1.9e) $\pi^{k+1} := \rho^{k+1} + \frac{1}{c_k} \| \rho^{k+1} \|_2^2 \, \pi^k$.

$(\cdot, \cdot)$ ist das Euklidische Skalarprodukt und $\| a \|_2 := (a, a)^{1/2}$ die entsprechende Euklidische Norm.

Satz 5.1.7 Sei C_n eine positiv definite $n \times n$-Matrix. Dann bricht das cg-Verfahren (9a-e) spätestens nach n Schritten mit der *exakten* Lösung $f_n^k = f_n$ ab. Für alle Iterierten f_n^i, $0 \leqslant i \leqslant k$, gilt die Fehlerabschätzung

(5.1.10a) $\| f_n^i - f_n \|_C \leqslant \dfrac{2(\varkappa_n - 1)^i}{(\sqrt{\varkappa_n} + 1)^{2i} + (\sqrt{\varkappa_n} - 1)^{2i}} \, \| f_n^0 - f_n \|_C$, wobei

(5.1.10b) $\|a\|_C := \sqrt{(C_n a, a)} = \|C_n^{1/2} a\|_2$

eine Norm darstellt und

(5.1.10c) $\varkappa_n := \text{cond}_2(C_n) = \gamma_{\max} / \gamma_{\min}$

die Spektralkondition bezeichnet (vgl. Definition 1.4.29). $\gamma_{\max}$ und $\gamma_{\min}$ sind der maximale bzw. minimale Eigenwert der Systemmatrix C_n.

Beweis. z.B. in Hackbusch [3].

Das cg-Verfahren wird dadurch besonders interessant, daß die die Konvergenzgeschwindigkeit bestimmende Konditionszahl $\varkappa_n$ bezüglich n gleichmäßig beschränkt bleibt:

(5.1.11) $\varkappa := \sup\{\varkappa_n : n \in \mathbb{N}\} < \infty$.

Lemma 5.1.8 Die Eigenwerte des Operators K seien kleiner als λ. Die semidiskreten Operatoren $K_n \in L(X, X)$ seien konsistent und kollektiv kompakt. Die Matrix K_n sei *entweder* (i) symmetrisch (Bedingung (8a)), *oder* (ii) die Matrizen A_n, B_n erfüllen (8b). Dann existiert n_0, so daß für alle $n \geq n_0$ die Positivdefinitheit (8c) (Fall (i)) bzw. (8d) (Fall (ii)) gilt. Darüberhinaus trifft (11) zu (eventuell nach Weglassen singulärer C_n für $n < n_0$). Ferner sind die Normen $\|\cdot\|_2$ und $\|\cdot\|_C$ gleichmäßig äquivalent:

$$\frac{1}{C} \|\cdot\|_C \leq \|\cdot\|_2 \leq C \|\cdot\|_C \qquad \text{für alle } n \geq n_0 \text{ mit geeignetem } C.$$

Beweis. (i) Sei zunächst (8a) vorausgesetzt. Die semidiskreten Operatoren K_n haben die gleichen Eigenwerte wie die Matrizen K_n. Insbesondere müssen diese Eigenwerte wegen der Symmetrie (8a) reell sein. Als Grenzwerte der diskreten Eigenwerte sind die Eigenwerte von K ebenfalls reell (vgl. Satz 4.8.16). Die extremen Eigenwerte $\lambda_{\min}$ und $\lambda_{\max}$ von K erfüllen $\lambda_{\min} < \lambda_{\max} < \lambda$. Man setze $\varepsilon := \frac{1}{2}(\lambda - \lambda_{\max}) > 0$. Sei $\lambda_{n,\max}$ der maximale Eigenwert von K_n (Fall (8b)). Da $\lim \lambda_{n,\max} = \lambda_{\max}$ gemäß Satz 4.8.16, gibt es ein n_0, so daß $\lambda_n \leq \lambda_{n,\max} \leq \lambda - \varepsilon$. Analog folgt $\lambda_{\min} - \varepsilon \leq \lambda_{n,\min} \leq \lambda_n$ für alle Eigenwerte λ_n von K_n. Für die Eigenwerte $\gamma_{\min}$ und $\gamma_{\max}$ von C_n bedeutet dies $0 < \varepsilon \leq \gamma_{\min} \leq \gamma_{\max} \leq \lambda - \lambda_{n,\min} \leq \lambda - \lambda_{\min} + \varepsilon$ für alle $n \leq n_0$.

(ii) Im Falle (8b) nutze man aus, daß $\lambda I - K_n$ zu $E := A_n^{-1/2} C_n A_n^{-1/2}$ ähnlich ist. Mit C_n hat auch E und damit $\lambda I - K_n$ nur reelle Eigenwerte. ☒

Sind die Matrizen $C_n := \lambda I - K_n$ oder $\lambda A_n - B_n$ nicht positiv definit (z.B. weil die Matrizen nicht symmetrisch sind), ist der Algorithmus (9) nicht anwendbar, aber es gibt Varianten des cg-Verfahrens, für die ähnliche Resultate wie in Satz 7 gelten. Beispielsweise kann man das cg-Verfahren auf das zu $C_n f_n = g_n$ äquivalente Gleichungssystem

(5.1.12) $C_n^T C_n f_n = C_n^T g_n$

anwenden, da $C_n^T C_n$ für jede reguläre Matrix C_n positiv definit ist.

Lemma 5.1.9 Es ist $x_n := \mathrm{cond}_2(C_n^T C_n) = \mathrm{cond}_2(C_n)^2$. Für ein symmetrisches C_n gilt außerdem $x_n \leqslant \mathrm{cond}_\infty(C_n)^2$. In §4 wurde die gleichmäßige Beschränktheit der Konditionen der Matrizen $C_n = \lambda A_n - B_n$ diskutiert. Wenn diese vorliegt, ist die Bedingung (11) gesichert.

Folgerung 5.1.10 Bedingung (11) garantiert die gleichmäßige Konvergenzgeschwindigkeit für alle $n \geqslant n_0$. Im Gegensatz zu Gleichungssystemen, die von (partiellen) Differentialgleichungen stammen, kommt es somit für $n \to \infty$ nicht zu einer Verminderung der Konvergenzgeschwindigkeit. Da entweder das cg-Verfahren (9) oder eine seiner Varianten konvergieren und $O(\log \varepsilon)$ Iterationsschritte benötigen (vgl. Bemerkung 5), beträgt der *Gesamtaufwand* $O(n^2 \log \varepsilon)$.

Bemerkung 5.1.11 Die genannten Zahlen an arithmetischen Operationen beruhen auf der Annahme, daß die *Matrix-Vektor-Multiplikation* $f_n \mapsto K_n f_n$ mindestens $O(n^2)$ Operationen benötigt. In Kapitel 9.8 werden wir wichtige Fälle kennen lernen, in denen dieser Aufwand deutlich reduziert werden kann.

5.2 Stabilität und Konvergenz (diskrete Formulierung)

Dieses Unterkapitel bildet einen Übergang von den in §4 verwendeten Begriffen zu den Bedingungen, die wir später zur Formulierung des Mehrgitterverfahrens und seines Konvergenzbeweises brauchen. Der Leser kann zunächst auch unmittelbar zu §5.3 springen.

Die Begriffe «Stabilität» und «Konvergenz» sind bereits in §4 definiert worden. Sie bezogen sich aber auf die Operatoren $K, K_n \in L(X, X)$ und nicht direkt auf die entstehenden Gleichungssysteme mit der Matrix $\lambda I - A_n^{-1} B_n$, die jetzt in $\lambda I - K_n$ umbenannt wurde. In §4 hat sich herausgestellt, daß das semidiskrete Problem stabil sein kann und trotzdem – aufgrund einer ungünstigen Wahl der Basis – die Konditionszahlen $\mathrm{cond}(\lambda I - K_n)$ unbeschränkt sein können. Wir werden jetzt die diskreten Gleichungen mit ihren Matrizen $\lambda I - K_n$ für eine neue Definition der «Stabilität» und «Konvergenz» heranziehen.

5.2.1 Prolongationen und Restriktionen

In §4 stand der Banach-Raum X im Vordergrund. Die Matrix $\lambda I - K_n$ ist eine Abbildung des Banach-Raumes

$$(5.2.1) \qquad X_n := (\mathbb{R}^n, \|\cdot\|_{X_n})$$

in sich. Da man Vektoren aus X_n mit Funktionen aus X in Beziehung setzen möchte, braucht man Abbildungen in beiden Richtungen. Als *Prolongation* bezeichnen wir eine lineare Abbildung

$$(5.2.2a) \qquad P_n: X_n \to X \qquad\qquad (n \in \mathbb{N}).$$

In umgekehrter Richtung wirkt die *Restriktion*

$$(5.2.2b) \qquad R_n: X \to X_n \qquad\qquad (n \in \mathbb{N}).$$

In Definition 1 werden wir sogenannten kanonische Prolongationen P_n und Restriktionen R_n beschreiben, die den in §4 diskutierten Approximationen entsprechen und auch den nachfolgenden Bedingungen (3a-c) genügen. Da $\dim(X_n) < \infty$, sind P_n und R_n beschränkte Abbildungen:

$$P_n \in L(X_n, X), \qquad R_n \in L(X, X_n).$$

Ihre Operatornormen seien *gleichmäßig beschränkt*, d.h. es gebe Schranken C_P und C_R, so daß

(5.2.3a) $\| P_n \|_{X \leftarrow X_n} \leq C_P$ für alle $n \in \mathbb{N}$,

(5.2.3b) $\| R_n \|_{X_n \leftarrow X} \leq C_R$ für alle $n \in \mathbb{N}$.

Um auszudrücken, daß die «diskrete Funktion» $R_n f \in X_n$ eine Approximation der Funktion $f \in X$ darstellt und umkehrt die Funktion $P_n f_n \in X$ in einem geeigneten Sinne nah bei $f_n \in X_n$ liegt, verlangen wir, daß das Produkt $P_n R_n \in L(X, X)$ punktweise gegen die Identität strebt:

(5.2.3c) $P_n R_n f \to f$ für alle $f \in X$.

Die Bedingung (3c) wird sich in §5.2.2 als Folgerung weiterer Bedingungen ergeben.

Mit den in §4 beschriebenen Diskretisierungen sind die folgenden, «kanonischen» Prolongationen und Restriktionen assoziiert.

Definition 5.2.1 (kanonische Wahl von P_n und R_n) **(a)** Das *Projektionsverfahren* sei durch die Projektion P_n und die Basis $\{\Phi_{1,n}, \ldots, \Phi_{n,n}\}$ des zugehörigen Unterraumes X_n definiert. Die hierzu gehörige *kanonische Prolongation* lautet

(5.2.4a) $P_n f_n := \sum_{j=1}^{n} f_{j,n} \Phi_{j,n}$,   wobei $f_n := (f_{j,n})_{j=1,\ldots,n} \in X_n = \mathbb{R}^n$.

Die *kanonische Restriktion* ist implizit als Linksinverse der kanonische Prolongation definiert:

(5.2.4b) $R_n P_n = I$,

d.h. für alle $\varphi \in X$ repräsentiert $R_n \varphi \in X_n = \mathbb{R}^n$ die Basisdarstellung von $\Pi_n \varphi$. Explizit lautet der Vektor $R_n \varphi$ im Falle des Kollokationsverfahrens

(5.2.4c) $R_n \varphi := A_n^{-1} \left(\varphi(\xi_{j,n}) \right)_{j=1,\ldots,n}$ (A_n aus (4.4.9b))

mit Kollokationspunkten $\xi_{j,n} \in \Xi_n$ und im Falle des Galerkin-Verfahrens

(5.2.4d) $R_n g := A_n^{-1} \left(\langle g, \Phi_{j,n} \rangle \right)_{j=1,\ldots,n}$ (A_n aus (4.5.7b)).

(b) Die *Nyström-Methode* sei durch das Quadraturverfahren Q_n mit den Stützstellen $\{\xi_{j,n}\}$ definiert. Die *kanonische Prolongation* P_n sei eine stabile Interpolation in den Stützstellen $\{\xi_{j,n}\}$, deren Ordnung mit der von Q_n übereinstimme. Für P_n gilt (4a) mit den Lagrange-Funktionen $\Phi_{j,n}$ der Interpolation. Die *kanonische Restriktion* lautet

(5.2.4e) $\varphi_n = R_n \varphi$ mit $\varphi_n = (\varphi_{j,n})_{j=1,\ldots,n}$ und $\varphi_{j,n} := \varphi(\xi_{j,n})$,

d.h. $R_n \varphi$ bezeichnet die Beschränkung von φ auf die Stützstellen $\{\xi_{j,n}\}$.

Übungsaufgabe 5.2.2 Man zeige: **(a)** Bei kanonischer Wahl von P_n und R_n im Falle eines Projektionsverfahrens ist die zugrundeliegende Projektion durch das Produkt

$$(5.2.4f) \qquad \Pi_n = P_n R_n$$

gegeben. Bedingung (3c) ist äquivalent zur Konvergenz der Projektion. **(b)** Auch im Falle des Nyström-Verfahrens haben die kanonischen P_n und R_n die Eigenschaft (4b): $R_n P_n = I$. (3c) ist äquivalent zur Konvergenz der Interpolation $\Pi_n = P_n R_n$. **(c)** Für das Galerkin-Verfahren seien P_n und R_n kanonisch gewählt. In $X_n = \mathbb{R}^n$ sei das Skalarprodukt $(\varphi_n, \psi_n)_n := (A_n \varphi_n, \psi_n) = \sum_{i,j} \psi_{i,n} \alpha_{ij} \varphi_{j,n}$ mit der Matrix A_n aus (4.5.7b) definiert. Legt man $(\cdot, \cdot)_n$ in X_n und das L^2-Skalarprodukt $\langle \cdot, \cdot \rangle$ in $X = L^2(D)$ zugrunde, sind P_n und R_n zueinander adjungiert: $R_n = P_n^*$, $P_n = R_n^*$, d.h. $(R_n \varphi, \psi_n)_n = \langle \varphi, P_n \psi_n \rangle$ für alle $\varphi \in X$, $\psi_n \in X_n$.

Bemerkung 5.2.3 P_n und R_n seien die kanonischen Prolongationen und Restriktionen eines Projektionsverfahrens. Für die Matrizen K_n, die in den Kapiteln 4.4 und 4.5 mit $A_n^{-1} B_n$ bezeichnet wurden (vgl. (1.4)), und die Inhomogenität g_n gilt

$$(5.2.5) \qquad K_n = R_n K P_n, \qquad g_n = R_n g.$$

Beweis. Mit der Bezeichnung $A_n^{-1} B_n$ für K_n lautet (5): $B_n = A_n R_n K P_n$. Sei $f_n = \delta_j$ der j-te Einheitsvektor. Es ist $P_n f_n = \Phi_{j,n}$ und somit $K P_n f_n = K \Phi_{j,n}$. Die Behauptung folgt aus der Definition (4c,d) von R_n und der Definition (4.4.9c) bzw. (4.5.7c) von B_n. Der Beweis der Darstellung von g_n ist dem Leser überlassen. ⬜

Wenn die Funktionen $\Phi_{j,n}$ in (4a) Lagrange-Funktionen sind, beschreibt die Prolongation P_n die Interpolation der Stützwerte $f_{j,n}$. In diesem Falle gilt für das Kollokationsverfahren $A_n = I$ (vgl. Bemerkung 4.4.3), so daß die Restriktion R_n aus (4b) wie in (4e) die Beschränkung von g auf die Werte $g(\xi_{j,n})$ an den Kollokationspunkten darstellt.

Die *Kernapproximation* ist nicht sofort in das Muster der Gleichung (1.3), $\lambda f_n = g_n + K_n f_n$, zu bringen. Mit f_n sei der Koeffizientenvektor $a = a_n$ aus Gleichung (4.2.9a) bezeichnet. Der in (4.2.5) beschriebene Zusammenhang zwischen dieser Größe und der Funktion f_n ist jedoch nicht linear, sondern affin. Daher kann man *keine* lineare Beziehung $f_n = P_n f_n$ herstellen. Es ergeben sich aber zwei Auswege, die in den Bemerkungen 5 und 6 notiert sind.

Bemerkung 5.2.4 Im Falle der in §4.2.6 beschriebenen Variante (4.2.13a-d) der *Kernapproximation* besteht ein linearer Zusammenhang zwischen dem Vektor $f_n := \hat{a}_n$ des Gleichungssystems (4.3.14) und der gesuchten Funktion f_n. Die *kanonische Prolongation* lautet demgemäß

$$(5.2.6) \qquad P_n f_n := \sum_{j=1}^n f_{j,n} a_j, \qquad \text{wobei } f_n := (f_{j,n})_{j=1,\ldots,n} \in X_n = \mathbb{R}^n.$$

Die *kanonische Restriktion* ist durch (4b) definiert. Anstelle der Darstellung (5) gilt $K_n = R_n K_n P_n$ und $g_n = R_n g_n$.

Bemerkung 5.2.5 Die semidiskrete Gleichung $\lambda f_n = g + K_n f_n$ der Kern-approximation mit der Darstellung $f_n = \frac{1}{\lambda} g + \sum \alpha_j a_j$ kann umgeschrieben werden. Man setze $\varphi_n := \sum \alpha_j a_j$. Die Gleichung $\lambda f_n = g + K_n f_n$ ist äquivalent zu $\lambda \varphi_n = \tilde{g}_n + K_n \varphi_n$, wobei $\tilde{g}_n := \frac{1}{\lambda} K_n g$. Da sich die Funktion φ_n linear aus dem Vektor $\boldsymbol{\varphi}_n := \boldsymbol{a}_n = (\alpha_j)_j$ ergibt, ist die kanonische Prolongation $\boldsymbol{\varphi}_n \mapsto \varphi_n = P_n \boldsymbol{\varphi}_n$ durch (6) beschrieben. Die *kanonische Restriktion* ist die Linksinverse, vgl. (4b). Wie in Bemerkung 4 gilt $K_n = R_n K_n P_n$ und $\tilde{\boldsymbol{g}}_n = R_n g_n$ anstelle von (5).

5.2.2 Der Banach-Raum Y und die diskreten Räume Y_n

In Abschnitt 3.4 wurde der Bildbereich von K untersucht. Es wurden Bedingungen angegeben, unter denen $K \in L(X,Y)$ gilt, wobei $Y \subset X$ stetig eingebettet ist. Außerdem war stets die folgende Bedingung erfüllt:

(5.2.7) $Y \subset X$ stetig eingebettet, Y dicht in X.

Die Beispiele aus §3.4 waren $X = C(D)$ und $Y = C^\lambda(D)$ mit $\lambda > 0$. So wie der diskrete Raum $\boldsymbol{X}_n$ dem Banach-Raum X entspricht, soll ein weiterer Raum $\boldsymbol{Y}_n$ eingeführt werden, der eine diskrete Version von Y darstellt. Als Mengen stimmen $\boldsymbol{X}_n$ und $\boldsymbol{Y}_n$ überein. Unterschiedlich sind jedoch die Normen. Einen Vorschlag zur Norm $\|\cdot\|_{Y_n}$ enthält die

Bemerkung 5.2.6 Die Restriktion $R_n \in L(X, X_n)$ sei surjektiv, und es gelte (7). Dann kann die Y entsprechende diskrete Norm durch

(5.2.8) $\|\boldsymbol{g}_n\|_{Y_n} := \inf \{\|g\|_Y : g \in Y \text{ und } \boldsymbol{g}_n = R_n g\}$

definiert werden. Durch (8) ist die Ungleichung (9a) mit $C_Y = 1$ gesichert:

(5.2.9a) $\|R_n g\|_{Y_n} \leqslant C_Y \|g\|_Y$ für alle $g \in Y$.

Außerdem gibt es zu jedem $\boldsymbol{g}_n \in Y_n$ und jedem $C_Y > 1$ ein $g \in Y$ mit

(5.2.9b) $\boldsymbol{g}_n = R_n g$ und $\|g\|_Y \leqslant C_Y \|\boldsymbol{g}_n\|_{Y_n}$ für geeignetes $g \in Y$.

Falls Bild$(P_n) \subset Y$, gilt $\Pi_n := P_n R_n \in L(Y,Y)$ und

(5.2.9c) $\|P_n\|_{Y \leftarrow Y_n} = \|\Pi_n\|_{Y \leftarrow Y}$.

Äquivalent zu (9a) ist die im folgenden vorausgesetzte Bedingung

(5.2.9a') $\|R_n\|_{Y_n \leftarrow Y} \leqslant C_Y$ für alle $n \in \mathbb{N}$.

Wenn $\boldsymbol{g}_n$ als diskrete Funktion an den Knotenpunkten ξ_j $(1 \leqslant j \leqslant n)$ angesehen werden kann und Y mit dem Hölder/Lipschitz-Raum $\hat{C}^\lambda(D)$, $0 < \lambda \leqslant 1$, übereinstimmt, kann beispielsweise folgende explizite Definition von $\|\cdot\|_{Y_n}$ gegeben werden:

(5.2.10a) $\|\boldsymbol{g}_n\|_{Y_n} := \max\{\|\boldsymbol{g}_n\|_\infty, |g_{j,n} - g_{k,n}| / |\xi_j - \xi_k|^\lambda : 1 \leqslant j, k \leqslant n, j \neq k\}.$

Entsprechend findet man zu $Y = C_L^j(D)$ für äquidistante Kollokations- bzw. Stützstellen $\xi_j = a + jh$ $(0 \leqslant j \leqslant n)$ die diskrete Norm

(5.2.10b) $\|\boldsymbol{g}_n\|_{Y_n} := \max\{\|\boldsymbol{g}_n\|_\infty, |g_{j,n} - g_{j+1,n}| / h : 0 \leqslant j < n,$
$|-g_{j-1,n} + 2g_{j,n} - g_{j+1,n}| / h^2 : 1 \leqslant j < n\}.$

Für nichtäquidistante ξ_j muß man die entsprechenden dividierten ersten und zweiten Differenzen verwenden.

Nach Konstruktion von Y als Bildbereich von K gilt

$$(5.2.11\,\text{a}) \qquad \|K\|_{Y \leftarrow X} \leqslant C_{YX}.$$

(11a) stellt die *Regularitätbedingung* dar. Aufgrund der stetigen Einbettung $Y \subset X$ folgt hieraus

$$(5.2.11\,\text{b}) \qquad \|K\|_{Y \leftarrow Y} \leqslant C'_{YX}$$

mit $C'_{YX} := C_{YX}\|I\|_{X \leftarrow Y}$. Die zu (11a,b) analogen, diskreten Abschätzungen für K_n lauten

$$(5.2.11\,\text{c}) \qquad \|K_n\|_{Y_n \leftarrow X_n} \leqslant C_K \qquad\qquad \text{für alle } n \in \mathbb{N},$$

$$(5.2.11\,\text{d}) \qquad \|K_n\|_{Y_n \leftarrow Y_n} \leqslant C'_K \qquad\qquad \text{für alle } n \in \mathbb{N}.$$

(11c) ist die im weiteren sehr wichtige ***diskrete Regularitätsbedingung***.

Für *Projektionsverfahren* ergibt sich die diskrete Regularitätsbedingung (11c) wegen der Eigenschaft (5) unmittelbar aus (11a), während man für die *Nyström-Methode* die diskrete Regularität direkt aus der Glattheit des Kernes schließen kann:

Lemma 5.2.7 (a) Aus (3a), (5) - was nach Bemerkung 3 für Projektionsverfahren zutrifft -, (9a) und (11a) folgt die diskrete Regularität (11c). **(b)** Der Kern $k \in C(D \times D)$ sei glatt bezüglich des ersten Argumentes: $k(\cdot,y) \in \hat{C}^\lambda(D)$ und $\max\{\|k(\cdot,y)\|_{\hat{C}^\lambda(D)}: y \in D\} < \infty$. Die dem Nyström-Verfahren zugrundeliegende Quadratur sei stabil (oder konvergent). P_n und R_n seien kanonisch gewählt. Sei $\|\cdot\|_{X_n} = \|\cdot\|_\infty$. Die Norm $\|\cdot\|_{Y_n}$ sei durch (8) mit $Y = \hat{C}^\lambda(D)$ oder wie in (10a,b) durch Differenzen bis zur Ordnung λ definiert. Dann gilt die diskrete Regularitätsbedingung (11c).

Beweis. (i) Aus der Darstellung (5), $K_n = R_n K P_n$, schließt man
$$\|K_n\|_{Y_n \leftarrow X_n} = \|R_n K P_n\|_{Y_n \leftarrow X_n} \leqslant \|R_n\|_{Y_n \leftarrow Y}\|K\|_{Y \leftarrow X}\|P_n\|_{X \leftarrow X_n} = C_Y C_{YX} C_P.$$
(ii) Sei $f_n \in X_n$. Die Norm $\|K_n f_n\|_{Y_n}$ enthält Differenzen (oder im Fall von (8) auch Ableitungen) der Funktion $Q_n(k(x,\cdot)P_n f_n)$. Sei δ ein solcher Differenzen- oder Ableitungsoperator. Da $\delta Q_n(k(x,\cdot)P_n f_n) = Q_n(\delta k(x,\cdot)P_n f_n)$, gilt $\|\delta Q_n(k(x,\cdot)P_n f_n)\|_\infty \leqslant \|Q_n\|\|\delta k(x,\cdot)P_n f_n\|_\infty \leqslant \|Q_n\|\|\delta k(x,\cdot)\|_\infty\|P_n f_n\|_\infty \leqslant \text{const}\,\|f_n\|_{X_n}.$ ☐

Die zweite Abschätzung (11d) ist eine Folge von (11c):

Übungsaufgabe 5.2.8 Der stetigen Einbettung $Y \subset X$ entspricht

$$(5.2.11\,\text{e}) \qquad \|g_n\|_{X_n} \leqslant C\|g_n\|_{Y_n} \qquad\qquad \text{für alle } g_n \in X_n \text{ und } n \in \mathbb{N}.$$

Man beweise: **(a)** Die Abschätzung (11d) ergibt sich aus (11c) und (11e). **(b)** Aus (3b), (7) und der Normdefinition (8) folgt (11e) mit $C := C_R\|I\|_{X \leftarrow Y}$. *Hinweis:* (9b).

Ist $\|\cdot\|_{Y_n}$ statt durch (8) über die $\|\cdot\|_{X_n}$ enthaltenden Maxima (10a) oder (10b) definiert, gilt (11e) mit $C = 1$.

5.2.3 Der Interpolations- bzw. Projektionsfehler

Für Projektionsverfahren gilt $P_n R_n = \Pi_n$ (vgl. (4f)), so daß $I - P_n R_n = I - \Pi_n$ den Projektionsfehler beschreibt. Ist R_n die Beschränkung auf die Knotenpunkte und P_n eine Interpolation, so stellt $I - P_n R_n$ den Interpolationsfehler dar. Im folgenden setzen wir voraus, daß eine positive Ordnung β existiert, so daß

$$(5.2.12a) \qquad \| I - P_n R_n \|_{X \leftarrow Y} \leq C_I \, h_n^\beta \qquad\qquad (n \in \mathbb{N}, \ \beta > 0).$$

Dabei ist $h = h_n$ der für die Diskretisierung typische Parameter, der im allgemeinen die Bedeutung der Schrittweite besitzt (vgl. (4.5.19c/29c)).

Im Falle eines Galerkin-Verfahrens und der kanonischen Wahl von P_n und R_n stimmt (12a) mit der Projektionsfehlerabschätzung (4.5.15a): $\| f - \Pi_n f \| \leq \text{const} \cdot h_n^\beta$ überein. Satz 4.5.14 mit der Abschätzung (4.5.21a) beweist z.B. (12a) mit $\beta = 1$, $X = C(D)$, $Y = C_L(D)$.

Für Kollokationsverfahren oder für die Nyström-Methode ergibt die kanonischen Wahl von P_n und R_n die Interpolationsprojektion $\Pi_n = P_n R_n$. Die Abschätzung (12a) mit $X = C(D)$ und $Y = \hat{C}^\beta(D)$ trifft genau dann zu, wenn die Interpolation Π_n die Ordnung β besitzt.

Für jede quantitative Abschätzung ist eine Forderung wie in (12a) unumgänglich. Andererseits folgt aus (12a) die Forderung (3c):

Lemma 5.2.9 Es gelte (3a,b), (7) und die Abschätzung (12a). Dann gilt (3c): $P_n R_n f \to f$ für alle $f \in X$.

Beweis. Gemäß (3a,b) ist $P_n R_n \in L(X, X)$ gleichmäßig beschränkt und konvergiert auf der dichten Teilmenge Y. Der Satz 1.3.17 von Banach-Steinhaus beweist (3c). ∎

Eine schwächere Aussage als (12a) ist

$$(5.2.12b) \qquad \| I - R_n P_n \|_{X_n \leftarrow Y_n} \leq C_I' \, h_n^\beta \qquad\qquad (n \in \mathbb{N}, \ \beta > 0).$$

Offenbar gilt (12b) mit $C_I' = 0$, wenn (4e) zutrifft: $R_n P_n = I$. Gilt (4e) nicht, läßt sich (12b) aus (12a) und geringen weiteren Annahmen folgern.

Übungsaufgabe 5.2.10 Man zeige: (12b) folgt aus (3b), (9b) und (12a) mit der Konstanten $C_I' := C_R C_I C_Y$.

5.2.4 Konsistenz

Die Konsistenz soll im folgenden nur quantitativ, d.h. als Konsistenz der Ordnung $\beta > 0$ definiert werden. Anders als in Definition 4.1.1 werden jetzt die *Matrix* K_n und der *Operator* K in Beziehung gesetzt. Zwei verschiedene Formulierungen bieten sich als Definition an:

$$(5.2.13a) \qquad \| K_n R_n - R_n K \|_{X_n \leftarrow Y} \leq C_C \, h_n^\beta \qquad\qquad (n \in \mathbb{N}, \ \beta > 0)$$

oder

$$(5.2.13b) \qquad \| P_n K_n R_n - K \|_{X \leftarrow Y} \leq C_C \, h_n^\beta \qquad\qquad (n \in \mathbb{N}, \ \beta > 0).$$

Das folgende Lemma zeigt, daß beide Ungleichungen im wesentlichen äquivalent sind.

Lemma 5.2.11 **(a)** Es gelte die für Projektionsverfahren charakteristische Gleichung (4f): $K_n = R_n K P_n$. (13a) folgt aus (3b), $K \in L(X,X)$ und (12a), während man (13b) aus (3a,b), (7), (11a) und (12a) schließt. **(b)** Im allgemeinen Fall seien (3a), (11b) und (12a) vorausgesetzt. Dann ist (13b) Folge von (13a). **(c)** Umgekehrt folgt (13a) aus (13b), wenn man (3b), (12a) und entweder (9a) und (11d) oder (11c,e) voraussetzt.

Beweis. (a) Mit (4f) findet man für die Differenz $P_n K_n R_n - K$ die Gestalt

$$K_n R_n - R_n K = - R_n K (I - P_n R_n).$$

$\|K_n R_n - R_n K\|_{X_n \leftarrow Y} \leq \|R_n\|_{X_n \leftarrow X} \|K\|_{X \leftarrow X} \|I - P_n R_n\|_{X_n \leftarrow Y}$ beweist (13a) mit der Konstanten $C_C := C_R \|K\|_{X \leftarrow X} C_I$. Für den Nachweis von (13b) verwende man die Darstellung

$$P_n K_n R_n - K = -(I - P_n R_n) K P_n R_n - K (I - P_n R_n).$$

(b) Man verwende $P_n K_n R_n - K = P_n (K_n R_n - R_n K) - (I - P_n R_n) K$.

(c) $K_n R_n - R_n K = R_n (P_n K_n R_n - K) + (I - P_n R_n) K_n R_n$ beweist Teil (c). ▄

Bemerkung 5.2.12 **(a)** Der Bezug des neuen Konsistenzbegriffes zur ursprünglichen Konsistenz aus Definition 4.1.1 ergibt sich wie folgt. Bei der kanonischen Wahl von P_n und R_n für Projektionsverfahren stimmt der semidiskrete Operator $K_n \in L(X,X)$ aus Definition 4.1.1 mit $P_n K_n R_n$ überein. (13b) beschreibt daher die Konvergenz $K_n \varphi \to K \varphi$ für alle $\varphi \in Y$. Da Y dicht in X liegt, folgt aus (13b) die Konvergenz $K_n \varphi \to K \varphi$ für alle $\varphi \in X$ wie in Definition 4.1.1 gefordert, wenn man außer (3a,b) noch die gleichmäßige Beschränktheit

$$(5.2.11f) \qquad \|K_n\|_{X_n \leftarrow X_n} \leq C_{XX} \qquad \text{für alle } n \in \mathbb{N}$$

fordert, die sich ohnehin aus den Ungleichungen (11c,e) ergibt. **(b)** Für das Nyström-Verfahren unterscheiden sich das Produkt $P_n K_n R_n$ und der semidiskrete Operator K_n in der Interpolation der Werte $(K_n f)(\xi_{j,n})$ ($\xi_{j,n}$: Stützstellen der Quadratur Q_n). In $P_n K_n R_n$ wird die Interpolation $\Pi_n = P_n R_n$ und in K_n die Nyström-Interpolation verwandt. Unter der Voraussetzung des Satzes 4.7.15 sind die Konsistenzbedingung (13b) und die semidiskrete Konsistenz (4.7.20c) der Ordnung $\varkappa = \beta$ äquivalent.

5.2.5 Stabilität

Die durch die Matrizen $\{K_n\}_{n \in \mathbb{N}}$ gegebene Diskretisierung heißt (im diskreten Sinne) _stabil_, falls ein $n_0 \in \mathbb{N}$ existiert, so daß $\lambda I - K_n$ für alle $n \geq n_0$ regulär ist und

$$(5.2.14) \qquad \|(\lambda I - K_n)^{-1}\|_{X_n \leftarrow X_n} \leq C_S \qquad \text{für alle } n \geq n_0.$$

Verglichen mit der Definition 4.1.3 ist (14) die für die Praxis geeignetere Festlegung des Begriffes «stabil». Es sei daran erinnert, daß der Operator $K_n \in L(X,X)$ der Kernapproximation oder des Projektionsverfahrens im Gegensatz zur Matrix K_n nicht von der Basiswahl abhängt.

5.2.6 Konvergenz

Im folgenden seien f und f_n die Lösung des kontinuierlichen Problems (1.1): $\lambda f = g + K f$ und der Diskretisierung (1.3): $\lambda f_n = g_n + K_n f_n$. Die Diskretisierung sei als _konvergent von der Ordnung_ β bezeichnet, wenn

$$(5.2.15) \qquad \| f_n - R_n f \|_{X_n} \le C\, h_n^\beta\, \| g \|_Y \qquad \text{für alle } n \ge n_0 \text{ und } g \in Y.$$

Satz 5.2.13 (Konvergenzsatz) λ sei ein regulärer Wert von K, d.h. $(\lambda I - K)^{-1} \in L(X,X)$. Es gelte (7) und (11a): $K \in L(X,Y)$. Dann folgt die Konvergenz (15) aus der Stabilität (14), der Konsistenz (13a) und der Abschätzung (16):

$$(5.2.16) \qquad \| R_n g - g_n \|_{X_n} \le C\, h_n^\beta\, \| g \|_Y \qquad \text{für alle } g \in Y.$$

Es sei darauf hingewiesen, daß die Ungleichung (16) mit $C = 0$ zutrifft, wenn wie bei allen hier behandelten Verfahren und bei kanonischer Wahl von R_n die Darstellung (4f) gilt: $g_n = R_n g$ (vgl. Bemerkungen 3, 4 und 5).

Beweis. $\tilde{f}_n := (\lambda I - K_n)^{-1} R_n g$ ist die Lösung von $\lambda \tilde{f}_n = R_n g + K_n \tilde{f}_n$. Da sich die kontinuierliche Lösung als $f = (\lambda I - K)^{-1} g$ schreibt, lautet die Differenz:

$$\begin{aligned}
R_n f - \tilde{f}_n &= [\, R_n (\lambda I - K)^{-1} - (\lambda I - K_n)^{-1} R_n \,] g = \\
&= (\lambda I - K_n)^{-1} [\,(\lambda I - K_n) R_n - R_n (\lambda I - K)\,] (\lambda I - K)^{-1} g = \\
&= (\lambda I - K_n)^{-1} [\, R_n K - K_n R_n \,] (\lambda I - K)^{-1} g.
\end{aligned}$$

Aus (7) und (11a) folgt nach Satz 3.5.1 $(\lambda I - K)^{-1} \in L(Y,Y)$. Wir erhalten

$$\begin{aligned}
\| R_n f - \tilde{f}_n \|_{X_n} &\le \\
&\le \|(\lambda I - K_n)^{-1}\|_{X_n \leftarrow X_n} \, \| K_n R_n - R_n K \|_{X_n \leftarrow Y} \, \|(\lambda I - K)^{-1}\|_{Y \leftarrow Y}\, \| g \|_Y \le \\
&\le C_S\, C_C\, \|(\lambda I - K)^{-1}\|_{Y \leftarrow Y}\, h_n^\beta\, \| g \|_Y.
\end{aligned}$$

Schließlich ist

$$\| \tilde{f}_n - f_n \|_{X_n} = \|(\lambda I - K_n)^{-1}(R_n g - g_n)\|_{X_n} \le C_S \| R_n g - g_n \|_{X_n}$$

nach Annahme (16) ebenfalls durch const $h_n^\beta\, \| g \|_Y$ beschränkt. ∎

Zusatz 5.2.14 Unter den Voraussetzungen von Satz 13 und den Bedingungen (3a) und (12a) erhält man die Konvergenz auch in der Form

$$(5.2.17) \qquad \| P_n f_n - f \|_X \le C\, h_n^\beta\, \| g \|_Y \qquad \text{für alle } n \ge n_0 \text{ und } g \in Y.$$

Beweis. Man schreibe $P_n f_n - f$ als $P_n(f_n - R_n f) + (I - P_n R_n) f$. Der erste Summand ist aufgrund von (3a) und (15) durch const $h_n^\beta \| g \|_Y$ beschränkt. Die Schranke des zweiten ist zunächst $C_I h_n^\beta \| f \|_Y$. Mit $\| f \|_Y \le \|(\lambda I - K)^{-1}\|_{Y \leftarrow Y} \| g \|_Y$ (vgl. Satz 3.5.1)) erhält man das Resultat (17). ∎

5.3 Die Hierarchie diskreter Probleme

5.3.1 Diskretisierungsstufen

Der Diskretisierungsparameter n bestimmt im allgemeinen die Dimension des Problems. Ein für die Fehlerabschätzungen direkterer Diskretisierungsparameter ist die *Schrittweite* $h = h_n$ der zugrundeliegenden Interpolation (Kernapproximation, Kollokationsverfahren) bzw. der Galerkin-Unterräume bzw. der Quadraturverfahren (Nyström-Verfahren). Indem man die vorhandene Schrittweite h halbiert, erhält man eine verfeinerte Interpolation bzw. einen verfeinerten Unterraum bzw. eine verbesserte Quadraturformel zur Schrittweite $h' := h/2$. Die zu h und h' gehörenden diskreten Lösungen f_n und $f_{n'}$ sind besonders einfach vergleichbar.

Beispiel 5.3.1 Sei $D = I = [0,1]$. Die Kollokationspunkte Ξ_n seien $\xi_{j,n} := jh$ für $j = 0,1,\ldots,n$ mit $h = h_n = 1/n$. Dem Kollokationsverfahren sei die stückweise lineare Interpolation zugrunde gelegt. Die Komponenten $f_{j,n}$ des Lösungsvektors f_n sind eine Näherungen von $f(x)$ für $x = \xi_{j,n} := jh$. Halbiert man h, gelangt man zur Lösung f_{2n}. Jede zweite Komponente $f_{2j,2n}$ ist unmittelbar mit $f_{j,n}$ vergleichbar, da sich beide auf die gleichen Knotenpunkte $x = j/n$ beziehen.

Wenn die Komponenten von f_n die Bedeutung eines Funktionswertes an den (Kollokationsstütz-)Stellen $\xi_{j,n}$ haben, schreiben wir

$$f_n(\xi_{j,n}) := f_{j,n}$$

und verstehen f_n als eine auf diskreten Punkten definierte Funktion.

Sei n_0 ein fester Diskretisierungsparameter und h_0 die zugehörige Schrittweite. Durch sukzessive Halbierung erhalten wir die Schrittweiten

(5.3.1a) $\qquad h_\ell := h_0 / 2^\ell$ $\qquad\qquad\qquad$ für $\ell = 0,1,2,\ldots$.

Allgemeiner kann man von einer *beliebigen* Schrittweitenhierarchie

(5.3.1b) $\qquad h_0 > h_1 > \ldots > h_{\ell-1} > h_\ell > \ldots$ $\qquad\qquad$ mit $\lim h_\ell = 0$

ausgehen. Den Index ℓ nennen wir die *Stufe* oder *Stufenzahl*. Zur Schrittweite h_ℓ gehöre der Parameter n_ℓ. Die diskrete Gleichung der Stufe ℓ ist demnach

$$\lambda f_{n_\ell} = g_{n_\ell} + K_{n_\ell} f_{n_\ell}.$$

Um die doppelte Indizierung zu vermeiden, schreiben wir hierfür kürzer

(5.3.2) $\qquad \lambda f_\ell = g_\ell + K_\ell f_\ell$ $\qquad\qquad\qquad\qquad$ $(\ell = 0,1,\ldots)$,

d.h. die Stufenzahl ℓ wird im folgenden als primärer Parameter verwendet. Entsprechend werden die Kollokationspunkte, Räume, Normen etc. umbenannt:

$$X_\ell := X_{n_\ell}, \quad Y_\ell := Y_{n_\ell}, \quad \xi_{j,\ell} := \xi_{j,n_\ell}, \quad \|\cdot\|_{X_\ell} := \|\cdot\|_{X_{n_\ell}} \text{ usw.}$$

5.3.2 Prolongationen und Restriktionen

Bisher wurden alle Diskretisierungen nur als Approximation der kontinuierlichen Gleichung angesehen. Jetzt werden wir $f_{\ell-1} \in X_{\ell-1}$ auch als Näherung von $f_\ell \in X_\ell$ ansehen. Um beide vergleichen zu können, führen wir eine Prolongation p ein, die von $X_{\ell-1}$ auf X_ℓ abbildet:

$$(5.3.3a) \qquad p: X_{\ell-1} \to X_\ell \qquad\qquad (\text{d.h.} \quad p \in L(X_{\ell-1}, X_\ell)).$$

In die entgegengesetzte Richtung wirkt die Restriktion r:

$$(5.3.3b) \qquad r: X_\ell \to X_{\ell-1} \qquad\qquad (\text{d.h.} \quad r \in L(X_\ell, X_{\ell-1})).$$

Beide Abbildungen sollen später im Mehrgitterverfahren angewandt werden. p und r müssen daher relativ einfach berechenbar sein.

Eigentlich müßten p und r mit dem Index ℓ versehen werden, da $p = p_\ell$ und $r = r_\ell$ für jedes ℓ verschiedene (wenn auch analoge) Abbildungen beschreiben. Wir verzichten jedoch auf diese Kennzeichnung, da die Stufenzahl im allgemeinen aus dem Argument oder den Räumen $X_{\ell-1}$, X_ℓ hervorgeht.

Von den Prolongationen p und Restriktionen r fordern wir die gleichmäßige Beschränktheit für alle $\ell \geqslant 1$:

$$(5.3.4a) \qquad \| p \|_{X_\ell \leftarrow X_{\ell-1}} \leqslant C_p \qquad\qquad \text{für alle } \ell = 1, 2, \ldots ,$$
$$(5.3.4b) \qquad \| r \|_{X_{\ell-1} \leftarrow X_\ell} \leqslant C_r \qquad\qquad \text{für alle } \ell = 1, 2, \ldots .$$

Wie für die Prolongationen und Restriktionen P_ℓ und R_ℓ aus §5.2.1 gibt es auch für p und r eine *kanonische Wahl*.

Definition 5.3.2 Seien $P_\ell \in L(X_\ell, X)$ und $R_\ell \in L(X, X_\ell)$ kanonisch gewählt. Dann lautet die kanonische Wahl der Prolongation p und Restriktion r:

$$(5.3.5a) \qquad p := R_\ell P_{\ell-1}, \quad r := R_{\ell-1} P_\ell.$$

Folgerung 5.3.3 (a) Die Abbildungen P_ℓ, R_ℓ, p und r seien kanonisch gewählt. Wenn die Inklusion Bild$(P_{\ell-1}) \subset$ Bild(P_ℓ) gilt, sind die kanonischen p und r eindeutig durch die implizite Bedingung (5b) charakterisiert:

$$(5.3.5b) \qquad P_\ell p = P_{\ell-1}, \quad R_{\ell-1} = r R_\ell.$$

(b) Für kanonische P_ℓ und R_ℓ ist die Definition (5a) eine Folge von (5b).
(c) Die Charakterisierung $P_\ell p = P_{\ell-1}$ drückt aus, daß die Koeffizientenvektoren $\varphi_{\ell-1} \in X_{\ell-1}$ und $\varphi_\ell = p \varphi_{\ell-1} \in X_\ell$ die *gleiche* Funktion $P_\ell \varphi_\ell = P_{\ell-1} \varphi_{\ell-1}$ in X repräsentieren. In diesem Sinne stellt p die *Identität* dar.

Beweis. (i) Zum Beweis von Teil (b) multipliziere man die Gleichungen in (5b) mit R_ℓ von links bzw. mit P_ℓ von rechts. Wegen (2.4b) folgt (5a). (ii) Die kanonische Restriktion R_ℓ ist wegen (2.4b) *surjektiv*. (iii) Einsetzen von (5a) in (5b) liefert die Behauptung $\Pi_\ell P_{\ell-1} = P_{\ell-1}$, wobei $\Pi_\ell = P_\ell R_\ell$ dank der Surjektivität von R_ℓ eine Projektion *auf* Bild(P_ℓ) ist. Damit folgt $\Pi_\ell P_{\ell-1} = P_{\ell-1}$ aus der Voraussetzung Bild$(P_{\ell-1}) \subset$ Bild(P_ℓ). Also genügt die Prolongation p aus (5a) der Charakterisierung (5b). Teil (i) bewies bereits die Eindeutigkeit. Die Charakterisierung von r durch (5b) wird analog bewiesen. ☒

Beispiel 5.3.4 (Kollokationsverfahren oder Nyström-Verfahren)
(a) Sowohl für das Kollokations- wie auch das Nyström-Verfahren beschreibt $\Pi_\ell = P_\ell R_\ell$ eine Interpolation in den Stützstellen $\xi_{j,\ell} \in \Xi_\ell$. Die in Folgerung 3a benötigte Inklusion Bild$(P_{\ell-1}) \subset$ Bild(P_ℓ) trifft z.B. zu, wenn die Teilintervalle $I_{k,\ell}$ der *stückweisen* (konstanten, linearen usw.) Interpolation Π_ℓ in Teilintervallen $I_{k',\ell-1}$ der Interpolation $\Pi_{\ell-1}$ enthalten sind. Sind die Stützstellen Ξ_ℓ die Randpunkte dieser Teilintervalle wie bei der stückweise linearen Interpolation, ist Bild$(P_{\ell-1}) \subset$ Bild(P_ℓ) äquivalent zu $\Xi_{\ell-1} \subset \Xi_\ell$.
(b) Die konkrete Definition von $p\varphi_{\ell-1}$ für ein $\varphi_{\ell-1} \in X_{\ell-1}$ lautet gemäß (2.4a,c):

$$p\varphi_{\ell-1} := A_\ell^{-1}\big(\varphi(\xi_{j,\ell})\big)_{j=1,\dots,n_\ell} \text{ mit der Interpolierenden } \varphi = P_{\ell-1}\varphi_{\ell-1},$$

wobei die Matrix A_ℓ aus (4.4.9b) für die Standardwahl $\Phi_{j,\ell}=$Lagrange-Funktion in (2.4a) die Einheitsmatrix ist: $A_\ell = I$.
(c) Für die *stückweise lineare Interpolation* mit den Knotenpunkten Ξ_ℓ bzw. $\Xi_{\ell-1}$ gilt mit der Schreibweise $f_\ell(\xi_{j,\ell}) := f_{j,\ell}$

$$(5.3.6a) \qquad (p\varphi_{\ell-1})(\xi) := \varphi_{\ell-1}(\xi) \qquad\qquad \text{für } \xi \in \Xi_{\ell-1} \subset \Xi_\ell,$$

während für nicht zu $\Xi_{\ell-1}$ gehörende Punkte $\xi_{j,\ell} \in \Xi_\ell$ im Teilintervall $(\xi_{k-1,\ell-1}, \xi_{k,\ell-1})$ der Länge $h_{k,\ell-1}$ stückweise linear zu interpolieren ist:

$$(p\varphi_{\ell-1})(\xi_{j,\ell}) := [(\xi_{k,\ell-1}-\xi_{j,\ell})\varphi_{k-1,\ell-1} + (\xi_{j,\ell}-\xi_{k-1,\ell-1})\varphi_{k,\ell-1}] / h_{k,\ell-1}.$$

Im *äquidistanten Fall* $\xi_{j,\ell}=a+jh_\ell$, $\xi_{j,\ell-1}=a+jh_{\ell-1}$ bei halbierter Schrittweite $h_\ell=h_{\ell-1}/2$ reduziert sich die Berechnung von p auf

$$(5.3.6b) \qquad (p\varphi_{\ell-1})(\xi) := \varphi_{\ell-1}(\xi) \qquad \text{für } \xi=a+2\nu h_\ell,\ \nu=0,1,\dots,n_{\ell-1},$$
$$(p\varphi_{\ell-1})(\xi) := \tfrac{1}{2}[\varphi_{\ell-1}(\xi-h_\ell)+\varphi_{\ell-1}(\xi+h_\ell)] \quad \text{für } \xi=a+(2\nu+1)h_\ell.$$

Die kanonische Restriktion r lautet im Falle $\Xi_{\ell-1} \subset \Xi_\ell$

$$(5.3.6c) \qquad (r\varphi_\ell)(\xi_{k,\ell-1}) = \varphi_\ell(\xi_{k,\ell-1}) \qquad\qquad \text{für alle } \xi_{k,\ell-1} \in \Xi_{\ell-1}.$$

Beispiel 5.3.5 (Galerkin-Verfahren) **(a)** Für das Galerkin-Verfahren beschreibt $\Pi_\ell = P_\ell R_\ell$ die orthogonale Projektion auf den Unterraum $X_\ell \subset X = L^2(D)$. Die in Folgerung 3a benötigte Inklusion Bild$(P_{\ell-1}) \subset$ Bild(P_ℓ) trifft genau dann zu, wenn die Galerkin-Räume bereits eine Hierarchie bilden: $X_{\ell-1} \subset X_\ell$ (vgl. Übungsaufgabe 4.3.1a).
(b) Die Definition (5a) der kanonischen Prolongation p lautet

$$p\varphi_{\ell-1} := A_\ell^{-1}\left(\langle \varphi, \Phi_{j,\ell}\rangle\right)_{j=1,\dots,n_\ell} \qquad (\varphi_{\ell-1} \in X_{\ell-1})$$

mit $\varphi = P_{\ell-1}\varphi_{\ell-1} = \sum_k \varphi_{k,\ell-1}\Phi_{k,\ell-1}$ und A_ℓ aus (4.5.7b). Entsprechend ist

$$r\varphi_\ell := A_{\ell-1}^{-1}\left(\langle \varphi, \Phi_{j,\ell-1}\rangle\right)_{j=1,\dots,n_\ell} \qquad \text{mit } \varphi = P_\ell\varphi_\ell = \sum_k \varphi_{k,\ell}\Phi_{k,\ell}$$

die Darstellung der kanonischen Restriktion r. Definiert man die Rechtecksmatrix $\tilde{p}$ und ihre Transponierte $\tilde{r}$ durch

$$(5.3.6d) \qquad \tilde{p} := (\tilde{p}_{jk})_{j=1,\dots,n_\ell,\ k=1,\dots,n_{\ell-1}} \qquad\qquad \text{mit } \tilde{p}_{jk} := \langle \Phi_{k,\ell-1}, \Phi_{j,\ell}\rangle,$$
$$(5.3.6e) \qquad \tilde{r} := (\tilde{r}_{jk})_{j=1,\dots,n_{\ell-1},\ k=1,\dots,n_\ell} \qquad\qquad \text{mit } \tilde{r}_{jk} := \langle \Phi_{k,\ell}, \Phi_{j,\ell-1}\rangle,$$

so haben die kanonischen Prolongationen p und r die Darstellungen

(5.3.6f) $p = A_\ell^{-1}\, \tilde{p}, \quad r = A_{\ell-1}^{-1}\, \tilde{r}.$

(c) Im Falle $X_{\ell-1} \subset X_\ell$ sind die Koeffizienten $p := (p_{jk})$ eindeutig durch

(5.3.6g) $\Phi_{j,\ell} = \sum_k p_{jk}\, \Phi_{k,\ell-1}$ für alle j

bestimmt.

(d) Die kanonische Restriktion r bestimmt sich aus p mittels

(5.3.6h) $r = A_{\ell-1}^{-1}\, \hat{r}\, A_\ell$ mit $\hat{r} := p^{\mathsf{T}}$ (transponierte Matrix von p).

(e) Für das Galerkin-Verfahren mit dem Unterraum X_ℓ der _stückweise_ _linearen_ Funktionen über einer äquidistanten Unterteilung der Schritt-weite $h_\ell = h_{\ell-1}/2$ und den Lagrange-Funktionen als Basis findet man für p die Darstellung (6b), wobei $(p\varphi_{\ell-1})(jh_\ell)$ die j-te Komponente des Vektors $p\varphi_{\ell-1}$ bezeichne. Die Restriktion r ergibt sich aus (6h) mit

(5.3.6i) $(\hat{r}\,\varphi_\ell)(jh_{\ell-1}) = \tfrac{1}{2}\varphi_{j-1,\ell} + \varphi_{j,\ell} + \tfrac{1}{2}\varphi_{j+1,\ell}\,.$

Sowohl p als auch $\hat{r}$ sind durch die Koeffizienten $[\tfrac{1}{2}\ 1\ \tfrac{1}{2}]$ charakterisiert.

Beweis. Die Teile (a) und (b) ergeben sich unmittelbar aus den Definitionen. Die Darstellung (6g) ergibt sich aus (5b) (angewandt auf einen Einheitsvektor). (6h) erhält man aus (6f), indem man dort die erste Gleichung nach $\tilde{p}$ auflöst, die Beziehungen $\tilde{r} = \tilde{p}^{\mathsf{T}}$ und $A_\ell = A_\ell^{\mathsf{T}}$ nutzt und $\tilde{r} = p^{\mathsf{T}}A_\ell$ in die zweite Gleichung einsetzt.   ∎

Die gleichmäßige Beschränktheit (4a,b) von p und r kann aus (2.3a,b) oder aus der expliziten Darstellung von p und r geschlossen werden:

Übungsaufgabe 5.3.6 Man zeige: **(a)** Aus (2.3a,b) folgt (4a,b) mit $C_r = C_p = C_R C_P$. **(b)** In X_ℓ sei die Maximumnormen $\|\cdot\|_{X_\ell} = \|\cdot\|_\infty$ definiert. Für die in den Beispielen 4c und 5b genannten Prolongationen gilt (4a) mit $C_p = 1$. **(c)** Falls $\text{Bild}(P_{\ell-1}) \subset \text{Bild}(P_\ell)$ für die kanonischen Prolongationen $P_{\ell-1},\ P_\ell$ gilt, genügen die kanonisch gewählten r und p der Gleichung

(5.3.7a) $r\,p = I.$

(d) Aus (7a) schließe man im Falle des Galerkin-Verfahrens auf

(5.3.7b) $A_{\ell-1} = p^{\mathsf{T}} A_\ell\, p.$

$I - pr$ beschreibt den _Interpolationfehler_ von p. Wir fordern

(5.3.8) $\|I - pr\|_{X_\ell \leftarrow Y_\ell} \le C_I h_\ell^\beta$ für alle $\ell = 1, 2, \ldots$

in Analogie zu (2.12a) mit einer positiven Ordnung β.

Übungsaufgabe 5.3.7 Man beweise die Abschätzung (8) mit $\beta = 2$ für p und r aus (6b,c) in Beispiel 4c, wobei Y_ℓ das Analogon von $Y = C_L^1(I)$ sei. Die Norm $\|\cdot\|_{Y_\ell}$ kann durch (2.8) oder (2.10b) definiert werden.

Allgemein kann (8) wie folgt auf die Abschätzung (2.12a) von $I - P_\ell R_\ell$ zurückgeführt werden.

Übungsaufgabe 5.3.8 Aus (2.3b), (2.9c), $\|\Pi_\ell\|_{Y \leftarrow Y} \le \text{const}$ für $\Pi_\ell = P_\ell R_\ell$, $h_{\ell-1}/h_\ell \le \text{const}$ und (2.12a) beweise man (8) für die kanonisch gewählten $P_\ell,\ R_\ell,\ r,\ p$. _Hinweis:_ $I - pr = R_\ell(I - \Pi_\ell \Pi_{\ell-1})P_\ell.$

5.3.3 Relative Konsistenz

Da wir $K_{\ell-1}$ als Approximation von K_ℓ ansehen, definieren wir die _relative Konsistenz_ (von der Ordnung β) durch

$$(5.3.9) \qquad \| r K_\ell - K_{\ell-1} r \|_{X_{\ell-1} \leftarrow Y_\ell} \leq C_C h_\ell^\beta \qquad \text{für alle } \ell = 1, 2, \dots .$$

Lemma 5.3.9 Aus (5b) und (2.5): $K_\ell = R_\ell K P_\ell$, $g_\ell = R_\ell g$ folgt die Darstellung

$$(5.3.10) \qquad K_{\ell-1} = r K_\ell p, \qquad g_{\ell-1} = r g_\ell \qquad \text{für } \ell \geq 1 .$$

Falls $K_\ell = A_\ell^{-1} B_\ell$ (vgl. (1.4)) und (6h): $r = A_{\ell-1}^{-1} \hat{r} A_\ell$ gelten, bedeutet die Charakterisierung (10), daß

$$(5.3.10') \qquad K_{\ell-1} = A_{\ell-1}^{-1} B_{\ell-1} \text{ mit } B_{\ell-1} = \hat{r} B_\ell p, \qquad b_{\ell-1} = \hat{r} b_\ell \text{ mit } b_k := A_k g_k.$$

Beweis. $r K_\ell p = r (R_\ell K P_\ell) p = (r R_\ell) K (P_\ell p) = R_{\ell-1} K P_{\ell-1} = K_{\ell-1}.$ ▨

Bemerkung 5.3.10 Wenn die Matrix K_ℓ für eine _feste_ Stufe $\ell = \ell_{\max}$ gegeben ist, liefert Gleichung (10) (oder (10')) eine Konstruktionsvorschrift zur Erzeugung der übrigen Matrizen $K_{\ell-1}$, $K_{\ell-2}$, ... bis K_0.

Unter der Voraussetzung (8) reduziert sich die relative Konsistenz (9) auf die Fehlerabschätzung (8) von $I - p r$.

Lemma 5.3.11 Aus (10) folgt die Darstellung

$$(5.3.11) \qquad r K_\ell - K_{\ell-1} r = r K_\ell (I - p r).$$

Unter den Voraussetzungen (10), $\| r \|_{X_{\ell-1} \leftarrow X_\ell} \leq \text{const}$ und (2.11f): $\| K_\ell \|_{X_\ell \leftarrow X_\ell} \leq C_{XX}$ ist die relative Konsistenz (9) zur Ordnung β gesichert.

Da _Projektionsverfahren_ zu Diskretisierungen mit der Eigenschaft (2.5): $K_\ell = R_\ell K P_\ell$ führen (vgl. Bemerkung 2.3), sind die Lemmata 9 und 11 anwendbar und garantieren die relative Konsistenz zur gleichen Ordnung β wie für den Projektionsfehler $I - p r$, vorausgesetzt, p und r sind kanonisch gewählt und Bild$(P_{\ell-1}) \subset$ Bild(P_ℓ) gilt.

Für das _Nyström-Verfahren_ trifft die Gleichung (2.5): $K_\ell = R_\ell K P_\ell$ nicht zu. Dieser Fall wird in der nachfolgenden Bemerkung diskutiert.

Bemerkung 5.3.12 Dem Nyström-Verfahren liege das Quadraturverfahren Q_ℓ zugrunde. Bezüglich der Räume $X = C(D)$ und $Y = \hat{C}^\beta(D)$ sei Q_ℓ von der Ordnung $\beta > 0$. Die Menge der Quadraturstützstellen Ξ_ℓ mögen die Inklusion $\Xi_{\ell-1} \subset \Xi_\ell$ erfüllen. Der Kern k sei bezüglich y gleichmäßig glatt: $\| k(x, \cdot) \|_{\hat{C}^\beta(D)} \leq C_\beta$ für alle $x \in D$. $\| \cdot \|_{X_\ell}$ sei die Maximumnorm, während $\| \cdot \|_{Y_\ell}$ durch (2.8) erklärt sei. Es gelte $h_{\ell-1}/h_\ell \leq \text{const}$. Dann liegt relative Konsistenz (9) von der Ordnung β vor. Falls die Ableitungen $k_\nu := \partial^\nu k / \partial x^\nu$ der Ordnung $\nu < \beta$ und ihre Hölder/Lipschitz-Differenzen die für k genannte Bedingung $\| k_\nu(x, \cdot) \|_{\hat{C}^\beta(D)} \leq C_\beta$ erfüllen, gilt (9) in der verstärkten Form $\| r K_\ell - K_{\ell-1} r \|_{Y_{\ell-1} \leftarrow Y_\ell} \leq C_C h_\ell^\beta$.

Beweis. $x \in D$ und $f_\ell \in Y_\ell$ seien beliebig gewählt. $f \in Y$ erfülle $f_\ell = R_\ell f$ (R_ℓ gemäß (2.4e)). Man beachte, daß der Wert $Q_\ell(k(x, \cdot) f)$ nur von den Funktionswerten $f_\ell = R_\ell f$ von f an den Stellen $\xi_{j,\ell} \in \Xi_\ell$ abhängt.

Der Quadraturfehler von $Q_\ell(k(x,\cdot)f)$ ist abschätzbar durch $\|k(x,\cdot)f\|_{\hat{C}^\beta(D)} \leq C\,C_\beta\,h_\ell^\beta\,\|f\|_{\hat{C}^\beta(D)} = C\,C_\beta h_\ell^\beta\,\|f\|_Y$. Für $x=\xi_{j,\ell}\in\Xi_\ell$ stimmt $Q_\ell(k(x,\cdot)f)$ mit der j-ten Komponente von $K_\ell f_\ell$ überein. Für $x=\xi_{k,\ell-1}\in\Xi_{\ell-1}\subset\Xi_\ell$ ist $Q_\ell(k(\xi_{k,\ell-1},\cdot)f)$ die k-te Komponente von $rK_\ell f_\ell$:

$$|(rK_\ell f_\ell)_k - \int_D k(\xi_{k,\ell-1},y)f(y)dy| \leq C\,C_\beta\,h_\ell^\beta\,\|f\|_Y.$$

Entsprechend stellt $Q_{\ell-1}(k(\xi_{k,\ell-1},\cdot)f)$ die k-te Komponente von $K_{\ell-1}rf_\ell$ dar, weil die Stützwerte rf_ℓ mit $\{f(\xi_{i,\ell-1})\colon \xi_{i,\ell-1}\in\Xi_{\ell-1}\}$ übereinstimmen. Der Quadraturfehler von $Q_{\ell-1}(k(\xi_{k,\ell-1},\cdot)f)$ lautet

$$|(K_{\ell-1}rf_\ell)_k - \int_D k(\xi_{k,\ell-1},y)f(y)dy| \leq C\,C_\beta\,h_{\ell-1}^\beta\,\|f\|_Y.$$

Zusammen erhält man $|(rK_\ell f_\ell - K_{\ell-1}rf_\ell)_k| \leq C\,C_\beta(h_\ell^\beta + h_{\ell-1}^\beta)\|f\|_Y$. Nimmt man das Infimum über alle f mit $f_\ell = R_\ell f$ (Beschränkung von f auf Ξ_ℓ), ergibt sich $|(rK_\ell f_\ell - K_{\ell-1}rf_\ell)_k| \leq C\,C_\beta(h_\ell^\beta + h_{\ell-1}^\beta)\|f_\ell\|_{Y_\ell}$ (vgl. 2.8)). Maximumbildung über $k\in\{1,...,n_{\ell-1}\}$ und die Ungleichung $h_{\ell-1}/h_\ell\leq$const ergeben $\|rK_\ell f_\ell - K_{\ell-1}rf_\ell\|_{X_\ell} \leq C\,C_\beta(1+\text{const}^\beta)h_\ell^\beta\,\|f_\ell\|_{Y_\ell}$, also (9). ▭

Die in Bemerkung 12 geforderte Inklusion $\Xi_{\ell-1}\subset\Xi_\ell$ kann entfallen. In diesem Falle beschreibt rf_ℓ eine Interpolation der Werte f_ℓ an den Stellen $\xi\in\Xi_{\ell-1}$. Im kanonischen Fall ist hinreichend genaue Interpolation gefordert (vgl. Definition 2.1b und (5a)), so daß der zusätzlich auftretende Interpolationsfehler ebenfalls von der Ordnung h_ℓ^β ist und die Abschätzung (9) ermöglicht.

5.3.4 Konvergenz

Im folgenden vergleichen wir die *diskreten* Lösungen f_ℓ und $f_{\ell-1}$.

Satz 5.3.13 (a) Das diskrete Problem sei stabil und relativ konsistent, d.h. es gelte (2.14) und (9). Dann gilt für die Lösungen aus (2):

(5.3.12) $\|rf_\ell - f_{\ell-1}\|_{X_{\ell-1}} \leq C_S\|g_{\ell-1} - r\,g_\ell\|_{X_{\ell-1}} + C_S\,C_c\,h_\ell^\beta\,\|f_\ell\|_{Y_\ell}$.

(b) Unter den Voraussetzungen (12), (4) und (8) ist

(5.3.13) $\|f_\ell - pf_{\ell-1}\|_{X_\ell} \leq (C_I + C_p C_S C_c)h_\ell^\beta\,\|f_\ell\|_{Y_\ell} + C_p C_S\|g_{\ell-1} - r\,g_\ell\|_{X_{\ell-1}}$.

(c) Unter den Voraussetzungen (2.11c): $\|K_\ell\|_{Y_\ell\leftarrow X_\ell}\leq C_K$, (2.14) (Stabilität) und (2.11e): $\|\cdot\|_{X_\ell} \leq C\|\cdot\|_{Y_\ell}$, ist $\|f_\ell\|_{Y_\ell}$ in (12-13) beschränkt durch

(5.3.14) $\|f_\ell\|_{Y_\ell} \leq |\lambda|^{-1}(\|g_\ell\|_{Y_\ell} + C_K\|f_\ell\|_{X_\ell}) \leq |\lambda|^{-1}(1+C\,C_S C_K)\|g_\ell\|_{Y_\ell}$.

(d) Erfüllen $g_{\ell-1}$ und g_ℓ die Bedingung (2.5): $g_\ell = R_\ell g$ und gilt (5b): $R_{\ell-1}=rR_\ell$, so verschwindet der Term $\|g_{\ell-1} - r\,g_\ell\|_{X_{\ell-1}}$ wegen $g_{\ell-1}=r\,g_\ell$.

Beweis. (i) Wegen $g_\ell = (\lambda I - K_\ell)f_\ell$ gilt die zu (12) führende Identität

$f_{\ell-1} - rf_\ell = (\lambda I - K_{\ell-1})^{-1}g_{\ell-1} - rf_\ell =$

$= (\lambda I - K_{\ell-1})^{-1}(g_{\ell-1} - r\,g_\ell) + (\lambda I - K_{\ell-1})^{-1}r\,g_\ell - rf_\ell =$

$= (\lambda I - K_{\ell-1})^{-1}(g_{\ell-1} - r\,g_\ell) + (\lambda I - K_{\ell-1})^{-1}[r(\lambda I - K_\ell) - (\lambda I - K_{\ell-1})r]f_\ell =$

$= (\lambda I - K_{\ell-1})^{-1}(g_{\ell-1} - r\,g_\ell) + (\lambda I - K_{\ell-1})^{-1}[K_{\ell-1}r - rK_\ell]f_\ell$.

(ii) Man verwende $f_\ell - pf_{\ell-1} = (I - pr)f_\ell + p(rf_\ell - f_{\ell-1})$ für Ungleichung (13).

(iii) Der Beweis von (14) ist analog zu Satz 3.5.1. ▭

5.4 Zweigitterverfahren

5.4.1 Der Zweigitteralgorithmus

Wie in §5.1.3 diskutiert, kann die Picard-Iteration

$$(5.4.1) \qquad f_\ell^0 \mapsto \tilde{f}_\ell := \tfrac{1}{\lambda}(g_\ell + K_\ell f_\ell^0)$$

divergieren. In jedem Falle konvergiert sie nicht so schnell, wie wir es für die Mehrgitteriteration nachweisen werden. Sei $\tilde{f}_\ell$ gemäß (1) das Resultat der Picard-Iteration. Wir berechnen den Fehler von $\tilde{f}_\ell$ in der Form des Defektes

$$(5.4.2) \qquad \tilde{d}_\ell := \lambda \tilde{f}_\ell - g_\ell + K_\ell \tilde{f}_\ell .$$

Offenbar gilt $\tilde{d}_\ell = 0$ genau dann, wenn $\tilde{f}_\ell$ mit der exakten Lösung f_ℓ übereinstimmt. Der Zusammenhang zwischen Fehler und Defekt ist Gegenstand der

Bemerkung 5.4.1 Der zu $\tilde{f}_\ell \in X_\ell$ gehörende _Defekt_ lautet

$$(5.4.3a) \qquad \tilde{d}_\ell := \lambda \tilde{f}_\ell - g_\ell - K_\ell \tilde{f}_\ell .$$

Dann stellt die Lösung δ_ℓ der Gleichung

$$(5.4.3b) \qquad \lambda \delta_\ell = \tilde{d}_\ell + K_\ell \delta_\ell$$

den Fehler von $\tilde{f}_\ell$ dar:

$$(5.4.3c) \qquad \delta_\ell = \tilde{f}_\ell - f_\ell \qquad \text{(wobei } f_\ell := (\lambda I - K_\ell)^{-1} g_\ell \text{ exakte Lösung)}.$$

Beweis. Subtraktion der Gleichung $\lambda f_\ell = g_\ell + K_\ell f_\ell$ von $\lambda \tilde{f}_\ell = g_\ell + \tilde{d}_\ell + K_\ell \tilde{f}_\ell$ liefert $\lambda(\tilde{f}_\ell - f_\ell) = \tilde{d}_\ell + K_\ell(\tilde{f}_\ell - f_\ell)$. ∎

Der letzten Bemerkung folgend, könnte man durch Lösung der Gleichung (3b) mit $\tilde{d}_\ell$ aus (2) eine _exakte Korrektur_ der Näherung $\tilde{f}_\ell$ gewinnen: $f_\ell = \tilde{f}_\ell - \delta_\ell$. Da aber (3b) aber ein Gleichungssystem der gleichen Art wie das Originalproblem $\lambda f_\ell = g_\ell + K_\ell f_\ell$ darstellt, vereinfacht der Umweg über δ_ℓ die Lösung des Problems nicht. Wenn man jedoch die Struktur von δ_ℓ genauer studiert, wird sich die Gleichung (3b) als einfacher lösbar als $\lambda f_\ell = g_\ell + K_\ell f_\ell$ erweisen. Nach (1.7c) und (3c) liegt

$$(5.4.4) \qquad \delta_\ell = \tilde{f}_\ell - f_\ell = \tfrac{1}{\lambda} K_\ell(f_\ell^0 - f_\ell)$$

im Bild von K_ℓ. Aufgrund der Eigenschaft (2.11c): $\|K_\ell\|_{Y_\ell \leftarrow X_\ell} \leq C_K$, kann man annehmen, daß δ_ℓ eine glatte (wenn auch nur diskret definierte) Funktion darstellt. Nach Satz 3.13 läßt sich δ_ℓ bis auf einen Fehler $O(h_\ell^\beta)$ durch die Lösung $\delta_{\ell-1}$ des Problems

$$(5.4.5) \qquad \lambda \delta_{\ell-1} = d_{\ell-1} + K_{\ell-1} \delta_{\ell-1} \quad \text{mit } d_{\ell-1} := r\, \tilde{d}_\ell$$

approximieren. Anstelle der gesuchten, exakten Lösung $f_\ell = \tilde{f}_\ell - \delta_\ell$ berechnet man die Näherung $f_\ell^1 = \tilde{f}_\ell - p\,\delta_{\ell-1}$ und definiert dadurch die nächste Iterierte des Zweigitterverfahrens.

Das skizzierte Verfahren besteht somit aus zwei Teilschritten: dem Picard-Schritt (dem sogenannten _Glättungsschritt_, da der Fehler geglättet werden soll) und der _Grobgitterkorrektur_ $\tilde{f}_\ell \mapsto \tilde{f}_\ell - p\,\delta_{\ell-1}$.

(5.4.6) **Zweigitteralgorithmus** zur Lösung von $\lambda f_\ell = g_\ell + K_\ell f_\ell$, $\ell \geq 1$

Start: $f_\ell^0 \in X_\ell$ beliebig.

Iterationsvorschrift $f_\ell^i \mapsto f_\ell^{i+1}$:

(5.4.6a) $\tilde{f}_\ell := \frac{1}{\lambda}(g_\ell + K_\ell f_\ell^i)$ (Glättung)

(5.4.6b) $f_\ell^{i+1} := \tilde{f}_\ell - p(\lambda I - K_{\ell-1})^{-1} r(\lambda \tilde{f}_\ell - g_\ell - K_\ell \tilde{f}_\ell)$ (Grobgitter-korrektur)

Eine ALGOL-ähnliche Beschreibung des Algorithmus (6) ist in (7) angegeben. Der zweite Parameter f stellt als *Eingabe* f_ℓ^i und als *Ausgabe* f_ℓ^{i+1} dar. g steht für g_ℓ. Ein Aufruf von ZGM führt einen Zweigitteriterationsschritt aus.

(5.4.7) **Zweigitterprozedur** ZGM zur Lösung von $\lambda f_\ell = g_\ell + K_\ell f_\ell$, $\ell \geq 0$

(5.4.7a) <u>procedure</u> ZGM(ℓ, f, g); <u>integer</u> ℓ; <u>array</u> f, g;

(5.4.7b) <u>if</u> $\ell = 0$ <u>then</u> $f := (\lambda I - K_0)^{-1} g$ <u>else</u>

<u>begin</u> <u>array</u> d, δ;

(5.4.7c) $f := \frac{1}{\lambda}(g + K_\ell * f)$;   (Picard-Iteration)

(5.4.7d) $d := r * (\lambda f - g - K_\ell * f)$;   (Defektberechnung)

(5.4.7e) $\delta := (\lambda I - K_{\ell-1})^{-1} d$;   (Lösung im groben Gitter)

(5.4.7f) $f := f - p * \delta$ (Grobgitterkorrektur)

<u>end</u>;

Anders als in (6) ist in (7) der Fall $\ell = 0$ zugelassen. In diesem Falle gibt es keinen Vorgänger in der Hierarchie, so daß eine Grobgitterkorrektur nicht möglich ist. Deshalb wird das Gleichungssystem auf der Stufe 0 exakt gelöst (vgl. (7b)). Da h_0 die gröbste Schrittweite ist, entspricht ihr die kleinste Dimension n_0 des Gleichungssystems. Die exakte Auflösung durch direkte Verfahren stellt somit keine Schwierigkeit dar.

Ein vergleichbares Verfahren wurde zuerst 1960 von Brakhage [1] vorgestellt. Es wurde aber keine Ausweitung zu einem Mehrgitteralgorithmus in Betracht gezogen worden.

5.4.2 Konvergenzanalyse

Da die Abbildung $f_\ell^i \mapsto f_\ell^{i+1}$ des Zweigitteralgorithmus (6) affin ist, hat es die Darstellung

(5.4.8) $f_\ell^{i+1} = M_\ell^{ZGM} f_\ell^i + c_\ell$,   ($M_\ell^{ZGM}$: Zweigitteriterationsmatrix)

die dem Satz 1.3 zugrunde liegt. Anstelle der scharfen Konvergenzbedingung $\rho(M_\ell^{ZGM}) < 1$ werden wir versuchen, die hinreichende Bedingung

$\| M_\ell^{ZGM} \|_{X_\ell \leftarrow X_\ell} < 1$ nachzuweisen. Einsetzen von (6a) in (6b) beweist

Lemma 5.4.2 Die Zweigitteriterationsmatrix M_ℓ^{ZGM} hat die Form

$$(5.4.9) \qquad M_\ell^{ZGM} = \tfrac{1}{\lambda} \left[I - p(\lambda I - K_{\ell-1})^{-1} r (\lambda I - K_\ell) \right] K_\ell \qquad \text{für alle } \ell \geq 1 .$$

Satz 5.4.3 Es seien die Stabilität (2.14), die Regularität (2.11c), die gleichmäßige Beschränktheit (3.4a) der Prolongation p, die relative Konsistenz (3.9) und die Interpolationsfehlerabschätzung (3.8) mit einem $\beta > 0$ vorausgesetzt. Dann gilt die Abschätzung der Zweigitter-iterationsmatrix durch

$$(5.4.10a) \qquad \| M_\ell^{ZGM} \|_{X_\ell \leftarrow X_\ell} \leq C_{ZGM} \, h_\ell^\beta \qquad\qquad \text{für alle } \ell \geq 1 .$$

Dabei ergibt sich die Konstante C_{ZGM} aus den Konstanten der vorgesetzten Abschätzungen als

$$(5.4.10b) \qquad C_{ZGM} := \tfrac{1}{|\lambda|} \left(C_I + C_p C_S C_C \right) C_K .$$

Beweis. Wir spalten die Iterationsmatrix M_ℓ^{ZGM} aus (9) geeignet auf:

$$M_\ell^{ZGM} = \tfrac{1}{\lambda} \left\{ (I - pr) + p(\lambda I - K_{\ell-1})^{-1} \left[(\lambda I - K_{\ell-1})r - r(\lambda I - K_\ell) \right] \right\} K_\ell =$$
$$= \tfrac{1}{\lambda} \left\{ (I - pr) + p(\lambda I - K_{\ell-1})^{-1} \left[r K_\ell - K_{\ell-1} r \right] \right\} K_\ell ,$$

so daß

$$\| M_\ell^{ZGM} \|_{X_\ell \leftarrow X_\ell} \leq \tfrac{1}{|\lambda|} \left\{ \| I - pr \|_{X_\ell \leftarrow Y_\ell} + \right.$$
$$\left. + \| p \|_{X_\ell \leftarrow X_\ell} \| (I - K_{\ell-1})^{-1} \|_{X_\ell \leftarrow X_\ell} \| r K_\ell - K_{\ell-1} r \|_{X_\ell \leftarrow Y_\ell} \right\} \| K_\ell \|_{Y_\ell \leftarrow X_\ell} .$$

Einsetzen der vorausgesetzten Abschätzungen liefert (10a,b). ∎

Die Abschätzung (10a) kann wie folgt interpretiert werden.

Bemerkung 5.4.4 (a) Es gibt ein ℓ_0, so daß die Zweigitteriteration für alle Stufen $\ell \geq \ell_0$ konvergiert.
(b) Streicht man die Stufen $\ell = 0, 1, \ldots, \ell_0 - 1$ aus der Hierarchie der Diskretisierungen, erreicht man Konvergenz auf allen Stufen.
(c) Je kleiner die Schrittweite, d.h. je höher die Dimension des Gleichungssystems, desto schneller konvergiert das Zweigitterverfahren.
(d) Für den Standardfall $h_{\ell-1} = 2 h_\ell$ lautet die Konvergenzabschätzung $\| M_\ell^{ZGM} \|_{X_\ell \leftarrow X_\ell} \leq \text{const } 2^{-\ell \beta}$.

Bemerkung 5.4.5 Man kann die Zweigitteriteration mit zwei Schrittweiten h_ℓ und $h_{\ell-1}$ anwenden, deren Verhältnis stark von $\tfrac{1}{2}$ abweicht. In diesem Falle sind die Annahmen (3.8-9) unrealistisch. An die Stelle des Faktors h_ℓ^β muß $h_{\ell-1}^\beta$ treten (Nur wenn der Quotient $h_{\ell-1}/h_\ell$ gleichmäßig beschränkt ist, läßt sich $h_{\ell-1}^\beta$ durch const$\cdot h_\ell^\beta$ ersetzen). Die Konvergenzgeschwindigkeit ist demnach durch $\| M_\ell^{ZGM} \|_{X_\ell \leftarrow X_\ell} \leq C \, h_{\ell-1}^\beta$ gegeben.

5.4.3 Rechenaufwand

Im folgenden wird davon ausgegangen, daß die Matrix K_ℓ explizit gegeben ist. Der Fall, daß $K_\ell = A_\ell^{-1} B_\ell$ nur implizit durch A_ℓ und B_ℓ beschrieben ist, wird im folgenden Abschnitt §5.4.4 diskutiert werden. Die aufwendigen Teile des Zweigitterverfahrens sind:

$$(5.4.11\,\text{a}) \qquad \text{Matrixmultiplikation } f_\ell \mapsto K_\ell f_\ell:$$
$$2n_\ell^2 - n_\ell \quad \text{Operationen,}$$

$$(5.4.11\,\text{b}) \qquad \text{Grobgitterlösung } g_{\ell-1} \mapsto (\lambda I - K_{\ell-1})^{-1} g_{\ell-1}:$$
$$\leqslant \tfrac{2}{3} n_{\ell-1}^3 + O(n_{\ell-1}) \quad \text{Operationen.}$$

Mit «Operationen» sind alle arithmetischen Operationen $+,-,*,/$ gemeint. n_ℓ ist dabei als Dimension des Gleichungssystems definiert. Die Vektoraddition und -subtraktion ist wegen ihres Aufwandes von $O(n_\ell)$ gegen (11a) vernachläßigbar. Gleiches gilt für die Auswertung der Prolongation p und der Restriktion r (bzw. $\hat{r}$, vgl. §5.4.4), wenn nicht exotisch definierte p oder r verwandt werden. Wenn r die Restriktion aus (3.6c) ist, benötigt sie keinen Rechenaufwand. Im Gegenteil, man kann in der Auswertung des restringierten Defektes $r(\tilde{f}_\ell - g_\ell - K_\ell \tilde{f}_\ell)$ dadurch Rechenarbeit sparen, daß man im Vektor $\tilde{f}_\ell - g_\ell - K_\ell \tilde{f}_\ell$ nur die den Stützstellen aus $\Xi_{\ell-1}$ entsprechenden Komponenten auswerten muß. Dies führt zu

$$(5.4.11\,\text{c}) \qquad \tilde{f}_\ell \mapsto r K_\ell \tilde{f}_\ell \quad \text{im Fall von (3.6c):} \qquad \leqslant 2 n_\ell n_{\ell-1} \text{ Operationen.}$$

Bemerkung 5.4.6 (a) Der Zweigitteralgorithmus benötigt pro Iteration

$$(5.4.12\text{a}) \qquad \tfrac{2}{3} n_{\ell-1}^3 + 4 n_\ell^2 + O(n_{\ell-1}) \quad \text{Operationen.}$$

(b) Für den Standardfall $n_\ell = 2 n_{\ell-1} + O(1)$ lautet die Zahl aus (12a)

$$(5.4.12\text{b}) \qquad \tfrac{1}{12} n_\ell^3 + 4 n_\ell^2 + O(n_\ell^2).$$

(c) Im Falle von (11c) reduzieren sich die Operationszahlen auf

$$(5.4.12\text{a}') \qquad \tfrac{2}{3} n_{\ell-1}^3 + 2 n_\ell^2 + 2 n_\ell n_{\ell-1} + O(n_{\ell-1}),$$
$$(5.4.12\text{b}') \qquad \tfrac{1}{12} n_\ell^3 + 3 n_\ell^2 + O(n_\ell^2).$$

(d) Startet man die Iteration mit $f_\ell^0 := 0$, erübrigt sich die erste Matrixmultiplikation in (6a) bzw. (7c). Die Berechnung von f_ℓ^1 kostet daher

$$(5.4.12\text{c}) \qquad \tfrac{2}{3} n_{\ell-1}^3 + 2 n_\ell^2 + O(n_{\ell-1}) \quad \{ = \tfrac{1}{12} n_\ell^3 + 2 n_\ell^2 + O(n_\ell) \text{ für } n_\ell = 2 n_{\ell-1} \}$$

bzw.

$$(5.4.12\text{c}') \qquad \tfrac{2}{3} n_{\ell-1}^3 + 2 n_\ell n_{\ell-1} + O(n_{\ell-1}) \quad \{ = \tfrac{1}{12} n_\ell^3 + n_\ell^2 + O(n_\ell) \text{ für } n_\ell = 2 n_{\ell-1} \}$$

Operationen. (12c') betrifft den Fall (11c).

Um abzuschätzen, wieviele Iterationsschritte ausgeführt werden müssen, braucht man ein geeignetes *Abbruchkriterium*. Nach (2.15) haben die diskreten Lösungen f_ℓ und $f_{\ell-1}$ einen Diskretisierungfehler der Größenordnung $O(h_\ell^\beta)$ bzw. $O(h_{\ell-1}^\beta)$. Bis auf wenige Ausnahmefälle (wie z.B. Extrapolationstechniken, vgl. §4.8.3) hat es keinen Sinn, Näherungen $\tilde{f}_\ell$ mit einem Iterationsfehler $\|f_\ell-\tilde{f}_\ell\|_{X_\ell}$ zu berechnen, der wesentlich kleiner als der Diskretisierungfehler $O(h_\ell^\beta)$ ist.

Bemerkung 5.4.7 (a) Startet man mit $f_\ell^0:=0$, was sich wegen Bemerkung 6d empfiehlt, so führt eine <u>einzige</u> Zweigitteriteration zu f_ℓ^1 mit einem Iterationsfehler $\|f_\ell-f_\ell^1\|_{X_n} = O(h_\ell^\beta)$, der die gleiche Größenordnung wie der Diskretisierungsfehler besitzt.

(b) Die Gleichheit von Iterations- und Diskretisierungsfehler in Teil (a) bezieht sich nur auf das asymptotische Verhalten bezüglich $h_\ell \to 0$; die Konstanten in $O(h_\ell^\beta)$ können sehr unterschiedlich sein. Um den Iterationsfehler deutlich kleiner als den Diskretisierungsfehler zu machen, sollte man <u>zwei</u> Iterationsschritte durchführen. Der Iterationsfehler beträgt dann $\|f_\ell-f_\ell^2\|_{X_n} = O(h_\ell^{2\beta})$ und unterschreitet den Diskretisierungsfehler für hinreichend kleines h_ℓ.

(c) Der Rechenaufwand im Falle (a) ist in (12c) bzw. (12c') angegeben. Im Falle (b) beträgt die Anzahl von Operationen

$$(5.4.12d) \qquad \tfrac{4}{3} n_{\ell-1}^3 + 6 n_\ell^2 + O(n_{\ell-1}) \qquad \{ = \tfrac{1}{6} n_\ell^3 + 6 n_\ell^2 + O(n_\ell) \text{ für } n_\ell = 2 n_{\ell-1} \}$$

bzw. - falls (11c) anwendbar -

$$(5.4.12d) \qquad \tfrac{4}{3} n_{\ell-1}^3 + 2 n_\ell^2 + 4 n_\ell n_{\ell-1} + O(n_{\ell-1}) \qquad \{ = \tfrac{1}{6} n_\ell^3 + 4 n_\ell^2 + O(n_\ell) \}.$$

Da die direkte Lösung des Systems auf der Stufe ℓ $\ \tfrac{2}{3} n_\ell^3$ Operationen benötigt (vgl. Bemerkung 1.1), führt die iterative Lösung gemäß Bemerkung 7a/b zu einer *Reduktion des Aufwandes* um 87.5% bzw. 75%, wenn $n_\ell = 2 n_{\ell-1}$.

Die Verwendung der Zweigitteriteration mit $n_\ell = 2 n_{\ell-1}$ wurde in der erwähnten Arbeit von Brakhage [1] vorgeschlagen. Atkinson [1] empfiehlt die Wahl $n_{\ell-1} = O(n_\ell^{2/3})$, da dann $n_{\ell-1}^3 = O(n_\ell^2)$. Der Aufwand der Zweigitteriteration reduziert sich insgesamt auf $O(n_\ell^2)$ statt $O(n_\ell^3)$. Diese Variante besitzt allerdings zwei Nachteile. Die Prolongation zwischen den Schrittweiten h_ℓ und $h_{\ell-1} = O(h_\ell^{2/3})$ ist programmtechnisch aufwendiger, als wenn $h_\ell = 2 h_{\ell-1}$. Zum zweiten ist die Konvergenzgeschwindigkeit geringer. Gemäß Bemerkung 5 beträgt diese $O(h_{\ell-1}^\beta) = O(h_\ell^{2\beta/3})$. Trotzdem würden *zwei* Iterationsschritt - wie in Bemerkung 7b empfohlen - zu einem Iterationsfehler $O(h_\ell^{4\beta/3})$ führen, der ebenfalls asymptotisch kleiner als der Diskretisierungsfehler ist. Wir werden in §5.5.2 sehen, daß auch das Mehrgitterverfahren mit einem Aufwand von $O(n_\ell^2)$ auskommt, wobei die Vorteile der regelmäßigen Verfeinerung $h_\ell = 2 h_{\ell-1}$ und die schnelle Konvergenz beibehalten werden.

5.4.4 Variante für $A_\ell \neq I$

In dem Zweigitteralgorithmus (6) bzw. in der Prozedur (7) wurde stets die Matrix K_ℓ verwendet, obwohl diese nicht immer *direkt* zugänglich ist. Definitionsgemäß sind die Größen g_ℓ und K_ℓ durch

$$(5.4.13a) \qquad g_\ell := A_\ell^{-1} b_\ell, \quad K_\ell := A_\ell^{-1} B_\ell$$

gegeben (vgl. (1.4)). Beim Kollokationsverfahren läßt sich stets $A_\ell = I$ erreichen, indem man die Lagrange-Funktionen als Basis wählt (vgl. Bemerkung 4.4.3). Dagegen läßt sich beim Galerkin-Verfahren der Fall $A_\ell \neq I$ selten vermeiden. In diesem Falle sollte *keinesfalls* die Matrix $K_\ell = A_\ell^{-1} B_\ell$ berechnet werden. Vielmehr sind die Lösungsverfahren so zu modifizieren, daß nur gelegentlich Gleichungssysteme der Form $A_\ell x_\ell = y_\ell$ nach x_ℓ aufzulösen sind. Die Notation $x_\ell = A_\ell^{-1} y_\ell$ ist stets in diesem Sinne zu verstehen. Die explizite Berechnung von A_ℓ^{-1} ist völlig unnötig! Die diskrete Integralgleichung wird wieder in der Form (1.2b) mit $a_\ell = f_\ell$ geschrieben:

$$(5.4.13b) \qquad (\lambda A_\ell - B_\ell) f_\ell = b_\ell .$$

Man beachte, daß im folgenden b_ℓ anstelle von $g_\ell = A_\ell^{-1} b_\ell$ benötigt wird.

Für den oben genannten Fall des Galerkin-Verfahrens lautet die kanonische Restriktion

$$(5.4.13c) \qquad r = A_{\ell-1}^{-1} \, \hat{r} \, A_\ell$$

(vgl. (3.6h)), wobei $\hat{r} := p^T$ (transponierte Matrix von p) im Gegensatz zu r eine *einfach ausführbare* Abbildung ist (vgl. (3.6i)). Im Zweigitteralgorithmus (7) ersetze man $\mathbf{d}$ durch die transformierte Größe $\hat{\mathbf{d}} := A_{\ell-1} \mathbf{d}$ (in (14) wieder mit $\mathbf{d}$ bezeichnet) und verwende

$$\delta := (\lambda I - K_{\ell-1})^{-1} \mathbf{d} = (\lambda A_{\ell-1} - B_{\ell-1})^{-1} A_{\ell-1} \mathbf{d} = (\lambda A_{\ell-1} - B_{\ell-1})^{-1} \hat{\mathbf{d}} .$$

Damit erhalten wir die folgende <u>äquivalente</u> Formulierung des Zweigitterverfahrens (7), die zum einen keine explizite Kenntnis von K_ℓ oder $K_{\ell-1}$ voraussetzt und zum anderen die einfach ausführbare Restriktion $\hat{r} = p^T$ benutzt.

(5.4.14) **Zweigitterprozedur** ZGM′ zur Lösung von $(\lambda A_\ell - B_\ell) f_\ell = b_\ell$

(5.4.14a) <u>procedure</u> ZGM′(ℓ, f, b); <u>integer</u> ℓ; <u>array</u> f, b;

(5.4.14b) <u>if</u> $\ell = 0$ <u>then</u> $f := (\lambda A_0 - B_0)^{-1} b$ <u>else</u>

        <u>begin</u> <u>array</u> d, δ;

(5.4.14c) $\qquad f := \frac{1}{\lambda} A_\ell^{-1} (b + B_\ell * f)$;   (Picard-Iteration)

(5.4.14d) $\qquad d := \hat{r} * (\lambda A_\ell f - b - B_\ell * f)$;   (Defektberechnung)

(5.4.14e) $\qquad \delta := (\lambda A_{\ell-1} - B_{\ell-1})^{-1} d$;   (Lösung im groben Gitter)

(5.4.14f) $\qquad f := f - p * \delta$ (Grobgitterkorrektur)

        <u>end</u>;

5.4.5 Numerische Beispiele

Als Beispiel sei die Integralgleichung (4.2.19a) mit $\lambda=1$ gewählt:

$$(5.4.15) \qquad \lambda f(x) = g(x) + \int_0^1 \cos(\pi x y)\, f(y)\, dy \qquad (g: (4.2.21\,b)).$$

Als Diskretisierung verwenden wir die *Nyström-Methode* mit der summierten Trapezformel der Schrittweite

$$(5.4.16) \qquad h_0 = 1, \; h_1 = \tfrac{1}{2}, \; \ldots, \; h_\ell = 2^{-\ell}.$$

Die Resultate dieser Diskretisierung wurden bereits in §4.7.7 präsentiert. Da das Quadraturverfahren von zweiter Ordnung ist, kann eine Interpolation zweiter Ordnung - z.B. die stückweise lineare Interpolation - als Prolongation P_ℓ gewählt werden (vgl. Definition 2.1b), während die Beschränkung auf die Stützstellen $\{0, h_\ell, 2\,h_\ell, \ldots, 1-h_\ell, 1\}$ die Restriktion R_ℓ definiert. Die *kanonische Prolongation* p ist damit die in (3.6b) angegebene stückweise lineare Interpolation. Die *kanonische Restriktion* r ist die triviale Abbildung aus (3.6c).

Bemerkung 5.4.8 Der Kern k, die Diskretisierung und p und r seien wie oben gewählt. Dann sind die Voraussetzungen des Konvergenzsatzes 3 sind mit der Ordnung $\beta = 2$ erfüllt.

Die folgende Tabelle 1 enthält die Iterationsfehler

$$\delta_\ell^i := \| f_\ell^i - f_\ell \|_\infty$$

der mit dem Zweigitteralgorithmus (7) berechneten Iterierten f_ℓ^i $(i \geq 1)$, wobei mit dem Startwert $f_\ell^0 = 0$ begonnen wird. f_ℓ ist die exakte diskrete Lösung des Nyström-Verfahrens zur Schrittweite h_ℓ aus (16). Man beachte, daß der *Iterationsfehler* δ_ℓ^i vom *Diskretisierungsfehler* $\| f_\ell - R_\ell f \|_\infty$, der in Tabelle 4.7.1 zu finden ist, genau zu unterscheiden ist.

i	$h_1 = 1/2$		$h_2 = 1/4$		$h_3 = 1/8$	
0	2.21	$1.95_{10}{-}1$	2.04	$4.33_{10}{-}2$	2.37	$1.20_{10}{-}2$
1	$4.33_{10}{-}1$	$9.87_{10}{-}2$	$8.94_{10}{-}2$	$3.65_{10}{-}2$	$2.84_{10}{-}2$	$9.42_{10}{-}3$
2	$4.27_{10}{-}2$	$1.72_{10}{-}1$	$3.26_{10}{-}3$	$1.98_{10}{-}2$	$2.67_{10}{-}6$	$8.08_{10}{-}3$
3	$7.35_{10}{-}3$	$1.34_{10}{-}1$	$6.44_{10}{-}5$	$5.16_{10}{-}2$	$2.16_{10}{-}6$	$1.10_{10}{-}2$
4	$9.81_{10}{-}4$	$1.38_{10}{-}1$	$3.33_{10}{-}6$	$1.86_{10}{-}2$	$2.38_{10}{-}8$	$8.39_{10}{-}3$
5	$1.36_{10}{-}4$		$6.18_{10}{-}8$		$2.00_{10}{-}10$	

i	$h_4 = 1/16$		$h_5 = 1/32$		$h_6 = 1/64$	
0	2.46	$3.09_{10}{-}3$	2.47	$7.81_{10}{-}4$	2.48	$1.95_{10}{-}4$
1	$7.59_{10}{-}3$	$2.40_{10}{-}3$	$1.93_{10}{-}3$	$6.02_{10}{-}4$	$4.84_{10}{-}4$	$1.51_{10}{-}4$
2	$1.82_{10}{-}5$	$2.19_{10}{-}3$	$1.16_{10}{-}6$	$5.60_{10}{-}4$	$7.30_{10}{-}8$	
3	$3.99_{10}{-}8$	$2.71_{10}{-}3$	$6.51_{10}{-}10$		$*$	
4	$1.08_{10}{-}10$		$*$		$*$	

Tabelle 5.4.1 Iterationsfehler δ_ℓ^i der Zweigitteriteration (7) für $\lambda = 1$

Um die aus Satz 3 folgende Konvergenzgeschwindigkeit zu überprüfen, sind in Tabelle 1 neben den Fehlern auch die *Quotienten* $\varepsilon_\ell^i := \delta_\ell^i / \delta_\ell^{i-1}$ angegeben. Asymptotisch konvergiert ε_ℓ^i gegen die Konvergenzrate ε_ℓ des Zweigitterverfahrens. Gemäß Satz 3 sollen sich die Quotienten ε_ℓ^i wie $O(h_\ell^\beta) = O(h_\ell^2)$ verhalten. Für die Quotienten $\eta_\ell := \varepsilon_{\ell-1} / \varepsilon_\ell$ ergibt sich aus der Annahme $\varepsilon_\ell = C h_\ell^\beta + o(h_\ell^\beta)$ die Aussage

$$\eta_\ell := [C h_{\ell-1}^\beta + o(h_{\ell-1}^\beta)] / [C h_\ell^\beta + o(h_\ell^\beta)] = h_{\ell-1}^\beta / h_\ell^\beta + o(h_\ell^\beta) = 2^\beta + o(h_\ell^\beta).$$

Die Tabelle 2 enthält die gemittelten $\tilde\varepsilon_\ell$, die man z.B. als geometrisches Mittel der ε_ℓ^i $(1 \leqslant i \leqslant 5)$ erhalten kann: $\tilde\varepsilon_\ell := (\varepsilon_\ell^5 / \varepsilon_\ell^0)^{1/5}$. Die Quotienten $\tilde\eta_\ell := \tilde\varepsilon_{\ell-1} / \tilde\varepsilon_\ell$ stimmen offenbar sehr gut mit dem Faktor $4 = 2^2$ überein, was die in Satz 3 behauptete Ordnung $\beta = 2$ bestätigt.

Für den hier verwendeten Wert von $\lambda = 1$ erhält man insbesondere Konvergenz des Zweigitterverfahrens auf *allen* Stufen (vgl. Bemerkung 4a).

Um das spezielle Konvergenzverhalten des Zweigitterverfahrens

Stufe ℓ	h_ℓ	gemittelte Konvergenzrate $\tilde\varepsilon_\ell$
1	1/2	$1.5_{10}-1$
2	1/4	$3.1_{10}-2$
3	1/8	$9.6_{10}-3$
4	1/16	$2.5_{10}-3$
5	1/32	$6.3_{10}-4$
6	1/64	$1.6_{10}-4$
7	1/128	$4.0_{10}-5$

Tabelle 5.4.2 Konvergenzgeschwindigkeiten $(\lambda = 1)$

deutlich zu machen, es noch erwähnt, daß das im Algorithmus als «Glättung» enthaltene Picard-Verfahren zwar konvergiert, daß aber seine Konvergenzgeschwindigkeit oberhalb von 0.5 liegt. Als gemittelte Raten erhält man 0.69 $(h_1 = \frac{1}{2})$, 0.72 $(h_2 = 1/4)$, 0.51 $(h_4 = 1/16)$, 0.60 $(h_6 = 1/64)$. Aus Satz 1.4 folgert man damit insbesondere, daß das Picard-Verfahren für $|\lambda| \leqslant 0.5$ *divergiert*. Dies bedeutet, daß der Glättungsschritt (7c) für derartige λ den Fehler durchaus vergrößern kann. Tatsächlich konstatiert man für fallendes $|\lambda|$ eine sich verschlechternde Zweigitterkonvergenzgeschwindigkeit (vgl. Tabelle 3). Für $\lambda = 0.1$ beobachtet man noch Konvergenz auf allen Stufen. Dagegen liegen die Werte für $\lambda = 0.01$ und $1 \leqslant \ell \leqslant 3$ oberhalb von 1 und zeigen damit *Divergenz* des Zweigitterverfahrens an. Nichtsdestoweniger verhalten sich die Werte in Übereinstimmung mit Satz 3 und Bemerkung 8 wie $O(h_\ell^2)$. Die kritische Stufenzahl ℓ_0 aus Bemerkung 4a ist $\ell_0 = 4$ für $\lambda = 0.01$.

Stufe ℓ	h_ℓ	gemittelte Konvergenzraten für	
		$\lambda = 0.1$	$\lambda = 0.01$
1	1/2	0.72	**9.3**
2	1/4	$4.5_{10}-1$	**5.0**
3	1/8	$1.2_{10}-1$	**1.3**
4	1/16	$3.3_{10}-2$	$4.1_{10}-1$
5	1/32	$8.3_{10}-3$	$1.2_{10}-1$
6	1/64	$3.6_{10}-3$	$3.2_{10}-2$
7	1/128	$5.6_{10}-4$	$2.0_{10}-2$

Tabelle 5.4.3 Zweigitterkonvergenzgeschwindigkeiten für $\lambda = 0.1,\ 0.01$

5.5 Mehrgitterverfahren

5.5.1 Algorithmus (Grundversion)

Wenn auch die Zweigitteriteration den Rechenaufwand gegenüber der exakten Auflösung deutlich reduziert (vgl. §5.4.3), so nimmt die Gleichungsauflösung der Grobgittergleichung in (4.7e) noch den größten Anteil der Rechenarbeit in Anspruch. Das in (4.7e) zu lösende Problem lautet

$$(5.5.1) \qquad (\lambda I - K_{\ell-1})\delta_{\ell-1} = d_{\ell-1} \qquad \text{bzw.} \qquad \lambda\delta_{\ell-1} = d_{\ell-1} + K_{\ell-1}\delta_{\ell-1}.$$

Offenbar hat die Gleichung (1) die gleiche Gestalt wie die Originalgleichung $\lambda f_\ell = g_\ell + K_\ell f_\ell$, die durch das Zweigitterverfahren gelöst werden soll. Es liegt daher nahe, das Problem (1) nicht exakt, sondern näherungsweise durch die Zweigittermethode auf den Stufen $\ell-1$ und $\ell-2$ zu lösen. Es ergibt sich dann die Notwendigkeit, eine Hilfsgleichung der Form $(\lambda I - K_{\ell-2})\delta_{\ell-2} = d_{\ell-2}$ auf der Stufe $\ell-2$ zu lösen. Auch hierfür läßt sich wieder der Zweigitteralgorithmus der Stufen $\ell-2$ und $\ell-3$ anwenden. U.s.w. Der entstehende Algorithmus - die Mehrgitteriteration - verwendet dann alle Diskretisierungsstufen $0, 1, ...,$ $\ell-1, \ell$. Zur exakten Definition muß man das Verfahren rekursiv erklären.

(5.5.2)   **Mehrgitteralgorithmus** zur Lösung von $\lambda f_\ell = g_\ell + K_\ell f_\ell$, $\ell \geq 0$.

(5.5.2a)   <u>$\ell=1$</u>: der Mehrgitteralgorithmus MGM_1 der Stufe 1 ist mit dem Zweigitteralgorithmus (4.6) identisch.

          <u>$\ell>1$</u>: der Mehrgitteralgorithmus MGM_ℓ der Stufe ℓ lautet:

          <u>Start</u>: $f_\ell^0 \in X_\ell$ beliebig.

          <u>Iterationsvorschrift</u> $f_\ell^i \mapsto f_\ell^{i+1}$:

(5.5.2b) $\tilde{f}_\ell := \frac{1}{\lambda}(g_\ell + K_\ell f_\ell^i)$ (Glättung)

(5.5.2c) $d_\ell := \lambda\tilde{f}_\ell - g_\ell - K_\ell\tilde{f}_\ell$ (Defektberechnung)

(5.5.2d) $d_{\ell-1} := r\, d_\ell$ (Restriktion des Defektes)

(5.5.2e)   Lösung der Grobgittergleichung $(\lambda I - K_{\ell-1})\delta_{\ell-1} = d_{\ell-1}$ durch 2 Iterationen des Mehrgitteralgorithmus $MGM_{\ell-1}$, wobei mit $\delta_{\ell-1}^0 := 0$ gestartet wird. Resultat ist die Näherung $\delta_{\ell-1}^2$ von $\delta_{\ell-1}$.

(5.5.2f) $f_\ell^{i+1} := \tilde{f}_\ell - p\,\delta_{\ell-1}^2$ (Grobgitterkorrektur)

Bemerkung 5.5.1 Eine weitere Möglichkeit der rekursiven Definition der Mehrgitteralgorithmen MGM_ℓ ($\ell \geq 0$) besteht darin, zunächst MGM_0 auf der Stufe $\ell=0$ als *exakte Auflösung* der Gleichung $\lambda f_0 = g_0 + K_0 f_0$ zu erklären und MGM_ℓ ($\ell \geq 1$) rekursiv durch (2b-f) zu definieren. Da (2e) für $\ell=1$ dann die exakte Lösung $\delta_{\ell-1}^2 = \delta_{\ell-1}$ liefert, stimmt (2b-f) für $\ell=1$ mit dem Zweigitterverfahren überein (vgl. (2a)). Somit sind beide Definitionsmöglichkeiten äquivalent.

Die Konvergenzanalyse wird erklären, warum im Schritt (2e) genau *zwei* Iterationsschritte $MGM_{\ell-1}$ durchgeführt werden sollen (vgl. Zusatz 8).

Die folgende ALGOL-ähnliche Beschreibung des Mehrgitteralgorithmus (2) ist der des Zweigitterverfahrens in (4.7) sehr ähnlich. An die Stelle der exakten Auflösung (4.7e) treten die beiden Zeilen $(3e_1)$ und $(3e_2)$, die dem Teilschritt (2e) entsprechen. Das entstehende Programm ist *rekursiv*. Ein Aufruf von $MGM(\ell,\cdot,\cdot)$ erzeugt zwei Aufrufe von $MGM(\ell-1,\cdot,\cdot)$, diese weitere von $MGM(\ell-2,\cdot,\cdot)$, usw., bis die Stufe $\ell=0$ erreicht ist (vgl. (3b)). Die rekursive Struktur kann, falls nötig, ohne Schwierigkeiten aufgelöst werden (vgl. Hackbusch [1,S.82]).

<table>
<tr><td colspan="3">(5.5.3)   Mehrgitterprozedur MGM zur Lösung von $\lambda f_\ell = g_\ell + K_\ell f_\ell$, $\ell \geqslant 0$</td></tr>
<tr><td>(5.5.3a)</td><td><u>procedure</u> $MGM(\ell,f,g)$; <u>integer</u> ℓ; <u>array</u> f,g;</td><td></td></tr>
<tr><td>(5.5.3b)</td><td><u>if</u> $\ell=0$ <u>then</u> $f:=(\lambda I - K_0)^{-1}g$ <u>else</u>
<u>begin</u> <u>array</u> d,δ; <u>integer</u> i;</td><td></td></tr>
<tr><td>(5.5.3c)</td><td>$f:=\tfrac{1}{\lambda}(g+K_\ell * f)$;</td><td>(Picard-Iteration)</td></tr>
<tr><td>(5.5.3d)</td><td>$d:=r*(\lambda f - g - K_\ell * f)$;</td><td>(Defektberechnung)</td></tr>
<tr><td>$(5.5.3e_1)$</td><td>$\delta:=0$;</td><td>(Startwert setzen)</td></tr>
<tr><td>$(5.5.3e_2)$</td><td><u>for</u> $i=1,2$ <u>do</u> $MGM(\ell-1,\delta,d)$;</td><td>(2 Mehrgitteraufrufe)</td></tr>
<tr><td>(5.5.3f)</td><td>$f:=f-p*\delta$
<u>end</u>;</td><td>(Grobgitterkorrektur)</td></tr>
</table>

Wie in (4.7) stellt der zweite Parameter f als *Eingabe* f_ℓ^i und als *Ausgabe* f_ℓ^{i+1} dar. g steht für die Inhomogenität g_ℓ. Ein Aufruf von MGM führt *einen* Mehrgitteriterationsschritt aus.

Bemerkung 5.5.2 Ohne Änderung des Resultates lassen sich für $\ell=1$ die in $(3e_2)$ geforderten *zwei* Mehrgitteraufrufe $MGM(0,\cdot,\cdot)$ durch einen *einzigen* ersetzen, da in beiden Fällen die exakte Grobgitterlösung δ geliefert wird.

Das Mehrgitterverfahren für Integralgleichungen wurde 1978 vom Autor vorgestellt (vgl. Hackbusch [5]). Unabhängig wurde der Algorithmus 1979 von Hemker und Schippers verwendet (vgl. Hemker - Schippers [1]). Das Verfahren ist eine Übertragung des für elliptische Randwertaufgaben entwickelten Mehrgitteralgorithmus (Hackbusch [1]). Man beachte aber die unterschiedlichen Konvergenzeigenschaften.

Der Algorithmus ist nicht nur auf nichtlineare Integralgleichungen verallgemeinerbar (vgl. Hackbusch [1,§16.7]). Er läßt sich auch für Diskretisierungen von Gleichungen $f=g+Kf$ zweiter Art anwenden, bei denen K nicht explizit als Integraloperator vorliegt. Wesentlich ist nur die Eigenschaft $K \in L(C^0(D), \hat{C}^\beta(D))$ oder $K \in L(L^2(D), H^\beta(D))$.

5.5.2 Rechenaufwand

Da ein Mehrgitterschritt aufgrund seiner rekursiven Struktur eine Lawine weiterer Aufrufe erzeugt, ist es nicht trivial, daß der Gesamtaufwand proportional zu n_ℓ^2 bleibt. Die dominierende Operation ist die Matrix-Vektor-Multiplikation $f_\ell \mapsto K_\ell f_\ell$. Wenn die Dimension des Problems $n_\ell \pm O(1)$ beträgt, gilt (3a):

(5.5.3a) $f_\ell \mapsto K_\ell f_\ell$ benötigt $2n_\ell^2 + O(n_\ell)$ arithmetische Operationen.

Bezüglich der Prolongation und Restriktion machen wir die Annahme:

(5.5.3b) $v \mapsto pv$ und $w \mapsto rw$ benötigen $O(n_\ell)$ Operationen.

Stellt r eine Beschränkung auf $n_{\ell-1}$ Komponenten dar (vgl. (3.6c)), gilt wie in (4.11c):

(5.5.3c) $f_\ell \mapsto rK_\ell f_\ell$ benötigt $2\,n_\ell n_{\ell-1} + O(n_\ell)$ Operationen.

Die Dimension auf der Stufe ℓ ist als $n_\ell \pm O(1)$ angenommen. Die Zahlen n_ℓ sollen linear fallen:

(5.5.3d) $n_{\ell-1} \leqslant C_N n_\ell$.

Bemerkung 5.5.3 (a) Der Standardfall verwendet eine Halbierung der Schrittweiten: $h_\ell = h_{\ell-1}/2$. Für Integralgleichungen auf einem (eindimensionalen) Intervall ergibt sich hieraus Forderung (3d) mit

(5.5.3e) $C_N = \frac{1}{2}$.

(b) Ist der Integrationsbereich dagegen d-dimensional, so entspricht der Halbierungsfolge $h_\ell = h_{\ell-1}/2$ eine Bedingung (3d) mit

(5.5.3f) $C_N = 2^{-d}$.

(c) Aus (3c) und (3d) erhält man als Aufwand für $f_\ell \mapsto rK_\ell f_\ell$ $2C_N n_\ell^2 + O(n_\ell)$ Operationen.

Satz 5.5.4 Unter den Voraussetzungen (3a-d) und

(5.5.3g) $C_N < 1/\sqrt{2}$ (folgt aus (3e) oder (3f))

benötigt eine Mehrgitteriteration $f_\ell^i \mapsto f_\ell^{i+1}$ auf der Stufe ℓ, d.h. ein Aufruf $MGM(\ell,\cdot,\cdot)$

(5.5.4a) $C_1 n_\ell^2 + O(n_\ell)$ Operationen mit $C_1 = 2\,\dfrac{1+C_N-C_N^2}{1-2C_N^2}$.

Für den Sonderfall $f_\ell^0 = 0$ kostet ein Mehrgitterschritt $f_\ell^0 \mapsto f_\ell^1$

(5.5.4b) $C_0 n_\ell^2 + O(n_\ell)$ Operationen mit $C_0 = 2\,C_N\,\dfrac{1+C_N}{1-2C_N^2}$.

Gilt (3c) nicht, erhöhen sich die Zahlen auf $C_0 = 2(1+C_N^2)/(1-2C_N^2)$ bzw. $C_1 = 2(2-C_N^2)/(1-2C_N^2)$ Operationen.   Für   den Standardfall (3e): $C_N = \frac{1}{2}$ lauten die Zahlen aus (4a,b):

(5.5.4c) $C_1 = 5$, $C_0 = 3$.

Beweis. Wir wollen Konstanten C_0, C_1 und C bestimmen, so daß eine Mehrgitteriteration mit allgemeinem f_ℓ^j bzw. mit $f_\ell^0 = 0$ nicht mehr als $C_1 n_\ell^2 + C n_\ell$ bzw. $C_0 n_\ell^2 + C n_\ell$ Operationen benötigt. Durch geeignete Wahl von C ist diese Abschätzung auf der Stufe $\ell = 0$ richtig. Der Aufwand eines Aufrufes $MGM(\ell, \cdot, \cdot)$ für $\ell \geq 1$ setzt sich zusammen aus $2 n_\ell^2 + O(n_\ell)$ Operationen für die Picard-Iteration (3c), $2 C_N n_\ell^2 + O(n_\ell)$ Operationen für die Defektberechnung (3d) (vgl. Bemerkung 3c), $O(n_\ell)$ Operationen für die Grobgitterkorrektur (3f). Da der erste der beiden Aufrufe in (3e$_2$) mit null als zweitem Parameter verwendet wird, ergibt sich für (3e$_2$) ein Aufwand von

$$(C_0 + C_1) n_{\ell-1}^2 + C n_{\ell-1} \leq (C_0 + C_1) C_N^2 n_\ell^2 + C C_N n_\ell.$$

Die Anzahl der Operationen ist daher im allgemeinen Fall durch

$$2 n_\ell^2 + 2 C_N n_\ell^2 + (C_0 + C_1) C_N^2 n_\ell^2 + C C_N n_\ell + O(n_\ell) \leq$$
$$\leq [2 + 2 C_N + (C_0 + C_1) C_N^2] n_\ell^2 + (C' + C C_N) n_\ell$$

beschränkt. Hierbei ist $C' n_\ell$ als Schranke des $O(n_\ell)$-Terms definiert. Damit (4a,b) auch für die Stufe ℓ gelten, müssen die Ungleichungen

$$(5.5.4d) \qquad 2 + 2 C_N + (C_0 + C_1) C_N^2 \leq C_1, \qquad C \leq C' + C C_N$$

erfüllt sein. Die entsprechenden Überlegungen für den Sonderfall $f_\ell^0 = 0$ führen auf die Bedingungen

$$(5.5.4e) \qquad 2 C_N + (C_0 + C_1) C_N^2 \leq C_0, \qquad C \leq C' + C C_N.$$

Man prüft nach, daß C_0 aus (4b) und C_1 aus (4a) sowie $C \geq C'/(1 - C_N)$ für $C_N < 1/\sqrt{2}$ wohldefiniert sind und (4d,e) erfüllen. ∎

Der Wert $C_1 = 5$ in (4c) bedeutet, daß eine Mehrgitteriteration den gleichen Aufwand erfordert, wie $2\frac{1}{2}$ Picard-Iterationen auf der gleichen Stufe benötigen würden. Wie wir später (in §5.6.1) sehen werden, genügen je eine Mehrgitteriteration pro Stufe, so daß der Gesamtaufwand sehr gering bleibt.

5.5.3 Konvergenz

In Analogie zu (4.8) schreiben wir eine Iteration $f_\ell^j \mapsto f_\ell^{j+1}$ des Mehrgitteralgorithmus (3) in der Form

$$(5.5.5) \qquad f_\ell^{j+1} = M_\ell^{MGM} f_\ell^j + c_\ell \qquad (M_\ell^{MGM}: \text{Mehrgitteriterationsmatrix}).$$

Wie der Mehrgitteralgorithmus ist auch die Matrix M_ℓ^{MGM} *rekursiv* definiert. Das folgende Lemma zeigt, daß die Iterationsmatrix M_ℓ^{MGM} als eine Störung der Zweigitteriterationsmatrix M_ℓ^{ZGM} aufgefaßt werden kann.

Lemma 5.5.5 Die Mehrgitteriteration (3) wird durch (5) dargestellt. Dabei ist M_ℓ^{MGM} rekursiv durch (6a) für $\ell = 1$ und (6b) für $\ell > 1$ definiert:

(5.5.6a) $\qquad M_1^{MGM} = M_1^{ZGM}$,

(5.5.6b) $\qquad M_\ell^{MGM} = M_\ell^{ZGM} + \frac{1}{\lambda} \, p \, (M_{\ell-1}^{MGM})^2 (\lambda I - K_{\ell-1})^{-1} r (\lambda I - K_\ell) K_\ell$.

Eine alternative Darstellung zu (6b) ist

(5.5.6b') $\qquad M_\ell^{MGM} = M_\ell^{ZGM} +$
$$+ \tfrac{1}{\lambda} \, p \, (M_{\ell-1}^{MGM})^2 \, [\, r - (\lambda I - K_{\ell-1})^{-1} (r K_\ell - K_{\ell-1} r)\,]\, K_\ell \,.$$

Falls $r p = I$ gilt (vgl. (3.7a)), vereinfacht sich (6b) zu

(5.5.6c) $\qquad M_\ell^{MGM} = M_\ell^{ZGM} + \tfrac{1}{\lambda} \, p \, (M_{\ell-1}^{MGM})^2 \, r \, (M_\ell^{ZGM} - \tfrac{1}{\lambda} K_\ell) \, K_\ell$.

Bevor wir dieses Lemma beweisen können, brauchen wir noch einen Hilfssatz, der es gestattet, die Größe c_ℓ aus (5) explizit anzugeben.

Lemma 5.5.6 Die Iteration $f_\ell^i \mapsto f_\ell^{i+1}$ zur Lösung von $\lambda f_\ell = g_\ell + K_\ell f_\ell$ habe für alle g_ℓ die Lösungen f_ℓ als Fixpunkte, d.h. $f_\ell^i = f_\ell$ liefert $f_\ell^{i+1} = f_\ell$. Dann gilt in der Iterationsdarstellung (5):

(5.5.7) $\qquad c_\ell = N_\ell \, g_\ell \quad$ mit $\quad N_\ell = (I - M_\ell^{MGM})(\lambda I - K_\ell)^{-1}$.

Beweis. Setzt man den Fixpunkt $f_\ell = (\lambda I - K_\ell)^{-1} g_\ell$ in (5) ein, erhält man $f_\ell = M_\ell^{MGM} f_\ell + c_\ell$, d.h. $c_\ell = (I - M_\ell^{MGM}) f_\ell = (I - M_\ell^{MGM})(\lambda I - K_\ell)^{-1} g_\ell$. ◼

Beweis zu Lemma 5. (i) Im Falle $f_\ell^i = f_\ell$ reproduziert die Picard-Iteration (3c) die Lösung f_ℓ. Da in diesem Falle $d = 0$ in (3d), so daß $\delta = 0$ resultiert und $f_\ell^{i+1} = f_\ell$ beweist. Also ist die Darstellung (7) anwendbar.

(ii) (6a) ist Folge der Definition (2a), die durch (3) realisiert wird.

(iii) Da die Größe g (3. Parameter in MGM) nur in c_ℓ aus (5) eingeht, aber nicht in die Definition von M_ℓ^{MGM}, dürfen wir o.B.d.A. $g = 0$ setzen. Für f_ℓ^i schreiben wir kürzer f. Resultat von (3c) ist $\bar{f} = \tfrac{1}{\lambda} K_\ell f$. (3d) liefert $d = r(\lambda I - K_\ell) \bar{f}$. Nach Induktionsannahme gelten (5) und (7) für die Stufe $\ell - 1$. Der Startwert $\delta^0 = 0$ aus $(3e_1)$ führt zu

$$\delta^1 = M_{\ell-1}^{MGM} \, \delta^0 + c_{\ell-1} = c_{\ell-1} = N_{\ell-1} d = N_{\ell-1} r (\lambda I - K_\ell) \bar{f} \,.$$

Die zweite Mehrgitteriteration in $(3e_2)$ liefert

$$\delta^2 = M_{\ell-1}^{MGM} \, \delta^1 + c_{\ell-1} = (I + M_{\ell-1}^{MGM}) \, N_{\ell-1} \, r (\lambda I - K_\ell) \bar{f} \,.$$

Aus (7) erhalten wir die Darstellung

$$\delta^2 = \big(I - (M_{\ell-1}^{MGM})^2 \big) \, (\lambda I - K_{\ell-1})^{-1} \, r \, (\lambda I - K_\ell) \bar{f} \,.$$

Das schließliche Resultat der Korrektur (3f) lautet daher

$$f_\ell^{i+1} = \bar{f} - p \big(I - (M_{\ell-1}^{MGM})^2 \big) \, (\lambda I - K_{\ell-1})^{-1} \, r \, (\lambda I - K_\ell) \bar{f} =$$
$$= [\, I - p \big(I - (M_{\ell-1}^{MGM})^2 \big) \, (\lambda I - K_{\ell-1})^{-1} \, r \, (\lambda I - K_\ell) \,] \, \tfrac{1}{\lambda} K_\ell f =$$
$$= \{\, \tfrac{1}{\lambda} \, [\, I - p (\lambda I - K_{\ell-1})^{-1} \, r \, (\lambda I - K_\ell) \,] K_\ell +$$
$$+ \tfrac{1}{\lambda} \, p \, (M_{\ell-1}^{MGM})^2 \, (\lambda I - K_{\ell-1})^{-1} \, r \, (\lambda I - K_\ell) \,] \, K_\ell \} f \,.$$

Da $f_\ell^i = f$ beliebig ist, muß die geschweifte Klammer die Matrix M_ℓ^{MGM} aus (5) darstellen. Der erste Summand darin ist M_ℓ^{ZGM} (vgl. (4.9)), so daß (6b) beweisen ist. Offenbar sind (6b) und (6b') äquivalent.

(iv) (6c) ergibt sich unmittelbar aus (6b), (4.9) und $r\,p = I$.   ■

Aus der Matrixdarstellung (6b') erhält man die Abschätzung

$$\|M_\ell^{MGM}\|_{X_\ell \leftarrow X_\ell} \leqslant \|M_\ell^{ZGM}\|_{X_\ell \leftarrow X_\ell} + \tfrac{1}{|\lambda|}\,\|p\|_{X_\ell \leftarrow X_{\ell-1}}\|M_{\ell-1}^{MGM}\|^2_{X_{\ell-1} \leftarrow X_{\ell-1}} \times$$

$$\times\,\Big[\,\|r\|_{X_{\ell-1} \leftarrow X_\ell}\|K_\ell\|_{X_\ell \leftarrow X_\ell} +$$

$$+\,\|(\lambda I - K_{\ell-1})^{-1}\|_{X_{\ell-1} \leftarrow X_{\ell-1}}\|rK_\ell - K_{\ell-1}r\|_{X_{\ell-1} \leftarrow Y_\ell}\|K_\ell\|_{Y_\ell \leftarrow X_\ell}\,\Big].$$

Mit den Schranken $\|p\|_{X_\ell \leftarrow X_{\ell-1}} \leqslant C_p$, $\|r\|_{X_{\ell-1} \leftarrow X_\ell} \leqslant C_r$ (vgl. (3.4a,b)), $\|rK_\ell - K_{\ell-1}r\|_{X_{\ell-1} \leftarrow Y_\ell} \leqslant C_c h_\ell^\beta$ (vgl. (3.9)), $\|(\lambda I - K_{\ell-1})^{-1}\|_{X_{\ell-1} \leftarrow X_{\ell-1}} \leqslant C_S$ (vgl. (2.14)), $\|K_\ell\|_{Y_\ell \leftarrow X_\ell} \leqslant C_K$ und $\|K_\ell\|_{X_\ell \leftarrow X_\ell} \leqslant C_{XX}$ (vgl. (2.11c/f)) sowie der Zweigitterkonvergenzaussage $\|M_\ell^{ZGM}\|_{X_\ell \leftarrow X_\ell} \leqslant C_{ZGM} h_\ell^\beta$ (vgl. (4.10a)) wird die Ungleichung zu

$$(5.5.8) \qquad \|M_\ell^{MGM}\|_{X_\ell \leftarrow X_\ell} \leqslant$$

$$C_{ZGM} h_\ell^\beta + \tfrac{1}{|\lambda|}\,C_p\,\|M_{\ell-1}^{MGM}\|^2_{X_{\ell-1} \leftarrow X_{\ell-1}}\big[C_r C_{XX} + C_S C_c h_\ell^\beta C_K\big].$$

> **Satz 5.5.7** (Konvergenz des Mehrgitterverfahrens) Es seien die Stabilität (2.14), die Regularität (2.11c) und (2.11f), die gleichmäßige Beschränktheit (3.4a,b) von p und r, die relative Konsistenz (3.9) und die Interpolationsfehlerabschätzung (3.8) mit $\beta > 0$ vorausgesetzt. Die Schrittweite h_1 sei hinreichend klein: $h_1 \leqslant h_*$, und es gelte $h_\ell \leqslant C_h h_{\ell-1}$. Dann existiert eine Konstante C_*, so daß die Mehrgitterkonvergenz mit C_{ZGM} aus (4.10a) durch
>
> $$(5.5.9) \qquad \|M_\ell^{MGM}\|_{X_\ell \leftarrow X_\ell} \leqslant C_{ZGM}(1 + C_* h_\ell^\beta)\,h_\ell^\beta < 1$$
>
> abgeschätzt werden kann. Damit haben die Zwei- und Mehrgitteriterationen asymptotisch die gleiche Geschwindigkeit.

Beweis. Für hinreichend kleines $h_\ell < h_{\ell-1} \leqslant h_1 \leqslant h_*$ existiert ein C_* mit

$$(5.5.10) \qquad \tfrac{1}{|\lambda|}\,C_p C_{ZGM}(1 + C_* h_{\ell-1}^\beta)^2\big[C_r C_{XX} + C_S C_c C_K h_\ell^\beta\big]C_h^{2\beta} \leqslant C_*.$$

Die Behauptung (9) wird durch Induktion nach der Stufenzahl ℓ bewiesen. Die Voraussetzungen des Zweigitterkonvergenzsatzes 4.3 sind erfüllt, so daß $\|M_\ell^{ZGM}\|_{X_\ell \leftarrow X_\ell} \leqslant C_{ZGM} h_\ell^\beta$ gilt (vgl. (4.10a)). Für $\ell = 1$ ist die Ungleichung (9) wegen (6a) trivial. Ist (9) für $\ell-1$ richtig, setzt man diese Ungleichung in (8) ein und erhält

$$\|M_\ell^{MGM}\|_{X_\ell \leftarrow X_\ell} \leqslant$$

$$C_{ZGM} h_\ell^\beta + \tfrac{1}{|\lambda|}\,C_p\big(C_{ZGM}(1 + C_* h_{\ell-1}^\beta)h_{\ell-1}^\beta\big)^2\big[C_r C_{XX} + C_S C_c h_\ell^\beta C_K\big].$$

Indem man den zweiten Summanden als Produkt von $C_{ZGM} h_\ell^{2\beta}$ mit der linken Seite von (10) schreibt, ergibt sich die Behauptung (9) für ℓ.   ■

Zusatz 5.5.8 Führt man im Teilschritt $(3e_2)$ nur *eine* Mehrgitteriteration auf der Stufe $l-1$ aus, ist die Iterationsmatrix durch (6b) oder (6b') mit M_{l-1}^{MGM} anstelle von $(M_{l-1}^{MGM})^2$ repräsentiert. In der rekursiven Ungleichung (8) entfällt das Quadrat beim Faktor $\|M_{l-1}^{MGM}\|^2_{X_{l-1}\leftarrow X_{l-1}}$. Unter der Voraussetzung, daß

$$(5.5.11a) \qquad \frac{1}{|\lambda|} C_p C_h^\beta \left[C_r C_{XX} + C_S C_c h_l^\beta C_K \right] \leq C_* < 1 \qquad \text{für alle } l \geq 2,$$

gilt die Konvergenzabschätzung

$$(5.5.11b) \qquad \|M_l^{MGM}\|_{X_l \leftarrow X_l} \leq C_{ZGM}\, h_l^\beta / (1 - C_*) \qquad \text{für alle } l \geq 2.$$

Mit $C_{**} := \frac{1}{|\lambda|} C_p C_r C_{XX}$ erhält man aus (8) keine bessere Abschätzung als

$$(5.5.11c) \qquad \|M_l^{MGM}\|_{X_l \leftarrow X_l} \leq C_l \quad \text{mit } C_l \geq C_{ZGM} \sum_{k=0}^{l-1} h_{l-k}^\beta C_{**}^k,$$

so daß im allgemeinen keine Konvergenzgeschwindigkeit besser als $O(h_1^\beta)$ erwartet werden kann.

Beweis. Induktion nach l zeigt die Behauptungen. ∎

Übungsaufgabe 5.5.9 (a) Wie lauten die Kosten (in arithmetischen Operationen), wenn nur eine statt zwei Mehrgitteriterationen im Schritt $(3e_2)$ durchgeführt werden? **(b)** Will man weniger Aufwand bei ähnlichem Konvergenzverhalten wie in Satz 7 erzielen, führe man in $(3e_2)$ *einen* Iterationsschritt für gerades l und *zwei* Iterationsschritte für ungerades l durch. Wie groß ist der Aufwand? **(c)** Für die Variante aus Teil (b) zeige man $\|M_l^{MGM}\|_{X_l \leftarrow X_l} = O(h_l^\beta)$.

Übungsaufgabe 5.5.10 Die Zahlen α_l $(l \geq 1)$ mögen $\alpha_1 \leq \zeta < \frac{1}{2}$ und $\alpha_l \leq x_l + A\alpha_{l-1}^2$ für $l \geq 2$ mit $4\zeta A \leq 1$ und $x_l \leq \zeta$ erfüllen. Man zeige: **(a)** $\alpha_l < 2\zeta < 1$ für alle $l \geq 1$. **(b)** Wenn außerdem $x_l \to 0$, folgt auch $\alpha_l \to 0$. **(c)** Wenn $x_l \leq x h_l^\beta$ und $h_l \leq C_h h_{l-1}$ $(l \geq 1)$ mit $x > 0$ und $C_h < 1$, gibt es eine Konstante C, so daß $\alpha_l \leq \min(C x h_l^\beta, 2\zeta) < 1$.

Eine konkrete Angabe über die «hinreichend kleine» Schrittweite h_1 enthält der folgende Zusatz, der diese Schrittweite mit der Zweigitterkonvergenz in Beziehung setzt. Dabei werden die Standardbedingungen $rp = I$, $C_r = C_p = 1$ zugrunde gelegt. Der Wert C_{XX} stammt aus (2.11f).

Zusatz 5.5.11 Neben den Voraussetzung des Satzes 7 gelte $rp = I$, $C_r = C_p = 1$. $h_1 \leq h_*$ sei so klein gewählt, daß die Abschätzungen

$$(5.5.12) \qquad \|M_l^{ZGM}\|_{X_l \leftarrow X_l} \leq \zeta < \frac{1}{2} \ \text{ für alle } l \geq 1, \qquad 4\zeta \frac{1}{|\lambda|}\left(\zeta + \frac{1}{|\lambda|} C_{XX}\right) \leq 1$$

zutreffen. Dann gilt die Konvergenzaussage (9) für ein geeignetes C_*.

Beweis. Der Darstellung (6c) für M_l^{MGM} entnimmt man die Abschätzung

$$(5.5.13) \qquad \|M_l^{MGM}\|_{X_l \leftarrow X_l} \leq \|M_l^{ZGM}\|_{X_l \leftarrow X_l} +$$
$$+ \frac{1}{|\lambda|} \|M_{l-1}^{MGM}\|^2_{X_{l-1} \leftarrow X_{l-1}} \left(\|M_l^{ZGM}\|_{X_l \leftarrow X_l} + \frac{1}{|\lambda|} C_{XX}\right).$$

Mit $\alpha_l := \|M_l^{MGM}\|_{X_l \leftarrow X_l}$, $x_l := \|M_l^{ZGM}\|_{X_l \leftarrow X_l}$ und $A := \frac{1}{|\lambda|}\left(\zeta + \frac{1}{|\lambda|} C_{XX}\right)$ sowie $x := C_{ZGM}$ ist Übungsaufgabe 10 anwendbar. ∎

Die Konvergenzaussage (4.10a) für das *Zwei*gitterverfahren gilt (asymptotisch) für alle Stufen l unabhängig davon, ob Konvergenz oder Divergenz vorliegt. Dies trifft für den *Mehr*gitteralgorithmus nicht zu. Wenn Divergenz wegen eines nicht genügend kleinen h_1 vorliegt, divergiert der Algorithmus auf allen Stufen, wobei die Divergenzgeschwindigkeit explosionsartig zunimmt.

Bemerkung 5.5.12 Divergiert das Zweigitterverfahren auf der Stufe $l=1$ (oder das Mehrgitterverfahren auf einer Stufe $l=l_0$), so gilt nach (8) näherungsweise $\| M_l^{MGM} \|_{X_l \leftarrow X_l} \approx \frac{1}{|\lambda|} C_p C_r C_{XX} \| M_{l-1}^{MGM} \|^2_{X_{l-1} \leftarrow X_{l-1}}$ für $l \geqslant 1$ ($l \geqslant l_0$), wenn man die h_l^β-Terme vernachlässigt. Dann wächst die Divergenzgeschwindigkeit wie

$$(5.5.14) \qquad \| M_l^{MGM} \|_{X_l \leftarrow X_l} \approx O(C^{2^l-1}) \quad \text{mit} \quad C := \frac{1}{|\lambda|} C_p C_r C_{XX}.$$

Bemerkung 5.5.13 Je kleiner der Wert von $|\lambda|$ ist, desto kleiner wird die Schrittweitenschranke h_*. Die Konvergenzvoraussetzung $h_1 \leqslant h_*$ ist daher um so restriktiver, je kleiner $|\lambda|$ ist.

Beweis. Ergibt sich aus der Definition (10) von C_* und aus (12).   ∎

In den numerischen Beispielen der Tabellen 1 und 2 werden wir diese Aussage bewahrheitet finden. Man beachte, daß sich eine sehr einschränkende Schrittweitenbedingung $h_1 \leqslant h_*$ in der Praxis nicht erfüllen läßt, wenn h_* kleiner wird als die Schrittweite h des Ausgangsproblems. In jedem Falle wäre auf der Stufe $l=0$ - im Teilschritt (3b) - ein noch immer relativ großes Gleichungssystem zu lösen. Wir werden daher in §5.5.5 Varianten des Mehrgitterverfahrens beschreiben, die sich für kleine $|\lambda|$ robuster zeigen.

5.5.4 Numerische Beispiele

Wir verwenden wiederum das Beispiel (4.15-16), das in §5.4.5 bereits als Testbeispiel für das Zweigitterverfahren diente. Die Unterschiede zwischen der Zweigitter- und Mehrgitterkonvergenz sind im Falle $\lambda = 1$ so minimal, daß man die in Tabelle 5.4.2 angegebenen Konvergenzgeschwindigkeiten für das Mehrgitterverfahren (3) übernehmen kann. Erst für $\lambda = 0.1$ und 0.01 treten Abweichungen von den in Tabelle 5.4.3 wiedergegebenen Zweigitterraten auf.

Die folgende Tabelle 1 enthält die gemittelten Konvergenzgeschwindigkeiten für die Schrittweiten

$$h_l := 1/n_l \quad \text{mit} \quad n_l = 2^l n_0 \qquad (l \geqslant 0).$$

Die Zahl $n = n_l$ bezeichnet den Parameter des zu lösenden Problems, während n_0 die Schrittweite des gröbsten Gitters charakterisiert. Ein Mehrgitterverfahren mit $n = 2n_0$ entspricht der Stufe $l=1$ und ist daher ein Zweigitterverfahren. Läßt man n fest und wählt

$n_0 = 2^{-\ell} n$, so erhält man ein Mehrgitterverfahren mit ℓ Hilfsgittern, also ein $(\ell+1)$-Gitterverfahren. In (3b) sind Gleichungssysteme der Dimension n_0 zu lösen. Die Konvergenzbedingung $h_1 \leqslant h_*$ wird zu

$$(5.5.15) \qquad n_0 \geqslant 1 / (2 h_*).$$

n	$n_0=1$	$n_0=2$	$n_0=4$	$n_0=8$	$n_0=16$	$n_0=32$	$n_0=64$
2	$7.2_{10}-1$	–	–	–	–	–	–
4	$6.7_{10}+0$	$4.5_{10}-1$	–	–	–	–	–
8	$6.8_{10}+1$	$1.2_{10}+0$	$1.2_{10}-1$	–	–	–	–
16	$7.3_{10}+4$	$4.4_{10}+0$	$1.2_{10}-1$	$3.3_{10}-2$	–	–	–
32	$4.7_{10}+10$	$1.6_{10}+2$	$2.5_{10}-2$	$1.4_{10}-2$	$8.3_{10}-3$	–	–
64	$2.0_{10}+22$	$1.7_{10}+5$	$9.2_{10}-3$	$2.7_{10}-3$	$2.4_{10}-3$	$3.6_{10}-3$	–
128	$2.5_{10}+45$	$4.0_{10}+11$	$5.1_{10}-4$	$5.7_{10}-4$	$5.5_{10}-4$	$5.5_{10}-4$	$5.6_{10}-4$

Tabelle 5.5.1 Gemittelte Konvergenzgeschwindigkeit für $\lambda=0.1$

Für $n_0=1$ und $n_0=2$ ergibt sich außer für den Zweigitterfall $n=2n_0$ Divergenz. Die Größen der Divergenzraten entsprechen dem in (14) beschriebenen Verhalten. Für $n_0 \geqslant 4$ ist offenbar die Konvergenzbedingung (15) befriedigt: Man erhält für alle $n=n_\ell$ Konvergenz. Da die Diagonale der Tabelle 1 die Zweigitterraten enthält, hat man die Werte einer Zeile zu vergleichen. In Übereinstimmung mit Satz 7 strebt die Mehrgittergeschwindigkeit für wachsendes n gegen die Zweigittergeschwindigkeit.

Für $\lambda=0.01$ verstärken sich die von $\frac{1}{|\lambda|}$ herrührenden Schwierigkeiten in (10), (12) und (14). Die für die Mehrgitterkonvergenz notwendige Bedingung (15) lautet für dieses Beispiel $n_0 \geqslant 16$, wie man den Zahlen aus Tabelle 2 entnimmt. Der Faktor $\frac{1}{|\lambda|}=100$ sorgt für eine vergrößerte Konstante C_{ZGM} in (4.10b), so daß die *Zwei*gitterkonvergenz ebenfalls später einsetzt $(n_0 \geqslant 8)$.

Zum Vergleich sei angemerkt, daß die Picard-Iteration (1.5) für die Werte $\lambda=0.1$ oder 0.01 mit Raten bei 5 bzw. 50 divergiert. Auch die

n	$n_0=1$	$n_0=2$	$n_0=4$	$n_0=8$	$n_0=16$	$n_0=32$	$n_0=64$
2	$9.3_{10}+0$	–	–	–	–	–	–
4	$7.7_{10}+3$	$5.0_{10}+0$	–	–	–	–	–
8	$1.5_{10}+7$	$1.1_{10}+3$	$1.3_{10}+0$	–	–	–	–
16	$1.7_{10}+17$	$1.0_{10}+7$	$8.5_{10}+1$	$4.1_{10}-1$	–	–	–
32	$1.0_{10}+36$	$1.7_{10}+16$	$1.7_{10}+4$	$5.7_{10}+0$	$1.2_{10}-1$	–	–
64	$1.0_{10}+74$	$8.2_{10}+33$	$4.6_{10}+10$	$2.4_{10}+2$	$3.8_{10}-1$	$3.2_{10}-2$	–
128	–	$8.0_{10}+69$	$8.6_{10}+22$	$9.1_{10}+6$	$7.3_{10}-1$	$2.9_{10}-2$	$2.0_{10}-2$

Tabelle 5.5.2 Gemittelte Konvergenzgeschwindigkeit für $\lambda=0.01$

das Konvergenzverhalten des cg-Verfahrens (§5.1.4) bestimmende Konditionszahl steigt mit fallendem $|\lambda|$.

Eine Möglichkeit, den störenden Faktor $\frac{1}{|\lambda|} \gg 1$ zu kompensieren, besteht darin, Quadraturverfahren höherer Ordnung zu verwenden, so daß die eventuell großen Konstanten durch kleine Faktoren h_ℓ^β gemildert werden. Für das Beispiel (4.15/16) mit $\lambda = -0.001$ kann z.B. die *summierte Simpson-Formel* als Quadraturverfahren in der Nyström-Methode eingesetzt werden. Das Verfahren ist von vierter Ordnung. Um $\beta = 4$ zu erreichen, hat man $Y = \hat{C}^4([0,1])$ zu wählen. Gemäß Forderung (3.8) muß auch der Interpolationsfehler von vierter Ordnung sein. Dies erreicht man mit der *stückweise kubischen Interpolation*, d.h. $(p\varphi_{\ell-1})(\nu h_{\ell-1}) = \varphi_{\ell-1}(\nu h_{\ell-1})$ in den Grobgitterpunkten $(\nu \in \mathbf{Z})$ und $(p\varphi_{\ell-1})(\nu h_{\ell-1} + h_\ell) = \pi(\nu h_{\ell-1} + h_\ell)$, wobei π das kubische Interpolationspolynom in den Stützstellen $(\nu-1)h_{\ell-1}$, $\nu h_{\ell-1}$, $(\nu+1)h_{\ell-1}$, $(\nu+2)h_{\ell-1}$ ist. r ist weiterhin die triviale Beschränkung auf das grobe Gitter. Das Mehrgitterverfahren (3) konvergiert bis $n = 128$ bei einem gröbstem Gitter mit $n_0 \geqslant 16$, divergiert aber für $n_0 = 16$ und $n \geqslant 256$. Die Konvergenzbedingung (15) lautet $n_0 \geqslant 32$. Man beachte, daß das Picard-Verfahren eine Divergenzrate von etwa *500* besitzt. Bei den mit

«+» gekennzeichneten Stellen in Tabelle 3 ist die Konvergenz so schnell, daß die Maschinengenauigkeit erreicht ist, bevor die in §5.4.5 erläuterten Konvergenzfaktoren ε_ℓ^j berechnet werden können, aus denen sich die gemittelte Konvergenzgeschwindigkeit ergibt.

n	$n_0=8$	$n_0=16$	$n_0=32$	$n_0=64$
64	$1.2_{10}+4$	$2.4_{10}-2$	$2.8_{10}-3$	–
128	$3.5_{10}+10$	$1.3_{10}-1$	$1.1_{10}-4$	$3.0_{10}-4$
256	$1.8_{10}+24$	$1.0_{10}+1$	+	+

Tabelle 5.5.3 Gemittelte Konvergenzgeschwindigkeit für $\lambda = -0.001$ mit der Simpson-Quadratur im Nyström-Verfahren

Eine weitere Maßnahme, um Mehrgitterkonvergenz auch für kleine Beträge von λ zu sichern, besteht in der Modifikation des Algorithmus. Hierauf wird im folgenden Unterkapitel eingegangen.

5.5.5 Varianten des Mehrgitterverfahrens

In Analogie zu §5.4.4 behandeln wir zunächst die Mehrgittervariante für den Fall $A_\ell \neq I$, in dem die Gleichung (4.13b):

$$(\lambda A_\ell - B_\ell) f_\ell = b_\ell$$

zu lösen ist. Es sei daran erinnert, daß die kanonische Restriktion

$$r = A_{\ell-1}^{-1}\, \hat{r}\, A_\ell \qquad\qquad \text{(vgl. (4.13c))}$$

lautet und die Multiplikation mit $\hat{r} := p^T$ einfach ausführbar ist (vgl. (3.6i)).

Die *äquivalente* Umformulierung des Mehrgitteralgorithmus (3) ergibt sich unmittelbar aus der Zweigittervariante (4.14). Lediglich die Grobgitterlösung (4.14e) ist durch den $(3e_{1,2})$ entsprechenden Aufruf von zwei Mehrgitterschritten der Stufe $l-1$ zu ersetzen.

(5.5.16) **Mehrgitterprozedur** MGM' zur Lösung von $(\lambda A_l - B_l)f_l = b_l$

(5.5.16a) $\underline{procedure}\ MGM'(l, f, b)$; $\underline{integer}\ l$; $\underline{array}\ f, b$;

(5.5.16b) $\underline{if}\ l=0\ \underline{then}\ f:=(\lambda A_0 - B_0)^{-1}b\ \underline{else}$

           $\underline{begin}\ \underline{array}\ d, \delta$; $\underline{integer}\ i$;

(5.5.16c) $f:=\frac{1}{\lambda}A_l^{-1}(b+B_l*f)$;   (Picard-Iteration)

(5.5.16d) $d:=\hat{r}*(\lambda A_l f - b - B_l*f)$;   (Defektberechnung)

$(5.5.16e_1)$ $\delta:=0$;   (Startwert setzen)

$(5.5.16e_2)$ $\underline{for}\ i=1,2\ \underline{do}\ MGM'(l-1,\delta,d)$; (2 Mehrgitteraufrufe)

(5.5.16f) $f:=f-p*\delta$ (Grobgitterkorrektur)

       $\underline{end}$;

Da es sich bei der Variante (16) um ein äquivalentes Verfahren handelt, ist eine erneute Konvergenzanalyse nicht erforderlich. Anders ist es bei den folgenden Modifikationen (17) und (24), die speziell für Probleme mit kleinen Beträgen von λ entworfen sind.

Der Faktor $\frac{1}{\lambda}$ tritt besonders störend im Picard-Schritt (3c) bzw. (16c) auf. Es wird sich herausstellen, daß im ersten der zwei Mehrgitteraufrufe $(3e_2)$ der dadurch induzierte Picard-Schritt auf der Stufe $l-1$ entbehrlich ist. Wir führen deshalb in der Mehrgittervariante MGV einen vierten Parameter s ein. Für $s=\underline{true}$ wird wie bisher die Picard-Iteration als «Glättung» durchgeführt; im Falle von $s=\underline{false}$ wird hierauf verzichtet. Der Algorithmus lautet damit wie folgt:

(5.5.17) **Mehrgitterprozedur** MGV zur Lösung von $\lambda f_l = g_l + K_l f_l$, $l \geq 0$

(5.5.17a) $\underline{procedure}\ MGV(l, f, g, s)$; $\underline{integer}\ l$; $\underline{array}\ f, g$; $\underline{Boolean}\ s$;

(5.5.17b) $\underline{if}\ l=0\ \underline{then}\ f:=(\lambda I - K_0)^{-1}g\ \underline{else}$

           $\underline{begin}\ \underline{array}\ d, \delta$;

(5.5.17c) $\underline{if}\ s\ \underline{then}\ f:=\frac{1}{\lambda}(g+K_l*f)$;   (Picard-Iteration)

(5.5.17d) $d:=r*(\lambda f - g - K_l*f)$;   (Defektberechnung)

$(5.5.17e_1)$ $\delta:=0$;   (Startwert setzen)

$(5.5.17e_2)$ $MGV(l-1,\delta,d,\underline{false})$;   (1. Mehrgitteraufruf)

$(5.5.17e_3)$ $MGV(l-1,\delta,d,\underline{true})$;   (2. Mehrgitteraufruf)

(5.5.17f) $f:=f-p*\delta$ (Grobgitterkorrektur)

       $\underline{end}$;

Diese von Autor 1983 vorgeschlagene Variante MGV aus (17) (in Hackbusch [1] MGM''' genannt) vereinigt zwei Vorteile: der Rechenaufwand ist geringer, da einige der Picard-Schritte wegfallen, und die Mehrgitterkonvergenz verhält sich für kleine $|\lambda|$ nicht schlechter als die Zweigittermethode. Eine Abschätzung des Rechenaufwandes enthält die

Übungsaufgabe 5.5.14 Man beweise: Unter den Voraussetzungen (3a-d) und (3g) benötigt ein Aufruf $MGV(\ell,\cdot,\cdot,\underline{true})$ der Prozedur (17)

$$(5.5.18a)\qquad C_1 n_\ell^2 + O(n_\ell)\ \text{Operationen mit}\ C_1 = 2\,\frac{(1+C_N)(1-C_N^2)}{1-2C_N^2}.$$

Für den Sonderfall $f = f_\ell^0 = 0$ kostet eine Iteration $MGV(\ell,f,\cdot,\underline{true})$

$$(5.5.18b)\qquad C_0 n_\ell^2 + O(n_\ell)\ \text{Operationen mit}\ C_0 = 2C_N\,\frac{1+C_N-C_N^2}{1-2C_N^2}.$$

Die entsprechenden Zahlen für den Aufruf $MGV(\ell,\cdot,\cdot,\underline{false})$ lauten:

$$(5.5.18c)\qquad C_1' = C_0,\quad C_0' = 2C_N^2\,\frac{1+C_N}{1-2C_N^2}.$$

Für den Standardfall (3e): $C_N = \tfrac{1}{2}$ ergeben sich die Werte

$$(5.5.18d)\qquad C_1 = 4.5,\quad C_0 = C_1' = 2.5,\quad C_0' = 1.5.$$

Obwohl die Prozedur MGV nicht mit der Mehrgitterprozedur (3) äquivalent ist und deshalb im allgemeinen unterschiedliche Resultate liefert, reproduziert MGV für $\ell = 1$ ebenso wie MGM aus (3) das *Zweigitterverfahren* (4.7), da für jeden Wert von s sowohl $(17e_2)$ als auch $(17e_3)$ die exakte Grobgitterlösung δ berechnen. Dies beweist die

Bemerkung 5.5.15 Auch für die Variante (17) ist der Algorithmus auf der Stufe $\ell = 1$ mit der Zweigittermethode (4.7) identisch.

Zur Konvergenzanalyse ist zunächst die Iterationsmatrix des Verfahrens zu bestimmen. Ist G_ℓ^{MGV} die Iterationsmatrix des nur aus der Grobgitterkorrektur (17d-f) bestehenden Verfahrens $MGV(\ell,\cdot,\cdot,\underline{false})$, so lautet die Iterationsmatrix der Prozedur $MGV(\ell,\cdot,\cdot,\underline{true})$

$$(5.5.19a)\qquad M_\ell^{MGV} = \tfrac{1}{\lambda}\,G_\ell^{MGV}K_\ell.$$

Im Zweigitterfall gilt $M_\ell^{ZGM} = \tfrac{1}{\lambda}\,G_\ell^{ZGM}K_\ell$ mit

$$(5.5.19b)\qquad G_\ell^{ZGM} = I - pr + p(\lambda I - K_{\ell-1})^{-1}[rK_\ell - K_{\ell-1}r]\qquad (\text{vgl. (4.9)}).$$

Wiederholt man die Beweisidee zu Lemma 5 für das Verfahren (17), ergibt sich die folgende Darstellung für G_ℓ^{MGV}.

Lemma 5.5.16 Die Iterationsmatrix der Prozedur MGV ist G_ℓ^{MGV} ($s = \underline{false}$) bzw. M_ℓ^{MGV} aus (19a) ($s = \underline{true}$), wobei G_ℓ^{MGV} rekursiv durch

$$(5.5.19c)\qquad G_1^{MGV} = G_1^{ZGM}\qquad\qquad (\text{für }\ell = 1,\ \text{vgl. (19b)}).$$

$$(5.5.19d)\qquad G_\ell^{MGV} = G_\ell^{ZGM} + \tfrac{1}{\lambda}\,p\,G_{\ell-1}^{MGV}K_{\ell-1}G_{\ell-1}^{MGV}(\lambda I - K_{\ell-1})^{-1}r(\lambda I - K_\ell)$$

$(\ell \geqslant 2)$ definiert ist. (19d) ist äquivalent zur Darstellung

$$(5.5.19d')\qquad \begin{aligned} G_\ell^{MGV} = \ &G_\ell^{ZGM} + \\ &+ \tfrac{1}{\lambda}\,p\,G_{\ell-1}^{MGV}K_{\ell-1}G_{\ell-1}^{MGV}[r - (\lambda I - K_{\ell-1})^{-1}(rK_\ell - K_{\ell-1}r)]. \end{aligned}$$

Beim Beweis von (4.10a,b) wurde G_ℓ^{ZGM} bereits abgeschätzt:

$$(5.5.20a) \qquad \| G_\ell^{ZGM} \|_{X_\ell \leftarrow Y_\ell} \leq (C_I + C_p C_S C_C) h_\ell^\beta .$$

Auch der zweite Summand der rechten Seite von (19d') muß in der Norm $\| \cdot \|_{X_\ell \leftarrow Y_\ell}$ abgeschätzt werden. Die Bedingung (20b) ist z.B. durch die triviale Restriktion (2.4e) leicht erfüllbar:

$$(5.5.20b) \qquad \| r \|_{Y_{\ell-1} \leftarrow Y_\ell} \leq C_r^* .$$

Weiter wird die Stabilität in der Form

$$(5.5.20c) \qquad \| (\lambda I - K_\ell)^{-1} \|_{Y_\ell \leftarrow Y_\ell} \leq C_S^*$$

benötigt. Diese Bedingung folgt aber aus der üblichen Stabilität (2.14):

Übungsaufgabe 5.5.17 Man folgere (20c) aus (2.14) und (2.11c), (2.11e) mit $C_S^* = \frac{1}{|\lambda|} (1 + C C_S C_K)$. *Hinweis:* Der Beweis ist analog zu Satz 3.5.1.

Mit (20b,c) und der Regularität (2.11c) beweist man die Ungleichung

$$(5.5.20d) \qquad \| r - (\lambda I - K_{\ell-1})^{-1} (r K_\ell - K_{\ell-1} r) \|_{Y_\ell \leftarrow Y_\ell} \leq C_G := C_r^* (1 + 2 C_S^* C_K).$$

Man setze

$$(5.5.20e) \qquad \alpha_\ell^{ZGM} := \| G_\ell^{ZGM} \|_{X_\ell \leftarrow Y_\ell}, \quad \alpha_\ell := \| G_\ell^{MGV} \|_{X_\ell \leftarrow Y_\ell}, \quad \beta_\ell := \frac{1}{|\lambda|} C_K \alpha_\ell .$$

Gemäß (19a) ist β_ℓ eine Schranke von $\| M_\ell^{MGV} \|_{X_\ell \leftarrow X_\ell}$. Mit der gleichmäßigen Beschränktheit (3.4a) von p, der Regularität (2.11c) und (20d) erhält man aus (19d'):

$$(5.5.20f) \qquad \alpha_\ell \leq \alpha_\ell^{ZGM} + \frac{1}{|\lambda|} C_p \alpha_{\ell-1}^2 C_K C_G .$$

Die Konstante $C_{ZGM} := C_K (C_I + C_p C_S C_C) / |\lambda|$ aus (4.10b) ist eine obere Schranke von $\frac{1}{|\lambda|} C_K \alpha_\ell^{ZGM} / h_\ell^\beta$ (vgl. (20a/e)). Multiplikation von (20f) mit $C_K / |\lambda|$ liefert

$$(5.5.20g) \qquad \| M_\ell^{MGV} \|_{X_\ell \leftarrow X_\ell} \leq \beta_\ell \leq C_{ZGM} h_\ell^\beta + C_p \beta_{\ell-1}^2 C_G \qquad \text{für } \ell \geq 1,$$

wobei formal $\beta_0 = 0$ gesetzt ist.

Bemerkung 5.5.18 (20g) stellt eine rekursive Ungleichung für die obere Schranke der Norm $\| M_\ell^{MGV} \|_{X_\ell \leftarrow X_\ell}$ der Iterationsmatrix des Verfahrens (17) dar. Sie benötigt die Voraussetzungen (2.11c,e), (2.14), (3.4a), (3.8), (3.9) und (20b). Die Ungleichung (20g) sieht der analogen Abschätzung (8) für das Standardmehrgitterverfahren sehr ähnlich. *Der wesentliche Unterschied ist der fehlende Faktor* $\frac{1}{|\lambda|}$ *vor dem zweiten Summanden* $C_p \beta_{\ell-1}^2 C_G$ aus (20g). Die gleiche Argumentation wie in Satz 7 liefert das *Konvergenzresultat*

$$(5.5.21) \qquad \| M_\ell^{MGV} \|_{X_\ell \leftarrow X_\ell} \leq C_{ZGM} (1 + C_* h_\ell^\beta) h_\ell^\beta < 1,$$

falls $h_\ell \leq h_*$. Die Konstante C_* ergibt sich indirekt aus der Bedingung

$$(5.5.22) \qquad C_p C_{ZGM} (1 + C_* h_{\ell-1}^\beta)^2 C_G C_h^{2\beta} \leq C_* ,$$

wenn $h_1 \leqslant h_*$ hinreichend klein ist. Dabei hängt h_* nur von $C_p C_{ZGM} C_G C_h^{2\beta}$ ab. Im Falle des Standardmehrgitterverfahrens (3) enthielt die entsprechende quadratische Ungleichung (10) einen weiteren Faktor $\frac{1}{|\lambda|}$, der die Schrittweitenschranke h_* um die Größenordnung $|\lambda|$ verkleinert.

Es sei betont, daß der Faktor $C_p C_{ZGM} C_G C_h^{2\beta}$ keineswegs von λ unabhängig ist. Die Zweigitterkonstante C_{ZGM} enthält einen Faktor $\frac{1}{|\lambda|}$. Außerdem erscheint der gleiche Faktor in C_S^* (vgl. Übungsaufgabe 17) und damit über (20d) in C_G. Hierzu ist allerdings anzumerken, daß die Abschätzung aus Übungsaufgabe 17 für C_S^* sehr pessimistisch ist und verbessert werden könnte. Es läßt sich sogar zeigen, daß eine Schranke C_G der linken Seite in (20d) existiert, die sich wie $C_r^* + O(h_l^\beta)$ verhält. Dazu benötigt man die verschärfte Konsistenzbedingung in der Operatornorm $\|\cdot\|_{Y_\ell \leftarrow Y_\ell}$:

$$(5.5.23) \qquad \| r K_\ell - K_{\ell-1} r \|_{Y_{\ell-1} \leftarrow Y_\ell} \leqslant C_c^* h_\ell^\beta ,$$

wie sie in Bemerkung 3.12 für die Nyström-Methode erwähnt wurde. Zusammen mit (20c) erhält man die Schranke $C_G := C_r^* + C_S^* C_c^* h_\ell^\beta$ für die linke Seite in (20d).

n	$n_0=1$	$n_0=2$	$n_0=4$	$n_0=8$	$n_0=16$	$n_0=32$	$n_0=64$
2	$7.2_{10}-1$	–	–	–	–	–	–
4	$4.2_{10}-1$	$4.5_{10}-1$	–	–	–	–	–
8	$1.9_{10}-1$	$1.5_{10}-1$	$1.2_{10}-1$	–	–	–	–
16	$6.2_{10}-2$	$3.6_{10}-2$	$2.1_{10}-2$	$3.3_{10}-2$	–	–	–
32	$5.8_{10}-3$	$8.8_{10}-3$	$7.9_{10}-3$	$7.5_{10}-3$	$8.3_{10}-3$	–	–
64	$2.1_{10}-3$	$2.0_{10}-3$	$2.0_{10}-3$	$2.0_{10}-3$	$2.1_{10}-3$	$3.6_{10}-3$	–
128	$5.3_{10}-4$	$5.3_{10}-4$	$5.3_{10}-4$	$5.3_{10}-4$	$5.3_{10}-4$	$5.3_{10}-4$	$5.6_{10}-4$

Tabelle 5.5.4 Gemittelte Konvergenzgeschwindigkeit des modifizierten Mehrgitterverfahrens *MGV* aus (17) für $\lambda = 0.1$

n	$n_0=1$	$n_0=2$	$n_0=4$	$n_0=8$	$n_0=16$	$n_0=32$	$n_0=64$
2	$9.3_{10}+0$	–	–	–	–	–	–
4	$1.2_{10}+2$	$5.0_{10}+0$	–	–	–	–	–
8	$1.5_{10}+4$	$1.9_{10}+1$	$1.3_{10}+0$	–	–	–	–
16	$2.1_{10}+8$	$3.1_{10}+2$	$1.1_{10}+0$	$4.1_{10}-1$	–	–	–
32	$4.5_{10}+16$	$8.5_{10}+4$	$8.1_{10}-1$	$2.3_{10}-1$	$1.2_{10}-1$	–	–
64	$1.9_{10}+33$	$6.2_{10}+9$	$8.0_{10}-1$	$7.9_{10}-2$	$4.3_{10}-2$	$3.2_{10}-2$	–
128	$3.8_{10}+66$	$3.7_{10}+19$	$5.7_{10}-1$	$1.4_{10}-2$	$9.6_{10}-3$	$8.9_{10}-3$	$2.0_{10}-2$

Tabelle 5.5.5 Gemittelte Konvergenzgeschwindigkeit des modifizierten Mehrgitterverfahrens *MGV* aus (17) für $\lambda = 0.01$

Die numerischen Ergebnisse, die in den Tabellen 4 und 5 wiedergegeben sind, bestätigen, daß die Mehrgitterkonvergenz des Algorithmus MGV aus (17) keiner stärkeren Bedingung unterliegt als das Zweigitterverfahren. So konvergiert MGV für $\lambda = 0.1$ ohne Einschränkung. Für $\lambda = 0.001$ beobachtet man sogar, daß die Variante MGV mit $n_0 = 4$ für $n \geqslant 32$ konvergiert, obwohl das Zweigitterverfahren auf der Stufe $l = 1$ $(n_1 = 8)$ divergiert.

Eine andere Mehrgittervariante wurde von Hemker - Schippers [1] vorgeschlagen. Sie wird hier als Prozedur MGV' formuliert.

<table>
<tr><td>(5.5.24)</td><td colspan="2">Mehrgitterprozedur MGV' zur Lösung von $\lambda f_l = g_l + K_l f_l,\ l \geqslant 0$</td></tr>
<tr><td>(5.5.24a)</td><td><u>procedure</u> $MGV'(l, f, g)$; <u>integer</u> l; <u>array</u> f, g;</td><td></td></tr>
<tr><td>(5.5.24b)</td><td><u>if</u> $l = 0$ <u>then</u> $f := (\lambda I - K_0)^{-1} g$ <u>else</u></td><td></td></tr>
<tr><td></td><td><u>begin array</u> d, δ; <u>integer</u> i;</td><td></td></tr>
<tr><td>(5.5.24c)</td><td>$d := \lambda f - g - K_l * f$;</td><td>(Defektberechnung)</td></tr>
<tr><td>(5.5.24d)</td><td>$f := f - \frac{1}{\lambda}(I - pr)d$;</td><td></td></tr>
<tr><td>(5.5.24e)</td><td>$d := [(\lambda I - K_{l-1}) * r - r * K_l] * d$;</td><td>(Glättung)</td></tr>
<tr><td>(5.5.24f$_1$)</td><td>$\delta := 0$;</td><td>(Startwert setzen)</td></tr>
<tr><td>(5.5.24f$_2$)</td><td><u>for</u> $i = 1, 2$ <u>do</u> $MGV'(l-1, \delta, d)$;</td><td>(2 Mehrgitteraufrufe)</td></tr>
<tr><td>(5.5.24g)</td><td>$f := f - p * \delta$</td><td>(Grobgitterkorrektur)</td></tr>
<tr><td></td><td><u>end</u>;</td><td></td></tr>
</table>

Zunächst scheint es, als fehle die Picard-Iteration. Sie wird aber indirekt in (24e) nachgeholt. Diese Behauptung ist zu beweisen in

Übungsaufgabe 5.5.19 Für $l = 1$ reproduziert die Mehrgittervariante (24) das Zweigitterverfahren (4.7), d.h. $MGV'(1, \cdot, \cdot)$ und $ZGM(1, \cdot, \cdot)$ ergeben identische Resultate.

Zur allgemeinen Konvergenzanalyse der Iteration (24) sei auf Hemker - Schippers [1] oder Hackbusch [1, §16.2.2.3] verwiesen. Hier wird nur auf ein spezielles Resultat hingewiesen (vgl. (6c)).

Satz 5.5.20 Ist $rp = I$, so besitzt die Iterationsmatrix $M_l^{MGV'}$ des Verfahrens (24) die rekursive Darstellung $M_1^{MGV'} = M_1^{ZGM}$ für $l = 1$ und

$$(5.5.25) \qquad M_l^{MGV'} = M_l^{ZGM} + p\,(M_{l-1}^{MGV'})^2\,r\,(M_l^{ZGM} - I).$$

Falls zudem $C_r = C_p = 1$ gilt, konvergiert das Verfahren MGV', wenn

$$(5.5.26) \qquad \|M_l^{ZGM}\|_{X_l \leftarrow X_l} \leqslant 1/[2(1+\sqrt{2})] \approx 0.207 \quad \text{für alle } l \geqslant 1.$$

Im Gegensatz zur Iteration MGV aus (17) benötigt das Verfahren MGV' *mehr Rechenaufwand* als die Standardmehrgitteriteration (3). Die numerischen Resultat von MGV' sind denen von MGV sehr ähnlich (vgl. Hackbusch [1, S.318]). Sie sind aber nie besser als jene von MGV.

5.6 Geschachtelte Iteration

5.6.1 Algorithmus

Will man eine diskrete Integralgleichung $\lambda f_\ell = g_\ell + K_\ell f_\ell$ auf einer bestimmten Stufe ℓ lösen, kann man so vorgehen, wie es mit der Zweigittermethode in Tabelle 4.1 vorgeführt wurde: Man startet mit einem Anfangswert f_ℓ^0, z.B. mit $f_\ell^0 = 0$, und iteriert mehrere Male mit der Mehrgitterprozedur (5.3) oder (5.17). Zur Anzahl der notwendigen Schritte gibt die Bemerkung 4.7 Auskunft. Sie bezieht sich zwar auf das Zweigitterverfahren, da aber die Mehrgitterkonvergenz asymptotisch die gleiche ist, überträgt sich die Überlegung sofort auf das Mehrgitterverfahren. Danach sollte man zwei Iterationen durchführen:

$$(5.6.1) \qquad f_\ell^0 = 0 \;\longmapsto\; f_\ell^2$$

mittels (5.3) oder (5.17), d.h. mittels (1a) bzw. (1b):

$$(5.6.1\,\text{a}) \qquad f := 0\,;\; MGM(\ell.f,g_\ell)\,;\; MGM(\ell.f,g_\ell)\,;\; f_\ell^2 := f\,;$$

$$(5.6.1\,\text{b}) \qquad f := 0\,;\; MGV(\ell,f,g_\ell,\underline{\text{true}})\,;\; MGM(\ell,f,g_\ell,\underline{\text{true}})\,;\; f_\ell^2 := f\,;$$

Bemerkung 5.6.1 f_ℓ^2 sei gemäß (1) berechnet. **(a)** Der Fehler von f_ℓ^2 lautet

$$(5.6.2) \qquad \| f_\ell - f_\ell^2 \|_{X_\ell} \leqslant [\, C_{TGM}(1 + C_* h_\ell^\beta)\,]^2\, h_\ell^{2\beta}\, \| f_\ell \|_{X_\ell},$$

wobei $C_{TGM}(1 + C_* h_\ell^\beta)$ aus (5.9) bzw. (5.21) stammt. Damit ist der *relative Fehler* von f_ℓ^2 von der Ordnung $O(h_\ell^{2\beta})$. **(b)** Der Aufwand zur Berechnung von (1) beträgt gemäß Satz 5.4 (für (1a)) bzw. gemäß Übungsaufgabe 5.14 (für (1b)) $(C_0 + C_1)n_\ell^2$ arithmetische Operationen. Für den Standardfall (5.3e): $C_N = \frac{1}{2}$ lauten die Zahlen

$$(5.6.3) \qquad C_0 + C_1 = 8 \quad \text{für (1a)}, \qquad C_0 + C_1 = 7 \quad \text{für (1b)}.$$

Es wird sich jedoch zeigen, daß man mit weniger Aufwand mehr erhält, wenn man die sogenannte «geschachtelte Iteration» verwendet. Der Kern der Methode ist eine billige Berechnung eines guten Startwertes. Je besser der Startwert ist, desto weniger Iterationen werden zur Verbesserung benötigt. Im nachfolgenden Algorithmus wird der Startwert als Interpolation $f_\ell^0 := \bar p f_{\ell-1}^1$ des zuvor auf der Stufe $\ell-1$ erzielten Näherungswertes gewonnen. Die Interpolation $\bar p$ kann mit der Interpolation p aus dem Grobgitterkorrekturschritt (5.3f) übereinstimmen, braucht es aber nicht.

<table>
<tr><td>(5.6.4)</td><td>Geschachtelte Iteration zur Lösung der Gleichungen
$\lambda f_\ell = g_\ell + K_\ell f_\ell$ auf   <u>allen</u>   Stufen $\ell = 0,1,\ldots,\ell_{\max}$</td></tr>
<tr><td>(5.6.4a)</td><td>$\tilde f_0 := (\lambda I - K_0)^{-1} g_0\,;$ (Start auf Stufe 0)
<u>for</u> $\ell := 1$ <u>step</u> 1 <u>until</u> $\ell_{\max}$ <u>do</u></td></tr>
<tr><td>(5.6.4b)</td><td><u>begin</u> $\tilde f_\ell := \bar p \tilde f_{\ell-1}\,;\; MGM(\ell,\tilde f_\ell, g_\ell)$ <u>end</u>;</td></tr>
</table>

Der Name «geschachtelte Iteration» bezieht sich eigentlich auf eine Variante von (4), die in (4b) statt eines einzigen Schrittes eine innere Iteration "$\underline{for}$ $i := 1$ $\underline{step}$ 1 $\underline{until}$ i_ℓ $\underline{do}$ $MGM(\ell, \tilde{f}_\ell, g_\ell)$" besitzt, die mit der ℓ-Schleife verschachtelt ist. Wesentlich für die Effizienz der geschachtelte Iteration (4) wird die Tatsache sein, daß man mit *einer* Mehrgitteriteration pro Stufe auskommt.

Bemerkung 5.6.2 (a) Im Gegensatz zum Vorgehen (1) produziert die geschachtelte Iteration (4) die Näherungen $\tilde{f}_0, \tilde{f}_1, \ldots, \tilde{f}_{\ell_{max}-1}, \tilde{f}_{\ell_{max}}$ auf allen Stufen $0 \leqslant \ell \leqslant \ell_{max}$. Diese Tatsache hat zwei Vorteile: (i) Für Extrapolationstechniken benötigt man Approximationen $\tilde{f}_\ell$ von verschiedenen Stufen (vgl. §4.8.3). (ii) Häufig weiß man *a priori* nicht, welche feinste Schrittweite h_ℓ man zu wählen hat. In diesem Falle durchläuft man die Schleife in (4b) nicht bis zu einer festen Stufenzahl ℓ_{max}, sondern bis ein geeignetes Abbruchkriterium (z.B. $\|\tilde{f}_\ell - \bar{p}\,\tilde{f}_{\ell-1}\|_\infty \leqslant \varepsilon$) erfüllt ist.

(b) In (4b) kann man anstelle des Standardmehrgitterverfahrens (5.3) auch die Variante (5.17) einsetzen. (4b) ist dann zu ändern in

(5.6.4b') $\underline{begin}$ $\tilde{f}_\ell := \bar{p}\,\tilde{f}_{\ell-1}$; $MGV(\ell, \tilde{f}_\ell, g_\ell, \underline{true})$ $\underline{end}$;

(c) Will man nur ein Gleichungssystem $\lambda f_\ell = g_\ell + K_\ell f_\ell$ auf der höchsten Stufe $\ell = \ell_{max}$ lösen, braucht man neben den Matrizen K_ℓ ($\ell < \ell_{max}$), die ohnehin im Mehrgitterverfahren auftreten, noch die Vektoren g_ℓ für $\ell < \ell_{max}$. Diese lassen sich aus dem gegebenen Vektor $g_{\ell_{max}}$ gemäß (5) mit wenig Aufwand ausrechnen:

(5.6.5) $\underline{for}$ $\ell := \ell_{max}$ $\underline{step}$ -1 $\underline{until}$ 1 $\underline{do}$ $g_{\ell-1} := r\,g_\ell$;

Der Zusammenhang $g_{\ell-1} := r\,g_\ell$ besteht gemäß (3.10) für Projektionsverfahren. Er gilt für Nyström-Verfahren, wenn $\Xi_{\ell-1} \subset \Xi_\ell$ (vgl. (3.6c)).

5.6.2 Rechenaufwand

Der Aufwand für die Prolongation $\tilde{f}_\ell := \bar{p}\,\tilde{f}_{\ell-1}$ in (4b) kann vernachlässigt werden gegenüber dem Aufruf $MGM(\ell, \tilde{f}_\ell, g_\ell)$, der $C_1 n_\ell^2 + O(n_\ell)$ Operationen benötigt (vgl. Satz 5.4 bzw. Übungsaufgabe 5.14 für MGV anstelle von MGM). Die genannten Aussagen erfordern die Voraussetzung (5.3d):

$$n_{\ell-1} \leqslant C_N n_\ell$$

mit $C_N < 1/\sqrt{2}$. Summation von $C_1 n_\ell^2 + O(n_\ell)$ über $1 \leqslant \ell \leqslant \ell_{max}$ liefert $C_1 n_\ell^2 (1 + C_N^2 + C_N^4 + \ldots) + O(n_\ell) < C_1 n_\ell^2 / (1 - C_N^2) + O(n_\ell)$ und beweist den

> **Satz 5.6.3** Es gelte (5.3d) mit $C_N < 1$. Der Mehrgitterrechenaufwand sei durch C_1 gemäß Satz 5.4 oder Übungsaufgabe 5.14 gegeben. Dann benötigt die geschachtelte Iteration (4) einen Aufwand von
>
> (5.6.6) $C_g n_\ell^2 + O(n_\ell)$ Operationen mit $C_g := C_1 / (1 - C_N^2)$.

Die Werte von C_1 und C_g sind nachfolgend für die wichtigsten Fälle $C_N = \frac{1}{2}$ (entspricht $h_{\ell-1} = 2h_\ell$ im eindimensionalen Fall) und $C_N = \frac{1}{4}$ (entspricht $h_{\ell-1} = 2h_\ell$ im zweidimensionalen Fall) ausgerechnet:

| | $C_N = \frac{1}{2}$ | | $C_N = \frac{1}{4}$ | |
	C_1	C_g	C_1	C_g
MGM	5	$\frac{20}{3} = 6.666\ldots$	$\frac{19}{7} = 2.714\ldots$	$\frac{304}{105} = 2.895\ldots$
MGV	4.5	6	$\frac{75}{28} = 2.678\ldots$	$\frac{20}{7} = 2.857\ldots$

Tabelle 5.6.1 Operationszahlen für die geschachtelte Iteration

Der Vergleich der Zahlen für C_g ($6.\bar{6}$ bzw. 6) mit den Werten 8 bzw. 7 aus (3) verdeutlicht, daß die geschachtelte Iteration sparsamer als die Methode (1) ist, obwohl sie nicht nur *eine* Lösung, sondern Approximationen auf allen Stufen liefert. Der Wert $C_g = 6$ besagt, daß die gesamte geschachtelte Iteration (4) mit (4b') ebensoviel Rechenaufwand benötigt, wie drei Picard-Iterationen auf der Stufe ℓ_{max}. Der Effekt verstärkt sich für mehrdimensionale Probleme mit kleinerem Faktor $C_N \leqslant \frac{1}{4}$.

In einer Modifikation des Verfahrens in §5.6.5 werden die Zahlen aus Tabelle 1 sogar noch verkleinern können.

5.6.3 Konvergenz

Es bleibt zu klären, wie groß die Fehler der Näherungen $\tilde{f}_0$, $\tilde{f}_1$, $\ldots$, $\tilde{f}_{\ell_{max}}$ sind, die die geschachtelte Iteration (4) produziert. Hierzu brauchen wir die Abschätzung des *relativen Diskretisierungsfehlers*:

$$(5.6.7) \qquad \| f_\ell - \bar{p}\, f_{\ell-1} \|_{X_\ell} \leqslant C_D\, h_\ell^\beta \qquad\qquad \text{für } 1 \leqslant \ell \leqslant \ell_{max}.$$

Die in (7) verwendete Prolongation $\bar{p}$ ist diejenige aus (4b) bzw. (4b'). Eine Aussage der Art (7) wurde schon in (3.13) bewiesen. Die Voraussetzungen waren im wesentlichen die Stabilität und die relative Konsistenz. Der in (3.13) auftretende Term $g_{k-1} - r g_k$ entfällt für die Projektions- oder Nyström-Methode bei kanonischem r oder aber, wenn g_k durch (5) gewählt ist (vgl. Bemerkung 2c)).

Die Beschränktheit der Prolongationen $\bar{p}$ (vgl. (3.4a)) zusammen mit der der Quotienten $h_{\ell-1}/h_\ell$ wird in der Bedingung (8) formuliert:

$$(5.6.8) \qquad \| \bar{p} \|_{X_\ell \leftarrow X_{\ell-1}}\, h_{\ell-1}^\beta / h_\ell^\beta \leqslant \text{const} \qquad\qquad \text{für } 1 \leqslant \ell \leqslant \ell_{max}.$$

M_ℓ sei die Iterationsmatrix M_ℓ^{MGM} des Mehrgitterverfahrens (5.3) oder die Matrix M_ℓ^{MGV} der Variante (5.17). In Übereinstimmung mit den Konvergenzergebnisse aus §5.5.3 nehmen wir (9) an:

$$(5.6.9) \qquad \| M_\ell \|_{X_\ell \leftarrow X_\ell} \leqslant C_{MG}\, h_\ell^\beta \qquad\qquad \text{für } 1 \leqslant \ell \leqslant \ell_{max}.$$

Satz 5.6.4 Es gelte (7), (8) und (9). Dann erfüllen die Näherungen $\tilde{f}_\ell$ für alle Stufen $0 \leqslant \ell \leqslant \ell_{max}$ die Fehlerabschätzungen

$$(5.6.10) \qquad \|\tilde{f}_\ell - f_\ell\|_{X_\ell} \leqslant C_{MG} C_D h_\ell^{2\beta} + O(h_\ell^{3\beta}) \qquad (f_\ell\text{: exakte Lösung}).$$

Beweis. Für den Fehler $e_\ell := \tilde{f}_\ell - f_\ell$ ist eine Schranke E_ℓ mit

$$(5.6.11\,a) \qquad \|e_\ell\|_{X_\ell} \leqslant E_\ell h_\ell^{2\beta}$$

zu finden. Da $\tilde{f}_0 = f_0$ nach (4a), ist (11a) für $\ell = 0$ erfüllt mit

$$(5.6.11\,b) \qquad E_0 := 0.$$

Mit $f_\ell^0 := \bar{p}\tilde{f}_{\ell-1}$ und $f_\ell^1 := \tilde{f}_\ell$ läßt sich Korollar 1.3 anwenden:

$$\|e_\ell\|_{X_\ell} = \|\tilde{f}_\ell - f_\ell\|_{X_\ell} = \|f_\ell^1 - f_\ell\|_{X_\ell} \leqslant \|M_\ell\|_{X_\ell \leftarrow X_\ell} \|f_\ell^0 - f_\ell\|_{X_\ell} \leqslant$$
$$\leqslant C_{MG} h_\ell^\beta \|f_\ell^0 - f_\ell\|_{X_\ell} \leqslant C_{MG} h_\ell^\beta \|\bar{p}\tilde{f}_{\ell-1} - f_\ell\|_{X_\ell}.$$

Zusammen mit

$$\|\bar{p}\tilde{f}_{\ell-1} - f_\ell\|_{X_\ell} = \|\bar{p}(\tilde{f}_{\ell-1} - f_{\ell-1}) + (\bar{p}f_{\ell-1} - f_\ell\|_{X_\ell} \leqslant$$
$$\leqslant \|\bar{p}\|_{X_\ell \leftarrow X_{\ell-1}} \|\tilde{f}_{\ell-1} - f_{\ell-1}\|_{X_{\ell-1}} + \|\bar{p}f_{\ell-1} - f_\ell\|_{X_\ell} \leqslant$$
$$\leqslant \|\bar{p}\|_{X_\ell \leftarrow X_{\ell-1}} \|e_{\ell-1}\|_{X_{\ell-1}} + C_D h_\ell^\beta \leqslant$$
$$\leqslant \|\bar{p}\|_{X_\ell \leftarrow X_{\ell-1}} E_{\ell-1} h_{\ell-1}^{2\beta} + C_D h_\ell^\beta \leqslant$$
$$\leqslant \text{const } E_{\ell-1} h_{\ell-1}^\beta h_\ell^\beta + C_D h_\ell^\beta$$

erhalten wir $\|e_\ell\|_{X_\ell} \leqslant C_{MG} [C_D + \text{const } E_{\ell-1} h_{\ell-1}^\beta] h_\ell^{2\beta}$, so daß (11a) mit

$$(5.6.11\,c) \qquad E_\ell := C_{MG} [C_D + \text{const } E_{\ell-1} h_{\ell-1}^\beta]$$

erfüllt ist. Die Gleichungen (11b,c) definieren eine Rekursionsformel, die zu $E_\ell = C_{MG} C_D + O(h_\ell^\beta)$ führt. Einsetzen in (11a) beweist (10). ∎

Bemerkung 5.6.5 (a) Da $C_{MG} = C_{ZGM} + O(h_\ell^\beta)$ (vgl. (5.9)), läßt sich (10) auch in der folgenden Form schreiben:

$$\|\tilde{f}_\ell - f_\ell\|_{X_\ell} \leqslant C_{ZGM} C_D h_\ell^{2\beta} + O(h_\ell^{3\beta}).$$

(b) Der führende Fehlerterm $C_{ZGM} C_D h_\ell^{2\beta} = [C_{ZGM} h_\ell^\beta][C_D h_\ell^\beta]$ läßt sich als $[C_{ZGM} h_\ell^\beta] \times$ *lokaler Diskretisierungsfehler* interpretieren. Das heißt, der Iterationsfehler $\tilde{f}_\ell - f_\ell$ ist stets um den Faktor $C_{ZGM} h_\ell^\beta$ kleiner als der lokale Diskretisierungsfehler (7).
(c) Der Iterationsfehler $\tilde{f}_\ell - f_\ell$ ist klein genug, um einen Extrapolationsschritt durchführen zu können.

5.6.4 Numerische Beispiele

Wendet man die geschachtelte Iteration (4) mit dem Mehrgitterverfahren *MGV* (d.h. (4b')) auf die Testgleichung (4.15-16) mit $\lambda = 0.1$ an, erhält man die in Tabelle 2 wiedergegebenen Resultate. Für $\bar{p}$ wurde dabei die auch in *MGV* verwendete stückweise lineare Interpolation p

eingesetzt. Da für $\lambda = 0.1$ und $h \geqslant 1/4$ die Konvergenzgeschwindigkeit nicht sehr groß ist (vgl. Tabelle 5.4, Spalte $n_0 = 1$), ist der Iterationsfehler $\tilde{f}_\ell - f_\ell$ zunächst größer als der Diskretisierungsfehler $\tilde{f}_\ell - R_\ell f$. Mit steigender Dimension ist der Iterationsfehler jedoch, wie in Satz 4 beschrieben, wesentlich kleiner als der Diskretisierungsfehler.

h_ℓ	Iterations- $\Vert \tilde{f}_\ell - f_\ell \Vert_\infty$	Gesamt- $\Vert \tilde{f}_\ell - R_\ell f \Vert_\infty$	Diskretisierungsfehler $\Vert f_\ell - R_\ell f \Vert_\infty$
1	0.0	1.423	1.423
1/2	2.261	$9.240_{10}-1$	1.659
1/4	$4.116_{10}-1$	$6.746_{10}-1$	$2.631_{10}-1$
1/8	$8.870_{10}-3$	$6.081_{10}-2$	$5.194_{10}-2$
1/16	$2.756_{10}-3$	$1.325_{10}-2$	$1.224_{10}-2$
1/32	$8.173_{10}-5$	$2.976_{10}-3$	$3.016_{10}-3$

Tabelle 5.6.2 Fehler der geschachtelte Iteration für $\lambda = 0.1$

Der eigentlich interessierende Fehler ist im allgemeinen der Gesamtfehler $\tilde{f}_\ell - R_\ell f$ zwischen der Näherung $\tilde{f}_\ell$ und der kontinuierlichen Lösung f. Sobald $\Vert \tilde{f}_\ell - f_\ell \Vert_\infty \ll \Vert f_\ell - R_\ell f \Vert_\infty$, unterscheidet sich dieser Fehler kaum vom Diskretisierungsfehler $\Vert f_\ell - R_\ell f \Vert_\infty$. Die Restriktion $R_\ell f$ ist gemäß Definition 2.1b die Beschränkung der Funktion f auf die Stützstellen $\Xi_\ell = \{\nu h_\ell : \; 0 \leqslant \nu \leqslant n_\ell = 1/h_\ell\}$.

5.6.5 Geschachtelte Iteration mit Nyström-Interpolation

Wenn ein Startwert f_ℓ^0 gegeben ist, dessen Fehler $\Vert f_\ell^0 - f_\ell \Vert_{Y_\ell}$ in der Y_ℓ-Norm klein ist, kann auf die Picard-Iteration als Glättung im Mehrgitterprozeß verzichtet werden. Die verbleibende Grobgitterkorrektur produziert f_ℓ^1 mit

$$\Vert f_\ell^1 - f_\ell \Vert_{X_\ell} \leqslant \Vert G_\ell^{MGV} \Vert_{X_\ell \leftarrow Y_\ell} \, \Vert f_\ell^0 - f_\ell \Vert_{Y_\ell}$$

(vgl. (20e); die in Bemerkung 5.18 bewiesene Abschätzung für β_ℓ überträgt sich wegen $\Vert G_\ell^{MGV} \Vert_{X_\ell \leftarrow Y_\ell} = \alpha_\ell = \beta_\ell |\lambda| / C_K$ auf α_ℓ).

Die Startnäherung $f_\ell^0 := \bar{p} \tilde{f}_{\ell-1}$ enthält u.a. den Interpolationsfehler $\bar{p} f_{\ell-1} - f_\ell = (\bar{p}r - I) f_\ell + \bar{p}(f_{\ell-1} - r f_\ell)$. Der Term $(\bar{p}r - I) f_\ell$ läßt sich zwar in X_ℓ durch $\Vert (\bar{p}r - I) f_\ell \Vert_{X_\ell} = O(h_\ell^\beta)$ abschätzen, liefert aber nur $\Vert (\bar{p}r - I) f_\ell \Vert_{Y_\ell} = O(1)$ in der Y_ℓ-Norm. Somit kann auf die Glättung durch den Picard-Schritt nicht verzichtet werden.

Im Falle des Nyström-Verfahrens kann man die Interpolation $\tilde{f}_\ell := \bar{p} \tilde{f}_{\ell-1}$ in (4b) bzw. (4b') durch die Nyström-Interpolation (4.7.8) ersetzen. Setzt man (4.7.8) für $n = n_{\ell-1}$ ein und interpoliert nur in den Stützstellen $\Xi_\ell = \{\nu h_\ell : \; 0 \leqslant \nu \leqslant n_\ell = 1/h_\ell\}$, so erhält man eine Gleichung der Form

$$(5.6.12) \qquad \hat{f}_\ell = \tfrac{1}{\lambda}(g_\ell + K_{\ell,\ell-1} f_{\ell-1}),$$

wobei $K_{\ell,\ell-1}$ eine $n_{\ell-1} \times n_\ell$-Rechtecksmatrix ist. Ist $f_{\ell-1}$ die diskrete Lösung der Stufe $\ell-1$, gilt $r\hat{f}_\ell = f_{\ell-1}$ für die Beschränkung r auf die Stützpunkte $\Xi_{\ell-1}$. Interpoliert man die Näherung $\tilde{f}_{\ell-1} = \hat{f}_{\ell-1} + \delta_{\ell-1}$ mit dem Fehler $\delta_{\ell-1}$, so lautet das Resultat $\tilde{f}_\ell = \hat{f}_\ell + \delta_\ell$ mit $\delta_\ell = \frac{1}{\lambda} K_{\ell,\ell-1}\, \delta_{\ell-1}$. Ebenso, wie man (2.11c): $\| K_\ell \|_{Y_\ell \leftarrow X_\ell} \leq C_K$ herleitet, findet man auch $\| K_{\ell,\ell-1} \|_{Y_\ell \leftarrow X_{\ell-1}} \leq C_K^*$. Diese Eigenschaft beweist die Abschätzung

$$\| \delta_\ell \|_{Y_\ell} \leq C_K^* \| \delta_{\ell-1} \|_{X_{\ell-1}} / |\lambda| .$$

Wie die Picard-Iteration sorgt die Nyström-Interpolation für eine Glättung des Iterationsfehlers $\delta_{\ell-1}$. Da man auch von $\| \hat{f}_\ell - f_\ell \|_{Y_\ell} = O(h_\ell^\beta)$ ausgehen kann, ist $f_\ell^0 := \hat{f}_\ell$ ein Startwert, der in der nachfolgenden Mehrgitteriteration keine Glättung durch den Picard-Schritt benötigt. Für das Mehrgitterverfahren MGV beschreibt man das Fortlassen der Glättung durch $MGV(\ell,\cdot,\cdot,\underline{\text{false}})$. Das resultierende Verfahren ist die

---

(5.6.13)   **Geschachtelte   Iteration   mit   Nyström-Interpolation**

$(5.6.13a)$ $\hat{f}_0 := (\lambda I - K_0)^{-1} g_0 ;$ (Start auf Stufe 0)

$\quad\quad\quad$ <u>for</u> $\ell := 1$ <u>step</u> 1 <u>until</u> $\ell_{\max}$ <u>do</u>

$(5.6.13b)$ <u>begin</u> $\tilde{f}_\ell := \frac{1}{\lambda}(g_\ell + K_{\ell,\ell-1}\,\tilde{f}_{\ell-1});\ \ MGV(\ell,\tilde{f}_\ell,g_\ell,\underline{\text{false}})$ <u>end</u>;

Da der Aufruf $MGV(\ell,\tilde{f}_\ell,g_\ell,\underline{\text{false}})$ anstelle von $MGV(\ell,\tilde{f}_\ell,g_\ell,\underline{\text{true}})$ aus (4b') nur $C_1' n_\ell^2 + O(n_\ell)$ Operationen mit $C_1' < C_1$ aus (5.18c) benötigt, verringert sich der Mehrgitteraufwand. Allerdings ist die Nyström-Interpolation wesentlich kostspieliger als $\tilde{f}_\ell := \bar{p}\tilde{f}_{\ell-1}$. $K_{\ell,\ell-1}$ ist eine voll besetzte $n_\ell \times n_{\ell-1}$-Matrix, so daß die Nyström-Interpolation $2 n_\ell n_{\ell-1} + O(n_\ell)$ Operationen benötigt. Anstelle des Satzes 3 erhält man

Bemerkung 5.6.6 Es gelte (5.3d) mit $C_N < 1$. Die geschachtelte Iteration (13) mit Nyström-Interpolation benötigt einen Aufwand von

$(5.6.14)$ $C_g' n_\ell^2 + O(n_\ell)$ Operationen mit $C_g' := C_1'/(1 - C_N^2)$.

Die Werte von C_g' sind $\frac{10}{3} = 3.\bar{3}$ für $C_N = \frac{1}{2}$ und $19/21 = 0.9047...$ für $C_N = \frac{1}{4}$.

Das Beispiel aus Tabelle 2 ergibt mit der Nyström-Interpolation die in Tabelle 3 wiedergegebenen Resultate. Sie belegen, daß trotz des geringeren Rechenbedarfs die Näherungen die gewünschte Genauigkeit haben.

h_ℓ	Iterations- $\|\tilde{f}_\ell - f_\ell\|_\infty$	Gesamt- $\|\tilde{f}_\ell - R_\ell f\|_\infty$	Diskretisierungs- fehler $\|f_\ell - R_\ell f\|_\infty$
1	0.0	1.423	1.423
1/2	1.476	$4.291_{10}-1$	1.659
1/4	$5.014_{10}-1$	$7.645_{10}-1$	$2.631_{10}-1$
1/8	$2.078_{10}-1$	$1.559_{10}-1$	$5.194_{10}-2$
1/16	$3.956_{10}-3$	$1.404_{10}-2$	$1.224_{10}-2$
1/32	$2.513_{10}-5$	$3.025_{10}-3$	$3.016_{10}-3$

Tabelle 5.6.3 Fehler der geschachtelte Iteration mit Nyström-Interpolation für (4.15) mit $\lambda = 0.1$

6. Die Abelsche Integralgleichung

6.1 Notation und Anwendungsbeispiele

6.1.1 Die Abelsche Integralgleichung und ihre Verallgemeinerung

Von Abel (1823) stammt die Volterra-Integralgleichung (1) 1. Art:

$$(6.1.1) \qquad g(x) = \int_a^x \frac{f(y)}{\sqrt{x-y}}\, dy \qquad\qquad \text{für } x \geqslant a.$$

Da der Nenner $\sqrt{x-y}$ bei $y = x$ eine Nullstelle besitzt und das Integral in (1) als uneigentliches zu verstehen ist (vgl. §6.1.3), ist die Abelsche Integralgleichung ein Beispiel für eine schwach singuläre Gleichung.

Eine Verallgemeinerung von Gleichung (1) erhält man, indem man $\sqrt{x-y}$ durch $(x-y)^\lambda$ mit einem λ aus dem Intervall $0 < \lambda < 1$ ersetzt:

$$(6.1.2) \qquad g(x) = \int_a^x \frac{f(y)}{(x-y)^\lambda}\, dy \qquad\qquad \text{für } x \geqslant a.$$

In diesem Kapitel wird die Numerik zugunsten der Analyse in den Hintergrund treten. Man kann die Lösungen der Gleichungen (1) und (2) explizit darstellen. Damit kann man genau studieren, welche Konsequenzen die schwache Singularität und genauer die Ordnung λ der Singularität mit sich bringt. Nach dem Hauptsatz der Differential- und Integralrechnung ist die Integration die Umkehrung der Differentiation. Es wird deutlich werden, daß die Integration in (2) in gewissem Sinne die Umkehrung einer Ableitung von nicht-ganzzahliger Ordnung darstellt.

6.1.2 Anwendungsbeispiele

Die folgende Aufgabenstellung geht auf Abel zurück. $y = \varphi(x)$ sei eine monoton steigende Funktion, die im Ursprung beginnt (d.h. $\varphi(0) = 0$) und eine Höhe $H > 0$ erreicht. Der Graph der Funktion φ beschreibe eine Bahn, an der ein Massenpunkt "herabgleitet". Startet der Massenpunkt auf der Höhe $y \in [0, H]$ (d.h. im Kurvenpunkt (x, y) mit $\varphi(x) = y$) mit der Anfangsgeschwindigkeit null, benötigt er eine Zeitspanne $t = t(y)$,

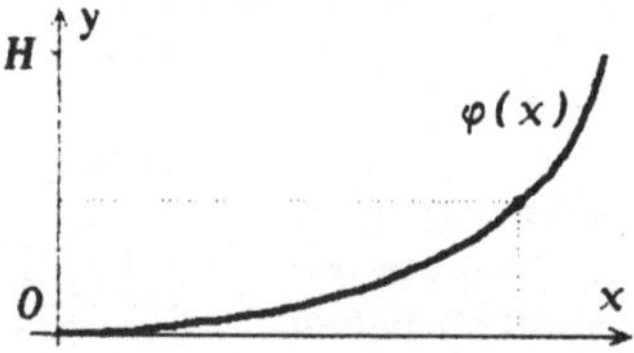

um im Koordinatenursprung $(0,0)$ einzutreffen. Vorgegeben sei nun eine Funktion $\tau: [0,H] \to \mathbb{R}$. Gesucht ist die oben verwendete Funktion φ, so daß die Verweilzeit $t(y)$ mit der gegebenen Funktion $\tau(y)$ übereinstimmt.

Anstelle der Kurve φ oder seiner Umkehrfunktion φ^{-1} werden wir ihre Bogenlänge $\sigma(y)$ zwischen den Kurvenpunkten $(0,0)$ und $(\varphi^{-1}(y),y)$ bestimmen. Wegen $\varphi'(x)^2 + 1 = \sigma'(\varphi^{-1}(y))$ läßt sich φ durch Integration aus σ berechnen. Den notwendigen Zusammenhang zwischen σ und der gegebenen Funktion τ erhält man wie folgt. $y(t)$ sei die Höhe zur Zeit t, wenn für $t=0$ bei $y=y_0$ gestartet wird. $\sigma(y(t))$ ist die Bogenlänge des verbleibenden Kurvenstückes. Der Betrag der Geschwindigkeit des Massepunktes ist $v=-d\sigma/dt$, so daß $mv^2/2$ die kinetische Energie ist (m: Masse). Die potentielle Energie beträgt $mg(y-y_0)$ (g: Erdbeschleunigung, y_0: Starthöhe, y: aktuelle Höhe). Die Gesamtenergie

$$E = \tfrac{1}{2} m v^2 + m g (y-y_0)$$

ist konstant. Die Konstante ergibt sich zu $E=0$, da $v=0$ im Startpunkt $(\varphi^{-1}(y_0),y_0)$. Auflösen nach v liefert $d\sigma/dt = -v = -[2g(y_0-y)]^{1/2}$. Die Umkehrfunktion $t=t(\sigma)$ hat die Ableitung

$$\frac{dt}{d\sigma} = -1/[2g(y_0-y)]^{1/2},$$

so daß $\dfrac{dt}{dy} = \dfrac{dt}{d\sigma}\dfrac{d\sigma}{dy} = -\sigma'(y)/[2g(y_0-y)]^{1/2}$ die Fallzeit in Abhängigkeit von y beschreibt. Die Gesamtfallzeit soll mit τ übereinstimmen:

$$\tau(y_0) = t(0) - t(y_0) = -\int_0^{y_0} \frac{dt}{dy}\, dy = \int_0^{y_0} \frac{\sigma'(y)}{\sqrt{2g(y_0-y)}}\, dy.$$

Setzt man $f := \sigma'/\sqrt{2g}$, $\xi = y$, $x = y_0$ und $a = H$, so erhält man die Abelsche Integralgleichung (1).

Abel fragte spezieller nach der _Tautochronen_, d.h. nach der Kurve φ mit konstanter Fallzeit: $\tau(y) = 1$.

Das folgende _zweite Beispiel_ ergibt sich bei der Bildrekonstruktion an einer Zentrifuge. Wenn sich ein stationärer Zustand eingestellt hat, hängen die Konzentrationen eines Gemisches nur vom Radius $r \in (0,1]$ ab. Damit ist auch der optische Absorptionskoeffizient eine Funktion $\alpha = \alpha(r)$ des Radius. Ein Lichtstrahl der Intensität I_0, der in der Höhe x_0 durch das Gemisch geschickt wird, habe nach dem Durchgang die Stärke $I(x_0) = I_0 e^{-\beta(x_0)}$, wobei $\beta = \int_L \alpha$ das Integral über die Absorptionsstärke längs der Sekante L ist:

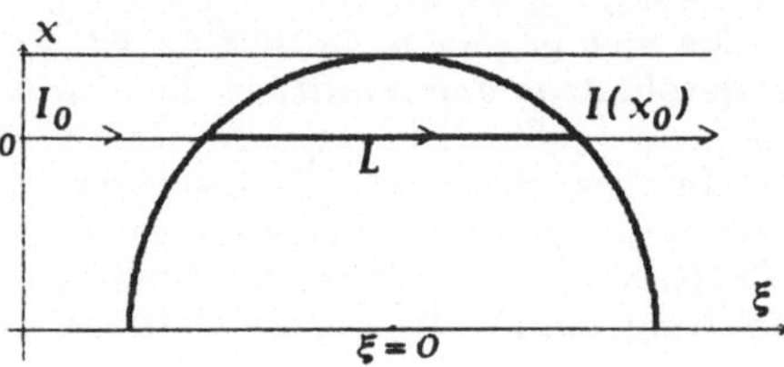

$$\beta(x) = \int_{-\sqrt{1-x^2}}^{\sqrt{1-x^2}} \alpha(\sqrt{x^2+\xi^2})\,d\xi = 2\int_0^{\sqrt{1-x^2}} \alpha(\sqrt{x^2+\xi^2})\,d\xi.$$

$\beta(x) = -\log(I(x)/I_0)$ kann gemessen werden, ist also als bekannt anzusehen. Gesucht ist die Funktion α, von der man auf die Konzentration der Gemischanteile schließen möchte. Die Substitution $\rho = 1 - r^2 = 1 - x^2 - \xi^2$ liefert

$$\beta(x) = 2\int_0^{\sqrt{1-x^2}} \alpha(\sqrt{x^2+\xi^2})\,d\xi = -\int_{1-x^2}^{0} \alpha(\sqrt{1-\rho})/\sqrt{1-x^2-\rho}\,\,d\rho.$$

Setzt man $g(x) := \beta(\sqrt{1-x})$ und $f(\rho) := \alpha(\sqrt{1-\rho})$, ergibt sich die Abelsche Integralgleichung (1).

6.1.3 Uneigentliche Integrale

Der Integrand in (1) hat eine Singularität bei $\xi = x$, so daß z.B. das Riemann-Integral über $[0,x]$ nicht existiert. Die rechte Seite in (1) ist als uneigentliches Integral definiert:

$$\int_a^x \frac{f(y)}{\sqrt{x-y}}\,dy := \lim_{\substack{\varepsilon \to 0 \\ \varepsilon > 0}} \int_a^{x-\varepsilon} \frac{f(y)}{\sqrt{x-y}}\,dy.$$

Im allgemeinen Falle sei $S \subset D$ die Menge der singulären Stellen des Integrals $\int_D f(x)\,dx$. Ist $U \subset D$ eine beliebige Umgebung von S (relativ zu D), sei $\int_{D\setminus U} f(x)\,dx$ definiert. Eine Singularität kann auch darin bestehen, daß der Integrationsbereich D unbeschränkt ist. In diesem Falle gehört ∞ zu S. U ist eine Umgebung von ∞, wenn $D\setminus U$ beschränkt ist. Grundsätzlich ist $\mu(S) = 0$ vorausgesetzt, d.h. S hat das Maß null. Dies gilt insbesondere, wenn S aus endlich vielen Punkten besteht.

U_k sei eine beliebige Folge von S-Umgebungen, die sich auf S zusammenziehen: $\bigcap_k U_k = S$. Wir schreiben hierfür: $U_k \to S$. Falls

$$\lim_{k\to\infty} \int_{D\setminus U_k} f(x)\,dx$$

für jede Umgebungsfolge $U_k \to S$ existiert, ist der Grenzwert von der speziellen Folge U_k unabhängig und definiert das *uneigentliche Integral* $\int_D f(x)\,dx$.

Die hier gegebene Definition ist auf die Bedürfnisse dieses Buches zugeschnitten und impliziert die *absolute* Integrierbarkeit, d.h. auch das Integral $\int_D |f(x)|\,dx$ existiert und ist endlich. Üblicherweise wird auch ein Integral wie z.B. $\int_0^\infty \frac{\sin x}{x}\,dx = \pi/2$ als uneigentliches Integral bezeichnet, weil $\int_{[0,\infty)\setminus U} \frac{\sin x}{x}\,dx \to \pi/2$ $(R \to \infty)$ für die Umgebung $U = (R,\infty)$ von ∞ konvergiert. Weil aber andere (nicht zusammenhängende) Umgebungen U_k von ∞ existieren, für die $\int_{[0,\infty)\setminus U_k}\ldots\,dx$ divergiert.

ist $\frac{\sin x}{x}$ im Sinne der oben gegebenen Definition nicht uneigentlich integrierbar. Die hier als «über D uneigentlich integrierbar» bezeichneten Funktionen sind *Lebesgue-integrierbar* und gehören damit zu $L^1(D)$.

Übungsaufgabe 6.1.1 Sei $D = I = [a,b] \subset \mathbf{R}$ und f auf D uneigentlich integrierbar. Man zeige: **(a)** Sei $a \leqslant c \leqslant b$. Auch wenn f bei $x = c$ singulär ist, gilt

$$\int_a^b f(x)dx = \int_a^c f(x)dx + \int_c^b f(x)dx.$$

(b) Die Stammfunktion $\int^x f(\xi)d\xi$ ist auf I stetig, insbesondere gilt

$$\lim_{\varepsilon \to 0} \int_c^{c+\varepsilon} f(x)dx = 0.$$

(c) Es gilt das folgende *Majorantenkriterium*: Ist g auf $D \setminus U$ für jede Singularitätenumgebung U integrierbar und erfüllt g die Abschätzung $|g(x)| \leqslant f(x)$, so ist mit f auch g uneigentlich integrierbar. Eine spezielle Anwendung dieses Kriteriums lautet: Sei f auf D uneigentlich integrierbar und $g \in L^\infty(D)$. Dann ist auch das Produkt fg auf D uneigentlich integrierbar.
(d) Die Substitutionsregel ist auch für uneigentliche Integrale gültig.
(e) Die partielle Integration ist gültig.

Bemerkung 6.1.2 (a) In $[-1,1]$ ist $f(x) = x^{-\lambda}$ genau dann uneigentlich integrierbar, wenn $\lambda < 1$. **(b)** In $D = K_R(0) \subset \mathbf{R}^d$ ist $f(x_1,\ldots,x_d) = r^{-\lambda}$ mit $r^2 = \sum x_i^2$ genau dann uneigentlich integrierbar, wenn $\lambda < d$.

Beweis. (a) $\int_\varepsilon^1 f(x)dx = x^{1-\lambda}/(1-\lambda)|_\varepsilon^1 \to 1/(1-\lambda)$ für $\varepsilon \to 0$.
(b) Sei U eine Umgebung der Singularität $x = 0$. Es gibt $0 < \varepsilon < \eta \leqslant R$, so daß $K_\varepsilon(0) \subset U \subset K_\eta(0)$. Da $f \geqslant 0$, gilt $\int_{D \setminus K_\varepsilon(0)} f dx \geqslant \int_{D \setminus U} f dx \geqslant \int_{D \setminus K_\varepsilon(0)} f dx$. Für $U \to \{0\}$ folgt $\varepsilon, \eta \to 0$. Es reicht daher, die Konvergenz von $\int_{D \setminus K_\varepsilon(0)} f(x)dx$ zu zeigen. Substitution von x durch Polarkoordinaten ergibt wegen $dx = r^{d-1}dr\,d\Omega$

$$\int_{D \setminus K_\varepsilon(0)} f(x)dx = \int_{D \setminus K_\varepsilon(0)} r^{d-1-\lambda}dr\,d\Omega = \int_\varepsilon^R r^{d-1-\lambda}dr \int_{\partial K_1(0)} d\Omega,$$

wobei das zweite Integral die Oberfläche der d-dimensionalen Einheitskugel ist. Die Behauptung folgt somit aus (a). ☒

Übungsaufgabe 6.1.3 Man zeige: Die Funktion $f(x) = 1/[x\log x]$ ist bei $x = 0$ *nicht* uneigentlich integrierbar.

Integraloperatoren sind (eventuell uneigentliche) Integrale mit einem *Parameter*. Hierzu untersuchen wir das (uneigentliche) Integral

$$(6.1.3) \qquad F(p) := \int_D f(p,x)dx \qquad\qquad \text{für } p \in P,$$

wobei P das Definitionsgebiet des Parameters p sei. Für $U \subset D$ setze man

$$(6.1.4) \qquad \delta(U) := \sup\{|\int_U f(p,x)dx| : p \in P\}.$$

Wenn $\delta(U_k) \to 0$ für jede Folge U_k mit $\mu(U_k) \to 0$, so «*existieren die Integrale* $\int_D f(p,x)dx$ *gleichmäßig*». Man beachte, daß die Maße $\mu(U_k)$ gegen null konvergieren, wenn sich die Umgebungen $U_k \to S$ auf die Singularitätenmenge S zusammenziehen.

Eine häufig vorkommende Situation enthält Teil (a) der

Übungsaufgabe 6.1.4 **(a)** Sei $f(p,x)=\varphi(x-p)$ für $x,p\in D$. Der Definitionsbereich von φ ist $E:=\{t=x-p:\ x,p\in D\}$. Wenn φ über E uneigentlich integrierbar ist, existieren die uneigentlichen Integrale $\int_D f(p,x)dx$ gleichmäßig. **(b)** Für $f(p,x)=x^{-1-1/p}$ mit $p,x\in D:=[1,\infty)$ existiert $\int_D f(p,x)dx$, aber nicht gleichmäßig. **(c)** Ist $F(x)$ eine uneigentlich integrierbare Majorante von $f(p,x)$, d.h. $|f(p,x)|\leqslant F(x)$, so ist f gleichmäßig uneigentlich integrierbar.

Die stetige Abhängigkeit des Integrals vom Parameter p behandelt das folgende Lemma. Man beachte, daß die Menge S der singulären Stellen i.a. vom Parameter p abhängen kann. Sie wird daher S_p genannt.

Lemma 6.1.5 $f(p,x)$ sei in $P\times D$ bis auf die Singularitäten in $\{(p,x):\ p\in P,\ x\in S_p\}$ stetig. Die Integrale $F(p)$ aus (3) mögen gleichmäßig existieren. Dann ist $F(p)$ eine *stetige* Funktion von $p\in P$.

Beweis. $\varepsilon>0$ und $p\in P$ seien gegeben. Man wähle eine Umgebung $U\supset S_p$ mit $\delta(U)\leqslant\varepsilon/3$. Nach Definition (4) gilt für $F_U(p):=\int_{D\setminus U}f(p,x)dx$

$$|F(p)-F_U(p)|\leqslant\delta(U)\leqslant\varepsilon/3.$$

Aufgrund der Kompaktheit von $D\setminus U$ und der Stetigkeit von f gibt es ein δ, so daß

$$|f(p,x)-f(q,x)|\leqslant\delta(U)/\mu(D\setminus U)\quad\text{für alle }x\in D\setminus U,\ |p-q|\leqslant\delta.$$

Integration über $x\in D\setminus U$ liefert $|F_U(p)-F_U(q)|\leqslant\delta(U)$. Da auch $|F(q)-F_U(q)|\leqslant\delta(U)$, ergibt sich $|F(p)-F(q)|\leqslant3\delta(U)\leqslant\varepsilon$ für alle $q\in P$ mit $|p-q|\leqslant\delta$. ∎

Ebenso wie die Funktionen $f(p,x)$ dürfen auch die Ableitungen Singularitäten enthalten. Von einer «uneigentlich integrierbaren Ableitung» verlangen wir

$$(6.1.5)\qquad \int_{p_0}^{p_1}f_p(p,x)dp=f(p_1,x)-f(p_0,x)\qquad\text{für }p_1,p_0\in P,\ x\in D.$$

Die *Differentiation unter dem Integralzeichen* wird erlaubt durch

Lemma 6.1.6 Sei $P\subset\mathbb{R}$ ein zusammenhängendes Intervall. Die uneigentlich integrierbare Ableitung $f_p(p,x)$ sei in $P\times D$ bis auf ihre Singularitäten stetig. Die Integrale $\int_D f_p(p,x)dx$ mögen gleichmäßig existieren. Für ein $p_0\in P$ existiere $\int_D f(p_0,x)dx$. Dann gilt

$$(6.1.6)\qquad \frac{d}{dp}\int_D f(p,x)dx=\int_D f_p(p,x)dx\qquad\text{für alle }p\in P.$$

Beweis. Sei p gegeben. O.B.d.A. sei $p\geqslant p_0$ und $P=[p_0,p]$. Nach Lemma 5 ist $F(p):=\int_D f_p(p,x)dx$ stetig. Daher existiert das Integral $\int_{p_0}^p\int_D f_p(p,x)dx\,dp$. Die Stetigkeit von $F(p)$ impliziert $f_p\in L^1(P\times D)$. Der *Satz von Fubini* erlaubt die Vertauschung der Integrationen:

$$(6.1.7)\qquad \int_P\int_D f_p(p,x)dx\,dp=\int_D\int_P f_p(p,x)dp\,dx.$$

Da das Doppelintegral auf der linken Seite existiert, existiert auch $\int_P f_p(p,x)\,dp$ fast überall und ist über D integrierbar. Das letztgenannte Integral schreibt sich wegen (5) als $f(p,x)-f(p_0,x)$. Die rechte Seite in (7) lautet damit $\int_D [f(p,x)-f(p_0,x)]\,dx$. Da $\int_D f(p_0,x)\,dx$ nach Voraussetzung existiert, folgt die Existenz von $\int_D f(p,x)\,dx$. Somit nimmt (7) die Gestalt

$$\int_{p_0}^{p} F(p')\,dp' = \int_D f(p,x)\,dx - \int_D f(p_0,x)\,dx$$

an. Da F stetig ist, hat die linke Seite die Ableitung $F(p)$, während $\frac{d}{dp}\int_D f(p,x)\,dx$ die Ableitung der rechten Seite ist. ☐

6.2 Eine notwendige Bedingung für eine beschränkte Lösung

Die verallgemeinerte Abelsche Integralgleichung (1.2) kann, wie wir im nächsten Satz sehen werden, keine beschränkte Lösung haben, wenn die Inhomogenität g nicht geeignete Glattheits- und Anfangsbedingungen erfüllt.

Satz 6.2.1 Seien $0<\lambda<1$, $a<b$ und $f\in L^\infty([a,b])$. Dann existiert das Integral

$$(6.2.1) \qquad g(x)=\int_a^x \frac{f(y)}{(x-y)^\lambda}\,dy \qquad\qquad \text{für } a\leqslant x\leqslant b$$

und erfüllt $g\in C^{1-\lambda}([a,b])$ und die Anfangsbedingung

$$(6.2.2) \qquad g(a)=0.$$

Beweis. (i) Die Existenz des Integrals (1) folgt aus der uneigentlichen Integrierbarkeit von $f(y)/(x-y)^\lambda$. Damit ist auch die Voraussetzung (3.4.2a) des Satzes 3.4.2 erfüllt, wenn wir formal die Abelsche als Fredholmsche Integralgleichung mit dem Kern $k(x,y)=(x-y)^{-\lambda}$ für $a\leqslant y\leqslant x\leqslant b$ und $k(x,y)=0$ sonst auffassen. Es bleibt die Bedingung (3.4.2b) nachzuprüfen. Für die linke Seite $\int_a^b |k(\xi,y)-k(x,y)|\,dy$ in (3.4.2b) können wir o.B.d.A. $a\leqslant x\leqslant\xi\leqslant b$ annehmen und erhalten

$$\int_a^b |k(\xi,y)-k(x,y)|\,dy = \int_a^x (x-y)^{-\lambda}dy - \int_a^x (\xi-y)^{-\lambda}dy + \int_x^\xi (\xi-y)^{-\lambda}dy =$$

$$= \{(x-a)^{1-\lambda}-(\xi-a)^{1-\lambda}+2(\xi-x)^{1-\lambda}\}/(1-\lambda) \leqslant \tfrac{3}{1-\lambda}|\xi-x|^{1-\lambda}$$

(vgl. Lemma 2). Damit beweist Satz 3.4.2 $g=Kf\in C^{1-\lambda}([a,b])$. ☐

Lemma 6.2.2 $\varphi(t)=t^\alpha$ mit $0\leqslant\alpha\leqslant 1$ ist global Hölder-stetig auf $[0,\infty)$:

$$(6.2.3) \qquad |\xi^\alpha-\zeta^\alpha|\leqslant|\xi-\zeta|^\alpha \quad\text{für alle } \xi,\zeta\geqslant 0.$$

Beweis. O.B.d.A. sei $0\leqslant\zeta\leqslant\xi$. Der Fall $\xi=0$ ist trivial; sei deshalb $\xi>0$. Nach Division durch ξ^α sieht man, daß man sich auf den Fall $0\leqslant\zeta\leqslant\xi=1$ beschränken kann. (3) ist zu $\varphi(\zeta)\leqslant 1$ mit $\varphi(\zeta):=(1-\zeta^\alpha)/(1-\zeta)^\alpha$ äquivalent. Aus $\varphi'(\zeta)\leqslant 0$ schließt auf $\varphi(\zeta)\leqslant\varphi(0)=1$ für alle $\zeta\in[0,1]$. ☐

Satz 1 zeigt, daß u.a. $g(a)=0$ eine notwendige Bedingung für eine *beschränkte* Lösung der Abelschen Integralgleichung ist. Beim Abelschen Tautochronenproblem aus §6.1.2 tritt die konstante Funktion $\tau(x)=1$ an die Stelle von g. Offenbar ist die Bedingung (2) nicht erfüllt! Am Ende des §6.4 werden wir daher noch untersuchen müssen, ob auch ohne Bedingung (2) Lösungen existieren, die aufgrund von Satz 1 allerdings *unbeschränkt* sein müssen.

6.3 Eulersche Integrale

Als Rüstzeug für die weiteren Umformungen benötigen wir die Eulerschen Integrale. Da häufig auf spezielle Funktionen zu wenig eingegangen wird, werden die folgenden Rechnungen ausführlicher wiedergegeben.

Definition 6.3.1 Sei $p>0$, $q>0$. Das *Eulersche B-Integral* (oder *Beta-Integral* oder *Eulersches Integral 1. Gattung*) lautet

$$(6.3.1) \qquad B(p,q) = \int_0^1 x^{p-1}(1-x)^{q-1}dx.$$

Das *zweite Eulersche Integral* (oder *Eulersches Integral 2. Gattung*) ist die *Gammafunktion*

$$(6.3.2) \qquad \Gamma(p) = \int_0^\infty e^{-t} t^{p-1}dt.$$

Die Integrale sind bezüglich beider Intervallenden uneigentlich integrierbar, solange die Voraussetzungen $p>0$, $q>0$ gelten. Die Gammafunktion ist wegen ihres Zusammenhanges mit der Fakultät bekannt:

Übungsaufgabe 6.3.2 Man beweise $\Gamma(p)=(p-1)!$ für $p\in\mathbb{N}$.

In der Darstellung (2) führt die Substitution $t=x^2$ zu

$$(6.3.2') \qquad \Gamma(p) = 2\int_0^\infty e^{-x^2} x^{2p-1}dx \qquad\qquad \text{für } p>0.$$

Für $p>0$ und $q>0$ benutze man (2') zur Darstellung von $\Gamma(p)\Gamma(q)$:

$$\Gamma(p)\Gamma(q) = 4\int_0^\infty e^{-x^2} x^{2p-1}dx \int_0^\infty e^{-y^2} y^{2q-1}dy =$$

$$= 4\int_0^\infty\int_0^\infty e^{-(x^2+y^2)}x^{2p-1}y^{2q-1}\,dx\,dy.$$

Das letzte Doppelintegral erstreckt sich über die Viertelebene $x\geqslant 0, y\geqslant 0$. Dieser Bereich wird in den *Polarkoordinaten*

$$x=r\cos\varphi, \qquad y=r\sin\varphi$$

durch den Radius $r\in[0,\infty)$ und den Winkelbereich $0\leqslant\varphi\leqslant\frac{\pi}{2}$ beschrieben. Berücksichtigt man $dx\,dy=r\,dr\,d\varphi$ bei der Substitution, erhält man

$$\Gamma(p)\,\Gamma(q) = 4 \int\limits_0^{\pi/2} \int\limits_0^{\infty} e^{-r^2}\, r^{2p+2q-2}\, \cos^{2p-1}\varphi\, \sin^{2q-1}\varphi\, r\, dr\, d\varphi.$$

Der Integrand läßt sich in einen r- und einen φ-abhängigen Faktor zerlegen, so daß sich das Doppelintegral als Produkt darstellen läßt:

$$\Gamma(p)\,\Gamma(q) = \underbrace{\left[2\int\limits_0^{\pi/2} \cos^{2p-1}\varphi\, \sin^{2q-1}\varphi\, d\varphi \right]}_{=:\,I} \underbrace{\left[2\int\limits_0^{\infty} e^{-r^2} r^{2p+2q-2} dr \right]}_{=\,\Gamma(p+q)}.$$

Das zweite Integral erkennt man als Gammafunktion zum Argument $p+q$ wieder. Zur weiteren Verarbeitung des ersten Integrals I substituiere man $x = \cos^2\varphi$, $dx = 2\,\sin\varphi\,\cos\varphi\,d\varphi$ und verwende $\sin^2\varphi = 1 - \cos^2\varphi$:

$$I = \int\limits_0^{\pi/2} \cos^{2p-2}\varphi\, \sin^{2q-2}\varphi\; 2\,\sin\varphi\,\cos\varphi\,d\varphi =$$

$$= \int\limits_0^{\pi/2} \underbrace{(\cos^2\varphi)^{p-1}}_{x}\; \underbrace{(1-\cos^2\varphi)^{q-1}}_{1-x}\; \underbrace{2\,\sin\varphi\,\cos\varphi\,d\varphi}_{dx} =$$

$$= \int\limits_0^{1} x^{p-1}(1-x)^{q-1} dx = B(p,q).$$

Dies beweist den folgenden Zusammenhang zwischen den Eulerschen Integralen erster und zweiter Gattung:

$$\text{(6.3.3)} \qquad B(p,q) = \frac{\Gamma(p)\,\Gamma(q)}{\Gamma(p+q)} \qquad \text{für } p>0,\; q>0.$$

Eine längere Rechnung ergibt den Integralwert

$$\text{(6.3.4)} \qquad \int\limits_0^{\infty} \frac{x^{p-1}}{1+x}\, dx = \frac{\pi}{\sin\pi p} \qquad \text{für } 0<p<1.$$

Für $q = 1-p$ ist $\Gamma(p+q) = \Gamma(1) = 0! = 1$. Aus (3) schließen wir deshalb

$$\Gamma(p)\,\Gamma(1-p) = B(p,1-p) = \int\limits_0^{1} x^{p-1}(1-x)^{-p} dx.$$

Substitution $y = \dfrac{x}{1-x}$, d.h. $x = \dfrac{y}{1+y}$, $1-x = \dfrac{1}{1+y}$, $dx = (1+y)^{-2} dy$, liefert

$$\Gamma(p)\,\Gamma(1-p) = \int\limits_0^{\infty} \left(\frac{y}{1+y}\right)^{p-1} \left(\frac{1}{1+y}\right)^{p} (1+y)^{-2} dy = \int\limits_0^{\infty} \frac{y^{p-1}}{1+y}\, dy.$$

Gleichung (4) beweist die Beziehung

$$\text{(6.3.5)} \qquad B(p,1-p) = \Gamma(p)\,\Gamma(1-p) = \frac{\pi}{\sin\pi p} \qquad \text{für } p \notin \mathbb{Z}$$

für $0 < p < 1$. Die Gleichheit für die übrigen $p \notin \mathbf{Z}$ erhält man durch analytische Fortsetzung. Man kann (5) auch direkt beweisen, wenn man die alternative Darstellung $\Gamma(z) := \lim_{n \to \infty} z(z+1)(z+2) \cdot \ldots \cdot (z+n)/(n! n^z)$ der Gammafunktion und die Produktdarstellung $\sin x = x \prod_{\nu=1}^{\infty} (1 - (\frac{x}{\nu \pi})^2)$ als bekannt voraussetzt. In diesem Falle ergibt sich das Integral (4) aus der Gleichung (5).

Übungsaufgabe 6.3.3 Seien $p > 0$ und $q > 0$. Für alle $a < b \in \mathbf{R}$ zeige man

$$(6.3.6) \qquad \int_a^b (x-a)^{p-1}(b-x)^{q-1}\, dx = (b-a)^{p+q-1} B(p,q).$$

6.4 Umkehrung der Abelschen Integralgleichung

Die *Eindeutigkeit* der verallgemeinerten Abelschen Integralgleichung kann konstruktiv gezeigt werden, indem wir eine eindeutige Darstellung einer Lösung angeben, wenn sie existiert.

Lemma 6.4.1 Sei $0 < \lambda < 1$. Wenn die verallgemeinerte Abelsche Integralgleichung (1.2) eine Lösung $f \in C([a,b])$ besitzt, so lautet diese

$$(6.4.1) \qquad f(t) = \frac{\sin \pi \lambda}{\pi} \frac{d}{dt} \int_a^t \frac{g(x)\,dx}{(t-x)^{1-\lambda}} \qquad \text{für } a \leqslant t \leqslant b.$$

Allgemeiner gilt: Existieren für die Lösung f das uneigentliche Integral in (1.2) für fast alle $a < x \leqslant b$ und für g das uneigentliche Integral in (1) für fast alle $a < t \leqslant b$, so stellt (1) in allen Stetigkeitspunkten t von f die Lösung dar. Für alle $a < t \leqslant b$ gilt die Gleichheit der Stammfunktionen:

$$(6.4.1') \qquad \int_a^t \frac{g(x)\,dx}{(t-x)^{1-\lambda}} = \frac{\pi}{\sin \pi \lambda} \int_a^t f(y)\,dy.$$

Beweis. Als stetige Lösung gehört f zu $L^\infty([a,b])$. Nach Satz 2.1 muß g Hölder-stetig sein. Die Funktion

$$\frac{g(x)}{(t-x)^{1-\lambda}} = \frac{1}{(t-x)^{1-\lambda}} \int_a^x \frac{f(y)}{(x-y)^\lambda}\, dy \qquad\qquad (a \leqslant x \leqslant t)$$

ist demnach bezüglich x in $[a,t]$ uneigentlich integrierbar. Im allgemeinen Falle ist die uneigentliche Integrierbarkeit direkt vorausgesetzt:

$$\int_a^t \frac{g(x)\,dx}{(t-x)^{1-\lambda}} = \int_a^t \left[\int_a^x \frac{f(y)}{(x-y)^\lambda}\, dy \right] \frac{dx}{(t-x)^{1-\lambda}} = \int_a^t \int_a^x \frac{f(y)\,dy\,dx}{(x-y)^\lambda (t-x)^{1-\lambda}}.$$

Das letzte Doppelintegral erstreckt sich über das Dreieck $D := \{(x,y): 0 \leqslant y \leqslant x \leqslant t\}$. Die Vertauschung der Integrationen (Satz von Fubini) führt zusammen mit (3.6) für $p = 1-\lambda$, $q = 1-p = \lambda$, $p+q-1 = 0$ auf

$$\int_a^t \frac{g(x)dx}{(t-x)^{1-\lambda}} = \int_a^t \Big[\underbrace{\int_y^t \frac{dx}{(x-y)^\lambda (t-x)^{1-\lambda}}}_{= B(1-\lambda,\lambda)\ \text{nach (3.6)}} \Big] f(y)\,dy = B(1-\lambda,\lambda)\int_a^t f(y)\,dy.$$

Mit Gleichung (3.5) gelangt man zu (1'). In jedem Stetigkeitspunkt von f ist die rechte Seite eine nach t stetig differenzierbare Funktion. Folglich ist auch die linke Seite dort nach t differenzierbar. Die Differentiation liefert die gewünschte Darstellung (1). Ist $f \in C([a,b])$, gilt (1) für alle $a \leqslant t \leqslant b$.

Die Frage, die sich zur Darstellung (1) stellt, lautet: Wie kann die Ableitung des Integrals nach t durchgeführt werden? Die Vertauschung der Differentiation d/dt und der Integration $\int \dots dx$ ist *nicht zulässig*, da dann unter dem Integral die nicht (uneigentlich) integrierbare Funktion $g(x)(\lambda-1)/(1-x)^{2-\lambda}$ stände. Eine Antwort gibt das

Lemma 6.4.2 Sei $0 < \lambda < 1$ und $g \in C^1([a,b])$. Dann existiert die Ableitung

$$(6.4.2) \qquad \frac{d}{dt}\int_a^t \frac{g(x)dx}{(t-x)^{1-\lambda}} = \frac{g(a)}{(t-a)^{1-\lambda}} + \int_a^t \frac{g'(x)dx}{(t-x)^{1-\lambda}} \quad \text{für } a < t \leqslant b.$$

Ist außerdem $g(a)=0$, verschwindet der erste Summand, und die Ableitung existiert auch für $t=a$.

Beweis. Partielle Integration liefert

$$\int_a^t \frac{g(x)dx}{(t-x)^{1-\lambda}} = -g(x)\frac{(t-x)^\lambda}{\lambda}\Big|_{x=a}^{x=t} + \int_a^t g'(x)\frac{(t-x)^\lambda}{\lambda}\,dx.$$

Der ausintegrierten Teil verschwindet an der oberen Grenze $x=t$, so daß hiervon nur $g(a)(t-a)^\lambda/\lambda$ bleibt. Dieser Term nach t abgeleitet ergibt den ersten Summanden in (2). Zur Ableitung des verbleibenden Integrals hat man nach der oberen Grenze und unter dem Integral nach t zu differenzieren. Die Differentiation nach der oberen Grenze liefert null, da der Integrand für $x=t$ verschwindet. Die Ableitung unter dem Integral führt auf $\int_a^t \frac{g'(x)dx}{(t-x)^{1-\lambda}}$, weil der entstehende Integrand uneigentlich integrierbar und daher die Differentiation unter dem Integral statthaft ist (vgl. Lemma 1.6). Damit ist (2) bewiesen.

Übungsaufgabe 6.4.3 Die Voraussetzung $g \in C^1([a,b])$ in Lemma 2 ist nicht notwendig. Man beweise (2) für $g(x) := (x-a)^{1-\lambda}$.

Das folgende, erste Resultat zur Existenz einer Lösung geht von der stetigen Differenzierbarkeit von g aus.

Satz 6.4.4 Sei $0<\lambda<1$ und $g\in C^1([a,b])$ mit $g(a)=0$. Dann hat die verallgemeinerte Abelsche Integralgleichung (1.2) eine eindeutige Lösung $f\in C^\lambda([a,b])$. Sie lautet

$$(6.4.3)\qquad f(t)=\frac{\sin\pi\lambda}{\pi}\int_a^t\frac{g'(x)dx}{(t-x)^{1-\lambda}}\qquad\text{für }a\leqslant t\leqslant b.$$

Beweis. (i) Aus den Lemmata 1 und 2 wissen wir, daß eine stetige Lösung die Darstellung (3) haben muß, wenn sie existiert.

(ii) In Satz 2.1 kann man f gegen $g'\in C([a,b])$ und λ gegen $1-\lambda$ vertauschen und erhält die Aussage $f\in C^\lambda([a,b])$ für f aus (3).

(iii) Es bleibt zu zeigen, daß f aus (3) eine Lösung darstellt. Dazu setzen wir die Darstellung (3) in die Integralgleichung (1.2) ein und vertauschen die Integrationen:

$$\int_a^x\frac{f(y)}{(x-y)^\lambda}dy=\frac{\sin\pi\lambda}{\pi}\int_a^x\int_a^t\frac{g'(x)dx}{(t-x)^{1-\lambda}}\;\frac{dt}{(x-t)^\lambda}=$$

$$=\frac{\sin\pi\lambda}{\pi}\int_a^x\int_t^x\underbrace{\frac{dt}{(t-x)^{1-\lambda}(x-t)^\lambda}}_{=B(1-\lambda,\lambda)=\pi/\sin\pi\lambda\text{ nach }(3.6)}g'(x)dx=\int_a^x g'(x)dx=g(x)\qquad\blacksquare$$

Aus Satz 2.1 wissen wir, daß $g\in C^{1-\lambda}([a,b])$ und $g(a)=0$ für beschränkte Lösungen notwendig sind. Die Voraussetzung $g\in C^1([a,b])$ aus Satz 4 ist jedoch stärker als notwendig. Eine Abschwächung enthält

---

Satz 6.4.5 Sei $0<\lambda<1$, $g\in C([a,b])$ mit $g(a)=0$ und differenzierbarem

$$(6.4.4)\qquad G(t):=\int_a^t\frac{g(x)dx}{(t-x)^{1-\lambda}}\in C^1([a,b]).$$

Dann hat die verallgemeinerte Abelsche Integralgleichung (1.2) eine eindeutige stetige Lösung, die durch (1) dargestellt ist.

Beweis. Die Eindeutigkeit ist mit Lemma 1 bewiesen. Nachzuweisen ist nur, daß f aus (1) auch eine Lösung ist. Einsetzen von (1) in (1.2) ergibt

$$\int_a^x\frac{f(y)}{(x-y)^\lambda}dy=\frac{\sin\pi\lambda}{\pi}\int_a^x\frac{G'(y)}{(x-y)^\lambda}dy\underset{\underset{\text{Lemma 2}}{\uparrow}}{=}\frac{d}{dx}\frac{\sin\pi\lambda}{\pi}\int_a^x\frac{G(y)}{(x-y)^\lambda}dy=$$

$$\underset{\underset{(4)}{\uparrow}}{=}\frac{d}{dx}\frac{\sin\pi\lambda}{\pi}\int_a^x\int_a^y\frac{g(t)dt}{(y-t)^{1-\lambda}}\;\frac{dy}{(x-y)^\lambda}\underset{\underset{\text{wie in Satz 4}}{\uparrow}}{=}\frac{d}{dx}\int_a^x g(t)dt=g(x)\qquad\blacksquare$$

Die Voraussetzung des Satzes 5 an g ist indirekt über $G\in C^1([a,b])$ formuliert. Eine hinreichende Bedingung für $G\in C^1([a,b])$ ergibt sich aus der Hölder-Stetigkeit von g zum Exponenten $\alpha>1-\lambda$:

Lemma 6.4.6 Sei $0<\lambda<1$, $\alpha>1-\lambda$ und $g\in C^{\alpha}([a,b])$ mit $g(a)=0$. Dann gehört die in (4) definierte Funktion $G(t)$ zu $C^1([a,b])$. Ihre Ableitung lautet

$$(6.4.5) \qquad \frac{d}{dt}\,G(t):=(1-\lambda)\int_a^t \frac{g(t)-g(x)}{(t-x)^{2-\lambda}}\,dx\ +\ (t-a)^{\lambda-1}g(t).$$

Beweis. Sei $a\leq t'<t$ und $\delta:=t-t'$. Der Differenzenquotient $\frac{1}{\delta}[G(t)-G(t')]$ läßt sich darstellen als

$$(6.4.6) \qquad \frac{1}{\delta}[G(t)-G(t')] = \frac{1}{\delta}\int_{t'}^t [g(x)-g(t)](t-x)^{\lambda-1}dx\ +$$

$$+\ \frac{1}{\delta}\int_a^{t'} [g(x)-g(t)][(t-x)^{\lambda-1}-(t'-x)^{\lambda-1}]\,dx\ +$$

$$+\ g(t)\,\frac{1}{\delta}[\int_a^t (t-x)^{\lambda-1}dx - \int_a^{t'} (t'-x)^{\lambda-1}]\,dx\ ].$$

Da $|g(x)-g(t)|\leq C|t-x|^{\alpha}$, ist das erste Integral in (6) von der Ordnung $O(\delta^{\alpha+\lambda-1})$ und verschwindet für $\delta\to 0$. Das zweite Integral konvergiert gegen $\int_a^t [g(x)-g(t)][(\lambda-1)(t-x)^{\lambda-2}]dx$, den ersten Term in (5), denn der Integrand ist wegen $|g(t)-g(x)|/(t-x)^{2-\lambda}=O(|t-x|^{\alpha+\lambda-2})$ und $\alpha+\lambda-2>-1$ uneigentlich integrierbar. Der dritte Ausdruck in (6) lautet nach Auswertung der Integrale $g(t)[(t-a)^{\lambda}-(t'-a)^{\lambda}]/(\delta\lambda)$ und strebt gegen $g(t)(t-a)^{\lambda-1}$, den zweiten Term in (5). ◼

Die Voraussetzung $g\in C^{\alpha}([a,b])$ mit $\alpha>1-\lambda$ ist hinreichend für $G(t)\in C^1([a,b])$, aber nicht notwendig. Umgekehrt ist die Voraussetzung $g\in C^{1-\lambda}([a,b])$ nicht hinreichend.

Übungsaufgabe 6.4.7 Man zeige: **(a)** Für $g(x):=(x-a)^{1-\lambda}\in C^{1-\lambda}([a,b])$ erhält man die stetig differenzierbare Funktion $G(t)=(t-a)B(2-\lambda,\lambda)$. **(b)** Für $g(x):=(b-x)^{1-\lambda}\in C^{1-\lambda}([a,b])$ ist $G(t)$ in $[a,b)$ stetig differenzierbar; die Ableitung ist aber in $t=b$ unbeschränkt.

Sowohl im Falle von Satz 4 wie auch von Lemma 6 lautet der Anfangswert der Lösung

$$(6.4.7) \qquad f(a)=0.$$

Übungsaufgabe 7a zeigt dagegen einen Fall, wo (7) nicht zutrifft. Man beachte, daß $g\in C^{\alpha}([a,b])$ mit $\alpha<1-\lambda$ für beschränkte Lösungen f nicht auftreten kann. Aus $\alpha>1-\lambda$ folgt dagegen schon (7).

Für eine andere Darstellung der bisherigen Ergebnisse definieren wir die Operatoren D und K_λ durch

$$D=\frac{d}{dx}, \quad (K_\lambda\varphi)(x):=\int_a^x \frac{\varphi(y)}{(x-y)^\lambda}\,dy \qquad (0<\lambda<1,\ a\leq x\leq b).$$

Die Abelsche Integralgleichung (1.2) nimmt die Gestalt (8) an:

$$(6.4.8) \qquad g = K_\lambda f.$$

Bemerkung 6.4.8 Für alle $0<\lambda<1$ gilt die Identität

$$(6.4.9) \qquad D\,K_{1-\lambda}\,K_{\lambda} = \frac{\pi}{\sin\pi\lambda}\,I \qquad\qquad \text{auf } C([a,b]).$$

Beweis. Sei $f\in C([a,b])$ und $g=K_{\lambda}\,f$. Also ist f Lösung von (1.2) und hat nach Lemma 1 die Darstellung (1): $f := \frac{\sin\pi\lambda}{\pi}\,D\,K_{1-\lambda}\,g$. ∎

Der Beweis von Lemma 1 läßt sich wortwörtlich wiederholen, um

$$(6.4.10) \qquad K_{\sigma}\,K_{\lambda} = B(1-\lambda,1-\sigma)\,K_{\sigma+\lambda-1} \qquad (\sigma,\lambda<1)$$

zu beweisen. (9) ergibt sich aus (10), da $(K_0 f)(t)=\int_a^t f(\xi)\,d\xi$. Für $\lambda=\frac{1}{2}$ ergibt sich $\frac{\sin\pi\lambda}{\pi}=\frac{1}{\pi}$ und

$$(6.4.11a) \qquad D\,K_{1/2}^2 = \pi\,I \qquad\qquad \text{auf } C([a,b]).$$

Die bei der Abelschen Integralgleichung auftretende Inverse $K_{1/2}^{-1}\colon g\mapsto f$ läßt sich daher als «halbe Differentiation» auffassen. Wenn man den Unterraum $C_0^1([a,b]):= \{\varphi\in C^1([a,b])\colon \varphi(a)=0\}$ einführt, kann man (11a) ergänzen durch

$$(6.4.11b) \qquad K_{1/2}^2\,D = \pi\,I \qquad\qquad \text{auf } C_0^1([a,b]).$$

Beweis. Sei $g\in C_0^1([a,b])$ beliebig. $f := \frac{\sin\pi\lambda}{\pi}\,K_{1-\lambda}\,D g$ ist nach Satz 4 die Lösung von $g=K_{\lambda}\,f$. Die Wahl $\lambda=\frac{1}{2}$ zeigt (11b). ∎

Wir wenden uns nun dem Fall der unbeschränkten Lösungen zu, die für $g(a)\neq 0$ auftreten müssen. Das Tautochronenproblem führt auf die Inhomogenität $g(t)=1$, die die Bedingung (2.2) nicht erfüllt. Der folgende Satz beschreibt das singuläre Verhalten der zugehörigen Lösung.

Satz 6.4.9 Sei $0<\lambda<1$, $g\in C([a,b])$ mit (4.4): $G\in C^1([a,b])$. Dann hat die verallgemeinerte Abelsche Integralgleichung (1.2) eine eindeutige Lösung f mit der folgenden Eigenschaft:

$$(6.4.12) \qquad f\in C((a,b]),\quad f(x)= \frac{\sin\pi\lambda}{\pi}\,g(a)\,(x-a)^{\lambda-1} + \text{stetige Funktion}.$$

Beweis. (i) Wir suchen zunächst eine Lösung zur konstanten Funktion $g(x)=1$. Lemma 1 zusammen mit Gleichung (2) aus Lemma 2 liefert $f(x)=\frac{\sin\pi\lambda}{\pi}\,(x-a)^{\lambda-1}$. Einsetzen der Funktion in (1.2) zeigt, daß sie die Integralgleichung für alle $x>a$ erfüllt.

(ii) Man zerlege g in die Summe g_0+g_1, wobei $g_0:=g(a)$ eine konstante Funktion ist und folglich $g_1(x):=g(x)-g(a)$ die Bedingung $g_1(a)=0$ erfüllt. Die Lösung f ist die Summe f_0+f_1, wobei f_i die Lösungen zu g_i sind. Nach Teil (i) ist $f_0(x)=\frac{\sin\pi\lambda}{\pi}\,g(a)\,(x-a)^{\lambda-1}$. Auf g_1 ist Satz 5 anwendbar und sichert $f_1\in C([a,b])$. ∎

Übungsaufgabe 6.4.10 Man löse das Tautochronenproblem aus §6.1.2.

6.5 Umformung für Kerne $k(x,y)/(x-y)^\lambda$

Eine etwas allgemeinere Volterrasche Integralgleichung 1. Art ist

$$(6.5.1) \qquad g(x) = \int_a^x \frac{k(x,y)}{(x-y)^\lambda} f(y)\,dy \qquad\qquad \text{für } x \geq a,$$

wobei $k(x,y)$ eine hinreichend glatte Funktion ist, so daß das singuläre Verhalten allein durch den Nenner $(x-y)^\lambda$ beschrieben wird.

Wir versuchen, die Anwendung der Umkehrformel (4.1) nachzuahmen. Dazu multiplizieren wir beide Seiten der Gleichung (1) mit $(t-x)^{\lambda-1}$ und integrieren über $[a,t]$. Mit anschließender Vertauschung der Integrationen ergibt sich

$$(6.5.2)$$
$$\int_a^t \frac{g(x)\,dx}{(t-x)^{1-\lambda}} = \int_a^t \int_a^x \frac{k(x,y)}{(t-x)^{1-\lambda}(x-y)^\lambda} f(y)\,dy\,dx$$
$$= \int_a^t \left[\int_y^t \frac{k(x,y)\,dx}{(t-x)^{1-\lambda}(x-y)^\lambda} \right] f(y)\,dy.$$

Da wir k als glatt angenommen haben, ist

$$(6.5.3) \qquad \hat{k}(t,y) := \int_y^t \frac{k(x,y)\,dx}{(t-x)^{1-\lambda}(x-y)^\lambda} \qquad \text{für } a \leq y < t$$

wohldefiniert. Gleichung (2) schreibt sich mit Hilfe von $\hat{k}$ als

$$(6.5.4) \qquad G(t) = \int_a^t \hat{k}(t,y)\,f(y)\,dy \quad \text{mit } G(t) := \int_a^t \frac{g(x)\,dx}{(t-x)^{1-\lambda}}.$$

Damit ist es uns gelungen, die verallgemeinerte Abelsche Integralgleichung (1) auf eine Volterrasche Integralgleichung erster Art zurückzuführen, wie sie in §2.5 behandelt wurde. Die dort vorgestellte Lösungsmethode beruhte auf der Differentiation der Integralgleichung (4) nach t, was die Differenzierbarkeit von G und $\hat{k}(t,y)$ nach t voraussetzt (vgl. (2.5.2/3)). Bezüglich der Forderung $G \in C^1(I)$ verwende man die Lemmata 4.2 und 4.6. Zur Existenz von $\hat{k}_t(t,y)$ ist die folgende Aussage möglich:

Lemma 6.5.1 Sei $k \in C(G)$ mit G aus (2.1.3). Ferner sei k bezüglich des ersten Argumentes Hölder-stetig: $k(\cdot,y) \in C^\alpha(I)$ mit $\alpha > 1-\lambda$. Dann existiert die Ableitung von $\hat{k}(t,y)$ nach t und lautet

$$(6.5.5) \qquad \hat{k}_t(t,y) = (1-\lambda) \int_y^t \frac{k(t,y)-k(x,y)}{(t-x)^{2-\lambda}(x-y)^\lambda}\,dx.$$

Beweis. Analog zum Beweis von Lemma 4.6. ∎

6.6 Numerische Verfahren für die Abelsche Integralgleichung

Die in §6.5 beschriebene Umformung der Integralgleichung (5.1) eignet sich eher für theoretische Zwecke. Die praktische Durchführung scheitert im allgemeinen an der Berechnung von G und $\hat{k}$. Im folgenden sollen deshalb numerische Verfahren behandelt werden, die unmittelbar auf die Gleichung (5.1) angewendet werden können.

Die Integralgleichung (5.1) soll für $\lambda=\frac{1}{2}$ und $a=0$ gelöst werden:

$$(6.6.1)\qquad g(x) = \int_0^x \frac{k(x,y)}{\sqrt{x-y}}\, f(y)\, dy \qquad\qquad \text{für } x \geqslant 0.$$

Sei $h>0$ eine feste Schrittweite. Gesucht werden Näherungswerte

$$(6.6.2a)\qquad f_i \approx f(ih) \qquad\qquad \text{für } i \geqslant 0.$$

Durch lineare Interpolation aus den (unbekannten) Werte f_i erhält man

$$(6.6.2b)\qquad \tilde{f}(y) = \tfrac{1}{h}\,[\,(y-ih)\,f_{i+1} + ((i+1)h-y)\,f_i\,] \quad \text{für } ih \leqslant y \leqslant (i+1)h.$$

Der Startwert f_0 lautet für $g\in C^\alpha(I)$ mit $\alpha>\frac{1}{2}$ und $g(0)=0$ wie in (4.7):

$$f_0 := f(0) = 0.$$

Falls lediglich $g\in C^{1/2}(I)$ und $g(0)=0$ gilt, ergibt sich f_0 allgemein als

$$(6.6.3)\qquad f_0 := f(0) = [\lim g(x)/\sqrt{x}\,]\,/\,[\,2k(0,0)\,].$$

Zur Bestimmung der f_i für $i \geqslant 1$ wird Gleichung (1) in $x=ih$ gefordert:

$$(6.6.4)\qquad g(ih) = \int_0^{ih} \frac{k(ih,y)}{\sqrt{ih-y}}\, \tilde{f}(y)\, dy \qquad\qquad \text{für } i \geqslant 1.$$

Das Integral über $[0,ih]$ ist die Summe der Integrale über $[jh,(j+1)h]$, die alle auf $[0,1]$ transformiert werden können:

$$\int_{jh}^{(j+1)h} \frac{k(ih,y)}{\sqrt{ih-y}}\, \tilde{f}(y)\, dy = \sqrt{h}\int_0^1 \frac{k(ih,(j+\eta)h)}{\sqrt{i-j-\eta}}\, \tilde{f}((j+\eta)h)\, d\eta\,,$$

so daß die Kollokationsgleichung die Form (6.6.5) annimmt:

$$(6.6.5)\qquad g(ih) = \sqrt{h}\sum_{j=0}^{i-1} \int_0^1 \frac{k(ih,(j+\eta)h)}{\sqrt{i-j-\eta}}\, \tilde{f}((j+\eta)h)\, d\eta\,.$$

Die Integrale auf der rechten Seite müssen durch eine geeignete Quadraturformel angenähert werden. Wegen der Singularität des Nenners ist im Falle $j=i-1$ eine Quadratur (1.6.16c-e) mit Gewichtsfunktion unumgänglich. Aber auch für $j<i-2$ ist der Nenner noch störend, so daß man für alle j den Nenner als Gewichtsfunktion wählen sollte. Das einfachste Quadraturverfahren ist die Gauß-Formel zur Gewichtsfunktion $1/\sqrt{k-\eta}$ ($1\leqslant k\leqslant i$) mit einer Stützstelle $w_k\in(0,1)$. Es lautet

$$(6.6.6a)\qquad \int_0^1 \frac{\varphi(\eta)}{\sqrt{k-\eta}}\, d\eta = a_k\,\varphi(w_k) + R_k(\varphi) \quad \text{mit}$$

$$(6.6.6b)\qquad a_k = \int_0^1 \frac{d\eta}{\sqrt{k-\eta}}\,,\quad w_k = \int_0^1 \frac{\eta\, d\eta}{\sqrt{k-\eta}}\,/\,a_k\,,$$

wobei sich der Quadraturfehler aus (6.6.6c) ergibt:

(6.6.6c) $R_k(\varphi) = r_k \varphi''(\xi)$, $\xi \in (0,1)$, $r_k = \frac{1}{2} \int_0^1 \frac{(t-w_k)^2}{\sqrt{k-\eta}} \, d\eta$.

Ersetzt man in (5) die Integrale durch die Gauß-Näherungen, erhält man

(6.6.7) $g(ih) = \sqrt{h} \sum_{j=0}^{i-1} a_{i-j} \, k(ih,(j+w_{i-j})h) \, \tilde{f}((j+w_{i-j})h)$.

Per Induktion sei angenommen, daß die Stützwerte f_j für $j \leq i-1$ bekannt sind. Durch (2b) ist $\tilde{f}$ in $[0, ih-h]$ definiert, d.h. alle Summanden in (7) mit $j < i-1$ sind berechenbar. Für $j = i-1$ enthält die rechte Seite

$$\tilde{f}((i-1+w_1)h) = (1-w_1)f_{i-1} + w_1 f_i.$$

Damit stellt (7) eine lineare Gleichung für den unbekannten Wert f_i dar.

Da die Quadratur (6a-c) wie auch die stückweise lineare Interpolation (2b) von zweiter Ordnung ist, kann man bestenfalls Konvergenz dieser Ordnung erwarten. Daß diese tatsächlich vorliegt, besagt der

Satz 6.6.1 (Branca [1]) Sei $I = [0,b]$ und $G = \{(x,y): x \in I, \, y \in [0,x]\}$. Der Kern k erfülle $k \in C^1(G)$, $k_y, k_{yy} \in C_L(G)$ und $k(x,x) \geq \varepsilon > 0$ in I. Die Gleichung (1) habe eine Lösung $f \in C_L^2(I)$. Für hinreichend kleine h definieren die Gleichungen (3) und (7) die diskrete Lösung f_i für $ih \in I$, und f_i konvergiert von zweiter Ordnung gegen die Lösung f:

(6.6.8) $|f_i - f(ih)| \leq C h^2$ für alle $0 \leq ih \leq b$.

Der aus Branca [1] zitierte Satz 1 ist sogar für nichtlineare Probleme

(6.6.9) $g(x) = \int_0^x \frac{k(x,y,f(y))}{\sqrt{x-y}} \, dy$ für $x \geq 0$.

formuliert und beweist auch hierfür Konvergenz zweiter Ordnung.

Eine Diskussion allgemeinerer Verfahren für die Integralgleichung (5.1) erster Art findet sich bei Brunner - van der Houwen [1] im dortigen Abschnitt 6.4.

Für den Spezialfall der Abelschen Integralgleichung kann die explizite Darstellungsformel (4.3) der Lösung f direkt diskretisiert werden. Für (Faltungs-)Integrale der Art

(6.6.10) $I(x;\varphi, 1-\lambda) := \int_0^x (x-y)^{\lambda-1} \varphi(y) dy$

lassen sich diskrete Analoga

(6.6.11) $I_n(\varphi, 1-\lambda) := h^\lambda \sum_{j=0}^n w_{n,j} \varphi(ih) \approx I(nh; \varphi, 1-\lambda)$

mit geeignet erzeugten Koeffizienten $w_{n,j}$ definieren. Da die Lösung f gemäß (4.3) die Gestalt (10) mit $\varphi(y) := \text{const} \cdot g'(y)$ besitzt, läßt sich eine Approximation mit Hilfe von (11) bestimmen. Zur Definition und Analyse der diskreten, «gebrochenen» Quadraturformeln (11) sei auf Lubich [1] und Brunner - van der Houwen [1,§6.1.2]) verwiesen.

7. Singuläre Integralgleichungen

7.1 Der Cauchy-Hauptwert

7.1.1 Definition und Eigenschaften

Die Funktion f sei auf $I = [a,b]$ definiert und möglicherweise in einem inneren Punkt $c \epsilon (a,b)$ singulär. Das uneigentliche Integral wurde durch

$$\int_a^b f(x)\,dx := \lim_{\substack{\epsilon_1 \to 0 \\ \epsilon_1 > 0}} \int_a^{c-\epsilon_1} f(x)\,dx + \lim_{\substack{\epsilon_2 \to 0 \\ \epsilon_2 > 0}} \int_{c+\epsilon_2}^b f(x)\,dx$$

definiert, falls beide Limites existieren (vgl. §6.1.3). Nach Bemerkung 6.1.2a ist das uneigentliche Integral für $f(x) := |x-c|^s$ mit $s > -1$ erklärt. Für $f(x) := \frac{1}{x-c}$ erhält man

$$(7.1.1) \qquad \int_a^{c-\epsilon_1} \frac{1}{x-c}\,dx + \int_{c+\epsilon_2} \frac{1}{x-c}\,dx = \log\frac{b-c}{c-a} + \log\frac{\epsilon_1}{\epsilon_2}.$$

Wenn ϵ_1 und ϵ_2 in (1) unabhängig voneinander gegen null streben, kann $\log\frac{\epsilon_1}{\epsilon_2}$ jeden Wert annehmen, so daß der Limes und damit das uneigentliche Integral *nicht* existieren. Setzt man dagegen $\epsilon_1 = \epsilon_2$ und läßt beide Parameter gemeinsam gegen null streben, verschwindet der Term $\log\frac{\epsilon_1}{\epsilon_2}$, und der Limes ist durch $\log\frac{b-c}{c-a}$ gegeben. Allgemein wird der _Cauchy-Hauptwert_ eines Integrals über einen in $c \epsilon (a,b)$ singulären Integranden durch den Limes (2) definiert, vorausgesetzt der Limes existiert.

$$(7.1.2) \qquad \fint_a^b f(x)\,dx := \lim_{\substack{\epsilon \to 0 \\ \epsilon > 0}} \left\{ \int_a^{c-\epsilon} f(x)\,dx + \int_{c+\epsilon}^b f(x)\,dx \right\}.$$

Sollte f keine Singularität aufweisen, wird $\fint f(x)\,dx = \int f(x)\,dx$ gesetzt. Enthält f mehrere Singularitäten in $c_i \epsilon (a,b)$, hat man (2) sinngemäß anzuwenden, indem um jedes c_i eine ϵ_i-Umgebung ausgenommen wird. Für $f(x) = 1/(x-c)$ erhält man nach der Vorüberlegung (1) den Hauptwert

$$(7.1.3) \qquad \fint_a^b \frac{dx}{x-c} = \log\frac{b-c}{c-a} \qquad\qquad \text{für alle } a < c < b.$$

Ist f uneigentlich integrierbar in $x = c$, ergibt sich das uneigentliche Integral auch als spezieller Limes für $\epsilon_1 = \epsilon_2 = \epsilon \to 0$ in (2). Dies führt auf

Bemerkung 7.1.1 Hat f nur uneigentlich integrierbare Singularitäten, so stimmt der Cauchy-Hauptwert $\fint_a^b f(x)\,dx$ mit dem uneigentlichen Integral $\int_a^b f(x)\,dx$ überein.

Wenn die Singularität von f in $x = c$ derart ist, daß f in c uneigentlich integrierbar ist, heißt f in $x = c$ _schwach singulär_, sonst _stark singulär_.

Übungsaufgabe 7.1.2 Man beweise für die Cauchy-Hauptwerte:
(a) Die Linearität $\unicode{x2A0F}_a^b [\alpha f(x) + \beta g(x)] dx = \alpha \unicode{x2A0F}_a^b f(x) dx + \beta \unicode{x2A0F}_a^b g(x) dx$
gilt, falls die Cauchy-Hauptwerte von f und g in $[a,b]$ existieren.
(b) Sei $a < c < b$. Wenn $\unicode{x2A0F}_a^b f(x) dx$ existiert und f in c nicht stark
singulär ist, so gilt $\unicode{x2A0F}_a^b f(x) dx = \unicode{x2A0F}_a^c f(x) dx + \unicode{x2A0F}_c^b f(x) dx$.
(c) Wenn der Cauchy-Hauptwert von $|f|$ existiert, besitzt f nur
schwache Singularitäten.

Da stark singuläre Integranden, die einen Cauchy-Hauptwert
besitzen, im allgemeinen eine Singularität der Form $g(x)/(x-c)$ haben,
ersetzen wir im folgenden f durch $f(x)/(x-c)$.

Eine *hinreichende* Bedingung für die Existenz des Cauchy-
Hauptwertes enthält der

Satz 7.1.3 f sei Hölder-stetig: $f \in C^\alpha([a,b])$ mit $\alpha > 0$. Dann existiert der
Cauchy-Hauptwert $\unicode{x2A0F}_a^b \frac{f(x) dx}{x-c}$ für $a < c < b$ und läßt sich in der Form (4)
schreiben:

$$(7.1.4) \qquad \unicode{x2A0F}_a^b \frac{f(x) dx}{x-c} = \int_a^b \frac{f(x) - f(c)}{x-c} dx + f(c) \log \frac{b-c}{c-a} \qquad (a < c < b).$$

Dabei existiert das Integral auf der rechten Seite von (4) als
uneigentliches Integral.

Beweis. Nach Definition (2) hat man $\unicode{x2A0F}_a^{c-\varepsilon} \frac{f(x) dx}{x-c}$ und $\unicode{x2A0F}_{c+\varepsilon}^b \frac{f(x) dx}{x-c}$
zu untersuchen. Man forme den Integranden gemäß

$$\frac{f(x)}{x-c} = \frac{f(x) - f(c)}{x-c} + \frac{f(c)}{x-c}$$

um. Der erste Term $\frac{f(x) - f(c)}{x-c}$ hat aufgrund der Hölder-Stetigkeit
die Majorante $\text{const} \cdot |x-c|^{\alpha-1}$, die uneigentlich integrierbar ist.
Nach Übungsaufgabe 6.1.1c ist auch $\frac{f(x) - f(c)}{x-c}$ uneigentlich
integrierbar. Für $\varepsilon \to 0$ erhält man das Integral auf der rechten
Seite von (4). Der entsprechende Grenzwert für $\frac{f(c)}{x-c}$ ist das
$f(c)$-fache des in (3) ausgewerteten Cauchy-Hauptwertes. ▨

Übungsaufgabe 7.1.4 (a) Es gelte $f \in C^\alpha([-1,1])$ mit $\alpha > 0$. Man zeige, in

$$(7.1.5) \qquad \unicode{x2A0F}_{-1}^{+1} \frac{f(x)}{x} dx = \int_0^1 \frac{f(x) - f(-x)}{x} dx$$

existiert die rechte Seite als uneigentliches Integral und stellt
den Cauchy-Hauptwert dar.

(b) Wie kann eine zu (5) analoge Umformung vorgenommen werden,
wenn die Singularität nicht in der Mitte des Intervalles liegt?

Die Hölder-Stetigkeit von f in $\unicode{x2A0F}_a^b \frac{f(x) dx}{x-c}$ ist zwar hinreichend für
die Existenz des Cauchy-Hauptwertes, aber nicht notwendig, wie die
folgenden Beispiele zeigen, deren Nachweis dem Leser überlassen ist.

Beispiel 7.1.5 Man zeige: **(a)** $f(x)=\text{sign}(x)\exp\{-\sqrt{\log(1/|x|)}\}$ ist stetig in $[-1,1]$, aber nicht Hölder-stetig. Trotzdem existiert der Cauchy-Hauptwert $\oint_{-1}^{+1}\frac{f(x)}{x}\,dx$ sogar als uneigentliches Integral. **(b)** $f(x)=\sin\frac{1}{x}$ ist in $x=0$ nicht stetig. Dennoch existiert $\oint_{-1}^{1}\frac{\sin 1/x}{x}\,dx$.

Für übliche Integrale gilt die *Substitutionsformel*

$$\int_I f(x)\,dx = \int_J f(g(y))g'(y)\,dy = \int_J f(g(y))\,dg(y)$$

für stetige, monotone Funktionen g, die $J\subset\mathbf{R}$ eindeutig auf I abbilden. Insbesondere gilt die Formel, wenn g stetig und *stückweise* differenzierbar mit $g'\geqslant 0$ in J (oder $g'\leqslant 0$ in J) ist. Für den Cauchy-Hauptwert ist diese Aussage nur mit Einschränkungen richtig.

Lemma 7.1.6 (a) x_0 sei ein innerer Punkt des Intervalles I. f sei in I höchstens schwach singulär und in einer Umgebung von x_0 beschränkt. Der Cauchy-Hauptwert $\oint_I \frac{f(\xi)}{\xi-x_0}\,d\xi$ existiere. $g\in C^1(J)$ sei eine umkehrbare Abbildung eines Intervalles J auf I. $y_0\in J$ sei das Urbild von $x_0=g(y_0)$. Dann gilt die Substitutionsregel (6a). Insbesondere existiert der Cauchy-Hauptwert auf der rechten Seite.

(7.1.6a) $$\oint_I \frac{f(\xi)}{\xi-x_0}\,d\xi = \oint_J \frac{f(g(y))g'(y)}{g(y)-x_0}\,dy.$$

(b) Falls g stetig, aber nur *stückweise* stetig differenzierbar ist, sei zusätzlich vorausgesetzt: Die links- und rechtsseitigen Ableitungen $g'(y_0-0)$ und $g'(y_0+0)$ seien von null verschieden, und f sei in x_0 stetig. Dann gilt die modifizierte Substitutionsregel (6b). Der Cauchy-Hauptwert auf der rechten Seite existiert.

(7.1.6b) $$\oint_I \frac{f(\xi)}{\xi-x_0}\,d\xi = \oint_J \frac{f(g(y))g'(y)}{g(y)-x_0}\,dy + f(x_0)\log\frac{g'(y_0+0)}{g'(y_0-0)}.$$

Beweis. Zu (b): Die Intervalle seien $J=[a,b]$ und $I=[\alpha,\beta]$. O.d.B.A. sei $g'\geqslant 0$, so daß $\alpha=g(a)$, $\beta=g(b)$. Sei $\varepsilon>0$ hinreichend klein. In $[\alpha,x_0-\varepsilon]$ und $[x_0+\varepsilon,\beta]$ liegt keine Singularität, so daß die Substitution $\xi=g(y)$ zu

$$I_\varepsilon^- := \int_\alpha^{x_0-\varepsilon} \frac{f(\xi)}{\xi-x_0}\,d\xi = \int_a^{\gamma(x_0-\varepsilon)} \frac{f(g(y))g'(y)}{g(y)-x_0}\,dy,$$

wobei $\gamma\colon I\to J$ die Umkehrfunktion zu g sei. Die obere Grenze ist $y_0-\eta$ mit $\eta := y_0-\gamma(x_0-\varepsilon)$. Das Integral über das zweite Intervall schreiben wir als

$$I_\varepsilon^+ := \int_{x_0+\varepsilon}^\beta \frac{f(\xi)}{\xi-x_0}\,d\xi = \int_{\gamma(x_0+\varepsilon)}^b \frac{f(g(y))g'(y)}{g(y)-x_0}\,dy = \int_{y_0+\eta}^b \ldots dy + \int_{\gamma(x_0+\varepsilon)}^{y_0+\eta} \ldots dy.$$

Auf das letzte Integral wenden wir die folgende Variante des

Mittelwertsatzes an: $\int_I \varphi(y)\psi(y)dy = \tilde{\varphi}\int_I \psi(y)dy$ mit $\tilde{\varphi} \in [\inf \varphi, \sup \varphi]$, wenn ψ das Vorzeichen nicht wechselt (φ darf unstetig sein!). Daher ist

$$I_\varepsilon^\delta := \int\limits_{\gamma(x_0+\varepsilon)}^{y_0+\eta} \dots\, dy = \varphi_\varepsilon \int\limits_{\gamma(x_0+\varepsilon)}^{y_0+\eta} \frac{g'(y)dy}{g(y)-x_0} = \varphi_\varepsilon \int\limits_{x_0+\varepsilon}^{g(y_0+\eta)} \frac{d\xi}{\xi-x_0} = \varphi_\varepsilon \log \frac{g(y_0+\eta)-x_0}{\varepsilon}$$

mit $\varphi_\varepsilon \in \Xi_\varepsilon := [\inf f(g(y)), \sup f(g(y))] = [\inf f(\xi), \sup f(\xi)]$, wobei in «inf» und «sup» y zwischen $\gamma(x_0+\varepsilon)$ und $y_0+\eta$ bzw. ξ zwischen $x_0+\varepsilon$ und $g(y_0+\eta)$ variiert. Mit g ist auch die Umkehrfunktion γ stetig. Daher streben $\eta = y_0 - \gamma(x_0-\varepsilon)$ und $\gamma(x_0+\varepsilon)$ für $\varepsilon \to 0$ gegen y_0. Aus der Stetigkeit von f in x_0 schließt man $\varphi_\varepsilon \to f(x_0)$. Die rechtsseitige Differenzierbarkeit von g beweist $g(y_0+\eta)-x_0 = g'(y_0+0)\eta + o(\eta)$. Aus der Auflösung von $\eta = y_0 - \gamma(x_0-\varepsilon)$ nach $\varepsilon = x_0 - g(y_0-\eta)$ ersieht man $\varepsilon = g'(y_0-0)\eta + o(\eta)$. Damit ist $I_\varepsilon^\delta \to f(x_0)\log[g'(y_0+0)/g'(y_0-0)]$ für $\varepsilon \to 0$ gezeigt. Der Limes von $I_\varepsilon^- + I_\varepsilon^+$ für $\varepsilon \to 0$ ergibt (6b).

Im Falle (a) ist φ_ε für $\varepsilon \to 0$ beschränkt, während der log-Term gegen null konvergiert. Also ergibt sich $I_\varepsilon^\delta \to 0$. ☐

Satz 6 ist für den Integranden $f(\xi)/(\xi-x_0)$ mit in x_0 stetigem f formuliert worden. Daß eine entsprechende Substitutionsformel (auch unter der Voraussetzung $g \in C^1(J)$) für allgemeine Integranden f nicht gelten kann, zeigt Teil (b) der

Übungsaufgabe 7.1.7 (a) Man zeige, daß die *partielle Integrationsregel*

$$\int_a^b f'(x)\log|x-x_0|dx = -\!\!\!\!\!\!\fint_a^b \frac{f(x)}{x-x_0}dx + \left[f(x)\log|x-x_0|\right]_a^b$$

auch dann noch richtig ist, wenn f' in $x=x_0$ eine schwache Singularität der Art $|f'(x)| = O(|x-x_0|^{-\alpha})$ mit $\alpha < 1$ besitzt. **(b)** Es sei $a < 0 < b$. Man berechne den Cauchy-Hauptwert $\fint_a^b x^{-3}dx$ und gebe eine Transformation $g \in C^1(J)$ an, so daß der Cauchy-Hauptwert auf der rechten Seite von (6a) nicht existiert.

Definition (2) setzt voraus, daß die Singularität $x=c$ im Inneren des Intervalles $[a,b]$ liegt. Der Cauchy-Hauptwert $\fint_a^b \frac{f(x)}{x-a}dx$ kann auch nicht aus $\fint_a^b \frac{f(x)}{x-c}dx$ durch den Grenzübergang $c \to a$ gewonnen werden, wie Beispiel (3) für $f=1$ zeigt. Allgemeiner beweist man mit der Darstellung (4) die

Übungsaufgabe 7.1.8 Sei $f \in C^\alpha([a,b])$ mit $\alpha > 0$. Dann hat der Cauchy-Hauptwert $F(c) := \fint_a^b \frac{f(x)}{x-c}dx$ für $a < c < b$ die gleiche Singularität für $c \to a$ und $c \to b$ wie die Funktion

(7.1.7) $\qquad \sigma(c) := \log(b-a)[f(b)\log(b-c) - f(a)\log(c-a)]$.

Die Differenz des Cauchy-Hauptwertes $F(c)$ und der Funktion $\sigma(c)$ bleibt beschränkt: $\|F-\sigma\|_\infty \leqslant C\|f\|_{C^\alpha([a,b])}$.

Im Zusammenhang mit periodischen Integranden ist es sinnvoll, die Definition des Cauchy-Hauptwertes auf den Fall auszudehnen, daß f *in beiden Intervallenden zugleich singulär* ist:

$$(7.1.8) \qquad \oint_a^b f(x)\,dx := \lim_{\substack{\varepsilon \to 0 \\ \varepsilon > 0}} \int_{a+\varepsilon}^{b-\varepsilon} f(x)\,dx$$

Den Zusammenhang von (8) mit (2) beleuchtet die

Bemerkung 7.1.9 Sei $c \in I = [a,b]$, $L := b-a$. Die auf $I \setminus \{c\}$ definierte Funktion mit Singularität in $x=c$ sei L-periodisch auf $\mathbf{R}$ fortgesetzt: $f(x) = f(x+\nu L)$ für alle $\nu \in \mathbf{Z}$. Die zusätzliche Definition (8) erlaubt die beliebige Verschiebung des Integrationsbereiches:

$$(7.1.9) \qquad \oint_a^b f(x)\,dx = \oint_{a+\delta}^{b+\delta} f(x)\,dx \qquad\qquad \text{für alle } \delta \in \mathbf{R}.$$

Ist umgekehrt f in $c \neq a$ singulär und bestimmt man δ aus $a+\delta = c$, so definiert Gleichung (9) den Hauptwert auf der rechten Seite, und dieser stimmt mit Definition (8) überein.

7.1.2 Kurvenintegrale

In den Anwendungen des Kapitels 8 werden nicht unmittelbar Integrale über einem Intervall I, sondern über einer Kurve Γ auftreten.

Definition 7.1.10 (a) $\Gamma \subset \mathbf{R}^2$ heißt C^α-*Kurve* ($\hat{C}^\alpha$-, C_L^ν-Kurve), wenn es eine auf $[0,L]$ definierte und auf $[0,L)$ eindeutig umkehrbare Abbildung $\gamma : [0,L] \to \Gamma$ mit $\gamma = (\begin{smallmatrix}x\\y\end{smallmatrix}) \in C^\alpha([0,L])$ (bzw. $\gamma \in \hat{C}^\alpha([0,L])$, $\gamma \in C_L^\nu([0,L])$) gibt, wobei der *Endpunkt* $\gamma(L)$ mit dem *Anfangspunkt* $\gamma(0)$, aber mit keinem *inneren* Kurvenpunkt $\{\gamma(\tau): 0 < \tau < L\}$ zusammenfallen darf.
(b) Γ heißt *geschlossene* C^α-Kurve ($\hat{C}^\alpha$-, C_L^ν-Kurve), wenn außerdem die L-periodische Fortsetzung von γ auf $\mathbf{R}$ zu $\gamma = (\begin{smallmatrix}x\\y\end{smallmatrix}) \in C^\alpha(\mathbf{R})$ (bzw. $\gamma \in \hat{C}^\alpha(\mathbf{R})$, $\gamma \in C_L^\nu(\mathbf{R})$) führt.
(c) Sei $\alpha \geqslant 1$. Γ heißt *stückweise* C^α-Kurve, wenn Γ eine C_L-Kurve ist und eine Intervallzerlegung $0 = \tau_0 < \tau_1 < \ldots < \tau_e = L$ existiert, so daß $\gamma \in C^\alpha([\tau_{\nu-1}, \tau_\nu])$ für $\nu = 1, \ldots, e$. Analog wird die *geschlossene, stückweise* C^α-Kurve definiert.

Zur Abkürzung verwenden wir folgende Symbole:

$$\Gamma \in C^\alpha, \quad \Gamma \in \hat{C}^\alpha, \quad \Gamma \in C_L^\nu \quad \text{für} \quad C^\alpha\text{-}, \ \hat{C}^\alpha\text{-}, \ C_L^\nu\text{-Kurven},$$
$$\Gamma \in C_0^\alpha, \quad \Gamma \in \hat{C}_0^\alpha, \quad \Gamma \in C_{L,0}^\nu \quad \text{für geschlossene } C^\alpha\text{-}, \ \hat{C}^\alpha\text{-}, \ C_L^\nu\text{-Kurven},$$
$$\Gamma \in C_{stw}^\alpha \quad \text{für stückweise } C^\alpha\text{-Kurven}, \quad \text{analog } \hat{C}_{stw}^\alpha, \ C_{L,stw}^\nu,$$
$$\Gamma \in C_{0,stw}^\alpha \quad \text{für geschlossene, stückweise } C^\alpha\text{-Kurven, etc.}$$

Mit einer *Parametrisierung von* $\Gamma \in C^\alpha$ ($\Gamma \in \hat{C}^\alpha$ etc.) sei stets eine Abbildung γ mit den in Definition 10 genannten Eigenschaften gemeint.

Bemerkung 7.1.11 (a) Da γ in $[0,L)$ als eindeutig umkehrbar vorausgesetzt ist, werden nur *doppelpunktfreie* Kurven zugelassen,

d.h. Kurven. die sich nicht selbst überschneiden oder berühren. Die Kurvenendpunkte dürfen dagegen zusammenfallen: $\gamma(0)=\gamma(L)$.
(b) Die Bilder $\gamma(\tau_\nu)$ der Teilpunkte τ_ν aus Definition 10c stellen eventuelle *Eckpunkte* der Kurve Γ dar. In τ_ν können verschiedene einseitige Ableitungen $x'(\tau_\nu\pm0)$, $y'(\tau_\nu\pm0)$ der Koeffizienten x, y von γ auftreten.
(c) Die Parametrisierungen $\gamma(\tau)$ und $\hat{\gamma}(\tau):=\gamma(L-\tau)$ beschreiben die zwei möglichen *Orientierungen* der Kurve Γ. Im Falle einer geschlossenen Kurve spricht man von *positiver (negativer) Orientierung*, wenn $\gamma(\tau)$ die Kurve im Gegenuhrzeigersinn (Uhrzeigersinn) durchläuft.
(d) Jede stetige, geschlossene Kurve $\Gamma\in C_0^0$ läßt $\mathbb{R}^2\setminus\Gamma$ in zwei disjunkte Menge zerfallen: das beschränkte *Innengebiet* $\Omega=\Omega_-$, das Γ als Rand besitzt: $\partial\Omega=\Gamma$, und das unbeschränkte *Außengebiet* $\Omega_+=\mathbb{R}^2\setminus\bar{\Omega}$.

Um das Integral einer Funktion $f:\Gamma\to\mathbb{R}$ über Γ definieren zu können, muß mindestens vorausgesetzt werden. daß γ eine stetige Funktion von beschränkter Variation ist (hinreichend: $\gamma\in C_L$). In diesem Fall läßt sich $\int_\Gamma f d\Gamma$ als Stieltjes-Integral erklären. Wir wollen im folgenden aber stets

$$(7.1.10a) \qquad \Gamma\in C^1_{stw} \quad (\text{bzw. } \Gamma\in C^1_{0,stw})$$

voraussetzen. Das Integral einer Funktion $f:\Gamma\to\mathbb{R}$ wird definiert durch

$$(7.1.10b) \qquad \int_\Gamma f\,d\Gamma := \int_0^L f(\gamma(\tau))\sqrt{x'(\tau)^2+y'(\tau)^2}\,d\tau$$

wobei $\gamma=\binom{x}{y}:[0,L]\to\Gamma$ eine stückweise differenzierbare Parametrisierung von Γ und x'. y' die Ableitungen der Komponenten von γ seien.

Sollte $f=f(x)$ nicht nur von $x\in\Gamma$, sondern auch von einem weiteren Parameter ζ, so wird durch die Schreibweise $\int_\Gamma f(x,\zeta)\,d\Gamma_x$ angedeutet, daß x die durch die Integration gebundene Variable ist.

Bemerkung 7.1.12 (a) Über die Substitutionsformel beweist man, daß $\int_\Gamma f d\Gamma$ weder von der Wahl der Parametrisierung γ noch von der Orientierung von Γ abhängt. **(b)** γ kann so gewählt werden, daß $x'(\tau)^2+y'(\tau)^2=1$ für alle $\tau\in[0.L]$ gilt (Parametrisierung durch die Bogenlänge). Dann ist L die *Bogenlänge* der Kurve Γ, und es gilt

$$(7.1.10c) \qquad \left|\int_\Gamma f\,d\Gamma\right| \leq L\|f\|_\infty.$$

Schließlich sei an einige geometrische Begriffe erinnert. Die *Tangente* an die Kurve Γ im Punkt $x\in\Gamma$ wird durch den normierten Vektor $t(x)$ beschrieben. Senkrecht zu t steht die *Normalenrichtung* $n(x)$. Beide sind nur definiert, wenn Γ eine in x differenzierbare Parameterdarstellung γ besitzt. Dann gilt

$$(7.1.11a) \qquad t(x) = \left(x'(\tau)^2+y'(\tau)^2\right)^{-1/2}\binom{x'(\tau)}{y'(\tau)}, \qquad \text{wobei } x=\binom{x(\tau)}{y(\tau)}\in\Gamma.$$

$$(7.1.11b) \qquad n(x) = \left(x'(\tau)^2+y'(\tau)^2\right)^{-1/2}\binom{y'(\tau)}{-x'(\tau)},$$

Bemerkung 7.1.13 (a) Wechselt man die Orientierung von Γ, gehen t und n in $-t$ und $-n$ über. **(b)** Ist eine geschlossene Kurve positiv orientiert, weist die Normale in das Außengebiet (vgl. Bemerkung 11d).

Ist γ zweimal differenzierbar, definiert (11c) die *Krümmung* der Kurve:

$$(7.1.11c) \qquad \varkappa(\mathbf{x}) := (y''x' - x''y') / (x'^2 + y'^2)^{3/2}.$$

Übungsaufgabe 7.1.14 Für den Kreis $\Gamma = \{\mathbf{x} = \binom{x}{y} \in \mathbb{R}^2 : x^2 + y^2 = r^2\}$ verwende man die Parametrisierung $x = r \cos \tau$, $y = r \sin \tau$ über $[0, 2\pi]$ und beweise

$$t(\mathbf{x}) = \binom{-\sin \tau}{\cos \tau}, \quad n(\mathbf{x}) = \binom{\cos \tau}{\sin \tau}, \quad \varkappa(\mathbf{x}) = 1/r \quad \text{für } \mathbf{x} = \gamma(\tau).$$

Da der $\mathbb{R}^2$ über $(x, y) \leftrightarrow z = x + iy$ mit den komplexen Zahlen $\mathbb{C}$ identifiziert werden kann, läßt sich $\Gamma \subset \mathbb{R}^2$ auch als eine komplexe Kurve $\Gamma \subset \mathbb{C}$ verstehen. Die Parametrisierung wird dann durch eine skalare, komplexwertige Funktion $\zeta : [0, L] \to \Gamma$ beschrieben.

Anders als in (10b) wird das *komplexe Kurvenintegral* durch

$$(7.1.12) \qquad \int_{\Gamma} f(\zeta)\, d\zeta := \int_0^L f(\zeta(\tau))\, \zeta'(\tau)\, d\tau$$

definiert. Die rechte Seite von (10b) wird mit $\int_\Gamma f(\zeta)|d\zeta|$ bezeichnet. Bemerkung 12a bleibt bis auf eine Ausnahme für (12) gültig: $\int_\Gamma f(\zeta)d\zeta$ wechselt das Vorzeichen bei Umkehr der *Orientierung* von Γ. Die *Parametrisierung durch die Bogenlänge* ist durch die Bedingung $|\zeta'(\tau)| = 1$ beschrieben.

7.1.3 Cauchy-Hauptwert für Kurvenintegrale

Wenn der Integrand f im Kurvenintegral $\int_\Gamma f d\Gamma$ aus (10b) oder im komplexen Integral $\int_\Gamma f(\zeta)d\zeta$ aus (12) Singularitäten besitzt, stellt die rechte Seite in (10b) bzw. (12) ein Integral über $[0, L]$ mit singulärem Integranden dar. Wenn $f(\gamma(\tau))\sqrt{x'(\tau)^2 + y'(\tau)^2}$ bzw. $f(\zeta(\tau))\,\zeta'(\tau)$ für eine Parameterdarstellung uneigentlich integrierbar ist, so wegen der Substitutionsregel auch für jede andere Parametrisierung von $\Gamma \in C^1_{stw}$ (vgl. Übungsaufgabe 6.1.1d). Dies ermöglicht die folgende Definition: f ist über $\Gamma \in C^1_{stw}$ *uneigentlich integrierbar*, wenn die Integrale der rechten Seite in (10b) bzw. (12) für eine beliebige Parametrisierung der Klasse C^1_{stw} als uneigentliche Integrale existieren.

Auch der Cauchy-Hauptwert von $\int_\Gamma f d\Gamma$ bzw. $\int_\Gamma f(\zeta)d\zeta$ wird auf die Definition in §7.1.1 zurückgeführt, nur muß man bei C^1_{stw}-Kurven darauf achten, daß die Parametrisierung durch $\gamma = \binom{x}{y}$ bzw. ζ so vorgenommen wird, daß

$$(7.1.13a) \qquad x'(\tau)^2 + y'(\tau)^2 \in C([0, L]) \quad \text{bzw.} \quad |\zeta'| \in C([0, L]).$$

da die Substitutionsregel in Lemma 6a modifiziert werden mußte. Die Bedingung (13a) ist trivialerweise erfüllt, wenn $\Gamma \in C^1$ oder wenn die

Bogenlänge als Parameter gewählt wird. Im letzten Falle haben die Funktionen in (13a) den konstanten Wert 1.

Definition 7.1.15 f besitze in $x_0 \epsilon \Gamma$ (und evtl. weiteren Punkten) eine Singularitäten erster Ordnung, d.h. $|f(x)| \, \|x - x_0\|_2$ sei in einer Umgebung von x_0 beschränkt. Der _Cauchy-Hauptwert_ wird dann durch

$$(7.1.13b) \qquad \oint_\Gamma f \, d\Gamma := \oint_0^L f(\gamma(\tau)) \sqrt{x'(\tau)^2 + y'(\tau)^2} \, d\tau,$$

$$(7.1.13c) \qquad \oint_\Gamma f(\zeta) \, d\zeta := \oint_0^L f(\zeta(\tau)) \, \zeta'(\tau) \, d\tau$$

definiert, wobei die Parametrisierung die Bedingung (13a) erfülle.

Nach Lemma 6a macht die Definition 15 Sinn: Jede Parametrisierung mit (13a) führt auf den gleichen Wert in (13b,c).

Bemerkung 7.1.16 Dank der Definition (8) und der Eigenschaft (9) darf der Anfangspunkt $\gamma(0) = \gamma(L)$ der Parametrisierung einer geschlossenen Kurve $\Gamma \epsilon C^1_{0,\mathrm{stw}}$ beliebig gewählt werden und darf auch mit einer starken Singularität von f zusammenfallen.

Die folgende Darstellung erklärt den Cauchy-Hauptwert unmittelbar über Kurvenintegrale, ohne auf eine Parametrisierung zurückzugreifen.

Satz 7.1.17 (a) Sei $\Gamma \epsilon C^1_{\mathrm{stw}} \subset \mathbf{R}^2$ oder $\Gamma \epsilon C^1_{0,\mathrm{stw}} \subset \mathbf{R}^2$. Im ersten Fall sei $x_0 \epsilon \Gamma$ kein Endpunkt von Γ, im zweiten Fall kann $x_0 \epsilon \Gamma$ beliebig sein. Die auf Γ definierte Funktion f habe nur in x_0 eine Singularität. Es gilt

$$(7.1.13d) \qquad \oint_\Gamma f \, d\Gamma = \lim_{\substack{\varepsilon \to 0 \\ \varepsilon > 0}} \int_{\Gamma \setminus K_\varepsilon(x_0)} f \, d\Gamma.$$

(b) Die analoge Aussage gilt für $\oint_\Gamma f(\zeta) \, d\zeta$ über $\Gamma \subset \mathbf{C}$ mit einer Singularität in $\zeta_0 \epsilon \Gamma$, wobei $\Gamma \setminus K_\varepsilon(x_0)$ durch $\Gamma \setminus K_\varepsilon(\zeta_0)$ zu ersetzen ist.

Beweis. (i) Sei $x_0 = \gamma(\tau_0)$. Im Falle einer geschlossenen Kurve kann o.B.d.A. $0 < \tau_0 < L$ angenommen werden (vgl. Bemerkung 16).

(ii) Da $[0, L]$ kompakt und γ stetig, ist auch das Bild Γ kompakt. Hieraus und aus $\gamma \epsilon C_L([0, L])$ und der Doppelpunktfreiheit folgert man: Für hinreichend kleines $\varepsilon \epsilon (0, \varepsilon_0]$ enthält der Schnitt des Kreises $K_\varepsilon(x_0)$ mit Γ ein zusammenhängendes Kurvenstück, das das Bild des Intervalles $(\tau_0 + \eta(-\varepsilon), \tau_0 + \eta(\varepsilon))$ unter γ ist. Dabei ist η monoton mit $\eta(-\varepsilon) < \eta(0) = 0 < \eta(\varepsilon)$. Die Funktion η gewinnt man aus der Bedingung

$$\|\gamma(\tau_0 + \eta(\varepsilon)) - x_0\|_2 = |\varepsilon| \qquad\qquad \text{für } -\varepsilon_0 \leqslant \varepsilon \leqslant \varepsilon_0.$$

Differentiation liefert die gewöhnliche Differentialgleichung

$$d\eta(\varepsilon)/d\varepsilon = \varepsilon / [(x - x_0)x' + (y - y_0)y'](\tau_0 + \eta(\varepsilon))$$

mit dem Anfangswert $\eta(0) = 0$, wobei $\gamma = \left(\begin{smallmatrix} x \\ y \end{smallmatrix}\right)$, $x_0 = \left(\begin{smallmatrix} x_0 \\ y_0 \end{smallmatrix}\right)$. $\tau_0 + \eta(\varepsilon)$ ist der Argumentwert von x und y. Ist ε_0 hinreichend klein, so ist τ_0 die einzige Stelle in $[\tau_0 + \eta(-\varepsilon_0), \tau_0 + \eta(\varepsilon_0)]$, in der γ eine Unstetigkeit in der Ableitung besitzen kann. Aus (13a) erhält man aber $\eta'(0+0) = \eta'(0-0)$, so daß η in $[-\varepsilon_0, \varepsilon_0]$ stetig differenzierbar ist. Wir setzen

$$\Phi(\sigma) := \begin{cases} \tau_0 + \eta(\sigma) & \text{für } -\varepsilon_0 \le \sigma \le \varepsilon_0, \\ \eta'(-\varepsilon_0)(\sigma+\varepsilon_0) + \tau_0 + \eta(-\varepsilon_0) & \text{für } a \le \sigma \le -\varepsilon_0, \\ \eta'(\varepsilon_0)(\sigma-\varepsilon_0) + \tau_0 + \eta(\varepsilon_0) & \text{für } \varepsilon_0 \le \sigma \le b \end{cases}$$

mit $\qquad a := -\varepsilon_0 - (\tau_0 - \eta(-\varepsilon_0))/\eta'(-\varepsilon_0), \quad b := (L - \tau_0 - \eta(\varepsilon_0))/\eta'(\varepsilon_0) + \varepsilon_0.$

Offenbar ist Φ eine stetig differenzierbare Funktion (auch in $\sigma = \pm\varepsilon_0$), die $[a,b]$ eindeutig auf $[0,L]$ abbildet. Außerdem wird $[-\varepsilon, \varepsilon]$ für $|\varepsilon| \le \varepsilon_0$ auf $[\tau_0 + \eta(-\varepsilon), \tau_0 + \eta(\varepsilon)]$ abgebildet. Mit γ ist auch $\hat{\gamma}(\sigma) := \gamma(\Phi(\sigma))$ eine Parametrisierung der Klasse C^1_{stw}. $\hat{x}$ und $\hat{y}$ seien die Komponenten von $\hat{\gamma}$. Die Kettenregel liefert

$$\hat{x}'(\sigma)^2 + \hat{y}'(\sigma)^2 = [x'(\Phi(\sigma))^2 + y'(\Phi(\sigma))^2]\, \Phi'(\sigma)^2.$$

Da γ die Bedingung (13a) erfüllt, ist sie auch für $\hat{\gamma}$ richtig. Dank unserer Konstruktion von η und Φ schreibt sich das Integral über $\Gamma \setminus K_\varepsilon(x_0)$ als

$$\int_{\Gamma\setminus K_\varepsilon(x_0)} f\, d\Gamma = \int_a^{-\varepsilon} \dots d\sigma + \int_\varepsilon^b \dots d\sigma \quad \text{mit} \quad \dots = f(\hat{\gamma}(\sigma))\sqrt{\hat{x}'(\sigma)^2 + \hat{y}'(\sigma)^2}$$

für $|\varepsilon| \le \varepsilon_0$. Der Grenzwert $\varepsilon \to 0$ führt auf der rechten Seite zum Cauchy-Hauptwert $\fint_a^b \dots d\sigma$, der nach Definition (13b) den Cauchy-Hauptwert $\fint_\Gamma f\, d\Gamma$ definiert.

(iii) Der Beweis zu Teil (a) überträgt sich auf den komplexen Fall (b), da man den Real- und Imaginärteil von ζ mit den Komponenten x, y von γ identifizieren kann.   ▨

7.1.4 Das Beispiel $f(\zeta) = 1/(\zeta - z)$

In Analogie zum Beispiel (3) untersuchen wir, ob der Cauchy-Hauptwert von $f(\zeta) = 1/(\zeta - z)$ über einer komplexen C^1_{stw}-Kurve existiert. Als Vorbereitung ist die Argumentfunktion $\text{Arg}(\zeta)$ auf Γ zu definieren.

Sei $\alpha_0 \in (0, 2\pi]$ fest gewählt. Mit $S(\alpha_0)$ bezeichnen wir den Strahl $\{\rho e^{i\alpha_0}: \rho \ge 0\}$, der vom Ursprung in die komplexe Richtung $e^{i\alpha_0}$ verläuft. Für $z = r e^{i\alpha}$ ($r > 0$, $\alpha \in \mathbb{R}$) ist der «längs $S(\alpha_0)$ aufgeschnittene, _komplexe Logarithmus_» durch (14a) definiert:

$$\text{(7.1.14a)} \qquad \begin{aligned} &\log z = \log r + i(\alpha + 2\nu\pi) \quad \text{für } z = r e^{i\alpha} \\ &\text{mit } \nu \in \mathbb{Z} \text{ so, daß } \alpha + 2\nu\pi \in [\alpha_0 - 2\pi, \alpha_0). \end{aligned}$$

Die Funktion $\log z$ ist auf $\mathbb{C} \setminus S(\alpha_0)$ holomorph. Die _Argumentfunktion_

$$\text{(7.1.14b)} \qquad \text{arg}(z) = \text{Im} \log z = \alpha + 2\nu\pi \qquad\qquad (\alpha, \nu \text{ aus (14a)})$$

ist auf $\mathbb{C} \setminus \{0\}$ definiert. Sie springt um -2π $\{+2\pi\}$, wenn das Argument den Strahl $S(\alpha_0) \setminus \{0\}$ in positiver (negativer) Richtung überquert. Wegen dieser Unstetigkeit führt man die Funktion Arg auf der Riemannschen Ebene ein.

Bemerkung 7.1.18 $\Gamma \epsilon C^0$ sei eine stetige, doppelpunktfreie Kurve, die den Ursprung nicht trifft: $0 \notin \Gamma$. **(a)** $\mathrm{Arg}(\zeta)$ ist für $\zeta \epsilon \Gamma$ bis auf ein Vielfaches von 2π eindeutig definiert durch die Forderungen:

(i) $[\mathrm{Arg}(\zeta) - \arg(\zeta)]/2\pi \epsilon \mathbf{Z}$.

(ii) $\mathrm{Arg}(\zeta(\tau))$ ist stetig für $0 \leqslant \tau < L$, wenn $\zeta(\tau)$ eine (stetige) Parametrisierung von Γ ist.

(b) Eine Parametrisierung $\zeta : [0,L] \to \Gamma$ definiert einen «Anfangspunkt» $\zeta_- = \zeta(0)$ und einen «Endpunkt» $\zeta_+ = \zeta(L)$ von Γ. O.B.d.A. kann die freie Konstante in Arg durch $\mathrm{Arg}(\zeta_-) = \arg(\zeta_-)$ festgelegt werden. Dann gilt

$$(7.1.14c) \qquad \mathrm{Arg}(\zeta_+) = \arg(\zeta_+) + (\nu_+ - \nu_-)2\pi$$

für $\mathrm{Arg}(\zeta_+) := \mathrm{Arg}(\zeta(L-0))$, wenn Γ den Strahl $S(\alpha_0)$ ν_+-fach im Gegenuhrzeigersinn und ν_--fach im Uhrzeigersinn überquert.

(c) Die geschlossene Kurve $\Gamma \epsilon C_0^0$ definiere das Innengebiet Ω. Folgende Fälle können unterschieden werden:

(i) Falls $0 \notin \Omega$, gilt $\nu_+ = \nu_-$, so daß sich $\mathrm{Arg}(\zeta(\tau))$ L-periodisch zu einer stetigen Funktion auf $\mathbf{R}$ fortsetzen läßt.

(ii) Falls $0 \epsilon \Omega$, gilt $\nu_+ - \nu_- = +1$ (bzw. $\nu_+ - \nu_- = -1$) bei positiver (bzw. negativer) Orientierung von Γ. In $\zeta_- = \zeta_+ \epsilon \Gamma$ hat $\mathrm{Arg}(\zeta)$ unterschiedliche, einseitige Grenzwerte:

$$(7.1.14c') \qquad \mathrm{Arg}(\zeta(L-0)) - \mathrm{Arg}(\zeta(0+0)) = \pm 2\pi,$$

wobei das obere (untere) Vorzeichen bei positiver (negativer) Kurvenorientierung gilt.

Die Tatsache, daß Arg lediglich bis auf eine beliebige Konstante $2\nu\pi$ festgelegt werden kann, verursacht keine Probleme, da im weiteren nur Differenzen von Arg auftreten werden. Die Funktion $\arg(z)$ ist für $z = 0$ nicht definiert; der Grenzwert von $\arg(z)$ existiert jedoch, wenn man sich entlang einer festen Richtung auf $z = 0$ zubewegt.

Lemma 7.1.19 (a) $\Gamma \epsilon C^0$ habe 0 als Anfangspunkt: $\zeta : [0,L] \to \Gamma$, $\zeta(0) = 0$, $\zeta(\tau) \neq 0$ für $\tau > 0$. ζ sei in 0 einseitig differenzierbar mit $\zeta'(0) := \zeta'(0+0) \notin S(\alpha_0)$ (α_0 aus (14a)). Dann gilt

$$(7.1.14d) \qquad \arg(\zeta(\tau)) \to \arg(\zeta'(0)) \qquad\qquad \text{für } \tau \to 0, \ \zeta(\tau) \to 0.$$

(b) Die Bedingung $\zeta'(0) \notin S(\alpha_0)$ läßt sich durch geeignete Wahl des Winkels α_0 erfüllen. Die Bedingung entfällt, wenn man zu Arg übergeht:

$$(7.1.14d') \qquad \mathrm{Arg}(\zeta(\tau)) \to \mathrm{Arg}(\zeta'(0)) \qquad\qquad \text{für } \tau \to 0, \ \zeta(\tau) \to 0.$$

(c) Ist 0 nicht Anfangs-, sondern Endpunkt: $\zeta(L) = 0$ mit $-\zeta'(L-0) \notin S(\alpha_0)$, so gilt

$$(7.1.14d'') \qquad \arg(\zeta(\tau)) \to \arg(-\zeta'(L)) \qquad\qquad \text{für } \tau \to L, \ \zeta(\tau) \to 0.$$

Beweis. Aus $\zeta(\tau)/\tau = [\zeta(\tau) - \zeta(0)]/\tau \to \zeta'(0+0)$ und $\arg(\zeta(\tau)) = \arg(\zeta(\tau)/\tau)$ für $\tau > 0$ folgt (14d). Analog erhält man (14d',d''). ∎

Eine C^1_{stw}-Kurve $\{\zeta(\tau)\colon 0\leqslant\tau\leqslant L\}$, die im Gegensatz zur Voraussetzung $0\notin\Gamma$ der Bemerkung 18 den Nullpunkt durchläuft: $\zeta(\tau_0)=0$, kann dort möglicherweise eine Sprungstelle der Ableitung besitzen. In diesem Falle bezeichnet $\zeta'(\tau_0\pm0)$ die beiden *einseitigen Tangentenrichtungen*. Falls $\zeta'(\tau_0+0)\neq\zeta'(\tau_0-0)$, wird $\zeta=\zeta(\tau_0)$ *Ecke* genannt. Bei einer geschlossenen Kurve ist $\zeta(0)=\zeta(L)$ eine Ecke, wenn $\zeta'(0+0)\neq\zeta'(L-0)$.

Folgerung 7.1.20 $\Gamma\in C^1_{stw}$ mit der Parametrisierung $\zeta\colon[0,L]\to\Gamma$ sei eine Kurve, die bei $\tau=\tau_0$ den Ursprung trifft: $\zeta(\tau_0)=0$.
(a) Dann springt $\arg(\zeta(\tau))$ beim Durchgang durch $\tau=\tau_0$ um den Winkel

$$(7.1.14e)\qquad \omega := \arg(\zeta'(\tau_0+0)) - \arg(-\zeta'(\tau_0-0)).$$

(b) Geometrisch interpretiert ist ω der Winkel von der Tangenten des einfallenden zu der Tangente des ausfallenden Kurvenstückes, wobei der Winkel den Strahl $S(\alpha_0)$ nicht schneiden darf. Je nach Winkelrichtung ist $\omega\geqslant0$ (vgl. Abb. 1a) oder $\omega\leqslant0$ (vgl. Abb. 1b).

Beweis. (i) (14d) beweist $\arg(\zeta(\tau))\to\arg(\zeta'(\tau_0+0))$ für $\tau\to\tau_0$ mit $\tau>\tau_0$, während (14d'') zu $\arg(\zeta(\tau))\to\arg(-\zeta'(\tau_0-0))$ für $\tau\to\tau_0$ mit $\tau<\tau_0$ führt. Da der Sprung durch $\lim[\arg(\zeta(\tau_1))-\arg(\zeta(\tau_2))]$ mit $\tau_1,\tau_2\to\tau_0$, $\tau_2<\tau<\tau_1$ gegeben ist, ist (14e) gezeigt.   ▣

Für den Fall $0\in\Gamma$ kann auch die Argumentfunktion Arg nicht stetig auf Γ definiert werden. Der Sprung in $\zeta(\tau_0)=0$ soll aber im Gegensatz zu ω in (14e) nicht von der willkürlichen Wahl von α_0 abhängen. Deshalb wird *per definitionem* ein Sprung um ω_+ (s. Abb. 1a-c) verlangt:

$$(7.1.14f)\qquad \mathrm{Arg}(\zeta(\tau_0+0)) := \mathrm{Arg}(\zeta(\tau_0-0))+\omega_+,\qquad \omega_+=\begin{cases}\omega & \text{falls } \omega>0\\ \omega+2\pi & \text{falls } \omega<0\end{cases}$$

mit ω aus (14e). ω_+ ist der in positive Richtung zeigende Winkel von der Einfallstangente zur Ausfallstangente (vgl. Abb. 1a). Für den Sonderfall $\omega=0$ (d.h. $\vartheta:=\zeta'(\tau_0+0)=-\zeta'(\tau_0-0)$) wird $\omega_+=0$ gewählt, wenn $Re\{[\zeta(\tau_0+\varepsilon)-\zeta(\tau_0-\varepsilon)]/\vartheta\}>0$ für $0<\varepsilon\leqslant\varepsilon_0$ (ε_0 hinreichend klein) und $\omega_+=2\pi$ sonst.

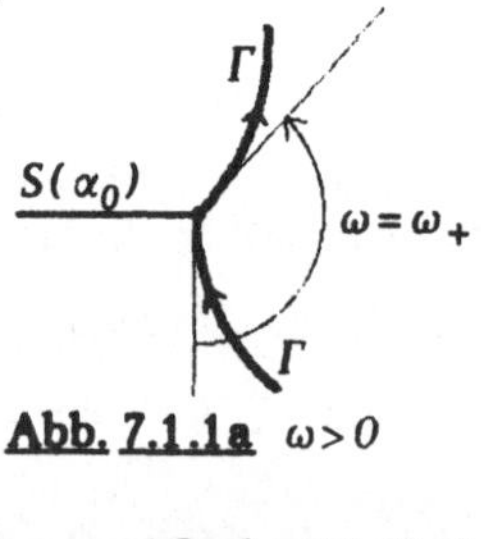

Abb. 7.1.1a $\omega>0$ 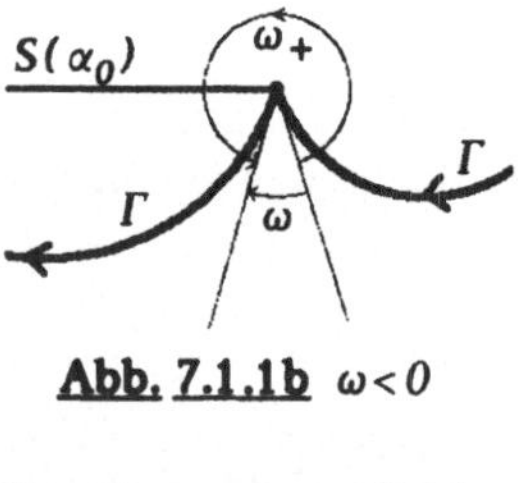   **Abb. 7.1.1b** $\omega<0$ **Abb. 7.1.1c** $\omega=\pi$

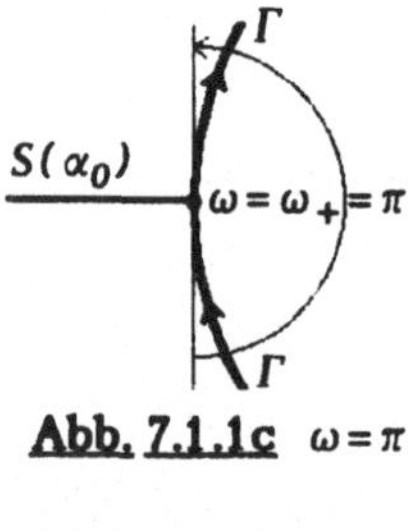

Übungsaufgabe 7.1.21 **(a)** Es gilt $\omega_+ = \pi + Im\log(\zeta'(\tau_0+0)/\zeta'(\tau_0-0))$, wenn der Logarithmus bei den negativen Zahlen $S(\pi)$ aufgeschnitten ist. **(b)** Wechselt man die Orientierung von Γ, geht ω_+ in $2\pi-\omega_+$ über.

Gemäß Bemerkung 18a kann Arg bis auf eine Konstante $2\nu\pi$ eindeutig auf $\Gamma \epsilon C^0$ definiert werden, wenn $0 \notin \Gamma$. Den Fall $0 \epsilon \Gamma$ behandelt die

Bemerkung 7.1.22 (a) Durchläuft $\Gamma \epsilon C^0$ den Ursprung in τ_0: $\zeta(\tau_0)=0$ und existieren die einseitigen Ableitungen $\zeta'(\tau_0 \pm 0)$, so bestimmen die Bedingungen (i)-(iii) die Funktion Arg bis auf eine Konstante $2\nu\pi$ ($\nu \epsilon \mathbf{Z}$) eindeutig: (i) $[\mathrm{Arg}(\zeta) - \arg(\zeta)]/2\pi \epsilon \mathbf{Z}$, (ii) $\mathrm{Arg}(\zeta(\tau))$ ist stückweise stetig für $0 \leqslant \tau < \tau_0$ und $\tau_0 < \tau < L$, (iii) Sprungbedingung (14f) gelte. **(b)** Ist $\zeta(\tau)$ differenzierbar in $\tau = \tau_0$ (d.h. $\zeta'(\tau_0+0)) = \zeta'(\tau_0-0))$, so gilt

$$(7.1.14\mathrm{g}) \qquad \omega_+ = \pi \quad \text{in (14f)}.$$

Es sei nun eine C^1_{stw}-Kurve Γ und ein $z \epsilon \mathbf{C}$ gegeben. Unter $\Gamma - z$ sei die um z verschobene Kurve $\{\zeta(\tau) - z: 0 \leqslant \tau \leqslant L\}$ verstanden. Mit $\mathrm{Arg}(\zeta - z)$ wird die Argumentfunktion Arg angewandt auf $\Gamma - z$ statt Γ bezeichnet. Wir fassen die bisherigen Ergebnisse zusammen:

(i) Nach Bemerkung 18a ist die Funktion $\mathrm{Arg}(\zeta(\cdot) - z)$: $[0,L] \to \mathbf{R}$ stetig, wenn $z \notin \Gamma$ (d.h. $0 \notin \Gamma - z$).

(ii) Wenn dagegen z ein Kurvenpunkt ist: $\zeta(\tau_0) = z$, springt $\mathrm{Arg}(\zeta(\cdot) - z)$ in τ_0 um ω_+ (ω_+ aus (14f); vgl. Bemerkung 22).

(iii) Der für ω_+ benötigte Winkel ω hat weiterhin die Darstellung (14e): $\omega = \arg(\zeta'(\tau_0+0)) - \arg(-\zeta'(\tau_0-0))$, da $(\zeta(\tau) - z)' = \zeta'(\tau)$.

Lemma 7.1.23 (a) Γ sei eine nichtgeschlossene C^1_{stw}-Kurve mit der Parametrisierung $\zeta: [a,b] \to \Gamma$. $z \epsilon \mathbf{C}$ sei *kein* Kurvenpunkt: $z \notin \Gamma$. Dann gilt

$$(7.1.15\mathrm{a}) \qquad \int_\Gamma \frac{d\zeta}{\zeta - z} = \mathrm{Log}(\zeta(b) - z) - \mathrm{Log}(\zeta(a) - z)$$

mit

$$(7.1.15\mathrm{b}) \qquad \mathrm{Log}(\zeta(\tau) - z) := \log|\zeta(\tau) - z| + i\,\mathrm{Arg}(\zeta(\tau) - z).$$

(b) Wenn dagegen $\Gamma \epsilon C^1_{0,\mathrm{stw}}$ geschlossen ist (d.h. $\zeta(b) = \zeta(a)$), ist die Differenz $\mathrm{Arg}(\zeta(b) - z) - \mathrm{Arg}(\zeta(a) - z)$ in (15a,b) mit einseitigen Grenzwerten zu formulieren: $\mathrm{Arg}(\zeta(b-0) - z) - \mathrm{Arg}(\zeta(a+0) - z)$. Wenn $\Omega = \Omega_-$ das Innengebiet der geschlossenen Kurve ist, gilt

$$(7.1.15\mathrm{c}) \qquad \int_\Gamma \frac{d\zeta}{\zeta - z} = \begin{cases} 0 & \text{falls } z \epsilon \Omega_+ := \mathbf{C} \setminus \overline{\Omega} \quad (z \text{ im Außenraum}), \\ 2\pi i & \text{falls } z \epsilon \Omega \text{ und } \Gamma \text{ positive Orientierung hat,} \\ -2\pi i & \text{falls } z \epsilon \Omega \text{ und } \Gamma \text{ negative Orientierung hat.} \end{cases}$$

Beweis. (i) Da sich die Funktionen log und Log nur um eine Konstante $2\nu\pi$ unterscheiden, haben sie in $\mathbf{C} \setminus S(\alpha_0)$ die gleiche Ableitung $\frac{d}{d\tau}\mathrm{Log}(\zeta(\tau) - z) = \frac{\zeta'(\tau)}{\zeta(\tau) - z}$. Da α_0 beliebig wählbar ist, gilt die Ableitungsdarstellung überall. (15a) folgt aus

$$\int_\Gamma \frac{d\zeta}{\zeta - z} = \int_a^b \frac{\zeta'(\tau)d\tau}{\zeta(\tau) - z} = \int_a^b \frac{d}{d\tau}\mathrm{Log}(\zeta(\tau) - z)d\tau = [\mathrm{Log}(\zeta(\tau) - z)]_a^b.$$

(ii) Zu Teil (b) vergleiche man Bemerkung 18c und beachte, daß $\log|\zeta(b) - z| = \log|\zeta(a) - z|$ wegen $\zeta(a) = \zeta(b)$. Im übrigen folgt (15c) auch aus dem Residuensatz der Funktionentheorie. ■

Eine starke Singularität tritt auf, sobald z auf Γ liegt. In diesem Falle ist das Integral über $1/(\zeta-z)$ nur als Cauchy-Hauptwert zu erklären. Mit $\partial\Gamma$ seien die _Randpunkte von_ Γ bezeichnet:

(7.1.16) $\partial\Gamma = \{\zeta_+,\zeta_-\}$ mit $\zeta_-=\zeta(0)$, $\zeta_+=\zeta(L)$,   falls $\zeta_-\neq\zeta_+$,
$\partial\Gamma$ ist leer für eine _geschlossene_ Kurve.

Satz 7.1.24 (a) Sei $\Gamma\in C^1_{\mathrm{stw}}$. Im Kurvenpunkt $z\in\Gamma\setminus\partial\Gamma$ habe Γ den Winkel ω_+ aus (14f). Dann existiert der Cauchy-Hauptwert und lautet

(7.1.17a) $\displaystyle\oint_\Gamma \frac{d\zeta}{\zeta-z} = \mathrm{Log}\,(\zeta(L)-z) - \mathrm{Log}\,(\zeta(0)-z) - i\,\omega_+\,.$

(b) Ist $\Gamma\in C^1_{0,\mathrm{stw}}$ eine geschlossene Kurve, vereinfacht sich (17a) zu

(7.1.17b) $\displaystyle\oint_\Gamma \frac{d\zeta}{\zeta-z} = \left\{\begin{matrix} i(2\pi-\omega_+)\\ -i\,\omega_+ \end{matrix}\right\}$ bei $\left\{\begin{matrix}\text{positiver}\\ \text{negativer}\end{matrix}\right\}$ Orientierung.

(c) Ist $\Gamma\in C^1_0$, so gilt

(7.1.17c) $\displaystyle\oint_\Gamma \frac{d\zeta}{\zeta-z} = \pm i\pi$ bei $\left\{\begin{matrix}\text{positiver}\\ \text{negativer}\end{matrix}\right\}$ Orientierung.

Beweis. (i) Wir nehmen $z=\zeta(\tau_0)$ mit $0<\tau_0<L$ an. Dies ist für eine nicht geschlossene Kurve wegen $z\in\Gamma\setminus\partial\Gamma$ möglich. Andernfalls kann die Parametrisierung entsprechend gewählt werden. Nach Satz 17b ist der Limes des Integrals über $\Gamma\setminus K_\varepsilon(z)$ zu bestimmen. Diese Teilmenge ist für hinreichend kleines ε die Vereinigung der zwei Kurvenstücke $\Gamma_{\varepsilon,1}=\{\zeta(\tau):\,0\leqslant\tau\leqslant\tau_\varepsilon^-\}$, $\Gamma_{\varepsilon,2}=\{\zeta(\tau):\,\tau_\varepsilon^+\leqslant\tau\leqslant L\}$, wobei die Parameterwerte $\tau_\varepsilon^\pm$ so bestimmt sind, daß $|\zeta(\tau_\varepsilon^\pm)-z|=\varepsilon$ (vgl. Beweis zu Satz 17). $\tau_\varepsilon^\pm$ ist stetig in ε mit $\tau_\varepsilon^\pm\to\tau_0$ für $\varepsilon\to0$. Da z weder zu $\Gamma_{\varepsilon,1}$ noch $\Gamma_{\varepsilon,2}$ gehört (vgl. Abb. 2a), läßt sich Lemma 23 anwenden und liefert

$$\int_{\Gamma_{\varepsilon,1}}\frac{d\zeta}{\zeta-z} = \log\left|\frac{\zeta(\tau_\varepsilon^-)-z}{\zeta(0)-z}\right| + i\,[\mathrm{Arg}(\zeta(\tau_\varepsilon^-)-z)-\mathrm{Arg}(\zeta(0)-z)],$$

$$\int_{\Gamma_{\varepsilon,2}}\frac{d\zeta}{\zeta-z} = \log\left|\frac{\zeta(L)-z}{\zeta(\tau_\varepsilon^+)-z}\right| + i\,[\mathrm{Arg}(\zeta(L)-z)-\mathrm{Arg}(\zeta(\tau_\varepsilon^+)-z)].$$

Da $|\zeta(\tau_\varepsilon^\pm)-z|=\varepsilon$, läßt sich dieser Faktor in der Summe kürzen:

$$\log\left|\frac{\zeta(\tau_\varepsilon^-)-z}{\zeta(0)-z}\right| + \log\left|\frac{\zeta(L)-z}{\zeta(\tau_\varepsilon^+)-z}\right| = \log\left|\frac{\zeta(L)-z}{\zeta(0)-z}\right|.$$

τ_ε^- und τ_ε^+ streben von unten bzw. oben gegen τ_0, so daß

$$\mathrm{Arg}(\zeta(\tau_\varepsilon^\pm)-z) \;\to\; \mathrm{Arg}(\zeta(\tau_0\pm0)-z).$$

Die Sprungrelation (14f) führt auf

$$\mathrm{Arg}(\zeta(\tau_\varepsilon^-)-z)\;-\mathrm{Arg}(\zeta(0)-z)+\mathrm{Arg}(\zeta(L)-z)\;-\mathrm{Arg}(\zeta(\tau_\varepsilon^+)-z)\;\to$$
$$\to \mathrm{Arg}(\zeta(L)-z)-\mathrm{Arg}(\zeta(0)-z)+\mathrm{Arg}(\zeta(\tau_0-0)-z)-\mathrm{Arg}(\zeta(\tau_0+0)-z)=$$
$$= \mathrm{Arg}(\zeta(L)-z)-\mathrm{Arg}(\zeta(0)-z)-\omega_+ \qquad \text{für } \varepsilon\to0.$$

Zusammengenommen hat $\displaystyle\int_{\Gamma_{\varepsilon,1}}\frac{d\zeta}{\zeta-z} + \int_{\Gamma_{\varepsilon,2}}\frac{d\zeta}{\zeta-z}$ die rechte Seite von (17a) als Grenzwert. Dieser ist nach Satz 17b der Cauchy-Hauptwert.

(ii) Für eine geschlossene Kurve ist $\zeta(0)=\zeta(L)$, also $\log\left|\frac{\zeta(L)-z}{\zeta(0)-z}\right|=0$.

Die Werte von $\mathrm{Arg}(\zeta(0)-z)$ und $\mathrm{Arg}(\zeta(L)-z)$ erhält man aus der Überlegung von Übung 25. Danach ist $\mathrm{Arg}(\zeta(L)-z)-\mathrm{Arg}(\zeta(0)-z)$ gleich null bei negativer und gleich 2π bei positiver Kurvenorientierung. Dies beweist den Teil (b). Teil (c) folgt wegen $\omega_+=\pi$, wenn Γ in differenzierbar ist (vgl. Abb. 1c).

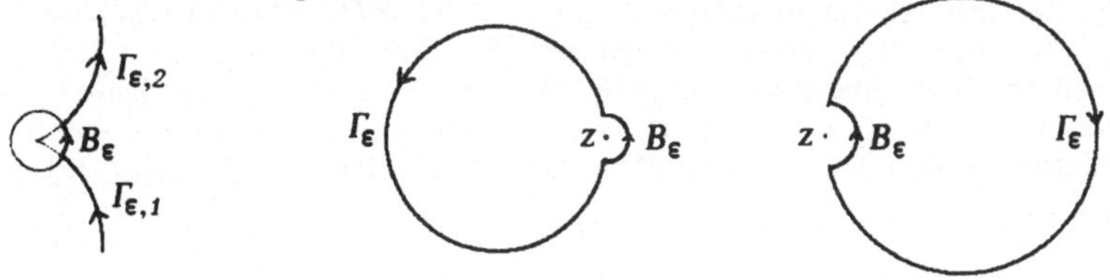

Abb. 7.1.2a   **Abb. 7.1.2b**   **Abb. 7.1.2c**

Übungsaufgabe 7.1.25 Sei $z\in\Gamma$. $\Gamma_\epsilon^*:=\Gamma_\epsilon+B_\epsilon$ sei zusammengesetzt aus $\Gamma\setminus K_\epsilon(z)$ und dem Kreisbogenstück B_ϵ um z mit Radius ϵ orientiert in positiver Richtung vom einfallenden zum ausgehenden Γ_ϵ-Teil (vgl. Abb. 2a). Die Argumentfunktion $\mathrm{Arg}(\zeta-z)$ auf Γ sei gemäß (14f) definiert. Da z kein Kurvenpunkt von Γ_ϵ^* ist, kann man $\mathrm{Arg}(\zeta^*-z)$ auf Γ_ϵ^* gemäß Bemerkung 18 definieren. Man zeige:
(a) Auf dem Schnitt $\Gamma_\epsilon=\Gamma_\epsilon^*\cap\Gamma$ stimmen beide Argumentfunktionen bis auf eine *globale* Konstante $2\nu\pi$ überein. **(b)** Mit Γ ist auch Γ_ϵ^* geschlossen.
(c) Hat die geschlossene Kurve Γ eine positive (negative) Orientierung, so liegt z im Innengebiet (Außengebiet) von Γ_ϵ^* (vgl. Abb. 2b bzw. 2c).

Die bisherigen Überlegungen erlauben es,

$$(7.1.18a) \qquad I(z) := \oint_\Gamma \frac{d\zeta}{\zeta-z} \qquad \text{für alle } z\in\mathbb{C}\setminus\partial\Gamma$$

zu definieren, wobei $\mathbb{C}\setminus\partial\Gamma=\mathbb{C}$ für eine geschlossene Kurve gilt. Im folgenden wollen wir untersuchen, wie sich $I(z)$ als Funktion von z verhält. Zunächst beschränken wir uns auf Kurvenpunkte $z\in\Gamma\setminus\partial\Gamma$.

Bemerkung 7.1.26 (a) In $z\in\Gamma\setminus\partial\Gamma$ habe $\Gamma\in C_{\mathrm{stw}}^1$ den Eckenwinkel $\omega_+=\omega_+(z)$, wie in (14f) definiert. Es gilt $I(z)=\mathrm{Log}(\zeta(L)-z)-\mathrm{Log}(\zeta(0)-z)-i\,\omega_+$ gemäß (17a). Während $\log\left|\frac{\zeta(L)-z}{\zeta(0)-z}\right|$ stetig ist (solange $z\notin\partial\Gamma$), springt $\omega_+(z)$ in allen Ecken von Γ; sonst ist $\omega_+(z)$ die konstante Funktion $\omega_+=\pi$. Damit hat $I(z)$ nur *hebbare Unstetigkeiten*. Die Definition

$$(7.1.18b) \qquad \overline{I}(\zeta(\tau)) := I(\zeta(\tau\pm 0))$$

behebt die Unstetigkeiten und führt auf

$$(7.1.18c) \qquad \overline{I}(z) = \mathrm{Log}(\zeta(L)-z)-\mathrm{Log}(\zeta(0)-z)-i\pi \qquad \text{für alle } z\in\Gamma\setminus\partial\Gamma.$$

(b) $\overline{I}(z)=I(z)$ gilt fast überall auf $\Gamma\setminus\partial\Gamma$, im Falle von $\Gamma\in C^1$ sogar überall.
(c) Für eine geschlossene Kurve $\Gamma\in C_{0,\mathrm{stw}}^1$ ist $\overline{I}(z)$ konstant (vgl. (17b)):

$$(7.1.18d) \qquad \overline{I}(z) = \mp i\pi \qquad \text{für } z\in\Gamma\in C_{0,\mathrm{stw}}^1 \text{ bei } \begin{Bmatrix}\text{positiver}\\\text{negativer}\end{Bmatrix} \text{Orientierung.}$$

Wir wenden uns jetzt dem Fall $z \notin \Gamma$ zu und nehmen zunächst an, daß die Kurve geschlossen ist.

Bemerkung 7.1.27 Die geschlossenen Kurve $\Gamma \in C^1_{0,\text{stw}}$ definiere das Innengebiet $\Omega_- = \Omega$ und das Außengebiet $\Omega_+ = \mathbb{C} \setminus \overline{\Omega}$ (vgl. Bemerkung 11d). Die Abschlüsse dieser (offenen) Gebiete seien $\overline{\Omega}_\pm$. Gemäß (15c) ist $I(z)$ in Ω_+ und Ω_- jeweils konstant: Es hat die Werte $\pm 2\pi i$ (bei positiver bzw. negativer Orientierung) in Ω_- und 0 in Ω_+. Damit kann $I(z)$ in $\overline{\Omega}_+$ zu $I_+(z)$ und in $\overline{\Omega}_-$ zu $I_-(z)$ stetig fortgesetzt werden. Im Schnitt $\Gamma = \overline{\Omega}_+ \cap \overline{\Omega}_-$ der Definitionsbereiche gelten die *Sprungrelationen*

$$(7.1.19a) \qquad I_+(z) - I_-(z) = -2\pi i$$

bei positiver Orientierung (sonst $I_+(z) - I_-(z) = 2\pi i$) und

$$(7.1.19b) \qquad \tfrac{1}{2}[I_+(z) + I_-(z)] = \overline{I}(z).$$

Auch im Falle einer nichtgeschlossenen Kurve ist $I(z)$ in $\mathbb{C} \setminus \Gamma$ nicht nur stetig, sondern auch differenzierbar mit der Ableitung

$$(7.1.20) \qquad \frac{d}{dz} I(z) = \frac{1}{\zeta_- - z} - \frac{1}{\zeta_+ - z} \quad \text{für } z \in \mathbb{C} \setminus \Gamma \text{ mit } \zeta_- = \zeta(0),\ \zeta_+ = \zeta(L),$$

wie man aus (17a) ersieht. Zu einem Punkt $\zeta_0 \in \Gamma \setminus \partial \Gamma$ wählen wir eine beliebige kompakte, einfach zusammenhängende Umgebung U von ζ_0, die zu $\partial \Gamma$ disjunkt ist: $\zeta_0 \in \mathring{U}$, $U \cap \partial \Gamma = \emptyset$. Der Einfachheit halber wird U zusätzlich als konvex angenommen. Γ läßt $U \setminus \Gamma$ in zwei Zusammenhangskomponenten $U_\pm$ zerfallen, wobei U_- links und U_+ rechts von Γ liege. Die Wahl von $U_\pm$ ist so getroffen, daß im Falle einer geschlossenen Kurve mit positiver Orientierung U_- im Innengebiet Ω_- und U_+ im Außengebiet Ω_+ liegen. Ein Beispiel für U ist der Kreis $\overline{K}_\varepsilon(\zeta_0)$ mit $\varepsilon < \delta := \text{dist}(\zeta_0, \partial \Gamma)$, wobei formal $\text{dist}(\zeta_0, \emptyset) = \infty$ gesetzt sei (vgl. Abb. 3).

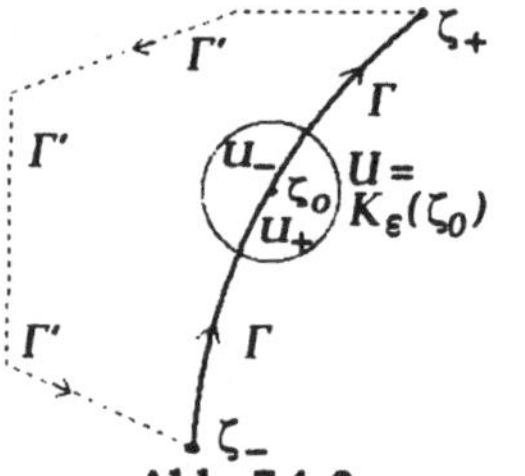

Abb. 7.1.3

Die Ableitung (20) ist in $U_\pm$ beschränkt, so daß $I(z)$ gleichmäßig stetig und somit stetig fortsetzbar zu I_+ $[I_-]$ auf $\overline{U}_+$ $[\overline{U}_-]$ ist. Da $\zeta_0 \in \Gamma \setminus \partial \Gamma$ beliebig, sind I_+ und I_- auf dem inneren Teil $\Gamma \setminus \partial \Gamma$ der Kurve wohldefiniert.

Bemerkung 7.1.28 (a) Die Umgebung U von $\zeta_0 \in \Gamma \in C^1_{\text{stw}}$ sei wie oben gewählt (vgl. Abb. 3). $U_\pm \subset K_\varepsilon(\zeta_0)$ seien die Zusammenhangskomponenten von $U \setminus \Gamma$. Dann gilt $I_+(z) \in C^\lambda(\overline{U}_+)$ und $I_-(z) \in C^\lambda(\overline{U}_-)$ für $0 < \lambda < 1$ mit der Hölder-Konstanten $C_\delta = 2\delta^{-\lambda} + \text{const}$ mit $\delta := \text{dist}(U, \partial \Gamma)$.
(b) In $\mathbb{C} \setminus \Gamma$ sind alle Ableitungen von $I(z)$ definiert, und ihre stetigen Fortsetzungen auf $\Gamma \setminus \partial \Gamma$ sind gleich.
(c) Für $z \in \Gamma \setminus \partial \Gamma$ gelten die *Sprungrelationen* (19a,b).

Beweis zu (c). (i) Durch Zufügen eines Kurvenstückes Γ' von ζ_+ nach ζ_- gemäß Abb. 3 erhalten wir eine geschlossenen Kurve $\Gamma + \Gamma'$, die positiv orientiert ist und U_- im Innengebiet Ω_- enthält. Wir setzen

$I'(z) := \int_{\Gamma'} \frac{d\zeta}{\zeta - z}$ und $I''(z) := I(z) + I'(z)$. Da I' in U stetig ist, gilt $I''_{\pm}(z) = \overline{I'}(z) = I'(z)$ für $z \in \Gamma \setminus \partial\Gamma$. Bemerkung 27 beweist $I''_{+}(z) - I''_{-}(z) = -2\pi i$ und $\frac{1}{2}[I''_{+}(z) + I''_{-}(z)] = \overline{I''}(z) = \overline{I}(z) + \overline{I'}(z)$. Auflösen nach $I_{\pm}(z) = I''_{\pm}(z) - I'(z)$ ergibt die Behauptung.   ◨

Übungsaufgabe 7.1.29 In $z \in \Gamma \setminus \partial\Gamma$ habe $\Gamma \in C^1_{\text{stw}}$ den Winkel ω_+. Man zeige:

$$(7.1.21) \qquad I(z) = I_+(z) + i(2\pi - \omega_+) = I_-(z) - i\omega_+ = \overline{I}(z) + i(\pi - \omega_+).$$

7.2 Der Cauchy-Kern

7.2.1 Definition und Eigenschaften

Γ sei eine C^1_{stw}-Kurve in $\mathbb{C}$, wobei der Fall einer geschlossenen $C^1_{o,\text{stw}}$-Kurve eingeschlossen ist. Als *Cauchy-Kern* wird $d\zeta/(\zeta - z)$ bezeichnet. Der zugehörige Integraloperator Kf ist durch (1) definiert:

$$(7.2.1) \qquad (Kf)(z) := \frac{1}{2\pi i} \oint_{\Gamma} \frac{f(\zeta)}{\zeta - z}\, d\zeta$$

Eine mit K verbundene, *singuläre Integralgleichung* lautet z.B.

$$(7.2.2) \qquad \lambda f = g + \mu K f \qquad\qquad (\lambda, \mu\text{: Konstanten}).$$

Wie wir in §7.3.1 sehen werden, ist in diesem Zusammenhang eine Unterscheidung zwischen Gleichungen erster Art ($\lambda = 0$) und zweiter Art ($\lambda \neq 0$) unwesentlich. Entscheidend ist der Zusammenhang zwischen λ und μ.

Für jedes $z \in \Gamma$ ist der Integrand in (1) im allgemeinen stark singulär. Um die Existenz des Cauchy-Hauptwert untersuchen zu können, zerlegen wir den Integranden in die Terme

$$(7.2.3a) \qquad \frac{f(\zeta)}{\zeta - z} = \frac{f(\zeta) - f(z)}{\zeta - z} + f(z)\,\frac{1}{\zeta - z}.$$

Da $f(z)$ bezüglich der Integration eine Konstante ist, erhält man formal

$$(7.2.3b) \qquad \oint_{\Gamma} \frac{f(\zeta)}{\zeta - z}\, d\zeta = \oint_{\Gamma} \frac{f(\zeta) - f(z)}{\zeta - z}\, d\zeta + f(z)\oint_{\Gamma} \frac{d\zeta}{\zeta - z}$$

(vgl. (1.4)). Gemäß Übungsaufgabe 1.2a gilt: Wenn die Integrale auf der rechten Seite von (3b) existieren, existiert auch das (Cauchy-)Integral auf der linken. In §7.1.4 wurde nicht nur die Existenz von $\oint_{\Gamma} \frac{d\zeta}{\zeta - z}$ bewiesen, sondern auch sein Wert bestimmt. Es bleibt daher die Existenz und das Verhalten des ersten Summanden zu untersuchen. Wir bezeichnen ihn als den Operator M:

$$(7.2.4) \qquad (Mf)(z) := \oint_{\Gamma} \frac{f(\zeta) - f(z)}{\zeta - z}\, d\zeta.$$

In Analogie zu Satz 1.3 wollen wir zeigen, daß das Integral in (4) als uneigentliches existiert, wenn f Hölder-stetig ist. Dabei heißt eine Funktion f auf Γ Hölder-stetig zum Exponenten $\lambda \in (0,1]$, wenn

$$(7.2.5a) \qquad |f(\zeta) - f(z)| \leqslant H_f |\zeta - z|^\lambda \qquad\qquad \text{für alle } \zeta, z \in \Gamma,$$

wobei man im Falle von $\lambda = 1$ von Lipschitz-Stetigkeit spricht. Wir schreiben wieder $f \in C^\lambda(\Gamma) = \hat{C}^\lambda(\Gamma)$ für $0 < \lambda < 1$ und $f \in C_L(\Gamma) = \hat{C}^1(\Gamma)$ für $\lambda = 1$. Die Norm $\|\varphi\|_{C^\lambda(\Gamma)}$ ist in gewohnter Weise als Maximum der minimalen Hölder-Konstanten H_f und der Maximumnorm definiert.

Die Hölder-Stetigkeit über Γ ist noch einmal definiert worden, da es auch andere Festlegungen gäbe, z.B. die Zurückführung auf die Hölder-Stetigkeit von $f(\zeta(\tau))$ über $[0,L]$ für eine Parametrisierung von Γ. Für eine Kurve $\Gamma \subset \mathbb{R}^2$ ist (5a) durch (5b) zu ersetzen:

$$(7.2.5b) \qquad |f(x) - f(y)| \leqslant H_f \|x - y\|_2 \qquad\qquad \text{für alle } x, y \in \Gamma.$$

Lemma 7.2.1 Sei $\Gamma \in C^1_{stw}$. $K_\varepsilon(z)$ bezeichne den Kreis um z mit Radius ε. Dann gilt: **(a)** Die Summe der Längen aller Kurvenstücke im Schnitt $\Gamma \cap K_\varepsilon(z)$ ist beschränkt durch $4\varepsilon + o(\varepsilon)$ für $\varepsilon \to 0$, wobei der Term $o(\varepsilon)$ gleichmäßig in $z \in \mathbb{C}$ ist.

(b) Es gibt eine von $\varepsilon > 0$ und $z \in \mathbb{C}$ unabhängige Konstante $C_\varkappa$, so daß

$$(7.2.6a) \qquad \int_{\Gamma \setminus K_\varepsilon(z)} \frac{|d\zeta|}{|\zeta - z|^\varkappa} \leqslant C_\varkappa \varepsilon^{1-\varkappa} \qquad\qquad \text{für } \varkappa > 1, \ z \in \mathbb{C},$$

$$(7.2.6b) \qquad \int_{\Gamma \setminus K_\varepsilon(z)} \frac{|d\zeta|}{|\zeta - z'|^{\varkappa-1}|\zeta - z|} \leqslant C_\varkappa \varepsilon^{1-\varkappa} \qquad \text{für } \varkappa > 1, \ z \in \mathbb{C}, \ z' \in \overline{K_{\varepsilon/2}(z)},$$

$$(7.2.6c) \qquad \int_\Gamma \frac{|d\zeta|}{|\zeta - z|^\varkappa} \leqslant C_\varkappa \qquad\qquad \text{für } \varkappa < 1, \ z \in \mathbb{C},$$

$$(7.2.6d) \qquad \int_{\Gamma \cap K_\varepsilon(z)} \frac{|d\zeta|}{|\zeta - z|^\varkappa} \leqslant C_\varkappa \varepsilon^{1-\varkappa} \qquad\qquad \text{für } \varkappa < 1, \ z \in \mathbb{C}.$$

Beweis. (i) Die Kurve Γ besteht aus endlich vielen, glatten Stücken $\Gamma_k := \{\zeta(\tau): \tau_{k-1} \leqslant \tau \leqslant \tau_k\}$ (vgl. Definition 1.10c). Für hinreichend kleines ε kann es keinen Kreis $K_\varepsilon(z)$ geben, der mehr als *zwei* Teilstücke Γ_k schneidet, wobei zusätzlich das Kurvenstück $\gamma_k := \Gamma_k \cap K_\varepsilon(z)$ zusammenhängend ist. Für jedes der höchstens zwei Kurvenbögen γ_k ist ihre Länge ℓ_ε durch $2\varepsilon + o(\varepsilon)$ abzuschätzen. $\zeta: [0,L] \to \Gamma$ sei die Parametrisierung durch die Bogenlänge. ζ' ist auf allen Teilintervallen $[\tau_{k-1}, \tau_k]$ gleichmäßig stetig: $|\zeta'(\tau) - \zeta'(\sigma)| \leqslant \delta(|\tau - \sigma|)$ mit $\delta(\eta) \to 0$ für $\eta \to 0$. Das Kurvenstück $\gamma_k := \Gamma_k \cap K_\varepsilon(z)$ sei das Bild des Parameterintervalles $[\tau', \tau'']$. Da $\zeta(\tau')$ und $\zeta(\tau'')$ auf dem Rand von $K_\varepsilon(z)$ liegen, ist

$$2\varepsilon \geqslant |\zeta(\tau') - \zeta(\tau'')| = \left| \int_{\tau'}^{\tau''} \zeta'(\tau)\,d\tau \right| =$$

$$= \left| \int_{\tau'}^{\tau''} [\zeta'(\tau') + (\zeta'(\tau) - \zeta'(\tau'))]\,d\tau \right| \geqslant$$

$$\geqslant |\tau'' - \tau'| \left[|\zeta'(\tau')| - \max_\tau |\zeta'(\tau) - \zeta'(\tau')| \right] \geqslant$$

$$\geqslant |\tau'' - \tau'| \left[\quad 1 \quad - \quad \delta(|\tau'' - \tau'|) \quad \right],$$

denn $|\zeta'(\tau)|=1$ ist die charakteristische Eigenschaft der Bogenlängen-parametrisierung. Die Bogenlängendifferenz $|\tau''-\tau'|$ stellt die Länge ℓ_ε des Teilstückes γ_k dar. Das Supremum von $\delta(|\tau''-\tau'|)$ über alle τ',τ'' mit $\zeta(\tau')$, $\zeta(\tau'')\epsilon K_\varepsilon(z)$, $z\epsilon\Gamma$, strebt für $\varepsilon\to 0$ gegen null, denn andernfalls gäbe es Folgen $\{\tau_j''\}$ und $\{\tau_j'\}$ mit $|\tau_j''-\tau_j'|\not\to 0$, $|\zeta(\tau_j)-\zeta(\tau_j'')|\to 0$, und durch Teilfolgenauswahl ergäbe sich ein Widerspruch zur Doppelpunkt-freiheit. Aus $\delta(|\tau''-\tau'|)=o(1)$ erhält man (a): $\ell_\varepsilon\leqslant 2\varepsilon/(1-o(1))=2\varepsilon+o(\varepsilon)$.

(ii) Es sei an die Definition (7a) und die Abschätzung (7b) erinnert:

$$(7.2.7a)\qquad \int_\Gamma \varphi(\zeta)|d\zeta| := \int_0^L \varphi(\zeta(\tau))|\zeta'(\tau)|\,d\tau,$$

$$(7.2.7b)\qquad |\int_\Gamma \varphi(\zeta)d\zeta| \leqslant \|\varphi\|_\infty\, \mu(\Gamma), \text{ wobei } \mu(\Gamma)=\int_\Gamma |d\zeta| = \text{Länge von }\Gamma.$$

Wir wählen $\varepsilon_0>0$ so klein, daß $o(\varepsilon)$ aus Teil (a) durch ε abgeschätzt werden kann. Weiterhin setzen wir

$$\varepsilon_n := \varepsilon_0 2^{-n},\ K_n := K_{\varepsilon_n}(z),\ R_0 := \Gamma\setminus K_0,\ R_n := \Gamma\cap K_{n-1}\setminus K_n,$$

$$I_0 := \int_{R_0} \frac{|d\zeta|}{|\zeta-z|^\varkappa},\qquad I_n := \int_{R_n} \frac{|d\zeta|}{|\zeta-z|^\varkappa}\ \text{ für } n\geqslant 1.$$

Für $\zeta\epsilon R_0$ gilt $|\zeta-z|\geqslant\varepsilon_0$. *Unabhängig* von z ist deshalb $I_0\leqslant\mu(\Gamma)/\varepsilon_0^\varkappa$. Nach Teil (i) und der Wahl von ε_0 haben die Kurvenstücke in R_n ($n\geqslant 1$) eine Länge $|R_n|\leqslant 5\varepsilon_{n-1}=10\,\varepsilon_n$. Dies führt auf $I_n\leqslant 10\varepsilon_n/\varepsilon_n^\varkappa$. Da $\Gamma\setminus K_\varepsilon(z)$ für $\varepsilon=\varepsilon_n$ die Vereinigung $R_0\cup\ldots\cup R_n$ ist, schätzt man die linke Seite in (6a) durch

$$\mu(\Gamma)/\varepsilon_0^\varkappa + 10\sum_{k=1}^n \varepsilon_k^{1-\varkappa} = \mu(\Gamma)/\varepsilon_0^\varkappa + 10\,\varepsilon_0^{1-\varkappa}\sum_{k=1}^n 2^{k(\varkappa-1)} =$$

$$= O(2^{n(\varkappa-1)})=O(\varepsilon_n^{1-\varkappa})$$

ab. Also existiert eine Schranke $C\varepsilon_n^{1-\varkappa}$. Ein allgemeines ε liege in einem Intervall $[\varepsilon_n,\varepsilon_{n-1}]$. Das Integral in (6a) über $\Gamma\setminus K_\varepsilon(z)$ ist abschätzbar durch jenes über $\Gamma\setminus K_{\varepsilon_n}(z)$, so daß die Abschätzung $C\varepsilon_n^{1-\varkappa}\leqslant 2^{\varkappa-1}C\varepsilon^{1-\varkappa}$ zur Behauptung (6a) mit $C_\varkappa := 2^{\varkappa-1}C$ führt.

(iii) Aus $|\zeta-z|\geqslant\varepsilon$ und $|\zeta-z'|\geqslant|\zeta-z|-|z-z'|\geqslant|\zeta-z|-\varepsilon/2\geqslant\frac{1}{2}|\zeta-z|$ schließt man $\int_{\Gamma\setminus K_\varepsilon(z)} \frac{|d\zeta|}{|\zeta-z'|^{\varkappa-1}\,|\zeta-z|} \leqslant 2^{\varkappa-1}\int_{\Gamma\setminus K_\varepsilon(z)}\frac{|d\zeta|}{|\zeta-z|^\varkappa}$, so daß die Behauptung (6b) mit vergrößertem $C_\varkappa$ aus (6a) folgt.

(iv) Teil (ii) ist auch mit $\varkappa<1$ anwendbar und beweist die uneigentliche Integrierbarkeit von $|\zeta-z|^{-\varkappa}$ mit einer von z unabhängigen Schranke. Dies zeigt (6c). Indem man nur die Integrale I_k für $k>n$ aufsummiert, erhält man eine konvergente Summe mit dem Wert $O(\varepsilon_n^{1-\varkappa})$, der (6d) für $\varepsilon=\varepsilon_n$ zeigt. Für allgemeines ε verfahre man wie in (ii). ◼

Das folgende Lemma besagt, daß M für Hölder-stetige Funktionen f definiert ist und eine stetige Funktion Mf als Bild besitzt.

Lemma 7.2.2 Sei $\Gamma\epsilon C_{stw}^1$. Für alle $\lambda>0$ ist $M\epsilon L(C^\lambda(\Gamma),C(\Gamma))$. Das Integral $(Mf)(z)$ in (4) existiert für alle $f\epsilon C^\lambda(\Gamma)$, $z\epsilon\mathbb{C}$ als uneigentliches Integral.

Beweis. (i) Der Betrag des Integranden $(f(\zeta)-f(z))/(\zeta-z)$ hat für $f\in C^\lambda(\Gamma)$, $0<\lambda<1$, mit der Hölder-Konstanten H_f (vgl. (5a)) die Majorante $H_f/|\zeta-z|^{1-\lambda}$, die nach (6c) uneigentlich integrierbar ist. Aufgrund des Majorantenkriteriums aus Übungsaufgabe 6.1.1c ist auch $(f(\zeta)-f(z))/(\zeta-z)$ uneigentlich integrierbar. Ungleichung (6c) liefert die punktweise Beschränktheit $\|Mf\|_{\infty,\Gamma} \le C_{1-\lambda}H_f \le C_{1-\lambda}\|f\|_{C^\lambda(\Gamma)}$.

(ii) Die Abschätzung (6d) mit $\varkappa=1-\lambda$ konstatiert die gleichmäßige Existenz der uneigentlichen Integrale $(Mf)(z)$ für alle $z\in\Gamma$. Da der Integrand $(f(\zeta)-f(z))/(\zeta-z)$ auf $\{(\zeta,z)\in\Gamma\times\Gamma\colon \zeta\ne z\}$ stetig ist, hängt das Integral $(Mf)(z)$ stetig von z ab. Dies beweist $Mf\in C(\Gamma)$ (vgl. Lemma 6.1.5). ▩

Wir kehren wieder zum Integraloperator K mit dem Cauchy-Kern zurück. Zur Stetigkeit von Kf auf Γ gibt der nächste Satz Auskunft. Ein Punkt $\zeta\in\Gamma$ heißt dabei eine _Ecke_ von Γ, wenn zwei _verschiedene_ Tangentenrichtungen $\zeta'(\tau_0\pm0)$ in $\zeta=\zeta(\tau_0)$ existieren (vgl. Abb. 1.1a,b).

Satz 7.2.3 Zu $\Gamma\in C^1_{\mathrm{stw}}$ sei $\partial\Gamma$ wie in (1.16) definiert. Wir setzen
$$C^\lambda_{\partial\Gamma}(\Gamma):=\{f\in C^\lambda(\Gamma)\colon f(\zeta)=0 \text{ für alle } \zeta\in\partial\Gamma\}.$$

(a) Für $f\in C^\lambda_{\partial\Gamma}(\Gamma)$, $\lambda>0$, ist $\varphi:=Kf$ auf Γ wohldefiniert. Für eine glatte Kurve $\Gamma\in C^1$ ist φ stetig, so daß $K\in L(C^\lambda_{\partial\Gamma}(\Gamma),C(\Gamma))$. Im allgemeinen Fall $\Gamma\in C^1_{\mathrm{stw}}$ ist φ genau dann unstetig in $\zeta_0\in\Gamma$, wenn ζ_0 eine Ecke ist und $f(\zeta_0)\ne0$ gilt. Die einseitigen Grenzwerte stimmen jedoch überein:
$$\varphi(\zeta(\tau_0+0))=\varphi(\zeta(\tau_0-0)),$$
so daß diese Unstetigkeit hebbar ist: $\overline{\varphi}(\zeta(\tau)):=\varphi(\zeta(\tau\pm0))$ ist stetig und stimmt fast überall mit φ überein. $\overline{K}$ sei durch $\overline{\varphi}=\overline{K}f$ definiert. Es gilt
(7.2.8a) $\overline{K}\in L(C^\lambda_{\partial\Gamma}(\Gamma),C(\Gamma))$,
(7.2.8b) $\overline{K}=K$ für $\Gamma\in C^1$.

(b) Für eine geschlossene Kurve $\Gamma\in C^1_{0,\mathrm{stw}}$ gilt $\overline{K}\in L(C^\lambda(\Gamma),C(\Gamma))$ und, falls $\Gamma\in C^1_0$, auch $K\in L(C^\lambda(\Gamma),C(\Gamma))$.

(c) $\gamma\subset\Gamma$ sei eine offene Umgebung eines festen Punktes $\zeta\in\Gamma\setminus\partial\Gamma$, wobei $\overline{\gamma}$ und $\partial\Gamma$ disjunkt seien. Ist $f\in L^1(\Gamma)$ in γ Hölder-stetig, so ist $(\overline{K}f)(z)$ für $z\in\gamma$ definiert und stetig.

Beweis. (i) Das Integral Kf sei gemäß (3b) aufgespalten. Der erste Term ist $Mf/(2\pi i)$ und stellt nach Lemma 2 für $f\in C^\lambda(\Gamma)$ eine stetige Funktion dar. Der zweite Term $f(z)\oint_\Gamma\frac{d\zeta}{\zeta-z}$ hat den Wert $f(z)I(z)/(2\pi i)$ mit $I(z)$ aus (1.18a):

(7.2.8c) $(Kf)(z) = \frac{1}{2\pi i}[(Mf)(z)+f(z)I(z)]$ für $z\in\Gamma$.

Die aus Bemerkung 1.26 bekannte, hebbare Unstetigkeit von $I(z)$ in den Ecken von Γ überträgt sich auf Kf, wenn dort nicht $f(z)=0$ gilt. Die stetige Ergänzung in den Eckpunkten ersetzt $f(z)I(z)$ durch $f(z)\overline{I}(z)$ mit $\overline{I}(z)$ aus (1.18c). Die Funktion

(7.2.8d) $(\bar{K}f)(z) = \frac{1}{2\pi i}\,[\,(Mf)(z) + f(z)\bar{I}(z)\,]$ für $z \in \Gamma$

ist im Innern $\Gamma\backslash\partial\Gamma$ der Kurve stetig. Für $z \to \zeta_{\pm} \in \partial\Gamma$ haben $I(z)$ bzw. $\bar{I}(z)$ eine logarithmische Singularität (vgl. (1.17a/18c)). Da jedoch $f(\zeta_{\pm})=0$ nach Definition von $C_{\partial\Gamma}^{\lambda}(\Gamma)$, strebt $|f(z)I(z)| \leqslant C|\zeta_{\pm}-z|^{\lambda}\,|\log(\zeta_{\pm}-z)|$ für $z \to \zeta_{\pm}$ gegen null. Der Grenzwert $\lim (Kf)(z)=(Mf)(\zeta_{\pm})$ stimmt nach Definition von M mit $(Kf)(\zeta_{\pm})$ überein; also ist Kf auch in den Endpunkten $\zeta_{\pm} \in \partial\Gamma$ stetig. Dies beweist den Teil (a) des Satzes.

   (ii) $\partial\Gamma=\emptyset$ impliziert $C_{\partial\Gamma}^{\lambda}(\Gamma)=C^{\lambda}(\Gamma)$, so daß Teil (b) aus (a) folgt.

   (iii) Zum Beweis von (c) zerlege man Γ in γ und $\Gamma_1 := \Gamma\backslash\gamma$. Die Integration über γ und Γ_1 definiere die Operatoren K_0 bzw. K_1. Für $z \in \gamma$ ist der Integrand $f(\zeta)/(\zeta-z)$ für $\zeta \in \Gamma_1$ gleichmäßig stetig, so daß auch $(K_1 f)(z)$ stetig ist. Da γ keinen Endpunkt $\zeta_{\pm} \in \partial\Gamma$ enthält, ergeben die Überlegungen aus (i) angewandt auf γ statt Γ, daß $K_0 f$ stetig in z ist. ▨

Bemerkung 7.2.4 Satz 3 und sein Beweis zeigen, daß Kf für $f \in C^{\lambda}(\Gamma)$ zwei verschiedene Arten von Unstetigkeiten enthalten kann: **(a)** In den Ecken $\zeta=\zeta(\tau_0)$ der Kurve Γ springt $\varphi := Kf$, hat aber übereinstimmende links- und rechtsseitige Grenzwerte $\varphi(\zeta(\tau_0\pm 0))$, die die «geglättete» Funktion $\bar{\varphi}=\bar{K}f$ definieren. Im Falle einer geschlossenen Kurve mit positiver Orientierung gilt (8a), da $\bar{I}(z)=\pi i$:

(7.2.8e) $\bar{K} = \frac{1}{2\pi i}\,M + \frac{1}{2}\,Id$ für $\Gamma \in C_{0,\mathrm{stw}}^1$ mit M aus (4), $Id=$ Identität,

(b) Falls Γ nicht geschlossen ist, kann $\varphi=Kf$ an den Endpunkten von Γ *logarithmische Singularitäten* besitzen.

(c) Für eine reellwertige Funktion f betrifft die Unstetigkeit aus (a) nur den Realteil $Re\,\varphi$, während die logarithmische Singularität aus (b) ausschließlich für den Imaginärteil $Im\,\varphi$ gilt.

Daß die genannten Unstetigkeiten wirklich auftreten, sieht man am Beispiel $f=1$, das zu der in (1.17a) angegebenen Funktion Kf führt.

7.2.2 Regularitätseigenschaften

Die Aussage $K \in L(C^{\lambda}(\Gamma), C(\Gamma))$ aus Satz 3b läßt sich erheblich verstärken. Der folgende *Satz von Plemelj-Privalov* garantiert die Hölder-Stetigkeit zum gleichen Exponenten.

Satz 7.2.5 Sei $\Gamma \in C_{\mathrm{stw}}^1$ und $\lambda \in (0,1)$. Für die Operatoren $\bar{K}$ und M gilt

(7.2.8f) $M, \bar{K} \in L(C_{\partial\Gamma}^{\lambda}(\Gamma), C^{\lambda}(\Gamma))$ $(C_{\partial\Gamma}^{\lambda}(\Gamma)$ wie in Satz 3).

Die Voraussetzung $\Gamma \in C^1$ sichert

(7.2.8f') $K \in L(C_{\partial\Gamma}^{\lambda}(\Gamma), C^{\lambda}(\Gamma))$

für den Cauchy-Operator K aus (1). Für geschlossenene Kurven gilt

(7.2.8g) $M, \bar{K} \in L(C^{\lambda}(\Gamma), C^{\lambda}(\Gamma))$ für $\Gamma \in C_{0,\mathrm{stw}}^1$,

(7.2.8g') $M, K \in L(C^{\lambda}(\Gamma), C^{\lambda}(\Gamma))$ für $\Gamma \in C_0^1$.

Beweis. (i) Wir beginnen mit der Behauptung (8g); (8f,f') werden in (vi) behandelt werden. Wegen (8e) und $K = \bar{K}$ für glatte Γ braucht man nur $M \in L(C^\lambda(\Gamma), C^\lambda(\Gamma))$ zu zeigen. Für ein $f \in C^\lambda(\Gamma)$ und $z, z' \in \Gamma$ setzen wir

$$\delta := \frac{1}{2\pi i} \int_\Gamma \varphi(\zeta) d\zeta \quad \text{mit} \quad \varphi(\zeta) := \frac{f(\zeta) - f(z')}{\zeta - z'} - \frac{f(\zeta) - f(z)}{\zeta - z}.$$

Die Integration von φ über Γ wird aufgespalten in die Integrale über $\Gamma \backslash K_\varepsilon(z)$ und $\Gamma \cap K_\varepsilon(z)$, wobei $\varepsilon := 2|z' - z|$ als Kreisradius gewählt sei. Für den Nachweis der Hölder-Stetigkeit reicht es, ε hinreichend klein anzunehmen. In $\Gamma \cap K_\varepsilon(z)$ führt die Hölder-Stetigkeit von f zu $|\varphi(\zeta)| \leqslant H_f[|\zeta - z'|^{\lambda-1} + |\zeta - z|^{\lambda-1}]$ mit H_f aus (5a). Lemma 1b läßt sich mit $\varkappa := 1 - \lambda$ in (6d) anwenden und beweist $|\int_{\Gamma \cap K_\varepsilon(z)} |\zeta - z|^{\lambda-1} d\zeta| \leqslant C_{1-\lambda} \varepsilon^\lambda$. Wegen $K_\varepsilon(z) \subset K_{3\varepsilon/2}(z')$ folgt

$$\left| \int_{\Gamma \cap K_\varepsilon(z)} |\zeta - z'|^{\lambda-1} d\zeta \right| \leqslant \left| \int_{\Gamma \cap K_{3\varepsilon/2}(z')} |\zeta - z'|^{\lambda-1} d\zeta \right| \leqslant C_{1-\lambda} (\tfrac{3}{2}\varepsilon)^\lambda$$

ebenfalls aus (6d). Zusammen erhalten wir wegen $\varepsilon = 2|z' - z|$

(7.2.9a) $\left| \int_{\Gamma \cap K_\varepsilon(z)} \varphi(\zeta) d\zeta \right| \leqslant \text{const} \, |z' - z|^\lambda H_f.$

(ii) Zur Integration über $\Gamma \backslash K_\varepsilon(z)$ spalten wir φ auf in $\varphi = \varphi_1 + \varphi_2$ mit

(7.2.9b) $\varphi_1(\zeta) := \dfrac{f(z) - f(z')}{\zeta - z},$

(7.2.9c) $\varphi_2(\zeta) := (f(\zeta) - f(z')) \left[\dfrac{1}{\zeta - z'} - \dfrac{1}{\zeta - z} \right] = \dfrac{(z' - z)[f(\zeta) - f(z')]}{(\zeta - z')(\zeta - z)}.$

Das Integral über φ_2 wird in (iii), jenes über φ_1 in (iv) abgeschätzt.

(iii) Die Hölder-Stetigkeit von f führt zur Abschätzung $|\varphi_2(\zeta)| \leqslant |z' - z| H_f |\zeta - z'|^{\lambda-1} |\zeta - z|^{-1}$. Lemma 1b ist anwendbar, da $z' \in \overline{K_{\varepsilon/2}(z)}$ nach Wahl von ε. Ungleichung (6b) mit $\varkappa := 2 - \lambda > 1$ zeigt

(7.2.9d) $\left| \int_{\Gamma \backslash K_\varepsilon(z)} \varphi_2(\zeta) d\zeta \right| \leqslant |z' - z| H_f C_{2-\lambda} (2|z' - z|)^{\lambda-1} = \text{const} \, H_f |z' - z|^\lambda.$

(iv) Wir nehmen den Standardfall an: $\Gamma \backslash K_\varepsilon(z)$ ist einfach zusammenhängend ist (Für genügend kleines ε und alle z zerfällt $\Gamma \backslash K_\varepsilon(z)$ in höchstens zwei Zusammenhangsstücke. Der weitere Beweis ist analog). Das Integral von $\frac{1}{\zeta - z}$ über $\Gamma \backslash K_\varepsilon(z)$ hat nach Lemma 1.23 den Wert $\log|(\zeta_+ - z)/(\zeta_- - z)| + i[\text{Arg}(\zeta_+) - \text{Arg}(\zeta_-)] = i[\text{Arg}(\zeta_+) - \text{Arg}(\zeta_-)]$, wobei $\zeta_\pm$ die Endpunkte von $\Gamma \backslash K_\varepsilon(z)$ seien: $|(\zeta_\pm - z)| = \varepsilon$. Die eckige Klammer hat die globale Schranke 2π. Das Integral von $\varphi_1 = (f(z) - f(z'))/(\zeta - z)$ kann damit durch (9e) abgeschätzt werden:

(7.2.9e) $\left| \int_{\Gamma \backslash K_\varepsilon(z)} \varphi_1(\zeta) d\zeta \right| = |f(z') - f(z)| \left| \int_{\Gamma \backslash K_\varepsilon(z)} \dfrac{d\zeta}{\zeta - z} \right| \leqslant \text{const} \, H_f |z' - z|^\lambda.$

(v) (9a,d,e) beweisen $|\delta| = |\int_\Gamma \varphi(\zeta) d\zeta| / 2\pi \leqslant \text{const} \, H_f |z' - z|^\lambda$. Wegen $H_f \leqslant \|f\|_{C^\lambda(\Gamma)}$ erhalten wir (9f):

(7.2.9f) $|(Mf)(z') - (Mf)(z)| \leqslant C |z' - z|^\lambda \|f\|_{C^\lambda(\Gamma)}.$

Die Beschränktheit von $\|Mf\|_\infty$ (Satz 3b) und die Hölder-Schranke (9f) beweisen $M \in L(C^\lambda(\Gamma), C^\lambda(\Gamma))$. Die Aussagen für $\bar{K}$, K folgen hieraus.

(vi) Wenn $\Gamma \in C^1_{\text{stw}}$ nicht geschlossen ist, ergänze man Γ zu einer geschlossenen Kurve $\Gamma^* \in C^1_{0,\text{stw}}$. $f \in C^{\lambda}_{\partial \Gamma}(\Gamma)$ kann durch $f(\zeta) := 0$ für $\zeta \in \Gamma^* \setminus \Gamma$ zu $f \in C^{\lambda}(\Gamma^*)$ ergänzt werden. Kf läßt sich als Integral über Γ^* auffassen, so daß sich die Behauptungen aus dem Bisherigen ergeben. ▣

Zusatz 7.2.6 (a) Im allgemeinen Fall $\Gamma \in C^1_{\text{stw}}$ gilt noch die abgeschwächte Aussage $M \in L(C^{\lambda}(\Gamma), C^{\lambda'}(\Gamma))$ für alle $0 < \lambda' < \lambda < 1$.
(b) $\gamma \subset \Gamma$ sei eine offene Teilmenge von $\Gamma \in C^1_{\text{stw}}$. $f \in L^1(\Gamma)$ sei in γ *lokal Hölder-stetig* zum Exponenten $\lambda \in (0,1)$. Dann sind auch Mf und $\bar{K}f$ in γ lokal Hölder-stetig zum Exponenten λ. Wenn $\gamma \in C^1$, gilt die gleiche Aussage für K.
(c) Sei $\Gamma \in C^1_{0,\text{stw}}$. Eine Lipschitz-stetige Funktion $f \in C_L(\Gamma)$ führt im allgemeinen nicht zu $\varphi := \bar{K}f \in C_L(\Gamma)$. Eine vorsichtige Abschätzung der im vorigen Beweis auftretenden Größen ergibt als optimales Ergebnis

$$|\varphi(z) - \varphi(z')| \leqslant C |z - z'| \, |\log|z - z'|| \, \|f\|_{C_L(\Gamma)}.$$

(d) Sei $\gamma \subset \Gamma$ kompakt und disjunkt zu $\partial \Gamma$. Dann gilt $M, \bar{K} \in L(C^{\lambda}(\Gamma), C^{\lambda}(\gamma))$.

Beweis. (i) Für die Analyse von M benötigt man die Abschätzungen von φ im Beweis zu Satz 5. Zum Beweis von (a) beachte man, daß infolge der Integrale $\int_{\Gamma_\varepsilon(z)} \frac{d\zeta}{\zeta - z}$ nur logarithmische Singularitäten $\log \varepsilon = \log 2|z' - z|$ auftreten können (vgl. Lemma 1.23). Die Aussage (9e) bleibt gültig, wenn die letzte Ungleichung durch $\ldots \leqslant \text{const} H_f |z' - z|^{\lambda} \log|z' - z|$ ersetzt wird. Da dieser Ausdruck durch $C(\lambda') H_f |z' - z|^{\lambda'}$ für $\lambda' < \lambda$ beschränkt bleibt, ist Mf Hölder-stetig zum Exponenten λ'.

(ii) Sei $z \in \gamma$. Man wähle offene Umgebungen U und V mit $z \in U \subset \bar{U} \subset V \subset \bar{V} \subset \gamma$. Es gibt eine «Abschneidefunktion» $\chi \in C^{\infty}(\Gamma)$ mit $\chi = 1$ in U und $\chi = 0$ in $\Gamma \setminus V$. Man definiere $f_1 := \chi f$, $f_2 := (1 - \chi)f$. f_1 erfüllt die Voraussetzung von Satz 5 mit Γ ersetzt durch U, so daß $\varphi_1 := \bar{K}f_1$ in $\bar{U}$ Hölder-stetig zum Exponenten λ ist. Der Träger von f_2 ist höchstens $\Gamma \setminus V$ und hat endlichen Abstand von z. In Lemma 7 werden wir $\varphi_2 := \bar{K}f_2 \in C^{\infty}(U)$ zeigen, so daß $\bar{K}f = \varphi_1 + \varphi_2 \in C^{\lambda}(\bar{U})$. Da $z \in \gamma$ beliebig, haben wir $\bar{K}f \in C^{\lambda}_{\text{lok}}(\gamma)$ (d.h. Behauptung (b)) nachgewiesen. ▣

7.2.3 Eigenschaften der erzeugten holomorphen Funktion

Bisher haben wir $\varphi(z) := (Kf)(z) = \frac{1}{2\pi i} \oint_{\Gamma} \frac{f(\zeta)}{\zeta - z} d\zeta$ nur für $z \in \Gamma$ ausgewertet und untersucht. Dabei ist es viel einfacher, die Funktion

$$(7.2.10) \qquad \Phi(z) := \frac{1}{2\pi i} \int_{\Gamma} \frac{f(\zeta)}{\zeta - z} d\zeta \qquad \qquad \text{für } z \notin \Gamma$$

zu definieren, denn für $z \notin \Gamma$ besitzt der Integrand keine Singularität. Insbesondere ist der Integrand nach z differenzierbar mit der Ableitung $f(\zeta)/(\zeta - z)^2$. Da Γ kompakt, darf die Differentiation nach z unter das Integral gezogen werden und beweist den ersten Teil aus

Lemma 7.2.7 Φ sei durch (10) mit $f \in L^1(\Gamma)$ definiert. Φ ist auf $\mathbb{C} \setminus \Gamma$ *holomorph* mit den Ableitungen

$$(7.2.11a) \qquad \Phi'(z) = \frac{1}{2\pi i} \int_\Gamma \frac{f(\zeta)}{(\zeta-z)^2}\, d\zeta \qquad\qquad \text{für } z \notin \Gamma,$$

$$(7.2.11b) \qquad \Phi^{(\nu)}(z) = \frac{\nu!}{2\pi i} \int_\Gamma \frac{f(\zeta)}{(\zeta-z)^{\nu+1}}\, d\zeta \qquad \text{für } z \notin \Gamma,\ \nu \in \mathbb{N}_0.$$

Für $z \to \infty$ strebt $\Phi^{(\nu)}(z)$ gegen null. Genauer gilt die Abschätzung

$$(7.2.11c) \qquad |\Phi^{(\nu)}(z)| \le \frac{\nu!}{2\pi} \|f\|_{L^1(\Gamma)} / (|z|-R)^{\nu+1} \text{ für } |z| > R := \max_{\zeta \in \Gamma} |\zeta|.$$

Beweis. Da $|\zeta-z| \ge |z|-R$ für alle $\zeta \in \Gamma$, $|z| > R$, erhält man $|\Phi^{(\nu)}(z)| \le$
$\le \int_\Gamma |f(\zeta)| |d\zeta| \nu! / [2\pi(|z|-R)^{\nu+1}] = \nu! \|f\|_{L^1(\Gamma)} / [2\pi(|z|-R)^{\nu+1}].$ ◼

Ziel der weiteren Untersuchungen ist das Verhalten von $\Phi(z)$ für $z \to z' \in \Gamma$. Das Hauptresultat lautet wie folgt:

Satz 7.2.8 Sei $f \in C^\lambda(\Gamma)$, $\lambda \in (0,1)$. **(a)** Die geschlossene Kurve $\Gamma \in C^1_{0,\mathrm{stw}}$ sei positiv orientiert und definiere das Innengebiet Ω_- und das Außengebiet Ω_+. Die Funktion Φ aus (10) kann in den Abschlüssen $\overline{\Omega}_+$, $\overline{\Omega}_-$ zu

$$(7.2.12a) \qquad \Phi_+ \in C^\lambda(\overline{\Omega}_+), \quad \Phi_- \in C^\lambda(\overline{\Omega}_-),$$

(Hölder-)stetig fortgesetzt werden. Φ_+ und Φ_- stimmen auf dem gemeinsamen Definitionsbereich Γ i.a. *nicht* überein und sind auch verschieden vom Wert $\overline{\Phi} := \overline{K}f$, der sich bei Auswertung von Φ auf Γ ergibt. Zwischen diesen Größen besteht der folgende Zusammenhang:

$$(7.2.12b) \qquad \Phi_+(z) - \Phi_-(z) = -f(z) \qquad\qquad\qquad \text{für } z \in \Gamma,$$

$$(7.2.12c) \qquad \overline{\Phi}(z) := (\overline{K}f)(z) = \tfrac{1}{2}[\Phi_+(z) + \Phi_-(z)] \quad \text{für } z \in \Gamma,$$

$$(7.2.12d) \qquad \Phi_\pm(z) = (\overline{K}f)(z) \mp \tfrac{1}{2}f(z) \qquad\qquad \text{für } z \in \Gamma,$$

wobei

$$(7.2.12e) \qquad \overline{\Phi}(z) = \Phi(z) := (Kf)(z), \quad \text{falls } z \in \Gamma \text{ kein Eckpunkt ist.}$$

Wenn Γ negativ orientiert ist, hat man $-f(z)$ in (12b,d) gegen $f(z)$ auszutauschen.

(b) Für eine nichtgeschlossene Kurve $\Gamma \in C^1_{\mathrm{stw}}$ existieren für jeden Kurvenpunkt $z \in \Gamma \setminus \partial\Gamma$ die einseitigen, stetigen Fortsetzungen von Φ auf Γ: Φ_- sei die Fortsetzung von links (aus der Umgebung U_- in Abb. 1.3), Φ_+ jene von rechts. Für $\Phi_\pm$ gelten die Beziehungen (12b-e), wobei z auf $\Gamma \setminus \partial\Gamma$ zu beschränken ist, da $\Phi(z)$ in $z \in \partial\Gamma$ eine Singularität besitzen kann. $G \subset \mathbb{C}$ sei eine abgeschlossene Menge, die $\partial\Gamma$ nicht enthält und Γ von höchstens einer Seite berührt. Dann gilt $\Phi_+ \in C^\lambda(G)$ bzw. $\Phi_- \in C^\lambda(G)$, je nachdem, von welcher Seite G die Kurve Γ berührt.

(c) Wenn $f \in C^\lambda_{\partial\Gamma}(\Gamma)$, gelten die Aussagen von Teil (b) auch für Mengen G, die $\partial\Gamma$ enthalten.

Beweis. (i) Teil (a) folgt aus (b), da $G = \bar{\Omega}_+$ und $G = \bar{\Omega}_-$ gewählt werden können. Teil (c) erhält man aus (a), indem man Γ wie in Beweisschritt (vi) des Satzes 5 zu einer geschlossenen Kurve $\Gamma^* := \Gamma + \Gamma' \in C^1_{0,\mathrm{stw}}$ ergänzt, wobei $f = 0$ auf Γ'. Es bleibt daher der Teil (b) zu zeigen.

(ii) Sei $U \subset \mathbb{C}$ eine kompakte, konvexe, mit Γ disjunkte Menge. Da die Ableitung Φ' in U gleichmäßig beschränkt ist, ist Φ Lipschitz- und damit auch Hölder-stetig zu jedem Exponenten $0 < \lambda < 1$.

(iii) $U_\infty := \mathbb{C} \setminus K_R(0)$ ist eine Umgebung von $z = \infty$. R sei so groß gewählt, daß $\Gamma \subset K_R(0)$. Mit der Ableitung Φ' (vgl. (11c)) bleibt auch die Hölder-Konstante in U_∞ gleichmäßig beschränkt, so daß Φ in U_∞ *global* Hölder-stetig ist.

(iv) In (vii) werden wir die globale Hölder-Stetigkeit von Φ in der linksseitigen Umgebung U_- (vgl. Abb. 1a,b) von $z_0 \in \Gamma \setminus \partial\Gamma$ herleiten. Die exakte Wahl von U_- lautet

(7.2.12f) $U_- = \{ z \in K_\eta(z_0) : z \text{ liegt links von } \Gamma \}, \quad z_0 \in \Gamma \setminus \partial\Gamma.$

Dabei sei η so klein gewählt, daß (12g,h) zutreffen:

(7.2.12g) $\Gamma \cap K_\eta(z_0)$ ist zusammenhängendes Kurvenstück,

(7.2.12h) $\partial\Gamma \subset \Gamma \setminus \overline{K_{2\eta}(z_0)}.$

Die Bedingung (12h) stellt sicher, daß der einem $z \in U_-$ nächste Kurvenpunkt $z' \in \Gamma$ stets einen festen Abstand $\mathrm{dist}(z', \partial\Gamma) \geqslant \mathrm{dist}(z_0, \partial\Gamma) - 2\eta > 0$ zu den Endpunkten $\zeta_\pm \in \partial\Gamma$ besitzt. Dabei ist «dist» die Distanzfunktion

(7.2.12i) $\mathrm{dist}(z, M) := \inf\{ |z - \zeta| : \zeta \in M \}$ für $M \subset \mathbb{C}, \ z \in \mathbb{C}.$

Eine mögliche Definition der Bedingung «z *liegt links von* Γ» in (12f) lautet: Für eine geeignete positiv orientierte Fortsetzung von Γ zu einer geschlossenen Kurve $\Gamma + \Gamma'$ liegt U_- im Innengebiet Ω_-.

(v) Aus der globalen Hölder-Stetigkeit von Φ in einer offenen Menge V folgt die stetige Fortsetzbarkeit von Φ auf den Abschluß $\bar{V}$. Die fortgesetzte Abbildung ist auf $\bar{V}$ mit der gleichen Konstanten Hölder-stetig. Es genügt daher, im folgenden nur die globale Hölder-Stetigkeit (13) in U_- zu zeigen. Die Fortsetzung von Φ auf $\bar{U}_\pm$ heißt $\Phi_\pm$.

(vi) O.B.d.A. sei angenommen, daß die Menge $G \subset \mathbb{C}$ aus Behauptung (b) die Kurve, wenn überhaupt, von links berührt. Nach (ii) und (iv) ist Φ_- in $G \cap \overline{K_R(0)}$ *lokal* Hölder-stetig. Da $G \cap \overline{K_R(0)}$ kompakt ist, folgt die *globale* Hölder-Stetigkeit in $G \cap \overline{K_R(0)}$ (vgl. Übungsaufgabe 1.2.3a). Weil $\Phi = \Phi_-$ in $G \cap U_\infty$ gemäß (iii) global Hölder-stetig ist, erhält man die globale Hölder-Stetigkeit in $G = (G \cap \overline{K_R(0)}) \cup (G \cap U_\infty)$.

(vii) Es seien $z_1, z_2 \in U_-$ Punkte von U_- aus (12f-h). Wir setzen

$$\delta_i := \mathrm{dist}(z_i, \Gamma) \quad (i = 1, 2), \qquad \delta := \min\{\delta_1, \delta_2\}.$$

Zur Abschätzung von $\Phi(z_1) - \Phi(z_2)$ unterscheiden wir die Fälle $|z_1 - z_2| \leqslant \delta/2$ und $|z_1 - z_2| > \delta/2$, für die in Lemmata 10 und 12 die Hölder-Abschätzung (13) hergeleitet wird:

(7.2.13) $|\Phi_-(z_1)-\Phi_-(z_2)| \leqslant H_\Phi |z_1-z_2|^\lambda$.

(viii) Bezüglich der Sprungrelationen (12b-d) folgert man aus der Darstellung von Φ in Lemma 9, daß $2\pi i\Phi_\pm(z)=(Mf)(z)+f(z)I_\pm(z)$ für $z\epsilon\Gamma$. $2\pi i(\overline{K}f)(z) = (Mf)(z) + f(z)\overline{I}(z)$ aus (8d) und die Sprungeigenschaften (1.19a,b) von $\overline{I}(z)$, $I_\pm(z)$ beweisen (12b-d).   ▣

Lemma 7.2.9 In Analogie zu (3b) kann Φ aufgespalten werden in

(7.2.14a) $2\pi i\Phi(z) = \mu(z',z) + f(z')I(z)$ mit $I(z):=\oint_\Gamma\dfrac{d\zeta}{\zeta-z}$

und

(7.2.14b) $\mu(z',z) := \int_\Gamma \dfrac{f(\zeta)-f(z')}{\zeta-z}\, d\zeta$ für $z'\epsilon\Gamma$, $z\epsilon\mathbf{C}$.

Unter der Voraussetzung $f\epsilon C^\lambda(\Gamma)$ mit $\lambda>0$ ist $\mu(z',z)$ aus (14b) für alle $z'\epsilon\Gamma$, $z\epsilon\mathbf{C}$ bis auf die Ausnahme $z\epsilon\partial\Gamma$, $z'\ne z$ definiert. Für $z=z'\epsilon\Gamma$ gilt

(7.2.14c) $\mu(z',z') = (Mf)(z')$ für $z'\epsilon\Gamma$, M aus (4).

Beweis. Fallunterscheidung: (i) $z\notin\Gamma$, $z'\epsilon\Gamma$: Der Integrand ist regulär. (ii) $z=z'\epsilon\Gamma$: Das Integral in (14b) stimmt mit $(Mf)(z)$ aus (4) überein, so daß das Lemma 2 die *uneigentliche* Integrierbarkeit sichert. (iii) $z\epsilon\Gamma\setminus\partial\Gamma$, $z'\epsilon\Gamma$, $z'\ne z$: Der Integrand ist *stark singulär*. Der Cauchy-Hauptwert existiert jedoch.   ▣

Lemma 7.2.10 U_- sei durch (12f-h) definiert (vgl. Abbildung 1a). Seien z_1, $z_2\,\epsilon\,U_-$ mit $|z_1-z_2| < \frac{1}{2}\operatorname{dist}(z_1,\Gamma)$ für $i=1,2$. Dann gilt die Hölder-Abschätzung (13) mit H_Φ unabhängig von z_1 und z_2.

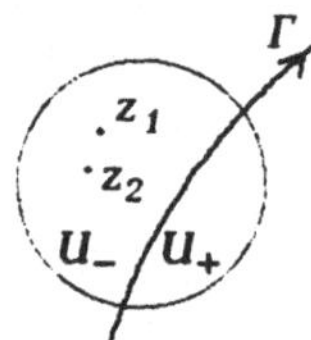

Abb. 7.2.1a

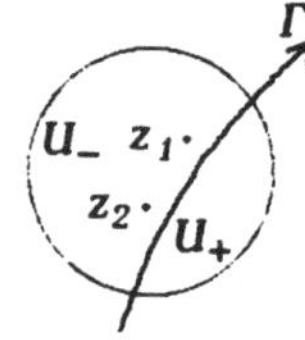

Abb. 7.2.1b

Beweis. O.B.d.A. sei $0<\delta := \delta_1 := \operatorname{dist}(z_1,\Gamma)\leqslant\delta_2 := \operatorname{dist}(z_2,\Gamma)$. Wir wählen $z'\epsilon\Gamma$ mit $\operatorname{dist}(z_1,\Gamma)=|z_1-z'|$. Da $I(z)$ in U_- global Hölder-stetig ist (vgl. Bemerkung 1.28), braucht lediglich

(7.2.14d) $|\mu(z',z_1)-\mu(z',z_2)|\leqslant C_\mu|z_1-z_2|^\lambda$ für $z'\epsilon\Gamma$

gezeigt zu werden. Die Differenz hat gemäß (14b) die Darstellung

(7.2.14e)
$$\mu(z',z_1)-\mu(z',z_2) = \int_\Gamma\Big[\frac{f(\zeta)-f(z')}{\zeta-z_1} - \frac{f(\zeta)-f(z')}{\zeta-z_2}\Big]\, d\zeta =$$
$$= (z_1-z_2)\int_\Gamma\frac{f(\zeta)-f(z')}{(\zeta-z_1)(\zeta-z_2)}\, d\zeta.$$

Wir zerlegen Γ in $\gamma_d := \Gamma\cap K_d(z_1)$, $\Gamma_d := \Gamma\setminus K_d(z_1)$, wobei $d := 3\delta=3\delta_1\leqslant 3\delta_2$. Unter Ausnutzung der Hölder-Stetigkeit (5a) von f erhalten wir

(7.2.14f) $|\mu(z',z_1)-\mu(z',z_2)|\leqslant|z_1-z_2| H_f\Big\{\int_{\gamma_d}\frac{|\zeta-z'|^\lambda|d\zeta|}{|\zeta-z_1||\zeta-z_2|} + \int_{\Gamma_d}\ldots\Big\}.$

Im ersten Integral gelten die Ungleichungen $|\zeta - z_1| \geqslant \text{dist}(z_1, \Gamma) = \delta$ und $|\zeta - z_2| \geqslant |\zeta - z_1| - |z_1 - z_2| \geqslant \delta - \delta/2 = \delta/2$. Für $\int_{\gamma_d} |\zeta - z'|^\lambda |d\zeta|$ liefert (6d) die Schranke $C d^{1+\lambda} = C(3\delta)^{1+\lambda}$; also

$$\int_{\gamma_d} \frac{|\zeta - z|^\lambda \, |d\zeta|}{|\zeta - z_1||\zeta - z_2|} \leqslant \delta^{-1}(\delta/2)^{-1} C (3\delta)^{1+\lambda} = 2 \cdot 3^{1+\lambda} C \delta^{\lambda-1}.$$

Für $\zeta \in \Gamma_d$ gilt definitionsgemäß $\delta \leqslant |\zeta - z_1|/3$, so daß $|\zeta - z'| \leqslant |\zeta - z_1| + |z_1 - z'| = |\zeta - z_1| + \delta \leqslant \frac{4}{3}|\zeta - z_1|$ gefolgert werden kann. Im zweiten Integral über Γ_d schätzt man den Zähler durch $[\frac{4}{3}|\zeta - z_1|]^\lambda$ ab und erhält

$$\int_{\Gamma_d} \frac{|\zeta - z'|^\lambda |d\zeta|}{|\zeta - z_1||\zeta - z_2|} \leqslant (\tfrac{4}{3})^\lambda \int_{\Gamma_d} \frac{|d\zeta|}{|\zeta - z_1|^{1-\lambda}|\zeta - z_2|} \leqslant (\tfrac{4}{3})^\lambda C \delta^{\lambda-1},$$

wenn man in (6b) die Größen $\varepsilon := \delta$, $z' := z_1$, $z := z_2$ wählt. Beide Integralabschätzungen eingesetzt in (14f) führen wegen $|z_1 - z_2| \leqslant \delta/2$ zu

$$|\mu(z', z_1) - \mu(z', z_2)| \leqslant |z_1 - z_2| C' \delta^{\lambda-1} =$$
$$= C' |z_1 - z_2|^\lambda [|z_1 - z_2|/\delta]^{1-\lambda} \leqslant C' 2^{\lambda-1} |z_1 - z_2|^\lambda,$$

womit die Behauptung bewiesen ist. ∎

Das nächste Lemma betrifft den Spezialfall $z_2 = z' \in \Gamma$, wobei auch $z' \in \partial \Gamma$ und jedes $z \in \mathbb{C} \setminus \Gamma$ zugelassen wird.

Lemma 7.2.11 Sei $\Gamma \in C^1_{\text{stw}}$. $f \in C^\lambda(\Gamma)$ mit $\lambda \in (0,1)$ habe die Hölder-Konstante H_f. Für alle $z' \in \Gamma$ und $z \in \mathbb{C} \setminus \Gamma$ gilt

$$(7.2.14g) \qquad |\mu(z', z) - \mu(z', z')| \leqslant C_1 H_f |z' - z|^\lambda \frac{|z' - z|}{\text{dist}(z, \Gamma)}.$$

Beweis. (i) Der Kreis $K_\varepsilon(z')$ teilt Γ in Kurvenstücke $\gamma_\varepsilon := \Gamma \cap K_\varepsilon(z')$ und $\Gamma \setminus K_\varepsilon(z')$. ε sei als

$$(7.2.15a) \qquad \varepsilon := 3|z - z'| > 0$$

gewählt. $|\zeta - z'| \leqslant |\zeta - z| + |z - z'| \leqslant 2\varepsilon/3 < \varepsilon$ für $|\zeta - z| \leqslant \varepsilon/3$ beweist

$$(7.2.15b) \qquad K_{\varepsilon/3}(z) \subset K_\varepsilon(z'), \quad \Gamma \setminus K_{\varepsilon/3}(z) \supset \Gamma \setminus K_\varepsilon(z').$$

(ii) Die Differenz $\mu(z', z) - \mu(z', z')$ lautet gemäß (14e)

$$(7.2.15c) \qquad \mu(z', z) - \mu(z', z') = (z - z') \int_\Gamma \frac{f(\zeta) - f(z')}{(\zeta - z)(\zeta - z')} \, d\zeta.$$

Mit der Hölder-Konstanten H_f von f zum Exponenten λ gilt

$$|\mu(z', z) - \mu(z', z')| \leqslant |z - z'| H_f \int_\Gamma \frac{|d\zeta|}{|\zeta - z||\zeta - z'|^{1-\lambda}}.$$

(iii) Für $\zeta \in \gamma_\varepsilon = \Gamma \cap K_\varepsilon(z')$ schätzen wir $|\zeta - z|$ nach unten durch $\text{dist}(z, \Gamma)$ ab. Für $\int_{\gamma_\varepsilon} |d\zeta|/|\zeta - z'|^{1-\lambda}$ beweist Lemma 1 in (6d) die Abschätzung durch $C \varepsilon^\lambda$. Mit (15a) erhalten wir (15d) mit $C_{11} := 3^\lambda C$:

$$(7.2.15d) \qquad |z - z'| H_f \int_{\gamma_\varepsilon} \frac{|d\zeta|}{|\zeta - z||\zeta - z'|^{1-\lambda}} \leqslant C_{11} H_f |z - z'|^\lambda \frac{|z' - z|}{\text{dist}(z, \Gamma)}.$$

(iv) Für $\zeta \in \Gamma_\varepsilon(z')$ erhält man $|\zeta - z'| \geqslant |\zeta - z| - |z' - z| = |\zeta - z| - \frac{\varepsilon}{3} \geqslant \frac{1}{2}|\zeta - z|$ wegen $|\zeta - z| \geqslant |\zeta - z'| - |z' - z| = |\zeta - z'| - \frac{\varepsilon}{3} \geqslant \varepsilon - \frac{\varepsilon}{3} = 2\varepsilon/3$ oder $\frac{\varepsilon}{3} \leqslant \frac{1}{2}|\zeta - z|$. Damit läßt sich der Integrand für $\zeta \in \Gamma_\varepsilon(z')$ durch $2^{1-\lambda}/|\zeta - z|^{2-\lambda}$ abschätzen. Wegen (15b) darf diese Schranke über $\Gamma \setminus K_{\varepsilon/3}(z)$ statt $\Gamma \setminus K_\varepsilon(z')$ integriert werden. Ungleichung (6a) aus Lemma 1 liefert das Resultat

$$\int_{\Gamma \setminus K_\varepsilon(z')} \frac{|d\zeta|}{|\zeta - z||\zeta - z'|^{1-\lambda}} \leqslant 2^{1-\lambda} \int_{\Gamma \setminus K_\varepsilon(z')} \frac{|d\zeta|}{|\zeta - z|^{2-\lambda}} \leqslant$$

$$\leqslant 2^{1-\lambda} \int_{\Gamma \setminus K_{\varepsilon/3}(z)} \frac{|d\zeta|}{|\zeta - z|^{2-\lambda}} \leqslant 2^{1-\lambda} C \left(\tfrac{\varepsilon}{3}\right)^{\lambda-1} \leqslant C_{12}|z - z'|^{\lambda-1}$$

mit $C_{12} := 2^{1-\lambda} C$.

(v) Die Resultate aus (iii) und (iv) ergeben zusammen die Abschätzung

$$(7.2.15e) \qquad |\mu(z',z) - \mu(z',z')| \leqslant \left(C_{11} \frac{|z'-z|}{\text{dist}(z,\Gamma)} + C_{12}\right) H_f |z - z'|^\lambda.$$

Da die Konstanten aus Lemma 1 global gelten, sind auch C_{11}, C_{12} von z und z' unabhängig. Wegen $|z' - z| \geqslant \text{dist}(z,\Gamma)$ impliziert (15e) die Behauptung (14g) mit $C_1 := C_{11} + C_{12}$. ∎

Lemma 7.2.12 U_- sei wie in Lemma 10. $z_1, z_2 \in U_-$ mögen $|z_1 - z_2| \geqslant \frac{1}{2}\delta$ mit $\delta := \min\{\delta_1, \delta_2\}$, $\delta_i := \text{dist}(z_i, \Gamma)$, erfüllen (vgl. Abb. 1b). Für $f \in C^\lambda(\Gamma)$ gilt die Hölder-Abschätzung (13) mit H_Φ unabhängig von z_1, z_2.

Beweis. O.B.d.A. sei $\delta = \delta_1 \leqslant \delta_2$. Man bestimme z_1', $z_2' \in \Gamma$ mit $|z_i - z_i'| = \delta_i$. Φ_- und I_- seien die Beschränkungen von Φ und I auf U_-:

$$2\pi i\, \Phi_-(z) = \mu(z',z) + f(z')I_-(z).$$

Wir zerlegen $\Phi_-(z_1) - \Phi_-(z_2)$ in

$$\Phi_-(z_1) - \Phi_-(z_2) =$$
$$(7.2.16a) \qquad = \frac{1}{2\pi i}\{[\mu(z_1',z_1) + f(z_1')I_-(z_1)] - [\mu(z_2',z_2) + f(z_2')I_-(z_2)]\} =$$
$$= \frac{1}{2\pi i}\{[\mu(z_1',z_1) - \mu(z_2',z_2)] + [f(z_1')I_-(z_1) - f(z_2')I_-(z_2)]\}$$

Da f in Γ und $I_-(z)$ in $\overline{U}_-$ Hölder-stetig sind (vgl. Bemerkung 1.28a), ist die zweite Klammer beschränkt durch $C(|z_1' - z_2'|^\lambda + |z_1 - z_2|^\lambda) \leqslant (1 + 6^\lambda) C |z_1 - z_2|^\lambda$, denn

$$(7.2.16b) \qquad \delta_1 + \delta_2 \leqslant 5|z_1 - z_2|, \quad |z_1' - z_2'| \leqslant \delta_1 + |z_1 - z_2| + \delta_2 \leqslant 6|z_1 - z_2|.$$

Hierbei wurde ausgenutzt, daß $\delta_2 \leqslant |z_2 - z_1'| \leqslant |z_1 - z_2| + \delta_1$ und $\delta_1 = \delta \leqslant 2|z_1 - z_2|$.

Es reicht daher, eine Hölder-Abschätzung für die erste Klammer in (16a) herzuleiten. Wir schreiben die Differenz als

$$(7.2.16c) \qquad \mu(z_1',z_1) - \mu(z_2',z_2) = [\mu(z_1',z_1) - \mu(z_1',z_1')] +$$
$$+ [\mu(z_1',z_1') - \mu(z_2',z_2')] + [\mu(z_2',z_2') - \mu(z_2',z_2)].$$

Auf die erste und dritte Klammer in (16c) ist Lemma 11 anwendbar:

$$(7.2.16d) \qquad |\mu(z_i',z_i) - \mu(z_i',z_i')| \leq C_1 H_f |z_i'-z_i|^\lambda = C_1 H_f \delta_i^\lambda,$$

da $|z_i'-z_i|/\mathrm{dist}(z_i,\Gamma) = \delta_i/\delta_i = 1$ nach Wahl von z_i'.

Wegen (14c) stimmt die zweite Klammer in (16c) mit $(Mf)(z_1') - (Mf)(z_2')$ überein. Nach Konstruktion (12h) liegen z_1' und z_2' in der zu $\partial\Gamma$ disjunkten Menge $\gamma = \Gamma \cap \overline{K_{2\eta}(z_0)}$. Zusatz 6d garantiert $Mf \in C^\lambda(\gamma)$, so daß

$$(7.2.16e) \qquad |\mu(z_1',z_1') - \mu(z_2',z_2')| \underset{(16b)}{\leq} C_2 H_f |z_1'-z_2'|^\lambda \leq 6^\lambda C_2 H_f |z_1-z_2|^\lambda$$

folgt und den Beweis beschließt.

Die Aussage des Satzes 8 stellt sicher, daß die Konvergenz $\Phi(z) \to \Phi_\pm(z_0)$ für jede Annäherung von $z \in U_\pm$ an $z_0 \in \Gamma \setminus \partial\Gamma$ gleichmäßig ist. Die von Muschelischwili [1, S.46] beschriebene Winkelbedingung ist nur dann nötig, wenn f lediglich im Punkte $z_0 \in \Gamma$ Hölder-stetig ist.

Übungsaufgabe 7.2.13 $\Gamma \in C_{stw}^1$ habe den Rand $\partial\Gamma$. Sei $f \in C^\lambda(\Gamma)$. Man zeige: Lokal (d.h. für eine hinreichend kleine Umgebung U von z,z') gilt

$$|\mu(z',z) - \mu(z',z')| \leq C H_f |z-z'|^\lambda \log|z-z'| \quad \text{für } z' \in \partial\Gamma, \ z \in U,$$

d.h. im Falle $f(\zeta_\pm) \neq 0$ für $\zeta_\pm \in \partial\Gamma$ wird die Singularität von Φ für $z \to \zeta_\pm$ durch $f(\zeta_\pm) I(z)$ dominiert.

Zum Abschluß dieses Unterkapitels sei an einige elementare Eigenschaften holomorpher Funktionen erinnert.

Lemma 7.2.14 $\Omega \subset \mathbb{C}$ sei offen und einfach zusammenhängend. f sei in Ω holomorph. $\Gamma \in C_{0,stw}^1$ mit $\Gamma \subset \Omega$ sei positiv orientiert mit dem Innengebiet Ω_- und dem Außengebiet Ω_+. Die Integralformel und der Integralsatz von Cauchy liefern

$$(7.2.17a) \qquad \frac{1}{2\pi i} \oint_\Gamma \frac{f(\zeta)}{\zeta - z} d\zeta = f(z) \qquad\qquad \text{für } z \in \Omega_-,$$

$$(7.2.17b) \qquad \frac{1}{2\pi i} \oint_\Gamma \frac{f(\zeta)}{\zeta - z} d\zeta = 0 \qquad\qquad \text{für } z \in \Omega_+.$$

Übungsaufgabe 7.2.15 $\Gamma \in C_{0,stw}^1$ habe das Innengebiet Ω_-. $\Gamma_k \in C_{0,stw}^1$ mit $\Gamma_k \subset \Omega_-$ ($k \in \mathbb{N}$) seien Kurven beschränkter Länge ($\sup|\Gamma_k| < \infty$), für die $\Gamma_k \to \Gamma$ gilt, d.h. $\sup\{\mathrm{dist}(z,\Gamma): z \in \Gamma_k\} \to 0$ für $k \to \infty$. Für $\varphi \in C(\overline{\Omega_-})$ zeige man

$$\int_{\Gamma_k} \varphi(\zeta)d\zeta \to \int_\Gamma \varphi(\zeta)d\zeta.$$

In Lemma 14 verläuft Γ im Inneren von Ω. Diese Bedingung kann abgeschwächt werden.

Korollar 7.2.16 Die positiv orientierte Kurve $\Gamma \in C_{0,stw}^1$ habe Ω als Innengebiet. f sei holomorph in Ω und stetig in $\overline{\Omega}$. Dann gilt (17a) für $z \in \Omega$ bzw. (17b) für $z \in \mathbb{C} \setminus \overline{\Omega}$.

Beweis. (i) Sei $z \in \Omega$ und $\Gamma_k \subset \Omega$ mit $\Gamma_k \to \Gamma$ wie in Übung 15. Für hinreichend großes $k \geq k_0$ liegt z im Innengebiet Ω_-^k von Γ_k, so daß $\int_{\Gamma_k} \frac{f(\zeta)}{\zeta - z}\, d\zeta = 2\pi i f(z)$ gemäß Lemma 14. $k \to \infty$ beweist (17a) für z. (ii) $z \in \mathbb{C} \setminus \overline{\Omega}$ liegt im Außengebiet von Γ_k, so daß $\int_{\Gamma_k} \frac{f(\zeta)}{\zeta - z}\, d\zeta = 0$. ∎

Lemma 7.2.17 $\Gamma \in C^1_{0,\mathrm{stw}}$ definiere das Innengebiet Ω_- und das Außengebiet Ω_+. Ψ sei stetig in $\mathbb{C}$ und holomorph in Ω_+ und Ω_-, d.h. die stetigen Fortsetzungen $\Psi_\pm$ existieren auf $\overline{\Omega}_\pm$ und stimmen in Γ überein:

$$(7.2.18) \qquad \Psi_+ = \Psi_- \qquad\qquad \text{auf } \Gamma.$$

Dann ist Ψ in der gesamten komplexen Ebene $\mathbb{C}$ holomorph.

Beweis. Sei $z_0 \in \Gamma$ beliebig. Der Kreis $K_\varepsilon(z_0)$ sei so klein gewählt, daß ein zusammenhängendes Stück $\gamma := \Gamma \cap K_\varepsilon(z_0)$ herausgeschnitten wird. $S := \partial K_\varepsilon(z_0)$ sei der positiv orientierte Umkreis. Wir setzen

$$S_\pm := S \cap \Omega_\pm, \quad \Gamma_+ := S_+ - \gamma, \quad \Gamma_- := S_- + \gamma$$

(vgl. Abb. 2). $\Gamma_\pm$ sind die positiv orientierten Randkurven der rechtsseitigen und linksseitigen Kreishälften $K_\varepsilon(z_0) \cap \Omega_\pm$. Die Funktion

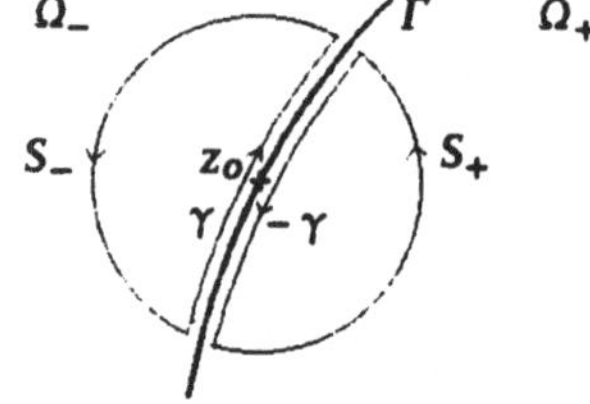

Abb. 7.2.2

$$\psi(z) := \frac{1}{2\pi i} \oint_S \frac{\Psi(\zeta)}{\zeta - z}\, d\zeta \qquad (z \in K_\varepsilon(z_0))$$

ist im (offenen) Kreis $K_\varepsilon(z_0)$ holomorph (vgl. Lemma 7). Da γ in $\Gamma_\pm$ verschieden orientiert ist, folgt aus $\int_{\Gamma_\pm} \ldots = \int_{S_\pm} \ldots \mp \int_\gamma \ldots$ die Darstellung

$$\psi(z) = \frac{1}{2\pi i} \oint_{S_+} \frac{\Psi(\zeta)}{\zeta - z}\, d\zeta + \frac{1}{2\pi i} \oint_{S_-} \frac{\Psi(\zeta)}{\zeta - z}\, d\zeta = \psi_1(z) + \psi_2(z)$$

mit

$$\psi_1(z) := \frac{1}{2\pi i} \oint_{\Gamma_+} \frac{\Psi(\zeta)}{\zeta - z}\, d\zeta, \quad \psi_2(z) := \frac{1}{2\pi i} \oint_{\Gamma_-} \frac{\Psi(\zeta)}{\zeta - z}\, d\zeta \text{ für } z \in K_\varepsilon(z_0) \setminus \gamma.$$

Im Innengebiet $K_\varepsilon(z_0) \cap \Omega_- \setminus \gamma$ von S_- gilt $\psi_1 = \Psi$ und $\psi_2 = 0$ gemäß Korollar 16; also $\psi = \psi_1 + \psi_2 = \Psi$. Entsprechend schließt man auf $\psi_1 = 0$, $\psi_2 = \Psi$ im Innengebiet von Γ_-, so daß auch dort $\psi = \psi_1 + \psi_2 = \Psi$ gilt. Dies beweist $\psi = \Psi$ in $K_\varepsilon(z_0) \setminus \gamma$. Die eindeutigen, stetigen Fortsetzungen $\Psi_\pm$ müssen daher mit der holomorphen Funktion ψ übereinstimmen. ∎

Lemma 7.2.18 Zusätzlich zu den Voraussetzungen von Lemma 17 gelte $\Psi(\infty) = 0$, d.h. $\Psi(z) \to 0$ für $z \to \infty$. Dann verschwindet Ψ identisch: $\Psi = 0$ in $\mathbb{C}$.

Beweis. Nach Lemma 17 ist Ψ holomorph in $\mathbb{C}$. Wegen $\Psi(\infty) = 0$ ist Ψ in $\mathbb{C}$ beschränkt. Der Satz von Liouville besagt, daß Ψ konstant sein muß: $\Psi = c$, wobei $c = 0$ aus $\Psi(\infty) = 0$ folgt. ∎

Lemma 7.2.19 Die positiv orientierte Kurve $\Gamma \epsilon C^1_{0,\mathrm{stw}}$ definiere das Innengebiet Ω_- und das Außengebiet Ω_+. Sei $f \epsilon C^\lambda(\Gamma)$. Dann ist die Funktion $\Phi(z) := \frac{1}{2\pi i} \int_\Gamma \frac{f(\zeta)}{\zeta - z} d\zeta$ aus (10) die einzige Funktion mit den Eigenschaften:

(a) Φ holomorph in Ω_+ und Ω_- mit $\Phi(\infty) = 0$,

(b) die stetigen Fortsetzungen Φ_+, Φ_- existieren auf $\overline{\Omega}_+$ bzw. $\overline{\Omega}_-$,

(c) es gilt die *Sprungbedingung*

$(7.2.19) \qquad \Phi_+ - \Phi_- = -f \qquad\qquad\qquad$ auf Γ.

Beweis. Φ aus (10) erfüllt die Eigenschaften (a-c) gemäß Lemma 7 und Satz 8. Sei Ψ eine weitere Funktion, die den Bedingungen (a-c) genügt. Die Differenz $\varphi := \Phi - \Psi$ erfüllt (a-b) und die Sprungbedingung (18): $\varphi_+ = \varphi_-$. Lemma 18 beweist $\varphi = 0$ und damit die Eindeutigkeit $\Phi = \Psi$.   ⬛

Als eine Anwendung von Lemma 19 wollen wir zeigen, daß $-K$ der zum Cauchy-Operator K im folgenden Sinne adjungierte Operator ist.

Lemma 7.2.20 Seien $\Gamma \epsilon C^1_{0,\mathrm{stw}}$ und $f, g \epsilon C^\lambda(\Gamma)$. Dann gilt

$$(7.2.20) \qquad \int_\Gamma f(\zeta)(Kg)(\zeta)d\zeta = -\int_\Gamma g(\zeta)(Kf)(\zeta)d\zeta.$$

Beweis. (i) Die zu f und g gehörenden Funktionen (10) seien mit Φ und Ψ bezeichnet. Die stetigen Fortsetzungen in $\overline{\Omega}_\pm$ seien $\Phi_\pm$, $\Psi_\pm$. Wir wollen

$$\int_\Gamma \Phi_+ \Psi_+ d\zeta = 0 , \qquad \int_\Gamma \Phi_- \Psi_- d\zeta = 0$$

zeigen. Die zweite Gleichung folgt aus dem Cauchy-Integralsatz. Für die erste beachte man $\int_\Gamma \Phi_+ \Psi_+ d\zeta = \int_{\partial K_R(0)} \Phi_+ \Psi_+ d\zeta$ für alle hinreichend großen R, d.h. R so groß, daß $\Gamma \subset K_R(0)$. (11c) zeigt $\Phi_+(z) = O(1/|z|)$ und $\Psi_+(z) = O(1/|z|)$, also $\Phi_+(z)\Psi_+(z) = O(1/|z|^2)$. Die Abschätzung $|\int_{\partial K_R(0)} \Phi_+ \Psi_+ d\zeta| \leqslant O(R/R^2) \to 0$ beweist $\int_\Gamma \Phi_+ \Psi_+ d\zeta = 0$.

(ii) Auf Γ gilt $\Phi_+ \Psi_+ - \Phi_- \Psi_- = (\Phi_+ - \Phi_-)\frac{1}{2}(\Psi_+ + \Psi_-) + (\Psi_+ - \Psi_-)\frac{1}{2}(\Phi_+ + \Phi_-)$. Die Sprungeigenschaften (12b,c) zeigen $\Phi_+ \Psi_+ - \Phi_- \Psi_- = -f\overline{K}g - g\overline{K}f$. Die Integration über Γ liefert nach (i) den Wert $-\int_\Gamma (f\overline{K}g + g\overline{K}f)d\zeta = 0$; also (20). $\overline{K}$ kann unter dem Integral durch K ersetzt werden, da die Werte fast überall gleich sind.   ⬛

7.2.4 Darstellung von K^2

Die Abelsche Integralgleichung (6.4.8): $g = K_\lambda f$ konnte durch Multiplikation mit $K_{1-\lambda}$ explizit aufgelöst werden. Die singuläre Integralgleichung $g = Kf$ mit dem Cauchy-Operator K aus (1) läßt sich ebenso einfach durch Multiplikation durch K nach f auflösen.

Satz 7.2.21 $\Gamma \epsilon C^1_{0,\text{stw}}$ sei eine geschlossene Kurve. Für jede Hölder-stetige Funktion $g \epsilon C^\lambda(\Gamma)$ $(\lambda > 0)$ hat die Gleichung

(7.2.21a) $\qquad g = \overline{K} f \qquad\qquad\qquad$ auf Γ

die eindeutige Lösung (21b) in $C^\lambda(\Gamma)$:

(7.2.21b) $\qquad f = 4 \overline{K} g \qquad\qquad\qquad$ auf Γ

In Abwesenheit von Ecken ($\Gamma \epsilon C^1_0$) lassen sich (21a,b) als

(7.2.21a'/b') $\qquad g = K f, \quad f = 4 K g \qquad$ auf Γ

schreiben. In jedem Falle gilt

(7.2.21a''/b'') $\qquad g = K f, \quad f = 4 K g \qquad\qquad$ fast überall auf Γ.

Lemma 7.2.22 (<u>Poincaré-Bertrand-Formel</u>) Für $\Gamma \epsilon C^1_{0,\text{stw}}$ und $\lambda > 0$ gilt

(7.2.22) $\qquad \overline{K}^2 = \tfrac{1}{4} I \quad$ auf $C^\lambda(\Gamma) \qquad\qquad$ (I: Identität).

Beweis. (i) Sei $f \epsilon C^\lambda(\Gamma)$ und $g = \overline{K} f$. Auf $\mathbb{C} \setminus \Gamma$ sei $F(z) := \frac{1}{2\pi i} \int_\Gamma \frac{f(\zeta)}{\zeta - z} d\zeta$ definiert. Nach Satz 8 existieren die stetigen Fortsetzungen $F_\pm$ von F auf dem Innen- und Außengebiet $\Omega_\pm$ und erfüllen

(7.2.23a) $\qquad F_+ + F_- = 2 \overline{K} f = 2 g \qquad\qquad$ auf Γ,

(7.2.23b) $\qquad F_+ - F_- = - f \qquad\qquad\qquad$ auf Γ.

Die auf $\mathbb{C} \setminus \Gamma$ definierte Funktion

$$G(z) := \begin{cases} -F(z) & \text{für } z \epsilon \Omega_+ \\ +F(z) & \text{für } z \epsilon \Omega_- \end{cases}$$

besitzt die stetigen Fortsetzungen $G_+ = - F_+$ und $G_- = F_-$, so daß (23a,b) äquivalent sind zu

(7.2.23a') $\qquad G_+ - G_- = - 2 g \qquad\qquad\qquad$ auf Γ,

(7.2.23b') $\qquad G_+ + G_- = f \qquad\qquad\qquad$ auf Γ.

Nach Lemma 7 (vgl. (11c)) gilt $G(z) = - F(z) \to 0$ für $z \to \infty$. Lemma 19 sagt aus, daß G die Darstellung (23c) besitzen muß:

(7.2.23c) $\qquad G(z) = \frac{1}{2\pi i} \int_\Gamma \frac{2 g(\zeta)}{\zeta - z} d\zeta \qquad\qquad$ ($z \notin \Gamma$).

Satz 8 angewandt auf G aus (23c) zeigt

$$G_+ + G_- = 2 \overline{K}(2g) = 4 \overline{K} g \qquad\qquad \text{auf } \Gamma$$

(vgl. (12c)). Ein Vergleich mit (23b') beweist $f = 4 \overline{K} g = 4 \overline{K}(\overline{K} f) = 4 \overline{K}^2 f$. Da f beliebig aus $C^\lambda(\Gamma)$, ist (22) bewiesen. ∎

Beweis zu Satz 21. Lemma 22 besagt, daß $\overline{K}$ die Inverse $\overline{K}^{-1} = 4 \overline{K}$ besitzt. $g = \overline{K} f$ ist äquivalent zu $f = \overline{K}^{-1} g = 4 \overline{K} g$. ∎

Die Umkehrung des Cauchy-Integrals $g = \overline{K} f$ im Falle einer nichtgeschlossenen Kurve ist komplizierter und kann z.B. bei Muschelischwili [1,§86] nachgelesen werden.

7.2.5 Das Cauchy-Integral auf dem Einheitskreis

Das einfachste Beispiel einer geschlossenen Kurve ist der positv orientierte Einheitskreis

$$(7.2.24) \qquad \Gamma := \{ \zeta : |\zeta| = 1 \} \quad \text{mit } \zeta(\sigma) = e^{i\sigma} \qquad \text{für } 0 \leq \sigma \leq 2\pi.$$

Übungsaufgabe 7.2.23 (a) Γ sei positiv orientiert mit $z = 0$ im Innengebiet (wie z.B. bei Γ aus (24)). Man beweise für den Spezialfall $f(\zeta) = \zeta^\nu, \nu \in \mathbf{Z}$:

$$(7.2.25) \qquad (\overline{K}\zeta^\nu)(z) = \tfrac{1}{2}z^\nu \quad \text{für } \nu \geq 0, \qquad (\overline{K}\zeta^\nu)(z) = -\tfrac{1}{2}z^\nu \quad \text{für } \nu < 0.$$

(b) Man überprüfe $\overline{K}^2 \zeta^\nu = \tfrac{1}{4}\zeta^\nu$. *Hinweis.* (12c) und Residuensatz für $\Phi_\pm$.

Sei $f(\zeta)$ auf dem Einheitskreis Γ durch die Parameterdarstellung

$$(7.2.26) \qquad f(\zeta(\sigma)) = F(\sigma) \qquad\qquad\qquad \text{für } 0 \leq \sigma < 2\pi$$

gegeben. F kann durch $F(\sigma) = F(\sigma + 2\pi)$ zu einer 2π-periodischen Funktion auf $\mathbf{R}$ fortgesetzt werden. Wir wollen im folgenden die Darstellung von F als *Fourier-Reihe*

$$(7.2.27a) \qquad F(\sigma) = \frac{1}{\sqrt{2\pi}} \sum_{\nu \in \mathbf{Z}} \alpha_\nu e^{i\nu\sigma} \qquad\qquad (\sigma \in \mathbf{R})$$

verwenden. Zunächst sei angenommen, daß F eine *endliche* Fourier-Reihe ist, um allen Konvergenzproblemen aus dem Weg zu gehen (d.h. $\alpha_\nu = 0$ für fast alle $\nu \in \mathbf{Z}$ in (27a)). Mit der Parametrisierung $\zeta(\sigma) = e^{i\sigma}$ (vgl. (24)) und (26) erhält man die Darstellung von f als

$$(7.2.27b) \qquad f(\zeta) = \frac{1}{\sqrt{2\pi}} \sum_{\nu \in \mathbf{Z}} \alpha_\nu \zeta^\nu \qquad\qquad (\zeta \in \Gamma, \ \Gamma \text{ wie in (24)}).$$

Das $L^2(0, 2\pi)$-Skalarprodukt

$$(7.2.28a) \qquad \langle F, G \rangle := \int_0^{2\pi} F(\sigma) \overline{G}(\sigma) d\sigma$$

ist für $F(\sigma) = f(\zeta(\sigma))$ und $G(\sigma) = g(\zeta(\sigma))$ identisch mit dem durch

$$(7.2.28a') \qquad \langle f, g \rangle := \int_\Gamma f(\zeta) \overline{g}(\zeta) |d\zeta|$$

definierten Skalarprodukt über Γ, so daß zwischen $\langle F, G \rangle$ und $\langle f, g \rangle$ nicht unterschieden zu werden braucht. Die zugehörigen L^2-Normen sind

$$(7.2.28b) \qquad \|f\|_{L^2} := \|f\|_{L^2(\Gamma)} := \|F\|_{L^2(0,2\pi)} = \sqrt{\langle f, f \rangle} = \sqrt{\langle F, F \rangle}.$$

Aus der Theorie der Fourier-Reihen ist die Identität

$$(7.2.28c) \qquad \|f\|_{L^2}^2 = \|F\|_{L^2(0,2\pi)}^2 = \sum_{\nu \in \mathbf{Z}} |\alpha_\nu|^2$$

wohlbekannt. Ferner erhält man die *Fourier-Koeffizienten* α_ν der Funktionen f bzw. F aus

$$(7.2.29) \qquad \alpha_\nu = \frac{1}{\sqrt{2\pi}} \langle f, \zeta^\nu \rangle = \frac{1}{\sqrt{2\pi}} \langle F, e^{i\nu\sigma} \rangle.$$

Mit Π_- und Π_+ seien die orthogonalen Projektionen (30) bezeichnet:

$$(7.2.30) \qquad (\Pi_- f)(\zeta) := \frac{1}{\sqrt{2\pi}} \sum_{\nu < 0} \alpha_\nu \zeta^\nu, \qquad (\Pi_+ f)(\zeta) := \frac{1}{\sqrt{2\pi}} \sum_{\nu \geq 0} \alpha_\nu \zeta^\nu.$$

Mit Hilfe der in (25) berechneten Werte $K\zeta^\nu$ beweist man

$$(7.2.31) \qquad Kf = \tfrac{1}{2} \frac{1}{\sqrt{2\pi}} \left(-\sum_{\nu<0} \alpha_\nu \zeta^\nu + \sum_{\nu\geq 0} \alpha_\nu \zeta^\nu \right) = \tfrac{1}{2} f - \Pi_\tau f = \Pi_+ f - \tfrac{1}{2} f,$$

da $K=\bar{K}$ wegen $\Gamma\epsilon C_0^1$. Dies zeigt die Identität

$$(7.2.32) \qquad K = \tfrac{1}{2} I - \Pi_- = \Pi_+ - \tfrac{1}{2} I = \tfrac{1}{2} (\Pi_+ - \Pi_-).$$

Übungsaufgabe 7.2.24 Für jede endliche Summe (28) zeige man

$$(7.2.33) \qquad \| Kf \|_{L^2} = \tfrac{1}{2} \| f \|_{L^2}.$$

Da die endlichen, trigonometrischen Polynome f aus (27b) dicht in $L^2(\Gamma)$ liegen, kann man für jedes $f\epsilon L^2(\Gamma)$ eine Folge endlicher Fourier-Summen finden, so daß $f_\nu \to f$ in $L^2(\Gamma)$. Die Folge $g_\nu := Kf_\nu$ ist wegen $\| g_\nu - g_\mu \|_{L^2} = \| Kf_\nu - Kf_\mu \|_{L^2} = \tfrac{1}{2} \| f_\nu - f_\mu \|_{L^2}$ Cauchy-konvergent; somit existiert $g := \lim g_\nu = \lim Kf_\nu$ in $L^2(\Gamma)$. Man prüft nach, daß die Definition $Kf := g$ unabhängig von der Wahl der Folge $\{f_\nu\}$ ist. Hierdurch ist der Definitionsbereich von K erweitert worden. K bildet jedes $f\epsilon L^2(\Gamma)$ in $Kf\epsilon L^2(\Gamma)$ ab. Die Eigenschaften von K sind zusammengefaßt in

Satz 7.2.25 Der Operator K gehört zu $L(L^2(\Gamma),L^2(\Gamma))$ mit der Norm

$$(7.2.33') \qquad \| K \|_{L^2 \leftarrow L^2} = \tfrac{1}{2}.$$

Die Aussagen (30), (31) und (33) gelten für alle $f\epsilon L^2(\Gamma)$.

Man beachte, daß Kf als L^2-Funktion weder einen eindeutigen Wert $(Kf)(z)$ für ein spezielles $z\epsilon\Gamma$ zuläßt, noch $\frac{1}{2\pi i}\int_\Gamma \frac{f(\zeta)}{\zeta-z}\,d\zeta$ für ein $z\epsilon\Gamma$ als Cauchy-Hauptwert zu existieren braucht.

Die k-fache Ableitung einer endlichen Fourier-Reihe (27) lautet

$$(7.2.34a) \qquad F^{(k)}(\sigma) = \frac{i^k}{\sqrt{2\pi}} \sum_{\nu\epsilon\mathbf{Z}} \nu^k \alpha_\nu e^{i\nu\sigma} \qquad (\sigma\epsilon\mathbf{R})$$

und hat die Norm $\| F^{(k)} \|_{L^2} = \left[\sum_{\nu\epsilon\mathbf{Z}} \nu^{2k} |\alpha_\nu|^2 \right]^{1/2}$. Die in Definition 4.5.23 definierte H^k-Norm ist für periodische Funktionen äquivalent zu

$$(7.2.34b) \qquad \| F \|_{H^k} := \| F \|_{H^k(0,2\pi)} := \left[\sum_{\nu\epsilon\mathbf{Z}} (1+\nu^2)^k |\alpha_\nu|^2 \right]^{1/2}.$$

Für f mit $F(\sigma)=f(\zeta(\sigma))$ (vgl. (26)) setzen wir $\| f \|_{H^k} = \| F \|_{H^k}$. Die Definition (34b) läßt sich auch für *negative* $k\epsilon\mathbf{Z}$ verwenden:

Übungsaufgabe 7.2.26 (a) Für $k=0$ stimmt (34b) mit $\| F \|_{L^2}$ überein. **(b)** Die Dualnorm von $\| \cdot \|_{H^k}$ ist $\| \cdot \|_{H^{-k}}$ (d.h. k in (34b) durch $-k$ ersetzt).

Ferner kann man per definitionem den Sobolev-Raum $H^k(0,2\pi)$ für alle *reellen* $k\epsilon\mathbf{R}$ als Banach-Raum aller f mit endlicher $\| f \|_{H^k}$-Norm erklären. Die Darstellung (31) beweist den

Satz 7.2.27 Für alle $\varkappa\epsilon\mathbf{R}$ gilt $K\epsilon L(H^\varkappa(\Gamma), H^\varkappa(\Gamma))$ mit $\| K \|_{H^\varkappa \leftarrow H^\varkappa} = \tfrac{1}{2}$.

7.3 Die singuläre Integralgleichung

7.3.1 Der Fall konstanter Koeffizienten

Kf sei das Cauchy-Integral $\frac{1}{2\pi i}\oint \frac{f(\zeta)}{\zeta-z}\,d\zeta$ über Γ (im folgenden stets geschlossen) und $\overline{K}f$ die stetige Fortsetzung (vgl. Satz 2.3). Die Aufgabe

$$(7.3.1) \qquad (\alpha + 2\beta\overline{K})f = g \quad \text{auf } \Gamma \qquad (\alpha,\beta \in \mathbb{C})$$

ist eine Kurzschreibweise für die singuläre Integralgleichung

$$(7.3.1') \qquad \alpha f(z) + \frac{\beta}{\pi i}\oint_\Gamma \frac{f(\zeta)}{\zeta-z}\,d\zeta = g(z) \quad \text{für } z \in \Gamma, \ z \text{ kein Eckpunkt.}$$

Satz 7.3.1 Sei $\Gamma \in C^{1}_{0,\text{stw}}$. Die Integralgleichung (1) ist genau dann lösbar für alle $g \in C^\lambda(\Gamma)$, wenn

$$(7.3.2) \qquad \alpha^2 \neq \beta^2 .$$

Im Falle von (2) ist die eindeutige Lösung $f \in C^\lambda(\Gamma)$ explizit angebbar:

$$(7.3.3) \qquad f = \frac{1}{\alpha^2 - \beta^2}\,(\alpha - 2\beta\overline{K})g .$$

Beweis. (i) Wir setzen $T := \alpha + 2\beta\overline{K}$. Für $f=1$ erhält man $Tf=\alpha+\beta$. Für $f(\zeta)=1/(\zeta-\zeta_0)$ mit ζ_0 aus dem Innengebiet von Γ ergibt sich $Tf=(\alpha-\beta)f$ (vgl. Übung 2.23). Dies zeigt, daß T für $\alpha+\beta=0$ oder $\alpha-\beta=0$ nicht *injektiv* ist. Mit den gleichen Funktionen erhält man aus (2.20) die Gleichung

$$\int_\Gamma f(\zeta)(T\varphi)(\zeta)\,d\zeta = (\alpha\mp\beta)\int_\Gamma \varphi(\zeta)\,d\zeta,$$

die beweist, daß T für $\alpha+\beta=0$ oder $\alpha-\beta=0$ auch nicht *surjektiv* ist.

(ii) Bedingung (2) sei erfüllt. Die Poincaré-Bertrand-Formel $\overline{K}^2 = 4I$ (vgl. (2.22)) zeigt $(\alpha - 2\beta\overline{K})(\alpha + 2\beta\overline{K}) = (\alpha + 2\beta\overline{K})(\alpha - 2\beta\overline{K}) = (\alpha^2 - \beta^2)I$. Also ist $T = \alpha + 2\beta\overline{K}$ bijektiv, und f aus (3) ist die eindeutige Lösung. ▨

7.3.2 Der Fall variabler Koeffizienten

Im variablen Falle lautet die Gleichung wie in (1), jedoch sind α und β Hölder-stetige Funktionen auf Γ: $\alpha,\beta \in C^\lambda(\Gamma)$:

$$(7.3.4) \qquad \alpha(z)f(z) + 2\beta(z)(\overline{K}f)(z) = g(z) \quad \text{für alle } z \in \Gamma.$$

Die naheliegende Verallgemeinerung der Bedingung (2) lautet

$$(7.3.5) \qquad \alpha(z)^2 \neq \beta(z)^2 \qquad\qquad\qquad \text{für alle } z \in \Gamma.$$

Unter der Voraussetzung (5) beschreibt $\frac{\alpha(\zeta)-\beta(\zeta)}{\alpha(\zeta)+\beta(\zeta)}$ eine geschlossene Kurve, die beschränkt bleibt und nicht durch den Ursprung verläuft. Damit definiert sie eine Windungszahl $\varkappa \in \mathbb{Z}$. Wenn $\zeta: [0,L]\to\mathbb{C}$ die Partametrisierung ist, kann diese Zahl durch die Arg-Funktion aus §7.1.4 definiert werden:

$$(7.3.6) \qquad \varkappa := \frac{1}{2\pi i}\,\text{Arg}\,\frac{\alpha(\zeta)-\beta(\zeta)}{\alpha(\zeta)+\beta(\zeta)}\Big|^{L-0}_{0+0}.$$

$\varkappa$ heißt der *Index* der Integralgleichung (4). Wie zum Beispiel bei Muschelischwili [1,§47] nachgelesen werden kann, läßt sich das Lösungsverhalten der Gleichung (4) explizit angeben. Insbesondere gilt die folgende Alternative:

(7.3.7a) $\dim \mathrm{Kern}\,(\alpha + 2\beta\overline{K}) = \varkappa$. $\mathrm{Bild}\,(\alpha + 2\beta\overline{K}) = C^{\lambda}(\Gamma)$ für $\varkappa \geqslant 0$.

(7.3.7b) $\mathrm{Kern}(\alpha + 2\beta\overline{K}) = \{0\}$, $\dim C^{\lambda}(\Gamma)/\mathrm{Bild}\,(\alpha + 2\beta\overline{K}) = -\varkappa$ für $\varkappa \leqslant 0$.

Aussage (7a) besagt, daß die Gleichung (4) für alle rechte Seiten $g \in C^{\lambda}(\Gamma)$ lösbar ist und die Lösungen einen $\varkappa$-dimensionalen affinen Raum bilden. Dagegen garantiert die Aussage (7b) Eindeutigkeit. Der zweite Teil in (7b) bedeutet, daß die rechte Seite $\varkappa$ Nebenbedingungen der Art $\int \varphi_j\, g\, d\Gamma = 0$ ($1 \leqslant j \leqslant \varkappa$) erfüllen muß, damit eine Lösung existiert. (7a,b) implizieren

(7.3.7c) $\alpha + 2\beta\overline{K}$ ist bijektiv auf $C^{\lambda}(\Gamma)$ für $\varkappa = 0$,

(7.3.7d) $\mathrm{ind}\,(\alpha + 2\beta\overline{K}) :=$
                $\dim \mathrm{Kern}\,(\alpha + 2\beta\overline{K}) - \dim C^{\lambda}(\Gamma)\backslash \mathrm{Bild}\,(\alpha + 2\beta\overline{K}) = \varkappa$.

Die linke Seite in (7d) heißt der *Index des Operators* $\alpha + 2\beta K$.

Übungsaufgabe 7.3.2 Für konstante Koeffizienten $\alpha, \beta \in \mathbb{C}$ ist $\varkappa = 0$.

7.3.3 Allgemeine singuläre Integralgleichungen

Anstelle des Cauchy-Kernes lassen wir jetzt $k(\zeta, z)/(\zeta - z)$ zu:

(7.3.8) $\alpha(z)f(z) + \dfrac{1}{\pi i} \oint_{\Gamma} \dfrac{k(\zeta, z)}{\zeta - z}\, f(\zeta)\, d\zeta = g(z)$ für fast alle $z \in \Gamma$.

Der Zusatz «fast überall» gestattet, die Eckpunkte von Γ auszunehmen. Bezüglich der Glattheit von k sei Hölder-Stetigkeit vorausgesetzt:

(7.3.9) $k \in C^{\lambda}(\Gamma \times \Gamma)$ für ein $\lambda \in (0, 1)$.

Indem man k in die Summe

(7.3.10) $k = k_0 + k_1$, $k_0(\zeta, z) := k(z, z)$, $k_1(\zeta, z) := k(\zeta, z) - k(z, z)$,

aufspaltet, kann man den Integraloperator in (8) als

$$\frac{1}{\pi i} \oint_{\Gamma} \frac{k(\zeta, z)}{\zeta - z}\, f(\zeta)\, d\zeta = (K_0 + K_1)f \quad \text{mit}$$

$$K_0 = 2\beta\overline{K}, \quad \beta(z) := k(z, z), \quad (K_1 f)(z) = \frac{1}{\pi i} \oint_{\Gamma} \frac{k_1(\zeta, z)}{\zeta - z}\, f(\zeta)\, d\zeta.$$

Da $|k_1(\zeta, z)/|\zeta - z|| \leqslant C|\zeta - z|^{\lambda - 1}$ wegen (9), ist K_1 in $C^{\lambda}(\Gamma)$ kompakt. Nach Weglassen von K_1 erhält man den *Hauptteil* $T := \alpha I + 2\beta\overline{K}$ der linken Seite von (8). Die allgemeine Gleichung (8) stellt somit eine kompakte Störung der in §7.3.2 diskutierten Gleichung (4) dar. Ist insbesondere $\varkappa = 0$ (d.h. T bijektiv), lautet (8) $(T + K_1)f = g$ und ist äquivalent zu $(I + \tilde{K}_1)f = \tilde{g} := T^{-1}g$, wobei $\tilde{K}_1 := T^{-1}K_1$ wieder kompakt ist (vgl. Satz 1.3.23a). Auf $I + \tilde{K}_1$ ist die Riesz-Schauder-Theorie (Satz 1.3.28) anwendbar.

Zum weiteren Studium der singulären Integralgleichungen sei zum Beispiel auf Prößdorf - Silbermann [2] verwiesen.

7.3.4 Approximation des Cauchy-Integrals auf dem Einheitskreis

Die Analyse des Cauchy-Integrals auf dem Einheitskreis in §7.2.5 legt die Approximation der Funktionen durch *trigonometrische Polynome* nahe. Zur Lösung von

$$(7.3.11) \qquad (\alpha + 2\beta K)f = g \qquad\qquad (\alpha^2 \neq \beta^2 \text{ konstant})$$

sei g durch die Partialsumme

$$(7.3.12) \qquad g_n(\zeta) = \frac{1}{\sqrt{2\pi}} \sum_{\nu=-n}^{n-1} \beta_\nu \, \zeta^\nu \qquad\qquad \text{mit } \beta_\nu = \frac{1}{\sqrt{2\pi}} \langle g, \zeta^\nu \rangle$$

angenähert (vgl. (2.27b), (2.29)). Der Approximationsfehler beträgt

$$(7.3.13) \qquad \| g - g_n \|_{L^2(\Gamma)} \leq n^{-k} \| g \|_{H^k(\Gamma)} \qquad\qquad \text{für } g \in H^k(\Gamma), \; k \geq 0,$$

wie man sofort aus (2.34b) ableitet. Die Eigenwerte von $T := \alpha + 2\beta K$ sind $\alpha \pm \beta$, woraus man wie in (2.33') auf

$$(7.3.14a) \qquad \| \alpha + 2\beta K \|_{L^2 \leftarrow L^2} \qquad \leq A := \max\{|\alpha + \beta|, \, |\alpha - \beta|\},$$

$$(7.3.14b) \qquad \| (\alpha + 2\beta K)^{-1} \|_{L^2 \leftarrow L^2} \leq B := \max\{1/|\alpha + \beta|, \, 1/|\alpha - \beta|\}$$

schließt. Die Näherungsgleichung

$$(7.3.15) \qquad (\alpha + 2\beta K)f_n = g_n$$

liefert als Lösung die Partialsumme der exakten Lösung f:

$$(7.3.16) \qquad f_n(\zeta) = \frac{1}{\sqrt{2\pi}} \sum_{\nu=-n}^{n-1} \alpha_\nu \, \zeta^\nu \quad \text{mit } \alpha_\nu = \frac{1}{\sqrt{2\pi}} \langle f, \zeta^\nu \rangle = \frac{\beta_\nu}{\alpha \pm \beta},$$

wobei die Vorzeichen «$\pm$» für $\{{\nu \geq 0 \atop \nu < 0}\}$ einzusetzen sind (vgl. (2.25)). Aus (13) und (14b) gewinnen wir die Fehlerabschätzung

$$(7.3.17) \qquad \| f - f_n \|_{L^2(\Gamma)} \leq B \, n^{-k} \| g \|_{H^k(\Gamma)} \qquad\qquad \text{für } g \in H^k(\Gamma), \; k \geq 0.$$

Übungsaufgabe 7.3.3 Für ein beliebiges $g \in L^2(\Gamma)$ zeige man $g_n \to g$ in $L^2(\Gamma)$. Für die Lösung f_n von (15) gilt $f_n \to f$.

Während die Berechnung von $\alpha_\nu = \beta_\nu/(\alpha \pm \beta)$ in (16) leicht durchführbar ist, kann man die Fourier-Koeffizienten β_ν aus (12) i.a. nicht exakt bestimmen. Eine Näherung ist die Trapezsummenquadratur

$$(7.3.18) \qquad \tilde{\beta}_\nu := \frac{1}{\sqrt{2\pi}} \, \frac{\pi}{n} \sum_{\mu=-n}^{n-1} g(e^{i\mu\pi/n}) \, e^{-i\nu\mu\pi/n},$$

die für Zweierpotenzen $n = 2^\ell$ mit der schnellen Fourier-Transformation (FFT, vgl. Stoer [1,§2.2.2]) sehr effizient ausgewertet werden kann.

Bemerkung 7.3.4 (a) $\tilde{\beta}_\nu$ ist das exakte Integral über das in den Stützstellen $\{e^{i\mu\pi/n} : -n \leq \mu < n\}$ interpolierende trigonometrische Polynom $\tilde{g}_n$.
(b) Für $g \in H^\varkappa(\Gamma)$, $\varkappa > \frac{1}{2}$, hat man Konvergenz $\tilde{g}_n \to g$ in $L^2(\Gamma)$; genauer gilt

$$(7.3.19) \qquad \| g - \tilde{g}_n \|_{L^2(\Gamma)} \leq C_\varkappa \, n^{0.5 - \varkappa} \| g \|_{H^\varkappa(\Gamma)} \qquad \text{für } g \in H^\varkappa(\Gamma), \; \varkappa > \tfrac{1}{2}.$$

Für die Galerkin-Approximation wählen wir die orthogonale Projektion Π_n auf den Unterraum $X_n := \text{span}\{\zeta^\nu : -n \leq \mu < n\}$. In Gleichung (15) kann K durch $K_n := \Pi_n K$ ersetzt werden. K_n ist charakterisiert durch

$$(K_n \zeta^\nu)(z) = \pm \tfrac{1}{2} z^\nu \quad \text{für } \{ \begin{smallmatrix} 0 \leqslant \nu < n \\ -n \leqslant \nu < 0 \end{smallmatrix} \}, \qquad K_n \zeta^\nu = 0 \text{ sonst.}$$

Die Galerkin-Methode (15') für Gleichung (11) ist identisch mit (15):

$$(7.3.15') \qquad (\alpha + 2\beta K_n) f_n = \Pi_n g.$$

Bemerkung 7.3.5 Sei $\alpha \neq 0$. Das Verfahren $\{K_n\}$ ist in $L^2(\Gamma)$
   · *konvergent,*   da $f_n \to f$ in $L^2(\Gamma)$,
   · *konsistent,*   da $(K_n - K)\varphi \to 0$ für alle $\varphi \in L^2(\Gamma)$,
   · *stabil.*   da $\|(\alpha + 2\beta K_n)^{-1}\| \leqslant \max\{B, 1/|\alpha|\}$ für alle n
mit B aus (14b). Auch für $\alpha = 0$ besitzt $2\beta K_n$ alle genannten Eigenschaften auf dem Teilraum $X_n \subset L^2(\Gamma)$.

Man beachte, daß die bisherigen Kriterien auf K nicht anwendbar
sind, da K nicht kompakt und $\{K_n\}$ nicht kollektiv kompakt sind.

Wird die orthogonale Projektion $\Pi_n x$ durch die Projektion $\tilde{\Pi}_n$ der trigonometrischen Interpolation ersetzt, ergibt sich $\tilde{g}_n$ aus Bemerkung 4 als
$\tilde{\Pi}_n g$. $\tilde{K}_n := K\tilde{\Pi}_n$ beschreibt ein Kollokationsverfahren. Die Lösung $\tilde{f}_n$ von
$(\alpha + 2\beta \tilde{K}_n)\tilde{f}_n = \tilde{\Pi}_n g$ konvergiert für $g \in H^\varkappa(\Gamma)$, $\varkappa > \tfrac{1}{2}$, gegen f (vgl. Bemerkung 4b). Trotzdem ist $\{\tilde{K}_n\}$ in $L^2(\Gamma)$ weder konvergent, noch konsistent.

7.3.5 Approximation des Cauchy-Integrals auf einer beliebigen Kurve Γ

Sei Γ eine beliebige geschlossene Kurve aus C_0^2 mit einer Parametri-
sierung $\Gamma = \{\zeta(\sigma): 0 \leqslant \sigma \leqslant 2\pi\}$. Das Cauchy-Integral $K_\Gamma f$ ausgewertet in
$z = \zeta(s) \in \Gamma$ lautet

$$(7.3.20) \qquad (K_\Gamma \hat{f})(s) = \frac{1}{2\pi i} \oint_0^{2\pi} \frac{f(\zeta(\sigma))}{\zeta(\sigma) - \zeta(s)} \zeta'(\sigma) d\sigma \qquad \text{für } \hat{f} := f \circ \zeta.$$

Wir zerlegen $K_\Gamma \hat{f}$ in

$$(7.3.21) \qquad (K_\Gamma \hat{f})(s) = \frac{1}{2\pi i} \int_0^{2\pi} [\underbrace{\frac{\zeta'(\sigma)}{\zeta(\sigma) - \zeta(s)} - \frac{i e^{i\sigma}}{e^{i\sigma} - e^{is}}}_{k(\sigma, s)}] f(\zeta(\sigma)) d\sigma +$$

$$+ \frac{1}{2\pi i} \oint_0^{2\pi} \frac{i e^{i\sigma}}{e^{i\sigma} - e^{is}} f(\zeta(\sigma)) d\sigma$$

$$= (K_1 \hat{f})(s) + (K_0 \hat{f})(s) \qquad\qquad \text{mit } \hat{f} := f \circ \zeta.$$

Übungsaufgabe 7.3.6 Man zeige: **(a)** Die in (21) definierte Kernfunktion
k ist stetig mit $k(s,s) = \tfrac{1}{2}[\zeta''(s)/\zeta'(s) - i]$. **(b)** Das zweite Integral in (21)
ist die Parametrisierung des Cauchy-Integrals $K_\Omega f_\Omega$ über dem Einheits-
kreis Ω mit der Funktion $f_\Omega(\hat{z}) = f(z)$ für $z \in \Gamma$, $\hat{z} = e^{is} = \exp(i\zeta^{-1}(z))$.

Da K_1 einen glatten Kern besitzt, ist $K_1 \in K(X, X)$ kompakt in
$X = L^2(0, 2\pi)$. Wählt man als Diskretisierung von K_1 das Galerkin-Verfahren zum gleichen Unterraum X_n der trigonometrischen Polynome wie
in §7.3.4, so ergibt sich die semidiskrete, kollektiv kompakte Näherung
$\{K_{1,n}\}$ (vgl. Bemerkung 4.7.9c). Zusammen mit der Galerkin-Approximation $\{K_{0,n}\}$ gemäß Bemerkung 5 können wir die Integralgleichung

$$(7.3.22) \qquad (\alpha + 2\beta K_\Gamma) f = g \qquad\qquad\qquad \text{in } L^2(0, 2\pi)$$

für $\alpha \neq 0$ durch

$$(7.3.23) \qquad (\alpha + 2\beta K_{0,n} + 2\beta K_{1,n}) f_n = g_n := \Pi_n g$$

diskretisieren, wobei Π_n die orthogonale Projektion auf X_n ist. Da $\{2\beta K_{0,n}\}$ nach Bemerkung 5 konvergent und konsistent und $\{2\beta K_{1,n}\}$ kollektiv kompakt sind, läßt sich aus Satz 4.8.28 auf die Stabilität, Konvergenz und Konsistenz von $\{2\beta K_{0,n} + 2\beta K_{1,n}\}$ bezüglich $X = L^2(0, 2\pi)$ schließen. Diese Eigenschaften gelten für $\alpha = 0$ noch bezüglich X_n.

Das oben beschriebene Vorgehen läßt als Diskretisierungsmethode für K_1 nur das auch auf den Hauptteil K_0 angewandte Verfahren zu. Diese Einschränkung ist nicht notwendig, wie im folgenden beschrieben werden soll. Sei $\Pi_{1,n}$ zum Beispiel die Projektion, die durch eine Interpolation (etwa die stückweise lineare) in den Stützstellen $\{x_\mu = \pi\mu/n: -n \leqslant \mu < n\}$ definiert ist. Der semidiskrete Kollokationsoperator ist $\Pi_{1,n} K_1$. Der in Bemerkung 4.3.10a erwähnte Operator $\Pi_{1,n} K_1 \Pi_{1,n}$ ist ebenfalls kollektiv kompakt. Diese Eigenschaft trifft auch auf

$$(7.3.24) \qquad K_{1,n} := \tilde{\Pi}_n K_1 \Pi_{1,n}$$

mit der trigonometrischen Interpolation $\tilde{\Pi}_n$ in den Stützstellen $\{x_\mu\}$ zu.

Als Diskretisierung der Gleichung (22) erhalten wir eine Gleichung der Form (23), wobei dem semidiskreten Operator $K_{1,n}$ jetzt eine andere Diskretisierungsmethode als die in $K_{0,n}$ verwandte zugrunde liegt.

Kriterien zur Stabilität der Integralgleichung (11) bzw. (22) mit variablen Koeffizienten α, β und weitere Details zu diesem Problembereich findet man z.B. in der Arbeit von Lamp-Schleicher-Wendland [1]. Bezüglich von Kollokations- und Galerkin-Verfahren sei auf Prößdorf-Schmidt [1] und Prößdorf-Rathsfeld [1] verwiesen.

7.3.6 Mehrgitterverfahren für Gleichungen spezieller Art

Eine Gleichung der Form

$$(7.3.25) \qquad (\lambda I + A + B) f = g$$

kann in ihrer diskreten Version

$$(7.3.26) \qquad (\lambda I + A_n + B_n) f_n = g_n$$

durch das Mehrgitterverfahren aus §5 gelöst werden, wenn $\lambda \neq 0$ ist und die diskrete Version $K_n := A_n + B_n$ von $K = A + B$ die diskrete Regularitätsbedingung (5.2.11c) erfüllt. Dies bedeutet in der Praxis, daß $K = A + B$ kompakt sein muß. Im Falle von §7.3.5 ist nur einer der Summanden in $A + B$ kompakt; außerdem kann $\lambda = 0$ auftreten. Hier hilft die folgende Umformung des Problems.

Sei $\lambda I + A$ bijektiv. Indem man von (25) zur äquivalenten Gleichung

$$(7.3.27) \qquad (I + C) f = \hat{g} \quad \text{mit } C := (\lambda I + A)^{-1} B, \ \hat{g} := (\lambda I + A)^{-1} g,$$

übergeht, gelangt man wieder zu einer «Gleichung zweiter Art». Sind $B \in K(X, X)$ kompakt und $(\lambda I + A)^{-1} \in L(X, X)$ beschränkt, ist C kompakt.

Zur praktischen Durchführung überträgt man die Umformungen auf die diskrete Gleichung (26): Wenn die Matrix $\lambda I + A_n$ stabil ist, läßt sie sich für $n \geqslant n_0$ invertieren und führt auf

$$(7.3.28) \qquad (I + C_n)f_n = \hat{g}_n \quad \text{mit } C_n := (\lambda I + A_n)^{-1}B_n, \ \hat{g}_n := (\lambda I + A_n)^{-1}g_n.$$

Zum Nachweis der diskreten Regularitätsbedingung (5.2.11c)

$$\| C_n \|_{Y_n \leftarrow X_n} \leqslant C_K$$

benötigt man diejenige von B_n und die Y_n-Stabilität $\|(\lambda I + A_n)^{-1}\|_{Y_n \leftarrow Y_n} \leqslant$ $\leqslant$const. Im vorliegenden Falle können diese Räume diskrete Analoga von $X = L^2(0.2\pi)$ und $Y = H^k(0.2\pi)$ sein (vgl. Satz 2.27).

Eine Alternative zu (28) ist die *rechtsseitige Transformation*: Man führt $\varphi_n := (\lambda I + A_n)f_n$ als neue Variable ein. Gleichung (26) wird dann zu

$$(7.3.29) \qquad (I + C_n)\varphi_n = g_n \qquad\qquad \text{mit } C_n := B_n(\lambda I + A_n)^{-1}.$$

Nach Lösung von Gleichung (29) erhält man f_n als $(\lambda I + A_n)^{-1}\varphi_n$.

Wenn das Mehrgitterverfahren für Gleichung (28) oder (29) praktikabel sein soll, muß die Multiplikation $f_n \mapsto C_n f_n$ einfach durchführbar sein, da diese Operation sowohl für die Picard-Iteration (5.5.3c) als auch für die Defektberechnung (5.5.3d) benötigt wird. Nach Definition der hier auftretenden C_n bedeutet dies, daß $f_n \mapsto (\lambda I + A_n)^{-1}f_n$ leicht berechenbar, also das Gleichungssystem $(\lambda I + A_n)a = b$ einfach auflösbar ist.

Im Falle des Problems aus §7.3.5 seien die Werte $f_n(x_\mu)$ in den Stützstellen $x_\mu := \pi\mu/n$ zum Vektor f_n zusammengefaßt. $B = K_1$ sei wie im zweiten Teil von §7.3.5 durch ein Kollokationsverfahren z.B. mit stückweise linearer Interpolation in den Stützstellen x_μ diskretisiert und ergebe die Matrix B_n mit $\mathcal{B}_{jk} = (K_1\Phi_k)(x_j)$ ($\{\Phi_k\}$: Lagrange-Basis). Da der semidiskrete Operator $K_{0,n}$ auf der orthogonalen Projektion beruht, hat die Matrix A_n die Gestalt $F_n^{-1}D_nF_n$, wobei F_n die n-dimensionale Fourier-Transformation ist: Der Stützwertevektor $\{y_\mu: -n \leqslant \mu \leqslant n-1\}$ wird durch F_n in den Koeffizientenvektor $\{c_\nu: -n \leqslant \mu \leqslant n-1\}$ umgewandelt, d.h. $\sum c_\nu e^{i\nu x\pi}$ ist das interpolierende trigonometrische Polynom.

Für Zweierpotenzen $n = 2^\ell$ werden F_n wie auch F_n^{-1} durch die schnelle Fourier-Transformation realisiert. Die Matrix D_n ist die Diagonalmatrix mit den Einträgen $\pm\frac{1}{2}$ (vgl. (2.25)). Damit ist das Mehrgitterverfahren (5.5.3) mit $K_\ell := C_n := (\lambda I + A_n)^{-1}B_n = F_n^{-1}(\lambda I + D_n)^{-1}F_nB_n$ (wobei $n = n_\ell$) und 1 für λ leicht durchführbar. Die Konvergenzgeschwindigkeit hängt bei hinreichender Glattheit der K_1-Kernfunktion nur von der Ordnung des Kollokationsverfahrens in $K_{1,n}$ ab. Für stückweise lineare Interpolation ergibt sich wie in Tabelle 5.4.2 die Konvergenzgeschwindigkeit $O(h_\ell^2)$.

Die Umformung (28) in eine «Gleichung der zweiten Art» ist in Hackbusch [1,§16] für verschiedene Beispiele aus dem Bereich der partiellen Differentialgleichungen, aber auch für eine Integrodifferentialgleichung und eine Integralgleichungen erster Art vorgeführt. Zur letztgenannten Anwendung sei insbesondere auf §9.3.2 verwiesen.

7.4 Anwendung auf das Dirichlet-Problem der Laplace-Gleichung

Die hier abgeleiteten Integralgleichungen für die Laplace-Gleichung
werden wir in §8 unabhängig von dem Cauchy-Kern und für allgemeine
Dimensionen diskutieren.

7.4.1 Die Aufgabenstellung im Innenraum

Sei $\Omega = \Omega_- \subset \mathbf{R}^2$ das *Innengebiet* zu $\Gamma \in C^1_{\delta,stw}$. Gesucht wird eine reellwertige Lösung $u(x_1, x_2) \in C^2(\Omega_-) \cap C(\overline{\Omega}_-)$, die der *Laplace-Gleichung*

(7.4.1a) $\Delta u = 0$ in Ω,

und zugleich der *Dirichlet-Randbedingung* (φ: reellwertig)

(7.4.1b) $u = \varphi$ auf Γ

genügt. Dabei ist $\mathbf{x} = (x_1, x_2)$ der Vektor der Ortsvariablen und

(7.4.1c) $\Delta = \dfrac{\partial^2}{\partial x_1^2} + \dfrac{\partial^2}{\partial x_2^2}$ der *Laplace-Operator*.

7.4.2 Das Doppelschichtpotential

Die Laplace-Gleichung (1a) steht in engem Zusammenhang mit der
holomorphen Funktion Φ des Kapitels 7.2.3, wenn man die komplexe
Variable z über $z = x_1 + i x_2$ mit $\mathbf{x}$ identifiziert.

Bemerkung 7.4.1 (a) Die Real- und Imaginärteile einer holomorphen
Funktion genügen (im Holomorphiegebiet) der Laplace-Gleichung (1a).
(b) Umgekehrt existiert zu einer (reellen) Lösung u der Laplace-
Gleichung (auch *harmonische Funktion* genannt) eine bis auf eine
Konstante eindeutig bestimmte, weitere harmonische Funktion v,
so daß $\Phi(z) := u(\mathbf{x}) + iv(\mathbf{x})$ für $z = x_1 + i x_2$ holomorph ist.

Wir machen den *Ansatz* (2) zur Lösung der Aufgabe (1a-c):

(7.4.2) $u(\mathbf{x}) = -Re\,\Phi(z)$ mit $z = x_1 + i x_2$, $\Phi(z) = \dfrac{1}{2\pi i} \oint \dfrac{f(\zeta)}{\zeta - z}\,d\zeta$,

wobei f reellwertig ist. Φ ist die in §7.2.3 diskutierte holomorphe
Funktion. Nachdem Bemerkung 1 die Bedingung (1a) garantiert, bleibt
noch (1b): $u = \varphi$ zu erfüllen. Unter der Annahme, daß Φ eine stetige Fortsetzung Φ_- auf $\overline{\Omega}_-$ besitzt, ist die Randbedingung (1b) identisch mit

(7.4.3) $Re\,\Phi_-(z) = -\varphi(\mathbf{x})$ für $z = x_1 + i x_2 \in \Gamma$.

Den Real- und für spätere Verwendung auch den Imaginärteil von Φ
stellen wir im folgenden Lemma als *reelle* Kurvenintegrale dar.
Man beachte die unterschiedlichen Definitionen (1.10b) und (1.12).
Der Leser möge sich auch die *Tangenten-* und *Normalenrichtungen*
$t(\mathbf{x})$ und $n(\mathbf{x})$ aus (1.11a,b) in Erinnerung rufen.

Lemma 7.4.2 $t(\mathbf{y})$ und $n(\mathbf{y})$ seien die Tangenten- und Normalen-
richtungen der Kurve $\Gamma \in C^1_{\delta,stw}$ im Punkt $\mathbf{y} \in \Gamma$. $f \in C^\lambda(\Gamma)$ sei reellwertig.
Die Funktion $\Phi(z) = \dfrac{1}{2\pi i} \oint_\Gamma \dfrac{f(\zeta)}{\zeta - z}\,d\zeta$ aus (2.10) hat für $z = x_1 + i x_2$ die

Real- und Imaginärteile

(7.4.4a) $\qquad Re\ \Phi(z)\ =\ \frac{1}{2\pi}\oint_\Gamma \frac{\langle n(y),y-x\rangle}{|y-x|^2}\ f(y)d\Gamma_y.$

(7.4.4b) $\qquad Im\ \Phi(z)\ =\ -\frac{1}{2\pi}\oint_\Gamma \frac{\langle t(y),y-x\rangle}{|y-x|^2}\ f(y)d\Gamma_y.$

wobei $|\cdot| := \|\cdot\|_2$ die *Euklidische Norm* (4c) abkürzt:

(7.4.4c) $\qquad |x| = \sqrt{x_1^2 + x_2^2}\ .$

Beweis. Sei $\zeta(\cdot)\colon [0,L]\to\Gamma$ eine zulässige Parametrisierung der Kurve Γ (gemäß (1.13a) muß $|\zeta'|$ stetig sein):

$$\Phi(z) = \frac{1}{2\pi i}\oint_0^L \frac{f(\zeta(\sigma))}{\zeta(\sigma)-z}\ \zeta'(\sigma)d\sigma.$$

Der Integrand $\frac{f(\zeta(\sigma))}{\zeta(\sigma)-z}\zeta'(\sigma)$ kann als $f(\zeta(\sigma))|\zeta(\sigma)-z|^{-2}\zeta'(\sigma)(\overline{\zeta(\sigma)-z})$ geschrieben werden. Wir stellen ζ und z wie folgt dar:

$$\zeta(\sigma)=y_1(\sigma)+iy_2(\sigma), \quad z=x_1+ix_2, \quad y(\sigma)=(y_1(\sigma),y_2(\sigma)), \quad x=(x_1,x_2).$$

Aus $f(\zeta(\sigma))|\zeta(\sigma)-z|^{-2}$ wird $f(y(\sigma))/|y(\sigma)-x|^2$. Der komplexe Faktor $\zeta'(\sigma)(\overline{\zeta(\sigma)-z})$ lautet umgeschrieben:

$$[(y_1-x_1)y_1' +(y_2-x_2)y_2'] + i[(y_1-x_1)y_2'-(y_2-x_2)y_1'] =$$
$$= \{\langle t(y),y-x\rangle +i\langle n(y),y-x\rangle\}|y'|.$$

Damit nimmt Φ die Gestalt

(7.4.4d)
$$\Phi(z)=\frac{1}{2\pi}\oint_0^L \frac{f(y(\sigma))}{|y(\sigma)-x|^2}\{-i\langle t(y),y-x\rangle +\langle n(y),y-x\rangle\}|y'(\sigma)|d\sigma$$
$$=\frac{1}{2\pi}\oint_\Gamma \frac{f(y)}{|y-x|^2}\{-i\langle t(y),y-x\rangle +\langle n(y),y-x\rangle\}\,d\Gamma_y$$

an, woraus man die Real- und Imaginärteile (4a,b) ablesen kann. ◻

Die Voraussetzung $\Gamma\in C^1_{0,stw}$ sichert, daß $t(y)$ und $n(y)$ fast überall auf Γ wohldefiniert sind. Nur in den möglicherweise vorhandenen Ecken sind $t(y)$ und $n(y)$ nicht definiert bzw. existieren als (unterschiedliche) einseitige Ableitungen.

Die Integrale in (4a,b) sind für $x\in\mathbb{R}^2\setminus\Gamma$ offenbar ohne Singularität. Der Fall $x\in\Gamma$ ist Gegenstand der

Bemerkung 7.4.3 (a) Die Integrale (4a,b) existieren für $f\in C^\lambda(\Gamma)$, $\lambda>0$, stets als Cauchy-Hauptwerte. **(b)** Ist Γ in $x\in\Gamma$ lokal Hölder-stetig differenzierbar (zum Exponenten $\mu>0$), so existiert das Integral (4a) in $x\in\Gamma$ für alle $f\in L^\infty(\Gamma)$ als uneigentliches Integral. Genauer gilt:

(7.4.4e) $\qquad \langle n(y),y-x\rangle = O(|y-x|^{1+\mu}).$

(c) Im Falle von $\Gamma\in C_0^{1+\mu}$ mit $\mu>0$ und $f\in L^\infty(\Gamma)$ existieren die Integrale (4a) als uneigentliche gleichmäßig für alle $x\in\mathbb{R}^2$ (vgl. §6.1.3). **(d)** Für nichtgeschlossene Kurven $\Gamma\in C^1_{stw}$ gelten die Aussagen (b,c) ebenfalls, während Aussage (a) auf $f\in C_{\partial\Gamma}^\lambda(\Gamma)$ beschränkt werden muß.

Beweis. (i) Nach der Definition des Cauchy-Hauptwertes ist $Re \oint \ldots = \oint Re \ldots$ Da Φ für $f \in C^{\lambda}(\Gamma)$ als Cauchy-Hauptwert existiert (vgl. Satz 1.3), gilt dies auch für die Real- und Imaginärteile (4a,b).

(ii) Sei $y(\sigma)$ eine glatte Parametrisierung und $x = y(\sigma_0)$. Nach Voraussetzung von Teil (b) gehört $y(\sigma)$ in einer Umgebung U von σ_0 zu $C^{1+\mu}(U)$. Da Γ in x keine Ecke (mit dem Winkel 0 oder 2π) besitzt, gilt die Abschätzung $|y(\sigma)-x| = |y(\sigma)-y(\sigma_0)| \geqslant |\sigma-\sigma_0|/C_0$. Entwicklung um σ_0 liefert

$$y(\sigma) = y(\sigma_0) + (\sigma-\sigma_0)y'(\sigma_0) + O(|\sigma-\sigma_0|^{1+\mu}) = x + c\,t(\sigma_0) + O(|\sigma-\sigma_0|^{1+\mu})$$

mit $c \in \mathbf{R}$, da $(\sigma-\sigma_0)y'(\sigma_0)$ bis auf einen Faktor c mit der Tangentenrichtung t übereinstimmt. Weil diese senkrecht zum Normalenvektor $n(y(\sigma_0))$ steht, gilt $\langle n(y), y-x \rangle = O(|\sigma-\sigma_0|^{1+\mu})$ für $y = y(\sigma)$ und $\sigma \in U$. Zusammen mit der vorherigen Abschätzung erhält man (4e) in der Form $\langle n(y), y-x \rangle / |y-x|^2 = O(|\sigma-\sigma_0|^{\mu-1})$. Dies beweist den Teil (b).

(iii) Wenn x nicht auf Γ liegt, ist der Integrand ohne Singularität; wenn $x \in \Gamma \in C_0^{1+\mu}$, läßt sich Teil (b) anwenden und beweist Teil (c).

(iv) Wenn uneigentliche Integrale vorliegen, ist es belanglos, ob Γ geschlossen ist oder nicht. Wenn $f \in C_{\partial\Gamma}^{\lambda}(\Gamma)$, läßt sich Γ ohne Änderung des Integrals zu einer geschlossenen Kurve mit $f = 0$ für $x \notin \Gamma$ fortsetzen. ▨

Um die *Randbedingung* (1b) in der Form (3): $-Re\,\Phi_- = \varphi$ zu erfüllen, sei an die Sprungeigenschaften (2.12b,c) auf Γ erinnert: $\Phi_+ - \Phi_- = -f$ (f reellwertig), $\frac{1}{2}[\Phi_+ + \Phi_-] = \overline{K}f$, die zu

$$\Phi_- = \overline{K}f + \tfrac{1}{2}f \quad \text{auf } \Gamma \qquad\qquad \text{(vgl. (2.12d))}$$

führen. In Verbindung mit $-Re\,\Phi_- = \varphi$ erhalten wir

$$2\,Re\,\overline{K}f + f = -2\varphi \qquad\qquad \text{auf } \Gamma.$$

$\overline{\Phi} = \overline{K}f$ war als stetige Fortsetzung des Cauchy-Integrals $\Phi = Kf$ auf Γ definiert. Für alle Kurvenpunkte, die keine Ecken sind, galt $\Phi = Kf = \overline{K}f$. Setzt man den in (4a) bestimmten Realteil ein, erhält man die Integralgleichung

$$\boxed{\quad (7.4.5) \qquad f(x) = -2\varphi(x) - \tfrac{1}{\pi}\oint_{\Gamma} \frac{\langle n(y), y-x \rangle}{|y-x|^2} f(y)\,d\Gamma_y \\[2mm] \text{für } x \in \Gamma.\; x \text{ kein Eckpunkt.} \quad}$$

In §7.4.4 und §§8.2.6-7 werden wir die Lösbarkeit der Integralgleichung (5) diskutieren. Unter der Voraussetzung, daß (5) eine Lösung $f \in C^{\lambda}(\Gamma)$ besitzt, wird Satz 8 zeigen, daß

$$(7.4.6) \qquad u(x) := -\tfrac{1}{2\pi}\int_{\Gamma} \frac{\langle n(y), y-x \rangle}{|y-x|^2} f(y)\,d\Gamma_y \qquad\qquad (x \in \mathbf{R}^2 \setminus \Gamma)$$

(vgl. (4a)) die gesuchte Lösung der Aufgabe (1a,b) darstellt.

Die in (6) definierte Funktion nennt man das *Dipolpotential* (oder das *Potential der Doppelschicht*), das von der *(Dipol-)Belegung* f erzeugt wird. Dementsprechend ist

$$(7.4.7a) \qquad k(x,y) := -\tfrac{1}{\pi}\, \frac{\langle n(y), y-x\rangle}{|y-x|^2} \qquad\qquad (x,y \in \Gamma)$$

der *Dipolkern* und der durch

$$(7.4.7b) \qquad (K_1 f)(x) := -\tfrac{1}{\pi} \oint_\Gamma \frac{\langle n(y), y-x\rangle}{|y-x|^2}\, f(y)\, d\Gamma_y \qquad (x \in \Gamma)$$

definierte Operator der *Dipoloperator*.

Eine andere Schreibweise für $k(x,y)$ ist

$$(7.4.7c) \qquad k(x,y) = -\tfrac{1}{\pi}\, \frac{\cos(n(y), y-x)}{|y-x|} \qquad\qquad (x,y \in \Gamma),$$

wobei $\cos(a,b) := \langle a,b\rangle/|a||b|$ der Cosinus des von den Vektoren $a,b \in \mathbb{R}^2 \setminus \{0\}$ gebildeten Winkels ist. In Bemerkung 3b (vgl. (4e)) wurde unter der Annahme $\Gamma \in C_0^{1+\mu}$ $\cos(n(y), y-x) = O(|x-y|^\mu)$ und damit $k(x,y) = O(|x-y|^{\mu-1})$ bewiesen. Falls $\Gamma \in C_0^2$, ist $k(x,y)$ sogar bei $y=x$ stetig. Der Beweis von Lemma 7 findet sich z.B. bei Walter [1, S. 107].

Lemma 7.4.4 Unter der Annahme $\Gamma \in C_0^2$ ist der Dipolkern $k(x,y)$ stetig: $k \in C(\Gamma \times \Gamma)$. Für $y \to x$ läßt sich $k(x,y)$ stetig durch den Wert (7d) ergänzen:

$$(7.4.7d) \qquad \lim_{y \to x} k(x,y) = -\varkappa(x)/(2\pi), \qquad \varkappa(x): \text{Krümmung (1.11c)}.$$

Wenn man die für $x \ne y$ definierte Funktion $\log|x-y|$ nach y ableitet, erhält man den Gradienten

$$(7.4.8a) \qquad \nabla_y \log|x-y| = \frac{y-x}{|y-x|^2}\,.$$

Die *Richtungsableitung* von $\varphi: \mathbb{R}^2 \to \mathbb{R}$ bezüglich der Richtung $\omega \in \mathbb{R}^2, |\omega| = 1$, ist als $\langle \omega, \nabla\varphi\rangle$ definiert. Setzt man speziell $\omega = n(y)$, erhält man die *Normalableitung*

$$(7.4.8b) \qquad \frac{\partial\varphi(y)}{\partial n} := \langle n(y), \nabla\varphi(y)\rangle.$$

Für $\varphi(y) = \log|y-x|$ ergibt sich demgemäß eine dritte Charakterisierung des Dipolkernes:

$$(7.4.8c) \qquad k(x,y) = -\tfrac{1}{\pi}\, \frac{\partial}{\partial n_y}\, \log|y-x|.$$

Definitionsgemäß ist $K_1 = -2\,\mathrm{Re}\,K$. Die stetige Ergänzung in den Eckpunkten führt zu

$$\overline{K}_1 = -2\,\mathrm{Re}\,\overline{K} \qquad \text{oder} \qquad (\overline{K}_1 f)(x(\sigma)) = (K_1 f)(x(\sigma \pm 0))$$

(vgl. (1.18b)). Damit kann der Zusatz «x kein Eckpunkt» in (5) entfallen. Die Integralgleichung (5) nimmt die Form (9) an:

$$(7.4.9) \qquad f = -2\varphi + \overline{K}_1 f \qquad\qquad\qquad \text{auf } \Gamma.$$

Lemma 7.4.5 Für $f = 1$ gilt $\overline{K}_1 f = -f$, d.h. $\overline{K}_1 1 = -1$.

Beweis. Die Behauptung ist Folge von $\overline{K} 1 = 1/2$ (vgl. (1.17c/18d)). ∎

Lemma 5 ermöglicht eine weitere Darstellung der Integralgleichung, indem man für jedes feste $x \in \Gamma$ auf der linken Seite von (5) $f(x)$ und auf der rechten Seite $\bar{K}_1 c = -c$ mit $c(y) := -f(x)$ (d.h. konstant bezüglich der Integration über y) addiert und anschließend durch 2 dividiert:

$$(7.4.10) \qquad f(x) = -c(x) - \frac{1}{2\pi} \int_\Gamma \frac{\langle n(y), y-x \rangle}{|y-x|^2} [f(y)-f(x)] \, d\Gamma_y \quad \text{auf } \Gamma.$$

Diese Darstellung hat zwei Vorteile:

Bemerkung 7.4.6 (a) Für Funktionen $f \in C^\lambda(\Gamma)$ ist der Integrand $k(x,y)[f(y)-f(x)]$ in der Darstellung (10) uneigentlich integrierbar. **(b)** Die Darstellung gilt für alle $x \in \Gamma$, auch für die Eckpunkte.

7.4.3 Eindeutigkeits- und Darstellungssatz

Übungsaufgabe 7.4.7 Φ sei auf $\Omega \subset \mathbb{C}$ holomorph. Man zeige: $u = Re\,\Phi$ ist genau dann konstant, wenn auch $v = Im\,\Phi$ konstant ist. *Hinweis.* Cauchy-Riemann-Differentialgleichungen: $u_x = v_y$, $u_y = -v_x$.

> **Satz 7.4.8** (Eindeutigkeit) Sei $\Gamma \in C^1_{0,\text{stw}}$ und $0 < \lambda < 1$.
> **(a)** Die Integralgleichung (9) besitzt höchstens eine Lösung $f \in C^\lambda(\Gamma)$.
> **(b)** Wenn sie eine (reelle) Lösung $f \in C^\lambda(\Gamma)$ besitzt, stellt das daraus abgeleitete Dipolpotential (6) die eindeutige Lösung u des Randwertproblems (1a,b) im Innengebiet Ω dar. Für u gilt globale Hölder-Stetigkeit: $u \in C^\lambda(\bar{\Omega})$.

Beweis. (i) Zunächst sei Teil (b) behandelt. Hierzu braucht lediglich die Argumentation des Abschnittes 7.4.2 wiederholt zu werden. f definiert das Potential $\Phi(z) = \frac{1}{2\pi i} \oint_\Gamma \frac{f(\zeta)}{\zeta - z} d\zeta$. Da $f \in C^\lambda(\Gamma)$, existiert die stetige Fortsetzung $\Phi_- \in C^\lambda(\bar{\Omega})$ (vgl. Satz 2.8)). Indem wir $u := -Re\,\Phi_- \in C^\lambda(\bar{\Omega})$ setzen, erhalten wir eine reellwertige Funktion, die $\Delta u = 0$ in Ω erfüllt (vgl. Bemerkung 1a). Aus $\Phi_- = \bar{K}f + \frac{1}{2}f$ auf Γ (vgl. (2.12d)) folgt $u = -Re\,\Phi_- = -Re(\bar{K}f + \frac{1}{2}f) = \frac{1}{2}(\bar{K}_1 f - f) = \varphi$ (vgl. (9)), d.h. die Randbedingung (1b) auf Γ ist erfüllt. Daß die Randwertaufgabe (1a,b) höchstens eine Lösung besitzt, ist aus der Theorie der elliptische Differentialgleichungen bekannt (vgl. Hackbusch [2, Satz 2.3.8]).

(ii) Sind f_1 und f_2 zwei zu $C^\lambda(\Gamma)$ gehörige Lösungen von (9), so erfüllt $f := f_1 - f_2 \in C^\lambda(\Gamma)$ die homogene Integralgleichung

$$(7.4.11) \qquad f - \bar{K}_1 f = 0.$$

Auf Γ gilt $2\bar{K}f = -\bar{K}_1 f + ig = -f + ig$ mit $g := 2Im(\bar{K}f)$. Sei Φ wie in (i) definiert; $\Phi_\mp$ seien die stetigen Fortsetzungen auf das Innen- und Außengebiet $\Omega_\mp$. Formel (2.12d) aus Satz 2.8 besagt $\Phi_- = \bar{K}f + \frac{1}{2}f = \frac{1}{2}(-f + ig) + \frac{1}{2}f = \frac{1}{2}ig$ auf Γ. Dies zeigt $u := -Re\,\Phi_- = 0$ und $v := Im\,\Phi_- = \frac{1}{2}g$. Der Realteil $u = 0$ einer holomorphen Funktion läßt als Imaginärteil nur $v = c$ zu (c: Konstante, vgl. Übung 7). Also muß $g = 2c$ gelten. Formel (2.12d) beweist $\Phi_+ = \bar{K}f - \frac{1}{2}f = \frac{1}{2}(-f + ig) - \frac{1}{2}f = \frac{1}{2}ig - f = ic - f$

auf Γ, so daß $v := Im\,\Phi_+$ die Laplace-Gleichung $\Delta v = 0$ in Ω_+ und die Randbedingung $v = c$ erfüllt. Nach Lemma 2.7 ist v beschränkt. Wie in der nachfolgenden Übung 9 näher erläutert, ist $v = c$ die einzige Lösung dieser Randwertaufgabe. Aus $Im\,\Phi_+ = v = c$ in Ω_+ schließt man über Übungsaufgabe 7 wieder auf $Re\,\Phi_+ = const$. Damit sind auch die Randwerte $Re\,\Phi_+ = Re\,(ic - f) = f$ auf Γ konstant. Für konstantes f ergibt Lemma 5 $\overline{K}_1 f = -f$. Mit (11) beweist man $f = 0$ und hat die Eindeutigkeit $f_1 = f_2$ nachgewiesen.   ▱

Übungsaufgabe 7.4.9 (a) $\Omega \subset \mathbf{R}^d$ sei ein Gebiet, das von 0 einen positiven Abstand hat und eine Umgebung von ∞ darstellt. Dann ist $\Omega' := \{x' \in \mathbf{R}^d : x' = x / |x|^2, \; x \in \Omega\}$ ein beschränktes Gebiet. **(b)** u sei auf Ω definiert. Die auf Ω' definierte Funktion $U(x') := |x'|^{2-d} u(x'/|x'|^2)$ heißt die _Kelvin-Transformierte_ von u. Man zeige: $\Delta U(x') = |x'|^{-2-d} \Delta u(x'/|x'|^2)$. Das heißt insbesondere, daß Lösungen der Laplace-Gleichungen wieder in solche übergehen (vgl. Walter [1]). **(c)** Man formuliere die Kelvin-Transformation in $\mathbf{C}$ statt $\mathbf{R}^2$. **(d)** $\Gamma \in C^1_{0,\text{stw}}$ definiere ein Innengebiet mit $0 \in \Omega_-$ und das Außengebiet Ω_+. Man zeige: es gibt höchstens eine _beschränkte_ Lösung der Randwertaufgabe $\Delta u = 0$ in Ω_+ und $u = \varphi$ auf Γ. _Hinweis._ Man verwende (b) und die Eindeutigkeit der Randwertaufgabe in beschränkten Gebieten.

Der Beweis zu Satz 8b zeigt allgemeiner die folgende Aussage.

Bemerkung 7.4.10 Sei $\Gamma \in C^1_{0,\text{stw}}$. Zu einer reellwertigen Funktion $f \in C^\lambda(\Gamma)$ seien $\Phi_\pm$ wie oben definiert. Wenn eine der Funktionen $Re\,\Phi_+$, $Im\,\Phi_+$, $Re\,\Phi_-$, $Im\,\Phi_-$ konstante Randwerte auf Γ hat, so sind alle Randwerte und $f = -\overline{K}_1 f$ konstant.

Beweis. Sei z.B. $Re\,\Phi_-$ konstant auf Γ. Wie im Beweis zu Satz 8b schließt man über Übungsaufgabe 7, daß auch $Im\,\Phi_-$ konstant ist. Aus (2.12b): $\Phi_+ - \Phi_- = -f$ auf Γ folgert man, daß $Im\,\Phi_+$ und damit auch $Re\,\Phi_+$ konstant sind. Also ist $f = \Phi_- - \Phi_+$ konstant. Lemma 5 zeigt $f = -\overline{K}_1 f$. ▱

Die Umkehrung von Lemma 5 ist gültig:

Folgerung 7.4.11 Der Kern von $I + \overline{K}_1$ besteht nur aus den konstanten Funktionen. D.h. $f = const$ ist einzige Funktion $f \in C^\lambda(\Gamma)$ mit $f = -\overline{K}_1 f$.

Beweis. (2.12d) zeigt $Re\,\Phi_+ = \frac{1}{2} Re\,(2\overline{K}f - f) = -\frac{1}{2}(\overline{K}_1 f + f) = 0$. Bemerkung 10 beweist $f = const$.   ▱

Eine _Existenz_garantie für eine Lösung $f \in C^\lambda(\Gamma)$ der Integralgleichung (9) ist im allgemeinen Fall nicht möglich, wie das Beispiel 12 zeigt.

Beispiel 7.4.12 Ω sei das «L-Gebiet» der Abbildung 1, wobei die einspringende Ecke der Koordinatenursprung sei. Die in Polarkoordinaten (r, ϑ) beschriebene Funktion

$$(7.4.12) \qquad u(r, \vartheta) = r^{2/3} \sin((2\vartheta - \pi)/3)$$

genügt in Ω der Laplace-Gleichung $\Delta u = 0$. Ihre Randwerte φ auf dem Teil Γ_0 in der Umgebung der einspringenden Ecke verschwinden identisch. Im übrigen Teil $\Gamma\backslash\Gamma_0$ sind sie glatt, so daß $\varphi \in C^\lambda(\Gamma)$ für alle $0 < \lambda < 1$ gilt. Es sei $\lambda \in (2/3,1)$ gewählt. Hätte die Integralgleichung (9) für $\varphi \in C^\lambda(\Gamma)$ eine Lösung $f \in C^\lambda(\Gamma)$, so folgte aus Satz 8b die Hölder-Stetigkeit $u \in C^\lambda(\overline{\Omega})$. Für u aus (12) gilt $u \in C^\lambda(\overline{\Omega})$ jedoch *nur* für $\lambda \leq 2/3$.

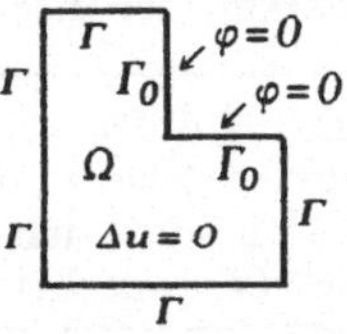

Abb. 7.4.1 L-Gebiet

7.4.4 Der Fall eines glatten Randes Γ

Im folgenden sind keine Ecken zugelassen. Generell sei angenommen:

$$(7.4.13) \qquad \Gamma \in C_0^{1+\mu} \quad \text{mit } \mu > 0.$$

Folglich stimmen die Versionen $\overline{K}_1$ und K_1 des Dipoloperators überein. Während der singuläre Cauchy-Operator $\overline{K}$ nie kompakt sein konnte, erhalten wir nun die _Kompaktheit_ in $X = C^\lambda(\Gamma)$ für $0 \leq \lambda \leq \mu$. Für $\lambda > 1$ ist «$f \in C^\lambda(\Gamma)$» über eine Parametrisierung definiert: $f(\zeta(\cdot)) \in C^\lambda([0,L])$.

Satz 7.4.13 Es gelte (13): $\Gamma \in C_0^{1+\mu}$ mit $\mu \in (0,2)\backslash\{1\}$. Dann hat der Dipoloperator K_1 die folgenden Eigenschaften:

$$(7.4.14\text{a}) \qquad K_1 \in L(L^\infty(\Gamma), C^\lambda(\Gamma)) \qquad\qquad \text{für alle } 0 \leq \lambda \leq \mu,$$

$$(7.4.14\text{b}) \qquad K_1 \in K(C^\lambda(\Gamma), C^\lambda(\Gamma)) \qquad\qquad \text{für alle } 0 \leq \lambda \leq \mu,$$

d.h. K_1 ist im Banach-Raum $X = C^\lambda(\Gamma)$ kompakt.

Beweis. (i) Aus (14a) folgert man (14b) wegen der kompakten Einbettungen $C^\lambda(\Gamma) \subset L^\infty(\Gamma)$ $(\lambda > 0)$ bzw. $C^\mu(\Gamma) \subset C^\lambda(\Gamma)$ $(\lambda < \mu)$ (vgl. Bemerkung 3.4.13).

(ii) Zum Nachweis von (14a) reicht es, $\lambda = \mu$ zu betrachten. Wir beschränken uns hier auf $0 < \mu < 1$. Der Fall $1 < \mu < 2$ kann bei Schippers [2] nachgelesen werden. Wir schreiben $k(x,y)$ als

$$k(x,y) = -\tfrac{1}{\pi} \frac{\ell(x,y)}{|y-x|^{1-\mu}} \quad \text{mit } \ell(x,y) = \frac{\langle n(y), y-x \rangle}{|y-x|^{1+\mu}}.$$

Nach Bemerkung 3b,c gilt $\|\ell\|_\infty \leq C$. Sei $\gamma\colon [0,L] \to \Gamma$ eine Parametrisierung von Γ nach der Bogenlänge: $y = \gamma(\sigma)$, $x = \gamma(\tau)$. Ableiten nach τ in $x = \gamma(\tau)$ liefert

$$\frac{d}{d\tau} \ell(x,y) = \frac{-\langle n(y), t(x) \rangle}{|y-x|^{1+\mu}} + \frac{\langle n(y), y-x \rangle}{|y-x|^{3+\mu}} (1+\mu) \langle t(x), y-x \rangle$$

(t: Tangentenrichtung). Aus $t(x) = t(y) + O(|y-x|^\mu)$, $\langle n(y), t(y) \rangle = 0$ und $\langle n(y), y-x \rangle = O(|y-x|^{1+\mu})$ (vgl. (4e)) schließen wir

$$\frac{d}{d\tau} \ell(x,y) = O\left(\frac{1}{|y-x|}\right) \qquad\qquad \text{für } x \neq y.$$

Damit ist die Bedingung (3.4.7f) [genauer: ihr Äquivalent für Kurvenintegrale] erfüllt, und Satz 3.4.9 sichert die Behauptung (14a). ∎

Mit der Kompaktheit (14b) sind wir in die Lage versetzt, die Lösbarkeit der Integralgleichung (9) zu garantieren:

Satz 7.4.14 Es gelte (13): $\Gamma \epsilon C_0^{1+\mu}$ mit $\mu \epsilon (0,2) \setminus \{1\}$. Dann existiert die Inverse $(I-K_1)^{-1} \epsilon L(C^\lambda(\Gamma), C^\lambda(\Gamma))$ für alle $0 \leqslant \lambda \leqslant \mu$, so daß die Integralgleichung (9) für alle Randwerte $\varphi \epsilon C^\lambda(\Gamma)$ mit $\lambda \epsilon [0,\mu]$ eine Lösung $f = -2(I-K_1)^{-1}\varphi \epsilon C^\lambda(\Gamma)$ besitzt.

Beweis. Die in Satz 8 bewiesene Eindeutigkeit (Injektivität) beweist aufgrund der Kompaktheit (14b), daß $\lambda = 1$ ein regulärer Wert ist, d.h. $I - K_1$ ist bijektiv (vgl. Satz 3.2.1).   ▨

Die Frage der Existenz einer Lösung von (9) im Falle von nicht hinreichend glatten Rändern wird in §8.2.7 noch einmal aufgegriffen.

7.4.5 Das Doppelschichtpotential zur Lösung der Außenraumaufgabe

Bisher wurde die Dirichlet-Randwertaufgabe im Innengebiet $\Omega_- \subset \mathbb{R}^2$ gelöst. Wir betrachtet jetzt die entsprechende Aufgabe im *Außengebiet* $\Omega_+ = \mathbb{R}^2 \setminus \overline{\Omega}_-$. Gesucht wird eine Lösung $u \epsilon C^2(\Omega_+) \cap C(\overline{\Omega}_+)$ der *Laplace-Gleichung*

(7.4.15a) $\Delta u = 0$ in Ω_+.

die der *Dirichlet-Randbedingung*

(7.4.15b) $u = \varphi$ auf Γ

genügt. Da Ω_+ unbeschränkt ist, benötigt man eine weitere Bedingung:

(7.4.15c) $u(\infty) = 0$.   d.h. $u(x) \to 0$ für $|x| \to \infty$.

Die «Randbedingung im Unendlichen» ist in (15c) o.B.d.A. als $u(\infty) = 0$ gewählt worden, wie aus der folgenden Aufgabe hervorgeht.

Übungsaufgabe 7.4.15 Anstelle von $u(\infty) = 0$ sei Bedingung (15c') gestellt:

(7.4.15c') u verhalte sich für $|x| \to \infty$ asymptotisch wie $\alpha_0 + \alpha_1 x_1 + \alpha_2 x_2$

mit reellen Koeffizienten α_0, α_1, α_2. Wie läßt sich die Aufgabe (15a,b,c') auf (15a–c) zurückführen?

Die zusätzliche Bedingung (15c) bereitet keine Schwierigkeiten, da sie durch den Ansatz (2) stets garantiert ist.

Bemerkung 7.4.16 Die holomorphe Funktion Φ aus (2.10) und damit auch ihre Real- und Imaginärteile erfüllen die Bedingung (15c): $\Phi(\infty) = 0$.

Beweis. Gemäß (2.11c) strebt Φ wie $O(1/|x|)$ gegen null.   ▨

Für u wird wieder der Ansatz (2) gemacht. Unter der Annahme, daß Φ eine stetige Fortsetzung Φ_+ auf $\overline{\Omega}_+$ besitzt, ist die Randbedingung (15b) identisch mit

(7.4.16) $-Re\ \Phi_+(z) = \varphi$ auf Γ.

Mit Hilfe der Sprungeigenschaften (2.12b,c) auf Γ: $\Phi_+ - \Phi_- = -f$ und $\frac{1}{2}[\Phi_+ + \Phi_-] = \overline{K}f$, schließen wir über

$$\Phi_+ = \overline{K}f - \tfrac{1}{2}f \quad \text{auf } \Gamma \qquad\qquad (\text{vgl. } (2.12c))$$

und (16) auf

$$-2\varphi = 2\ Re\ \overline{K}f - f \qquad\qquad \text{auf } \Gamma.$$

Dies führt auf die Integralgleichung (17), die bis auf das Vorzeichen mit Gleichung (5) identisch ist:

$$\boxed{\begin{array}{l}
(7.4.17) \quad f(\mathbf{x}) = 2\varphi(\mathbf{x}) + \tfrac{1}{\pi} \oint_\Gamma \frac{\langle \mathbf{n}(\mathbf{y}), \mathbf{y}-\mathbf{x}\rangle}{|\mathbf{y}-\mathbf{x}|^2}\, f(\mathbf{y})\, d\Gamma_y \\[2mm]
\text{für } \mathbf{x}\in\Gamma,\ \mathbf{x} \text{ kein Eckpunkt.}
\end{array}}$$

Gleichung (17) ist eine Fredholmsche Integralgleichung zweiter Art:

(7.4.18) $\lambda f = g + \overline{K}_1 f \quad$ auf Γ mit $\lambda = -1$, $g = -2\varphi$.

Die zu (10) analoge Darstellung der Integralgleichung erhält man, indem man für jedes feste $\mathbf{x}\in\Gamma$ auf der linken Seite von (5) $f(\mathbf{x})$ und auf der rechten Seite $-\overline{K}_1\varphi = \varphi$ mit $\varphi(\mathbf{y}) := f(\mathbf{x})$ (d.h. konstant bezüglich der Integration über $\mathbf{y}$) subtrahiert und anschließend durch 2 dividiert:

(7.4.19) $0 = -\varphi(\mathbf{x}) - \tfrac{1}{2\pi}\int_\Gamma \frac{\langle \mathbf{n}(\mathbf{y}), \mathbf{y}-\mathbf{x}\rangle}{|\mathbf{y}-\mathbf{x}|^2}\, [f(\mathbf{y}) - f(\mathbf{x})]\, d\Gamma_y \quad$ auf Γ.

Diese Darstellung macht deutlich, daß f nicht eindeutig bestimmt sein kann: Mit f ist auch $f+$const eine Lösung. Aber modulo einer Konstanten läßt sich die Eindeutigkeit feststellen.

Satz 7.4.17 (Eindeutigkeit) Sei $\Gamma\in C^1_{0,\text{stw}}$ und Ω_+ das Außengebiet.
(a) Zwei Lösungen $f\in C^\lambda(\Gamma)$ der Integralgleichung (17) unterscheiden sich nur durch eine Konstante.
(b) Wenn (17) eine Lösung $f\in C^\lambda(\Gamma)$ besitzt, stellt das daraus abgeleitete Dipolpotential (6) die eindeutige Lösung u des Randwertproblems (15a-c) dar. Für u gilt globale Hölder-Stetigkeit: $u\in C^\lambda(\overline{\Omega}_+)$.

Beweis. f_1 und f_2 seien zwei Lösungen. $f := f_1 - f_2$ erfüllt $f = -\overline{K}_1 f$. Nach Folgerung 11 ist f konstant. ■

Der Fall einer glatten Kurve $\Gamma\in C^{1+\mu}_0$ sei vorausgesetzt. Aufgrund der Kompaktheit (14b) folgt aus $\dim \text{Kern}\,(K_1 + I) = 1$ auch $\dim \text{Kern}\,(K_1' + I) = 1$ für den dualen Integraloperator K_1' mit dem Kern

(7.4.20) $k'(\mathbf{x},\mathbf{y}) := \tfrac{1}{\pi} \frac{\langle \mathbf{n}(\mathbf{x}), \mathbf{y}-\mathbf{x}\rangle}{|\mathbf{y}-\mathbf{x}|^2}$ $(\mathbf{x},\mathbf{y}\in\Gamma)$

(vgl. (4.6.5)). Sei $\xi \neq 0$ die bis auf einen skalaren Faktor eindeutige Eigenlösung $K_1'\xi = -\xi$. Über ξ werden wir in Lemma 19

$$(7.4.21\text{a}) \qquad \int_\Gamma \xi(y)\,d\Gamma \neq 0$$

zeigen. Falls der Randwert φ orthogonal zu ξ ist, d.h.

$$(7.4.21\text{b}) \qquad \int_\Gamma \varphi(y)\xi(y)\,d\Gamma = 0,$$

hat die Gleichung (17) eine bis auf eine Konstante bestimmte Lösung.

Satz 7.4.18 Es gelte (13): $\Gamma \in C_0^{1+\mu}$ mit $\mu \in (0,2)\setminus\{1\}$. Sei $0 \leqslant \lambda \leqslant \mu$. $\varphi \in C^\lambda(\Gamma)$ erfülle (21b). Dann besitzt die Integralgleichung (17) eine Lösung $f \in C^\lambda(\Gamma)$. Alle weiteren Lösungen unterscheiden sich nur durch eine Konstante von f.

Beweis. Folgt aus der Kompaktheit und aus dim Kern $(K_1 + I) = 1$. ■

Lemma 7.4.19 Unter den Voraussetzungen von Satz 18 gilt (21a).

Beweis. Andernfalls würde $\varphi = 1$ der Bedingung (21b) genügen. Die zum Randwert $\varphi = 1$ gehörende, eindeutige Lösung lautet $u = 1$ und verletzt die Bedingung (15c), die gemäß Satz 17b erfüllt sein müßte. ■

Die Einschränkung der möglichen Randwerte durch (21b) liegt an der zusätzlichen Forderung (15c): $u(\infty) = 0$. Wir können (15c) durch die Beschränktheit in ∞ ersetzen:

$$(7.4.22) \qquad u(x) = O(1) \qquad\qquad \text{für } x \to \infty.$$

Bemerkung 7.4.20 Es gelte (13): $\Gamma \in C_0^{1+\mu}$ mit $\mu \in (0,2)\setminus\{1\}$. Sei $0 \leqslant \lambda \leqslant \mu$. $\varphi \in C^\lambda(\Gamma)$ kann zerlegt werden in $\varphi = \varphi_0 + c$ mit der Konstanten $c := \int_\Gamma \varphi\xi\,d\Gamma / \int_\Gamma \xi\,d\Gamma$. Nach Satz 18 existiert eine Lösung $f \in C^\lambda(\Gamma)$ der Gleichung $-f = -2\varphi_0 + K_1 f$. Sei u_0 die durch das Doppelschichtpotential (6) im Außenraum von f erzeugte Lösung. Die zu den Randwerten φ gehörende, (22) erfüllende Lösung ist eindeutig durch $u := u_0 + c$ gegeben.

7.4.6 Die Tangentialableitung des Einfachschichtpotentials

In (2) wurde der Ansatz $u = -\,Re\,\Phi$ zugrunde gelegt. Ebenso läßt sich auch der Ansatz

$$(7.4.23) \qquad u(x) = Im\,\Phi(z) \quad \text{mit } z = x_1 + ix_2,\quad \Phi(z) = \frac{1}{2\pi i}\oint \frac{f(\zeta)}{\zeta - z}\,d\zeta,$$

aufstellen, wobei f reellwertig sei. Die Randbedingung (1b) wird zu

$$(7.4.24) \qquad Im\,\Phi_-(z) = \varphi(x) \qquad\qquad \text{für } z = x_1 + ix_2 \in \Gamma.$$

Aus $\Phi_- = \overline{K}f + \tfrac{1}{2}f$ auf Γ gewinnt man den Imaginärteil $Im\,\Phi_- = (Im\,\overline{K})f$ (vgl. (2.12d)). Randbedingung (1b) führt somit auf die Integralgleichung

$$(7.4.25) \qquad Im\,\overline{K}f = \varphi \qquad\qquad\qquad \text{auf } \Gamma.$$

Der Imaginärteil $Im\,\overline{K}f$ lautet nach (4b) $K_2 f$ mit

$$(7.4.26) \qquad (K_2 f)(x) := -\frac{1}{2\pi}\oint_\Gamma \frac{\langle t(y), y - x\rangle}{|y-x|^2}\,f(y)\,d\Gamma_y.$$

Nach Bemerkung 2.4c ist $K_2 f$ auch in Ecken von Γ stetig. Ein Übergang zu $\overline{K}_2 := Im\,\overline{K}$ ist nicht nötig. Die Integralgleichung (25) lautet

$$(7.4.25')\qquad K_2 f = \varphi \qquad\qquad\qquad \text{auf } \Gamma$$

und ist von *erster Art*. In ausgeschriebener Form liest sich (25') als

$$(7.4.25'')\qquad \varphi(x) = -\frac{1}{2\pi} \oint_\Gamma \frac{\langle t(y), y-x\rangle}{|y-x|^2} f(y)\,d\Gamma_y.$$

Der Kern des Operators K_2 lautet

$$(7.4.27a)\qquad k(x,y) = -\frac{1}{2\pi}\frac{\langle t(y), y-x\rangle}{|y-x|^2}$$

und ist die Tangentialableitung der Funktion $-\frac{1}{2\pi}\log|y-x|$, die wir in §8.1 als Kern des *Einfachschichtpotential* näher behandeln werden:

$$(7.4.27b)\qquad k(x,y) = -\frac{1}{2\pi}\frac{\partial}{\partial t_y}\log|y-x|.$$

Dabei ist die *Tangentialableitung* einer Funktion f wie folgt definiert:

$$(7.4.28)\qquad \partial f(y)/\partial t := \langle t(y), \nabla f(y)\rangle.$$

Die Gleichung (25') kann nicht eindeutig lösbar sein. denn es gilt das

Lemma 7.4.21 Für $f = 1$ gilt $K_2 f = 0$.

Beweis. $\overline{K}f = \frac{1}{2}$ impliziert $K_2 f = Im\,\overline{K}f = 0$ (vgl. (1.17c/18d)). ⊡

Anders als $\overline{K}_1 = Re\,\overline{K}$ ist K_2 auch im Falle eines glatten Randes stets stark singulär, so daß (25'') nur als Cauchy-Hauptwert erklärt werden kann. Mit Hilfe von Lemma 21 können wir in Analogie zu (10) die Integralgleichung (25') in die Form (29) bringen:

$$(7.4.29)\qquad \varphi(x) = -\frac{1}{2\pi}\oint_\Gamma \frac{\langle t(y), y-x\rangle}{|y-x|^2} [f(y) - f(x)]\,d\Gamma_y$$

Für $f \in C^\lambda(\Gamma)$ mit $\lambda > 0$ ist das Integral in (29) als uneigentliches erklärt.

Übungsaufgabe 7.4.22 Für eine auf Γ erklärte Funktion f sei die Ableitung f' als Tangentialableitung erklärt: $f'(x) := df(\gamma(s))/ds$, wobei $\gamma : [0,L] \to \Gamma$ die Parametrisierung von Γ nach der Bogenlänge sei und $x = \gamma(s)$ gelte. Es gelte $f \in C^1(\Gamma)$. d.h. $f' \in C^0(\Gamma)$ {hinreichend wäre schon $f \in C^\lambda(\Gamma)$ und $f' \in L^1(\Gamma)$}. Für die Parametrisierung von Γ nach der Bogenlänge zeige man

$$\oint_\Gamma \frac{\langle t(y), y-x\rangle}{|y-x|^2} f(y)\,d\Gamma_y = \oint_0^L f(\gamma(s))\frac{d}{ds}\log|\gamma(s)-x|\,ds =$$

$$= -\int_0^L \log|\gamma(s)-x|\frac{d}{ds}f(\gamma(s))\,ds = -\int_\Gamma \log|y-x|\,f'(y)\,d\Gamma_y.$$

Die Integrale der zweiten Zeile sind uneigentlich (vgl. Übung 1.7).

Mit Hilfe der Poincaré-Bertrand-Formel (2.22) beweist man die

Übungsaufgabe 7.4.23 Sei $\Gamma \in C^1_{0,\text{stw}}$. Man zeige: Auf $C^\lambda(\Gamma)$ $(\lambda > 0)$ gilt:

$$(7.4.30)\qquad \overline{K}_1^2 - 4 K_2^2 = I,\qquad \overline{K}_1 K_2 = -K_2\overline{K}_1.$$

7.5 Hypersinguläre Integrale

Die typische Singularität des eindimensionalen Cauchy-Hauptwertes lautet $1/(x-x_0)$. Zwar lassen auch Integranden der Form $(x-x_0)^{-3}$ oder $(x-x_0)^{-2}\,\mathrm{sign}(x-x_0)$ noch einen Cauchy-Hauptwert zu, aber im Falle von $f(x)/(x-x_0)^3$ muß f schon sehr einschränkende Bedingungen erfüllen, damit der Cauchy-Hauptwert existiert (vgl. Übung 1.7b).

Falls der Integrand in der Umgebung der Polstelle ein einheitliches Vorzeichen besitzt, können nur zwei Fälle eintreten: Entweder existiert das uneigentliche Integral oder das Integral divergiert auch als Cauchy-Hauptwert. Die letztgenannte Situation liegt z.B. vor beim Integral

$$(7.5.1) \qquad \int_{-\infty}^{\infty} \frac{f(x)\,dx}{(x-\xi)^2} \qquad\qquad (\xi\in\mathbb{R}).$$

Die Konvergenzschwierigkeit wird nur durch die doppelte Polstelle bei $x=\xi$ verursacht. Über die restlichen Intervalle $(-\infty,\xi-\varepsilon]$, $[\xi+\varepsilon,\infty)$ existieren die uneigentlichen Integrale für jedes beschränkte $f\in L^\infty(\mathbb{R})$.

Um dem Integranden $f(x)/(x-\xi)^2$ dennoch einen «Integralwert» zuordnen zu können, zerlegt man f in die Summanden

$$(7.5.2) \qquad f = f_1 + f_2 \quad \text{mit}\ f_1(x):=f(\xi),\ \ f_2(x):=f(x)-f(\xi).$$

Der zweite Summand $f(x)-f(\xi)$ enthält eine Nullstelle bei $x=\xi$, so daß im besten Fall nur noch eine Polstelle *erster* Ordnung vorliegt, für die der Cauchy-Hauptwert existieren mag. Wir definieren daher den *regularisierten Integralwert* durch

$$(7.5.3) \qquad \int_{-\infty}^{\infty} \frac{f(x)\,dx}{(x-\xi)^2} := \fint_{\mathbb{R}} \frac{f(x)-f(\xi)}{(x-\xi)^2}\,dx,$$

falls der Cauchy-Hauptwert auf der rechten Seite existiert. Der Ausdruck (3) wird auch «Integral im Sinne von Hadamard» oder «part finie» genannt, womit ausgedrückt ist, daß vom Integranden $f=f_1+f_2$ nur der Anteil f_2 herausgenommen wird, der zu einem (endlichen) Integral führt.

Lemma 7.5.1 Für $f\in C^{1+\lambda}(\mathbb{R})$ mit $\lambda>0$ existiert der Wert (3) für alle $\xi\in\mathbb{R}$.

Beweis. Da f beschränkt, existieren die (uneigentlichen) Integrale über $|x-\xi|\geqslant\varepsilon>0$. In $[\xi-\varepsilon,\xi+\varepsilon]$ verwenden wir die Taylor-Entwicklung

$$f(x)=f(\xi)+(x-\xi)f'(\xi)+R(x,\xi)\quad \text{mit}\ R(x,\xi)=O(|x-\xi|^{1+\lambda}),$$

wobei wir o.B.d.A. $\lambda\leqslant 1$ angenommen haben. Einsetzen in die rechte Seite von (3) ergibt

$$\fint_{\xi-\varepsilon}^{\xi+\varepsilon} \frac{f(x)-f(\xi)}{(x-\xi)^2}\,dx = f'(\xi)\fint_{\xi-\varepsilon}^{\xi+\varepsilon} \frac{dx}{x-\xi} + \int_{\xi-\varepsilon}^{\xi+\varepsilon} \frac{R(x,\xi)}{(x-\xi)^2}\,dx.$$

Das erste Integral der rechten Seite hat den Cauchy-Hauptwert null, das zweite existiert als uneigentliches Integral, da $C|x-\xi|^{\lambda-1}$ eine Majorante ist. $\qquad\blacksquare$

Der Beweis führt auf die neue Darstellung

$$(7.5.4a) \qquad \int_{-\infty}^{\infty} \frac{f(x)dx}{(x-\xi)^2} := \int_{|x-\xi|\geq\varepsilon} \frac{f(x)-f(\xi)}{(x-\xi)^2} dx + \int_{\xi-\varepsilon}^{\xi+\varepsilon} \frac{R(x,\xi)}{(x-\xi)^2} dx,$$

$$(7.5.4b) \qquad R(x,\xi) := f(x) - f(\xi) - (x-\xi)f'(\xi).$$

Da $1/(x-\xi)^2 = -\frac{d}{dx} \, 1/(x-\xi)$, lautet die *partielle Integration* formal

$$(7.5.5) \qquad \int_{-\infty}^{\infty} \frac{f(x)dx}{(x-\xi)^2} = \oint_{-\infty}^{\infty} \frac{f'(x)}{x-\xi} dx .$$

Lemma 7.5.2 Falls f eine in $x=\xi$ stetige Ableitung besitzt, die für $|x|\to\infty$ schwächer als linear wächst: $f'(x)=o(|x|)$, gilt die Formel (5) in dem Sinne, daß die linke Seite als Hadamard-Integral genau dann existiert, wenn die rechte Seite als Cauchy-Hauptwert existiert.

Beweis. Partielle Integration von $\int_{\xi+\varepsilon}^{\infty} \frac{f(x)-f(\xi)}{(x-\xi)^2} dx$ und $\int_{-\infty}^{\xi-\varepsilon}...dx$ liefern $\int_{\xi+\varepsilon}^{\infty} \frac{f'(x)}{x-\xi} dx + \frac{f(\xi+\varepsilon)-f(\xi)}{\varepsilon}$ sowie $\int_{-\infty}^{\xi-\varepsilon} \frac{f'(x)}{x-\xi} dx + \frac{f(\xi-\varepsilon)-f(\xi)}{\varepsilon}$. Die Summe der Integrale strebt gegen den Cauchy-Hauptwert, falls dieser existiert. Die Summe der f-Differenzen ist $f'(\varepsilon')-f'(\varepsilon'')$ mit Zwischenwerten $-\varepsilon\leq\varepsilon''\leq\varepsilon'\leq\varepsilon$ und konvergiert nach Voraussetzung gegen null. ▨

Übungsaufgabe 7.5.3 Man beweise: Ist $f\in C^{1+\lambda}(\mathbf{R})$ mit $\lambda\in(0,1)$, so definiert das Hadamard-Integral (3) eine Funktion bezüglich ξ, die zu $C^{\lambda}(\mathbf{R})$ gehört. *Hinweis:* Man verwende (4a) mit $\varepsilon=2|\xi-\xi'|$.

Das nächste Lemma zeigt, daß man die Ableitung eines Cauchy-Hauptwertes «fast» unter das Integralzeichen ziehen darf.

Lemma 7.5.4 Für $f\in C^{1+\lambda}(\mathbf{R})$ mit $\lambda\in(0,1)$ existiere der Cauchy-Hauptwert $\oint_{-\infty}^{\infty} \frac{f(x)}{x-\xi} dx$ und das Hadamard-Integral (3). Dann gilt

$$(7.5.6) \qquad \frac{d}{d\xi} \oint_{-\infty}^{\infty} \frac{f(x)}{x-\xi} dx = \int_{-\infty}^{\infty} \frac{f(x)dx}{(x-\xi)^2} - 2f'(\xi).$$

Beweis. Sei $I_\varepsilon := \{x\in\mathbf{R} : \varepsilon\leq|x-\xi|\leq 1/\varepsilon\}$ und $F_\varepsilon(\xi) := \oint_{I_\varepsilon} \frac{f(x)}{x-\xi} dx$. Für $\varepsilon\to 0$ strebt F_ε gegen den Cauchy-Hauptwert. Aus Symmetriegründen bleibt F_ε unverändert, wenn f durch $f-f(\xi)$ ersetzt wird: $F_\varepsilon = \oint_{I_\varepsilon} \frac{f(x)-f(\xi)}{x-\xi} dx$. Die Ableitung $dF_\varepsilon/d\xi$ von F_ε lautet

$$\tfrac{1}{\varepsilon}[f(\xi-\varepsilon)-f(\xi+\varepsilon)] + \int_{I_\varepsilon} \frac{f(x)-f(\xi)}{(x-\xi)^2} dx - \int_{I_\varepsilon} \frac{f'(\xi)}{x-\xi} dx.$$

Das letzte Integral verschwindet ($f'(\xi)$ ist eine Konstante!), der erste Summand strebt für $\varepsilon\to 0$ gegen $-2f'(\xi)$, während das mittlere Integral gegen das Hadamard-Integral von f konvergiert. Wegen $f\in C^{1+\lambda}(\mathbf{R})$ streben die Ableitungen $dF_\varepsilon/d\xi$ *gleichmäßig* in ξ gegen den obigen Ausdruck. Also beweist $\lim dF_\varepsilon/d\xi = d(\lim F_\varepsilon)/d\xi$ die Behauptung. ▨

8. Die Integralgleichungsmethode

Als *Integralgleichungsmethode* bezeichnet man die Überführung von partiellen Differentialgleichungen mit d Raumvariablen in eine Integralgleichung über einer $(d-1)$-dimensionalen Oberfläche. Schon in §7.4 wurde die Methode anhand der Laplace-Gleichung vorgestellt. Dort wurden die Resultate über den singulären Cauchy-Kern herangezogen, um Integralgleichungsformulierungen für die Laplace-Gleichung (7.4.1a) zu finden. Die Laplace-Gleichung scheint nach diesem Zugang wegen des Zusammenhanges mit den holomorphen Funktionen eine Sonderstellung einzunehmen (vgl. Bemerkung 1.1). Offen bleibt die Frage nach der Möglichkeit, auch andere Gleichungen zu behandeln. Die *Integralgleichungs- oder Randintegralmethode* hat gerade die umgekehrte Blickrichtung. Ausgehend von einer Differentialgleichung $Lu = 0$ mit geeigneten Randbedingungen sucht man eine äquivalente Formulierung als Integralgleichung. Die numerische Behandlung der entstehenden Integralgleichung findet sich unter dem Titel «Randelementmethode» in §9.

8.1 Das Einfachschichtpotential

Obwohl wir uns schließlich wieder auf die Laplace-Gleichung beschränken werden, soll in diesem Abschnitt gezeigt werden, wie man von der Differential- zur Integralgleichung gelangt. Eine fundamentale Rolle spielt dabei die Singularitätenfunktion.

8.1.1 Die Singularitätenfunktion

Zu lösen sei die partielle Differentialgleichung

$$(8.1.1) \qquad Lu = 0 \qquad\qquad \text{in } \Omega_+ \text{ oder } \Omega_-,$$

wobei $\Omega_\mp \subset \mathbf{R}^d$ das Innen- / Außengebiet von Γ und L einen Differentialoperator mit *konstanten Koeffizienten* bezeichnen. Beispiele für L sind

$$(8.1.2a) \qquad L = -\Delta, \qquad\qquad \text{(Laplace-Gleichung)}$$

$$(8.1.2b) \qquad L = -\Delta - c, \qquad\qquad \text{(Helmholtz-Gleichung)}$$

$$(8.1.2c) \qquad L = \Delta^2 = \frac{\partial^4}{\partial x^4} + 2\frac{\partial^4}{\partial x^2 \partial y^2} + \frac{\partial^4}{\partial y^4} \qquad \text{(biharmonische Gl.)}.$$

Die Integralgleichungsmethode läßt sich nur anwenden, wenn die Differentialgleichung wie in (1) homogen ist, d.h. wenn die rechte Seite in (1) null lautet und die Koeffizienten (wie z.B. c in (2b)) konstant sind. Auf den Fall einer inhomogenen Gleichung wird in §9.6 eingegangen werden.

Die *Singularitätenfunktion* von L ist eine Funktion von zwei Variablen $x, y \in \mathbf{R}^d$, die nur von der Euklidischen Norm $|x-y|$ abhängt und als Funktion von x für $x \neq y$ der Gleichung $Ls = 0$ genügt und in $y \in \mathbf{R}^d$ eine Singularität möglichst schwacher Ordnung besitzt.

Für die Laplace-Gleichung $-\Delta u = 0$ in $\mathbf{R}^d$ $(d = 2, 3)$ findet man in Abhängigkeit von der Dimension d die Singularitätenfunktion

$$
(8.1.3) \qquad s(x,y) = \begin{cases} -\frac{1}{2\pi}\, \log |x-y| & \text{für } d=2, \\[2mm] \frac{1}{4\pi}\, \frac{1}{|x-y|} & \text{für } d=3 \end{cases}
$$

(für $d>3$ vgl. Hackbusch [2, §2.2]). $x=(x_1,\dots,x_d)$ und $y=(y_1,\dots,y_d)$ sind Vektoren des $\mathbb{R}^d$. $|\cdot|$ ist die Euklidische Norm (vgl. (7.4.4c)). Zum Beweis von (3) hat man zu verifizieren, daß für jedes feste $y \in \mathbb{R}^d$ die Funktion $u(x) := s(x,y)$ die Laplace-Gleichung $-\Delta u = 0$ in $\mathbb{R}^d \setminus \{y\}$ löst.

Die Skalierung der Singularitätenfunktion ist so gewählt, daß im Sinne der Distributionen die Gleichung

$$
(8.1.4) \qquad L_x s(\cdot,y) = \delta_y \qquad\qquad (L_x = L)
$$

gilt. Dabei ist δ_y das Diracsche Funktional: $\delta_y(f) = f(y)$. Die Schreibweise L_x statt L soll darauf hinweisen, daß die Ableitungen in L bezüglich der Variablen x auszuführen sind.

Die Singularitätenfunktion wurde oben als Funktion mit möglichst schwacher Singularität im Punkte y erklärt. Funktionen mit stärkerer Singularität findet man ausgehend von $s(x,y)$ durch Ableiten. Sei

$$
(8.1.5) \qquad D^\nu = D_x^\nu := \partial^{|\nu|}/\partial x_1^{\nu_1}\, \partial x_2^{\nu_2} \cdots \partial x_d^{\nu_d} \qquad\qquad (\nu_j \geqslant 0)
$$

die $|\nu|$-fache partielle Ableitung bezüglich der Variablen x zum Multiindex $\nu = (\nu_1,\dots,\nu_d) \in \mathbb{Z}^d$, wobei $|\nu|$ als $\nu_1 + \dots + \nu_d$ definiert ist. D_y^μ bezeichnet die entsprechende Ableitung bezüglich y.

Lemma 8.1.1 Ist s die Singularitätenfunktion zu L, so löst die Funktion

$$
(8.1.6a) \qquad k(x,y) := \sum_\nu \sum_\mu \alpha_{\nu\mu}(y)\, D_x^\nu D_y^\mu\, s(x,y)
$$

mit endlichen Summen über ν, μ und nur von y abhängigen Koeffizienten $\alpha_{\nu\mu}(y)$ wieder die Gleichung (1) in $\mathbb{R}^d \setminus \{y\}$.

Beweis. Man setze $D = \sum_\nu \sum_\mu \alpha_{\nu\mu}(y)\, D_x^\nu D_y^\mu$. Vertauschung der Differentiationen ergibt $L_x k(x,y) = L_x D s(x,y) = D L_x s(x,y) = D\,0 = 0$ für $x \neq y$. ∎

Übungsaufgabe 8.1.2 Man zeige: **(a)** Eine spezielle Ableitung der Form (6a) ist die Normalableitung $\partial s(x,y)/\partial n_y$ bezüglich y. **(b)** Der Gradient der Singularitätenfunktion s aus (3) hat die Gestalt

$$
(8.1.6b) \qquad \nabla_x s(x,y) = -\frac{1}{\omega_d}\, \frac{x-y}{|x-y|^d}
$$

(ω_d = Oberfläche der d-dimensionalen Einheitskugel: $\omega_2 = 2\pi$, $\omega_3 = 4\pi$).

Eine Singularitätenfunktion braucht nicht unstetig zu sein. Es genügt, wenn ihre (höheren) Ableitungen Singularitäten besitzen. Zum Beispiel hat die *biharmonische* Differentialgleichungen $\Delta^2 u = 0$ aus (2c) im $\mathbb{R}^2$ die Singularitätenfunktion

$$(8.1.7) \qquad s(\mathbf{x}.\mathbf{y}) = \tfrac{1}{8\pi} \, |\mathbf{x}-\mathbf{y}|^2 \, \log|\mathbf{x}-\mathbf{y}| \qquad (\mathbf{x}, \mathbf{y}\in\mathbb{R}^2, \mathbf{x}\neq\mathbf{y}),$$

die stetige nullte und erste Ableitungen besitzt.

In den folgenden Abschnitten kehren wir wieder zu der Laplace-Gleichung $-\Delta u = 0$ (auch *Potentialgleichung* genannt) zurück und beschränken uns auf die zugehörige Singularitätenfunktion (3).

8.1.2 Stetigkeit des Einfachschichtpotentials

8.1.2.1 Definition

Im Falle $d=2$ ist $\Gamma=\partial\Omega_\pm$ eine geschlossene Kurve. Für $d=3$ ist Γ die *Oberfläche* des Innengebietes $\Omega_-\subset\mathbb{R}^3$. Die Integration über Γ schreiben wir einheitlich als $\int_\Gamma \ldots d\Gamma$. Zur Definition eines Oberflächenintegrals wird §8.1.2.2 einige Hinweise enthalten. Das über Γ gebildete Kurven- bzw. Flächenintegral

$$(8.1.8) \qquad \Phi(\mathbf{x}) := \int_\Gamma s(\mathbf{x},\mathbf{y}) \, f(\mathbf{y}) \, d\Gamma_\mathbf{y}$$

zur Singularitätenfunktion s (zu L) definiert das *Einfachschichtpotential* (zu L). Zur Laplace-Gleichung gehört gemäß (3) das Einfachschichtpotential

$$(8.1.9) \qquad \Phi(\mathbf{x}) = \begin{cases} -\tfrac{1}{2\pi} \int_\Gamma \log|\mathbf{x}-\mathbf{y}| \, f(\mathbf{y}) \, d\Gamma_\mathbf{y} & \text{für } d=2, \\[2mm] \tfrac{1}{4\pi} \int_\Gamma \dfrac{f(\mathbf{y})}{|\mathbf{x}-\mathbf{y}|} \, d\Gamma_\mathbf{y} & \text{für } d=3 \end{cases}$$

Die Funktion f in (8) bzw. (9) heißt die *Belegung* des Einfachschichtpotentials.

Der Name «Potential» besteht zurecht, da Φ außerhalb von Γ die Potentialgleichung (Laplace-Gleichung) $\Delta\Phi=0$ erfüllt:

Lemma 8.1.3 Sei $\Gamma\in C^1_{\mathrm{stw}}$. Das Einfachschichtpotential (9) genügt in $\mathbb{R}^d\setminus\Gamma$ der Laplace-Gleichung:

$$(8.1.10) \qquad -\Delta\Phi=0 \qquad\qquad\qquad \text{für } \mathbf{x}\notin\Gamma.$$

Beweis. Γ ist kompakt. Für festes $\mathbf{x}\notin\Gamma$ sind die zweiten Ableitungen von $s(\mathbf{x},\mathbf{y})$ nach $\mathbf{x}$ auf Γ gleichmäßig stetig, so daß die zweifache Differentiation unter das Integral gezogen werden darf:

$$-\Delta\Phi = -\Delta\int s(\mathbf{x}.\mathbf{y}) \, f(\mathbf{y}) \, d\Gamma_\mathbf{y} = -\int_\Gamma\Delta_\mathbf{x}s(\mathbf{x},\mathbf{y}) \, f(\mathbf{y}) \, d\Gamma_\mathbf{y} = -\int_\Gamma 0 \, d\Gamma_\mathbf{y}=0. \quad\blacksquare$$

Die Beweisführung zeigt, daß ein zu einem anderen Differentialoperator L gehörendes Einfachschichtpotential (8) ebenfalls $L\Phi=0$ erfüllt.

8.1.2.2 Oberflächenintegrale

Bisher sind nur *Kurven*integrale aufgetreten. Da jetzt auch der für praktische Anwendungen wichtige Fall $d=3$ zugelassen ist, soll an die Definition der Oberflächenintegrale erinnert werden.

Eine p-dimensionale Mannigfaltigkeit $\Gamma \subset \mathbf{R}^d$ sei das Bild der Parameterkoordinaten $t=(t_1,\ldots,t_p)\in S$ unter der eineindeutigen, differenzierbaren Abbildung $\varphi\colon S\subset \mathbf{R}^p \to \Gamma \subset \mathbf{R}^d$, d.h.

$$\Gamma = \{x=\varphi(t)\colon t\in S\}.$$

f sei eine auf Γ erklärte Funktion. Das Integral von f über Γ ist durch

$$(8.1.11a) \qquad \int_\Gamma f \, d\Gamma := \int_S f(\varphi(t)) \sqrt{g(t)} \, dt \qquad (dt=dt_1\cdot\ldots\cdot dt_p)$$

definiert, wobei g die *Gramsche Determinante*

$$g = g(t) = \det\left(\left\langle \frac{\partial\varphi}{\partial t_i}, \frac{\partial\varphi}{\partial t_j} \right\rangle_{i,j=1,\ldots,p}\right)$$

ist (vgl. Übungsaufgabe 4.5.4). Es gelingt nicht immer, die gesamte Menge Γ als Bild einer einzigen Parametermenge S zu konstruieren. Wenn Γ die disjunkte Vereinigung verschiedener Teile Γ_i ist, die Bilder gewisser Menge S_i unter φ_i sind, so wird das Integral über Γ durch

$$\int_\Gamma f \, d\Gamma = \sum_i \int_{\Gamma_i} f \, d\Gamma$$

auf Integrale über S_i zurückgeführt. Im weiteren ist stets $p=d-1$.

Ist speziell Γ eine zweidimensionale Fläche im $\mathbf{R}^3$, die durch die Koordinaten $\left\{ \begin{pmatrix} x_1 \\ x_2 \\ \eta(x_1,x_2) \end{pmatrix} \colon (x_1,x_2)\in S \right\}$ beschrieben wird, so ist

$$(8.1.11b) \qquad \int_\Gamma f \, d\Gamma = \int_S f(x_1,x_2,\eta(x_1,x_2)) \sqrt{1+\eta_{x_1}^2+\eta_{x_2}^2} \, dx_1 \, dx_2 \, .$$

Für Kurven Γ haben wir die Klassen

$$\Gamma\in C^\alpha, \quad \Gamma\in C^\alpha_{\mathrm{stw}}, \quad \Gamma\in C^\alpha_0, \quad \Gamma\in C^\alpha_{0,\mathrm{stw}}.$$

wie auch C_L^ν, $\hat{C}^\alpha$ usw. definiert (vgl. §7.1.2). Eine allgemeine Mannigfaltigkeit Γ gehört zu C^α, wenn Γ kompakt, zusammenhängend und doppelpunktfrei ist und für jedes $x\in\Gamma$ eine Umgebung $U\subset\Gamma$ von x existiert, so daß U Bild einer eineindeutigen Abbildungen $\varphi\colon S\subset\mathbf{R}^p\to U$ ist, wobei $\varphi\in C^\alpha(S)$. Γ gehört zu $\Gamma\in C^\alpha_{\mathrm{stw}}$, falls $\Gamma\in C^0$, $\Gamma=\Gamma_1\cup\Gamma_2\cup\ldots\cup\Gamma_n$ und $\Gamma_i\in C^\alpha$ für $1\leqslant i\leqslant n$. Die Γ_i werden im folgenden die *glatten Komponenten* von Γ genannt. Eine Mannigfaltigkeit heißt *geschlossen*, wenn ihr Rand die leere Menge ist. Für eine geschlossene Mannigfaltigkeit $\Gamma\in C^\alpha$ (bzw. $\Gamma\in C^\alpha_{\mathrm{stw}}$) wird $\Gamma\in C^\alpha_0$ (bzw. $\Gamma\in C^\alpha_{0,\mathrm{stw}}$) geschrieben.

8.1.2.3 Uneigentliche Integrale auf Oberflächen

Wie bei Kurven kann man die Definition von uneigentlichen Integralen über $\Gamma \in C^1_{stw}$ auf die Parametrisierung (11a) zurückführen, falls $\varphi \in C^1_{stw}$. Zur Rechtfertigung prüft man nach, daß die uneigentliche Integrierbarkeit nicht von der Wahl der Parametrisierung auf der rechten Seite von (11a) abhängt. Da eine Umgebung von $t \in S$ in den Parameterkoordinaten in eine Umgebung von $x = \varphi(t) \in \Gamma$ auf der Mannigfaltigkeit abgebildet wird, läßt sich die Definition aus §6.1.3 auch direkt anwenden:

$$\int_\Gamma f\, d\Gamma = \lim_{k \to \infty} \int_{\Gamma \setminus U_k} f\, d\Gamma,$$

wobei U_k Umgebungen der Singularitäten $\sigma \subset \Gamma$ sind und $\cap U_k = \sigma$ gilt.

Bemerkung 8.1.4 Sei $\Gamma \in C^1_{stw}$ eine Kurve bzw. Fläche im $\mathbf{R}^d$. Eine auf $\Gamma \setminus \{x_0\}$ erklärte, stetige Funktion f habe eine Singularität in $x_0 \in \Gamma$. Falls $|f(x)| \leqslant C|x - x_0|^{-\lambda}$ mit $\lambda < d-1$, ist f über Γ uneigentlich integrierbar.

Beweis. Bemerkung 6.1.2b ist auf die rechte Seite von (11a) anwenden. ▢

Lemma 6.1.5 (Stetigkeit bezüglich eines Parameters) gilt ohne Änderung auch für uneigentliche Integrale über $\Gamma \in C^1_{stw}$. In Anlehnung an Übungsaufgabe 6.1.4c sei ein Kriterium für die gleichmäßige Existenz der uneigentlichen Integrale erwähnt.

Lemma 8.1.5 Sei $\Gamma \in C^1_{stw}$ eine p-dimensionale Mannigfaltigkeit in $\mathbf{R}^d$ und $D \subset \mathbf{R}^d$. $f(\xi, y)$ sei für Variablenwerte $y \in \Gamma$ und Parameterwerte $\xi \in D \setminus \{y\}$ definiert und stetig und erfülle dort $|f(\xi, y)| \leqslant C|y - \xi|^{-\lambda}$ mit $\lambda < p$. Dann *existieren die uneigentlichen Integrale* $\Phi(\xi) := \int_\Gamma f(\xi, y)\, d\Gamma_y$ *gleichmäßig, so daß* Φ *auf* D *stetig ist.*

Beweis. (i) O.B.d.A. kann $\Gamma \in C^1$ vorausgesetzt werden, da die folgenden

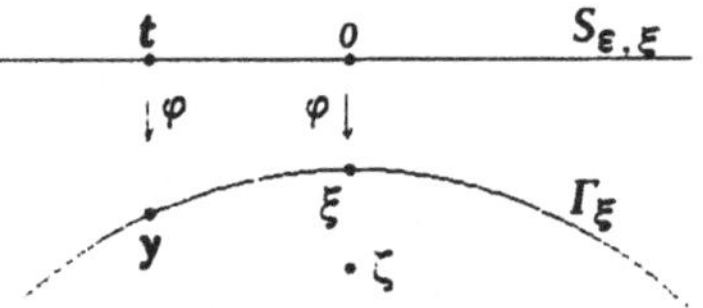

Überlegungen für jedes C^1-Stück von $\Gamma \in C^1_{stw}$ einzeln durchgeführt werden können. Es gibt ein $\varepsilon > 0$, so daß die folgenden Aussagen (a,b) gelten. (a) Für alle $\xi \in \Gamma$ ist der Ausschnitt $\Gamma_\xi := \{y \in \Gamma: |y - \xi| \leqslant \varepsilon\}$ von Γ das Bild von $S_{\varepsilon,\xi} \subset \{t \in \mathbf{R}^p: |t| \leqslant \varepsilon\}$ (z.B. der Tangentenebene) unter der Abbildung $\varphi = \varphi_\xi$, wobei

$$\varphi(0) = \xi, \quad |t - t'|/C_0 \leqslant |\varphi(t) - \varphi(t')| \leqslant C_0|t - t'| \quad \text{und} \quad C_0^{-2} \leqslant g \leqslant C_0^2$$

für die zugehörige Gramsche Determinante gilt und C_0 von x unabhängig ist. (b) Zu $\zeta \in D$ mit $|\zeta - \xi| = \text{dist}(\zeta, \Gamma) \leqslant \varepsilon$ gibt es kein weiteres $\xi' \in \Gamma$ mit $|\zeta - \xi'| = \text{dist}(\zeta, \Gamma)$. Stets gilt

$$|y - \xi| \leqslant 2|y - \zeta| \quad \text{für alle } y \in \Gamma_\xi, \zeta \in D \text{ mit } \text{dist}(\zeta, \Gamma) = |\zeta - \xi|.$$

(ii) Sei $\eta := \mu(U) := \int_U d\Gamma$ das Maß von $U \subset \Gamma$. Im Falle $\text{dist}(\zeta, \Gamma) \geqslant \varepsilon$ ist $\int_U |f(\zeta, y)|\, d\Gamma \leqslant \eta C \varepsilon^{-\lambda}$. Für $\text{dist}(\zeta, \Gamma) < \varepsilon$ gibt es ein eindeutiges $\xi \in \Gamma$

mit $\text{dist}(\zeta, \Gamma) = |\zeta - \xi|$. Das Integral über $U \setminus \Gamma_\xi$ ist ebenfalls $\leqslant \eta\, C\varepsilon^{-\lambda}$. Für das Integral über $V := U \cap \Gamma_\xi$ ergibt die Parametrisierung mit $\varphi = \varphi_\xi \colon S_{\varepsilon, \xi} \to \Gamma_\xi$, daß

$$\int_V |f(\zeta, y)|\, d\Gamma \leqslant C \int_V |y - \zeta|^{-\lambda} d\Gamma_y \leqslant C\, 2^\lambda \int_V |y - \xi|^{-\lambda} d\Gamma_y \leqslant$$

$$\leqslant C\, 2^\lambda \int_W \sqrt{g}\, |\varphi(t) - \varphi(0)|^{-\lambda} dt \leqslant C\, 2^\lambda C_0^{\lambda+1} \int_W |t|^{-\lambda} dt =: \tau(V),$$

wobei $W := \varphi^{-1}(V) \subset K_\varepsilon(0) \subset \mathbb{R}^p$ das Urbild von V ist. $|t|^{-\lambda}$ ist in $\mathbb{R}^p$ uneigentlich integrierbar: Für $\mu(W) \to 0$ strebt auch $\tau(V)$ gegen null. Aus der Abschätzung $1/g \leqslant C_0^2$ der Gramschen Determinante folgert man

$$\mu(W) = \int_W dt = \int_V g^{-1/2} d\Gamma \leqslant \mu(V)/C_0 \leqslant \mu(U)/C_0 = \eta/C_0.$$

Für jede Umgebungsfolge U mit $\eta := \mu(U) \to 0$ erhält man über $\mu(W) \to 0$ die Aussage $\tau(V) \to 0$, so daß $\sup\{\int_U |f(\zeta, y)|\, d\Gamma \colon \zeta \in D\} \leqslant \eta\, C\varepsilon^{-\lambda} + \tau(V) \to 0$ die gleichmäßige Existenz des uneigentlichen Integrales zeigt. ▣

Übungsaufgabe 8.1.6 Man zeige: Die Abschätzung $|f(\xi, y)| \leqslant C|y - \xi|^{-\lambda}$ $(\lambda < d-1)$ sei auf $|\xi| \leqslant 2R$ mit $R := \sup\{|y| \colon y \in \Gamma\}$ beschränkt. Sonst gelten die Voraussetzungen von Lemma 5. Wird zusätzlich die Beschränktheit von f für $\xi \to \infty$ angenommen, so ist auch $\Phi(\xi) := \int_\Gamma f(\xi, y) d\Gamma_y$ für $\xi \to \infty$ beschränkt. Konvergiert f überdies für $\xi \to \infty$ gleichmäßig gegen $\lim f(\xi, y) = f(\infty)$, so strebt Φ für $\xi \to \infty$ gegen $f(\infty)\mu(\Gamma)$.

8.1.2.4 Folgerungen für das Einfachschichtpotential

Aus Lemma 5 und Übung 6 folgert man den ersten Teil aus

> **Satz 8.1.7** Das Einfachschichtpotential Φ aus (9) über $\Gamma \in C_{\text{stw}}^1$ ist stetig in $x \in \mathbb{R}^d$. Für $d \geqslant 3$ ist Φ in $x = \infty$ stetig mit dem Wert $\Phi(\infty) = 0$, d.h.
>
> (8.1.12) $\qquad \Phi(x) \to 0 \quad$ für $|x| \to \infty$.
>
> Im zweidimensionalen Fall $d = 2$ gilt (12) nur, wenn die Belegung f zusätzlich der Bedingung (13) genügt:
>
> (8.1.13) $\qquad \int_\Gamma f\, d\Gamma = 0$.

Beweis des zweiten Teils. Sei $d = 2$. Unter der Voraussetzung (13) ist $\Phi(x) = -\int [\log|x - y| - \log|x|] f(y) d\Gamma_y / (2\pi)$ für $x \neq 0$. Da die Differenz $\log|x - y| - \log|x| = \log[|x - y|/|x|]$ für $|x| \to \infty$ gleichmäßig gegen null strebt, folgt (12). ▣

8.1.3 Ableitungen des Einfachschichtpotential
8.1.3.1 Die Normalableitung

Für $x \notin \Gamma$ darf man Φ unter dem Integral ableiten, denn Γ ist kompakt und $\nabla_x s(x, y)$ ist bzgl. y auf Γ gleichmäßig stetig. Der Gradient lautet

(8.1.14a) $\qquad \nabla \Phi(x) = -\dfrac{1}{\omega_d} \displaystyle\int_\Gamma \dfrac{x - y}{|x - y|^d} f(y)\, d\Gamma_y \qquad (x \notin \Gamma)$

(vgl. (6b)), wobei

$$(8.1.14b)\qquad \omega_2 = 2\pi, \quad \omega_3 = 4\pi,$$

(allgemein: ω_d = Oberfläche der d-dimensionalen Einheitskugel).
Ebenso kann man höhere Ableitungen in $x \notin \Gamma$ bilden und findet, daß Φ
außerhalb von Γ *unendlich oft differenzierbar* ist: $\Phi \in C^\infty(\mathbf{R}^d \setminus \Gamma)$.
Da die Kernfunktion $(x-y)/|x-y|^d$ über Γ nicht mehr uneigentlich
integrierbar ist, wird der Gradient $\nabla\Phi(x)$ bei Γ im allgemeinen unstetig
sein.

Sind Ω_- das Innen- und Ω_+ das Außengebiet von Γ, so interessiert
insbesondere, ob das Einfachschichtpotential Φ eine *Normalableitung*
$\partial\Phi/\partial n$ auf Γ besitzt und wie diese mit der Belegung f zusammenhängt.
Dazu fixieren wir einen Punkt $x_0 \in \Gamma$ der Oberfläche, in dem Γ Hölder-
stetig differenzierbar ist, d.h. in dem die Ungleichung (15) erfüllt ist:

$$(8.1.15)\qquad |\langle n(x_0),x_0-y\rangle| \leq C\,|x_0-y|^{1+\lambda} \qquad (\lambda\in(0,1],\ \text{für alle } y\in\Gamma).$$

Übungsaufgabe 8.1.8 Man zeige: **(a)** Hinreichend für (15) ist $\Gamma_0 \in C^{1+\lambda}$
für eine Umgebung $\Gamma_0 \subset \Gamma$ von x_0. **(b)** Die schwächere Bedingung
$\langle n(x_0),x_0-y\rangle = o(|x_0-y|)$ entspricht der Differenzierbarkeit von Γ in
x_0 und sichert die Existenz einer *Tangentialebene* ($d=3$) bzw. Tangente
($d=2$) in x_0, die sich als $T := \{x\in\mathbf{R}^d : x=x_0+z,\ z \perp n(x_0)\}$ darstellen läßt.

Satz 8.1.9 Im Punkt $x_0 \in \Gamma$ sei (15) erfüllt. Die Belegung f des Einfachschichtpotentials Φ sei beschränkt (d.h. $f\in L^\infty(\Gamma)$) und in x_0 stetig.
$n(x_0)$ sei die nach außen gerichtete Normale in x_0. Dann existieren
die einseitigen *Normalableitungen*

$$(8.1.16a)\qquad \frac{\partial\Phi_\pm}{\partial n}(x_0) := \lim_{\substack{\alpha\to 0\\ \alpha>0}} \langle n(x_0),\nabla\Phi(x_0\pm\alpha n(x_0))\rangle$$

in x_0 und genügen der *Sprungbedingung*

$$(8.1.16b)\qquad \partial\Phi_+(x_0)/\partial n - \partial\Phi_-(x_0)/\partial n = -f(x_0).$$

Ihr Mittelwert in x_0 lautet

$$(8.1.16c)\qquad \tfrac{1}{2}[\partial\Phi_+/\partial n + \partial\Phi_-/\partial n] = -\frac{1}{\omega_d}\int_\Gamma \frac{\langle n(x_0),\,x_0-y\rangle}{|x_0-y|^d}\,f(y)\,d\Gamma_y,$$

wobei die rechte Seite in (16c) ein uneigentliches Integral darstellt.

Hinweis. (i) Wenn statt der äußeren die innere Normalenrichtung $n(x_0)$
verwendet wird, kehren sich die Vorzeichen von $\partial\Phi_\pm/\partial n$ um.
Die Bezeichnung «$\pm$» von $\partial\Phi_\pm/\partial n$ ist so gewählt, daß $\partial\Phi_-/\partial n$ [bzw.
$\partial\Phi_+/\partial n$] die übliche Normalableitung des im Innengebiet Ω_- [bzw. im
Außengebiet Ω_+] definierten Potentials ist, falls Γ geschlossen ist.

(ii) Die Gleichung (16c) läßt sich auch in der Form (16c') schreiben:

$$(8.1.16c')\qquad \tfrac{1}{2}[\partial\Phi_+/\partial n + \partial\Phi_-/\partial n] = \int_\Gamma \frac{\partial}{\partial n_x}\,s(x_0,y)\,f(y)\,d\Gamma_y.$$

Als Hilfsmittel zum Beweis des Satzes 9 zeigen wir zunächst das

Lemma 8.1.10 Sei $\varepsilon>0$ und $S_\varepsilon:=\{y'\in\mathbb{R}^{d-1}:\ |y'|\leq\varepsilon\}$. **(a)** Das Integral

$$(8.1.17a_1)\qquad I(\alpha,\varepsilon):=\frac{1}{\omega_d}\int_{S_\varepsilon}\frac{\alpha\,dy'}{[|y'|^2+\alpha^2]^{d/2}}\qquad\text{für }\alpha\neq0$$

hängt nur von ε/α ab und besitzt bei $\alpha=0$ einseitige Grenzwerte

$$(8.1.17a_2)\qquad I(0\pm0,\varepsilon)=\pm\tfrac{1}{2}\qquad\text{für alle }\varepsilon>0.$$

(b) Erfüllt die Funktion η die Abschätzung

$$(8.1.17b)\qquad |\eta(y')|\leq C_\eta|y'|^{1+\mu}\qquad\text{für }y'\in S_\varepsilon$$

mit einem $\mu>0$, so hat das Integral

$$(8.1.17c_1)\qquad I_\eta(\alpha,\varepsilon):=\frac{1}{\omega_d}\int_{S_\varepsilon}\frac{\alpha-\eta(y')}{[|y'|^2+(\alpha-\eta(y'))^2]^{d/2}}\,dy'$$

einseitige Grenzwerte bei $\alpha=0$ mit

$$(8.1.17c_2)\qquad I_\eta(0+0,\varepsilon)-I_\eta(0-0,\varepsilon)=1,$$
$$(8.1.17c_3)\qquad I_\eta(0+0,\varepsilon)+I_\eta(0-0,\varepsilon)=\frac{2}{\omega_d}\int_{S_\varepsilon}\frac{-\eta(y')\,dy'}{[|y'|^2+\eta(y')^2]^{d/2}}.$$

(c) Es gelte (17b). Für alle $\varphi\in L^\infty(S_\varepsilon)$ und $\alpha\in\mathbb{R}$ gilt

$$(8.1.17d)\qquad\frac{1}{\omega_d}\int_{S_\varepsilon}\frac{|\varphi(y')(\alpha-\eta(y'))|\,dy'}{[|y'|^2+(\alpha-\eta(y'))^2]^{d/2}}\leq[\tfrac{1}{2}+O(\varepsilon^\mu)]\|\varphi\|_{\infty,S_\varepsilon}.$$

(d) Es gelte (17b). Die Funktion $\varphi\in L^\infty(S_\varepsilon)$ sei in $y'=0$ stetig. Dann besitzt

$$(8.1.17e_1)\qquad\Phi(\alpha,\varepsilon):=\frac{1}{\omega_d}\int_{S_\varepsilon}\frac{\varphi(y')(\alpha-\eta(y'))\,dy'}{[|y'|^2+(\alpha-\eta(y'))^2]^{d/2}}$$

einseitige Grenzwerte $\Phi(0\pm0,\varepsilon)$ bei $\alpha=0$ mit

$$(8.1.17e_2)\qquad\Phi(0+0,\varepsilon)-\Phi(0-0,\varepsilon)=\varphi(0),$$
$$(8.1.17e_3)\qquad\Phi(0+0,\varepsilon)+\Phi(0-0,\varepsilon)=\frac{2}{\omega_d}\int_{S_\varepsilon}\frac{-\varphi(y')\eta(y')\,dy'}{[|y'|^2+\eta(y')^2]^{d/2}}.$$

Man beachte, daß die Mittelwerte der einseitigen Limites von I, I_η und Φ dadurch erhalten werden, daß man im Integranden $\alpha=0$ setzt.

Beweis. (i) Man substituiere $y'=\alpha z$ und beachte $dy'=|\alpha|^{d-1}dz$:

$$I(\alpha,\varepsilon)=\frac{1}{\omega_d}\int_{S_{\varepsilon/|\alpha|}}\frac{\alpha|\alpha|^{d-1}dz}{|\alpha|^d[|z|^2+1]^{d/2}}=$$
$$=\operatorname{sign}\alpha\ \frac{1}{\omega_d}\int_{S_{\varepsilon/|\alpha|}}\frac{dz}{[|z|^2+1]^{d/2}}=\operatorname{sign}\alpha\ I(1,\varepsilon/|\alpha|).$$

Für $\varepsilon/|\alpha|\to\infty$ konvergiert $I(1,\varepsilon/|\alpha|)$ gegen das uneigentliche Integral

$$I(1,\infty)=\frac{1}{\omega_d}\int_{\mathbb{R}^{d-1}}\frac{dz}{[|z|^2+1]^{d/2}}.$$

Zur Auswertung des Integrals geht man zu Polarkoordinaten in $\mathbb{R}^{d-1}$ über $(r=|z|,\ dz=r^{d-2}dr\,d\Omega,\ \int d\Omega=\omega_{d-1},\ \omega_1=2,\ \omega_2=2\pi)$:

$$I(1,\infty)=\frac{\omega_{d-1}}{\omega_d}\int_0^\infty r^{d-2}[r^2+1]^{-d/2}dr.$$

Für $d=2$ hat man $\omega_{d-1}=2$, $\omega_d=2\pi$, $\int_0^\infty\ldots dr=\int_0^\infty[r^2+1]^{-1}dr=\frac{\pi}{2}$, also $I(1,\infty)=\frac{1}{2}$. Das gleiche Resultat findet man für $d=3$, da $\omega_{d-1}=2\pi$, $\omega_d=4\pi$ und $\int_0^\infty\ldots dr=\int_0^\infty r[r^2+1]^{-3/2}dr=\frac{1}{2}\int_0^\infty[t+1]^{-3/2}dt=1$. Dies beweist den Teil (a) des Lemmas.

(ii) Zur Abkürzung seien

$$\alpha(t,y'):=\alpha-t\eta(y'),\quad N(t,y'):=|y'|^2+\alpha(t,y')^2$$

eingeführt. Der Mittelwertsatz der Differentialrechnung liefert

$$\delta(y'):=\frac{\alpha(1,y')}{N(1,y')^{d/2}}-\frac{\alpha(0,y')}{N(0,y')^{d/2}}=\frac{-\eta(y')}{N(t,y')^{d/2}}+d\,\frac{\alpha(t,y')^2\eta(y')}{N(t,y')^{d/2+1}}$$

mit einem Zwischenwert $t\in(0,1)$. Da $\alpha(t,y')\leqslant N(t,y')^{1/2}$, $|\eta(y')|\leqslant C_\eta|y'|^{1+\mu}$ und $N(t,y')\geqslant|y'|^2$, hat $\delta(y')$ die uneigentlich integrierbare Majorante $C_\eta d|y'|^{1+\mu-d}$. $\alpha(0,y')/N(0,y')^{d/2}$ ist der Integrand in $I(\alpha,\varepsilon)$ und $\alpha(1,y')/N(1,y')^{d/2}$ jener von $I_\eta(\alpha,\varepsilon)$. Also existiert $\delta I(\alpha,\varepsilon):=I_\eta(\alpha,\varepsilon)-I(\alpha,\varepsilon)$ gleichmäßig als uneigentliches Integral und ist folglich stetig in α: $\delta I(0,\varepsilon)=\frac{1}{\omega_d}\int_{S_\varepsilon}\frac{-\eta(y')\,dy'}{[|y'|^2+\eta(y')^2]^{d/2}}$. Zusammen mit $(17a_2)$ folgt die Aussage (b).

(iii) Da $|\varphi(y')|$ durch $\|\varphi\|_{\infty,S_\varepsilon}$ abschätzbar ist, bleibt für (c) nur

$$\frac{1}{\omega_d}\int_{S_\varepsilon}\frac{|\alpha-\eta(y')|\,dy'}{[|y'|^2+(\alpha-\eta(y'))^2]^{d/2}}\leqslant\frac{1}{2}+O(\varepsilon^\mu)$$

zu zeigen. Hierzu verwende man die Überlegungen aus (ii).

(iv) Die Aufspaltung $\varphi(y')=[\varphi(y')-\varphi(0)]+\varphi(0)$ induziert die Aufspaltung von $\Phi(\alpha,\varepsilon)$ in $\Phi_0(\alpha,\varepsilon)+\varphi(0)I_\eta(\alpha,\varepsilon)$, wobei

$$\Phi_0(\alpha,\varepsilon):=\frac{1}{\omega_d}\int_{S_\varepsilon}\frac{[\varphi(y')-\varphi(0)](\alpha-\eta(y'))}{[|y'|^2+(\alpha-\eta(y'))^2]^{d/2}}\,dy'.$$

Zum Nachweis von $(17e_{2,3})$ reicht es, die Stetigkeit von Φ_0 bezüglich α in $\alpha=0$ sowie $\Phi_0(0,\varepsilon)=\frac{1}{\omega_d}\int_{S_\varepsilon}\frac{-[\varphi(y')-\varphi(0)]\eta(y')}{[|y'|^2+\eta(y')^2]^{d/2}}\,dy'$ zu zeigen. Dazu definiere man

$$\Phi(\alpha,\varepsilon',\varepsilon):=\frac{1}{\omega_d}\int_{S_\varepsilon\setminus S_{\varepsilon'}}\frac{[\varphi(y')-\varphi(0)](\alpha-\eta(y'))}{[|y'|^2+(\alpha-\eta(y'))^2]^{d/2}}\,dy'$$

für $0\leqslant\varepsilon'\leqslant\varepsilon$. Für jedes $\varepsilon'>0$ ist $\Phi(\cdot,\varepsilon',\varepsilon)\in C(\mathbb{R})$, da der Integrand auf $S_\varepsilon\setminus S_{\varepsilon'}$ gleichmäßig stetig bezüglich α ist. Andererseits beweist (17d) über

$$|\Phi(\alpha,\varepsilon',\varepsilon)-\Phi(\alpha,\varepsilon'',\varepsilon)|=|\Phi(\alpha,\varepsilon',\varepsilon'')|\leqslant[\tfrac{1}{2}+O(\varepsilon'^\mu)]\|\varphi-\varphi(0)\|_{\infty,S_{\varepsilon'}}$$
$$(0<\varepsilon''\leqslant\varepsilon'\leqslant\varepsilon)$$

und $\|\varphi - \varphi(0)\|_{\infty, S_{\varepsilon'}} \to 0$ wegen der Stetigkeit von φ in 0 die gleichmäßige Konvergenz von $\Phi(\cdot, \varepsilon', \varepsilon)$ gegen $\Phi(\cdot, 0, \varepsilon) = \Phi_0(\cdot, \varepsilon)$ für $\varepsilon' \to 0$, so daß Φ_0 in α stetig ist und Φ_0 in $\alpha = 0$ die behauptete Darstellung besitzt:

$$\Phi_0(0, \varepsilon) = \lim_{\varepsilon' \to 0} \Phi(0, \varepsilon', \varepsilon) = \frac{1}{\omega_d} \int_{S_\varepsilon} \frac{-[\varphi(y') - \varphi(0)]\, \eta(y')}{[|y'|^2 + \eta(y')^2]^{d/2}}\, dy'. \qquad \blacksquare$$

Beweis zu Satz 9. (i) Da die zu untersuchenden Größen invariant gegen Rotationen und Translationen sind, kann o.B.d.A. angenommen werden, daß $x_0 = 0$ und daß die Tangentenebene T (vgl. Übungsaufgabe 8b) durch $x_d = 0$, d.h. $T = \{x = \binom{x'}{0}: x' \in \mathbb{R}^{d-1}\}$ gegeben ist. Die Normale in $x_0 = 0$ ist

$$n := n(x_0) \quad \text{mit } n_1 = \ldots = n_{d-1} = 0,\ n_d = 1,$$

wenn die äußere Normale nach oben weist (sonst $n_d = -1$). Für hinreichend kleines $\varepsilon > 0$ kann $S_\varepsilon := \{y' \in \mathbb{R}^{d-1}: |y'| \leqslant \varepsilon\}$ (vgl. Lemma 10) mittels

$$\varphi:\ y' \in \mathbb{R}^{d-1} \ \mapsto\ y = \binom{y'}{\eta(y')} \in \Gamma$$

auf eine Umgebung $\Gamma_\varepsilon \subset \Gamma$ von $x_0 = 0$ abgebildet werden. Wegen (15) ist

$$\eta(y') = \langle n, y \rangle = -\langle n(x_0), x_0 - y \rangle,$$

$$(8.1.17\text{f}) \qquad \eta(0) = \eta_{y_i}(0) = 0 \qquad\qquad (1 \leqslant i \leqslant d - 1),$$

$$|\eta(y')| \leqslant C |y|^{1+\lambda} = C [|y'|^2 + \eta(y')^2]^{(1+\lambda)/2}.$$

Die letzte Ungleichung aufgelöst nach $\eta(y')$ führt auf (17b) mit $\mu := \lambda$.

(ii) Die Zerlegung von Γ in Γ_ε und $\Gamma \setminus \Gamma_\varepsilon$ induziert eine Zerlegung des Einfachschichtpotentials Φ in

$$\Phi = \Phi_0 + \Phi_1 \quad \text{mit } \Phi_0 = \int_{\Gamma \setminus \Gamma_\varepsilon} s(\cdot, y)\, f(y)\, d\Gamma_y,\ \Phi_1 = \int_{\Gamma_\varepsilon} s(\cdot, y)\, f(y)\, d\Gamma_y.$$

Da $x_0 = 0 \notin \Gamma \setminus \Gamma_\varepsilon$, ist $\nabla \Phi_0$ und damit auch die Richtungsableitung $\langle n, \nabla \Phi_0(\alpha n) \rangle$ in der Umgebung von $\alpha = 0$ unendlich oft differenzierbar und insbesondere stetig. Ein Sprung der Normalableitung in $\alpha = 0$ kann daher nur durch Φ_1 verursacht werden. Für die Darstellung von $\nabla \Phi_1$ auf Γ_ε können wir die Parametrisierung φ verwenden (vgl. (11b)):

$$\nabla \Phi_1(x) = -\frac{1}{\omega_d} \int_{S_\varepsilon} f(y) \sqrt{g(y)}\, \frac{x - y}{|x - y|^d}\, dy' \qquad (x \in \Gamma_\varepsilon)$$

$$\text{mit} \qquad y = \varphi(y') = \binom{y'}{\eta(y')}, \quad g(y) = 1 + \sum_{i=1}^{d-1} \eta_{y_i}(y')^2.$$

Setzen wir speziell $x = \alpha n$, wird $\langle n, x - y \rangle$ zu $\alpha - \eta(y')$ und $|x - y|^d$ zu $[|y'|^2 + (\alpha - \eta(y'))^2]^{d/2}$:

$$(8.1.17\text{g}) \qquad \frac{\partial \Phi_1(\alpha n)}{\partial n} = -\frac{1}{\omega_d} \int_{S_\varepsilon} \frac{f(y) \sqrt{g(y)}\, (\alpha - \eta(y'))}{[|y'|^2 + (\alpha - \eta(y'))^2]^{d/2}}\, dy' \quad \text{für } \alpha \neq 0$$

ist die Normalableitung in $x = x_0 + \alpha n$. Lemma 10d mit $\varphi := -f\sqrt{g}$ beweist den Sprung (16b) um $-f(0)\sqrt{g(0)} = -f(0)$ wegen $g(0) = 1$ (vgl. (17f)). Für den Mittelwert der einseitigen Grenzwerte von (17g) in $\alpha = 0 \pm 0$

erhält man gemäß (17e$_3$):

$$\frac{1}{\omega_d} \int_{S_\varepsilon} \frac{f(y)\sqrt{g(y)}\,\eta(y')}{[\,|y'|^2+\eta(y')^2\,]^{d/2}}\,dy' = -\frac{1}{\omega_d}\int_{\Gamma_\varepsilon}\frac{f(y)\langle n(x_0),x_0-y\rangle}{|x_0-y|^d}\,d\Gamma_y.$$

Da $\langle n,\nabla\Phi_0\rangle$ stetig in α ist, lautet das entsprechende Integral $\int_{\Gamma\setminus\Gamma_\varepsilon}\ldots d\Gamma_y$ mit $\alpha=0$ im Integranden. Zusammen ergibt sich (16c). ∎

8.1.3.2 Der Cauchy-Hauptwert für Oberflächenintegrale

Der Cauchy-Hauptwert $\oint_\Gamma f\,d\Gamma$ bezüglich einer Singularität in $x_0\in\Gamma$ wird durch (18) definiert, falls dieser Limes existiert:

$$(8.1.18)\qquad \oint_\Gamma f\,d\Gamma := \lim_{\substack{\varepsilon\to 0\\ \varepsilon>0}}\ \int_{y\in\Gamma,\ |y-x_0|\geqslant\varepsilon} f(y)\,d\Gamma.$$

In Analogie zu Definition 7.1.15 und (7.1.13d) in Satz 7.1.17 gibt es Charakterisierungen des Cauchy-Hauptwertes mit Hilfe einer Parametrisierung.

Lemma 8.1.11 In $x_0\in\Gamma\subset\mathbf{R}^d$ seien f Hölder-stetig und Γ Hölder-stetig differenzierbar, d.h. $|f(x)-f(x_0)|\leqslant C\,|x-x_0|^\lambda$ $(\lambda>0)$ gelte für alle $x\in\Gamma$, und für eine Umgebung $U\subset\Gamma$ von x_0 existiere eine Parametrisierung $\varphi\in C^{1+\lambda}(V)$, die $V\subset\mathbf{R}^{d-1}$ umkehrbar eindeutig auf $U\subset\Gamma$ abbildet. O.B.d.A. kann $\varphi(0)=x_0$ angenommen werden. Außerhalb von U gelte $\Gamma\setminus U\in C^1_{stw}$, und f besitze in $\Gamma\setminus U$ höchstens schwache Singularitäten. Dann existiert der Cauchy-Hauptwert

$$(8.1.19a)\qquad \oint_\Gamma f(y)\frac{\langle v,y-x_0\rangle}{|y-x_0|^d}\,d\Gamma_y \qquad\qquad \text{für } v\in\mathbf{R}^d$$

und stimmt mit dem Cauchy-Hauptwert der Parametrisierung

$$(8.1.19b)\qquad \oint_\Gamma f(y)\frac{\langle v,y-x_0\rangle}{|y-x_0|^d}\,d\Gamma_y = \int_{\Gamma\setminus U}\frac{\langle v,y-x_0\rangle}{|y-x_0|^d}\,d\Gamma_y +$$

$$+ \oint_V f(\varphi(t))\sqrt{g(t)}\,\frac{\langle v,\varphi(t)-x_0\rangle}{|\varphi(t)-x_0|^d}\,dt$$

überein, wobei $g(t)$ die Gramsche Determinante ist und der Cauchy-Hauptwert auf der rechten Seite gemäß (18) durch (19c) definiert ist:

$$(8.1.19c)\qquad \oint_V \psi(t)\,dt = \lim_{\substack{\tau\to 0\\ \tau>0}}\ \int_{V\setminus K_\tau(0)} \psi(t)\,dt.$$

Hierbei ist wie üblich $K_\tau(0)=\{t: |t|<\tau\}$. Da eine Substitution $t=\Phi(t')$ in (19b) zu einer weiteren Parametrisierung (19b) führt, impliziert Lemma 11, daß eine Substitution aus $C^{1+\lambda}$ ohne Änderung des Cauchy-Hauptwertes möglich ist (vgl. Lemma 7.1.6).

Beweis zu Lemma 11. (i) Im Falle $d=2$ können Satz 7.1.17 und Lemma 7.1.6a angewandt werden (vgl. Definition 7.1.15). Im weiteren wird daher $d=3$ angenommen. Es genügt, $\Gamma=U$ zugrundezulegen, so daß der erste Summand in (19b) entfällt. Speziell können wir $U=\Gamma_\varepsilon:=\Gamma\cap K_\varepsilon(x_0)$ wählen.

(ii) Das Integral

$$I_\eta^1:=\int_{\Gamma_\varepsilon\setminus\Gamma_\eta}f(y)\frac{\langle v,y-x_0\rangle}{|y-x_0|^3}\,d\Gamma_y \qquad (0<\eta\leq\varepsilon)$$

konvergiert definitionsgemäß gegen den Cauchy-Hauptwert, falls dieser existiert. Andererseits definieren wir

$$I_\eta^2:=\int_{V\setminus K_\eta(0)}f(\varphi(t))\sqrt{g(t)}\,\frac{\langle v,\varphi(t)-x_0\rangle}{|\varphi(t)-x_0|^3}\,dt \qquad (0<\eta,\ K_\eta(0)\subset V).$$

(iii) Zunächst wollen wir die Existenz von $\lim I_\eta^2$ für $\eta\to 0$, d.h. des Cauchy-Hauptwertes (19c) zeigen. Nach dem Cauchy-Konvergenzkriterium ist $|I_{\eta'}^2-I_{\eta''}^2|\leq\varepsilon$ für alle hinreichend kleinen $\eta',\eta''\leq\eta$ nachzuweisen. O.B.d.A. sei $0<\eta'\leq\eta''\leq\eta$. In Polarkoordinaten (r,ϑ) lautet die Differenz

$$I_{\eta'}^2-I_{\eta''}^2=\int_{K_{\eta''}(0)\setminus K_{\eta'}(0)}\cdots dt=$$

$$=\int_{-\pi}^{\pi}\left\{\int_{\eta'}^{\eta''}r\,f(\hat\varphi(r,\vartheta))\sqrt{\hat g(r,\vartheta)}\,\frac{\langle v,\hat\varphi(r,\vartheta)-x_0\rangle}{|\hat\varphi(r,\vartheta)-x_0|^3}\,dr\right\}d\vartheta.$$

wobei $\hat\varphi(r,\vartheta)=\varphi(t)$, $t=r\binom{\cos\vartheta}{\sin\vartheta}$, $\hat g(r,\vartheta)=g(t)$. Zur Abkürzung sei

$$\hat k(r,\vartheta)=f(\hat\varphi(r,\vartheta))\sqrt{\hat g(r,\vartheta)},\quad k(t)=f(\varphi(t))\sqrt{g(t)},$$

$$\hat\ell(r,\vartheta)=\langle v,\hat\varphi(r,\vartheta)-x_0\rangle/|\hat\varphi(r,\vartheta)-x_0|^3=\ell(t)$$

gesetzt. Aufteilung der ϑ-Integration über die Intervalle $[0,\pi]$ und $[-\pi,0]$ liefert

$$(8.1.19\mathrm{d})\qquad I_{\eta'}^2-I_{\eta''}^2=\int_0^\pi\left\{\int_{\eta'}^{\eta''}r\left[\hat k(r,\vartheta)\,\hat\ell(r,\vartheta)+\hat k(r,\vartheta-\pi)\,\hat\ell(r,\vartheta-\pi)\right]dr\right\}d\vartheta.$$

Wegen $t=r\binom{\cos\vartheta}{\sin\vartheta}$ und der Hölder-Stetigkeit von f, g, φ gilt

$$|\hat k(r,\vartheta)-\hat k(r,\vartheta-\pi)|=|k(t)-k(-t)|\leq C_0|t|^\lambda=C_0 r^\lambda,$$

$$|\varphi(\pm t)-x_0|\geq r/C$$

und

$$|\hat\ell(r,\vartheta)+\hat\ell(r,\vartheta-\pi)|=\left|\frac{\langle v,\varphi(t)-x_0\rangle}{|\varphi(t)-x_0|^3}-\frac{\langle v,\varphi(-t)-x_0\rangle}{|\varphi(-t)-x_0|^3}\right|=$$

$$=\left|-\langle v,\varphi(-t)-x_0\rangle\{|\varphi(t)-x_0|^{-3}+|\varphi(-t)-x_0|^{-3}\}+\right.$$

$$\left.+\left|\frac{\langle v,\varphi(t)+\varphi(-t)-2x_0\rangle}{|\varphi(t)-x_0|^3}\right|\leq C_1\frac{r\,r^{l+\lambda}}{r^4}+C_2\frac{r^{l+\lambda}}{r^3}=C_3\,r^{\lambda-2}\right.$$

wegen $\varphi(\pm t)=\varphi(0)\pm\varphi'(0)t+O(|t|^{1+\lambda})$, $\xi^{-3}-\zeta^{-3}=-3(\xi-\zeta)/\tilde\xi^4$ mit $\xi\leq\tilde\xi\leq\zeta$. Mit

$$[\hat k(r,\vartheta)\,\hat\ell(r,\vartheta)+\hat k(r,\vartheta-\pi)\,\hat\ell(r,\vartheta-\pi)]=$$

$$[\hat k(r,\vartheta)-\hat k(r,\vartheta-\pi)]\,\hat\ell(r,\vartheta)+\hat k(r,\vartheta-\pi)[\hat\ell(r,\vartheta)+\hat\ell(r,\vartheta-\pi)]$$

finden wir die Majorante $O(r^{\lambda-1})$ für den Integranden in (19d). Also ist

$$|I_{\eta''}^2 - I_{\eta'}^2| \le \text{const} \int_0^\pi \int_{\eta'}^{\eta''} r^{\lambda-1} dr \, d\vartheta = \text{const} \frac{\pi}{\lambda}(\eta''^\lambda - \eta'^\lambda) \to 0 \quad \text{für } \eta', \eta'' \to 0$$

bewiesen und damit die Existenz des Cauchy-Hauptwertes (19c).

(iv) Zur Untersuchung von (19a) wollen wir $I_\eta^1 - I_\eta^2$ abschätzen. In Polarkoordinaten gilt

$$I_\eta^1 - I_\eta^2 = \int_{-\pi}^\pi \left\{ \int_{H(\eta.\vartheta)}^\eta r \, \hat{k}(r,\vartheta) \, \hat{l}(r,\vartheta) \, dr \right\} d\vartheta,$$

wobei die untere Grenze $H(\eta,\vartheta)$ implizit durch $|\varphi(H(\eta,\vartheta).\vartheta) - x_0| = \eta$ definiert ist, d.h. der innere Rand $|y - x_0| = \eta$ von $\Gamma_\varepsilon \backslash \Gamma_\eta$ wird in Polarkoordinaten durch $(H(\eta,\vartheta),\vartheta)$ beschrieben. Mit $\varphi \in C^{1+\lambda}(V)$ gilt auch $H \in C^{1+\lambda}([0,\varepsilon] \times [-\pi,\pi])$. Man rechnet nach, daß

$$H(0,\vartheta) = 0. \; H(\eta,\vartheta) = \eta \, H_\eta(0,\vartheta) + O(\eta^{1+\lambda}), \; H_\eta(0,\vartheta) = 1 / |\varphi'(0)(\begin{smallmatrix} \cos\vartheta \\ \sin\vartheta \end{smallmatrix})|.$$

Gleiche Umformungen wie in (19d) führen auf

$$I_\eta^1 - I_\eta^2 = \int_0^\pi \left\{ \int_{H(\eta.\vartheta-\pi)}^\eta r \left[\hat{k}(r,\vartheta) \, \hat{l}(r,\vartheta) + \hat{k}(r,\vartheta-\pi) \, \hat{l}(r.\vartheta-\pi) \right] dr \right\} d\vartheta +$$

$$+ \int_0^\pi \int_{H(\eta.\vartheta)}^{H(\eta.\vartheta-\pi)} r \, \hat{k}(r,\vartheta) \, \hat{l}(r.\vartheta) \, dr \, d\vartheta.$$

Da $H(\eta,\vartheta) = O(\eta)$, strebt das erste Integral nach den Überlegungen von Teil (iii) gegen null. Der Integrand im zweiten Integral ist $\le O(r^{-1})$ und führt wegen $\lim H(\eta,\vartheta)/\eta = \lim H(\eta,\vartheta-\pi)/\eta = H_\eta(0,\vartheta)$ (siehe oben) auf

$$\left| \int_{H(\eta.\vartheta)}^{H(\eta.\vartheta-\pi)} r \, \hat{k}(r,\vartheta) \, \hat{l}(r,\vartheta) \, dr \right| \le C \int_{H(\eta.\vartheta)}^{H(\eta.\vartheta-\pi)} r^{-1} dr = C \log \frac{H(\eta.\vartheta-\pi)}{H(\eta.\vartheta)} \to 0.$$

Aus der eben bewiesenen Eigenschaft $I_\eta^1 - I_\eta^2 \to 0$ und der Konvergenz von I_η^2 gegen den Cauchy-Hauptwert schließt man, daß auch I_η^1 für $\eta \to 0$ konvergiert und den gleichen Grenzwert besitzt. ▨

Wenn stark singuläre Integranden von einem Parameter abhängen, ist sorgfältig nachzuprüfen, ob der Cauchy-Hauptwert eine stetige Funktion dieses Parameters ist. Das folgende Lemma gibt hierzu Hinweise.

Lemma 8.1.12 (a) Sei $\Omega \subset \mathbf{R}^{d-1}$ eine *offene* und beschränkte Teilmenge.

$$(8.1.20a) \quad F(y_0,\alpha) := \oint_\Omega \frac{\langle v, y - y_0 \rangle \, dy}{(|y - y_0|^2 + \alpha^2)^{d/2}} \quad \text{mit } v \in \mathbf{R}^{d-1}$$

ist eine stetige (sogar analytische) Funktion von $y_0 \in \Omega$ und $\alpha \in \mathbf{R}$. Dabei ist das Integral (20a) nur für $\alpha = 0$ als Cauchy-Hauptwert zu interpretieren.
(b) $\Gamma \in C_{\text{stw}}^1$ sei eine (kompakte) $(d-1)$-dimensionale Mannigfaltigkeit des $\mathbf{R}^d$. P sei eine kompakte Parametermenge, so daß die Abbildung $p \in P \mapsto y_p \in \Gamma$ stetig ist. Die Funktionen $f(p,y)$ und $g(p,y)$ seien stetig in $p \in P$, $y \in \Gamma \backslash \{y_p\}$, und f besitze bezüglich einer möglichen Singularität in y_p einen Cauchy-Hauptwert $F(p) = \oint_\Gamma f(p,y) d\Gamma_y$, der in $p \in P$ stetig sei. Ferner gelte die Abschätzung $|f(p.y) - g(p,y)| \le C|y - y_p|^{\lambda+1-d}$ mit $\lambda > 0$. Dann ist auch $G(p) = \oint_\Gamma g(p,y) d\Gamma_y$ stetig in $p \in P$.

(c) Sei $\lambda > 0$. Auf einer kompakten Teilmenge $\Omega \subset \mathbf{R}^{d-1}$ erfülle die Abbildung $\varphi \in C(\Omega)$ von Ω nach $\mathbf{R}^{d-1}$ für alle $y \in \Omega$, $y_0 \in \Omega_0 \subset \Omega$ die Ungleichung $|\varphi(y) - \varphi(y_0)| \geq |y - y_0|/C$, wobei Ω_0 offen sei. Ferner gelte $\varphi \in C^{1+\lambda}(\Omega_0)$, $\Phi \in C(\Omega) \cap C^{\lambda}(\Omega_0)$. Die Abbildung $v: \Omega \to \mathbf{R}^{d-1}$ gehöre zu $C(\Omega) \cap C^{\lambda}(\Omega_0)$. Dann ist die Funktion (20b) stetig in $y_0 \in \Omega_0$ und $\alpha \in \mathbf{R}$:

$$(8.1.20\mathrm{b}) \qquad F(y_0, \alpha) = \oint_{\Omega} \Phi(y) \, \frac{\langle v(y), \varphi(y) - \varphi(y_0) \rangle}{[|\varphi(y) - \varphi(y_0)|^2 + \alpha^2]^{d/2}} \, dy$$

(d) Φ sei auf Ω stetig und in $0 \in \Omega$ Hölder-stetig zum Exponenten $\lambda > 0$. $\varkappa(y, \alpha)$ erfülle die Ungleichung

$$(8.1.20\mathrm{c}) \qquad |\varkappa(y, \alpha)| \leq C[|y|^2 + \alpha^2]^{(1+\lambda)/2} \qquad \text{für } y \in \Omega, \ \alpha \in \mathbf{R}.$$

Dann ist die Funktion (20d) stetig in $\alpha \in \mathbf{R}$:

$$(8.1.20\mathrm{d}) \qquad F(\alpha) = \oint_{\Omega} \Phi(y) \, \frac{\langle v, y \rangle}{[|y|^2 + (\alpha - \varkappa(y, \alpha))^2]^{d/2}} \, dy.$$

Beweis. (a) Sei $\varepsilon > 0$ so klein, daß $K_{\varepsilon}(y_0) \subset \Omega$. Das Integral über $\Omega \setminus K_{\varepsilon}(y_0)$ ist bezüglich α stetig, während das Integral (im Falle von $\alpha = 0$ der Cauchy-Hauptwert) über $K_{\varepsilon}(y_0)$ aus Symmetriegründen verschwindet. Zur Diskussion der y_0-Abhängigkeit wähle man das Koordinatensystem so, daß v ein Vielfaches des ersten Einheitsvektors ist und damit $\langle v, y - y_0 \rangle = v_1(y_1 - y_{0,1})$ gilt. Man wähle $\varepsilon > 0$ so klein, daß $S_{\varepsilon} := \{ y \in \mathbf{R}^{d-1}: |y_j - \hat{y}_j| \leq \varepsilon \} \subset \Omega$ für ein $\hat{y} \in \Omega$. Das Integral über $\Omega \setminus S_{\varepsilon}$ ist bezüglich y_0 stetig, solange $y_0 \in S_{\varepsilon}$. Das Integral über S_{ε} läßt sich explizit angeben:

$$\oint_{S_{\varepsilon}} \cdots \, dy = \tfrac{1}{2} v_1 \int_{-\varepsilon}^{\varepsilon} \cdots \int_{-\varepsilon}^{\varepsilon} [J(\hat{y}_1 + \varepsilon; y + \hat{y} - y_0) - J(\hat{y}_1 - \varepsilon; y + \hat{y} - y_0)] \, dy_2 \ldots dy_{d-1}$$

für $d > 2$, wobei $J(\eta; z) := (1 - \tfrac{d}{2})[(\eta - y_{0,1})^2 + \alpha^2 + z_2^2 + \ldots + z_{d-1}^2]^{1 - \frac{d}{2}}$. Das S_{ε}-Integral ist offenbar stetig (analytisch) bezüglich $y_0 \in S_{\varepsilon}$.

(b) $\int [f(p, y) - g(p, y)] \, dy$ existiert gleichmäßig als uneigentliches Integral, so daß Stetigkeit in p vorliegt (vgl. Bemerkung 4, Lemma 5).

(c) Der Beweis wird in mehreren Schritten geführt. Dabei ist der Parameter $p \in P$ durch $(y_0, \alpha) \in \Omega_{00} \times \mathbf{R}$ gegeben, wobei $\Omega_{00} \subset \Omega_0$ eine beliebige, kompakte Teilmenge sei.

1. Schritt: Wie die Substitution $z = y_0 + A(y_0)(y - y_0)$ mit stetigem, regulären $A(y_0)$ zeigt, darf in (20a) $y - y_0$ durch $A(y_0)(y - y_0)$ ersetzt werden. Das entstehende Integral $F(y_0, \alpha)$ ist in allen Parametern glatt.

2. Schritt: Man wähle $A(y_0)$ als Jacobi-Matrix $\varphi'(y_0)$ und setze

$$f(y_0, \alpha, y) := \langle v, \varphi'(y_0)(y - y_0) \rangle / (|\varphi'(y_0)(y - y_0)|^2 + \alpha^2)^{d/2},$$

$$g(y_0, \alpha, y) := \langle v, \varphi(y) - \varphi(y_0) \rangle / (|\varphi(y) - \varphi(y_0)|^2 + \alpha^2)^{d/2}.$$

Die Ungleichung $|\varphi(y) - \varphi(y_0) - \varphi'(y_0)(y - y_0)| \leq C|y - y_0|^{\lambda+1}$ erlaubt die Abschätzung von $f(y_0, \alpha, y) - g(y_0, \alpha, y)$ durch $C|y - y_p|^{\lambda+1-d}$ mit $y_p = y_0$. Teil (b) mit $\Gamma := \Omega$ beweist die Stetigkeit des Integrals über g.

3. Schritt: Wenn v durch eine Vektorfunktion $v(y_0)$ ersetzt und ein weiterer Faktor $\Phi(y_0)$ eingesetzt wird, betrifft dies nicht die Integration, da diese Funktionen vor das Integral gezogen werden können. Das Integral über $f(y_0,\alpha,y) := \Phi(y_0)\langle v(y_0),\varphi(y)-\varphi(y_0)\rangle/(|\varphi(y)-\varphi(y_0)|^2+\alpha^2)^{d/2}$ ist also stetig in y_0 und α.

4. Schritt: $g(y_0,\alpha,y)$ entstehe aus dem eben definierten f, indem $\Phi(y_0)$ durch $\Phi(y)$ ersetzt wird. Wegen $\Phi(y_0)-\Phi(y)=O(|y-y_0|^\lambda)$ genügt $f-g$ wieder der Voraussetzung von Teil (b), so daß das Integral über g stetig in y_0 und α ist. Ebenso kann $v(y_0)$ durch $v(y)$ ersetzt werden.

(d) f und g seien der Integrand von (20d) mit und ohne x-Term. Nach den obigen Überlegungen ist das Integral über g stetig in α. Ungleichung (20c) zusammen mit dem Mittelwertsatz der Differentialrechnung zeigt $f-g=O(|y|^{\lambda+1-d})$, so daß Teil (b) die Behauptung liefert. ▨

8.1.3.3 Andere Richtungsableitungen

Sei $x_0 \in \Gamma$ ein Punkt der Oberfläche und t eine _Tangentialrichtung_ in x_0, d.h. $t \perp n(x_0)$ und $|t|=1$. Es soll untersucht werden, wie sich die Richtungsableitung (21) bei Annäherung von $x \notin \Gamma$ an $x_0 \in \Gamma$ verhält:

$$(8.1.21) \qquad \langle t,\nabla\Phi(x)\rangle = -\frac{1}{\omega_d}\int_\Gamma \frac{\langle t,x-y\rangle}{|x-y|^d} f(y)\, d\Gamma_y \qquad (x \notin \Gamma)$$

Lemma 8.1.13 Zusätzlich zu den Voraussetzungen des Satzes 9 sei f Hölder-stetig in $x_0 \in \Gamma$. Dann gilt für jede Folge $x \to x_0$ mit

$$(8.1.22a) \qquad |x-x_0| \geq \operatorname{dist}(x,\Gamma)/C \qquad\qquad (C \text{ fest})$$

die Aussage

$$(8.1.22b) \qquad \lim_{x \to x_0} \langle t,\nabla\Phi(x)\rangle = -\frac{1}{\omega_d}\oint_\Gamma \frac{\langle t,x_0-y\rangle}{|x_0-y|^d} f(y)\, d\Gamma_y.$$

Da x beiderseits von Γ liegen darf, ist jede _Tangentialableitung_ $\langle t,\nabla\Phi(x)\rangle$ _stetig_ beim Durchgang durch $x_0 \in \Gamma$.

Beweis. Wie im Beweis zu Satz 9 sei o.B.d.A. $x_0=0$ und $n_j=0$ $(1 \leq j \leq d-1)$, $n_d=1$. Die Tangentialrichtung hat folglich die Gestalt $t=\binom{t'}{0}$ mit $t' \in \mathbb{R}^{d-1}$. Analog zerlegen wir den Vektor $x \in \mathbb{R}^d$ der Folge $x \to x_0$ in

$$x=\binom{x'}{x_d}, \qquad x' \in \mathbb{R}^{d-1}, \quad x_d \in \mathbb{R}.$$

Mit der vereinbarten Bezeichnung x', t' lautet der Ausdruck (21):

$$-\frac{1}{\omega_d}\int_\Gamma \frac{\langle t',x'-y'\rangle}{|x-y|^d} f(y)\, d\Gamma_y \qquad\qquad (x \notin \Gamma,\ y=\binom{y'}{\eta(y')}).$$

$|x-y|^d$ läßt sich als $[|x'-y'|^2+|x_d-\eta(y')|^2]^{d/2}$ schreiben. Wegen der Ungleichung (22a) variieren x' und x_d nicht unabhängig: Wir können x_d durch $\alpha \in \mathbb{R}$ und x' durch αa ersetzen, wobei $a \in \mathbb{R}^{d-1}$ der Bedingung $|a| \leq C'$ unterliegt. In einer Umgebung von $x_0=0$ läßt sich das obige Integral folgendermaßen parametrisieren:

$$-\frac{1}{\omega_d}\int_{S_\epsilon} \frac{\langle t',\alpha a-y'\rangle}{[|\alpha a-y'|^2+(\alpha-\eta(y'))^2]^{d/2}}\, \Phi(y')\,dy',$$

wobei $\Phi(y') = f(y)\sqrt{g(y')}$, $S_\varepsilon = K_\varepsilon(0)$. Die Substitution $y' = z + \alpha a$ liefert das Integral über $\Phi(z+\alpha a)\langle t', z\rangle / [\,|z|^2 + (\alpha - \eta(z+\alpha a))^2\,]^{d/2}$. Auf die Differenz zu $\Phi(0)\langle t'. z\rangle / [\,|z|^2 + (\alpha - \eta(z+\alpha a))^2\,]^{d/2}$ ist Lemma 12b anwendbar. Im letztgenannten Integranden erfüllt $\varkappa(z,\alpha) := \eta(z+\alpha a)$ wegen (17f) die Bedingung (20c), so daß die Stetigkeit in α folgt.

Sei $\{t_1,...,t_{d-1}\}$ eine Orthonormalbasis der Tangentialebene in $x_0 \in \Gamma$. Da n und $t_1,..., t_{d-1}$ eine Orthonormalbasis des $\mathbf{R}^d$ bilden, läßt sich der Vektor $x_0 - y$ als $n\langle n, x_0 - y\rangle + \sum_{j=1}^{d-1} t_j\langle t_j, x_0 - y\rangle$ schreiben. Die Kombination von Satz 9 und Lemma 13 liefert die

---

Folgerung 8.1.14 Sei $n(x_0)$ die ins Außengebiet zeigende Normale in $x_0 \in \Gamma$. Unter den Voraussetzungen von Lemma 13 hat der Gradient $\nabla\Phi$ des Einfachschichtpotentials die einseitigen Grenzwerte $\nabla\Phi_-$ von innen und $\nabla\Phi_+$ von außen in $x_0 \in \Gamma$. Dann gilt die _Sprungbedingung_

(8.1.23a) $\nabla\Phi_+(x_0) - \nabla\Phi_-(x_0) = -f(x_0)\, n(x_0)$.

Der Mittelwert lautet

(8.1.23b) $\frac{1}{2}[\nabla\Phi_+(x_0) + \nabla\Phi_-(x_0)] = -\frac{1}{\omega_d} \oint_\Gamma \frac{x_0 - y}{|x_0 - y|^d}\, f(y)\, d\Gamma_y$.

Die Stetigkeit von $\nabla\Phi_\pm$ auf Γ ist Gegenstand von

Bemerkung 8.1.15 (a) Sei $\Gamma_0 \subset \Gamma \in C^1_{0,\mathrm{stw}}$ offen und erfülle $\Gamma_0 \in C^{1+\lambda}$ ($\lambda > 0$). Ferner gelte $f \in C^\lambda(\Gamma_0) \cap L^\infty(\Gamma)$. $U \subset \mathbf{R}^d$ sei eine einfach zusammenhängende Menge, die von Γ in zwei disjunkte Teile U_+ und U_- zerlegt wird, wobei $\Gamma \cap \overline{U}_\pm \subset \Gamma_0$ gelte. Dann ist $\nabla\Phi_\pm$ stetig in $\overline{U}_\pm$, wobei $\nabla\Phi_\pm$ auf $\Gamma_0 \subset \overline{U}_\pm$ als stetige Fortsetzung definiert sei.
(b) $\nabla\Phi(x)$ wird singulär, wenn sich x einem Punkt $x_0 \in \Gamma$ nähert, in dem Γ eine Ecke ($d=2$) bzw. eine Kante ($d=3$) besitzt.

Beweis. (a) folgt aus Lemma 12c. Für (b) verwende man das folgende

Beispiel 8.1.16 $\Gamma \subset \mathbf{R}^2$ sei das Einheitsquadrat mit den Eckpunkten $(0,0), (1,0), (1,1), (0,1)$. Als Einfachschichtbelegung sei $f=1$ gewählt. Für alle $x = (x_1, x_2)$, die nicht mit den Eckpunkten zusammenfallen, hat $\nabla\Phi(x)$ die explizite Darstellung

$$\frac{\partial\Phi(x)}{\partial x_1} = \frac{1}{2\pi} \left\{ \log \sqrt{\frac{x_2^2 + (1-x_1)^2}{x_1^2 + x_2^2} \times \frac{(1-x_2)^2 + (1-x_1)^2}{x_1^2 + (1-x_2)^2}} + \right.$$
$$\left. + \operatorname{arctg}\frac{x_2}{x_1} + \operatorname{arctg}\frac{1-x_2}{x_1} + \operatorname{arctg}\frac{1-x_2}{1-x_1} + \operatorname{arctg}\frac{x_2}{1-x_1} \right\}.$$

$$\frac{\partial\Phi(x_1, x_2)}{\partial x_2} = \frac{\partial\Phi(x_2, x_1)}{\partial x_1}.$$

Der Gradient $\nabla\Phi$ hat offenbar bei Annäherung an eine der Ecken eine logarithmische Singularität.

8.1.4 Formulierung der Dirichlet-Randwertaufgabe als Integralgleichung 1. Art für das Einfachschichtpotential

8.1.4.1 Zur Innen- und Außenraumaufgabe der Laplace-Gleichung

Im weiteren brauchen wir Aussagen, wann Lösungen u der Laplace-Gleichung $\Delta u = 0$ zu gegebenen Randdaten eindeutig sind. Sei $\Gamma \subset \mathbb{R}^d$ der Rand des Innengebietes Ω_-. Als _Normalableitung_ von u bezeichnen wir

$$u_n(x) = \partial u(x)/\partial n := \langle n(x), \nabla u(x)\rangle \qquad (x \in \Gamma),$$

wobei ∇u im Falle der Innenraumaufgabe [bzw. Außenraumaufgabe] der einseitige Limes ∇u_- [bzw. ∇u_+] ist (vgl. (23a)).

Wir untersuchen folgende Randwertprobleme der Laplace-Gleichung:

Dirichlet-Innenraumaufgabe: $\Delta u = 0$ in Ω_-, $u = \varphi$ auf Γ,
Neumann-Innenraumaufgabe: $\Delta u = 0$ in Ω_-, $u_n = \varphi$ auf Γ,
Dirichlet-Außenraumaufgabe: $\Delta u = 0$ in Ω_+, $u = \varphi$ auf Γ,
Neumann-Außenraumaufgabe: $\Delta u = 0$ in Ω_+, $u_n = \varphi$ auf Γ.

Die _Greensche Formel_ über einem beschränkten Gebiet Ω lautet

$$(8.1.24a) \qquad \int_\Omega \langle \nabla u, \nabla v\rangle \, dx = \int_\Gamma \frac{\partial u}{\partial n} v \, d\Gamma - \int_\Omega v \Delta u \, dx \qquad (\Gamma = \partial\Omega).$$

Für eine Lösung von $\Delta u = 0$ folgt mit $v = u$ bzw. $v = 1$:

$$(8.1.24b) \qquad \int_\Omega \langle \nabla u, \nabla u\rangle \, dx = \int_\Gamma \frac{\partial u}{\partial n} u \, d\Gamma,$$

$$(8.1.24c) \qquad 0 = \int_\Gamma \frac{\partial u}{\partial n} \, d\Gamma.$$

Damit Schlußfolgerungen aus der Identität (24b) gültig sind, muß implizit vorausgesetzt werden, daß nur solche Funktionen u zugelassen werden, die zu einem _endlichen_ Integral $\int_\Omega \langle \nabla u, \nabla u\rangle \, dx$ führen. Letzteres definiert die Funktionen des Sobolev-Raumes $H^1(\Omega)$ (vgl. Def. 4.5.23, Hackbusch [2,§6.2.2]). Der Gradient $\nabla\Phi$ des Einfachschichtpotentials einer beschränkten Belegung ist bis auf die Umgebung von Ecken bzw. Kanten gleichmäßig beschränkt. Im Abstand r von einem Eck- bzw. Kantenpunkt $x_0 \in \Gamma$ läßt sich $|\nabla\Phi| = O(|\log r|)$ nachweisen (vgl. Beispiel 16). Damit ist $\int_\Omega \langle \nabla\Phi, \nabla\Phi\rangle \, dx$ endlich, und Φ gehört zu $H^1(\Omega)$.

Folgerung 8.1.17 (a) Die Dirichlet-_Innenraumaufgabe_ hat höchstens eine Lösung. **(b)** Zwei Lösungen der Neumann-Innenraumaufgabe unterscheiden sich nur um eine Konstante.

Beweis. Seien u_1, u_2 zwei Lösungen. $u := u_1 - u_2$ ist eine Lösung zur Randbedingung $u = 0$ bzw. $u_n = 0$. In beiden Fällen folgt aus (24b) $\nabla u = 0$ in Ω, also $u = $ const. Im Falle (a) liefert die Randbedingung const $= 0$. ⬛

Um die Greensche Identität (24b) im klassischen Sinne anzuwenden, hat man eventuelle Ecken $x_0 \in \Gamma$ in Ω samt einer ε-Umgebung herauszunehmen: In $\Omega \setminus K_\varepsilon(x_0)$ ist (24b) im klassischen Sinne anwendbar. Das Randintegral über $\Omega \cap \partial K_\varepsilon(x_0)$ strebt für $\varepsilon \to 0$ gegen null, da $\varepsilon \log\varepsilon \to 0$ (siehe Hinweis vor Folgerung 17).

Lemma 8.1.18 (a) Die Dirichlet- oder Neumann-*Außenraumlösung* ist eindeutig, wenn

$$(8.1.25a) \qquad |u(x)| \leqslant O(1/|x|) \qquad\qquad \text{für } |x| \to \infty,$$

$$(8.1.25b) \qquad |\nabla u(x)| = O(|x|^{1-d}) \qquad\qquad \text{für } |x| \to \infty.$$

(b) Bedingung (25b) ist stets für das Einfachschichtpotential (9) erfüllt.

(c) Bedingung (25a) gilt für das Einfachschichtpotential (9), falls $d \geqslant 3$ oder falls für $d = 2$ die Zusatzbedingung (13) zutrifft.

(d) Für alle $d \geqslant 2$ impliziert (13) die verschärfte Abschätzung

$$(8.1.25c) \qquad |\nabla u(x)| = O(|x|^{-d}) \qquad\qquad \text{für } |x| \to \infty.$$

(e) Die Dirichlet- oder Neumann-Außenraumlösung ist ebenfalls dann eindeutig, wenn (25c) und $|u(x)| = O(1)$ gelten.

Beweis. Die Differenz $u := u_1 - u_2$ zweier Lösung erfüllt $u = 0$ bzw. $u_n = 0$ auf Γ. Sei Ω_R das Ringgebiet $\Omega_R := \{x \in \Omega_+ : |x| < R\}$ für $R > \max\{|x| : x \in \Gamma\}$. Der Rand von Ω_R besteht aus Γ und $\gamma := \{|x| = R\}$. Gleichung (24b) lautet

$$\int_{\Omega_R} \langle \nabla u, \nabla u \rangle \, dx = \int_\Gamma u_n u \, d\Gamma + \int_\gamma u_n u \, d\Gamma,$$

wobei der erste Summand der rechten Seite wegen $u = 0$ bzw. $u_n = 0$ verschwindet. Die Abschätzungen (25a,b) zusammen mit $\int_\gamma d\Gamma = \mu(\gamma) = R^{d-1}\omega_d$ ergeben $\int_{\Omega_R} |\nabla u|^2 dx = O(1/R)$, also $\int_{\Omega_+} |\nabla u|^2 dx = 0$, was $\nabla u = 0$, also $u = \text{const}$ beweist. $u(\infty) = 0$ liefert $u = 0$ und damit die Eindeutigkeit. Die Teile (c), (d) werden ebenso bewiesen wie der 2. Teil von Satz 7. ▫

Für spätere Verwendung sei eine *notwendige* Bedingung für die Lösbarkeit der Neumann-Randwertaufgabe angegeben.

Lemma 8.1.19 (a) Die Normalableitung $\varphi = u_n$ einer Innenraumlösung der Laplace-Gleichung genügt stets der Bedingung

$$(8.1.26) \qquad \int_\Gamma \varphi \, d\Gamma = 0.$$

(b) Gleiches gilt für die Außenraumlösung der Laplace-Gleichung, wenn diese (25c) erfüllt.

Beweis. (a) folgt aus (24c). Für (b) ersetze man wie zuvor Ω_+ durch Ω_R und zeige $\int_\gamma u_n \, d\Gamma = O(1/R) \to 0$. ▫

8.1.4.2 Die Integralgleichung erster Art

Das Einfachschichtpotential Φ erfüllt nach Lemma 3 die Laplace-Gleichung. Um die *Dirichlet*-Randbedingung (7.4.1b): $\Phi = \varphi$ auf dem Rand Γ zu erzwingen, haben wir sowohl für das Innen- wie auch Außenraumproblem die zusätzliche Bedingung

$$(8.1.27) \qquad \int_\Gamma s(x,y) f(y) \, d\Gamma_y = \varphi(x) \qquad\qquad \text{für } x \in \Gamma$$

zu erfüllen. Dies ist eine _Fredholmsche Integralgleichung erster Art_ mit dem schwach singulären Kern $s(x.y)$. Die Eindeutigkeit einer Lösung f dieser Integralgleichung sichert der

> **Satz 8.1.20** (Eindeutigkeit) Sei $\Gamma \epsilon C_{0,\text{stw}}^{1+\lambda}$ mit $\lambda > 0$. Unter allen fast überall stetigen Belegungen $f \epsilon L^\infty(\Gamma)$, die im zweidimensionalen Fall $d = 2$ zusätzlich die Bedingung (13): $\int_\Gamma f d\Gamma = 0$ erfüllen, gibt es höchstens eine Lösung der Aufgabe (27).

Beweis. Sind f_1 und f_2 zwei Lösungen von (27), so löst $f := f_1 - f_2 \epsilon L^\infty(\Gamma)$ die Aufgabe (27) mit $\varphi = 0$. Sei Φ das von f erzeugte Einfachschichtpotential. Im Innen- und Außenraum $\Omega_\mp$ genügt es der Laplace-Gleichung $\Delta \Phi = 0$. Aufgrund der Stetigkeit von Φ in Γ (vgl. Satz 7) nimmt Φ in Γ die Randwerte $\Phi = \varphi = 0$ und in ∞ den Wert null an. Eindeutige Lösungen dieser Innen- und Außenraumaufgaben sind $\Phi = 0$ in $\mathbf{R}^d$. In fast allen $x_0 \epsilon \Gamma$ ist f stetig und Bedingung (15) erfüllt. Aus den Normalableitungen $\partial \Phi_\pm / \partial n = 0$ folgt nach Satz 9 $f(x_0) = 0$ (vgl. (16b)). ∎

Man beachte, daß $d = 2$ eine Ausnahmerolle spielt. Wenn man auf die Bedingung (13) verzichtet, ist die Eindeutigkeit verletzt:

Beispiel 8.1.21 Sei $d = 2$ und $\Gamma \subset \mathbf{R}^2$ der Einheitskreis. **(a)** Die konstante Belegung $f = 1$ erfüllt die Gleichung (27) mit $\varphi = 0$. **(b)** Das von $f = 1$ erzeugte Einfachschichtpotential ist $\Phi(x) = \min(0, -\log|x|)$, d.h. $\Phi = 0$ im Innengebiet $|x| \leqslant 1$ und $\Phi = -\log|x|$ im Außengebiet $|x| \geqslant 1$. **(c)** Die einzige Außenraumlösung zu den Dirichlet-Werten $\varphi = 1$ auf Γ lautet $\Phi_+ = 1$.

Da im Falle $d = 2$ das Einfachschichtpotential für $|x| \to \infty$ entweder unbeschränkt ist oder aber gegen null konvergiert, kann der in Beispiel 21c genannte Randwert φ zu keiner Lösung f führen.

> **Satz 8.1.22** (Existenz) Sei $\Gamma \epsilon C_0^{1+\lambda}$ mit $0 < \lambda < 1$. Im Falle $d \geqslant 3$ hat die Integralgleichung (27) für jedes $\varphi \epsilon C^{1+\lambda}(\Gamma)$ eine Lösung $f \epsilon C^\lambda(\Gamma)$. Für $d = 2$ hat φ eine zusätzliche Bedingung zu erfüllen, die in die Form $\int_\Gamma \xi \varphi d\Gamma = 0$ mit einem geeignetem ξ gebracht werden kann.

Beweis. Sei $d \geqslant 3$. Zum Dirichlet-Randwert $\varphi \epsilon C^{1+\lambda}(\Gamma)$ gibt es eine Lösung $\Phi_- \epsilon C^{1+\lambda}(\Omega_-)$ der Innenraumaufgabe, die eine Normalableitung $\partial \Phi_- / \partial n \epsilon C^\lambda(\Gamma)$ besitzt (vgl. Hackbusch [2, Satz 9.1.20]). Ähnlich existiert eine Außenraumlösung $\Phi_+ \epsilon C^{1+\lambda}(\overline{\Omega}_+)$, die $\Phi_+(\infty) = 0$ erfüllt und $\partial \Phi_+ / \partial n \epsilon C^\lambda(\Gamma)$ liefert. Man setze $f := -\partial \Phi_+ / \partial n + \partial \Phi_- / \partial n \epsilon C^\lambda(\Gamma)$. Das von f erzeugte Einfachschichtpotential sei Ψ. Nach Satz 9 gilt $f = -\partial \Psi_+ / \partial n + \partial \Psi_- / \partial n$. Die Differenz $\Phi - \Psi$ erfüllt die Laplace-Gleichung in $\Omega_\pm$; in Γ sind $\Phi - \Psi$ wie auch die Normalableitung $\partial(\Phi - \Psi)/\partial n$ stetig. Hieraus läßt sich $\Delta(\Phi - \Psi) = 0$ im gesamten $\mathbf{R}^d$ (zunächst im schwachen, dann im klassischen Sinne) schließen, was wegen $\Phi(\infty) = \Psi(\infty) = 0$ nur $\Phi = \Psi$ zuläßt. Auf Γ gilt $\Psi = \Phi = \varphi$, also ist f eine Lösung von (27).

Im Falle $d=2$ läßt sich ebenso eine Außenraumlösung $\Phi_+ \epsilon C^{1+\lambda}(\Omega_+)$ finden, die in ∞ stetig ist. Sobald $\Phi_+(\infty)=0$ erfüllt ist, läßt sich die obige Schlußweise wiederholen. Über die Riesz-Darstellung des Funktionals $\varphi \mapsto \Phi_+(\infty)$ als $\int_\Gamma \xi \varphi \, d\Gamma$ erhalten wir die Behauptung. ▨

8.1.5 Formulierung der Neumann-Randwertaufgabe als Integralgleichung 2. Art für das Einfachschichtpotential

Gesucht ist im folgenden die im Innen- oder Außengebiet definierte Lösung u der Laplace-Gleichung zur _Neumann-Randbedingung_

$$(8.1.28) \qquad \partial u(x)/\partial n = \varphi(x) \qquad\qquad \text{für } x \epsilon \Gamma.$$

Die Normalableitung kann selbstverständlich nur dort gefordert werden, wo eine Normalenrichtung existiert. Wenn Γ nur stückweise glatt ist, sind in (28) die Eck- bzw. Kantenpunkte x auszunehmen. Es sei angemerkt, daß die Randbedingung (28) ohne Glattheitsvoraussetzungen an Γ formuliert werden kann, wenn man die Variationsformulierung verwendet (vgl. Hackbusch [2, §7.4]).

Wir wenden uns zunächst dem _Innenraumproblem_ zu und setzen u wieder als Einfachschichtpotential (9) an:

$$(8.1.29) \qquad u(x) = \Phi(x) := \int_\Gamma s(x,y)\, f(y)\, d\Gamma_y \quad \text{für } x \epsilon \Omega_- \text{ (Innengebiet)}.$$

Vereinbarungsgemäß ist $n(x)$ die äußere Normale in $x \epsilon \Gamma$. Elimination von $\partial\Phi_+/\partial n$ in den Gleichungen (16b,c) liefert

$$2\frac{\partial\Phi_-(x)}{\partial n} = f(x) - \frac{2}{\omega_d} \int_\Gamma \frac{\langle n(x), x-y \rangle}{|x-y|^d}\, f(y)\, d\Gamma_y.$$

Die Normalableitung $\partial u(x)/\partial n = \varphi(x)$ soll mit $\partial\Phi_-/\partial n$ aus (16a) übereinstimmen, so daß Bedingung (28) zur Gleichung (30) führt:

$$(8.1.30) \qquad f(x) = 2\,\varphi(x) + \frac{2}{\omega_d} \int_\Gamma \frac{\langle n(x), x-y \rangle}{|x-y|^d}\, f(y)\, d\Gamma_y \qquad (x \epsilon \Gamma).$$

In (7.4.7a) haben wir für $d=2$ den Dipolkern $k(x,y)$ definiert, der im allgemeinen Fall $d \geqslant 2$ die Gestalt

$$(8.1.31a) \qquad k(x,y) := -\frac{2}{\omega_d} \frac{\langle n(y), y-x \rangle}{|y-x|^d} \qquad (x,y \epsilon \Gamma)$$

annimmt. Durch Vertauschen der Argumente x, y erhält man den zu (31a) adjungierten Kern, der in (30) auftritt:

$$(8.1.31b) \qquad k^*(x,y) := -\frac{2}{\omega_d} \frac{\langle n(x), x-y \rangle}{|x-y|^d} \qquad (x,y \epsilon \Gamma).$$

Definiert man K als den zu (31a) gehörenden Integraloperator:

$$(8.1.31c) \qquad (Kf)(x) := -\frac{2}{\omega_d} \oint_\Gamma \frac{\langle n(y), y-x \rangle}{|y-x|^d}\, f(y)\, d\Gamma_y \qquad (x \epsilon \Gamma),$$

so ist der durch (31d) definierte Operator formal zu K adjungiert:

$$(8.1.31d) \qquad (K^*f)(x) := -\frac{2}{\omega_d} \int_\Gamma \frac{\langle n(x), x-y \rangle}{|x-y|^d} f(y)\, d\Gamma_y \qquad (x \in \Gamma),$$

Gleichung (30) ist eine *Fredholmsche Integralgleichung zweiter Art*, die sich mit K^* in der Kurzform (32a) schreiben läßt:

$$(8.1.32a) \qquad f = 2\varphi - K^*f.$$

Die Neumann-Randbedingung $\partial\Phi_+/\partial n = \varphi$ für die *Außenraumaufgabe* führt in entsprechender Weise auf die Integralgleichung

$$(8.1.32b) \qquad f = -2\varphi + K^*f.$$

Die Eindeutigkeit der Aufgaben (32a,b) läßt sich ähnlich wie in Satz 20 formulieren und beweisen:

Satz 8.1.23 (Eindeutigkeit) Sei $\Gamma \in C_{0,\text{stw}}^{1+\lambda}$ für ein $\lambda > 0$. Es gibt höchstens eine Lösung $f \in L^\infty(\Gamma)$ der Aufgabe (32a) bzw. (32b), die zusätzlich der Bedingung (13) genügt.

Beweis. (i) Die Differenz zweier Lösungen $f_1, f_2 \in L^\infty(\Gamma)$ von (32a) führt auf eine Lösung $f \in L^\infty(\Gamma)$ von $f = -K^*f$. $(K^*f)(x)$ ist auf Γ bis auf Eck- bzw. Kantenpunkte stetig (der Beweis hierzu ist dem Leser überlassen), also ist auch f fast überall stetig. Das von f erzeugte Einfachschichtpotential Φ hat fast überall die Normalableitung $\partial\Phi_-/\partial n = 0$, was im Innengebiet nur die Lösung $\Phi_- = \text{const}$ zuläßt. Die Randwerte $\Phi_- = \text{const}$ auf Γ gelten wegen der Stetigkeit von Φ auch für die Außenraumlösung. Eine Lösung ist $u_+ = \text{const}$. Die Differenz $v := u_+ - \Phi$ erfüllt $v = 0$ auf Γ. Wegen Bedingung (13) ist $\Phi(\infty) = 0$, also $v = O(1)$. Ferner gilt (25c) (vgl. Lemma 18d)). Die Eindeutigkeit der Außenraumlösung (vgl. Lemma 18e)) beweist $v = 0$ und damit wegen $0 = v(\infty) = u_+(\infty) - \Phi(\infty) = \text{const}$ auch $u_+ = 0$ und $\Phi_+ = 0$ in Ω_+. Mit $\partial\Phi_+/\partial n = 0$ finden wir über Satz 9 $f = 0$.

(ii) Im Falle der Gleichung (32b) schließt man analog in folgender Reihenfolge: $\partial\Phi_+/\partial n = 0$ auf Γ, $\Phi = 0$ auf Ω_+, $\Phi_- = 0$ auf Γ, $\Phi = 0$ in Ω_-, $\partial\Phi_-/\partial n = 0$ auf Γ, $f = 0$ auf Γ. ◻

Die Existenz einer Lösung f der Integralgleichungen (32a,b) kann nach Lemma 19 nicht für alle Randdaten φ erwartet werden. Zur Vorbereitung des Existenzsatzes wird die Kompaktheit des Operators unter der Voraussetzung gezeigt, daß Γ hinreichend glatt ist.

Satz 8.1.24 (Kompaktheit) Sei $\Gamma \in C_0^{1+\lambda}$ für ein $\lambda > 0$. Der Operator K^* aus (31d) ist im Raum $C(\Gamma)$ der stetigen Funktionen auf Γ kompakt.

Beweis. Wir haben die Voraussetzungen (3.2.8a,b) aus Satz 3.2.6 nachzuweisen. (3.2.8a) liest sich jetzt als $\int_\Gamma |k^*(x,y)|\, d\Gamma_y < \infty$ und folgt aus der uneigentlichen Integrierbarkeit (vgl. Satz 9). Bedingung (3.2.8b) verlangt

$$\int_\Gamma |k^*(\xi,y) - k^*(x.y)|\, d\Gamma_y \to 0 \qquad \text{für } \xi \to x$$

und ist wegen $\varkappa(x,x,y) = 0$ mit der Stetigkeit der nachfolgenden Funktion $\varkappa(\xi,x,y)$ in ξ äquivalent:

$$\varkappa(\boldsymbol{\xi},\mathbf{x},\mathbf{y}) := \frac{2}{\omega_d} \int_\Gamma \left| \frac{\langle \mathbf{n}(\boldsymbol{\xi}), \boldsymbol{\xi}-\mathbf{y}\rangle}{|\boldsymbol{\xi}-\mathbf{y}|^d} - \frac{\langle \mathbf{n}(\mathbf{x}), \mathbf{x}-\mathbf{y}\rangle}{|\mathbf{x}-\mathbf{y}|^d} \right| d\Gamma_y.$$

Über die Majorante $C\,[\,|\boldsymbol{\xi}-\mathbf{y}|^{1+\lambda-d}+|\mathbf{x}-\mathbf{y}|^{1+\lambda-d}\,]$ schließt man wie in Lemma 5 auf die gleichmäßige Existenz der Integrale $\varkappa(\boldsymbol{\xi},\mathbf{x},\mathbf{y})$. Damit ist $\varkappa$ stetig. ◻

Satz 8.1.25 (Existenz) Sei $\Gamma \epsilon C_0^{1+\lambda}$ für ein $\lambda > 0$. Die Integralgleichungen (32a,b) haben genau dann eine Lösung $f \epsilon C(\Gamma)$, wenn $\varphi \epsilon C(\Gamma)$ der Bedingung (26) genügt.

Beweis. Sei $X_0 = \{\varphi \epsilon C(\Gamma): \varphi$ erfüllt (26)$\}$. Da $2\varphi \epsilon \text{Bild}(I+K^*)$ die Normalableitung des Einfachschichtpotentials in Ω_- ist, muß nach Lemma 19a $\text{Bild}(I+K^*) \subset X_0$ gelten. Dies beweist $k := \dim(C(\Gamma)/\text{Bild}(I+K^*)) \geqslant \dim(C(\Gamma)/X_0) = 1$. Da gemäß Satz 24 K^* kompakt ist, garantiert Satz 1.3.28b auch $\dim \text{Kern}(I+K^*) = k$. Nach Satz 23 darf eine Funktion $\xi \epsilon \text{Kern}(I+K^*)\backslash\{0\}$ nicht (13) erfüllen. Für zwei Funktionen $\xi_1, \xi_2 \epsilon \text{Kern}(I+K^*)\backslash\{0\}$ findet man die Linearkombination $\xi = \alpha\xi_1 + \beta\xi_2$ mit $\alpha = \int \xi_2 d\Gamma \neq 0$, $\beta = -\int \xi_1 d\Gamma \neq 0$, die (13) erfüllt, so daß $\xi = 0$ folgt. Also ist $\text{Kern}(I+K^*)$ eindimensional. $k=1$ beweist $\text{Bild}(I+K^*)=X_0$. ◻

Die beiden letzten Sätze 24 und 25 setzen $\Gamma \epsilon C_0^{1+\lambda}$ für ein $\lambda > 0$ voraus, womit Ecken ausgeschlossen sind. Wenn entgegen dieser Voraussetzung Ecken vorhanden sind, zeigt Folgerung 27, daß eine Lösung, wenn sie existiert, entweder in der Ecke eine Nullstelle oder aber eine Singularität besitzt. Ursache ist das singuläre Verhalten von K^*f auch für glatte f, das exemplarisch vorgeführt sei in

Beispiel 8.1.26 Sei $f=1$ die (beliebig glatte) Belegung des Einfachschichtpotentials für das Einheitsquadrat aus Beispiel 16. Die Normalableitung $\partial\Phi_-/\partial n$ im Innengebiet lautet in der Umgebung des Eckpunktes $\mathbf{x}=0$:

$$\partial\Phi_-(\mathbf{x})/\partial n = \frac{1}{2\pi}\log|\mathbf{x}| - \frac{5}{8} + O(|\mathbf{x}|).$$

Gemäß (16b,c) ergibt sich die *logarithmische Singularität*

$$K^*f(\mathbf{x}) = 2\,\partial\Phi_-(\mathbf{x})/\partial n - 1 = \frac{1}{\pi}\log|\mathbf{x}| + O(|\mathbf{x}|) - \frac{9}{4}.$$

Folgerung 8.1.27 Sei $\mathbf{x}_0 \epsilon \Gamma \epsilon C_{0,\text{stw}}^1$ eine Ecke der Kurve. φ sei auf Γ beschränkt. Wenn eine Lösung f von (32a) existiert, die in $\mathbf{x}_0$ Hölderstetig ist, muß sie notwendigerweise $f(\mathbf{x}_0)=0$ erfüllen.

Beweis. Man zerlege f in $f_0 + f_1$, wobei $f_0 := f(\mathbf{x}_0)$ konstant ist. Der Rest $f_1 := f - f_0$ verschwindet in $\mathbf{x}_0$: $f_1(\mathbf{x}_0)=0$. Folglich ist der zweite Summand in $K^*f = K^*f_0 + K^*f_1$ uneigentlich integrierbar und in der Umgebung von $\mathbf{x}_0$ beschränkt. Wenn nicht $f_0 = f(\mathbf{x}_0)=0$ gilt, zeigt Beispiel 26, daß der erste Summand und damit auch K^*f bei $\mathbf{x}_0$ unbeschränkt sind. Da f die Gleichung (32a): $f = 2\varphi - K^*f$ erfüllen soll und φ beschränkt ist, muß auch f eine Singularität bei $\mathbf{x}_0$ besitzen. ◻

Zu den Schwierigkeiten bei der Präsenz von Ecken vgl. auch §8.2.7.

8.2 Das Doppelschichtpotential

In §7.4.2 wurde das Doppelschichtpotential für die zweidimensionale Laplace-Gleichung aus dem Cauchy-Kern entwickelt. Die folgenden Konstruktionen sind dimensionsunabhängig.

8.2.1 Definition

Im Zusammenhang mit dem Einfachschichtpotential trat die Normalableitung nach dem *ersten* Argument der Singularitätenfunktion $s(x,y)$ auf. Das *Doppelschichtpotential* (oder *Dipolpotential*) verwendet die Normalableitung nach dem 2. Argument. Als *Dipolkern* bezeichnet man

$$(8.2.1a) \qquad k(x,y) = 2 \frac{\partial}{\partial n_y} s(x,y) = 2 \langle n(y), \nabla_y s(x,y) \rangle \quad \text{für } y \in \Gamma,$$

wobei die Skalierung in der Literatur unterschiedlich ist. Da $s(x,y)$ eine Funktion der Differenz $x - y$ ist, unterscheiden sich die Gradienten $\nabla_x s(x,y)$ und $\nabla_y s(x,y)$ nur im Vorzeichen. In der Normalableitung tritt jedoch zusätzlich die Normalenrichtung n auf, die bei $\partial/\partial n_x$ von x, bei $\partial/\partial n_y$ von y abhängt. Der mit dem Dipolkern (1a) gebildete Integraloperator (identisch mit (1.31c)) sei mit K bezeichnet:

$$(8.2.1b) \qquad (Kf)(x) := 2 \oint_\Gamma f(y) \frac{\partial}{\partial n_y} s(x,y) \, d\Gamma_y \qquad (x \in \Gamma),$$

Die Funktion f ist die *Doppelschichtbelegung* oder *Dipolbelegung*. Sie erzeugt das *Doppelschichtpotential* Φ im gesamten $\mathbf{R}^d$:

$$(8.2.1c) \qquad \Phi(x) := \int_\Gamma f(y) \frac{\partial}{\partial n_y} s(x,y) \, d\Gamma_y \qquad (x \in \mathbf{R}^d).$$

Der Name «Doppelschichtpotential» leitet sich daraus ab, daß Φ als Limes eines doppelten Einfachschichtpotentials angesehen werden kann. Dies zeigt das

Beispiel 8.2.1 Φ_0 sei das Einfachschichtpotential der Belegung f auf dem Quadrat $\Gamma = \{ x \in \mathbf{R}^3 : 0 \leqslant x_1, x_2 \leqslant 1, x_3 = 0 \}$. Auf dem um $\varepsilon > 0$ verschobenen Quadrat $\Gamma_\varepsilon = \{ x \in \mathbf{R}^3 : 0 \leqslant x_1, x_2 \leqslant 1, x_3 = \varepsilon \}$ sei als Belegung die negative Kopie $f_\varepsilon(x_1, x_2, \varepsilon) = -f(x_1, x_2, 0)$ von f gewählt. Die auf Γ und Γ_ε erzeugten Einfachschichtpotentiale Φ_0 und Φ_ε ergeben zusammen

$$(\Phi_\varepsilon - \Phi_0)(x) = \int_{\Gamma_\varepsilon} f_\varepsilon(y) s(x,y) d\Gamma_y - \int_\Gamma f(y) s(x,y) d\Gamma_y =$$

$$= \iint\limits_{0\ 0}^{1\ 1} f(y_1, y_2, 0) \, [s(x, y + \varepsilon n(y)) - s(x,y)] \, dy_1 \, dy_2$$

mit $y = (y_1, y_2, 0)$ und $n = (0, 0, 1)$. Für $x \notin \Gamma$ existiert der Limes $\varepsilon \to 0$ des Differenzenquotienten und ergibt das Doppelschichtpotential Φ auf Γ:

$$\Phi(x) = \lim_{\varepsilon \to 0} \tfrac{1}{\varepsilon} (\Phi_\varepsilon - \Phi_0)(x) = \int_\Gamma f(y) \frac{\partial}{\partial n_y} s(x,y) \, d\Gamma_y.$$

Als Beispiel für $s(x,y)$ wird wieder die Singularitätenfunktion (1.3) der *Laplace-Gleichung* herangezogen. Der *Dipolkern* und der zugehörige Integraloperator nehmen die schon in (1.31a,c) erwähnte Form (2a,b) an:

$$(8.2.2a) \qquad k(x,y) \;=\; -\frac{2}{\omega_d}\,\frac{\langle n(y),y-x\rangle}{|y-x|^d} \qquad\qquad (y\in\Gamma).$$

$$(8.2.2b) \qquad (Kf)(x) \;=\; -\frac{2}{\omega_d}\int_\Gamma \frac{\langle n(y),y-x\rangle}{|y-x|^d}\,f(y)\,d\Gamma_y \quad (x\in\Gamma).$$

Das *Doppelschichtpotential der Laplace-Gleichung* lautet

$$(8.2.2c) \qquad \Phi(x) = -\frac{1}{\omega_d}\int_\Gamma \frac{\langle n(y),y-x\rangle}{|y-x|^d}\,f(y)\,d\Gamma_y \qquad\qquad (x\in\mathbf{R}^d)$$

Daß die Integrale in (2b,c) sinnvoll sind, zeigt

Lemma 8.2.2 Sei $\Gamma\in C^{1+\mu}_{\mathrm{stw}}$ für ein $\mu>0$ und $f\in L^\infty(\Gamma)$ eine beschränkte Belegung. Dann existiert die rechte Seite in (2b) für alle $x\in\Gamma$ als uneigentliches Integral.

Beweis. Da $\Gamma\in C^{1+\mu}_{\mathrm{stw}}$ aus endlich vielen, glatten $C^{1+\mu}$-Stücken besteht, darf man o.B.d.A. $\Gamma\in C^{1+\mu}$ annehmen, wenn man alle $x\in\mathbf{R}^d$ zuläßt. Für x außerhalb von Γ ist der Integrand regulär. Für $x\in\Gamma$ hat der Zähler die Ordnung $O(|y-x|^{1+\mu})$ (vgl. (1.4e)). Damit hat man die uneigentlich integrierbare Majorante $O(|y-x|^{1+\mu-d})$ gefunden. ☒

8.2.2 Regularitätseigenschaften des Doppelschichtintegraloperators

Nach Lemma 2 ist $(Kf)(x)$ für alle $x\in\Gamma$ definiert. Eine genauere Analyse zeigt, daß Kf nicht nur definiert, sondern auch gleichmäßig auf Γ beschränkt ist.

Satz 8.2.3 Sei $\mu>0$. **(a)** Unter der Voraussetzung $\Gamma\in C^{1+\mu}$ gehört K zu $L(L^\infty(\Gamma),C(\Gamma))$, d.h. Kf ist für beschränkte Belegungen f stetig auf Γ.
(b) Sei $\Gamma\in C^{1+\mu}$. Die lineare Abbildung, die die Belegung $f\in L^\infty(\Gamma)$ in das Doppelschichtpotential Φ aus (2c) abbildet, ist beschränkt: $|\Phi(x)|\le C\|f\|_\infty$ für alle $x\in\mathbf{R}^d$.
(c) Sei $\Gamma\in C^{1+\mu}_{\mathrm{stw}}$. Dann ist K im Banach-Raum $L^\infty(\Gamma)$ beschränkt: $K\in L(L^\infty(\Gamma),L^\infty(\Gamma))$. Die Aussage (b) bleibt für dieses Γ weiterhin gültig.

Zum Beweis wird das nachfolgende Lemma benötigt.

Lemma 8.2.4 Sei $\Gamma\in C^{1+\mu}_{\mathrm{stw}}$ mit $\mu>0$. Dann gibt es globale Konstanten C und C_λ, so daß

$$(8.2.3a) \qquad \int_\Gamma |k(x,y)|\,d\Gamma_y \qquad\qquad \le C \qquad\qquad \text{für } x\in\mathbf{R}^d,$$

$$(8.2.3b) \qquad \int_{\Gamma\cap K_\varepsilon(x)} |x-y|^{\lambda+1-d}\,d\Gamma_y \le C_\lambda\,\varepsilon^\lambda \qquad \text{für } x\in\mathbf{R}^d,\ \lambda>0,\ \varepsilon>0,$$

$$(8.2.3c) \qquad \int_{\Gamma\setminus K_\varepsilon(x)} |x-y|^{\lambda-d}\,d\Gamma_y \;\le C_\lambda\varepsilon^{\lambda-1} \qquad \text{für } x\in\mathbf{R}^d,\ \lambda<1,\ \varepsilon>0.$$

Beweis. (i) Es reicht, von einem glatten $\Gamma\in C^{1+\mu}$ auszugehen, denn ein beliebiges $\Gamma\in C^{1+\mu}_{\mathrm{stw}}$ ist eine endliche Summe solcher $\Gamma_i\in C^{1+\mu}$, so daß sich die Aussagen (3a-c) auch auf $\Gamma \in C_{stw}^{1+\mu}$ übertragen.

(ii) Sei zunächst $x \in \Gamma$. Für Γ existiert ein $\varepsilon_0 > 0$, so daß sich $\Gamma \cap K_\varepsilon(x)$ für alle $0 < \varepsilon \leq \varepsilon_0$ mit Hilfe einer Teilmenge $S_\varepsilon(x) \subset \{z \in \mathbb{R}^{d-1} : |z| \leq \varepsilon\}$ parametrisieren läßt, wobei die z die Koordinaten in der Tangentialebene des Punktes x sind und $z = 0$ dem Berührpunkt x entspricht. $\eta(z)$ ist die Komponente von $x \in \Gamma$ in der Normalenrichtung $n(x)$:

$$(8.2.3d) \qquad \int_{\Gamma \cap K_\varepsilon(x)} |k(x,y)| \, d\Gamma_y =$$

$$= \frac{2}{\omega_d} \int_{S_\varepsilon(x)} \sqrt{g(z)} \, | \langle n_0(z), z \rangle + n_d(z) \eta(z) | \, / \, [|z|^2 + \eta(z)^2]^{d/2} \, dz.$$

Dabei ist $n_0(z)$ die Tangential- und $n_d(z)$ die Normalkomponente von $n(z)$. $g(z) = g(z;x)$ bezeichnet die Gramsche Determinante (vgl. §8.1.2.2). Unabhängig vom Entwicklungspunkt $x \in \Gamma$ existiert ein C mit

$$(8.2.3e_1) \qquad \| g(\cdot\,;x) \|_{C^\mu(S_{\varepsilon_0}(x))} \leq C \qquad\qquad \text{für alle } x \in \Gamma,$$

$$(8.2.3e_2) \qquad |n_0(z)| \leq C|z|^\mu, \quad |n_d(z) - 1| \leq C|z|^\mu \quad \text{für alle } x \in \Gamma, \ z \in S_{\varepsilon_0}(x),$$

$$(8.2.3e_3) \qquad |\eta(z)| \leq C|z|^{1+\mu} \qquad\qquad\qquad \text{für alle } x \in \Gamma, \ z \in S_{\varepsilon_0}(x).$$

Damit erhält man die Majorante $\frac{4}{\omega_d} C^{3/2} |z|^{1+\mu-d}$. Indem man $z \in S_\varepsilon(x)$ zu $|z| \leq \varepsilon$ vergrößert, lassen sich Polarkoordinaten mit $r = |z|$ einführen:

$$(8.2.3f) \qquad \int_{|z| \leq \varepsilon} \frac{4}{\omega_d} C^{3/2} |z|^{1+\mu-d} \, dz = \frac{4}{\omega_d} C^{3/2} \omega_{d-1} \int_0^\varepsilon r^{d-2} r^{1+\mu-d} \, dr.$$

Damit ist das Integral von $|k(x,y)|$ über $\Gamma \cap K_{\varepsilon_0}(x)$ durch die Konstante $C' := 4 C^{3/2} \omega_{d-1} \varepsilon_0^\mu / [\mu \, \omega_d]$ beschränkt. In $\Gamma \setminus K_{\varepsilon_0}(x)$ ist der Integrand $\leq 2\varepsilon_0^{1-d}/\omega_d$, so daß dieses Integral durch $C'' := \mu(\Gamma) \frac{2}{\omega_d} \varepsilon_0^{1-d}$ beschränkt ist $\{\mu(\Gamma) = \int_\Gamma d\Gamma = \text{Oberfläche von } \Gamma\}$. $C' + C''$ ist die Konstante in (3a).

(iii) Es bleibt (3a) für $x \in \mathbb{R}^d \setminus \Gamma$ zu zeigen. Für hinreichend kleines $\varepsilon_0 > 0$ läßt sich zu jedem x mit $\delta := \mathrm{dist}(x, \Gamma) \leq \varepsilon$ ein $x_0 \in \Gamma$ mit $\delta = |x - x_0|$ finden. Wir verwenden die Parametrisierung von $\Gamma \cap K_{\varepsilon_0}(x_0)$ über $S_{\varepsilon_0}(x_0)$. Der Integrand ist das Produkt von $\sqrt{g(z)}$ mit

$$| \langle n_0(z), z \rangle + n_d(z)(\eta(z) - \delta) | \, / \, [|z|^2 + (\eta(z) - \delta)^2]^{d/2}.$$

Der gegenüber (3d) neue Anteil $\delta / [|z|^2 + (\eta(z) - \delta)^2]^{d/2}$ kann gemäß Lemma 1.10c gleichmäßig bezüglich δ und x_0 abgeschätzt werden, was den Beweis zu (3a) abschließt.

(iv) In (3b) gehen wir nur auf den ungünstigsten Fall $x \in \Gamma$ ein. Zum Beweis von (3b) reicht es, sich auf $\varepsilon \leq \varepsilon_0$ zu beschränken. Parametrisierung über $S_\varepsilon(x)$ führt zum Integranden $\sqrt{g(z)} \, [|z|^2 + \eta(z)^2]^{(\lambda+1-d)/2}$, dessen Integral in völliger Analogie zu (3f) durch $C' \varepsilon^\lambda$ abgeschätzt werden kann.

(v) Dieselben Überlegungen im Fall des Integranden von (3c) führen nach Einführung der Polarkoordinaten über $S_{\varepsilon_0}(x) \setminus S_\varepsilon(x)$ auf das Integral $\int_\varepsilon^{\varepsilon_0} r^{d-2} r^{\lambda-d} \, dr = [\varepsilon_0^{\lambda-1} - \varepsilon^{\lambda-1}] / (\lambda-1) = O(\varepsilon^{\lambda-1})$. Die Addition des beschränkten Integrals über $\Gamma \setminus S_{\varepsilon_0}(x)$ ändert $O(\varepsilon^{\lambda-1})$ nicht.

Beweis des Satzes 3. (i) Die Aussage (a) wird aus Satz 5 (4a) folgen.
(ii) Die Abschätzung (3a) beweist (b) mit der Konstanten $C/2$ statt C.
(iii) $\Gamma \in C^{1+\mu}_{\mathrm{stw}}$ ist die endliche Summe von Stücken $\Gamma_l \in C^{1+\mu}$, die jeweils
zu Doppelschichtpotentialen Φ_l führen. Nach (b) gilt $\Phi_l \in L^\infty(\mathbf{R}^d)$. Da
$\Phi := \sum \Phi_l$ das Doppelschichtpotential zu Γ ist, folgt $\Phi \in L^\infty(\mathbf{R}^d)$. Die
Beschränkung dieser Aussage auf Γ liefert $K \in L(L^\infty(\Gamma), L^\infty(\Gamma))$.   ☐

Die Aussage $K \in K(C(\Gamma), C(\Gamma))$ ist für *nur stückweise* glatte Γ falsch,
wie das Lemma 24 zeigen wird. Für glatte Γ läßt sich die Aussage des
Satzes 3a aber wesentlich verstärken.

Satz 8.2.5 (Kompaktheit) Sei $\Gamma \in C^{1+\mu}$ mit $0 < \mu < 1$. Dann ist K auf
$C(\Gamma)$ kompakt. Darüber hinaus gilt

(8.2.4a) $K \in L(L^\infty(\Gamma), C^\lambda(\Gamma))$ für alle $0 \le \lambda \le \mu$,

(8.2.4b) $K \in K(C^\lambda(\Gamma), C^\lambda(\Gamma))$ für alle $0 \le \lambda \le \mu$.

Der Beweis wird vorbereitet durch das Lemma 6, das die Übertragung
von Satz 3.4.9 auf $(d-1)$-dimensionale Oberflächen darstellt.

Lemma 8.2.6 Sei $\Gamma \in C^{1+\mu}_{\mathrm{stw}}$ mit $\mu > 0$. Der Kern k des Integraloperators
K erfülle (3a) und habe die Darstellung

(8.2.5a) $k(x.y) = \ell(x.y) / |x-y|^{d-\mu-1}$ $(x, y \in \Gamma)$.

Der Faktor ℓ erfülle (5b,c):

(8.2.5b) $|\ell(x,y)| \le C_\ell$ für alle $x.y \in \Gamma$,

(8.2.5c) $|\ell(x.y) - \ell(\xi, y)| \le C_\ell |x - \xi| / |x-y|$
          für alle $\xi, x, y \in \Gamma$ mit $|y-x| \ge 2|x-\xi|$.

Dann gehört K zu $L(L^\infty(\Gamma), C^\mu(\Gamma))$.

Beweis. Da (3.4.2a) mit (3a) identisch ist, folgt die Behauptung aus
Satz 3.4.2, sobald die zweite Bedingung (3.4.2b) gezeigt ist:

(8.2.5d) $\int_\Gamma |k(x,y) - k(\xi, y)| \, d\Gamma_y \le C |x-\xi|^\mu$ für $\xi, x \in \Gamma$.

Wie im Beweisteil (ii) zu Lemma 4 in (3f) gezeigt, hat $|k(x,y) - k(\xi,y)| \le$
$\le |k(x.y)| + |k(\xi,y)|$ über $\Gamma_0 := \Gamma \cap K_{2\varepsilon}(x)$ die Schranke $O(\varepsilon^\mu)$, wobei

$$\varepsilon := |x - \xi|$$

gesetzt sei. Es bleibt das Integral über $\Gamma_1 := \Gamma \setminus K_{2\varepsilon}(x)$. Hier wird der
Integrand $|k(x.y) - k(\xi,y)|$ wie in (3.4.7g) durch

$$|\ell(x.y) - \ell(\xi,y)| / |x-y|^{d-\mu-1} + |\ell(x.y)| \left\{ |\xi - y|^{\mu+1-d} - |x-y|^{\mu+1-d} \right\}$$

abgeschätzt. (5c) und (3c) ergeben die Schranke $C_\ell \varepsilon \, C_\mu \varepsilon^{\mu-1} = C \varepsilon^\mu$ für den
ersten Summanden. Die Anwendung des Mittelwertsatzes der
Differentialrechnung zeigt $\{\dots\} = O(|x-\xi| / |\tilde{x} - y|^{\mu-d})$ mit einem
Zwischenwert $\tilde{x} \in K_\varepsilon(x)$. Da $|\tilde{x} - y| \ge |x-y|/2$ für $|y-x| \ge 2|x-\xi| = 2\varepsilon$,

erhält man die Majorante $O(\varepsilon/|x-y|^{\mu-d})$, die nach (3c) zum Integral $O(\varepsilon)C_\lambda\varepsilon^{\mu-1}=O(\varepsilon^\mu)$ führt. Summation aller Beiträge liefert $O(\varepsilon^\mu)=O(|x-\xi|^\mu)$ und beweist damit (5d). ∎

Beweis zu Satz 5. (i) Die Faktorisierung (5a) führt auf

$$(8.2.5e) \qquad \ell(x,y) := -\frac{2}{\omega_d}\,\langle n(y), y-x\rangle/|y-x|^{\mu+1}.$$

Der Zähler $\langle n(y), y-x\rangle$ hat für $x,y\in\Gamma\in C^{1+\mu}$ die Ordnung $O(|y-x|^{1+\mu})$, wie dies die Abschätzung durch $C|z|^{1+\mu}$ in den z-Koordinaten zeigt (vgl. $(3e_{1,2})$). Damit ist (5b) nachgewiesen. Zum Beweis von (5c) wird der Mittelwertsatzes der Differentialrechnung herangezogen:

$$(8.2.5f) \qquad \begin{aligned} \ell(x,y)-\ell(\xi,y) &= -\frac{2}{\omega_d}\,\langle n(y), \xi-x\rangle/|y-\tilde{x}|^{\mu+1} - \\ &\quad -\frac{2}{\omega_d}(\mu+1)\,\langle n(y), y-\tilde{x}\rangle\langle y-\tilde{x}, \xi-x\rangle/|y-\tilde{x}|^{\mu+3}. \end{aligned}$$

wobei $\tilde{x}$ auf der Verbindungsstrecke zwischen x und y liegt. Im ersten Summanden wird $\langle n(y), \xi-x\rangle$ in $\langle n(x), \xi-x\rangle$ und $\langle n(y)-n(x), \xi-x\rangle$ zerlegt. Der erste Term hat die Schranke $C|\xi-x|^{\mu+1}\leqslant C|\xi-x||x-y|^\mu$, da die Normalkomponente von ξ dem η aus $(3e_3)$ gleicht. Der zweite Term ist beschränkt durch $|n(y)-n(x)||\xi-x|$. Die Annahme $\Gamma\in C^{1+\mu}$ liefert $|n(y)-n(x)|\leqslant C|x-y|^\mu$. Zusammen ergibt sich wegen $|y-\tilde{x}|\geqslant|x-y|/2$ die Schranke $O(|\xi-x|/|x-y|)$ für den ersten Summanden in (5f). Im zweiten Summanden werden beide Faktoren $\langle n(y), y-\tilde{x}\rangle/|y-\tilde{x}|^{\mu+1}$ und $\langle y-\tilde{x}, \xi-x\rangle/|y-\tilde{x}|^2$ durch $O(|\xi-x|/|x-y|)$ abgeschätzt. Da $|\xi-x|\leqslant$ $\leqslant|x-y|$ in (5c) vorausgesetzt wird, kann ein Faktor $O(|\xi-x|/|x-y|)$ zu $O(1)$ abgeschwächt werden. Damit ist (5c) bewiesen. Lemma 6 garantiert die Aussage (4a) des Satzes 5 für $\lambda := \mu$. Hieraus erhält (4a) für $\lambda<\mu$ als Abschwächung.

(ii) Bemerkung 3.4.13 mit der Modifikation aus Bemerkung 3.4.15 gestattet, von (4a) auf (4b) zu schließen. ∎

8.2.3 Sprungeigenschaften des Doppelschichtpotentials

Das Doppelschichtpotential (1c) genügt bis auf das Vorzeichen der gleichen Sprungbedingung bei Γ wie die Normalableitung des Einfachschichtpotentials. Im folgenden werden die stetige Fortsetzbarkeit und die Sprungeigenschaften analysiert. Die Hölder-Stetigkeit der stetig fortgesetzten Potentiale Φ_+ und Φ_- wird in §8.2.4.1 untersucht. Anders als die Normalableitung des Einfachschichtpotentials hat $\Phi(x)$ auch dann einen Limes, wenn sich x in bestimmter Weise einem *Unstetigkeitspunkt* $x_0\in\Gamma$ der Belegung f nähert. Dieser Spezialfall wird in §8.2.4.2 diskutiert werden.

$x_0\in\Gamma$ sei ein *innerer* Punkt von $\Gamma\in C^{1+\mu}$ mit $\mu>0$. $n(x_0)$ sei die Normale in x_0, die im Fall einer geschlossenen Kurve bzw. Oberfläche Γ nach außen gerichtet sei. Die Funktion

(8.2.6a) $\varphi(\alpha) := \Phi(x_0 + \alpha n(x_0))$

beschreibt für $0 < \alpha \leqslant \alpha_0$ das «äußere» und für $-\alpha_0 \leqslant \alpha < 0$ (α_0 hinreichend klein) das «innere» Doppelschichtpotential in der Umgebung von x_0. Wenn die Gerade $\{x_0 + \alpha n(x_0) : \alpha \in \mathbb{R}\}$ keinen weiteren Schnittpunkt mit Γ hat, darf $\alpha_0 = \infty$ gesetzt werden.

Lemma 8.2.7 Unter den obigen Annahmen und falls die Dipolbelegung $f \in L^\infty(\Gamma)$ in x_0 stetig ist, existieren die einseitigen Limites $\varphi(0 \pm 0)$ und erfüllen

(8.2.6b) $\varphi(0+0) - \varphi(0-0) = f(x_0)$,

(8.2.6c) $\varphi(0+0) + \varphi(0-0) = (Kf)(x_0)$.

Beweis. (i) Wir zerlegen Γ in eine geeignete Umgebung Γ_ε von x_0, die über $S_\varepsilon := \{y' \in \mathbb{R}^{d-1} : |y'| \leqslant \varepsilon\}$ parametrisiert werden kann, und den Rest $\Gamma_0 := \Gamma / \Gamma_\varepsilon$. Die zu Γ_0 und Γ_ε gehörigen Doppelschichtpotentiale (1c) seien mit Φ_0 und Φ_1 bezeichnet. Da der Integrand von Φ_0 in der Umgebung von x_0 keine Singularität besitzt, ist $\Phi_0(x)$ stetig in $x = x_0 + \alpha n(x_0)$.

(ii) Γ_ε ist über S_ε parametrisiert. Der einfacheren Notation halber wird o.B.d.A. angenommen, daß $x_0 = 0$ im Ursprung liegt und die Tangente bzw. Tangentialfläche horizontal ist, d.h. $n(x_0)$ die Komponenten $n_1 = \ldots = n_{d-1} = 0$, $n_d = 1$ hat. Γ_1 wird durch $\{(y', \eta(y')) : y' \in S_\varepsilon\}$ dargestellt, wobei $\eta : S_\varepsilon \to \mathbb{R}$ die in (1.17b,f) charakterisierte Funktion ist. Die Normale $n(y)$ in $y = (y', \eta(y'))$ ist der Vektor $(\nabla \eta(y'), 1)/\sqrt{g(y')}$, wobei g die Gramsche Determinante bezeichnet. Das Skalarprodukt $\langle n(y), y - x \rangle$ mit $x = x_0 + \alpha n(x_0)$ nimmt damit die Gestalt

$$\sqrt{g(y')} \langle n(y), y - x \rangle = \eta(y') - \alpha + \langle \nabla \eta(y'), y' \rangle$$

an, wobei das Skalarprodukt auf der linken Seite d- und auf der rechten Seite $(d-1)$-dimensional ist. Der Nenner des Dipolpotentials lautet jetzt

$$|y - x|^d = [(\alpha - \eta(y'))^2 + |y'|^2]^{d/2}.$$

Mit diesen Ersetzungen schreiben wir das Doppelschichtpotential Φ_1 über $\Gamma_1 = \Gamma \cap K_\varepsilon(x_0)$ als

$$\Phi_1(x_0 + \alpha n(x_0)) = \frac{1}{\omega_d} \int_{S_\varepsilon} f(y', \eta(y')) \frac{\alpha - \eta(y') - \langle \nabla \eta(y'), y' \rangle}{[(\alpha - \eta(y'))^2 + |y'|^2]^{d/2}} \, dy'.$$

Φ_1 spalten wir in $\Phi_{1,1} + \Phi_{1,2}$ auf:

$$\Phi_{1,1}(\alpha) := \frac{1}{\omega_d} \int_{S_\varepsilon} f(y', \eta(y')) \frac{\alpha - \eta(y')}{[(\alpha - \eta(y'))^2 + |y'|^2]^{d/2}} \, dy',$$

$$\Phi_{1,2}(\alpha) := -\frac{1}{\omega_d} \int_{S_\varepsilon} f(y', \eta(y')) \frac{\langle \nabla \eta(y'), y' \rangle}{[(\alpha - \eta(y'))^2 + |y'|^2]^{d/2}} \, dy'.$$

Im Zähler von $\Phi_{1,2}$ hat $|\langle \nabla \eta(y'), y' \rangle| \leqslant |\nabla \eta(y') - \nabla \eta(0)| |y'|$ wegen $\eta \in C^{1+\mu}$ und $\nabla \eta(0) = 0$ die Schranke $O(|y'|^{1+\mu})$. Damit besitzt $\Phi_{1,2}$ die Majorante $C|y'|^{1+\mu-d}$ und die uneigentlichen Integrale $\Phi_{1,2}(\alpha)$, $|\alpha| \leqslant \alpha_0$, existieren gleichmäßig, so daß $\Phi_{1,2}(\alpha)$ stetig ist. $\Phi_{1,2}(0)$ erhält man aus der obigen Darstellung mit $\alpha = 0$:

$$\Phi_{1,2}(0) = -\frac{1}{\omega_d} \int_{\Gamma_\varepsilon} \frac{\langle \mathbf{n}(\mathbf{y}), \mathbf{y}-\mathbf{x}_0 \rangle}{|\mathbf{y}-\mathbf{x}_0|^d} f(\mathbf{y}) \, d\Gamma_\mathbf{y} \, .$$

Auf das Integral $\Phi_{1,1}(\alpha)$ ist Lemma 1.10d anwendbar: Die Differenz $\varphi(0+0) - \varphi(0-0)$ ist durch $\Phi_{1,1}(0+0) - \Phi_{1,1}(0-0) = f(\mathbf{x}_0)$ gegeben. Der Mittelwert ergibt sich, indem man $\alpha = 0$ im Integranden setzt. Der Vergleich mit (2b) zeigt die Übereinstimmung mit $(Kf)(\mathbf{x}_0)$.   ∎

Auf $\mathbf{x}_0 \epsilon \Gamma$ sind drei Werte des Dipolpotentials definiert: Neben $\Phi(\mathbf{x}_0)$ sind die stetigen Fortsetzungen $\Phi_-(\mathbf{x}_0) := \varphi(0-0)$ von innen und $\Phi_+(\mathbf{x}_0) := \varphi(0+0)$ von außen erklärt. Dabei treffen die Begriffe «innen/ außen» nur zu, wenn Γ geschlossen ist. Sonst ist die Orientierung durch die willkürlich gewählte Normalenrichtung $\mathbf{n}(\mathbf{x}_0)$ festgelegt: In Richtung von $\mathbf{n}(\mathbf{x}_0)$ liegt die «Außenseite». Der erstgenannte Wert $\Phi(\mathbf{x}_0)$ stimmt definitionsgemäß mit $\frac{1}{2}(Kf)(\mathbf{x}_0)$ überein. Lemma 7 führt auf

---

Satz 8.2.8 Sei $\Gamma \epsilon C^{1+\mu}_{\mathrm{stw}}$ für ein $\mu > 0$ und $f \epsilon L^\infty(\Gamma)$ eine beschränkte Belegung f. Wenn $\mathbf{x}_0 \epsilon \Gamma$ innerer Punkt einer glatten Komponente $\Gamma_0 \subset \Gamma$, $\Gamma_0 \epsilon C^{1+\mu}$, ist und f in $\mathbf{x}_0$ stetig ist, so hat das Doppelschichtpotential Φ in $\mathbf{x}_0$ eine innere Fortsetzung $\Phi_-(\mathbf{x}_0)$ und eine äußere $\Phi_+(\mathbf{x}_0)$, die den folgenden _Sprungbedingungen_ genügen:

(8.2.7a) $\Phi_+(\mathbf{x}_0) - \Phi_-(\mathbf{x}_0) = f(\mathbf{x}_0),$

(8.2.7b) $\Phi_+(\mathbf{x}_0) + \Phi_-(\mathbf{x}_0) = (Kf)(\mathbf{x}_0).$

Beweis. Sei Γ die Summe der glatten Kurven bzw. Flächen $\Gamma_i \epsilon C^{1+\mu}$. $\mathbf{x}_0$ sei innerer Punkt von Γ_{i_0}. Die von Γ_i $(i \neq i_0)$ erzeugten Dipolpotentiale sind in $\mathbf{x}_0$ stetig (analytisch), so daß sie auf die Sprungrelationen keinen Einfluß haben. Wegen $\Phi_\pm(\mathbf{x}_0) = \varphi(0 \pm 0)$ ergeben sich (7a,b) aus Lemma 7.   ∎

Die Fortsetzungen $\Phi_\pm(\mathbf{x}_0)$ sind hier als spezielle Limites aus der Normalenrichtung definiert worden. Außerdem macht der Satz 8 keine Aussage über Eck- oder Kantenpunkte $\mathbf{x}_0 \epsilon \Gamma$. Hier sind Verallgemeinerungen möglich, die in der folgenden Bemerkung zusammengefaßt werden.

Bemerkung 8.2.9 (a) Sei $\Gamma \epsilon C^{1+\mu}_{\mathrm{stw}}$ für ein $\mu > 0$ und $f \epsilon C(\Gamma)$ (hinreichend ist auch eine Belegung $f \epsilon L^\infty(\Gamma)$, die in einer Γ-Umgebung von $\mathbf{x}_0 \epsilon \Gamma \setminus \partial\Gamma$ stetig ist). Dann gibt es eine $\mathbb{R}^3$-Umgebung U von $\mathbf{x}_0 \epsilon \Gamma \setminus \partial\Gamma$, die durch Γ in die Zusammenhangskomponenten $U_\pm$ zerlegt wird (vgl. Abb. 7.2.1a,b), so daß Φ_+ in $\overline{U}_+$ und Φ_- in $\overline{U}_-$ _gleichmäßig stetig_ sind. Ihre Werte auf Γ erfüllen die Sprungrelation (7a).

(b) Ist $\Gamma \epsilon C^{1+\mu}_{0,\mathrm{stw}}$ $(\mu > 0)$ geschlossen und $f \epsilon C(\Gamma)$, so sind $\Phi_+ \epsilon C(\overline{\Omega}_+)$ und $\Phi_- \epsilon C(\overline{\Omega}_-)$ in ihren Definitionsbereichen _gleichmäßig_ stetig.

(c) Anders als in Satz 8 sind in (a) und (b) auch Punkte $\mathbf{x}_0 \epsilon \Gamma$ zugelassen, die auf Ecken bzw. Kanten von Γ liegen. Ausgenommen bleiben nur Randpunkte $x_0 \epsilon \partial \Gamma$. Die gleichmäßige Stetigkeit in $U_\pm$ bzw. $\Omega_\pm$ bedeutet, daß die Definition von $\Phi_\pm$ nicht davon abhängt, auf welchem Wege sich $x \epsilon U_\pm$ dem Punkt $x_0 \epsilon \overline{U}_\pm$ nähert.

(d) Damit existiert in allen inneren Eck- bzw. Kantenpunkten $x_0 \epsilon \Gamma \setminus \partial \Gamma$ eine stetige Fortsetzung $(\overline{K}f)(x_0)$, für die die Gleichung (7b) zutrifft. $\overline{K}$ ist für $d = 2$ mit dem Operator $\overline{K}_1$ aus (7.4.9) identisch.

(e) Ist Γ geschlossen, gilt $\overline{K} \epsilon L(C(\Gamma), C(\Gamma))$, und die Sprungrelationen (7a,b) sind für alle $x_0 \epsilon \Gamma$ erfüllt.

Beweis. Da die Aussagen (b-e) einfache Folgerungen aus (a) sind, reicht ein Beweis zu (a). Dieser wird am Ende von §8.2.4.3 nachgeholt. ⊡

8.2.4 Weitere Eigenschaften des Doppelschichtpotentials

8.2.4.1 Hölder-Stetigkeit

Außerhalb von Γ ist das Doppelschichtpotential Φ beliebig oft differenzierbar und erfüllt nach Übungsaufgabe 1.2a die Laplace-Gleichung:

$$(8.2.8) \qquad \Delta \Phi(x) = 0 \qquad\qquad \text{für } x \epsilon \mathbf{R}^d \setminus \Gamma.$$

Nach Bemerkung 9 ist Φ für $f \epsilon C(\Gamma)$ stetig fortsetzbar auf Γ, wobei nur $\partial \Gamma$ auszunehmen ist, falls Γ nicht geschlossen ist. Die folgende Aussage über die Hölder-Stetigkeit von $\Phi_\pm$ ist in Hinblick auf (4b) nicht verwunderlich:

Satz 8.2.10 (a) Ist $\Gamma \epsilon C_0^{1+\mu}$ $(\mu > 0)$ geschlossen und $f \epsilon C^\lambda(\Gamma)$ für ein $\lambda \epsilon (0, \mu]$, so sind die Außen- und Innenraumfortsetzungen $\Phi_+ \epsilon C^\lambda(\overline{\Omega}_+)$ und $\Phi_- \epsilon C^\lambda(\overline{\Omega}_-)$ in ihren Definitionsbereichen *global Hölder-stetig*.
(b) Für eine allgemeine Kurve bzw. Fläche $\Gamma \epsilon C_{stw}^{1+\mu}$ gelten die entsprechenden Aussagen in $\overline{U}_\pm$ (vgl. Bemerkung 9a), wenn der Schnitt $\gamma := \Gamma \cap \overline{U}_\pm$ im Innern einer glatten Komponente $\Gamma_0 \epsilon C^{1+\mu}$ von Γ liegt.

Beweis. (i) Für $d = 2$ ist der Beweis für (a) schon in Satz 7.2.8 erbracht. Der Fall $d \geq 3$ ist analog.

(ii) Das Verhalten von Γ in einem endlichen Abstand zu γ beeinflußt nicht die Glattheit des Doppelschichtpotentials. ⊡

Es sei daran erinnert, daß Kf bis auf den Faktor 2 mit der Definition von Φ auf Γ übereinstimmt und gemäß (7b) die Summe der einseitigen Limites $\Phi_\pm$ ist. Da Kf schon für $f \epsilon C(\Gamma)$ Hölder-stetig ist, könnte man auch für stetige Belegungen f Hölder-Stetigkeit von $\Phi_\pm$ erwarten. Diese Erwartung kann nicht erfüllt werden, denn aufgrund der Sprungrelation (7a) erzeugen Hölder-stetige Fortsetzungen $\Phi_\pm$ auch eine Hölder-stetige Belegung f. Diese triviale Aussage wird sich später (§8.2.7) in der Nichtkompaktheit von K in $C(\Gamma)$ widerspiegeln, wenn Γ nicht glatt ist.

8.2.4.2 Potential in der Nähe einer Sprungstelle der Belegung

Wir wollen nun untersuchen, wie sich eine Unstetigkeit von f in Form
eines Sprunges auf das Potential Φ auswirkt. Dazu beschränken wir uns
zunächst für den Fall $d=2$. Springt eine stückweise stetige Funktion f
in $\boldsymbol{x}_0\epsilon\Gamma$ um δ, so kann f als Summe einer stetigen Funktion f_1 und der
stückweise konstanten Funktion f_0 mit
den Wert 0 vor $\boldsymbol{x}_0$ und δ hinter $\boldsymbol{x}_0$ angesehen werden. Das Gesamtpotential ist
die Summe $\Phi_0+\Phi_1$. Da die Eigenschaften
von Φ_1 schon beschrieben worden sind,
reicht es f_0 und Φ_0 zu diskutieren. Da
die Form der Kurve bei $\boldsymbol{x}_0$ keinen Einfluß hat, solange sie dort glatt ist, wird
Γ als gerade angenommen (vgl. Abb. 1):

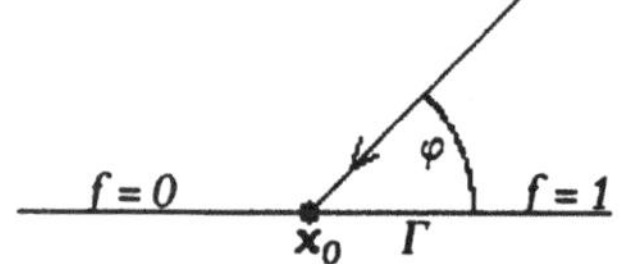

Abb. 8.2.1 Unstetige
Belegung f auf Γ

(8.2.9a) $\Gamma := \{(y_1, y_2)\epsilon\mathbb{R}^2 : y_2 = 0, \; -1 \leqslant y_1 \leqslant 1\}.$

Die Sprungstelle sei $\boldsymbol{x}_0 = (0,0)$. Die Belegung wird gewählt als

(8.2.9b) $f(y_1, 0) = 1$ für $y_1 \geqslant 0$, $f(y_1, 0) = 0$ für $y_1 < 0$.

Das zugehörige Potential hat die Darstellung

(8.2.9c) $\Phi(\boldsymbol{x}) = \Phi(x_1, x_2) = -\frac{x_2}{2\pi}\int_0^1 \{(x_1 - y_1)^2 + x_2^2\}^{-1}dy_1,$

wenn $\boldsymbol{n}(\boldsymbol{y}) = \binom{0}{-1}$ als Normale gewählt wird.

Bisher wurde $\boldsymbol{x}_0 = (0,0)$ als Unstetigkeitsstelle von f behandelt. Man
kann jedoch (9c) ebenso als Potential der stetigen Belegung $f=1$ auf der
rechten Hälfte Γ_1 von Γ ansehen. $\boldsymbol{x}_0 = (0,0)$ ist dann ein Randpunkt $\boldsymbol{x}_0\epsilon\partial\Gamma_1$.

Bemerkung 8.2.11 Das Potential Φ aus (9c) ist in $\boldsymbol{x}_0 = (0,0)$ unstetig: In
jeder (einseitigen) Umgebung $\{|\boldsymbol{x}| < \epsilon : x_2 > 0\}$ werden alle Werte
$(-\pi/2, 0)$ angenommen. Φ ist jedoch bei *radialer* Annäherung an $\boldsymbol{x}_0$ stetig:

(8.2.9d) $\Phi(r\cos\varphi, r\sin\varphi) \to -\frac{1}{2\pi}\,\text{sign}(\varphi)\,(\pi - |\varphi|)$ für $0 < |\varphi| \leqslant \pi$, $r \to 0$.

Definiert man $\Phi_\pm$ wie in (6a) als Fortsetzung aus der Normalenrichtung,
so gilt die Sprungbedingung (7a) in der Form $\Phi_+(\boldsymbol{x}_0) - \Phi_-(\boldsymbol{x}_0) = f_m(\boldsymbol{x}_0)$,
wobei $f_m(\boldsymbol{x}_0)$ das arithmetische Mittel der beidseitigen Grenzwerte von
f in $\boldsymbol{x}_0$ ist. Im Falle von (9b) gilt $f_m(0) = \frac{1}{2}$.

Beweis. Das Integral in (9c) kann zu $-\frac{1}{2\pi}\{\text{arctg}\frac{1-x_1}{x_2} + \text{arctg}\frac{x_1}{x_2}\}$ ausgewertet werden. Für $r \to 0$ strebt $x_2 = r\sin\varphi$ gegen null und somit der
erste arctg-Term gegen $\pm\pi/2$, wenn $\varphi\epsilon(0, \pi)$ bzw. $\varphi\epsilon(-\pi, 0)$.
Der zweite arctg-Term ist $\pm\frac{1}{2}\pi - \varphi$.   ▣

Es sei hinzugefügt, daß man Stetigkeit von $\Phi(\boldsymbol{x}(r))$ auch dann erhält,
wenn man sich auf einer differenzierbaren Kurve $\boldsymbol{x}(r)$ mit $x_2(r) > 0$ dem
Punkt $\boldsymbol{x}(0) = \boldsymbol{x}_0$ nähert. Der Grenzwert $\lim \Phi(\boldsymbol{x}(r))$ ist dann durch die
rechte Seite von (9d) zu dem Winkel φ der Tangenten $d\boldsymbol{x}(0)/dr$
gegeben: $[dx_2(0)/dr]/[dx_1(0)/dr] = \tan\varphi$.

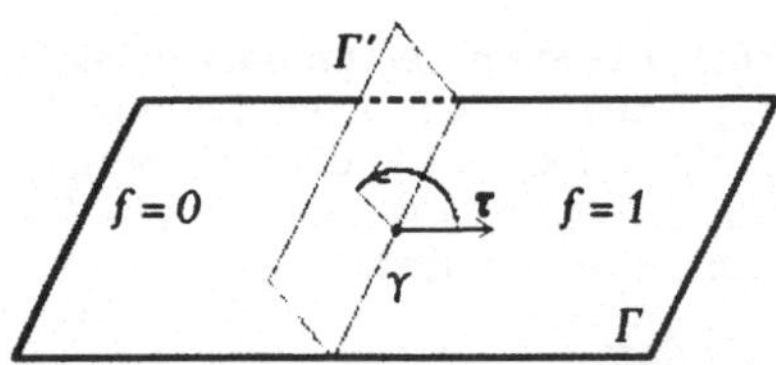

Abb. 8.2.2 Unstetiges f entlang γ

Im mehrdimensionalen Fall $d \geqslant 3$ hat man eine analoge Aussage: Φ hat bei radialer Annäherung an eine Sprungstelle einen Limes. Die Richtung des radialen Strahls wird durch $d-1$ Winkel bestimmt. Wenn im Falle $d=3$ der Sprung entlang einer glatten Kurve $\gamma \subset \Gamma$ stattfindet, so hängt der Grenzwert jedoch nur von *einem* Winkel ab. O.B.d.A. seien Γ, γ und die Belegung f wie folgt gewählt (vgl. Abb. 2):

(8.2.10a) $\Gamma := \{ y \in \mathbb{R}^3 : -1 \leqslant y_1, y_2 \leqslant 1 , y_3 = 0 \}$, $\gamma := \{ y \in \Gamma : y_1 = 0 \}$.

(8.2.10b) $f(y_1, y_2, 0) = 1$ für $y_1 \geqslant 0$, $f(y_1, y_2, 0) = 0$ für $y_1 < 0$.

Bemerkung 8.2.12 (a) Das zu (10a,b) gehörende Potential Φ ist in γ unstetig. Für jeden Einheitsvektor ω, der nicht senkrecht auf $n(x_0)$ steht (d.h. $\omega_3 \neq 0$), ist $\Phi(r\omega)$ jedoch in $r=0$ stetig fortsetzbar. Der Grenzwert $\Phi_\omega := \lim_{r \to 0} \Phi(r\omega)$ hängt nur von $\langle \tau, \omega \rangle$, d.h. vom Winkel zwischen τ und ω ab, wobei τ in der Tangentenebene von Γ in x_0 liegt und eine Normale der Kurve γ ist (Im Beispiel (10a,b) ist $\tau = (1,0,0)$). **(b)** Die in Abb. 2 eingezeichnete Fläche Γ' hat einen konstanten Winkel $\langle \tau, x \rangle / |x|$, $x \in \Gamma'$. Deshalb ist die Beschränkung des Potentials Φ auf Γ' stetig und stetig fortsetzbar auf γ.

8.2.4.3 Das Potential der Belegung $f=1$

Eine Ecke x_0 von Γ (analog eine Kante im Falle $d=3$) läßt sich deuten als die Summe zweier Kurven Γ_1, Γ_2, die sich im Eckpunkt kreuzen, wobei die Belegung f_i auf Γ_i im Teil $\Gamma_i \cap \Gamma$ mit f übereinstimmt und in $\Gamma_i \backslash \Gamma$ als $f_i = 0$ gewählt wird (s. Abb. 3). Das Potential Φ läßt sich als Summe der Einzelpotentiale $\Phi_1 + \Phi_2$ über Γ_1, Γ_2 ansehen. Nach Bemerkung 11 sind Φ_1 und Φ_2 im Eckpunkt x_0 unstetig. Die folgenden Überlegungen werden zeigen, daß die Summe $\Phi_1 + \Phi_2$ trotzdem in x_0 stetig ist, wenn f auf Γ stetig ist.

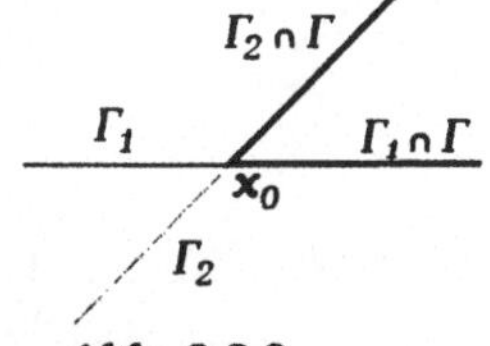

Abb. 8.2.3

Satz 8.2.13 Seien Ω_- und Ω_+ das Innen- bzw. Außengebiet von $\Gamma \in C^1_{0,\text{stw}}$. Dann führt die Dipolbelegung $f=1$ zum Doppelschichtpotential

(8.2.11a) $\Phi(x) = \begin{cases} -1 & \\ 0 & \end{cases}$ $\begin{array}{l} \text{für } x \in \Omega_-, \\ \text{für } x \in \Omega_+. \end{array}$

Eine sofortige Folge von (11a) ist wegen (7b)

(8.2.11b) $\bar{K}f = -f$ für $f = 1$ (zu $\bar{K}$ vgl. Bemerkung 9d).

Es werden zwei Beweise angeführt. Der erste ist kurz und indirekt, der zweite gibt weitere Auskunft über das Doppelschichtpotential.

1. Beweis. Für $x \in \Omega_-$ ist $s(x, \cdot) \in C^2(\overline{\Omega}_+)$ Lösung der Laplace-Gleichung im abgeschlossenen Innengebiet $\overline{\Omega}_+$. Aus (1.24c) bzw. Lemma 1.19a erhalten wir $0 = \int_\Gamma \partial s(x,y)/\partial n_y \, d\Gamma_y$, d.h. $\Phi(x) = 0$ für die Belegung $f = 1$. Aufgrund der Sprungbedingung (7a) folgt $\Phi_+(x) = \Phi_-(x) - f(x) = 0 - 1 = -1$ auf Γ. Eindeutige Lösung dieser Dirichlet-Randwerte ist $\Phi_+ = -1$. ▱

Zum zweiten Beweis verwenden wir das

Lemma 8.2.14 (Dipolpotentialdarstellung in Polarkoordinaten) Sei $x_0 \notin \Gamma \in C^1_{stw}$ und $f \in L^\infty(\Gamma)$ die Dipolbelegung. $\Omega := \partial K_1(0)$ sei die Oberfläche der Einheitskugel. Zu jedem Einheitsvektor $\omega \in \Omega$ definieren wir

$$(8.2.12a) \qquad F(\omega) := \sum_{\substack{y \in \Gamma, \ y-x_0 = |y-x_0|\,\omega}} f(y)\,\mathrm{sign}(\langle n(y), y-x_0 \rangle)$$

(nähere Erklärung siehe unten). Dann hat das Doppelschichtpotential in x_0 den Wert

$$(8.2.12b) \qquad \Phi(x_0) = -\frac{1}{\omega_d} \int_\Omega F(\omega)\,d\Omega \qquad (d\Omega: \text{Integration über } \Omega).$$

Die Summe in (12a) erstreckt sich über alle $y \in \Gamma$, die der Strahl $\{x_0 + t\omega : t > 0\}$ schneidet. Das Vorzeichen $\mathrm{sign}(\langle n(y), y-x_0 \rangle)$ ist positiv, wenn ω in die Außenrichtung zeigt, sonst negativ (vgl. Fall (1) in Abb. 1). Es bleiben noch Ausnahmefälle zu diskutieren. Im Fall (2) der Abb. 4 wird eine Ecke y getroffen, in der zwei Normalenrichtungen $n_\pm(y)$ als einseitige Grenzwerte definiert sind. In diesem Fall hat man y

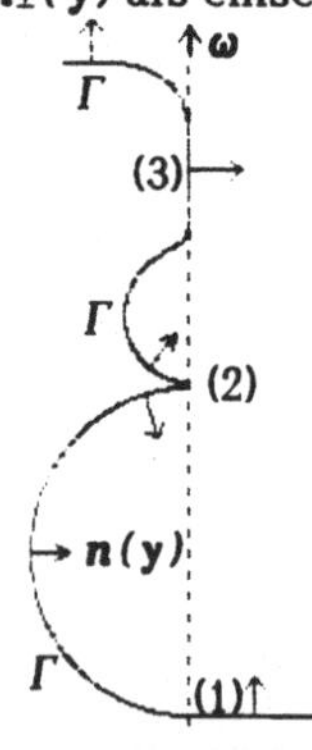

Abb. 8.2.4

zweifach in der Summe (12a) aufzunehmen, wobei die Vorzeichen $\mathrm{sign}(\langle n_\pm(y), y-x_0 \rangle)$ entgegengesetzt sind, so daß sich beide Summanden zu null ergänzen und damit auch weggelassen werden können. Fällt wie im Falle (3) ein ganzes Intervall des Strahls $\{x_0 + t\omega : t > 0\}$ mit Γ zusammen, hat die Summe (12a) überabzählbar viele Summanden, die wegen $\mathrm{sign}(\langle n(y), y-x_0 \rangle) = \langle n(y), y-x_0 \rangle = 0$ jedoch unwesentlich sind. Es bleiben pathologische Fälle, in denen der Strahl $\{x_0 + t\omega : t > 0\}$ Γ in unendlich vielen Punkten unter einem von null verschiedenen Winkel schneidet. Dieser Fall (wie auch die Fälle (2) und (3)) treten jedoch nur für eine Teilmenge $\Omega_0 \subset \Omega$ vom Maß null auf, so daß die Festlegung von $F(\omega)$ für solche ω irrelevant ist.

Beweis des Lemmas 14. (i) Zunächst sei angenommen, daß Γ geschlossen ist und $\langle n(y), y-x_0 \rangle \geq \varepsilon > 0$ für alle $y \in \Gamma$ erfüllt. Zu jedem «Winkel» $\omega \in \Omega$ definiert der Schnittpunkt $y = y(\omega) \in \Gamma$ in Richtung ω den Radius $r = r(\omega)$. Damit enthält die Summe (12a) für jedes $\omega \in \Omega$ genau einen Summanden: $F(\omega) = f(y(\omega))$. Γ kann über Ω mittels $(r(\omega), \omega)$ parametrisiert werden. Die konkreten Rechnungen sehen für die praktisch interessanten Fälle $d = 2, 3$ wie folgt aus. Für $d = 2$ hat $y \in \Gamma$ die Darstellung

$$y(\varphi) = x_0 + r(\varphi)\left(\begin{smallmatrix}\cos\varphi\\\sin\varphi\end{smallmatrix}\right) \qquad \text{für } 0 \leqslant \varphi < 2\pi .$$

Die Ableitung y_φ lautet $r_\varphi e_1 + r e_2$ mit den orthonormalen Vektoren

$$e_1 := \left(\begin{smallmatrix}\cos\varphi\\\sin\varphi\end{smallmatrix}\right), \qquad e_2 := \left(\begin{smallmatrix}-\sin\varphi\\\cos\varphi\end{smallmatrix}\right).$$

Hieraus ergibt sich die Gramsche Determinante $g(\varphi) = \langle y_\varphi, y_\varphi \rangle = r_\varphi^2 + r^2$. Senkrecht zur Tangentenrichtung y_φ in $y(\varphi)$ steht der Vektor $-r_\varphi e_2 + r e_1$. Die Normalisierung liefert die Normalenrichtung $n(y) = (-r_\varphi e_2 + r e_1)/\sqrt{g(\varphi)}$. Damit lautet das Skalarprodukt

$$\langle n(y), y-x_0 \rangle = \langle n(y), r e_1 \rangle = r^2/\sqrt{g(\varphi)}.$$

Zusammen mit $|y-x_0| = r$ erhalten wir gemäß (1.11a) die Darstellung

$$\int_\Gamma \frac{\langle n(y), y-x_0 \rangle}{|y-x_0|^2} f(y)\, d\Gamma_y = \int_0^{2\pi} \sqrt{g(\varphi)}\, f(y(\varphi)) \frac{r^2/\sqrt{g(\varphi)}}{r^2}\, d\varphi = \int_0^{2\pi} f(y(\varphi))\, d\varphi .$$

Mit dem Vorfaktor $-1/\omega_d$ von $\Phi(x_0)$ ist (12b) bewiesen.

Im dreidimensionalen Fall sind $\varphi \in [0, 2\pi]$ und $\vartheta \in [0, \pi]$ die Winkelkoordinaten. Jedes $y = y(\varphi, \vartheta)$ hat die Darstellung $r(\varphi, \vartheta)e_1$, wobei

$$e_1 = \begin{pmatrix}\cos\varphi\cos\vartheta\\\cos\varphi\sin\vartheta\\\sin\varphi\end{pmatrix}, \quad e_2 = \begin{pmatrix}-\sin\varphi\cos\vartheta\\-\sin\varphi\sin\vartheta\\\cos\varphi\end{pmatrix}, \quad e_3 = \begin{pmatrix}-\cos\varphi\sin\vartheta\\\cos\varphi\cos\vartheta\\\sin\varphi\end{pmatrix}$$

orthonormale Vektoren sind. Die Tangentialebene wird von den Ableitungen $y_\varphi = r_\varphi e_1 + r e_2$ und $y_\vartheta = r_\vartheta e_1 + r e_3$ aufgespannt. Senkrecht dazu steht $n(y) = [r e_1 - r_\varphi e_2 - r_\vartheta e_3]\, r/\sqrt{g(\varphi, \vartheta)}$. Der Nenner ist dabei die Wurzel der Gramschen Determinante $g(\varphi, \vartheta) = r^2(r^2 + r_\varphi^2 + r_\vartheta^2)$. Mit $\langle n(y), y-x_0 \rangle = r^3/\sqrt{g(\varphi, \vartheta)}$ und $|y-x_0| = r$ erhält man (12b) durch Einsetzen dieser Größen.

(ii) Die Bedingung $\langle n(y), y-x_0 \rangle \geqslant \varepsilon > 0$ in (i) darf durch $\langle n(y), y-x_0 \rangle > 0$ ersetzt werden.

(iii) Im zweiten Schritt sei angenommen, daß Γ nicht geschlossen ist, aber $\langle n(y), y-x_0 \rangle > 0$ für alle $y \in \Gamma$ (analog: $\langle n(y), y-x_0 \rangle < 0$ für alle $y \in \Gamma$) erfüllt. Man kann Γ durch ein weiteres Kurven- bzw. Flächenstück Γ' zu einer geschlossenen Kurve bzw. Oberfläche $\Gamma'' := \Gamma + \Gamma'$ ergänzen. Setzt man zusätzlich $f(y) := 0$ für $y \in \Gamma''$ fest, sind die Doppelschichtpotentiale über Γ und Γ'' identisch. Die Funktion $F(\omega)$ wird von der Fortsetzung von f auf Γ'' nicht geändert, so daß Teil (i) die Behauptung zeigt.

(iv) Sei $\Gamma_0 := \Gamma_+ \cup \Gamma_-$ mit $\Gamma_\pm := \{ y \in \Gamma : \pm \langle n(y), y-x_0 \rangle > 0 \}$. Für jede Zusammenhangskomponente von Γ_+ und Γ_- gilt (12b) nach (i-iii). Summation über alle Komponenten liefert (12b). ◼

2. *Beweis des Satzes 13.* Liegt x im Innengebiet Ω_-, schneidet der Strahl $\{ x + t\omega : t > 0 \}$ Γ in $k+1$ Punkten mit $\langle n(y), y-x \rangle > 0$ und k Punkten mit $\langle n(y), y-x \rangle < 0$, wobei $k \in \mathbb{N}_0$. Da $f = 1$, ergibt sich $F(\omega) = 1$. Die Darstellung (12b) führt auf -1, weil ω_d die Oberfläche der Einheitskugel ist. Liegt x dagegen im Außengebiet, tritt, wenn überhaupt, $\langle n(y), y-x \rangle > 0$ ebenso oft auf wie $\langle n(y), y-x \rangle < 0$, was zu $F(\omega) = 0$ führt. ◼

Ist $\Gamma \subset \mathbf{R}^3$ eine nichtgeschlossene Fläche mit einer geschlossenen Kurve $\partial \Gamma$ als Rand, der abgebildet auf die Einheitskugel Ω eine doppelpunktfreie Kurve γ ergibt, so nimmt $|F(\boldsymbol{\omega})|$ nur die Werte 0 und 1 an. Die Teilmenge $\Omega_0 := \{\boldsymbol{\omega} \in \Omega : |F(\boldsymbol{\omega})| = 1\}$ bzw. deren Oberflächenmaß $\mu(\Omega_0)$ definiert den _Raumwinkel_, den Γ mit dem Zentrum $\mathbf{x}_0$ bildet. Der Rand $\partial \Omega_0$ stimmt mit γ überein.

Zum Beweis der Bemerkung (9a) geht man in folgenden Schritten vor: (i) Wenn $\mathbf{x}_0$ kein Eckpunkt ist, wiederholt man den Beweis von Lemma 7 und stellt fest, daß die Konvergenz der Größen Φ_0, $\Phi_{1,1}$, $\Phi_{1,2}$ für $\alpha \to 0$ gleichmäßig bezüglich $\mathbf{x}_0$ ist, vorausgesetzt $\mathbf{x}_0$ hat einen hinreichend großen Abstand vom Rand $\partial \Gamma_i$ der glatten Komponente $\Gamma_i \subset \Gamma$, $\Gamma_i \in C^{1+\mu}$ hat, da sonst K_ε nicht zur Parametrisierung verwandt werden kann. Da auch $\Phi_+ = Kf - f$ im Innern von Γ_i stetig ist (vgl. Satz 3), zeigt die Aufspaltung $\Phi(\mathbf{x}) - \Phi_+(\mathbf{x}_0) = [\Phi(\mathbf{x}) - \Phi_+(\boldsymbol{\xi})] + [\Phi_+(\boldsymbol{\xi}) - \Phi_+(\mathbf{x}_0)]$ die Stetigkeit für $\mathbf{x} \in U_+ \to \mathbf{x}_0$, wobei $\boldsymbol{\xi} \in \Gamma$ so gewählt sei, daß $\mathbf{x} = \boldsymbol{\xi} + \alpha \mathbf{n}(\boldsymbol{\xi})$.

(ii) Wenn $\mathbf{x}_0 \in \partial \Gamma_i$ ein Eckpunkt ist, zerlegt man f in $f_n + f_c$ mit $f_c := f(\mathbf{x}_0)$, $f_n := f - f_c$. O.B.d.A. kann Γ als geschlossen angenommen werden. Das zu f_c gehörende Potential ist nach Satz 13 konstant, also (einseitig) stetig in $\mathbf{x}_0$. Man betrachte die Potentiale Φ_i, die zu den verschiedenen Komponenten Γ_i von Γ mit der Belegung f_n gehören, einzeln. Da $f_n(\mathbf{x}_0) = 0$ gilt, liefern $\Phi_{1,1}$ und $\Phi_{1,2}$ aus dem Beweis des Lemmas 7 als Integrale über _beliebige Teilmengen_ von K_ε den gleichmäßigen Grenzwert 0. Insgesamt ist Φ_+ auch in $\mathbf{x}_0$ stetig. Aus der Stetigkeit im Kompaktum schließt man auf die gleichmäßige Stetigkeit. ▨

8.2.5 Ableitungen des Doppelschichtpotentials

Die Ableitung des Integranden (2c) ist für alle $\mathbf{x} \in \Omega \backslash \Gamma$ definiert:

$$(8.2.13a) \quad \nabla_{\mathbf{x}}\left\{-\frac{1}{\omega_d}\frac{\langle \mathbf{n}(\mathbf{y}), \mathbf{y}-\mathbf{x}\rangle}{|\mathbf{y}-\mathbf{x}|^d}\right\} = \frac{1}{\omega_d}\frac{\mathbf{n}(\mathbf{y})}{|\mathbf{y}-\mathbf{x}|^d} - \frac{d}{\omega_d}\frac{\langle \mathbf{n}(\mathbf{y}), \mathbf{y}-\mathbf{x}\rangle\,(\mathbf{y}-\mathbf{x})}{|\mathbf{y}-\mathbf{x}|^{d+2}}.$$

Damit hat das Doppelschichtpotential Φ der Belegung f in $\mathbf{R}^d \backslash \Gamma$ den Gradienten

$$(8.2.13b) \quad \nabla\Phi(\mathbf{x}) = \frac{1}{\omega_d}\int_\Gamma \left\{\frac{\mathbf{n}(\mathbf{y})}{|\mathbf{y}-\mathbf{x}|^d} - d\frac{\langle \mathbf{n}(\mathbf{y}), \mathbf{y}-\mathbf{x}\rangle\,(\mathbf{y}-\mathbf{x})}{|\mathbf{y}-\mathbf{x}|^{d+2}}\right\}f(\mathbf{y})\,d\Gamma_y$$
$$\text{für } \mathbf{x} \notin \Gamma.$$

Im folgenden soll untersucht werden, ob sich $\nabla\Phi$ auf Γ fortsetzen läßt. Zunächst ist eine Erklärung zur Voraussetzung $f \in C^{1+\mu}(\Gamma)$ zu geben. Da f nur auf Γ definiert ist, existieren auch nur Ableitungen in _Tangential_-richtungen. Wenn man formal die Ableitung in Normalenrichtung als null definiert, sind alle partiellen Ableitungen und damit der Gradient ∇f erklärt. Eine äquivalente Definition lautet wie folgt: Man setze f in eine hinreichend kleine Umgebung von Γ durch $f(\mathbf{x}_0 + \alpha \mathbf{n}(\mathbf{x}_0)) := f(\mathbf{x}_0)$ fort ($\alpha \in [-\varepsilon, \varepsilon]$, $\mathbf{x}_0 \in \Gamma$). Der in der Umgebung von Γ existierende Gradient stimmt auf Γ mit dem oben definierten ∇f überein. Definitionsgemäß gilt $\nabla f(x_0)\perp n(x_0)$, d.h. $\nabla f(x_0)$ liegt in der Tangentialebene.

Der folgende Satz zeigt, daß sich der Gradient des Doppelschichtpotentials Φ_D komplementär zum Gradienten $\nabla\Phi_E$ des Einfachschichtpotentials verhält: Während die Tangentialableitung $\langle\nabla\Phi_E,t\rangle$ des Einfachschichtpotentials stetig ist und die Normalableitung $\langle\nabla\Phi_E,n\rangle$ springt, ist es beim Gradienten des Doppelschichtpotentials umgekehrt.

Satz 8.2.15 Sei $\Gamma\in C_0^{1+\mu}$ und $f\in C^{1+\mu}(\Gamma)$ für ein $\mu>0$. Dann ist der Gradient $\nabla\Phi$ des Doppelschichtpotentials stetig in Ω_+ und Ω_- und läßt sich stetig fortsetzen zu $\nabla\Phi_\pm$ auf $\overline{\Omega}_\pm$ mit den *Sprungeigenschaften*

$$(8.2.14a)\qquad \nabla\Phi_+(x) - \nabla\Phi_-(x) = \nabla f(x) \qquad\text{für } x\in\Gamma,$$

$$(8.2.14b)\qquad \nabla\Phi_+(x) + \nabla\Phi_-(x) = \qquad\text{für } x\in\Gamma$$

$$= \frac{2}{\omega_d}\int_\Gamma\Big\{\frac{n(y)}{|y-x|^d} - d\frac{\langle n(y),y-x\rangle\,(y-x)}{|y-x|^{d+2}}\Big\}f(y)\,d\Gamma_y,$$

wobei das Integral im Sinne von Hadamard zu verstehen ist (vgl. §7.5). Die *Normalableitung* ist beim Durchgang durch Γ stetig:

$$(8.2.14c)\qquad \partial\Phi_+(x)/\partial n = \partial\Phi_-(x)/\partial n \qquad\text{für } x\in\Gamma$$

und hat die Darstellung (14d) als Hadamard-Integral:

$$(8.2.14d)\qquad \partial\Phi_\pm(x)/\partial n = \int_\Gamma f(y)\,\frac{\partial}{\partial n_x}\frac{\partial}{\partial n_y}\,s(x,y)\,d\Gamma_y = \qquad (x\in\Gamma)$$

$$= \frac{2}{\omega_d}\int_\Gamma\Big\{\frac{\langle n(y),n(x)\rangle}{|y-x|^d} - d\frac{\langle n(y),y-x\rangle\,\langle y-x,n(x)\rangle}{|y-x|^{d+2}}\Big\}f(y)\,d\Gamma_y.$$

Beweis. (i) Da Φ außerhalb von Γ beliebig glatt ist, reicht es, den Grenzübergang $x\to x_0\in\Gamma$ aus Ω_+ bzw Ω_- zu untersuchen. f sei – wie oben anläßlich der Definition von ∇f erklärt – in die Umgebung U von Γ fortgesetzt. Da die konstante Belegung $f(x)$ ($x\in U$ fest) zu einem stückweise konstanten Potential Φ_0 führt, das die Ableitung $\nabla\Phi_0=0$ in $\Omega\setminus\Gamma$ besitzt (vgl. Satz 13), darf man die Belegung f durch $f(\cdot)-f(x)$ ersetzen, ohne den Gradienten $\nabla\Phi$ zu ändern:

$$(8.2.14e)\qquad \nabla\Phi(x)= \frac{1}{\omega_d}\int_\Gamma\Big\{\frac{n(y)}{|y-x|^d} - d\frac{\langle n(y),y-x\rangle\,(y-x)}{|y-x|^{d+2}}\Big\}[f(y)-f(x)]\,d\Gamma_y.$$

Die Taylor-Entwicklung von f liefert

$$(8.2.14f)\qquad f(y)-f(x) = \langle\nabla f(x),y-x\rangle + O(|y-x|^{1+\mu}).$$

Der $O(|y-x|^{1+\mu})$-Term führt zu einem gleichmäßig existierenden, uneigentlichen Integral, das damit in x stetig ist. Einsetzen des ersten Summanden in den Integranden (14e) führt zu den Integralen (14g,h):

$$(8.2.14\text{g}) \qquad \frac{1}{\omega_d} \int_\Gamma \frac{n(y)}{|y-x|^d} \langle \nabla f(x), y-x \rangle \, d\Gamma_y \, ,$$

$$(8.2.14\text{h}) \qquad \frac{d}{\omega_d} \int_\Gamma \frac{\langle n(y), y-x \rangle \, (y-x)}{|y-x|^{d+2}} \langle \nabla f(x), y-x \rangle \, d\Gamma_y \, .$$

Da $t := \nabla f(x)$ eine feste *Tangenten*richtung ist (siehe oben), hat (14g) die gleiche Gestalt wie (1.21). In Analogie zu Lemma 1.13 führt der Grenzwert $x \to x_0$ zum Cauchy-Hauptwert $\oint_\Gamma n(y) \langle \nabla f(x_0), y-x_0 \rangle / |y-x_0|^d \, d\Gamma_y$. Zur Analyse von (14h) sei zunächst die Tangentialkomponente

$$(8.2.14\text{i}) \qquad -\frac{d}{\omega_d} \int_\Gamma \frac{\langle n(y), y-x \rangle}{|y-x|^d} \frac{\langle y-x, t(x_0) \rangle}{|y-x|} \frac{\langle \nabla f(x), y-x \rangle}{|y-x|} \, d\Gamma_y$$

untersucht. Der erste Faktor ist der gleiche wie beim Doppelschichtpotential, so daß man analog zu einseitigen Grenzwerten gelangt. Den Sprung berechnet man zu

$$= \frac{d}{\omega_d} \int_0^\infty r^{d-2} [r^2 + 1]^{-d/2} \, dr \int_\Omega \langle \nabla f(x_0), z \rangle \langle z, t(x_0) \rangle \, d\Omega,$$

wobei Ω die $(d-1)$-dimensionale Einheitskugel bezeichnet (für $d=2$ mit $\Omega = \{0, 2\}$ ist formal $\int_\Omega \ldots d\Omega = 2 \langle \nabla f(x_0), t(x_0) \rangle$ zu setzen). Da die einseitige stetige Fortsetzbarkeit von $\langle \nabla \Phi, t(x_0) \rangle$ auf Γ gesichert ist, braucht man das oben stehende Integral nicht auszuwerten, sondern kann in Gleichung (7a) zur Tangentialableitung übergehen und erhält

$$(8.2.14\text{j}) \qquad \langle \nabla \Phi_+(x_0) - \nabla \Phi_-(x_0), t(x_0) \rangle = \langle \nabla f(x_0), t(x_0) \rangle$$

für jede Tangentenrichtung $t(x_0)$ in $x_0 \in \Gamma$.

(ii) Schließlich ist die Normalenkomponente

$$(8.2.14\text{k}) \qquad -\frac{d}{\omega_d} \int_\Gamma \frac{\langle n(y), y-x \rangle \langle y-x, n(x_0) \rangle}{|y-x|^{d+1}} \frac{\langle \nabla f(x), y-x \rangle}{|y-x|} \, d\Gamma_y$$

zu untersuchen. Parametrisiert man eine Umgebung Γ_ε von $x_0 \in \Gamma$ mit Hilfe von S_ε wie in $(1.17c_1)$, so erhält man

$$\frac{d}{\omega_d} \int_{S_\varepsilon} \frac{\{\alpha - \eta(y') - \langle \nabla \eta(y'), y' \rangle\} \, (\alpha - \eta(y'))}{[(\alpha - \eta(y'))^2 + |y'|^2]^{(d+1)/2}} \frac{\langle \nabla f(x_0), y' \rangle}{[\ldots]^{1/2}} \sqrt{g} \, d\Gamma_y \, ,$$

wobei $x_0 = 0$, $x = \alpha n(x_0)$, $y = \binom{y'}{\eta(y')}$ wie in (1.17f). Da $\langle \nabla \eta(y'), y' \rangle$ von der Ordnung $O(|y'|^{1+\mu})$ ist, hat $\langle \nabla \eta(y'), y' \rangle (\alpha - \eta(y')) \langle \nabla f(x_0), y' \rangle / [\ldots]^{d/2+1}$ eine uneigentlich integrierbare Majorante. Das zugehörige Integral ist somit stetig bezüglich $\alpha \to 0$. Der verbleibende Rest lautet

$$(8.2.14\text{l}) \qquad \frac{d}{\omega_d} \int_{S_\varepsilon} \frac{(\alpha - \eta(y'))^2 \langle \nabla f(x_0), y' \rangle}{[(\alpha - \eta(y'))^2 + |y'|^2]^{d/2+1}} \sqrt{g} \, d\Gamma_y$$

und konvergiert für $\alpha \to 0$, wie man nach Substitution $y' \mapsto z = \alpha y'$ sieht. Im Gegensatz zum Integral $(1.17c_1)$ hängt der Grenzwert nicht vom Vorzeichen von α ab, da in (14l) das Quadrat $(\alpha - \eta(y'))^2$ anstelle von $\alpha - \eta(y')$ auftritt. Damit ist $\langle \nabla \Phi, n(x_0) \rangle$ stetig beim Durchgang durch x_0. Aus (14j) und $\langle \nabla \Phi_+ - \nabla \Phi_-, n(x_0) \rangle = 0$ folgt (14a), da $\nabla f(x_0) \perp n(x_0)$.

(iii) Das Integral (14b) im Sinne von Hadamard ist der Cauchy-Hauptwert von (14e) (vgl. §7.5).

Zusatz 8.2.16 (a) Die Sprungbedingungen (14a,b) gelten auch lokal in einer offenen Teilmenge $\Gamma_0 \subset \Gamma$, wenn $\Gamma_0 \in C^{1+\mu}$, $f \in C_{\text{loc}}^{1+\mu}(\Gamma_0)$ und außerhalb von Γ_0 nur $\Gamma \in C_{\text{stw}}^1$ und $f \in L^\infty(\Gamma)$ angenommen wird.
(b) Haben Γ und f die Hölder-Eigenschaft nur punktweise in x_0, so bleibt (14a,b) noch richtig, wenn man sich x_0 nicht tangential nähert, d.h. $|\langle x - x_0, n(x_0)\rangle| \geq \varepsilon |x - x_0|$ muß für ein $\varepsilon > 0$ gelten.
(c) Sei $\Gamma \in C_{0,\text{stw}}^1$. In $\mathbb{R}^d \setminus \Gamma$ gilt

$$|\nabla \Phi(x)| \leq C_\Gamma \operatorname{dist}(x.\Gamma)^{\mu-1} \qquad \text{für } f \in C^\mu(\Gamma).\ 0 \leq \mu < 1.$$

$$|\nabla \Phi(x)| \leq C_1\ |\log \operatorname{dist}(x,\Gamma)| \qquad \text{für } f \in C_L(\Gamma).$$

Hierbei sind die Umgebungen von Ecken bzw. Kanten eingeschlossen.
(d) Für $\mu > 0$ erzeugt $f \in C^\mu(\Gamma)$ auf $\Gamma \in C_{0,\text{stw}}^1$ ein Doppelschichtpotential mit $|\nabla \Phi| \in L^2(\Omega_\pm)$. Für $d \geq 3$ gilt auch $\Phi \in H^1(\Omega_\pm)$.
(e) Für $|x| \to \infty$ gilt

(8.2.15a) $\qquad \Phi(x) \qquad = O(|x|^{1-d})$.

(8.2.15b) $\qquad |\nabla \Phi(x)| = O(|x|^{-d})$.

Beweis. Die Teile (a) und (b) ergeben sich aus den Beweisüberlegungen zu Satz 15. (c) ist Folge von Lemma 4 angewandt auf die Darstellung (13b) von $\nabla\Phi$. Letztere liefert auch (d). (e) ist Folge von (c) und (d).

Betrachtet man die für $\alpha \neq 0$ stets existierende Normalableitung

(8.2.16a) $\qquad \varphi(\alpha) := \langle \nabla \Phi(x_0 + \alpha n(x_0)), n(x_0)\rangle$,

so braucht für eine nur stetige Belegung f kein Limes $\lim_{\alpha \to 0} \varphi(\alpha)$ zu existieren. Das nachfolgende Lemma rechtfertigt es, trotz eventueller Nichtexistenz der Normalableitungen von ihrer Gleichheit zu sprechen.

Lemma 8.2.17 Sei $\Gamma_0 \subset \Gamma \in C_{0,\text{stw}}^1$, $\Gamma_0 \in C^{1+\mu}$ für ein $\mu > 0$ und $f \in L^\infty(\Gamma)$. In x_0 sei f stetig ($\lambda := 0$) oder Hölder-stetig: $|f(x) - f(x_0)| \leq C |x - x_0|^\lambda$ mit $\lambda \in (0,1)$. Es gelte $\mu + \lambda > 1$ oder $\mu = 1$, $\lambda = 0$. **(a)** Dann gilt

(8.2.16b) $\qquad \lim_{\substack{\alpha \to 0 \\ \alpha > 0}} \varphi(\alpha) - \varphi(-\alpha) = 0$.

(b) Wenn das Innenraumpotential Φ_- in x_0 die Normalableitung $\partial \Phi_- / \partial n$ besitzt, so existiert auch die Normalableitung $\partial \Phi_+ / \partial n$ des Außenraumpotentials und stimmt mit $\partial \Phi_- / \partial n$ überein.

Beweis. Da $\partial \Phi_- / \partial n$ der Limes von $\varphi(\alpha)$ für $0 > \alpha \to 0$ ist, folgt Teil (b) aus (a). Zum Beweis von Teil (a) dürfen wir wie im Beweis zu Satz 15 o.B.d.A. $f(x_0) = x_0 = 0$ annehmen. Wir setzen $x_+ := x_0 + \alpha n(x_0)$ und $x_- := x_0 - \alpha n(x_0)$. Der erste Summand $n(y)/|y-x|^d$ des Integranden in (14e) führt nach Multiplikation mit $n(x_0)$ auf die Differenz

(8.2.16c) $\qquad \langle n(y), n(x_0)\rangle [\,|y - x_+|^{-d} - |y - x_-|^{-d}\,]$.

Wir parametrisieren über $S_\varepsilon = \{y' \in \mathbb{R}^{d-1}\colon |y'| \leqslant \varepsilon\}$ und nehmen $y = \binom{y'}{\eta(y')}$ mit η wie in (1.17f) an. Da $\langle n(y), n(x_0)\rangle = \langle n(y) - n(x_0), n(x_0)\rangle + 1 = 1 + O(|y - x_0|^\mu)$, bleibt die eckige Klammer in (16c) zu untersuchen. Der Mittelwertsatz der Differentialrechnung liefert

$$|y - x_+|^{-d} - |y - x_-|^{-d} = [|y'|^2 + (\alpha - \eta(y'))^2]^{-d/2} - [|y'|^2 + (\alpha + \eta(y'))^2]^{-d/2} =$$

$$= d\,\frac{2\eta(y')[\alpha + \vartheta\eta(y')]}{[|y'|^2 + (\alpha + \vartheta\eta(y'))^2]^{(d+2)/2}} \qquad \text{mit } |\vartheta| < 1.$$

Wegen $|\alpha + \vartheta\eta| \leqslant [\dots \text{Nenner} \dots]^{1/2}$ und $|\eta(y')| \leqslant C|y'|^{1+\mu} \leqslant C[\dots]^{(1+\mu)/2}$ erhält man die Majorante $C[\dots]^{(-d+\mu)/2}$. Analog verfährt man mit dem zweiten Summanden des Integrals (13b).

(ii) Da o.B.d.A. $f(x_0) = x_0 = 0$, gewinnt man aus $|f(y)| = |f(y) - f(x_0)| \leqslant C|y - x_0|^\lambda = C|y|^\lambda$ schließlich die uneigentlich integrierbare Majorante $C|y|^{-d+\mu+\lambda}$ im Falle $\mu + \lambda > 1$. Dies beweist die Stetigkeit von $\psi(\alpha) := \varphi(\alpha) - \varphi(-\alpha)$ bezüglich α. Eine stetige und ungerade Funktion $(\psi(-\alpha) = -\psi(\alpha))$ muß in $\alpha = 0$ den Wert $\psi(0) = 0$ haben, was (16b) beweist.

(iii) $\left|\dfrac{2\eta(y')[\alpha + \vartheta\eta(y')][f(y_0) - f(x_0)]}{[|y'|^2 + (\alpha + \vartheta\eta(y'))^2]^{(d+2)/2}}\right|$ schätzt man im Falle von

$\mu = 1$, $\lambda = 0$ wegen $|\eta(y')| \leqslant C|y'|^2$ durch $C\,\dfrac{|\alpha + \vartheta\eta(y')||f(y_0) - f(x_0)|}{[|y'|^2 + (\alpha + \vartheta\eta(y'))^2]^{d/2}} \leqslant$

$\leqslant C\|f(\cdot) - f(x_0)\|_{\infty, K_\rho}\,\dfrac{|\alpha + \vartheta\eta(y')|}{[\dots]^{d/2}}$ für alle $y' \in K_\rho(x_0)$ ab. Da f stetig ist, konvergiert die Maximumnorm $\|f(\cdot) - f(x_0)\|_{\infty, K_\rho}$ für $\rho \to 0$ gegen null. Das Integral über $|\alpha + \vartheta\eta(y')|/[\dots]^d$ ist gleichmäßig bezüglich α beschränkt (vgl. Lemma 1.10c). Schreibt man $\psi(\alpha) := \varphi(\alpha) - \varphi(-\alpha)$ als $\psi_1 + \psi_2$, wobei $\psi_i = \varphi_i(\alpha) - \varphi_i(-\alpha)$ durch Integration über $\Gamma \cap K_\rho(x_0)$ {bzw. $\Gamma \setminus K_\rho(x_0)$} in (16a) entstehen, so erlaubt die Stetigkeit von f in x_0, für hinreichend kleines ρ und alle $\alpha \in \mathbb{R}$ auf $|\psi_1(\alpha)| \leqslant \varepsilon/2$ zu schließen. Da ψ_2 beliebig glatt in α ist, gilt $|\psi_2(\alpha)| \leqslant \varepsilon/2$ für hinreichend kleines α. Zusammen ergibt sich die Stetigkeit von ψ in $\alpha = 0$: $\lim\limits_{\alpha \to 0} \psi(\alpha) = 0$. ◻

8.2.6 Integralgleichungen mit dem Doppelschichtoperator

8.2.6.1 Formulierung der Dirichlet-Randwertaufgabe als Integralgleichung 2. Art mit dem Doppelschichtoperator

Wir setzen die Lösung u der Randwertaufgabe

$$(8.2.17) \qquad \Delta u = 0 \quad \text{in } \Omega \setminus \Gamma, \qquad u = \varphi \quad \text{auf } \Gamma$$

als Doppelschichtpotential (2c) an, da Φ die Laplace-Gleichung erfüllt (vgl. (8)). Im Falle der *Innenraumaufgabe* muß

$$\Phi_- = \varphi$$

gelten. Die Kombination der Gleichungen (7a,b) liefert $2\Phi_- = Kf - f$, also

$$(8.2.18) \qquad f = -2\varphi + \overline{K}f \qquad\qquad \text{(Innenraumaufgabe)}.$$

Zu $\overline{K}$ vergleiche man Bemerkung 9d,e. Diese Fredholmsche Integralgleichung zweiter Art für die Dipolbelegung f ist die zu (1.32) adjungierte Gleichung.

Im Falle der _Außenraumaufgabe_ hat man

$$\Phi_+ = \varphi$$

zu setzen. Die Summe der Gleichungen (7a,b) führt auf

$$(8.2.19) \qquad f = 2\varphi - \overline{K}f \qquad\qquad \text{(Außenraumaufgabe)}.$$

Satz 8.2.18 (Eindeutigkeit) Sei $\varphi \in L^\infty(\Gamma)$, $\Gamma \in C_{0,\mathrm{stw}}^{1+\mu}$ für ein $\mu > 1/2$.
(a) Die Integralgleichung (18) hat höchstens eine Lösung $f \in L^\infty(\Gamma)$.
(b) Je zwei Lösungen der Gleichung (19) können sich nur um eine Konstante unterscheiden.

Beweis. (i) Hat Gleichung (18) zwei Lösungen, so führt die Differenz auf ein $f \in L^\infty(\Gamma)$ mit $f = \overline{K}f$. Aus Satz 10b leitet man ab, daß $\overline{K}f$ (und damit auch f) höchstens mit Ausnahme der Ecke- bzw. Kantenpunkte Hölderstetig zum Exponenten $\lambda := \mu > 1/2$ ist. Das zu f gehörende Dipolpotential Φ genügt gemäß Satz 8 den Sprungbedingungen (7a,b), so daß $\Phi_- = 0$ auf Γ folgt. Einzige Lösung der Laplace-Gleichung zu Randwerten $\Phi_- = 0$ in Ω_- ist $\Phi = 0$. Sie erfüllt $\partial\Phi_-/\partial n = 0$ auf Γ. Nach Lemma 17b muß wegen $\mu + \lambda = 2\mu > 1$ $\partial\Phi_+/\partial n = 0$ auch für Φ im _Außenraum_ gelten. Einzige Lösung der Außenraumaufgabe mit der Neumann-Bedingung $\partial\Phi_-/\partial n = 0$ ist $\Phi = 0$ in Ω_-, wie aus dem nachfolgenden Lemma 19 hervorgeht. Aus $\Phi = 0$ in $\mathbf{R}^d \backslash \Gamma$ schließt man aufgrund von (7a) auf $f = 0$.

(ii) Die Differenz zweier Lösungen von (19) führt auf eine Lösung $f \in L^\infty(\Gamma)$ von $f = -\overline{K}f$, die fast überall Hölder-stetig sein muß. Wie in (i) leitet man $\Phi_+ = 0$ auf Γ ab. Zusammen mit (20) schließt man auf $\Phi = 0$ in Ω_- und $\partial\Phi_\pm/\partial n = 0$ auf Γ. Da $\Phi = \mathrm{const}$ in Ω_- die vollständige Lösungsmenge der Randbedingung $\partial\Phi_-/\partial n = 0$ ist, beweist (7a) $f = \mathrm{const}$.   ∎

Lemma 8.2.19 (a) Jedes Doppelschichtpotential Φ erfüllt die Bedingung (20) in ∞:

$$(8.2.20) \qquad |\Phi(x)| \le C|x|^{1-d}, \quad |\nabla\Phi(x)| \le C|x|^{-d}.$$

(b) Die Neumann-Randwertaufgabe des Laplace-Außenraumproblems $\Delta\Phi = 0$ in Ω_- und $\partial\Phi_-/\partial n = \varphi$ auf Γ, die zusätzlich die Bedingung (20) erfüllt, ist eindeutig bestimmt (vgl. Lemma 1.18).

Zusatz 8.2.20 Um die Aufgabe (19) eindeutig zu machen, kann gemäß (4.8.15a,b) die erweiterte Gleichung (21a,b) aufgestellt werden:

$$(8.2.21a) \qquad f = 2\varphi - \overline{K}f + \alpha \qquad\qquad (\alpha \in \mathbf{R}\text{: gesuchte Konstante}),$$

$$(8.2.21b) \qquad \int_\Gamma f\, d\Gamma = \beta \qquad\qquad (\beta \in \mathbf{R}\text{: gegebene Konstante}).$$

Eine andere Modifikation, die zur Eindeutigkeit führt, wird in §8.5.1 erwähnt, wo man für $\varkappa = 0$ die Laplace-Gleichung zurückgewinnt.

Satz 8.2.21 (Lösbarkeit) Sei $\Gamma \in C_0^{1+\mu}$ für ein $\mu \in (0,1)$ und $\varphi \in C^\lambda(\Gamma)$ für ein $\lambda \in [0,\mu]$. Dann haben die Gleichungen (18) für das Innenraumproblem und (21a,b) für das Außenraumproblem jeweils eine eindeutige Lösung $f \in C(\Gamma)$, die zudem zu $C^\lambda(\Gamma)$ gehört.

Beweis. Nach Satz 5 ist K kompakt in $C(\Gamma)$. Die Eindeutigkeit (Injektivität) impliziert aufgrund der Riesz-Schauder-Theorie (vgl. Satz 1.3.28) die Lösbarkeit (Surjektivität). Für $\mu > \frac{1}{2}$ gewinnt man die Eindeutigkeit aus Satz 18. Sonst greift man auf die in Satz 1.23 bewiesene Bijektivität des dualen Integraloperators zurück. (4a) beweist schließlich $f \in C^\lambda(\Gamma)$. ◾

8.2.6.2 Formulierung der Neumann-Randwertaufgabe als Integralgleichung 2. Art mit dem Doppelschichtoperator

Ist u eine (genügend glatte) Lösung der Laplace-Gleichung im Innenraum Ω_-, kann man für sie die *Greensche Darstellungsformel* beweisen:

$$(8.2.22) \qquad u(x) = \int_\Gamma \left\{ s(x,y)\frac{\partial}{\partial n}u(y) - u(y)\frac{\partial}{\partial n_y}s(x,y) \right\} d\Gamma_y \qquad (x \in \Omega_-)$$

(vgl. Hackbusch [2,Satz 2.2.2]). Einsetzen der konkreten Singularitätenfunktion (1.3) in die rechte Seite von (22) liefert für $d \geqslant 3$ das Potential

$$(8.2.23) \qquad \Phi(x) = \frac{1}{\omega_d} \int_\Gamma \frac{\varphi(y)}{|y-x|^{d-2}} d\Gamma_y + \frac{1}{\omega_d} \int_\Gamma \frac{\langle n(y), y-x\rangle}{|y-x|^d} u(y)\, d\Gamma_y,$$

wobei im ersten Integral schon die *Neumann-Randbedingung*

$$(8.2.24) \qquad \frac{\partial}{\partial n}u(x) = \varphi(x) \qquad\qquad \text{auf } \Gamma$$

eingesetzt wurde. Die rechte Seite von (23) ist eine Linearkombination des Einfachschichtpotentials Φ_E zur Belegung φ und des Doppelschichtpotientials Φ_D mit den Dirichlet-Randwerten u auf Γ als Belegung: $\Phi = \Phi_E - \Phi_D$. Die zuletzt genannte Belegung ist bei der gestellten Neumann-Randwertaufgabe unbekannt, so daß die Formel (22) keine *explizite*, sondern nur eine *implizite* Darstellung vorstellt.

Nach (22) soll Φ im Innengebiet Ω_- mit u übereinstimmen. Außerhalb, für $x \in \Omega_+$ verschwindet die rechte Seite von (22), da partielle Integration zu $\int_\Omega [s\Delta u - u\Delta_y s]dy = 0$ führt. Der Mittelwert von $\Phi_\pm$ lautet demnach $u/2$ auf Γ. Φ_E ist in $\mathbb{R}^d$ stetig, so daß dieser Teil von $\Phi = \Phi_E - \Phi_D$ direkt auf Γ ausgewertet werden kann. Der Mittelwert der beidseitigen stetigen Fortsetzungen $\Phi_{D,\pm}$ von Φ_D ergibt nach Satz 8 den Wert $\frac{1}{2}Ku$, wobei K der Doppelschichtoperator (2b) ist. Zusammen erhält man auf Γ die Bedingung (25) für die unbekannten Dirichlet-Werte von u:

$$(8.2.25a) \qquad u(x) = g(x) + (Ku)(x) \qquad\qquad \text{für } x \in \Gamma,$$

wobei gemäß (1.3)

$$(8.2.25b) \qquad g(x) := \frac{2}{\omega_d} \int_\Gamma \frac{\varphi(y)}{|y-x|^{d-2}} d\Gamma_y \qquad\qquad \text{für } d \geqslant 3,$$

$$(\varphi \text{ aus } (24))$$

$$(8.2.25c) \qquad g(x) := -\frac{1}{\pi} \int_\Gamma \varphi(y) \log|y-x|\, d\Gamma_y \qquad \text{für } d = 2.$$

Die Integralgleichung (25a) unterscheidet sich von Gleichung (18) nur in der Definition des inhomogenen Anteils und in der Bezeichnung der unbekannten Funktion. Formal sind beide identisch. Die Frage der Eindeutigkeit und Existenz einer Lösung ist mit den Sätzen 18 und 21 bereits beantwortet.

Da die Lösung u der partiellen Differentialgleichung $\Delta u = 0$ direkt aus der Integralgleichung (25a) hervorgeht und nicht erst - wie im Falle von Gleichung (18) - die Integralgleichungslösung f in den Doppelschichtansatz (2c) eingesetzt zu werden braucht, wird (25a) auch das «_direkte Verfahren_» bzw. die «_direkte Integralgleichungsmethode_» genannt. Andere Zugänge heißen _indirekte Verfahren_.

Das direkte Verfahren (25a) wurde aus der Greenschen Darstellung (22) abgeleitet. Daß die Lösung u der Gleichung (25a) Lösung der Neumann-Randwertaufgabe ist, läßt sich jedoch auch direkt beweisen:

Übungsaufgabe 8.2.22 Sei $\Gamma \in C_{0,\text{stw}}^{1+\mu}$ für ein $\mu > 1/2$. Gleichung (25a) habe zu den Neumann-Randwerten $\varphi \in L^{\infty}(\Gamma)$ eine Lösung $u \in C(\Gamma)$. Man zeige: **(a)** φ und u sind bis auf Ausnahmepunkte (Ecken, Kanten) lokal Hölder-stetig zum Exponenten μ. **(b)** Das durch die Lösung u definierte Potential (23) erfüllt die folgenden Eigenschaften: (i) $\Delta\Phi = 0$ in $\mathbf{R}^d \setminus \Gamma$, (ii) $\Phi_- = u$ auf Γ, (iii) $\Phi_+ = 0$ im Außenraum $\overline{\Omega}_+$, (iv) $\partial\Phi_-/\partial n = \varphi$, so daß $\Phi = u$ die Lösung der Neumann-Randwertaufgabe ist. _Hinweis zu (ii):_ (7a,b), _zu (iv):_ (1.16b) und Lemma 17b für $\partial\Phi_+/\partial n - \partial\Phi_-/\partial n = -\varphi$, $\partial\Phi_+/\partial n = 0$ nach (iii).

Die bisherigen Ausführungen beziehen sich auf das Innenraumproblem. Für die _Außenraumaufgabe_ verwandelt sich die Greensche Darstellungformel in

$$(8.2.26) \qquad u(x) = -\int_{\Gamma}\left\{ s(x,y)\frac{\partial}{\partial n}u(y) + u(y)\frac{\partial}{\partial n_y}s(x,y)\right\}d\Gamma_y \qquad (x \in \Omega_+),$$

wobei $\partial/\partial n$ weiterhin die Ableitung in die _äußere_ Normalenrichtung beschreibt. Dem Wechsel der Vorzeichen in (26) entsprechend erhalten wir nun die Integralgleichung

$$(8.2.27) \qquad u(x) = -g(x) - (Ku)(x) \qquad\qquad \text{für } x \in \Gamma \text{ mit } g \text{ aus (25b,c).}$$

Satz 18 garantiert die Eindeutigkeit der Lösung bis auf Vielfache der Konstanten. Diese läßt sich durch Übergang zur (21a,b) entsprechenden erweiterten Gleichung eindeutig festlegen. Die Existenz einer Lösung ist in Satz 21 beantwortet.

Die Greenschen Darstellungen (22) bzw. (26) ermöglichen auch _direkte_ Verfahren _erster_ Art zur Bestimmung der Neumann-Werte aus gegebenen Dirichlet-Werten, um dann u aus (22/26) bestimmen zu können.

Übungsaufgabe 8.2.23 Zu lösen sei das _Dirichlet_-Problem $u = \psi$ der Laplace-Gleichung $\Delta u = 0$. Indem man $u = \psi$ in (22) bzw. (26) einsetzt, leite man eine Integralgleichung erster Art für $\varphi := \partial u/\partial n$ ab. Man übertrage die Sätze 1.20 und 1.22 auf diese Gleichung.

8.2.7 Nichtglatte Kurven bzw. Oberflächen

Während die Eindeutigkeit der Integralgleichung (18) für stückweise glatte Kurven bzw. Oberflächen gezeigt werden konnte, setzte die Existenzaussage in Satz 21 die *globale* Glattheit voraus. Gleiches gilt für die Außenraumaufgabe (21a,b). Der Beweis von Satz 21 beruht auf der Kompaktheit von K. Wir wollen zunächst beweisen, daß die globale Glattheit $\Gamma \in C_0^{1+\mu}$ nicht nur - wie in Satz 5 gezeigt - hinreichend, sondern auch notwendig für die Kompaktheit von K in $C(\Gamma)$ ist. Zur Vereinfachung der Notation beschränken wir uns auf den zweidimensionalen Fall $d = 2$. Das Verhalten von K an einer Ecke von $\Gamma \subset \mathbf{R}^2$ überträgt sich jedoch wortwörtlich auf eine Kante einer Oberfläche $\Gamma \subset \mathbf{R}^3$.

Lemma 8.2.24 Enthält $\Gamma \in C_{0,\mathrm{stw}}^{1+\mu}$ $(\mu > 0)$ mindestens eine Ecke, so ist der Dipoloperator K in $L^\infty(\Gamma)$ oder $C(\Gamma)$ nicht kompakt.

Beweis. O.B.d.A. wird die Situation aus Abb. 5a angenommen: Die Ecke $x_0 = 0$ hat einen Winkel $\alpha \in (0, \pi)$ mit den beiden Schenkel Γ_0 und Γ_1. Die im folgenden definierten Funktionen φ_n haben ihren Träger im Kurventeil $\Gamma_0 = \{ x = \binom{x}{0} : \ 0 \leqslant x \leqslant 1 \} \subset \Gamma$:

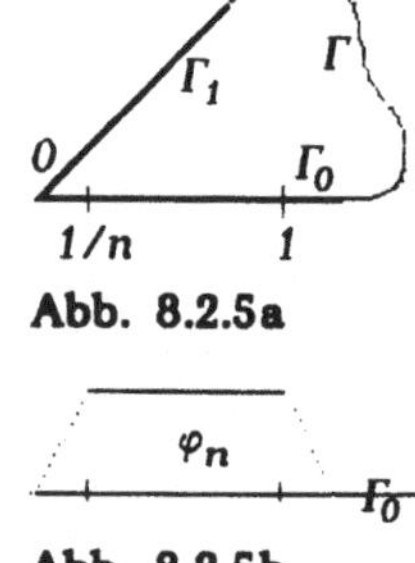

Abb. 8.2.5a

$$\varphi_n(x) = \begin{cases} 1 \text{ für } x = \binom{x}{0} \in \Gamma_0, \ 1/n \leqslant x \leqslant 1, \\ 0 \text{ sonst.} \end{cases}$$

φ_n liegt in $L^\infty(\Gamma)$ und hat die Norm $\| \varphi_n \|_\infty = 1$. Wäre K kompakt, müßte $\psi_n := K\varphi_n$ eine gleichmäßig konvergente Teilfolge $\{ \psi_{n_j} = K\varphi_{n_j} : \ j \in \mathbf{N} \}$ enthalten. Da $\psi_n = K\varphi_n$ im oberen Kurventeil $\Gamma_1 = \{ x = r\binom{\cos\alpha}{\sin\alpha} : \ 0 \leqslant r \leqslant 1 \}$ bis auf den Faktor 2 mit dem von φ_n auf Γ_0 erzeugten Dipolpotential übereinstimmt, berechnet man wie in (9c) den Wert zu

Abb. 8.2.5b

$$\psi_n \binom{r\cos\alpha}{r\sin\alpha} = -\frac{r\sin\alpha}{\pi} \int_{1/n}^1 \{ (r\cos\alpha - y_1)^2 + r^2\sin^2\alpha \}^{-1} dy_1 .$$

ψ_n und damit auch die Teilfolge ψ_{n_j} konvergieren *punktweise* gegen

$$\psi \binom{r\cos\alpha}{r\sin\alpha} = -\frac{r\sin\alpha}{\pi} \int_0^1 \{ (r\cos\alpha - y_1)^2 + r^2\sin^2\alpha \}^{-1} dy_1 .$$

Da ψ_n auf Γ_1 stetig ist, muß auch die Grenzfunktion $\psi = \lim \psi_{n_j}$ wegen der gleichmäßigen Konvergenz stetig sein. Nach Bemerkung 11 gilt $\psi(0) = -\frac{\pi - \alpha}{\pi} \neq 0$ und steht damit im Widerspruch zu $\psi_n(0) = 0$. Also ist K in $L^\infty(\Gamma)$ nicht kompakt.

(ii) Um die Nichtkompaktheit in $C(\Gamma)$ statt $L^\infty(\Gamma)$ zu zeigen, kann man die Funktionen φ_n wie in Abb. 5b gestrichelt angedeutet zu stetigen Funktionen glätten und den Beweis entsprechend führen. ⊞

In Beispiel 7.4.12 ist bereits ein Gegenbeispiel dafür angegeben worden, daß die Gleichung (18) für $\varphi \in C^\lambda(\Gamma)$ eine Lösung $f \in C^\lambda(\Gamma)$

besitzt. Der Widerspruch ergab sich dort jedoch nur für $\lambda > 2/3$. Auch ohne Kompaktheit kann die Gleichung (18) in $C(\Gamma)$ oder sogar $C^\lambda(\Gamma)$ mit geeignetem $\lambda > 0$ noch lösbar sein. d.h. $I - K$ bijektiv sein.

Bemerkung 8.2.25 Wenn ein nichtkompakter Operator eine Aufspaltung

$$(8.2.28) \qquad K = K_0 + K_1, \; \|K_0\|_{C(\Gamma) \leftarrow C(\Gamma)} \leq q < 1, \; K_1 \in K(C(\Gamma), C(\Gamma)),$$

zuläßt, gilt für $I \pm K$ weiterhin die Fredholm-Alternative aus Satz 1.3.28a. Ist wie z.B. durch Satz 18 die Injektivität gezeigt, stellt (28) eine hinreichende Bedingung für die Bijektivität von $I \pm K$ dar.

Beweis. $I \pm K_0$ ist nach Satz 1.3.10 bijektiv und $(I \pm K_0)^{-1} K_1$ nach Satz 1.3.23a kompakt. Auf $I + T = I \pm (I \pm K_0)^{-1} K_1$ kann Satz 1.3.28 angewandt werden. Die Bijektivität von $I \pm (I \pm K_0)^{-1} K_1$ ist mit der von $I \pm K$ äquivalent. ▨

Die Inverse $1/q_0$ des Infimums q_0 aller möglicher Werte q aus (28) wird der *Fredholm-Radius* von K genannt. Die Bedingung der Bemerkung 25 kann daher folgendermaßen formuliert werden: Der Fredholm-Radius von K muß größer als eins sind.

Im Falle einer Ecke bei $x_0 \in \Gamma$ konstruiert man eine geeignete Zerlegung (28) wie folgt. Zu $\varepsilon > 0$ existiert eine Funktion $\chi \in C^\infty(\mathbf{R})$ mit $\chi = 1$ in $[0, \varepsilon]$, $\chi \geq 0$ in $\mathbf{R}$, $\chi = 0$ in $[2\varepsilon, \infty)$. Wir setzen

$$K_0 f := K(\chi f), \quad K_1 f := K((1 - \chi) f).$$

Da $(1 - \chi) f$ in der Umgebung der Ecke verschwindet, ist K_1 kompakt. Für K_0 findet man mit Hilfe von Lemma 14, daß $|(K_0 f)(x)|$ für $\|f\|_\infty \leq 1$ und $|x - x_0| < \varepsilon$ durch $q_\varepsilon := |\pi - |\alpha||/\pi + o(1)$ (für $\varepsilon \to 0$) abgeschätzt werden kann. Für Eckenwinkel $\alpha \neq 0$, $\alpha \neq \pi$ findet man daher ein $\varepsilon > 0$, so daß $q_\varepsilon < 1$ die Bedingung (28) erfüllt. Für $\alpha = \pi$ liegt keine Ecke vor, so daß K ohnehin kompakt ist. Auch im Falle $\alpha = 0$ (s. Abb. 6) kann man die Kompaktheit in $C(\Gamma)$ aus $K \in L(C(\Gamma), C^\lambda(\Gamma))$ ableiten. Im letztgenannten Fall muß man ausnutzen, daß die Belegung im Eckpunkt x_0 bei Annäherung von beiden Γ-Seiten stetig ist, während die Normalenrichtung entgegengesetzt ist.

Abb. 8.2.6 $\alpha = 0$

Der dreidimensionale Fall, wo Ecken, Kanten und auch kegelförmige Spitzen verschiedenster Gestalt auftreten können, läßt sich nicht analog behandeln. Für gewisse Ecken kann der Fredholm-Radius kleiner als 1 ausfallen. Abhilfe läßt sich in vielen praktisch wichtigen Fällen durch die Einführung einer anderen, zur Supremumsnorm jedoch äquivalenten Norm finden (vgl. Král - Wendland [1]). Die eben genannte Arbeit enthält auch zahlreiche weitere interessante Anmerkungen und Literaturhinweise zum Thema dieses Unterkapitels.

8.3 Eine hypersinguläre Integralgleichung

Wir kehren zur Neumann-Aufgabe der Laplace-Gleichung zurück:

(8.3.1a) $\Delta u = 0$ in Ω_+ und Ω_-, $\partial u / \partial n = \varphi$ auf Γ.

und wollen die Innen- und Außenraumaufgabe simultan lösen. φ muß die nach Lemma 1.19 notwendige Bedingung (1.26) erfüllen:

(8.3.1b) $\int_\Gamma \varphi \, d\Gamma = 0$.

Als Ansatz verwenden wir weiterhin das Doppelschichtpotential (2.2c) einer zu bestimmenden Belegung f. Da dieses nach Satz 2.15 identische Normalableitungen von innen und außen besitzt, ist es tatsächlich möglich die Innen- und Außenraumaufgabe (1a) simultan zu lösen. Indem wir die Darstellung (2.14d) der Normalableitung mit der Randbedingung (1a) verknüpfen, erhalten wir die Gleichung

$$(8.3.2) \qquad \int_\Gamma f(y) \frac{\partial}{\partial n_x} \frac{\partial}{\partial n_y} s(x,y) \, d\Gamma_y = \varphi(x) \qquad \text{für } x \in \Gamma.$$

Der kürzeren Schreibweise wegen wird die Darstellung (2) der folgenden expliziten Beschreibung (2') vorgezogen:

$$(8.3.2') \quad \frac{2}{\omega_d} \int_\Gamma \left\{ \frac{\langle n(y), n(x) \rangle}{|y-x|^d} - d \frac{\langle n(y), y-x \rangle \langle y-x, n(x) \rangle}{|y-x|^{d+2}} \right\} f(y) \, d\Gamma_y = \varphi(x).$$

Gleichung (2) ist eine Integralgleichung erster Art zur Bestimmung der unbekannten Belegung f. Da das Integral in (2) nur im Sinne von Hadamard existiert, handelt es sich um eine *hypersinguläre Integralgleichung*.

Nach Definition des Hadamard-Integrals führt ein konstantes f zum Integralwert null, so daß die Gleichung (2) nicht eindeutig lösbar ist. In der Tat führt $f = \text{const}$ zu dem Dipolpotential $\Phi = 0$ in Ω_+ und $\Phi = -\text{const}$ in Ω_- (vgl. Satz 2.13) und löst damit die Aufgabe (1a,b) für jeden Wert von $f = \text{const}$. Um diese Nicht-Eindeutigkeit zu vermeiden, unterwerfen wir die Lösung f der Bedingung (3):

(8.3.3) $\int_\Gamma f \, d\Gamma = 0$ (vgl. (1.13), (2.21b)).

Die Frage nach der Existenz und Eindeutigkeit einer Lösung f von (2) mit der Nebenbedingung (3) scheint angesichts des Hadamard-Integrals schwieriger als die bisherigen Aufgaben. Die Antwort ist aber relativ einfach zu geben, wenn man den geeigneten Raum für f zugrunde legt.

Zunächst seien Γ und alle auftretenden Belegungen als hinreichend glatt angesehen. Den Belegungen f und g, die (3) erfüllen mögen, ordnen wir die Dipolpotentiale Φ^f und Φ^g zu. Die Normalableitung von Φ^f multiplizieren wir mit g und integrieren über Γ:

(8.3.4a) $\int_\Gamma g \, \partial \Phi^f / \partial n \, d\Gamma = \int_\Gamma \{ \Phi^g_+ - \Phi^g_- \} \, \partial \Phi^f / \partial n \, d\Gamma$.

Die rechte Seite in (4a) erhält man dabei aus der Sprungbedingung
(2.7a). Da $\nabla\Phi$ auch im Außengebiet quadratintegrierbar ist und den
Abschätzungen (2.15a,b) genügt (vgl. Zusatz 2.16d,e), ist die Greensche
Formel (1.24a) mit $u=\Phi^f$ und $v=\Phi_\pm^g$ im Innen- und Außengebiet $\Omega=\Omega_\pm$
anwendbar und liefert wegen $\Delta u=0$:

(8.3.4b) $\qquad \int_\Gamma \Phi_-^g \, \partial\Phi^f/\partial n \, d\Gamma = \int_{\Omega_-} \langle \nabla\Phi^g, \nabla\Phi^f \rangle \, d\mathbf{x},$

(8.3.4c) $\qquad \int_\Gamma \Phi_+^g \, \partial\Phi^f/\partial n \, d\Gamma = -\int_{\Omega_+} \langle \nabla\Phi^g, \nabla\Phi^f \rangle \, d\mathbf{x}.$

Einsetzen in (4a) liefert

(8.3.4d) $\qquad -\int_\Gamma g \, \partial\Phi^f/\partial n \, d\Gamma = \int_{\Omega_-} \langle \nabla\Phi^g, \nabla\Phi^f \rangle \, d\mathbf{x} + \int_{\Omega_+} \langle \nabla\Phi^g, \nabla\Phi^f \rangle \, d\mathbf{x}.$

Wir definieren eine sogenannte **_Bilinearform_** $a(\cdot,\cdot)$ mittels

(8.3.5) $\qquad a(f,g) := -\int_\Gamma g(\mathbf{x}) \int_\Gamma f(\mathbf{y}) \, \frac{\partial}{\partial n_x} \frac{\partial}{\partial n_y} s(\mathbf{x},\mathbf{y}) d\Gamma_y \, d\Gamma_x.$

Man entnimmt der Darstellung (5) sofort, daß $a(\cdot,\cdot)$ in beiden
Argumenten linear ist und damit dem Namen «Bilinearform» gerecht
wird. Da das innere Integral mit $\partial\Phi^f/\partial n$ übereinstimmt, zeigt (4d), daß

(8.3.6) $\qquad a(f,g) = \int_{\Omega_-} \langle \nabla\Phi^g, \nabla\Phi^f \rangle \, d\mathbf{x} + \int_{\Omega_+} \langle \nabla\Phi^g, \nabla\Phi^f \rangle \, d\mathbf{x}.$

Lemma 8.3.1 Die Bilinearform $a(\cdot,\cdot)$ ist symmetrisch und positiv für
Funktionen, die der Bedingung (3) genügen, d.h. $a(f,g)=a(g,f)$ und
$a(f,f)>0$ für alle $f\neq 0$ mit (3).

Beweis. Die Symmetrie entnimmt man sofort der rechten Seite in (6).
Aus (6) liest man auch $a(f,f)\geqslant 0$ für alle $g=f$ ab. Sei $a(f,f)=0$
angenommen. (6) impliziert $\nabla\Phi^f=0$ in Ω_- und Ω_+. Folglich gilt $\Phi^f=c_+$
in Ω_+ und $\Phi^f=c_-$ in Ω_- mit eventuell unterschiedlichen Konstanten $c_\pm$.
Die Sprungrelation $f=\Phi_+-\Phi_-=c_+-c_-$ beweist $f=$const. Aus (3) schließt
man const$=0$, also $f=0$, so daß $a(f,f)>0$ für alle $f\neq 0$ mit (3). $\blacksquare$

Zur Herleitung weiterer Eigenschaften von $a(\cdot,\cdot)$ formen wir das
Doppelintegral in (5) um. Nach Definition des Hadamard-Integrals darf
$f(\mathbf{y})$ im inneren Integral durch $f(\mathbf{y})-f(\mathbf{x})$ ersetzt werden:

(8.3.7a) $\qquad a(f,g) = \int_\Gamma g(\mathbf{x}) \int_\Gamma [f(\mathbf{x})-f(\mathbf{y})] \frac{\partial}{\partial n_x} \frac{\partial}{\partial n_y} s(\mathbf{x},\mathbf{y}) d\Gamma_y \, d\Gamma_x.$

Da $\partial^2 s(\mathbf{x},\mathbf{y})/\partial n_x \partial n_y$ in den Variablen $\mathbf{x}$ und $\mathbf{y}$ symmetrisch ist,
ergibt die Umbenennung $\mathbf{x} \longleftrightarrow \mathbf{y}$ die Darstellung

(8.3.7b) $\qquad a(f,g) = \int_\Gamma g(\mathbf{y}) \int_\Gamma [f(\mathbf{y})-f(\mathbf{x})] \frac{\partial}{\partial n_x} \frac{\partial}{\partial n_y} s(\mathbf{x},\mathbf{y}) d\Gamma_x \, d\Gamma_y.$

Für $f\in C^{1+\mu}(\Gamma)$, $\mu>0$, existiert das innere Integral in (7a,b) als Cauchy-
Hauptwert. Somit ist $2a(f,g)$ der Grenzwert $\varepsilon\to 0$ der Doppelintegrale

$$\int_\Gamma g(\mathbf{x}) \int_{|\mathbf{x}-\mathbf{y}|\geq\varepsilon} [f(\mathbf{x})-f(\mathbf{y})]\,\frac{\partial}{\partial n_x}\frac{\partial}{\partial n_y} s(\mathbf{x},\mathbf{y})\,d\Gamma_y\,d\Gamma_x +$$

$$+\int_\Gamma g(\mathbf{y}) \int_{|\mathbf{x}-\mathbf{y}|\geq\varepsilon} [f(\mathbf{y})-f(\mathbf{x})]\,\frac{\partial}{\partial n_x}\frac{\partial}{\partial n_y} s(\mathbf{x},\mathbf{y})\,d\Gamma_x\,d\Gamma_y =$$

$$= \iint_{|\mathbf{x}-\mathbf{y}|\geq\varepsilon} [g(\mathbf{x})-g(\mathbf{y})][f(\mathbf{x})-f(\mathbf{y})]\,\frac{\partial}{\partial n_x}\frac{\partial}{\partial n_y} s(\mathbf{x},\mathbf{y})\,d\Gamma_y\,d\Gamma_x .$$

Der Integrand hat die uneigentlich integrierbare Majorante $O(|\mathbf{x}-\mathbf{y}|^{2\lambda-d})$, falls $g, f \in C^\lambda(\Gamma)$ mit $\lambda>\frac{1}{2}$. Damit erhalten wir die folgende Darstellung von $a(f,g)$ als uneigentliches Integral:

$$(8.3.8) \quad a(f,g) = \frac{1}{2} \iint_{\Gamma\times\Gamma} [g(\mathbf{x})-g(\mathbf{y})][f(\mathbf{x})-f(\mathbf{y})]\,\frac{\partial^2 s(\mathbf{x},\mathbf{y})}{\partial n_x \partial n_y}\,d\Gamma_y\,d\Gamma_x .$$

Die Bilinearform (8) ist demnach auf $C^\lambda(\Gamma) \times C^\lambda(\Gamma)$ wohldefiniert, wenn $\lambda>\frac{1}{2}$. In §7.2.5 wurde bereits der Sobolev-Raum $H^{1/2}(\Gamma)$ für den Einheitskreis Γ eingeführt. Auf einer allgemeinen Kurve oder Oberfläche Γ führen wir die *Sobolev-Slobodeckij-Norm*

$$(8.3.9) \qquad \|f\|_{1/2} := \sqrt{ \iint_{\Gamma\times\Gamma} [f(\mathbf{x})-f(\mathbf{y})]^2\,|\mathbf{x}-\mathbf{y}|^{-d}\,d\Gamma_y\,d\Gamma_x }$$

ein (vgl. Hackbusch [2,§6.2.4]). Im allgemeinen ist unter dem Wurzelzeichen von (9) noch der Summand $\int|f|^2 d\Gamma$ zu ergänzen, da sonst die Funktion $f = \text{const}$ zu $\|f\|_{1/2} = 0$ führt und somit das Normaxiom (1.3.1a) verletzt. In diesem Abschnitt sind konstante Funktionen jedoch wegen (3) ausgeschlossen. Für $f \in C^\lambda(\Gamma)$ mit $\lambda>\frac{1}{2}$ ist die Norm (9) nach den obigen Überlegungen wohldefiniert. Der Raum

$$\tilde{X} := \{ f \in C^\lambda(\Gamma): \lambda>\tfrac{1}{2}, \ f \text{ erfüllt (3)} \} \qquad \text{mit der Norm (9) versehen}$$

ist ein normierter Raum, aber nicht vollständig. Durch Vervollständigung bezüglich der Norm (9) definiert man den Sobolev-Unterraum

$$(8.3.10) \qquad X := \{ f \in H^{1/2}(\Gamma): f \text{ erfüllt (3)} \} \qquad \text{mit } \|\cdot\|_X = \|\cdot\|_{1/2}$$

von $H^{1/2}(\Gamma)$. Die Nebenbedingung (3) wird in der Literatur meist durch die Quotientenbildung $H^{1/2}(\Gamma)/\mathbb{R}$ bezeichnet, wobei $\mathbb{R}$ für den isomorphen Unterraum der konstanten Funktionen steht.

Der Kern $\partial^2 s(\mathbf{x},\mathbf{y})/\partial n_x \partial n_y$ kann durch $C|\mathbf{x}-\mathbf{y}|^{-d}$ abgeschätzt werden, so daß die Schwarzsche Ungleichung zu

$$|a(f,g)| = a(f,g) \leq \frac{C}{2} \iint_{\Gamma\times\Gamma} |g(\mathbf{x})-g(\mathbf{y})|\,|f(\mathbf{x})-f(\mathbf{y})|\,|\mathbf{x}-\mathbf{y}|^{-d}\,d\Gamma_y\,d\Gamma_x \leq$$
$$\leq \frac{C}{2} \|f\|_{1/2}\|g\|_{1/2}$$

führt. Diese Ungleichung beschreibt, daß die *Bilinearform* $a(\cdot,\cdot)$ auf $X\times X$ *beschränkt* (oder gleichbedeutet: *stetig*) ist. Außerdem gilt der

Satz 8.3.2 Die in (8) definierte Bilinearform $a(\cdot,\cdot)$ ist X-elliptisch, d.h.

$$(8.3.11) \qquad a(f,f) \geq c\|f\|_{1/2}^2 \qquad \text{für ein } c>0 \text{ und alle } f \in X \qquad (X \text{ aus (10)}).$$

Beweis. Die Sprungbedingung (2.7a): $f = \Phi_+ - \Phi_-$ erlaubt die Abschätzung $\|f\|_{1/2} \leq \|\Phi_+\|_{1/2} + \|\Phi_-\|_{1/2}$, wobei hier $\Phi_\pm = \Phi_{\pm|\Gamma}$ die Beschränkung (Spur) von $\Phi_\pm$ auf Γ ist. Zwischen den Randwerten ψ auf Γ und jeder Fortsetzung $\Psi \in H^1(\Omega_\pm)$ dieser Werte in das Gebiet $\Omega_\pm$ hinein, besteht der Zusammenhang $\|\psi\|_{1/2} \leq C\|\Psi\|_{H^1(\Omega_\pm)}$ (vgl. Hackbusch [2, Sätze 6.2.28 und 6.2.40a]). Indem wir $\Psi = \Phi_\pm$ und $\psi = \Phi_{\pm|\Gamma}$ wählen, erhalten wir $\|\Phi_\pm\|_{1/2} \leq C\|\Phi_\pm\|_{H^1(\Omega_\pm)}$. Die erste Ungleichung und die Darstellung (6) von $a(f,f)$ beweist $\|f\|_{1/2}^2 \leq 2C(\|\Phi_+\|_{H^1(\Omega_+)}^2 + \|\Phi_-\|_{H^1(\Omega_-)}^2) = 2Ca(f,f)$. Eine ausführliche Analyse findet sich bei Giroire – Nedelec [1].

Indem wir beide Seiten in Gleichung (2) mit g multiplizieren und über Γ integrieren, erhalten wir

$$\int_\Gamma g(x) \int_\Gamma f(y) \frac{\partial}{\partial n_x} \frac{\partial}{\partial n_y} s(x,y) d\Gamma_y d\Gamma_x = \int_\Gamma g\,\varphi\,d\Gamma.$$

Die linke Seite gleicht $-a(f,g)$ (vgl. (5)). Damit gelangen wir zur Aufgabe

$$(8.3.12) \qquad a(f,g) = -\int_\Gamma g\,\varphi\,d\Gamma \qquad\qquad \text{für alle } g \in X.$$

Die rechte Seite in (12) kann als Skalarprodukt $-\langle g,\varphi\rangle$ geschrieben werden. Für $g \in X$ ist $\langle g.\varphi\rangle$ definiert. wenn φ noch im Dualraum

$$X' = \{\varphi \in H^{-1/2}(\Gamma):\ \varphi \text{ erfüllt (1b)}\} \subset \{\varphi \in L^2(\Gamma):\ \varphi \text{ erfüllt (1b)}\}$$

mit der Dualnorm $\|\varphi\|_{-1/2} := \sup\{|\langle g,\varphi\rangle|:\ g \in X,\ \|g\|_{1/2} = 1\}$ liegt.

Gleichungen der Form (12) gehören zu den Standardaufgaben bei elliptischen Randwertproblemen. Die Lösbarkeit der Aufgabe (12) wird durch die Eigenschaft (11) gewährleistet (vgl. Hackbusch [2,§6.5]):

Satz 8.3.3 Zu jedem Neumann-Randwert $\varphi \in X'$ besitzt die Aufgabe (12) eine eindeutige Lösung $f \in X$. Sie genügt der Abschätzung $\|f\|_{1/2} \leq \|\varphi\|_{-1/2}/c$ (c aus (12)). Das zu f gehörige Doppelschichtpotential löst die Neumann-Randwertaufgabe (1a,b).

Wie in Hackbusch [2,§6.5] nachzulesen, ist Aufgabe (12) äquivalent zu

$$(8.3.12') \qquad Kf = \varphi,$$

wobei $a(f,g) = -\langle Kf,g\rangle$. Nach Satz 3 ist der Operator $K \in L(X.X')$ invertierbar: $K^{-1} \in L(X',X)$. Gleichung (12') ist die Kurzschreibweise für die Integralgleichung (2) erster Art.

Wenn φ nicht nur zu X' gehört, läßt sich folgendes Regularitätsresultat erzielen: Ist Γ beliebig glatt, so gilt $K^{-1} \in L(H^{\varkappa-1}/\mathbb{R}, H^{\varkappa}/\mathbb{R})$ für alle $\varkappa \in \mathbb{R}$. Die Quotientenbildung «\$\mathbb{R}$» ist wegen (1b) und (3) erforderlich.

Bemerkung 8.3.4 Da K^{-1} die Differentiationsordnung um eine Stufe anhebt bzw. die Anwendung von $K \in L(H^\varkappa/\mathbb{R}, H^{\varkappa-1}/\mathbb{R})$ eine Differentiationsordnung kostet, ordnet man K die _Ordnung_ 1 zu. Dem Cauchy-Kern hat man gemäß Satz 7.2.27 die Ordnung 0 zuzuordnen. Ein Integraloperator z.B. mit dem Kern $k(x,y) = |x-y|^{-1/2}$ auf $\Gamma \subset \mathbb{R}^2$ hat wegen $K \in L(H^\varkappa, H^{\varkappa+1/2})$, $K^{-1} \in L(H^{\varkappa+1/2}, H^\varkappa)$ die Ordnung $-1/2$.

8.4 Übersicht: Integralgleichungen für die Laplace-Gleichung

Zu der Laplace-Gleichung gibt es keineswegs nur eine Übersetzung in eine Integralgleichung, vielmehr enthalten die vorherigen Kapitel 8.1-3 verschiedenste Vorschläge. Diese sollen hier noch einmal tabellarisch zusammengestellt werden. Sie enthalten vier verschiedene Kerne:

$$k_0(x,y) = s(x,y) \qquad \text{(vgl. (8.1.3)),}$$
$$k_1(x,y) = 2\,\partial s(x,y)/\partial n_y \qquad \text{(vgl. (8.1.31a)),}$$
$$k_1^*(x,y) = 2\,\partial s(x,y)/\partial n_x \qquad \text{(vgl. (8.1.31b)),}$$
$$k_2(x,y) = \partial^2 s(x,y)/\partial n_x \partial n_y \qquad \text{(vgl. (8.3.2)).}$$

Dabei ist $s(x,y)$ die Singularitätenfunktion (1.3) der Laplace-Gleichung. k_0 und k_1 sind uneigentlich integrierbar. Für den adjungierten Kern k_1^* gilt dies bis auf die Eckpunkte bzw. Kanten. Der Kern k_2 ist hypersingulär.

Die folgende Zusammenstellung verwendet die Kurzschreibweise $\int k_i f \, d\Gamma$ für $\int_\Gamma k_i(x,y) f(y) \, d\Gamma_y$ $(i=0,1,2)$. Die Abkürzungen bedeuten

D:	Dirichlet-Randwertaufgabe
N:	Neumann-Randwertaufgabe
I:	Innenraumproblem
A:	Außenraumproblem
EP:	Einfachschichtpotential (1.8/9) stellt die Lösung der Laplace-Gleichung dar.
DP:	Doppelschichtpotential (2.1c) stellt die Lösung der Laplace-Gleichung dar.
direkt:	direktes Verfahren, d.h. es werden die Randwerte der Laplace-Gleichungslösung bestimmt. Die Werte im Gebiet sind durch (2.22) bzw. (2.26) gegeben.

	Fundstelle	Integralgleichung	Aufgabe	Darstellung
(A)	(8.1.27)	$\int k_0 f \, d\Gamma = \varphi$	D, I+A	EP
(B)	Üb. 8.2.23	$\int k_0 u_n \, d\Gamma = \varphi$	D, I+A	direkt
(C)	(8.1.30/32a)	$f = 2\varphi + \int k_1^* f \, d\Gamma$	N, I	EP
(D)	(8.1.32b)	$f = -2\varphi - \int k_1^* f \, d\Gamma$	N, A	EP
(E)	(8.2.18)	$f = -2\varphi + \int k_1 f \, d\Gamma$	D, I	DP
(F)	(8.2.19)	$f = 2\varphi - \int k_1 f \, d\Gamma$	D, A	DP
(G)	(8.2.25a)	$u = g + \int k_1 u \, d\Gamma$	N, I	direkt
(H)	(8.2.27)	$u = -g - \int k_1 u \, d\Gamma$	N, A	direkt
(I)	(8.3.2)	$\int k_2 f \, d\Gamma = \varphi$	N, I+A	DP

Die Gleichungen sind nach den Kernen geordnet. (A), (B) und (I) sind Integralgleichungen erster Art, die übrigen von zweiter Art.

8.5 Die Integralgleichungsmethode für andere Differentialgleichungen
8.5.1 Differentialgleichungen zweiter Ordnung

Ausgangspunkt der Integralgleichungsmethode ist die Singularitätenfunktion der zu lösenden Differentialgleichung. Als Alternative zur Laplace-Gleichung sei im folgenden die Helmholtz-Gleichung

$$(8.5.1) \qquad \Delta u + x^2 u = 0 \qquad\qquad \text{in } \Omega$$

behandelt. x sei dabei reell oder komplex mit $Im\ x \geq 0$. Die zugehörige Singularitätenfunktion lautet im dreidimensionalen Fall

$$(8.5.2) \qquad s(x,y) = \frac{1}{4\pi} \frac{e^{ix|x-y|}}{|x-y|} \qquad\qquad (d=3).$$

Die Ordnung der Differentialgleichung (1) beträgt wie bei der Laplace-Gleichung 2. Da diese (zusammen mit der Dimension d) die Ordnung der Singularität bestimmt, hat (2) das gleiche Singularitätsverhalten wie s aus (1.3). Alle bisherigen Aussagen über die Existenz und Darstellung der Einfach- und Doppelschichtpotentiale und ihrer Ableitungen bleiben im Prinzip unverändert.

Als erstes Beispiel sei die Lösung der Innenraumaufgabe mit Hilfe des Doppelschichtpotentials angeführt. Wir machen den Ansatz $u = \Phi$ mit

$$(8.5.3a) \qquad \Phi(x) = \int_\Gamma \frac{\partial s(x,y)}{\partial n_y} f(y)\,d\Gamma_y$$

und definieren den Doppelschichtoperator durch

$$(8.5.3b) \qquad (Kf)(x) = 2 \int_\Gamma \frac{\partial s(x,y)}{\partial n_y} f(y)\,d\Gamma_y.$$

Übungsaufgabe 8.5.1 $\dfrac{\partial s(x,y)}{\partial n_y} = \dfrac{1}{4\pi} \dfrac{e^{ix|x-y|}}{|x-y|^3} (ix|x-y|^2 - 1) \langle n(y), y-x \rangle.$

Lemma 8.5.2 Die Sprungbedingungen lauten weiterhin (2.7a,b): $\Phi_+ - \Phi_- = f$ und $\Phi_+ + \Phi_- = Kf$ auf Γ mit Φ und K aus (3a,b).

Beweis. Die Entwicklung $e^{ix|x-y|} = 1 + O(|x-y|)$ induziert eine Zerlegung von s in die Singularitätenfunktion der Laplace-Gleichung plus einen glatteren, keinen Sprung verursachenden Rest. $\blacksquare$

Die Innenraumaufgabe der Helmholtz-Gleichung mit Dirichlet-Randwerten $u = \varphi$ führt auf $\Phi_- = \varphi$ und damit auf

$$(8.5.4) \qquad f = -2\varphi + Kf$$

wie in (2.18), nur daß K jetzt durch (3b) erklärt ist. Die Existenz- und Eindeutigkeitsaussagen lauten analog wie in §8.2.6.1, wenn $-x^2$ kein Eigenwert der Laplace-Gleichung ist.

Interessanter ist die *Außen*raumaufgabe, d.h. Gleichung (1) in $\Omega = \Omega_+$. Die Lösung sei in ∞ durch die «*Ausstrahlungsbedingung*»

$$(8.5.5) \qquad u(x) = O(1/r), \quad (\tfrac{\partial}{\partial r} - ix)u(x) = o(1/r) \quad \text{für } r = |x| \to \infty$$

eingeschränkt. Der Arbeit Brakhage - Werner [1] folgend verwenden wir im folgenden eine Linearkombination des Einfach- und Doppel-schichtpotentials:

$$(8.5.6a) \qquad \Phi(x) = \int_{\Gamma} f(y) \left[\frac{\partial}{\partial n_y} - i\eta \right] s(x,y) \, d\Gamma_y \qquad \text{mit}$$

$$(8.5.6b) \qquad \eta = 1 \text{ für } Re\, x \geqslant 0, \quad \eta = -1 \text{ für } Re\, x < 0.$$

Da Φ aus (6a) die gleichen Sprungrelationen wie in Lemma 2 erfüllt, erhält man für die Dirichlet-Aufgabe $u = \Phi_+ = \varphi$ die Integralgleichung

$$(8.5.7) \qquad f = 2\varphi - K f.$$

Lemma 8.5.3 (Brakhage – Werner [1]) Der Ansatz (6a,b) erfüllt die Bedingung (5). Die Integralgleichung (7) hat höchstens eine Lösung.

Über die Kompaktheit von K erhält man die eindeutige Lösbarkeit.

Eine direkte Integralgleichungsmethode wird in einer Arbeit von Kleinman – Wendland [1] beschrieben.

8.5.2 Gleichungen höherer Ordnung

Mit steigender Ordnung der Differentialgleichung nimmt die Glattheit der Singularitätenfunktion zu. In (1.7) wurde bereits die Singularitätenfunktion

$$(8.5.8) \qquad s(x.y) = \frac{1}{8\pi} |x-y|^2 \log |x-y| \qquad (x, y \in \mathbf{R}^2)$$

der zweidimensionalen *biharmonischen Differentialgleichung*

$$(8.5.9) \qquad \Delta^2 u \equiv \left\{ \frac{\partial^4}{\partial x^4} + 2 \frac{\partial^4}{\partial x^2 \partial y^2} + \frac{\partial^4}{\partial y^4} \right\} u = 0$$

erwähnt. Die erhöhte Glattheit von s führt dazu, daß die in Analogie zu (1.8) und (2.1c) gebildeten «Potentiale» und ihre Ableitungen keine Sprünge mehr enthalten.

Übungsaufgabe 8.5.4 Man beweise: Das mit s aus (8) gebildete Potential (1.8) gehört zu $C^2(\mathbf{R}^2)$, während das gemäß (2.1c) gebildete Potential (2.1c) zu $C^1(\mathbf{R}^2)$ gehört.

Der Name «Potential» ist nur im übertragenen Sinne gemeint, da die gebildete Funktion Φ nicht mehr die Potentialgleichung (=Laplace-Gleichung) löst.

Ein weiterer Unterschied liegt in der Natur der elliptischen Rand-wertaufgaben höherer Ordnung: Bei Gleichungen der Ordnung $2m$ ($m \in \mathbf{N}$) benötigt man m Randbedingungen. Im Falle der biharmonischen Gleichung $(m=2)$ sind also zwei Randbedingungen erforderlich, z.B.

$$(8.5.10a) \qquad u = \varphi_1, \qquad \frac{\partial}{\partial n} u = \varphi_2,$$
oder
$$(8.5.10b) \qquad \Delta u = \varphi_3, \qquad \frac{\partial}{\partial n} \Delta u = \varphi_4 \qquad \text{(vgl. Hackbusch [2,§5.3]).}$$

Da zwei Randvorgaben zu befriedigen sind, benötigt man auch zwei zu bestimmende Belegungen. Der Ansatz muß daher die Gestalt

$$\Phi(x) = \int_\Gamma [f(y)D_{1,y}s(x,y) + g(y)D_{2,y}s(x,y)]\, d\Gamma_y$$

mit unbekannten Belegungen f und g annehmen. D_1 und D_2 stehen für Ableitungsoperatoren bezüglich y (z.B. $D = I$ {nullte Ableitung}, $D = \partial/\partial n$, $D = \Delta$, $D = \frac{\partial}{\partial n}\Delta$).

Das Beispiel (10b) zeigt, daß in den Randbedingungen höhere Ableitungen als bei der Laplace-Gleichung auftreten können. Das Potential $\Phi(x) = \int f(y)s(x,y)d\Gamma_y$ enthält in der dritten Ableitung $\frac{\partial}{\partial n}\Delta\Phi$ wieder einen Sprung, der zur Herleitung geeigneter Integralgleichungen zweiter Art genutzt werden kann.

Eine Integralgleichung erster Art für die biharmonische Gleichung wird von Costabel - Stephan - Wendland [1] beschrieben. Die Randbedingung (10a) tritt dort in etwas abgewandelter Form auf. Indem man $u = \varphi_1$ tangential ableitet, erhält man $\partial u/\partial t = \varphi_1'$. Aus dieser Richtungsableitung und der zweiten Randbedingung $\frac{\partial}{\partial n}u = \varphi_2$ erhält man eine Randbedingung $\nabla u = \varphi$ für den Gradienten der gesuchten Lösung.

8.5.3 Systeme von Differentialgleichungen

Die bisher behandelten Differentialgleichungen waren skalare Gleichungen. Daneben spielen *Systeme von Differentialgleichungen* in der Praxis eine wichtige Rolle. Ein Beispiel sind die *Lamé-Gleichungen*

$$(8.5.11) \qquad \mu\,\Delta u + (\lambda+\mu)\nabla \operatorname{div} u = 0 \qquad\qquad \text{in } \Omega \subset \mathbb{R}^d.$$

wobei u eine Vektorfunktion mit d Komponenten ist. Mit Δu ist die komponentenweise Anwendung von Δ gemeint. «div» steht für «Divergenz»:

$$u = \begin{bmatrix} u_1 \\ \vdots \\ u_d \end{bmatrix}, \quad \Delta u = \begin{bmatrix} \Delta u_1 \\ \vdots \\ \Delta u_d \end{bmatrix}, \quad \operatorname{div} u = \sum_{i=1}^{d} \frac{\partial u_i}{\partial x_i}.$$

Den Neumann-Randwerten $\frac{\partial}{\partial n}u = \varphi$ bei der Laplace-Gleichung entspricht

$$(8.5.12a) \qquad T u = \varphi$$

beim Lamé-System, wobei der Operator T komponentenweise durch

$$(8.5.12b) \qquad (Tu)_i := \lambda n_i \operatorname{div} u + \mu\,\frac{\partial}{\partial n}u_i + \mu\left\langle \frac{\partial u}{\partial x_i}, n \right\rangle \qquad (1 \leqslant i \leqslant d)$$

definiert ist. Hierbei sind n_i die Komponenten des äußeren Normalenvektors n.

Die Singularitätenfunktion wird im Falle eines Systems zu einer Matrix, hier einer $d\times d$-Matrix. Sei s die Singularitätenfunktion (1.3) der Laplace-Gleichung und ω_d wie in (1.14b). Zum Lamé-System gehört

$$(8.5.13) \qquad S(x,y) = \frac{\lambda+3\mu}{2(\lambda+2\mu)}\left\{ s(x,y)I + \frac{\lambda+\mu}{\omega_d(\lambda+3\mu)}\frac{(x-y)(x-y)^T}{|x-y|^d} \right\}$$

als «Singularitätenmatrix». I ist die $d\times d$-Einheitsmatrix. $(x-y)(x-y)^T$ ist die Matrix mit den Elementen $(x_i-y_i)(x_j-y_j)$. In (12b) wird T auf eine Vektorfunktion angewandt. Indem man T auf jede Spalte der Matrix S anwendet und dabei die Differentiation bezüglich y durchführt, erhält man eine neue Matrix $T_y S(x,y)$. Die transponierte Matrix sei durch

$$T(x,y) := \left(T_y\, S(x,y)\right)^T.$$

bezeichnet. Der Greenschen Darstellungsformel (2.22) entspricht für das Lamé-System die _Betti-Formel_

$$(8.3.14) \qquad \pm u(x) = \int_\Gamma \left\{ S(x,y)\, T(u)(y) - T(x,y)\, u(y)\right\} d\Gamma_y,$$

wobei die Vorzeichen «$\pm$» für das Innen- bzw- Außengebiet $\Omega_\mp$ gelten. Für $T(u)(y)$ kann man wegen der Randbedingung (12a) die Randwerte $\varphi(y)$ einsetzen. Zusammen mit den entsprechenden Sprungbedingungen, die wie in §8.2.6.2 lauten, gelangt man zu Integralgleichungen der Form (2.25a) und (2.27) für das Innen- bzw. Außenraumproblem. Anders als für die Laplace-Gleichung ist der jetzt auftretende Integraloperator K mit dem Kern $T(x,y)$ stark singulär.

So, wie bei der Neumann-Randwertaufgabe für $\Delta u = 0$ die Lösung nur bis auf eine Konstante bestimmt ist, fixiert die Vorgabe (12a) die Lösung der Lamé-Gleichung nur bis auf die sogenannten Starrkörperverschiebungen. Durch Übergang zu einem erweiteren System gemäß (4.8.15a,b) gelangt man zu eindeutig lösbaren Integralgleichungen.

Details zur Behandlung der Lamé-Gleichung findet man z.B. bei Wendland [2].

Ein weiteres Beispiel für ein System sind die _Stokes-Gleichungen_

$$(8.5.15a) \qquad -\Delta u + \nabla p = 0 \qquad\qquad \text{in } \Omega,$$
$$(8.5.15b) \qquad \operatorname{div} u \quad\;\; = 0 \qquad\qquad \text{in } \Omega$$

(vgl. Hackbusch [2,§12]). Die Vektorfunktion u besteht aus d Komponenten. Im zweidimensionalen Fall $d=2$ kann die Stokes-Gleichung (15a,b) in die vorhin in §8.5.2 behandelte biharmonische Gleichung (9) umgeschrieben werden (vgl. Hackbusch [2,Bem.12.2.5]).

Im dreidimensionalen Fall hat man 4 unbekannte Funktionen u_1, u_2, u_3 und p zu bestimmen. Es stehen jedoch nur drei Randwertvorgaben

$$(8.5.15c) \qquad u = \varphi \qquad\qquad\qquad\qquad \text{auf } \Gamma$$

zur Verfügung. Die Singularitätenmatrix des Stokes-Systems lautet

$$(8.5.16) \qquad S(x,y) = -\frac{1}{8\pi} \begin{bmatrix} S_3 & \dfrac{2(x-y)}{|x-y|^3} \\[2ex] \dfrac{2(x-y)^T}{|x-y|^3} & 8\pi\,\delta(x-y) \end{bmatrix}$$

mit der 3×3-Untermatrix

$$S = \frac{1}{|x-y|}\,I + \frac{(x-y)(x-y)^T}{|x-y|^3}$$

und der Diracschen Funktion $\delta(x-y)$. Bei Hsiao-Kreß [1] und Hebeker [1] kann nachgelesen werden, wie man Einfach- und Doppelschichtpotentiale definieren und die (5.7) entsprechende Integralgleichung zweiter Art bilden kann.

9. Die Randelementmethode

9.1 Konstruktion der Randelementmethode

9.1.1 Definition der Randelementmethode

Randwertprobleme, wie die in §8 behandelten Laplace-, Helmholtz-, biharmonische, Lamé- bzw. Stokes-Gleichungen, lassen sich in ihrem ursprünglichen Definitionsbereich durch verschiedene Diskretisierungsverfahren approximieren. Neben den (finiten) Differenzenverfahren gibt es insbesondere die Finite-Element-Methoden, die oft mit dem Kürzel «FEM» bezeichnet wird (vgl. Hackbusch [2]).

Überträgt man die Randwertaufgabe mittels der Randintegralmethode in eine Integralgleichung über dem Rand Γ, so läßt sich diese Integralgleichung durch die in §4 besprochenen Verfahren diskretisieren. Galerkin- und Kollokationsverfahren verwenden Ansatzräume mit Funktionen, für die sich Basisfunktionen mit kleinem Träger als vorteilhaft erwiesen haben. Derartige Basisfunktionen oder auch ihre Träger heißen «finite Elemente». Diskretisierungen, die diese finite Elemente benutzen, könnte man zwar wieder als «Finite-Element-Methoden» bezeichnen; da dieser Begriff aber für die Approximation partieller Differentialgleichungen reserviert ist, spricht man bei der Kombination der Randintegralmethode mit der Diskretisierung durch finite Elemente von der «Randelementmethode». Die englische Übertragung «boundary element method» führt zu der Abkürzung «BEM».

Der prinzipielle *Vorteil der Randelementmethode* besteht darin, daß man beim Übergang vom d-dimensionalen Gebiet auf den $(d-1)$-dimensionalen Rand eine Dimension gewinnt. Benutzt man eine vergleichbare Schrittweite h bei der Diskretisierung der partiellen Differentialgleichung einerseits und der Integralgleichung andererseits, so führen die Diskretisierungen auf Systeme von $O(h^{-d})$ bzw. nur $O(h^{1-d})$ Gleichungen. Weitere Anmerkungen zum Aufwandsvergleich finden sich in §9.6 und §9.8.

Einen besonderen Vorteil bietet die Randelementmethode bei *Außen*raumproblemen, da unbeschränkte Gebiete bei der Diskretisierung von Randwertproblemen nicht unerhebliche zusätzliche Probleme mit sich bringen.

9.1.2 Galerkin-Verfahren

In §9.2 werden wir die Ansatzfunktionen $\{\Phi_{1,n},\ldots,\Phi_{n,n}\}$ genauer kennenlernen, die als «finite Elemente» bezeichnet werden. Schreiben wir die gemäß der Randintegralmethode (§8) erhaltene Gleichung als

$$(9.1.1) \qquad \lambda f = g + K f,$$

so führt die Galerkin-Diskretisierung zu dem Gleichungssystem (4.5.8):

$$(9.1.2a) \qquad (\lambda A_n - B_n) a_n = b_n$$

für die Koeffizienten α_k der semidiskreten Lösung $f_n = \sum \alpha_k \Phi_{k,n}$. Die

Koeffizienten der Matrizen sind in (4.5.7b,c) angegeben:

(9.1.2b) $\alpha_{jk} = \langle \Phi_{k,n}, \Phi_{j,n} \rangle$, $\beta_{jk} = \langle K\Phi_{k,n}, \Phi_{j,n} \rangle$.

Dem Namen «finite Elemente» gemäß hat $T_k = \text{Träger}(\Phi_{k,n})$ die Länge bzw. Fläche $O(h^{d-1})$ bei einer zugrundeliegenden Schrittweite h. Die Koeffizienten α_{jk} verschwinden, wenn T_k und T_j disjunkt sind oder wenn sich T_k und T_j nur in ihrem Rand überschneiden.

Bemerkung 9.1.1 Die Matrix B_n ist im allgemeinen voll besetzt. Die Koeffizienten β_{jk} ergeben sich aus einer doppelten Integration über T_k und T_j:

(9.1.2c) $\beta_{jk} = \int_{T_j} [\int_{T_k} k(x,y) \Phi_{k,n}(y) d\Gamma_y] \, \Phi_{j,n}(x) d\Gamma_x$.

Zu Galerkin-Verfahren für Integralgleichungen erster Art vgl. §9.1.5.

9.1.3 Kollokationsverfahren

Die im folgenden verwendeten Ansatzfunktionen sind Lagrange-Funktionen, so daß das Kollokationsverfahren zu einem Gleichungssystem (2a) mit der Einheitsmatrix $A_n = I$ führt (vgl. Bemerkung 4.4.3). Die Matrixkoeffizienten von B_n enthalten nur eine Integration:

(9.1.3) $\beta_{jk} = \int_{T_k} k(\xi_{j,n}, y) \Phi_{k,n}(y) d\Gamma_y$ $(1 \leq j, k \leq n)$.

Hierbei sind $\{\xi_{j,n} : 1 \leq j \leq n\}$ geeignete Kollokationsstützstellen.

Im Falle des Doppelschichtoperators (8.1.31a) mit stückweise konstanter Ansatzfunktion $\Phi_{k,n}$ auf T_k läßt sich der Wert (3) geometrisch interpretieren.

Bemerkung 9.1.2 Die Ansatzfunktion $\Phi_{k,n}$ habe den Wert 1 auf T_k und 0 auf $\Gamma \setminus T_k$. Für den Kern $k(x,y) = -\frac{2}{\omega_d} \langle n(y), y-x \rangle / |y-x|^d$ des Doppelschichtoperators (8.2.2b) ergibt der Koeffizient β_{jk} im zweidimensionalen Fall $d=2$ das $(-\frac{1}{\pi})$-fache des Winkels φ_{jk}, unter dem der Bogen T_k im Kollokationspunkt $\xi_{j,n}$ erscheint (vgl. Abb. 1). Im dreidimensionalen Fall $d=3$ ist β_{jk} das $(-\frac{1}{2\pi})$-fache des Raumwinkels von T_k in $\xi_{j,n}$ (vgl. §8.2.4.3).

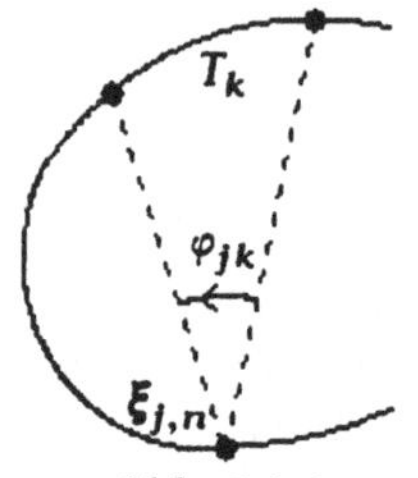

Abb. 9.1.1

Aus der Eigenschaft $-K1 = 1$ des Doppelschichtoperators (vgl. (8.2.11b)) folgt die Darstellung der Gleichung $\lambda f = g + Kf$ in $x = \xi_{j,n}$ als

(9.1.4) $(\lambda+1)f(\xi_{j,n}) = g(\xi_{j,n}) + \int_\Gamma k(\xi_{j,n}, y)[f(y) - f(\xi_{j,n})] d\Gamma_y$.

Übungsaufgabe 9.1.3 $\{\Phi_{1,n}, \ldots, \Phi_{n,n}\}$ sei eine Lagrange-Basis. Man zeige: Wenn in Gleichung (4) f durch den Ansatz $f_n = \sum \alpha_k \Phi_{k,n}$ ersetzt wird, erhält man ein Gleichungssystem (2a) mit Koeffizienten β_{jk} wie in (3) für $j \neq k$, während man für $j = k$ die Gleichung (5) gewinnt:

(9.1.5) $\beta_{jj} := -\sum_{k \neq j} \beta_{jk}$.

9.1.4 Konvergenz im kompakten Fall

Ist K kompakt, lassen sich die Konvergenzresultate der Abschnitte 4.4 und 4.5 anwenden. Bezüglich der Konvergenzordnung braucht man Aussagen über die Glattheit der Lösung f von $\lambda f = g K f$. Im allgemeinen hat man diese Glattheit von f über Regularitätseigenschaften des Operators K aus g zu schließen. Im zweidimensionalen Fall gestattet z.B. der Satz 7.4.13, aus den Voraussetzungen $\Gamma \epsilon C^{1+\mu}$, $\mu \epsilon (0,2) \setminus \{1\}$, und $g \epsilon C^{\mu}(\Gamma)$ die Eigenschaft $f \epsilon C^{\mu}(\Gamma)$ zu folgern. Damit ist die Konvergenz der Ordnung $O(h^{\mu})$ bezüglich der Maximumnorm gesichert (vgl. Satz 4.3.15). Bessere Abschätzungen sind in schwächeren Normen oder in diskreten Punkten nach dem in §4.6.2 und §4.6.4 Gesagten möglich.

Die Konvergenz der Randelementmethode wird u.a. in den folgenden Arbeiten diskutiert: Wendland [1], [2], [3] und Kleinman-Wendland [1].

9.1.5 Konvergenz im Falle elliptischer Bilinearformen

Unter den Beispielen der Integralgleichungen zur Lösung der Laplace-Gleichung war die Gleichung $K f = \varphi$ erster Art mit dem hypersingulären Kern $k = \partial^2 s / \partial n_x \partial n_y$ (vgl. (8.3.12') in §8.3). Wie dort gezeigt, ist diese Gleichung in der Form

$$(9.1.6) \qquad a(f,g) = -\langle \varphi,g \rangle \qquad\qquad \text{für alle } g \epsilon H^{1/2}(\Gamma)$$

mit einer $H^{1/2}(\Gamma)$-elliptischen Bilinearform a darstellbar. $\langle \cdot,\cdot \rangle$ ist das $L^2(\Gamma)$-Skalarprodukt.

Sei $X_n = \text{span}\{\Phi_{1,n},\ldots,\Phi_{n,n}\}$ ein Unterraum von $X = H^{1/2}(\Gamma)$. Ein Beispiel für X_n sind die stückweise linearen Funktionen. Man beachte, daß die stückweise konstanten Funktionen nicht zu $H^{1/2}(\Gamma)$ gehören. Die Galerkin-Näherung (4.5.3) muß für eine Gleichung erster Art als

$$K_n f_n = \varphi_n \quad \text{mit} \quad K_n = \Pi_n K \Pi_n, \quad \varphi_n = \Pi_n \varphi,$$

geschrieben werden, wobei Π_n die orthogonale Projektion auf den Unterraum X_n bezeichnet. Die Übersetzung dieser Gleichung mit Hilfe von $\langle K_n f_n, g \rangle = \langle \Pi_n K \Pi_n f_n, g \rangle = \langle K \Pi_n f_n, \Pi_n g \rangle = \langle K f_n, g_n \rangle = -a(f_n, g_n)$ in eine Formulierung mit der Bilinearform lautet: Man bestimme $f_n \epsilon X_n$ mit

$$(9.1.7) \qquad a(f_n, g_n) = -\langle \varphi, g_n \rangle \qquad\qquad \text{für alle } g \epsilon X_n.$$

Das Gleichungssystem für die Koeffizienten α_k in $f_n = \sum \alpha_k \Phi_{k,n}$ ist jenes aus (2a) mit $\lambda = 0$ und

$$\beta_{jk} = a(\Phi_{k,n}, \Phi_{j,n}) \qquad\qquad (1 \leq j,k \leq n)$$

und Koeffizienten $\beta_j = \langle \varphi, \Phi_{j,n} \rangle$ der rechten Seite b_n (vgl. Hackbusch [2, Satz 8.1.3]). Die Fehleranalyse der Galerkin-Diskretisierung (7) wird hier nicht ausgeführt, da sie völlig identisch mit den Fehlerabschätzungen bei elliptischen Randwertaufgaben ist, die in ihrer schwachen Formulierung ebenfalls mit Hilfe einer Bilinearform beschrieben werden. Der folgende Satz und sein Beweis können z.B. bei Hackbusch [2, Satz 8.2.1 und Korollar 8.2.3] nachgelesen werden.

Satz 9.1.4 Die Bilinearform a sei durch die Konstante C_S beschränkt: $|a(f,g)| \leq C_S \|f\|_X \|g\|_X$, und X-elliptisch mit der Konstanten $c > 0$ in (8.3.11). Dann gilt für die Lösung f von (6) und f_n von (7) die Fehlerabschätzung (8a) bezüglich der X-Norm:

$$(9.1.8a) \qquad \|f - f_n\|_X \leq (1 + C_S/c) \inf\{\|f - \psi\|_X : \psi \in X_n\}.$$

Die Konstante C_S ist in dem Absatz vor Satz 8.3.2 als $C/2$ angegeben. Der Ausdruck $\inf\{\|f - \psi\|_X : \psi \in X_n\}$ bezeichnet den Abstand $\mathrm{dist}(f, X_n)$ und ist die *optimale* Näherung von f in X_n. Die Abschätzung dieses Ausdruckes hängt einerseits von X_n und andererseits von der Regularität der Lösung f ab, d.h. von der Differentiationsordnung $s \geq \frac{1}{2}$ mit $f \in H^s(\Gamma)$. Für $f \in H^s(\Gamma)$ und X_n bestehend aus *stückweise linearen Funktionen* gilt beispielsweise die Ungleichung (8b) mit $t = 2$:

$$(9.1.8b) \qquad \inf\{\|f - \psi\|_{H^{1/2}(\Gamma)} : \psi \in X_n\} \leq C h^{s-1/2} \|f\|_{H^{1/2}(\Gamma)} \quad \text{für } \tfrac{1}{2} \leq s \leq t.$$

Die Abbildung $f \mapsto \varphi = Kf \mapsto f_n$ gemäß (7) definiere den Operator $S_n: f \mapsto f_n \in X_n$, den man die «*Ritz-Projektion*» nennt. Daß es sich um eine Projektion handelt, ist Gegenstand der

Übungsaufgabe 9.1.5 Man beweise: **(a)** $a(S_n f, g) = a(f, g)$ für alle $g \in X_n$. **(b)** S_n ist eine Projektion auf X_n.

Übungsaufgabe 9.1.6 Unter der Voraussetzung, daß die Bilinearform a auf X beschränkt, symmetrisch und X-elliptisch ist, zeige man: **(a)** $\|f\| := \sqrt{a(f,f)}$ definiert eine zu $\|\cdot\|_X$ äquivalente Hilbert-Norm. **(b)** S_n ist die orthogonale Projektion auf X_n bezüglich der Norm $\|\cdot\|$. **(c)** Der zu S_n adjungierte Operator ist $S_n^* = K S_n K^{-1}$.

Das folgende Lemma kann auch für nichtsymmetrische K formuliert werden. Da die hier auftretenden Bilinearformen (und damit auch K) jedoch symmetrisch sind, beschränken wir uns auf diesen Fall.

Lemma 9.1.7 $a(f,g) = -\langle Kf, g\rangle$ sei eine symmetrische, $H^{1/2}(\Gamma)$-elliptische Bilinearform. Es gelte die aus (8a,b) folgende Fehlerabschätzung

$$(9.1.8c) \qquad \|I - S_n\|_{H^{1/2}(\Gamma) \leftarrow H^s(\Gamma)} \leq C h^{s-1/2} \quad \text{für ein } s \geq \tfrac{1}{2}.$$

Ferner sei K s-regulär, d.h. es gelte $K^{-1} \in L(H^{s-1}(\Gamma), H^s(\Gamma))$. Dann gilt die Abschätzung (8d) mit doppelter Konvergenzordnung:

$$(9.1.8d) \qquad \|I - S_n\|_{H^{1-s}(\Gamma) \leftarrow H^s(\Gamma)} \leq C' h^{2s-1}.$$

Die Ungleichung (8d) impliziert die Fehlerabschätzung (8e) für $\sigma = s$:

$$(9.1.8e) \qquad \|f - f_n\|_{H^{1-s}(\Gamma)} \leq C' h^{\sigma+s-1} \|f\|_{H^\sigma(\Gamma)} \quad \text{für } \tfrac{1}{2} \leq \sigma \leq s, \ f \in H^\sigma(\Gamma).$$

Als Kommentar zur s-Regularität sei hinzugefügt, daß die $\frac{1}{2}$-Regularität eine direkte Folge der $H^{1/2}(\Gamma)$-Elliptizität ist. Die s-Regularität für höhere s erfordert entsprechende Glattheit von Γ. 1-Regularität gilt aber schon für $\Gamma \in C_{0,L}$ (vgl. Costabel [1, $\sigma = \frac{1}{2}$ in (2.14)]). Für negative Exponenten $-\tau$ ist $H^{-\tau}(\Gamma)$ per definitionem der Dualraum zu $H^\tau(\Gamma)$.

Beweis. Wegen der Beschränktheit von a ist $K \in L(H^{1/2}(\Gamma), H^{-1/2}(\Gamma))$:

(9.1.8f) $\qquad \| K \|_{H^{-1/2}(\Gamma) \leftarrow H^{1/2}(\Gamma)} \leqslant C_1 .$

Aus (8c) folgt für den dualen Operator sofort mit gleicher Konstante C:

(9.1.8g) $\qquad \| I - S_n^* \|_{H^{-s}(\Gamma) \leftarrow H^{-1/2}(\Gamma)} \leqslant C\, h^{s-1/2} .$

Die s-Regularität $K^{-1} \in L(H^{s-1}(\Gamma), H^s(\Gamma))$ ist wegen der Symmetrie von K äquivalent zu $K^{-1} \in L(H^{-s}(\Gamma), H^{1-s}(\Gamma))$, d.h.

(9.1.8h) $\qquad \| K^{-1} \|_{H^{1-s}(\Gamma) \leftarrow H^{-s}(\Gamma)} \leqslant C_2 .$

Die Ungleichungen (8f-h) ergeben zusammen

(9.1.8i) $\qquad \| K^{-1}(I - S_n^*)K \|_{H^{1-s}(\Gamma) \leftarrow H^{1/2}(\Gamma)} \leqslant C_1 C_2\, C\, h^{s-1/2} .$

Gemäß Übungsaufgabe 6c stimmt $K^{-1}(I - S_n^*)K$ mit $I - S_n$ überein:

(9.1.8i') $\qquad \| I - S_n \|_{H^{1-s}(\Gamma) \leftarrow H^{1/2}(\Gamma)} \leqslant C_1 C_2\, C\, h^{s-1/2} .$

Mit S_n ist auch $I - S_n$ eine Projektion. Indem man in $I - S_n = (I - S_n)^2$ den rechten Faktor durch (8c) und den linken durch (8i') abschätzt, erhält man die Ungleichung (8d) mit $C' := C_1 C_2 C^2$. Die etwas allgemeinere Abschätzung (8e) ergibt sich aus den schon bewiesenen durch Interpolationstechniken (vgl. Hackbusch [1, (1.4.10b)]).

Indem man in (8e) die optimalen Werte $s = \sigma = t = 2$ für den Fall stückweise linearer Funktionen wählt, zeigt Lemma 7 Konvergenz der Ordnung 3 in der $H^{-1}(\Gamma)$-Norm. Bei der Approximation von f_n gibt es allerdings noch weitere Fehlerquellen, die unter anderem in §9.2.2 und §9.4 diskutiert werden. Für eine vollständige Fehleranalyse des Beispiels aus §8.3 sei auf Giroire - Nedelec [1] verweisen.

Der oben behandelte, hypersinguläre Integraloperator hat die Ordnung 1. Eine Gleichung erster Art mit einem (Einfachschicht-) Integraloperator der Ordnung -1 ist die Gleichung $Kf = \varphi$ aus (8.1.27) mit dem Kern $k(\mathbf{x}, \mathbf{y}) = s(\mathbf{x}, \mathbf{y})$. Für den Fall $d = 3$ führt die Integration von (8.1.27) mit einer Testfunktion g auf die Aufgabenstellung

$$a(f, g) = \langle \varphi, g \rangle \quad \text{mit} \quad a(f, g) := \frac{1}{4\pi} \int_\Gamma \int_\Gamma \frac{f(\mathbf{x}) g(\mathbf{y})}{|\mathbf{x} - \mathbf{y}|}\, d\Gamma_{\mathbf{x}} d\Gamma_{\mathbf{y}} .$$

Man kann nachweisen, daß die Bilinearform a beschränkt, symmetrisch und X-elliptisch bezüglich des Dualraums $H^{-1/2}(\Gamma)$ ist (vgl. Nedelec [1]). Die zu Lemma 7 analogen Überlegungen führen auf die Fehlerordnung

$$\| f - f_n \|_{H^{-1-s}(\Gamma)} \leqslant C' h^{\sigma+s+1} \| f \|_{H^\sigma(\Gamma)} \quad \text{für } \tfrac{1}{2} \leqslant \sigma \leqslant s \leqslant t, \; f \in H^\sigma(\Gamma).$$

Für die stückweise linearen Funktionen ist wie oben $t = 2$ zu setzen. Da aber auch die stückweise konstanten Funktionen zu $L^2(\Gamma)$ und damit insbesondere zu $H^{-1/2}(\Gamma)$ gehören, darf man den Unterraum X_n auch aus diesem Funktionen aufbauen. t nimmt dann den Wert $t = 1$ an. Die optimale Konvergenzordnung ist in diesem Fall $\sigma + s + 1 = 3$ für $\sigma = s = t = 1$.

9.2 Die Randelemente

9.2.1 Elemente im zweidimensionalen Fall

Im vorhergehenden Unterkapitel wurde von den stückweise linearen bzw. konstanten Funktionen gesprochen. Da die Wahl des Unterraumes X_n für die praktische Durchführung der Kollokations- oder Galerkin-Methode essentiell ist, soll genauer auf die verschiedenen Implementierungsdetails eingegangen werden.

Um mit dem einfachen Fall anzufangen, wird zunächst der zweidimensionale Fall diskutiert. Wir gehen (anders als in §9.2.2) davon aus, daß die Kurve Γ vollständig mit Hilfe einer auch praktisch realisierbaren *Parametrisierung* $\varphi : [0,L] \to \Gamma$ beschrieben wird. Für eine stückweise Interpolation sei Γ in disjunkte Bogenstücke $\Gamma_{k,n}$ $(1 \le k \le n)$ zerlegt. Die Endpunkte der $\Gamma_{k,n}$ seien $\{ x_{k,n} = \varphi(t_{k,n}) : 0 \le k \le n \}$, wobei o.B.d.A. $t_{0,n} = 0$ und $t_{n,n} = L$ dem gleichen Kurvenpunkt $x_{n,n}$ entsprechen. Auf $[0,L]$ kann zur Intervallzerlegung $0 = t_{0,n} < t_{1,n} < \ldots < t_{n,n} = L$ die stückweise Interpolation mit konstanten, linearen oder auch höhergradigen Splines definiert werden. Selbstverständlich muß die Interpolationsfunktions L-periodisch sein.

Die Integrationen zur Bestimmung der Matrixkoeffizienten werden über dem Parameterintervall gemäß (7.1.10b) vorgenommen:

$$(9.2.1) \qquad \int_{\Gamma} k(x,y)\psi(y)\,d\Gamma_y = \int_0^L k(x,\varphi(t))\,\psi(\varphi(t))\,|d\varphi(t)/dt|\,dt.$$

Da über dem Intervall $[0,L]$ stückweise interpoliert wird, muß $\psi(\varphi(t))$ in t stückweise konstant bzw. linear sein. Im linearen Falle gilt z.B.

$$\Psi(t) := \psi(\varphi(t)) = \qquad\qquad \text{für } t_{k-1,n} \le t \le_{k,n}$$
$$= [(t - t_{k-1,n})\,\psi(\varphi(t_{k,n})) + (t_{k,n} - t)\,\psi(\varphi(t_{k-1,n}))]/[t_{k,n} - t_{k-1,n}]$$
$$= [(t - t_{k-1,n})\,\psi(x_{k,n}) + (t_{k,n} - t)\,\psi(x_{k-1,n})]/[t_{k,n} - t_{k-1,n}].$$

Übersetzt man den Ansatz zurück in die auf Γ definierten Funktionen, so ist $\psi(y)$ nicht etwa stückweise linear in y, sondern $\psi(y) = \Psi(\varphi^{-1}(y))$ ist stückweise linear in $t = \varphi^{-1}(y)$. Hieraus folgert man die

Bemerkung 9.2.1 Auch wenn die Stützstellen $\{ x_{k,n} \epsilon \Gamma : 1 \le k \le n \}$ festgelegt sind, hängt die Definition des Unterraumes der stückweise linearen Funktionen von der gewählten Parametrisierung ab.

Im Falle des Kollokationsverfahrens hat man Kollokationspunkte $\xi_{k,n} \epsilon \Gamma$ zu wählen. Für lineare Ansätze stimmen sie mit den Interpolationsstützstellen $x_{k,n}$ überein. Für konstante Ansätze sind dagegen die Mittelpunkte $\tau_{k,n} = \frac{1}{2}(t_{k,n} + t_{k-1,n})$ günstig (vgl. §4.4.3). Dies entspricht den Kollokationspunkten $\xi_{k,n} = \varphi(\tau_{k,n})$ auf Γ. Auch hier hängt die Definition der $\xi_{k,n}$ von der gewählten Parametrisierung ab, obwohl die Klasse der stückweise konstanten Funktionen nur von den Stützstellen $x_{k,n}$ abhängt. Zur Konstruktion von Kollokationsverfahren mit höhergradigen Splinefunktionen sei auf Wendland [4] verwiesen.

9.2.2 Geometrische Diskretisierung

Die in §9.2.1 beschriebene Diskretisierung verlangt die Integration von $k(x,\varphi(t))\psi(\varphi(t))|\nabla\varphi(t)|$, die keineswegs leicht zu implementieren ist, da nur der Faktor $\psi(\varphi(t))$ eine angenehme (weil stückweise konstante/lineare) Funktion ist. Man beachte, daß der Kern k im allgemeinen auch noch die Normalenrichtung $n(\varphi(t))$ enthält.

Ein weiteres Hindernis der Implementierung nach §9.2.1 kann sein, daß *die Kurve Γ nur durch diskrete Punkte $\{x_k\colon 1\leqslant k\leqslant n\}$ gegeben ist.* Dieses Argument gilt insbesondere für viele praktische, dreidimensionale Probleme, wo die Oberfläche nicht durch eine analytische Beschreibung, sondern lediglich durch die Messung diskreter Oberflächenpunkte definiert ist. Aus diskreten Punkten $x_k\in\Gamma$ kann man mittels geeignet erscheinender Interpolationen nur eine approximative, kontinuierliche Kurve bzw. Oberfläche $\widetilde{\Gamma}$ rekonstruieren.

Im zweidimensionalen Fall ist die einfachste Interpolation, die noch zu einer geschlossenen Kurve $\widetilde{\Gamma}$ führt, die *lineare.* Sie ersetzt die Kurvenbögen Γ_k von x_{k-1} nach x_k durch die entsprechenden Sehnen. Das von $\widetilde{\Gamma}$ eingeschlossene Innengebiet ist ein Polygon (vgl. Abb. 1).

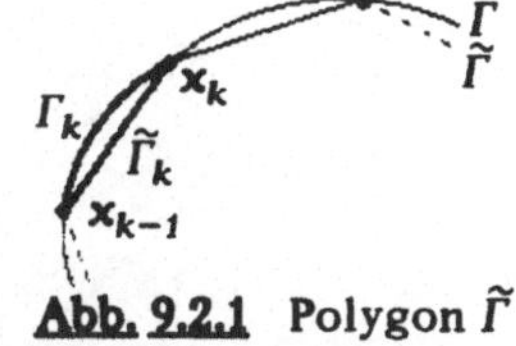

Abb. 9.2.1 Polygon $\widetilde{\Gamma}$

Der Übergang zum Polygon $\widetilde{\Gamma}$ steht noch nicht im Widerspruch zum Vorgehen aus §9.2.1. Man kann die Polygonseiten $\widetilde{\Gamma}_k := \{x_{k-1}+\tau(x_k-x_{k-1})\colon 0\leqslant\tau\leqslant 1\}$, genauer den Parameter $\tau\in[0,1]$ für die Parametrisierung des darüberliegenden Kurvenbogens Γ_k verwenden. Unter der *geometrischen Diskretisierung* versteht man jedoch den Ersatz von Γ durch $\widetilde{\Gamma}$, so daß die Integrale über Γ_k durch jene über $\widetilde{\Gamma}_k$ ersetzt werden, z.B.:

$$(9.2.2)\quad \int_{\widetilde{\Gamma}_k} k(x,y)\psi(y)\,d\Gamma_y =$$
$$= |x_k-x_{k-1}|\int_0^1 k(x,x_{k-1}+\tau(x_k-x_{k-1}))\psi(x_{k-1}+\tau(x_k-x_{k-1}))\,d\tau.$$

Genaugenommen ist der Integrand $k(x,y)$ im obigen Integral nicht erklärt, da das Paar (x,y) im allgemeinen nicht auf $\Gamma\times\Gamma$, dem Definitionsbereich der Kernfunktion k, liegt. Andererseits sind die Kernfunktionen, die man mit Hilfe der Integralgleichungsmethode konstruiert werden, die Ableitungen der Singularitätenfunktion. Diese sind jedoch überall definiert.

Bemerkung 9.2.2 Das Polygon $\widetilde{\Gamma}$ sei durch (geometrische) stückweise lineare Interpolation von Γ definiert. Die Vorzüge dieser Approximation sind: **(a)** Die Integrale reduzieren sich zu solchen über dem Intervall $[0,1]$ (vgl. (2)). **(b)** Die stückweise linearen Funktionen sind im Gegensatz zu Bemerkung 1 auch über der Polygonstrecke $\widetilde{\Gamma}_k$ linear. **(c)** Ein sekundäres Resultat ist die Definition einer approximativen Normalenrichtung $\widetilde{n}(y)$ auf $\widetilde{\Gamma}$: $\widetilde{n}(y)$ ist auf jedem Sehnenstück $\widetilde{\Gamma}_k$ konstant.

9.2.3 Elemente im dreidimensionalen Fall

Bei der Zerlegung der Oberfläche in «finite Elemente» kann man auf verschiedene Weise vorgehen. Geht man von einer (zumindest punktweise gegeben) Transformation φ einer Parametermenge $E \subset \mathbb{R}^2$ auf ein Teilstück $\Gamma_0 \subset \Gamma$ aus, kann man E in Rechtecke oder Dreiecke zerlegen und diese Rechtecks- bzw. Dreiecksgitter mittels φ auf Γ_0 übertragen (vgl. Abb. 2 und 3). Man beachte, daß nur die Bilder der Eckpunkte

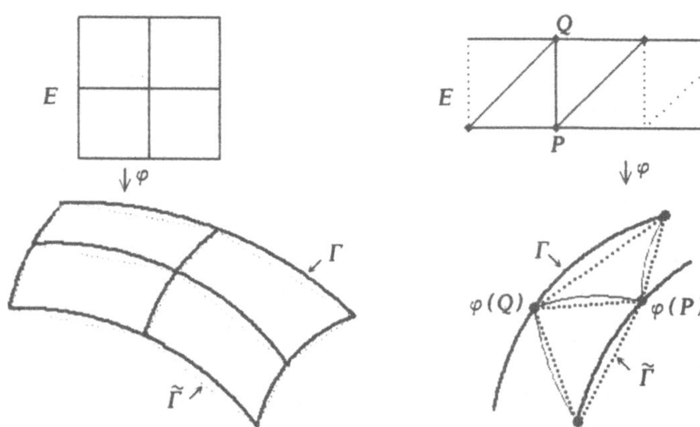

Abb 9.2.2 Rechteckselemente   **Abb 9.2.3** Dreieckselemente

verwendet werden. Die ursprüngliche Dreiecksseite PQ der Parameterebene wird auf ein Bogenstück $\varphi(P)\varphi(Q)$ abgebildet, das auf Γ liegt. Dagegen besteht das Vielflach $\tilde{\Gamma}$ aus den *ebenen* Dreiecken, die als Dreiecksseite u.a. die Strecke $\varphi(P)\varphi(Q)$ besitzen (vgl. Abb. 3). Das heißt, daß im allgemeinen der Schnitt von Γ und $\tilde{\Gamma}$ nur aus Eckpunkten der Dreiecke zu bestehen braucht. Es sei hinzugefügt, daß die Konstruktion des Vielflaches $\tilde{\Gamma}$ direkt mit Hilfe einer Triangulation auf Γ geschehen kann, ohne daß eine Abbildung φ einer Parameterebene benötigt würde.

Bemerkung 9.2.3 (a) Sind P, Q, R die Ecken einer Dreiecksfläche Δ_k des Vielflaches $\tilde{\Gamma}$, so ist eine stückweise lineare Ansatzfunktion u auf Δ_k durch ihre Werte $u(P)$, $u(Q)$, $u(R)$ eindeutig bestimmt. **(b)** Die Normalenrichtung $\tilde{n}(y)$ einer Dreiecksfläche $\Delta_k \subset \tilde{\Gamma}$ ist stückweise konstant. **(c)** Bei Kollokation mit stückweise linearer Interpolation liegen die Interpolations- und Kollokationspunkte auf Γ (da die Eckpunkte von $\tilde{\Gamma}$ auf Γ liegen).

Auch Bemerkung 2a läßt sich übertragen. $\Delta_k \subset \tilde{\Gamma}$ sei ein Dreieck der Ersatzoberfläche $\tilde{\Gamma}$. Dann kann man das Einheitsdreieck $D = \{ x \in \mathbb{R}^2 : 0 \leqslant x_1, \ 0 \leqslant x_2, \ x_1 + x_2 \leqslant 1 \}$ mittels einer affinen Abbildung φ_k auf Δ_k abbilden. Für das Oberflächenintegral über Δ_k erhält man

$$(9.2.3) \qquad \int_{\Delta_k} k(x,y)\psi(y)d\Gamma_y = \sqrt{g}\,\int_D k(x,\varphi_k(\xi))\,\Psi(\xi)d\xi,$$

wobei die Gramsche Determinante g auf D konstant ist. $\Psi=\psi\circ\varphi_k$ ist linear, falls ψ linear ist. In diesem Falle gilt

$$\Psi(\xi) = \Psi(0,0)+\xi_1[\Psi(1,0)-\Psi(0,0)]+\xi_2[\Psi(0,1)-\Psi(0,0)] =$$
$$= \Psi(P) \quad +\xi_1[\Psi(Q)-\Psi(P)] \qquad +\xi_2[\Psi(R)-\Psi(P)],$$

wenn $P=\varphi_k(0,0)$, $Q=\varphi_k(1,0)$, $R=\varphi_k(0,1)$ die Eckpunkte von Δ_k sind.

Übungsaufgabe 9.2.4 Auf einem Dreieck $\Delta_k\subset\tilde\Gamma$ ist das im Doppelschichtkern erscheinende Skalarprodukt $\langle n(y),y-x\rangle$ stückweise linear und verschwindet außerdem auf Δ_k, wenn $x\in\Delta_k$.

Die mit der geometrischen Diskretisierung eingeführten Sehnenstücke im zwei- bzw. die Dreiecke oder Vierecke im dreidimensionalen Fall werden in Ingenieuranwendungen häufig *Paneele* genannt (Übersetzung des englischen *panel*). Die hierauf basierende Kollokationsmethode heißt demgemäß *Paneelmethode*.

9.2.4 Fehlerbetrachtungen

Die geometrische Diskretisierung ist eine weitere Fehlerquelle, die im folgenden diskutiert werden soll. Wir greifen den Fall des Doppelschichtkernes heraus und untersuchen zunächst den zweidimensionalen Fall. Über Γ wird $\Gamma\in C^1_{0,L}$ vorausgesetzt. Der Wert $(\tilde K f)(x)$ des Doppelschichtoperators über $\tilde\Gamma$ setzt sich aus Integralen über den Polygonseiten $\tilde\Gamma_k$ zusammen, die die Bogenstücke Γ_k ersetzen. Hierfür gilt:

Lemma 9.2.5 Bei einer auf $\tilde\Gamma_k$ konstanten Belegung f ist der Integralwert $\int_{\tilde\Gamma_k} k(x,\tilde y)f d\Gamma_{\tilde y}$ identisch mit dem Integral $\int_{\Gamma_k} k(x,y)f d\Gamma_y$ über der Originalkurve bei gleicher konstanter Belegung, solange x außerhalb des von Γ_k und $\tilde\Gamma_k$ eingeschlossenen Bogensegmentes liegt (vgl. Abb. 1, 4).

Beweis. Γ_k und $\tilde\Gamma_k$ bilden den gleichen Winkel φ in x (vgl. Bem. 1.2). ▫

Bei stückweise konstanten Belegungen kann sich die geometrische Diskretisierung nur dadurch bemerkbar machen, daß die Kollokationspunkte (Mittelpunkte von $\tilde\Gamma_k$) nicht auf Γ liegen, sondern von den in §9.1.1 verwendeten Kollokationspunkten um $O(h^2)$ abweichen.

Die letztgenannte Fehlerquelle entfällt für stückweise lineare Elemente wegen Bemerkung 3c. Dafür unterscheiden sich die in Lemma 5 erwähnten Integrale, wenn f linear ist. Sei eine lineare Belegung $\tilde f$ auf $\tilde\Gamma_k$ z.B. mittels $f(y):=\tilde f(\tilde y)$ für $\langle n(y),y-\tilde y\rangle=0$ auf $y\in\Gamma_k$ fortgesetzt. Die Dipolintegrale über $\tilde\Gamma_k$ und Γ_k ausgewertet in x lassen sich nach Lemma 8.2.14 gemeinsam als Integral über den Winkelbereich ψ aus Abb. 4 darstellen,

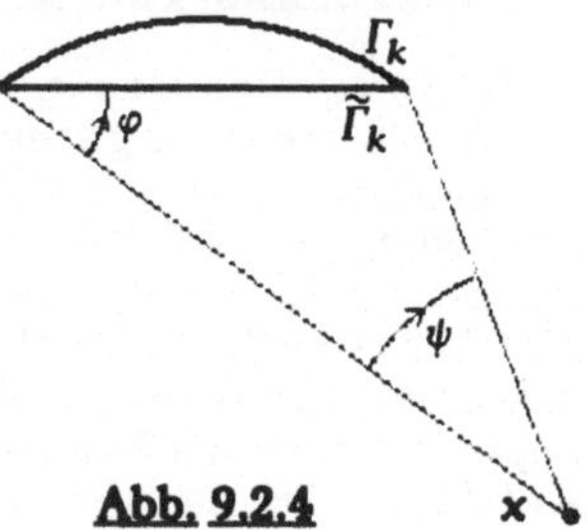

Abb. 9.2.4

wobei sich die projizierten Werte $\tilde{F}(\omega)$ bzw. $F(\omega)$ aus (8.2.12a) um $O(h/[h+\sin(\varphi)])$ unterscheiden (φ gemäß Abb. 4, h: Länge von $\tilde{\Gamma}_k$, $\Gamma \in C^1_{0,L}$). Aus der Winkelgröße $\psi = O(\frac{h}{r}[h+\sin(\varphi)])$ schließt man

$$\int_{\tilde{\Gamma}_k} k(x,\tilde{y})\tilde{f}(\tilde{y})d\Gamma_{\tilde{y}} - \int_{\Gamma_k} k(x,y)f(y)d\Gamma_y = O(h^2/r),$$

wobei $r = r_k := \text{dist}(x, \tilde{\Gamma}_k)$. Bei der Summation über k verhält sich die Summe aller r_k^{-1} bei quasiuniformer Unterteilung wie $O(\sum_{0\leqslant\nu\leqslant 1/h} \frac{1}{\nu h}) = O(h^{-1}|\log h|)$, so daß sich die beim Kollokationsverfahren mit und ohne geometrischer Diskretisierung auftretenden Matrizen $\tilde{B}_n$ bzw. B_n (vgl. (4.4.9c)) in der Zeilensummennorm um $\|\tilde{B}_n - B_n\|_\infty \leqslant O(h|\log h|)$ unterscheiden. Die Stabilität bezüglich $\|\cdot\|_\infty$ vorausgesetzt, überträgt sich diese Fehlerabschätzung auf die zugehörigen diskreten Lösungen.

Die vorgestellte Abschätzung kann verbessert werden, wenn wir von einer hinreichend glatten Lösung ausgehen. Seien x_{k-1} und x_k die Endpunkte von $\tilde{\Gamma}_k$ wie auch Γ_k (vgl. Abb. 1). Die oben erwähnte Abweichung $|\tilde{F}(\omega)-F(\omega)|$ ist auch proportional zu $|f(x_k)-f(x_{k-1})|$, da der konstante Anteil nach Lemma 5 zu keinem Fehler führt. Für $f \in \hat{C}^\mu(\Gamma)$, $0\leqslant\mu\leqslant 1$, gelangt man so zu einer Fehlerabschätzung von $|\tilde{f}_n(x)-f_n(x)|\leqslant O(h^{1+\mu}|\log h|)$ in den gemeinsamen Kollokationsstützstellen $x\in\Gamma\cap\tilde{\Gamma}$.

Der dreidimensionale Fall ist komplizierter zu behandeln, da hier auch die Raumwinkel $\tilde{\omega}$ und ω für das Dreieck $\Delta_k\subset\tilde{\Gamma}$ bzw. das entsprechende Bogendreieck auf Γ verschieden sind. Wegen $|\tilde{\omega}-\omega|=O(h^3/r)$ mit $r=r_k$ und $\sum_k r_k^{-1}=O(h^{-2})$, kommt man jedoch wieder zur Abschätzung $\|\tilde{B}-B_n\|_\infty\leqslant O(h)$, die sich für Hölder-stetige Lösungen zu $|\tilde{f}_n(x)-f_n(x)|\leqslant O(h^{1+\mu})$ verbessern läßt.

Die geometrische Diskretisierung läßt sich auch als Quadraturfehler diskutieren: Die exakte Integration über $\tilde{\Gamma}$ kann man als näherungsweise Quadratur über Γ auffassen (vgl. §9.4.2).

Im Zusammenhang mit den in §9.1.5 erwähnten Galerkin-Verfahren für Integralgleichungen erster Art gibt es Fehlerdiskussionen der geometrischen Diskretisierung bei Nedelec [1] und Giroire - Nedelec [1].

9.3 Mehrgitterverfahren
9.3.1 Gleichungen zweiter Art

Auf Integralgleichungen zweiter Art sind im Prinzip die im Kapitel 5 beschriebenen Mehrgitterverfahren anwendbar. Eine charakteristische Voraussetzung für die Mehrgitterkonvergenz ist die diskrete Regularitätsbedingung (5.2.11c) (vgl. Satz 5.5.7). Die involvierten diskreten Räume X_n, Y_n entsprechen beispielsweise den kontinuierlichen Räumen $X=C(\Gamma)$, $Y=C^\mu(\Gamma)$, für die $K\in L(X,Y)$ gelten muß. Die Größe des Exponenten $\mu>0$ entscheidet über die Konvergenzgeschwindigkeit. Für $\mu>0$ impliziert aber die kompakte Einbettung $Y\subset X$ die Kompaktheit von K: $K\in K(X,X)$. Da der Dipoloperator K bei Anwesenheit von Ecken bzw.

Kanten nicht kompakt ist (vgl. Lemma 8.2.24), ist in diesem Falle die Voraussetzung für die Mehrgitterkonvergenz nicht gewährleistet. Tatsächlich stellt man in numerischen Versuchen einen drastischen Abfall der Konvergenzgeschwindkeit fest, sobald Ecken auftreten.

Ein Ausweg besteht in einer anderen «Glättungsprozedur» als der Picard-Iteration (5.4.7c) (vgl. Hackbusch [1,§16.5], Schippers [1]). Eine zweite Möglichkeit besteht in der Aufspaltung des diskreten Operators K_n in $K_{n,0}{+}K_{n,1}$, die schon in §7.3.6 erwähnt wurde. Sei z.B. χ eine glatte Funktion auf Γ, die in einer Umgebung U der Ecken den Wert $\chi(x){=}1$ ($x{\in}U$) und außerhalb einer weiteren Umgebung $U'{\supset}U$ den Wert $\chi(x){=}0$ ($x{\in}\Gamma\backslash U'$) annimmt. Dann lassen sich

$$K_0 f := K(\chi f), \qquad K_1 f := K((1-\chi)f)$$

zu $K_{n,0}$, $K_{n,1}$ diskretisieren. Indem $f_n+K_n f_n = g_n$ als $f_n+K_{n,0}f_n = g_n-K_{n,1}f_n$ geschrieben wird, sieht man die äquivalente Umformung zu

(9.3.1a) $\qquad f_n = \hat{K}_n f_n + \hat{g}_n \quad$ mit $\hat{K}_n := (I+K_{n,0})^{-1} K_{n,1}, \; \hat{g}_n := (I+K_{n,0})^{-1} g_n$

oder

(9.3.1b) $\qquad \hat{f}_n = \hat{\hat{K}}_n \hat{f}_n + g_n \quad$ mit $\hat{\hat{K}}_n := K_{n,1}(I+K_{n,0})^{-1}, \; \hat{f}_n := (I+K_{n,0}) f_n.$

Beide Umformungen führen auf eine Gleichung zweiter Art, vorausgesetzt $(I+K_{n,0})^{-1}$ existiert. Wenn $K_{n,1}$ die diskrete Regularitätsbedingung (5.2.11c): $\|K_{n,1}\|_{Y_n \leftarrow X_n} \leq C$ erfüllt und $(I+K_{n,0})^{-1}$ in Y_n gleichmäßig beschränkt ist: $\|(I+K_{n,0})^{-1}\|_{Y_n \leftarrow Y_n} \leq C$, genügt auch $\hat{K}_n$ der diskreten Regularitätsbedingung. Im obigen Fall ist $\|(I+K_{n,0})^{-1}\|_{Y_n \leftarrow Y_n} \leq C$ schwer zu erreichen. Dagegen reicht für $\hat{K}_n$ schon die Abschätzung

$$\|(I+K_{n,0})^{-1}\|_{X_n \leftarrow X_n} \leq C$$

in X_n, um $\|\hat{K}_n\|_{Y_n \leftarrow X_n} \leq C$ zu gewährleisten.

Bei der Anwendung des Mehrgitterverfahrens (5.5.3) hat man jeweils die Multiplikation $f_n \mapsto \hat{K}_n f_n$ (bzw. $\hat{\hat{K}}_n \hat{f}_n$) durchzuführen. Diese besteht jetzt aus dem Teilschritt $f_n \mapsto \varphi_n := K_{n,1}f_n$ und der Auflösung von $(I+K_{n,0})\psi_n = \varphi_n$, die zu $\hat{K}_n f_n := \psi_n$ führt.

9.3.2 Gleichungen erster Art

Die Gleichungen $Kf = g$ erster Art sind danach zu unterscheiden, ob der Operator K eine positive oder negative Ordnung besitzt. Die in §9.1.5 behandelte, hypersinguläre Gleichung hat beispielsweise die positive Ordnung 1. In diesem Falle sind die Mehrgitterverfahren, wie sie schon lange für diskrete, elliptische Randwertprobleme angewandt werden, ohne Änderung zu übertragen. Die in Hackbusch [1] ausgeführte Analysis und Konvergenzuntersuchung des Standardmehrgitterverfahrens ist ohne jede Modifikation anwendbar, da nur die allgemeinen Eigenschaften der Bilinearform eingehen (vgl. Lemma 8.3.1). Wenn wie im Falle von Lemma 8.3.1 die Bilinearform X-elliptisch ist, liegt ein besonders einfacher Fall vor, in dem beispielsweise die Richardson-Iteration $f_n \mapsto f_n - \omega h^\alpha (K_n f_n - \varphi_n)$ als «Glättungsverfahren» der Gleichung $K_n f_n = \varphi_n$ eingesetzt werden kann. Dabei ist $\alpha > 0$ die Ordnung (in §9.1.5 $\alpha = 1$) und $\omega := 1 / \| h^\alpha K_n \|$ ($\| \cdot \|$: Spektralnorm).

Eine völlig andere Situation liegt vor, wenn die Ordnung von K negativ ist. So hat z.B. der Einfachschichtoperator in (8.1.27) die Ordnung $\alpha = -1$. Die Vorzeichenumkehr in α bewirkt, daß die großen (kleinen) Eigenwerte von K jetzt glatten (nichtglatten) Eigenfunktionen entsprechen. Die bisher als «Glättungsverfahren» bezeichneten Iterationen sind daher nicht einsetzbar. Ein Ausweg besteht darin, die Gleichung $K_n f_n = g_n$ so in eine präkonditionierte Gleichung

$$(9.3.2) \qquad C_n K_n f_n = C_n g_n$$

umzuformen, daß $C_n K_n$ angenehme Eigenschaften besitzt. Zum Beispiel kann man K_n wie in §9.3.1 in eine Summe $K_{n,0} + K_{n,1}$ zerlegen und $C_n := K_{n,0}^{-1}$ wählen. Es ergibt sich dann

$$(9.3.3) \qquad f_n = \hat{R}_n f_n + \hat{g}_n \qquad \text{mit } \hat{R}_n := -K_{n,0}^{-1} K_{n,1}, \quad \hat{g}_n := K_{n,0}^{-1} g_n.$$

Ein Vorschlag zur Wahl von $K_n = K_{n,0} + K_{n,1}$ stammt von Hsiao-Kopp-Wendland [2], wobei die Aufspaltung dort allerdings für andere Zwecke verwendet wird. Die Zerlegung sei zunächst anhand der kontinuierlichen Gleichung erklärt. Es sei $\Gamma \subset \mathbf{R}^2$ eine glatte Kurve, die über $[0, 2\pi]$ parametrisiert sei: $\varphi: [0, 2\pi] \to \Gamma$. Das Integral $\int_\Gamma k(\mathbf{x}, \mathbf{y}) f(\mathbf{y}) d\Gamma$ mit dem logarithmischen Kern $\log |\mathbf{x} - \mathbf{y}|$ wird bei Auswertung in $\mathbf{x} = \varphi(t)$ zu

$$(Kf)(\varphi(t)) = \int_0^{2\pi} \log |\varphi(t) - \varphi(s)| \; f(\varphi(s)) \; |\varphi'(s)| \; ds.$$

Wir setzen

$$(K_0 f)(\varphi(t)) = \int_{t-\pi}^{t+\pi} \log |t - s| \; f(\varphi(s)) \; |\varphi'(s)| \; ds.$$

Die Differenz $K_1 := K - K_0$ berechnet man zu

$$(K_1 f)(\varphi(t)) = \int_{t-\pi}^{t+\pi} \log \left| \frac{\varphi(t) - \varphi(s)}{t - s} \right| \; f(\varphi(s)) \; |\varphi'(s)| \; ds.$$

Statt nach f aufzulösen, sei $F(s) := f(\varphi(s)) |\varphi'(s)|$ als zu bestimmende Funktion gewählt. Die Kerne von K_0 und K_1 lauten dann

$$k_0(t, s) = \log |t - s|, \quad k_1(t, s) = \log \left| \frac{\varphi(t) - \varphi(s)}{t - s} \right|.$$

Für eine hinreichend glatte Kurve Γ ist auch der Kern k_1 glatt. Für $t = s$ hat er den Wert $\log |\varphi'(s)|$. Die logarithmische Singularität ist allein in k_0 enthalten. Man beachte, daß k_0 ein Faltungskern ist.

Bei der Diskretisierung durch ein Galerkin- oder Kollokationsverfahren kann man in analoger Weise die Matrix K_n in die Summe $K_{n,0} + K_{n,1}$ zerlegen. Je nach Glattheit von k_1 (und das heißt je nach Glattheit von Γ) erfüllt $K_{n,1}$ diskrete Regularitätsbedingungen. Entscheidend ist die folgende Eigenschaft der Matrix $K_{n,0}$.

Bemerkung 9.3.1 Das Intervall $[0, 2\pi]$ sei *äquidistant* unterteilt mit der Schrittweite $h = 2\pi/n$. Die Basisfunktionen Φ_k des Galerkin- oder Kollokationsverfahrens mögen durch periodische Verschiebung auseinander hervorgehen: $\Phi_k(s - kh) = \Phi_j(s - jh)$, wobei die Argumente modulo 2π zu verstehen sind. Der Kern k sei vom Faltungstyp. Dann ist die Matrix A_n aus (4.5.7b) bzw. (4.4.9b) eine *Toeplitz-Matrix*, d.h. $a_{jk} = a_{j+\ell, k+\ell}$, wobei hier die Indizes modulo n zu lesen sind.

Damit ist $K_{n,0}$ eine Toeplitz-Matrix, die sich mit Hilfe der schnellen Fourier-Transformation leicht invertieren läßt (vgl. §7.3.6). Obwohl man bei Anwendung von $K_{n,0}^{-1}$ eine Differentiationsordnung verliert, kann das Produkt $\hat{K}_n := -K_{n,0}^{-1} K_{n,1}$ immer noch die diskrete Regularitätsbedingung erfüllen. Damit ist das Mehrgitterverfahren (5.5.3) auf die äquivalente Gleichung (3) anwendbar.

Die Konstruktion von $K_{n,0}$ zeigt, daß die eben beschriebene Erzeugung einer geeigneten Matrix C_n auf den zweidimensionalen Fall $d = 2$ beschränkt ist.

9.4 Integration

Sowohl beim Galerkin- wie auch Kollokationsverfahren muß eine Vielzahl von Integralen berechnet bzw. approximiert werden. In dem für die Praxis besonders wichtigen Fall $d = 3$ entsteht hierdurch ein beträchtlicher Rechenaufwand. Wenn die geometrische Diskretisierung aus §9.2.2 die Oberfläche durch ein Vielflach ersetzt hat, ist bei der Berechnung der Einfach- und Doppelschichtintegrale noch eine exakte Integration möglich. Wem diese in §9.4.1 beschriebene Methode zu mühsam ist, muß zur numerischen Quadratur übergehen (vgl. §9.4.2).

9.4.1 Exakte Integration

Im folgenden wird davon ausgegangen, daß die Ersatzoberfläche $\tilde{\Gamma}$ aus *flachen Dreiecksstücken* $\Delta_k \subset \tilde{\Gamma}$ zusammengesetzt ist. Sollte $\tilde{\Gamma}$ auch Vierecke oder allgemeinere Polygone als Seiten enthalten, sind diese als Summen von Dreiecken analog zu behandeln. Die Berechnung der Einfach- und Doppelschichtintegrale wird kombiniert auftreten. Die in $x \in \mathbb{R}^3$ ausgewerteten Integrale über einem Dreieck $\Delta \subset \tilde{\Gamma}$ lauten

$$(9.4.1a) \qquad \frac{1}{4\pi} \int_\Delta f(y)/|x-y|\, d\Gamma_y \quad \text{und} \quad -\frac{1}{4\pi} \int_\Delta f(y)\langle n(y), y-x\rangle/|y-x|^3\, d\Gamma_y.$$

Aufgrund der Wahl der Ansatzfunktionen ist f auf Δ ein Polynom in y, zum Beispiel eine stückweise lineare Funktion auf Δ. Die Integrale (1a) sind invariant gegen Drehung und Translation. Das kartesische Koordinatensystem (x_1, x_2, x_3) im $\mathbb{R}^3$ kann daher so gewählt werden, daß das Dreieck Δ in der x_1-x_2-Ebene liegt. Die x_3-Achse zeige in Richtung der äußeren Normalen, d.h. n habe auf Δ den konstanten Wert $(0, 0, 1)$. Die orthogonale Projektion des Auswertungspunktes $x \in \mathbb{R}^3$ auf die x_1-x_2-Ebene bestimme den Koordinatenursprung, d.h. wir können annehmen, daß x die Koordinaten $(0, 0, x_3) = x_3 n$ besitzt (s. Abb. 1b).

Nachdem Δ in der Ebene $y_3 = 0$ liegt, schreibt sich das (stückweise) Polynom f als

(9.4.1b) $f(\mathbf{y}) = \sum_{jk} f_{jk}\, y_1^j\, y_2^k.$

Da $\langle \mathbf{n}(\mathbf{y}), \mathbf{y}-\mathbf{x}\rangle = y_3 - x_3 = -x_3$ für $\mathbf{y}\in\Delta$ eine Konstante bezüglich der Integration darstellt, reicht es, Integrale der Bauart

(9.4.1c) $E_{jk} := -\frac{1}{4\pi} \int_\Delta y_1^j\, y_2^k / \sqrt{y_1^2 + y_2^2 + x_3^2}\ dy_1 dy_2,$

(9.4.1d) $D_{jk} := \frac{x_3}{4\pi} \int_\Delta y_1^j\, y_2^k / [\, y_1^2 + y_2^2 + x_3^2\,]^{3/2}\, dy_1 dy_2$ $(j,k \geqslant 0)$

auszuwerten. Dabei ist $y_1^2 + y_2^2 + x_3^2$ wegen $y_3 = x_1 = x_2 = 0$ das Quadrat der Norm $|\mathbf{x}-\mathbf{y}|$. E_{jk} entsteht für Einfach- und D_{jk} für Doppelschichtintegrale gemäß (1a,b).

Die Berechnung von D_{00} wird später erläutert. Mit bekanntem D_{00} lassen sich alle Größen E_{jk} durch partielle Integration ermitteln:

(9.4.2a) $E_{00} = x_3 D_{00} + \sum_\gamma a_\gamma F_{00}^{(\gamma)}$ ($\sum_\gamma$: Summe über alle Seiten γ von Δ),

(9.4.2b) $E_{0k} = \frac{1}{k+1} \{ -x_3^2(k-1)E_{0,k-2} + \sum_\gamma [\, x_3^2 v_2^{(\gamma)} F_{0,k-1}^{(\gamma)} + a_\gamma F_{0k}^{(\gamma)}\,]\}$
                                                              für $k \geqslant 1$,

(9.4.2c) $E_{1k} = \frac{1}{k+2} \sum_\gamma [\, x_3^2 v_1^{(\gamma)} F_{0k}^{(\gamma)} + a_\gamma F_{1k}^{(\gamma)}\,]$ für $k \geqslant 0$,

(9.4.2d) $E_{jk} = \frac{1}{j+k+1} \{ -x_3^2(j-1)E_{j-2,k} + \sum_\gamma [\, x_3^2 v_1^{(\gamma)} F_{j-1,k}^{(\gamma)} + a_\gamma F_{jk}^{(\gamma)}\,]\}$
                                                              für $j \geqslant 2,\ n \geqslant 0$.

In (2b) ist formal $E_{0,-1} := 0$ zu setzen. $v_1^{(\gamma)}$ und $v_2^{(\gamma)}$ sind die beiden Komponenten des Normalenvektors $v^{(\gamma)}$ der Seite γ des Dreieckes Δ in der x_1-x_2-Ebene. $|a_\gamma|$ ist der Abstand des Koordinatenursprungs von der zur Geraden γ_0 verlängerten Dreieckskante γ (vgl. Abb. 1a,b):

(9.4.2e) $a_\gamma := \langle \mathbf{y}, v^{(\gamma)}\rangle$ für jedes $\mathbf{y}\in\gamma$.

Die Größen $F_{jk}^{(\gamma)}$ sind eindimensionale Integrale über γ, die in (5) weiter ausgewertet werden:

(9.4.2f) $F_{jk}^{(\gamma)} := -\frac{1}{4\pi} \int_\gamma y_1^j\, y_2^k / \sqrt{y_1^2 + y_2^2 + x_3^2}\ d\gamma$ $(j,k \geqslant 0).$

Die Werte D_{jk} ergeben sich für $j+k>0$ aus der folgenden Rekursion:

(9.4.3a) $D_{0k} = x_3 [\,(1-k)E_{0,k-2} + \sum_\gamma v_2^{(\gamma)} F_{0,k-1}^{(\gamma)}\,]$ für $k \geqslant 1$,

(9.4.3b) $D_{1k} = x_3 \sum_\gamma v_1^{(\gamma)} F_{0,k}^{(\gamma)}$ für $k \geqslant 0$,

(9.4.3c) $D_{jk} = -D_{j-2,k+2} - x_3^2 D_{j-2,k} - x_3 E_{j-2,k}$ für $j \geqslant 2, k \geqslant 0$.

Es bleibt D_{00} zu berechnen. Nach Lemma 8.2.14 ist D_{00} der zu Δ und $\mathbf{x}$ gehörende Raumwinkel, d.h. die Fläche eines durch Großkreise berandeten Dreiecks auf der Einheitskugel. Die Seite γ sei durch die beiden Eckpunkte $\mathbf{x}_\gamma^\pm$ des Dreiecks Δ begrenzt. Dabei folge $\mathbf{x}_\gamma^+$ nach $\mathbf{x}_\gamma^-$, wenn man die positive Orientierung von $\partial\Delta$ aus der Sicht vom Außenraum her definiert. Die Längen $d_\gamma^\pm$ (vgl. Abb. 1a,b) sind durch

$$d_\gamma^\pm = \langle \mathbf{x}_\gamma^\pm, \sigma^{(\gamma)}\rangle$$

erklärt, wobei $\sigma^{(\gamma)}$ die Tangentialrichtung von γ ist. Der Fußpunkt des Lotes von 0 auf γ hat von x den Abstand

$$e_\gamma = \sqrt{x_3^2 + a_\gamma^2} \qquad\qquad \text{(vgl. Abb. 1b)}.$$

Die Abstände von x zu den Eckpunkten $x_\gamma^\pm$ sind

$$s_\gamma^\pm = \sqrt{e_\gamma^2 + d_\gamma^{\pm 2}}\;.$$

Man setze

$$c_\gamma^\pm := e_\gamma^2 + |x_3|\, s_\gamma^\pm,$$
$$A_\gamma := a_\gamma(d_\gamma^+ c_\gamma^- - d_\gamma^- c_\gamma^+), \quad B_\gamma := c_\gamma^+ c_\gamma^- + a_\gamma^2\, d_\gamma^+ d_\gamma^-,$$
$$C_\gamma := \arg(A_\gamma + i\, B_\gamma),$$

wobei arg die Argumentfunktion mit dem Wertebereich $(-\pi, \pi]$ sei (vgl. (7.1.14b)). Dann gilt

$$(9.4.4) \qquad D_{00} = \frac{\operatorname{sign}(x_3)}{4\pi} \sum_\gamma C_\gamma.$$

Der Wert C_γ ist undefiniert, wenn $A_\gamma = B_\gamma = 0$, was nur eintreten kann, falls x auf der Geraden γ_0 liegt, die sich durch Verlängerung des Seite γ ergibt. In einem solchen Falle ist $D_{00} = 0$, wenn x außerhalb von Δ liegt. Der Fall $x \in \gamma \subset \Delta$ sollte mit Hilfe von (1.4) vermieden werden oder muß durch Grenzprozeßbetrachtungen gewonnen werden. Letztere findet man in einem Report von Z.P. Nowak (Literatur [13] in Hackbusch-Nowak [1]), dem auch die Formeln (2-4) entnommen sind. Man beachte, daß D_{00} bei der Berechnung von E_{00} im Falle $x \in \gamma_0$ nicht auftritt, da dann der Summand $x_3 D_{00}$ in (2a) wegen $x_3 = 0$ verschwindet.

Für $j = k = 0$ liefert das Integral in (2f) die Darstellungen

$$(9.4.5\,\text{a})\; F_{00}^{(\gamma)} = -\tfrac{1}{4\pi}\log\frac{s_\gamma^+ + d_\gamma^+}{s_\gamma^- + d_\gamma^-} = -\tfrac{1}{4\pi}\log\frac{s_\gamma^- - d_\gamma^-}{s_\gamma^+ - d_\gamma^+} = -\tfrac{1}{4\pi}\log\frac{(s_\gamma^- - d_\gamma^-)(s_\gamma^+ + d_\gamma^+)}{e_\gamma},$$

die jeweils in den Fällen (i) $d_\gamma^\pm \geqslant 0$, (ii) $d_\gamma^\pm < 0$ bzw. (iii) $d_\gamma^- < 0$, $d_\gamma^+ \geqslant 0$ mit

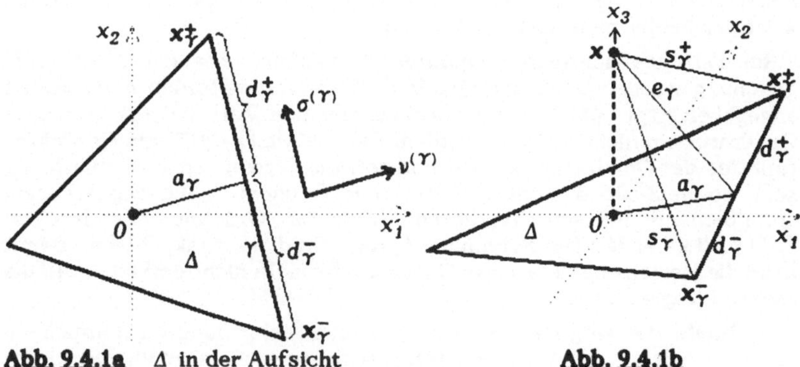

Abb. 9.4.1a Δ in der Aufsicht   **Abb. 9.4.1b**

Vorteil anzuwenden sind. Die übrigen Werte erhält man aus $F_{0,-1}=0$ und

(9.4.5b) $\quad F_{0k}^{(\gamma)} = \frac{1}{k}\{(2k-1)a_\gamma v_2^{(\gamma)}F_{0,k-1}^{(\gamma)}-(k-1)[a_\gamma^2+(x_3 v_1^{(\gamma)})^2]F_{0,k-2}^{(\gamma)}+$
$\quad\quad\quad\quad\quad\quad +v_1^{(\gamma)}G_{0,k-1}^{(\gamma)}\}$ $\quad\quad\quad\quad$ für $k\geqslant 1$,

(9.4.5c) $\quad F_{jk}^{(\gamma)} = (a_\gamma F_{j-1,k}^{(\gamma)}-v_2^{(\gamma)}F_{j-1,k+1}^{(\gamma)})/v_1^{(\gamma)}$ für $j\geqslant 1$, $k\geqslant 0$.

Wenn $|v_1^{(\gamma)}|<|v_2^{(\gamma)}|$, empfiehlt sich die alternative Darstellung

(9.4.5b') $\quad F_{j0}^{(\gamma)} = \frac{1}{j}\{(2j-1)a_\gamma v_1^{(\gamma)}F_{k-1,0}^{(\gamma)}-(j-1)[a_\gamma^2+(x_3 v_2^{(\gamma)})^2]F_{k-2,0}^{(\gamma)}-$
$\quad\quad\quad\quad\quad\quad -v^{(\gamma)}G_{k-1,0}^{(\gamma)}\}$ $\quad\quad\quad\quad$ für $j\geqslant 1$,

(9.4.5c') $\quad F_{jk}^{(\gamma)} = (a_\gamma F_{j,k-1}^{(\gamma)}-v_1^{(\gamma)}F_{j+1,k-1}^{(\gamma)})/v_2^{(\gamma)}$ für $j\geqslant 0$, $k\geqslant 1$.

Die neuen Größen $G_{0,k-1}^{(\gamma)}$ und $G_{k-1,0}^{(\gamma)}$ in (5b,b') lauten explizit

$$G_{jk}^{(\gamma)} := -\frac{1}{4\pi}[(x_{1,\gamma}^+)^j(x_{2,\gamma}^+)^k|x_\gamma^+|-(x_{1,\gamma}^-)^j(x_{2,\gamma}^-)^k|x_\gamma^-|],$$

wobei x_γ^+ und x_γ^- die beiden Endpunkte der Dreiecksseite γ und $x_{1,\gamma}^\pm$, $x_{2,\gamma}^\pm$ ihre Komponenten sind. Eine mögliche Rekursion für $G_{jk}^{(\gamma)}$ ist

$$G_{0k}^{(\gamma)} = (x_{2,\gamma}^+ + x_{2,\gamma}^-)\,G_{0,k-1}^{(\gamma)} - x_{2,\gamma}^+ x_{2,\gamma}^-\,G_{0,k-2}^{(\gamma)} \quad\quad (k\geqslant 2),$$

$$G_{j0}^{(\gamma)} = (x_{1,\gamma}^+ + x_{1,\gamma}^-)\,G_{j-1,0}^{(\gamma)} - x_{1,\gamma}^+ x_{1,\gamma}^-\,G_{j-2,0}^{(\gamma)} \quad\quad (j\geqslant 2).$$

9.4.2 Numerische Quadratur

Standardverfahren zur numerischen Integration von $\int_\Delta k(x,y)\varphi(x)d\Gamma_y$ kann man ohne Genauigkeitsverlust nur dann einsetzen, wenn Δ von der Singularität x einen festen Abstand hat. Hat das Quadraturverfahren die Ordnung $\alpha\in\mathbb{N}$ und stellt $O(|x-y|^{-1})$ die Singularität von k dar, so beträgt der relative Fehler $O(d^{-\alpha-1}h^\alpha)$, wobei

$$h = \text{Durchmesser von } \Delta, \quad\quad d = \text{dist}(x,\Delta),$$

da die α-fachen Ableitungen von $|x-y|^{-1}$ das Verhalten $O(|x-y|^{-\alpha-1})$ besitzen (vgl. (1.4.15')). Man erkennt daraus, daß auch in dem Fall, daß nicht Δ, aber ein Nachbarelement die Singularität x enthält, der relative Fehler mit $O(h^{-1})$ unzufriedenstellend ist. In einem Umkreis von $\sqrt{h}$ um x ist der Fehler nicht besser als $O(h^{(\alpha-1)/2})$.

Im Fall des schwach singulären Kernes der Abelschen Integralgleichung wurden Gaußsche Quadraturformeln empfohlen und explizit angegeben (vgl. §6.6). Im mehrdimensionalen Fall ist die optimale Quadratur ein nichttriviales Problem. Wird etwa $|x-y|^{-1}$ als Gewichtsfunktion der Quadratur gewählt und soll die Formel von erster Ordnung sein, so muß sie das Integral (1a) mit $f=$const exakt wiedergeben; entsprechend müssen Verfahren $(\alpha+1)$-ter Ordnung das Integral $\int_\Delta f(y)/|x-y|\,d\Gamma_y$ für Polynome f vom Grad $\leqslant\alpha$ exakt lösen. Damit kann die Herleitung derartiger Quadraturformeln nicht einfacher als die exakte Integration in §9.4.1 sein.

Es bleibt die Möglichkeit, den Quadraturfehler dadurch hinreichend klein zu halten, daß man den Integrationsbereich in genügend kleine

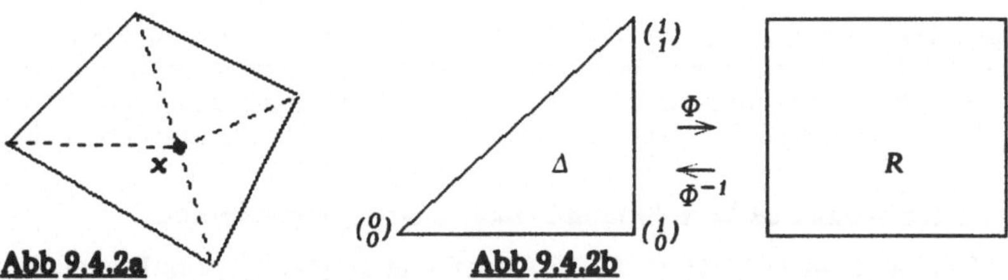

Abb. 9.4.2a					**Abb. 9.4.2b**

Dreiecke zerlegt, über die mit einfacheren Verfahren integriert wird. Einen Vorschlag zur Integralapproximation im Galerkin-Verfahren mit vollständigen Fehlerabschätzungen findet man bei Johnson–Scott [1].

Abschließend sei der Extremfall behandelt, daß die Singularität x innerhalb oder am Rand eines polygonalen, ebenen Elementes liegt. Die in Abb. 2a wiedergegebene Zerlegung zeigt, daß sich die Integration auf Dreiecke Δ reduzieren läßt, von deren Ecken eine die Singularität x ist. O.B.d.A. darf angenommen werden, daß Δ das Einheitsdreieck mit den Eckpunkten $\binom{0}{0}$, $\binom{1}{0}$, $\binom{1}{1}$ darstellt und $x = \binom{0}{0}$ die Singularitätsstelle ist. Das (offene) Rechteck $R = \{ (\xi, \eta) : 0 < \xi, \eta < 1 \}$ wird durch

$$\Phi : \binom{\xi}{\eta} \mapsto \binom{\xi}{\eta\xi}$$

eineindeutig auf das Innere von Δ abgebildet. Die Inverse $\Phi^{-1}: \binom{x}{y} \mapsto (y/x)$ ist in $x = \binom{0}{0}$ singulär. Die Determinante $\det \Phi' = \det \left(\begin{smallmatrix} 1 & 0 \\ \eta & \xi \end{smallmatrix} \right) = \xi$, die bei der Substitution

$$\int_\Delta \frac{\varphi(y)}{|x-y|} \, d\Gamma_y = \int_R \frac{|\xi|}{|\Phi(\xi,\eta)|} \, \varphi(\Phi(\xi,\eta)) \, d\xi \, d\eta = \int_R \frac{\varphi(\Phi(\xi,\eta))}{\sqrt{1+\eta^2}} \, d\xi \, d\eta$$

auftritt, hebt die Singularität des Integranden auf, so daß das neue Integral über R mit Standardverfahren problemlos zu approximieren ist.

9.5 Verfahren höherer Ordnung

9.5.1 Höhere Elementansätze

Um Verfahren höherer Ordnung zu erzielen, hat man sowohl die geometrische Anpassung der Elemente an die Oberfläche Γ (vgl. Abb. 2.2) als auch die Funktionenansätze auf jedem Element zu verbessern. Mit einer kubischen Tensorsplineinterpolation der Knotenpunkte läßt sich beispielsweise eine genauere Approximation der Oberfläche durch gekrümmte Vierecke erreichen. Auf jedem Viereck kann man biquadratische oder bikubische Ansätze für die Belegung verwenden. Zur Wahl der Basis greift man auf die von der Finite-Element-Methode bekannten Knotenpunktdarstellungen zurück.

Während die erhöhte Ordnung der geometrischen Darstellung und der Belegungsansätze im Prinzip keine Schwierigkeiten bereitet (abgesehen vom erhöhten Programmieraufwand), führt ein anderes Problem zu größeren Schwierigkeiten: Damit der Gesamtfehler von besserer Ordnung ist, muß die in §9.4 diskutierte Quadratur entsprechend genau sein. Da die bessere geometrische Darstellung keine *ebenen* Elemente verwendet, sind die Formeln zur exakten Integration (§9.4.1) nicht anwendbar! Ohne hinreichend genaue numerische Quadratur lohnen sich jedoch aufwendige Geometriedarstellungen und Belegungsansätze nicht.

9.5.2 Ein spezielles Verfahren mit flachen Dreieckselementen

Um den Schwierigkeiten der Integration über *gekrümmten* Elementen aus dem Weg zu gehen, seien weiterhin ebene Elemente (z.B. Dreiecke) angenommen. Höhere als lineare Ansätze für die Belegung haben zunächst keinen Sinn, da der geometrische Diskretisierungsfehler den Engpaß darstellt. Einen Ausweg bietet die Methode, die von Nowak [1] vorgeschlagen wird. Auf dem wirklichen Rand Γ sei die Randbedingung $\partial u/\partial n = \varphi$ für die Außenraumlösung u der Laplace-Gleichung gegeben. Sieht man von Ecken bzw. Kanten ab, kann die Außenraumlösung u in Ω_+ zu einer glatten Funktion $\tilde{u}$ auf $\Omega_+ \cup \omega$ fortgesetzt werden. Dabei besteht ω aus dem Bereich zwischen dem

Abb. 9.5.1 Γ, $\tilde{\Gamma}$ und der Zwischenbereich ω

exakten Rand Γ und der numerischen Approximation $\tilde{\Gamma}$, die als Polygon $(d=2)$ bzw. Polyeder $(d=3)$ gewählt wird (vgl. Abb. 1). Es sei betont, daß $\tilde{u}$ in ω nicht die Laplace-Gleichung $\Delta\tilde{u}=0$ zu erfüllen braucht, d.h. es braucht nicht die analytische Fortsetzung zu sein. Trotzdem ist $\Delta\tilde{u}$ nicht größer als $O(\delta)$, wobei $\delta := \max\{\text{dist}(\boldsymbol{x},\Gamma)\colon \boldsymbol{x}\in\omega\}$ die Dicke der Zwischenschicht ω beschreibt (vgl. Abb. 1). Vernachlässigt man das Volumenintegral $\int_\omega \Delta\tilde{u}\,d\boldsymbol{x}$, läßt sich die Greensche Darstellungsformel (8.2.26) auf das Außengebiet $\tilde{\Omega}_+ = \Omega_+ \cup \omega$ von $\tilde{\Gamma}$ anwenden. Um diese Darstellung auszunutzen, braucht man die Normalableitung von $\tilde{u}$ auf $\tilde{\Gamma}$ statt Γ. Mittels Taylor-Entwicklungen kann man von $\partial u/\partial n = \varphi$ auf Γ auf eine neue Randbedingung für $\partial\tilde{u}/\partial n$ auf $\tilde{\Gamma}$ schließen. Durch Einsetzen in die Greensche Darstellungsformel (8.2.26) ergibt sich eine Integrodifferentialgleichung der Form

$$(9.5.1) \qquad u(\boldsymbol{x}) = \int_{\tilde{\Gamma}} \left\{ u(\tilde{\boldsymbol{y}}) \frac{\partial}{\partial n_{\tilde{\boldsymbol{y}}}} s(\boldsymbol{x},\tilde{\boldsymbol{y}}) - s(\boldsymbol{x},\tilde{\boldsymbol{y}})[\tilde{\varphi}(\tilde{\boldsymbol{y}}) - (Mu)(\tilde{\boldsymbol{y}})] \right\} d\Gamma_{\tilde{\boldsymbol{y}}}.$$

$\tilde{\varphi}$ und M sind wie folgt definiert. Auf jedem Dreieck $\Delta \subset \tilde{\Gamma}$ sei ein kartesisches Koordinatensystem $\{y_1, y_2, y_3\}$ so gewählt, daß Δ in der y_1-y_2-Ebene liegt und y_3 in Richtung der Normalen $\tilde{\boldsymbol{n}}$ auf Δ zeigt. Jedem $\tilde{\boldsymbol{y}}\in\Delta$ entspricht ein Punkt

$$\boldsymbol{y} = \psi(\tilde{\boldsymbol{y}})\in\Gamma, \quad \text{so daß} \quad \boldsymbol{y}-\tilde{\boldsymbol{y}} \quad \text{parallel zu } \boldsymbol{n}(\boldsymbol{y}).$$

In den $\{y_1, y_2, y_3\}$-Koordinaten habe

$$\tilde{\boldsymbol{n}}(\tilde{\boldsymbol{y}}) = \boldsymbol{n}(\psi(\tilde{\boldsymbol{y}}))$$

die Koordinaten $\tilde{n}_i(\tilde{\boldsymbol{y}})$ $(i=1,2,3)$. Dann ist in (1)

$$\tilde{\varphi}\,(\tilde{y}) := \varphi(\psi(\tilde{y}))\,/\,\tilde{n}_3(\tilde{y}),$$

$$(Mu)(\tilde{y}) := \left[\,\tilde{n}_1(\tilde{y})\frac{\partial u}{\partial y_1} + \tilde{n}_2(\tilde{y})\frac{\partial u}{\partial y_2} - \langle\,\tilde{y}-\psi(y),\,\tilde{n}(\tilde{y})\,\rangle\,\tilde{\Delta} u(\tilde{y})\,\right]/\,\tilde{n}_3(\tilde{y})$$

zu setzen, wobei $\tilde{\Delta} := \partial^2/\partial y_1^2 + \partial^2/\partial y_2^2$ der zweidimensionale Laplace-Operator ist. Man beachte, daß M ein Differentialoperator in der Tangentialebene ist.

Die Darstellung (1) besitzt den entscheidenden Vorteil, daß alle Integrale über den *ebenen* Elementen von $\tilde{\Gamma}$ zu bestimmen sind (d.h. die Methode aus §9.4.1 ist anwendbar). Trotzdem erhält man eine höhere Fehlerordnung, wie die numerischen Beispiele bei Nowak [1] belegen.

9.6 Lösung inhomogener Gleichungen

Die Integralgleichungsmethode wurde für die homogene Gleichung $Lu = 0$ hergeleitet, da die Ansatzpotentiale nur diese Gleichung erfüllen können. Trotzdem kann die inhomogene Differentialgleichung

(9.6.1) $Lu = \varphi$

behandelt werden. Das mit der zu L gehörenden Singularitätenfunktion s gebildete *Volumenpotential*

(9.6.2) $V(x) := \int_{\mathbf{R}^d} s(x,y)\varphi(y)\,d\Gamma_y \qquad (x \in \mathbf{R}^d)$

erfüllt die Gleichung (1). Die gesuchte Lösung ist daher die Summe $u = U + V$ bestehend aus der inhomogenen Lösung V und einer Lösung von $LU = 0$, für die eine Randbedingung zu erfüllen ist. Ist z.B. $u = \psi$ auf Γ gefordert, erhält man $U = \psi_0 := \psi - V$ auf Γ.

Das geschilderte Verfahren ist in dieser Form für die Praxis nicht empfehlenswert, da man zur Berechnung von V Volumenquadraturen benötigt, die um eine Größenordnung aufwendiger wären als die üblichen Integrationen über Γ, und so die Vorteile der Integralgleichungsmethode verloren gingen.

Stattdessen wird die folgende Vorgehensweise empfohlen. Sei Q ein Quader ($d=3$) bzw. Rechteck ($d=2$), das Γ im Inneren enthält: $\Gamma \subset Q$. In Q wird die inhomogene Differentialgleichung (1) mit einer *beliebigen Randbedingung* auf ∂Q mittels einer üblichen (Raum-)

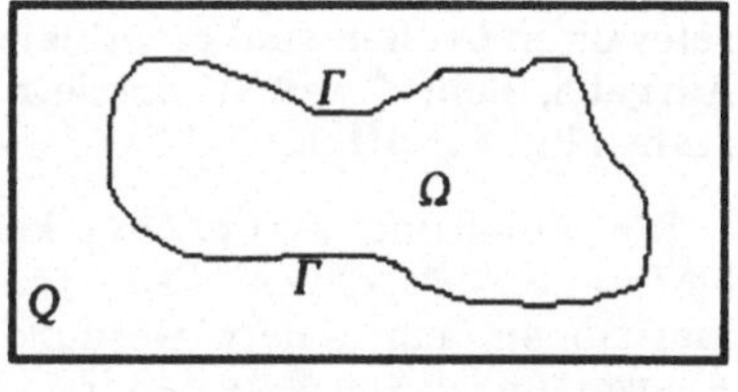

Diskretisierungsmethode approximiert. Zum Beispiel kann ein Differenzenverfahren eingesetzt werden, das zur Schrittweite h eine Lösung v_h auf einer Menge von Gitterpunkten Q_h definiert. Durch Interpolation können aus v_h Werte $v_{h,\Gamma}$ auf Γ (genauer: in den Kollokations- bzw. Knotenpunkten auf Γ) gewonnen werden. Um die Randbedingung $u = \psi$ zu erfüllen, wird anschließend mit der Randelementmethode eine Lösung U

(der homogenen Gleichung) zu den Randdaten $\psi - v_{h,\Gamma}$ erzeugt. $U + v_h$ ist in allen Gitterpunkten Q_h innerhalb des Innengebietes Ω definiert und repräsentiert die Approximation zu (1). Der Diskretisierungsfehler von $U + v_h$ setzt sich zusammen aus dem Fehler der Differenzenlösung v_h, aus dem Interpolationsfehler von $v_{h,\Gamma}$ und dem Fehler von U.

Der Rechenaufwand für die zusätzliche Lösung der inhomogenen Differenzengleichung kann mit einem Aufwand von $O(h^{-d})$ bewältigt werden (vgl. Hackbusch [1]). Man beachte, daß die Differenzenlösung v_h wesentlich einfacher zu berechnen ist als die im Raum diskretisierte Gleichung (1). Während man (1) im Innenraum Ω zu lösen hätte, verlangt v_h nur die Lösung in dem hinsichtlich der Geometrie einfachen Quader, der z.B. auch schnelle Fourier-Transformationen ermöglicht.

9.7 Berechnung des Potentials

9.7.1 Auswertung des Potentials

Bei der Lösung der Integralgleichung wird zunächst die Belegung f approximiert. Nachdem diese bekannt ist, interessiert die Bestimmung des Potentials Φ, das als Ansatz für die Lösung der zugrundeliegenden Differentialgleichung genommen wurde. Die Auswertung des Einfach- bzw. Doppelschichtpotentials Φ erfordert im Prinzip die gleiche Quadratur, wie sie auch schon bei den Einfach- bzw. Doppelschicht- integraloperatoren auftrat. Ist x weit von Γ entfernt, gibt es das Problem des schwach singulären Integranden nicht mehr. Für x nahe an Γ ist diese Schwierigkeit jedoch wieder vorhanden. Die numerische Integration für das Doppelschichtpotential kann außerhalb, aber nahe an Γ sogar noch schwieriger sein als auf Γ. Im Zweifelsfall muß auf die exakte Integration aus §9.4.1 zurückgegriffen werden.

9.7.2 Auswertung der Ableitungen

Im Zusammenhang mit physikalischen Aufgaben ist das Potential Φ ein Hilfsgröße, die keine unmittelbare Bedeutung hat. Die physikalisch relevanten Größen sind die Ableitungen $\nabla\Phi$. Damit stellt sich häufig die Aufgabe, nicht Φ selbst, sondern $\nabla\Phi$ zu berechnen. Zwei Möglichkeiten stehen hierfür offen.

Die Ableitung $\partial\Phi(x)/\partial x_i$ kann durch den Differenzenquotienten $[\tilde{\Phi}(x + \varepsilon e_i) - \tilde{\Phi}(x)]/\varepsilon$ (e_i: i-ter Einheitsvektor) oder ähnliche Appro- ximationen angenähert werden. Hierfür benötigt man lediglich die Auswertung $\tilde{\Phi}$ von Φ gemäß §9.7.1. Man beachte, daß nichtsystematische Fehler von $\tilde{\Phi}$ durch den Faktor $1/\varepsilon$ verstärkt werden. Mit «nicht- systematischen» Fehlern sind solche gemeint, die eventuell unstetig von x abhängen. Liegt dagegen ein asymptotisches Fehlerverhalten $\tilde{\Phi}(x) = \Phi(x) + h^\alpha \Phi_\alpha(x) + \ldots$ mit glattem Koeffizient Φ_α vor (vgl. §9.7.3), liefert der Term $h^\alpha \Phi_\alpha(x)$ einen von ε unabhängigen Beitrag $O(h^\alpha)$ bei der Differenzenbildung.

Die zweite Möglichkeit besteht in der Anwendung der Ableitungs-
formeln (8.1.1a-c) bzw. (8.2.13b) für das Einfach- bzw. Dipolpotential.
Hierdurch wird ein zusätzlicher Diskretisierungsfehler bei der
Ableitung vermieden; dafür hat man Integrale mit einer stärkeren
Singularität auszuwerten.

9.7.3 Fehlerbetrachtungen

Im folgenden sei angenommen, daß man das Potential Φ im Innen-
und/oder Außenraum mit einem Mindestabstand $\text{dist}(x, \Gamma) \geqslant d$ vom Rand
auswerten möchte. Ein Fehler δf in der Belegung f führt auf einen
Fehler $\delta\Phi$ des Potentials, der beliebig oft differenzierbar ist und dessen
Ableitungen in $\{x \in \mathbb{R}^d : \text{dist}(x, \Gamma) \geqslant d\}$ gleichmäßig beschränkt sind:

$$|D^\nu \delta\Phi(x)| \leqslant C_{|\nu|}(d) \|\delta f\|_\infty \quad \text{für alle } \nu \text{ und alle } \text{dist}(x, \Gamma) \geqslant d > 0.$$

Die oben verwandte Maximumnorm $\|\delta f\|_\infty$ kann man durch beliebig
schwache Normen - z.B. durch die Dualnormen $\|\cdot\|_{-k}$ zu $\|\cdot\|_k = \|\cdot\|_{H^k(\Gamma)}$
(vgl. §4.6.2) - ersetzen, da $s(x, \cdot)$ und alle seine Ableitungen für
$\text{dist}(x, \Gamma) \geqslant d > 0$ auf Γ wohldefiniert sind. Damit erhält man
Fehlerabschätzungen $O(h^\varkappa)$ für Φ und seine Ableitungen, wenn δf in
irgendeiner schwächeren Norm der Abschätzung $\|\delta f\|_{-k} \leqslant C h^\varkappa$ genügt.
Dies ist bedeutsam, da in §4.6.2 nachgewiesen wurde, daß sich bezüglich
schwächerer Normen oft bessere Fehlerordnungen als bezüglich der
Maximumnorm erzielen lassen.

9.7.4 Extrapolation

Das zur Schrittweite h durch Kollokations- oder Galerkin-Verfahren
berechnete Potential $\Phi = \Phi_h$ besitzt unter sehr allgemeinen Voraussetzungen eine asymptotische Entwicklung der Form

$$\Phi_h(x) = \sum_{\nu=0}^{\ell-1} h^{\gamma_\nu} \Phi_{(\nu)}(x) + h^{\gamma_\ell} \Phi_{(\ell)}(x; h)$$

für $\text{dist}(x, \Gamma) \geqslant d > 0$ mit beschränktem Restterm $|\Phi_{(\ell)}(x; h)| \leqslant C_\ell(d)$,
ohne daß eine entsprechende Entwicklung (4.8.4a-c) für die Belegung
f_n gelten müßte. Saranen [2] weist die Entwicklung von $\Phi_h(x)$ und gibt
das Bildungsgesetz der Exponenten γ_ν an.

9.8 Alternative Matrixdarstellung

In §4.4.2 und Bemerkung 1.1 wurde hervorgehoben, daß die nach der
Diskretisierung entstehende Matrix vollbesetzt ist. Dies bedeutet, daß
- Speicherplatz für n^2 Zahlen benötigt wird,
- die elementare Matrix-Vektor-Multiplikation $2n^2$ Operationen
  erfordert (n: Anzahl der Unbekannten, vgl. Bemerkung 5.1.11)).
Der letztgenannte Multiplikationsaufwand geht z.B. als wesentliche
Größe in den Rechenbedarf für die Mehrgitteriteration ein (vgl. §5.4.3).

Wird dagegen die Differentialgleichung in ihrer Originalgestalt diskretisiert, erhält man schwach besetzte Matrizen (vgl. Hackbusch [2]).

Für dreidimensionale Probleme kann man einen Speicher- und Rechenaufwand von $O(h^{-3})$ für die direkte Diskretisierung der Differentialgleichung veranschlagen (vgl. Hackbusch [1]), während die Randelementmethode trotz ihrer reduzierten Zahl von $O(h^{-2})$ Unbekannten
auf einen Speicher- und Rechenbedarf von $O(h^{-4})$ führt und damit
ungünstiger erscheint. Im folgenden wird gezeigt, daß man auch bei der
Randelementmethode zu Darstellungen mit schwach besetzten Matrizen
gelangen und den Speicherbedarf auf $O(n \log^{d+1} n)$ reduzieren kann,
wobei d die Dimension ist: $\Omega \subset R^d$. Der Rechenaufwand beträgt
$O(n \log^{d+1} n)$ bis $O(n \log^{d+2} n)$.

9.8.1 Die Konstruktion der Cluster

Die geometrisch diskretisierte Oberfläche $\tilde{\Gamma}$ bestehe aus n Ober-
flächenelementen (ebene Dreiecke, Vierecke, etc), die im folgenden als
Paneele π_j bezeichnet werden. $P := \{\pi_1, \ldots, \pi_n\}$ ist die gesamte
Paneelmenge. Ein *Cluster* τ ist zunächst eine beliebige Vereinigung von
Paneelen: $\tau = \pi_{j_1} \cup \pi_{j_2} \cup \ldots \cup \pi_{j_k}$ ($1 \le k \le n$, $1 \le j_1 < \ldots < j_k \le n$). Insbesondere
ist jedes Paneel auch ein Cluster (Falle $k = 1$).

Ist $\tilde{K}$ der Integraloperator über $\tilde{\Gamma}$ und $\{b_1, \ldots, b_q\}$ die Basis des
Kollokationsverfahrens mit den Kollokationspunkten $\Xi = \{\xi^1, \ldots, \xi^q\}$,
so lauten die Koeffizienten der Matrix B

$$\beta_{ij} = (\tilde{K} b_j)(\xi^i) \qquad\qquad (1 \le i, j \le q,\ \text{vgl. (4.4.9c)}),$$

wobei jetzt q die Dimension des Ansatzraumes beschreibt. Obwohl
sich der Fall des Galerkin-Verfahrens ähnlich behandeln läßt, wird
im folgenden nur das Kollokationsverfahren diskutiert.

Die Multiplikation der Matrix $B = (\beta_{ij})$ mit einem Vektor $a = (\alpha_1, \ldots, \alpha_q)$,
der der Funktion $f_n = \sum \alpha_j b_j$ entspricht, ergibt die Koeffizenten

$$(9.8.1) \qquad \beta_i = \sum_j \beta_{ij} \alpha_j = \sum_{\pi \in P} \int_\pi \sum_j k(\xi^i, y)\, b_j(y)\, d\Gamma_y\, \alpha_j$$

von $b = Ba$, wobei k der Kern von $\tilde{K}$ ist.

9.8.2 Der Clusterbaum

Im folgenden werden wir den Integralwert $\int_\tau k(\xi^i, y)\, b_j(y)\, d\Gamma_y$ für
alle Cluster τ benötigen. Da es nach der bisherigen Einführung der
Cluster jedoch $2^n - 1$ Exemplare gibt, wäre der Rechenaufwand viel zu
groß. Deshalb reduzieren wir die Clustermenge auf eine Teilmenge T,
die zudem die folgende *Baumstrukturen* besitzen soll:

(9.8.2a) $\tilde{\Gamma} \in T$,

(9.8.2b)   Jedes $\tau \in T$ sei entweder ein Paneel, oder es sei die (bis auf
die Ränder) disjunkte Vereinigung $\tau = \tau_1 \cup \ldots \cup \tau_k$ ($k \ge 2$)
kleinerer Cluster $\tau_j \in T$, die (bis auf die Anordnung) eindeutig
bestimmt seien.

In Abb. 1 ist der Clustergraph angedeutet. In der Sprechweise der Graphentheorie bildet T einen Baum mit $\tilde{\Gamma}$ als Wurzel. In (2b) bezeichnet man τ als _Vater_ der _Söhne_ $\tau_1,\ldots,\tau_k$. Nach (2b) werden die Endknoten (d.h. Cluster ohne Söhne) genau von allen Paneelen gebildet.

Den oben beschriebenen Clusterbaum erhält man z.B. in einfacher Weise aus der Paneelmenge P, indem man bei den Paneelen beginnend gemäß Abb. 2 je zwei benachbarte Cluster zu einem neuen vereinigt.

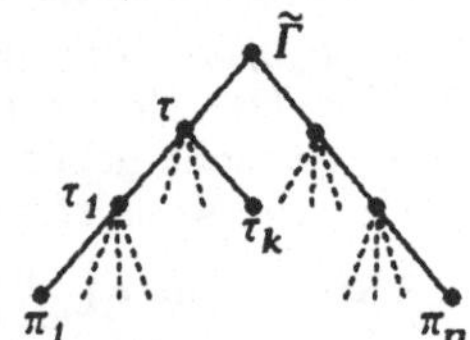

Abb. 9.8.1 T

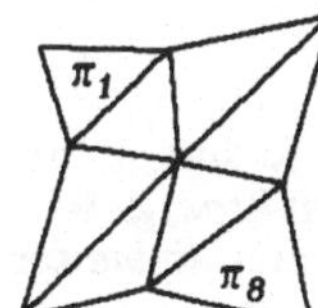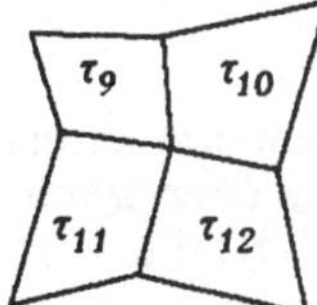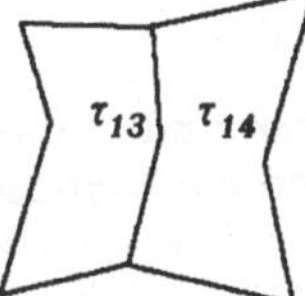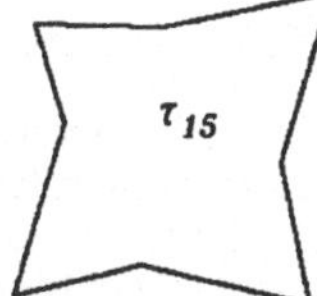

Abb. 9.8.2 Bildung von Clustern $\tau_9,\ldots,\tau_{15}$ aus Paneelen $\pi_j=\tau_j$ $(1\leqslant j\leqslant 8)$

Da n die Zahl der Endknoten ist, erhält der Gesamtbaum höchstens $2n-1$ Knoten, d.h. es gibt höchstens $2n-1$ Cluster, wenn n die Paneelanzahl ist.

9.8.3 Die Clusterentwicklung

In jedem Cluster τ sei ein Entwicklungszentrum $z_\tau\in R^d$ gewählt. Eine theoretisch elegante (in der Praxis zu modifizierende) Wahl lautet wie folgt. Sei K_τ der Umkreis von τ, d.h. die τ enthaltende Kugel mit minimalem Radius ρ_τ. Der Mittelpunkt von K_τ sei als Zentrum z_τ gewählt.

Beispielsweise durch die Taylor-Entwicklung von k um z_τ erhält man eine Approximation $\tilde{k}$:

$$(9.8.3a) \qquad k(x,y) = \tilde{k}(x,y) + \text{Rest}_m,$$

$$(9.8.3b) \qquad \tilde{k}(x,y) = \sum_{\iota\in I_m} \varkappa_\iota(x;z_\tau)\Phi_\iota(y) \qquad (y\in\tilde{\Gamma}, x\in R^d)$$

nach stückweisen Polynomen Φ_ι mit Koeffizienten $\varkappa_\iota(x;z_\tau)$. Die Φ_ι können nur stückweise polynomial vorausgesetzt werden, damit der Dipolkern mit seiner stückweise konstanten Normalenrichtung behandelt werden kann. Die Indexmenge I_m kann z.B. die Menge aller Multiindizes (Monomexponenten) $|\iota|\leqslant m$ vorstellen. In diesem Falle enthält I_m $O(m^d)$ Indizes, was im weiteren vorausgesetzt wird.

Der Entwicklungsrestterm muß abgeschätzt werden können durch

(9.8.4) $|\text{Rest}_m| = O(\eta^m)\,|k(x,y)|$ für alle $|y - z_\tau| \leqslant \eta\,|x - z_\tau|$.

Zum Nachweis dieser Ungleichung vergleiche man den Appendix A in Hackbusch – Nowak [2]. Der Entwicklungsfehler kann toleriert werden, wenn er nicht größer ist als der Konsistenzfehler $O(h^\varkappa)$ (h: Schrittweite, $\varkappa$: Konsistenzordnung). Dies führt auf die Parameterwahl:

(9.8.5a) $m := \lfloor \frac{\varkappa}{d+1}\,\log n \rfloor$ ($\lfloor x \rfloor$: Abrundung),

(9.8.5b) $\rho_\tau \leqslant \eta\,|x - z_\tau|$ (ρ_τ: Umkreisradius),

(9.8.5c) $\eta = O(n^{-\varkappa/[m(d-1)]}) \leqslant \text{const}$,

wobei $h = O(n^{-1/(d-1)})$ angenommen ist.

9.8.4 Zulässige Cluster

Erfüllt der Cluster τ mit seinem Zentrum z_τ und dem Radius ρ_τ die Ungleichung (5b), so heißt er _zulässig_ _(bezüglich des Punktes_ $x \in \mathbf{R}^d$_)_. Aus (5b) liest man ab, daß ein Cluster um so größer sein kann, je weiter x von τ entfernt liegt.

9.8.5 Zulässige Überdeckungen

Eine (bis auf die Ränder) disjunkte Clustermenge $\{\tau_1, \ldots, \tau_k\}$ bildet eine Überdeckung (von $\tilde\Gamma$), falls $\tau_1 \cup \ldots \cup \tau_k = \tilde\Gamma$. Die Überdeckung heißt (bezüglich des Punktes $x \in \mathbf{R}^d$) _zulässig_, falls jedes τ_j
  · entweder ein (bzgl. x) zulässiger Cluster
  · oder ein Paneel ist.

Indem man mit $\tau = \tilde\Gamma$ beginnt und jeden Cluster so lange durch seine Söhne ersetzt, bis die Cluster zulässig oder Paneele sind, kann man die zulässige Überdeckung mit minimaler Elementzahl bestimmen. Da diese vom Bezugspunkt x abhängt, sei die _minimale zulässige Überdeckung_ zu x mit $\mathfrak{C}(x)$ bezeichnet. Unter einfachen Bedingungen an T (vgl. Hackbusch – Nowak [2]) beweist man

(9.8.6) $\mathfrak{C}(x)$ enthält höchstens $O(m) = O(\log n)$ Cluster,

wobei die Schranke unabhängig von $x \in \mathbf{R}^d$ ist.

9.8.6 Matrix-Vektor-Multiplikation

Die Darstellung (1) von β_i enthält die Summation $\sum_{\pi \in P} \int_\pi \ldots$, wobei P ein (ungünstiges) Beispiel einer zulässigen Überdeckung ist. Stattdessen können wir die minimale Überdeckung $\mathfrak{C}(\xi^i)$ bezüglich $x = \xi^i$ wählen:

(9.8.7) $\beta_i = \sum_{\tau \in \mathfrak{C}(\xi^i)} \int_\tau \sum_j k(\xi^i, y) b_j(y)\,d\Gamma_y\,\alpha_j.$

Wir zerlegen $\mathfrak{C}(\xi^i)$ in die Teilmengen $\mathfrak{C}_N(\xi^i)$ der nichtzulässigen Paneele (_Nahfeld_) und $\mathfrak{C}_F(\xi^i)$ der zulässigen Cluster (_Fernfeld_). Der Anteil

(9.8.8a) $$\beta_i^N = \sum_{\pi \in \mathfrak{E}_N(\boldsymbol{\xi}^i)} \int_\pi \sum_j k(\boldsymbol{\xi}^i, \mathbf{y})\, b_j(\mathbf{y})\, d\Gamma_y\, \alpha_j .$$

wird in üblicher Weise ausgewertet. Da sich die Paneele $\pi \in \mathfrak{E}_N(\boldsymbol{\xi}^i)$ und der Träger(b_j) nur für $O(1)$ Indizes j überlappen, enthält (8a) nur

$$|\mathfrak{E}_N(\boldsymbol{\xi}^i)| \leqslant |\mathfrak{E}(\boldsymbol{\xi}^i)| \leqslant O(\log n) \qquad (|\cdot|: \text{Elementanzahl})$$

Summanden (vgl. (6)). Der Vektor $\boldsymbol{b}^N = \boldsymbol{B}^N \boldsymbol{a}$ der β_i^N kann daher mit $O(n \log n)$ arithmetischen Operationen berechnet werden. $\boldsymbol{B}^N$ ist schwach besetzt und enthält nur $O(n \log n)$ Nichtnullkoeffizienten.

Im restlichen Anteil β_j^F, der den $\tau \in \mathfrak{E}_F(\boldsymbol{\xi}^i)$ entspricht, ersetzt man k durch die Entwicklung $\tilde{k}$ aus (3b) und vertauscht die Summation und Integration:

(9.8.8b) $$\beta_i^F \approx \tilde{\beta}_i^F = \sum_{\tau \in \mathfrak{E}_F(\boldsymbol{\xi}^i)} \int_\tau \sum_j \sum_{\iota \in I_m} \varkappa_\iota(\boldsymbol{\xi}^i; \mathbf{z}_\tau)\, \Phi_\iota(\mathbf{y})\, b_j(\mathbf{y})\, d\Gamma_y\, \alpha_j =$$

$$= \sum_{\tau \in \mathfrak{E}_F(\boldsymbol{\xi}^i)} \sum_{\iota \in I_m} \varkappa_\iota(\boldsymbol{\xi}^i; \mathbf{z}_\tau) \sum_j \underbrace{\int_\tau \Phi_\iota(\mathbf{y})\, b_j(\mathbf{y})\, d\Gamma_y}_{J_\tau^\iota(b_j)}\, \alpha_j$$

Den Vektor $\tilde{\boldsymbol{b}}^F$ kann nach (8b) in der Form

(9.8.8c) $$\tilde{\boldsymbol{b}}^F = \boxed{\quad C \quad}\, \boxed{F}\, \boldsymbol{a}$$

schreiben, wobei die Rechtecksmatrizen C und F die Koeffizienten $\varkappa_\iota(\boldsymbol{\xi}^i; \mathbf{z}_\tau)$ bzw. $J_\tau^\iota(b_j)$ enthält. Obwohl die Anzahl der Spalten in C und Zeilen in F mit $|I_m||T| = O(n \log^d n)$ größer als n ist, hat die Darstellung (8c) einen wesentlichen Vorteil: C hat pro Zeile nur $|I_m||\mathfrak{E}_F(\boldsymbol{\xi}^i)| = O(\log^{d+1} n)$ Nichtnullelemente (vgl. (5a), $|I_m| = O(m^d)$ und (6)). Das Produkt $\boldsymbol{Fa}$ berechnet man am einfachsten aus $J_\pi^\iota := \sum_j J_\pi^\iota(b_j)\, \alpha_j$, wobei diese Summe nur $O(1)$ nichttriviale Summanden hat. Die tatsächlich in (8b) auftretenden J_τ erhält man mit $n-1$ Summationen über den Baum T:

$$J_\tau^\iota = \sum_{\tau': \text{Sohn von } \tau} J_{\tau'}^\iota \qquad (\tau \in T \setminus P,\ \iota \in I_m).$$

Dies erfordert insgesamt nur $|I_m||T| = O(n \log^d n)$ Operationen. Der Speicherplatz für $J_\pi^\iota(b_j)$ hat die gleiche Größenordnung.

Zur Berechnung von $\tilde{\boldsymbol{b}} = \boldsymbol{b}^N + \tilde{\boldsymbol{b}}^F$ benötigt man daher $O(n \log^{d+1} n)$ arithmetische Operationen und einen ebenso großen Speicherbereich. Der Engpaß ist die Matrix C in (8c). Der Rechenaufwand vergrößert sich auf $O(n \log^{d+2} n)$, wenn man die allerdings nur in der Startphase auftretende Berechnung der Koeffizienten $\varkappa_\iota(\boldsymbol{\xi}^i; \mathbf{z}_\tau)$ für alle $\tau \in T$ und $\iota \in I_m$ hinzunimmt. Umgekehrt läßt sich der Speicheraufwand auf $O(n \log^d n)$ reduzieren, wenn man die Koeffizienten $\varkappa_\iota(\boldsymbol{\xi}^i; \mathbf{z}_\tau)$ nicht abspeichert, sondern stets (mit $O(n \log^{d+2} n)$ Rechenoperationen) neu ausrechnet.

Literaturverzeichnis

ANSELONE, Ph.M. [1]: *Collectively compact operator approximation theory and applications to integral equations.* Prentice-Hall, Englewood Cliffs, 1971

ANSELONE, Ph.M. und R.H. MOORE [1]: Approximate solution of integral and operator equations. *J. Math. Anal. Appl.* **9** (1964) 268-277

ARNOLD, D.N. [1]: A spline-trigonometric Galerkin method and an exponentially convergent boundary integral method. *Math. Comp.* **41** (1983) 383-397

ARNOLD, D. N. und W. L. WENDLAND [1]: On the asymptotic convergence of collocation methods. *Math. Comp.* **41** (1983) 349-381

ARNOLD, D. N. und W. L. WENDLAND [2]: The convergence of spline collocation for strongly elliptic equations on curves. *Numer. Math.* **47** (1985) 317-341

ATKINSON, K. [1]: Iterative variants of the Nyström method for the numerical solution of integral equations. *Numer. Math.* **22** (1973) 17-31

ATKINSON, K. [2]: An automatic program for linear Fredholm integral equations of the second kind. *ACM Trans. Math. Software* **2** (1976) 154-171

ATKINSON, K. [3]: *A survey of numerical methods for the solution of Fredholm integral equations of the 2nd kind.* SIAM, Philadelphia, 1976

BAKER, C.T.H. [1]: *The numerical treatment of integral equations.* Oxford University Press, London, 1977

BAKER, C.T.H. und MILLER, G.F. (Hsg.) [1]: *Treatment of integral equations by numerical methods.* Academic Press London, 1982

BALLMANN, J., R. EPPLER und W. HACKBUSCH (Hsg.) [1]: *Panel method in fluid mechanics with emphasis on aerodynamics.* Notes on Numerical Fluid Mechanics, vol 21. Vieweg, Braunschweig, 1988

BAMBERGER, L. und G. HÄMMERLIN [1]: Spline-blended substitution kernels of optimal convergence. In: Baker - Miller [1] 47-57

BRAKHAGE, H. [1]: Über die numerische Behandlung von Integralgleichungen nach der Quadraturformelmethode. *Numer. Math.* **2** (1960) 183-196

BRAKHAGE, H. und P. WERNER [1]: Über das Dirichletsche Außenraumproblem für die Helmholtzsche Schwingungsgleichung. *Arch. Math.* **16** (1965) 325-329

BRANCA, H.W. [1]: The nonlinear Volterra equation of Abel's kind and its numerical treatment. *Computing* **20** (1978) 307-324

BRUNNER, H. und P.J. VAN DER HOUWEN [1]: *The numerical solution of Volterra equations.* North-Holland, Amsterdam, 1986

BULIRSCH, R. [1]: Bemerkungen zur Romberg-Integration. *Numer. Math.* **6** (1964) 6-16

COLTON, D. und R. KREß.: *Integral equation methods in scattering theory.* John Wiley, New York 1983

COSTABEL, M. [1]: Boundary integral operators on Lipschitz domains: elementary results. *SIAM J. Math. Anal.* **19** (1988) 613-626

COSTABEL, M., E. STEPHAN und W.L. WENDLAND [1]: On boundary integral equations of the first kind for the bi-Laplacian in a polygonal plane domain. Annali Scuola Normale Superiore Pisa Ser. IV **10** (1983) 197-241 *J. Reine u. Angew. Math.* **372** (1986) 34-63

COSTABEL, M. und W.L. WENDLAND [1]: Strong ellipticity of boundary integral operators. *J. Reine u. Angew. Math.* **372** (1986) 34-63

EPPLER, R.: siehe Ballmann, J. et al.

ESSER, R. [1]: Numerische Behandlung einer Volterraschen Integralgleichung. *Computing* **19** (1978) 269-284

FABER, G. [1]: Über die interpolatorische Darstellung stetiger Funktionen. *Jahresber. der Deutschen Math. Ver.* **23** (1914) 190-210

GIROIRE, J. und J. C. NEDELEC [1]: Numerical solution of an exterior Neumann problem using a double layer potential. *Math. Comp.* **32** (1978) 973-990

GÜNTER, N.M. [1]: *Die Potentialtheorie und ihre Anwendung auf Grundaufgaben der Mathematischen Physik.* Teubner, Leipzig, 1957

HACKBUSCH, W. [1]: *Multi-Grid Methods and Applications.* Springer, Berlin, 1985

HACKBUSCH, W. [2]: *Theorie und Numerik elliptischer Differentialgleichungen.* Teubner, Stuttgart 1986

HACKBUSCH, W. [3]: *Numerische Behandlung großer Gleichungssysteme.* Teubner, Stuttgart (für 1990 geplant)

HACKBUSCH, W. [4]: On the fast solving of parabolic boundary control problems. *SIAM J. Control Optim.* **17** (1979) 231-244

HACKBUSCH, W. [5]: Die schnelle Auflösung der Fredholmschen Integralgleichung zweiter Art. *Beiträge Numer. Math.* **9** (1981) 47-62

HACKBUSCH, W. (Herausg.) [6]: *Robust Multi-Grid Methods.* Notes on Numerical Fluid Mechanics, vol 23. Vieweg, Braunschweig, 1988

HACKBUSCH, W. und Z.P. NOWAK [1]: A multilevel discretisation and solution method for potential flow problems in three dimensions. In: Hirschel [1] 71-89

HACKBUSCH, W. und Z.P. NOWAK [2]: On the fast matrix multiplication in the boundary element method by panel clustering. *Numer. Math.* **54** (1989) 463-491

HACKBUSCH, W.: siehe Ballmann, J. et al.

HÄMMERLIN, G.: siehe Bamberger, L. et al.

HÄMMERLIN, G. und L. L. SCHUMAKER [1]: Procedures for kernel approximation and solution of Fredholm integral equations of the second kind. *Numer. Math.* **34** (1980) 125-141

HEBEKER, F.K. [1]: On the numerical treatment of viscous flows against bodies with corners and edges by boundary element and multigrid methods. *Numer. Math.* **52** (1988) 81-99

HEBEKER, F.K. [2]: On multigrid methods of the first kind for symmetric boundary integral equations of nonnegative order. In: Hackbusch [6] 128-138

HEMKER, P.W. und H. SCHIPPERS [1]: Multiple grid methods for the solution of Fredholm integral equations of the second kind. *Math. Comp.* **36** (1981) 215-232

HEUSER, H. [1]: *Funktionalanalysis.* 2. Aufl., Teubner Stuttgart, 1986

HIRSCHEL, E.H. (Hsg.) [1]: *Finite Approximations in Fluid Mechanics.* Notes on Numerical Fluid Mechanics, vol 14. Vieweg, Braunschweig, 1986

HSIAO, G.C. und R. KREß [1]: On an integral equation for the two-dimensional exterior Stokes problem. *Appl. Numer. Math.* **1** (1985) 77-93

HSIAO, G.C., P. KOPP und W.L. WENDLAND [1]: A Galerkin collocation method for some integral equations of the first kind. *Computing 25* (1980) 89-130

HSIAO, G.C., P. KOPP und W.L. WENDLAND [2]: Some applications of a Galerkin-collocation method for boundary integral equations of the first kind. *Math. Meth. in the Appl. Sci. 6* (1984) 280-325

HSIAO, G.C. und W.L. WENDLAND [1]: A finite element method for some integral equations of the first kind. *J. Math. Anal. Appl. 58* (1977) 449-481

HSIAO, G.C. und W.L. WENDLAND [2]: The Aubin-Nitsche lemma for integral equations. *Journal of Integral Equations 3* (1981) 299-315

JASWON, M.A. und G.T. SYMM [1]: *Integral equation methods in potential theory and elastostatics.* Academic Press, London, 1977

JOHNSON, C.G.L. und L.R. SCOTT [1]: An analysis of quadrature errors in second-kind boundary integral methods. Erscheint in *SIAM J. Numer. Anal.*

KLEINMAN, R. und W.L. WENDLAND [1]: On Neumann's method for the exterior Neumann problem for the Helmholtz equation. *J. Math. Anal. Appl. 57* (1977) 107-202

KOPP, P.: siehe Hsiao, G.C. et al.

KRÁL, J. [1]: *Integral operators in potential theory.* Lecture Notes in Mathematics *823*, Springer, Berlin, 1980

KRÁL, J. und W. WENDLAND [1]: On the applicability of the Fredholm-Radon method in potential theory and the panel method. In: Ballmann - Eppler - Hackbusch [1] 120-136

KREß, R. [1]: *Linear Integral Equations.* Springer, Berlin, 1989

KREß, R.: siehe D. Colton et al. und G.C. HSIAO et al.

LAMP, U., T. SCHLEICHER, E. STEPHAN und W.L. WENDLAND [1]: Galerkin collocation for an improved boundary element method for a plane mixed boundary value problem. *Computing 33* (1984) 269-296

LAMP, U., T. SCHLEICHER und W.L. WENDLAND [1]: The fast Fourier transform and the numerical solution of one-dimension boundary integral equations. *Numer. Math. 47* (1985) 15-38

LEIS, R. [1]: *Vorlesungen über partielle Differentialgleichungen zweiter Ordnung.* B.I., Mannheim 1967

MARTENSEN, E. [1]: *Potentialtheorie.* Teubner, Stuttgart 1968

MEISTER, E. [1]: *Integraltransformationen mit Anwendungen auf Probleme der mathematischen Physik.* Verlag P. Lang, Frankfurt a.M., 1983

MEISTER, E. [2]: *Randwertaufgaben der Funktionentheorie.* Teubner, Stuttgart, 1983

MIKHLIN, S.G. [1]: *Integral equations.* Pergamon Press, Londen, 1957

MILLER, G.F.: siehe Baker, C.T.H. et al.

MOORE, R.H.: siehe Anselone, Ph.M. et al.

MUSCHELISCHWILI, N. I. [1]: *Singuläre Integralgleichungen.* Akademie-Verlag, Berlin, 1965

NEDELEC, J.C. [1]: Curved finite element methods for the solution of singular integral equations on surfaces in R^3. *Comput. Methods Appl. Mech. Engrg. 8* (1976) 61-80

NEDELEC, J.C. und J. PLANCHARD [1]: Une méthode variationelle d'élément finis pour la résolution numérique d'un problème extérieur dans R^3. *RAIRO 7* (1973) R3, 105-129

NEDELEC, J. C.: siehe Giroire, J. et al.

NOBLE, B. [1]: Error analysis of collocation methods for solving Fredholm integral equations. In: *Topics in Numerical Analysis* (Herausgeber: J.J.H. Miller), Academic Press, London, 1973

NOWAK, Z.P. [1]: A new type of higher-order boundary integral approximation for potential flow problems in three dimensions. In: Hirschel [1] 218-231

NOWAK, Z.P. [2] Panel clustering technique for lifting potential flows in the three space dimensions. In: Ballmann - Eppler - Hackbusch [1] 166-178

NOWAK, Z.P.: siehe Hackbusch, W. et al.

NYSTRÖM, E.J. [1]: Über die praktische Auflösung von linearen Integralgleichungen mit Anwendungen auf Randwertaufgaben der Potentialtheorie. *Soc. Sci. Fenn. Comment. Phys.-Math. 4,15* (1928) 1-52

NYSTRÖM, E.J. [2]: Über die praktische Auflösung von linearen Integralgleichungen mit Anwendungen auf Randwertaufgaben. *Acta Mathematica 54* (1930) 185-204

PRÖßDORFF, S. [1]: *Einige Klassen singulärer Gleichungen.* Akademie-Verlag, Berlin, 1974

PRÖßDORFF, S. und A. RATHSFELD [1]: On spline Galerkin methods for singular integral equations with piecewise continuous coefficients. *Numer. Math. 48* (1986) 99-118

PRÖßDORFF, S. und G. SCHMIDT [1]: A finite element collocation method for singular integral equations. *Math. Nachr. 100* (1981) 33-60

PRÖßDORFF, S. und B. SILBERMANN [1]: *Projektionsverfahren und die näherungsweise Lösung singulärer Gleichungen.* Teubner, Leipzig, 1977

PRÖßDORFF, S. und B. SILBERMANN [2]: *Numerical analysis for integral and operator equations.* Akademie-Verlag, Berlin und Birkhäuser-Verlag, Basel (wird 1990 erscheinen)

RANNACHER, R. und W.L. WENDLAND [1]: On the order of pointwise convergence of some boundary element methods. Part I: Operators of negative and zero order. *Math. Modelling and Numerical Analysis 19* (1985) 65-88; Part II: Operators of positive order. *Math. Modelling and Numerical Analysis 22* (1988) 343-362

RATHSFELD, A.: siehe Prößdorf, S. et al.

ROUTSALAINEN, K. und J. SARANEN [1]: Some boundary element methods using Dirac's distributions as trial functions. *SIAM J. Numer. Anal. 24* (1987) 816-827

ROUTSALAINEN, K. und J. SARANEN [2]: A dual method to the collocation method. *Math. Meth. in the Appl. Sc.* (1988) 439-445

ROUTSALAINEN, K. und W.L. WENDLAND [1]: On the boundary element method for some nonlinear boundary value problems. *Numer. Math. 53* (1988) 299-314

SARANEN, J. [1]: On the effect of numerical quadrature in solving boundary integral equations. In: Ballmann-Eppler-Hackbusch [1] 196-209

SARANEN, J. [2]: Extrapolation methods for spline collocation solutions of pseudodifferential equations on curves. Erscheint demnächst

SARANEN, J.: siehe Routsalainen, K. et al.

SARANEN, J. und W.L. WENDLAND [1]: On the asymptotic convergence of collocation methods with spline functions of even degree. *Math. Comp.* **45** (1985) 91–108

SCHIPPERS, H. [1]: Application of multigrid methods for integral equations to two problems from fluid dynamics. *J. Comput. Phys.* **48** (1982) 441–461

SCHIPPERS, H. [2]: On the regularity of the principal value of the double-layer potential. *J. Engineering Math.* **16** (1982) 59–76

SCHIPPERS, H. [3]: Multigrid methods for boundary integral equations. *Numer. Math.* **46** (1985) 351–363

SCHIPPERS, H.: siehe Hemker, P.W. et al.

SCHLEICHER, T.: siehe Lamp. U. et al.

SCHMIDT, G.: siehe Prößdorf, S. et al.

SCHNEIDER, C. [1]: Product integration for weakly singular integral equations. *Math. Comp.* **36** (1981) 207–213

SCOTT, R.L.: siehe Johnson, C.G.L. et al.

SILBERMANN, B.: siehe Prößdorf, S. et al.

SLOAN, I.H. [1]: Quadrature methods for integral equations of the second kind over infinite intervals. *Math. Comp.* **36** (1981) 551–523

SLOAN, I.H. [2]: Analysis of general quadrature methods for integral equations of the second kind. *Numer. Math.* **38** (1981) 263–278

SLOAN, I.H. [3]: A quadrature-based approach to improving the collocation method. *Numer. Math.* **54** (1988) 41–56

STEPHAN, E.: siehe Lamp. U. et al. und Costabel, M. et al.

STOER, J. [1]: *Einführung in die Numerische Mathematik I.* Springer, Berlin, 1983

SYMM, G.T.: siehe Jaswon, M.A. et al.

SZEGÖ, G. [1]: *Orthogonal polynomials.* AMS, New York, 1959

WALTER, W. [1]: *Einführung in die Potentialtheorie.* Bibliographisches Institut, Mannheim. 1971

WENDLAND, W. [1]: Die Behandlung der Randwertaufgaben im R_3 mit Hilfe von Einfach- und Doppelschichtpotentialen. *Numer. Math.* **11** (1968) 380–404

WENDLAND, W.L. [2]: Asymptotic accuracy and convergence for point collocation methods. Chapter 9 in: C.A. Brebbia (Herausg.): *Topics in Boundary Element Research*, vol 2, 230–257. Springer, Berlin 1985

WENDLAND, W.L. [3]: On some mathematical aspects of boundary element methods for elliptic problems. In: *The Mathematics of Finite Elements and Applications V* (Herausgeber: J.R.Whiteman), Seiten 193–227. Academic Press, London 1985

WENDLAND, W.L. [4]: On applications and the convergence of boundary integral methods. In: Baker - Miller [1] 463–476

WENDLAND, W.L.: siehe Arnold, D.N. et al., Costabel, M. et al., Kleinman, R. et al., Kral, J. et al., Lamp. U. et al., Hsiao, G.C. et al., Rannacher, R. et al., Routsalainen, K. et al., Saranen, J. et al.

WERNER, P.: siehe Brakhage, H. et al.

WILKINSON, J. H. [1]: *Rundungsfehler.* Springer, Berlin, 1969

WLOKA, J. [1]: *Partielle Differentialgleichungen.* Teubner, Stuttgart, 1982

YOSIDA, K. [1]: *Functional Analysis.* Springer, Berlin, 1974

Teubner Studienbücher Fortsetzung

Mathematik Fortsetzung

Kosmol: **Methoden zur numerischen Behandlung nichtlinearer Gleichungen und Optimierungsaufgaben.** DM 29,80

Krabs: **Optimierung und Approximation.** DM 28,80

Lehn/Wegmann: **Einführung in die Statistik.** DM 24,80

Lehn/Wegmann/Rettig: **Aufgabensammlung zur Einführung in die Statistik.** DM 26,80

Louis: **Inverse und schlecht gestellte Probleme.** DM 26,80

Metzler: **Dynamische Systeme in der Ökologie.** DM 26,80

Müller: **Darstellungstheorie von endlichen Gruppen.** DM 26,80

Rauhut/Schmitz/Zachow: **Spieltheorie.** DM 38,— (LAMM)

Schwarz: **FORTRAN-Programme zur Methode der finiten Elemente.** 2. Aufl. DM 25,80

Schwarz: **Methode der finiten Elemente.** 2. Aufl. DM 39,— (LAMM)

Stiefel: **Einführung in die numerische Mathematik.** 5. Aufl. DM 36,— (LAMM)

Stiefel/Fässler: **Gruppentheoretische Methoden und ihre Anwendung.** DM 34,— (LAMM)

Stummel/Hainer: **Praktische Mathematik.** 2. Aufl. DM 38,—

Topsøe: **Informationstheorie.** DM 18,80

Uhlmann: **Statistische Qualitätskontrolle.** 2. Aufl. DM 39,— (LAMM)

Velte: **Direkte Methoden der Variationsrechnung.** DM 26,80 (LAMM)

Vogt: **Grundkurs Mathematik für Biologen.** DM 23,80

Walter: **Biomathematik für Mediziner.** 3. Aufl. DM 26,80

Witting: **Mathematische Statistik.** 3. Aufl. DM 28,80 (LAMM)

Wolfsdorf: **Versicherungsmathematik.**
Teil 1: Personenversicherung. DM 42,—
Teil 2: Theoretische Grundlagen, Risikotheorie, Sachversicherung. DM 38,—

Preisänderungen vorbehalten

 **B. G. Teubner Stuttgart**